普通高等教育“十二五”规划教材

土力学地基基础

主　编　孙世国
副主编　武崇福　刘　洋
编　写　宋志飞　曹海莹　冯少杰
主　审　熊巨华

中国电力出版社
CHINA ELECTRIC POWER PRESS

内 容 提 要

本书为普通高等教育“十二五”规划教材。

本书在编写过程中，结合本学科现代理论的发展前沿内容进行介绍，注重理论联系实际。书中着重介绍土力学的三大理论和四大应用，即渗透理论、强度理论和变形理论，挡土墙设计、承载力计算、土坡稳定性分析和基础设计方面的应用。在基础工程方面着重介绍了浅基础和深基础设计的基本理论和方法。每一章节内容或每个知识点都针对实际工程中的问题，阐述了地基与基础的应力、变形、强度及其在工程中的应用。在编写过程中，充分考虑了教学的要求，注重概念清晰、准确，语言精练、通畅，力求深入浅出。书中例题和习题有助于读者掌握书中理论知识和复杂的计算过程，同时还编入了注册岩土工程师考试的相关试题。

本书主要作为普通高等院校土木工程、工程管理、水利工程、港口工程、道路工程等专业教材，也可供相关工程设计、施工、监理人员学习参考。

图书在版编目（CIP）数据

土力学地基基础/孙世国主编. —北京：中国电力出版社，2011.8（2019.11 重印）
普通高等教育“十二五”规划教材
ISBN 978-7-5123-1811-3

Ⅰ.①土… Ⅱ.①孙… Ⅲ.①土力学—高等学校—教材②地基—基础（工程）—高等学校—教材 Ⅳ.①TU4

中国版本图书馆 CIP 数据核字（2011）第 166326 号

中国电力出版社出版、发行
（北京市东城区北京站西街 19 号 100005 http://www.cepp.sgcc.com.cn）
北京九州迅驰传媒文化有限公司印刷
各地新华书店经售
*
2011 年 8 月第一版 2019 年 11 月北京第五次印刷
787 毫米×1092 毫米 16 开本 29.5 印张 720 千字
定价 **48.00** 元

前　言

随着城市化进程的推进，建筑业得到了高速的发展，城市中到处都是高层和超高层建筑，许多地基与基础工程中的复杂技术问题需要解决，土力学理论和地基基础技术更显得重要，因此，土力学与地基基础是土木建筑类专业的学生和专业技术人员必须掌握的一门现代学科，也是高等院校土木工程专业的一门核心课程。

本书在编写过程中，着重理论联系实际，并结合本学科现代理论的发展前沿内容进行了介绍，以便学生掌握相关基础理论，并了解和掌握本学科的发展趋势，培养解决工程实际问题的能力。本书在工程力学、结构力学、弹塑性力学和钢筋混凝土结构等学科领域的知识基础上，着重介绍土力学的三大理论和四大应用，即渗透理论、强度理论和变形理论，挡土墙设计、承载力计算、土坡稳定性分析和基础设计方面的应用。在基础工程方面着重介绍了浅基础和深基础设计的基本理论和方法。每一章节内容或每个知识点都针对实际工程中的问题，阐述了地基与基础的应力、变形、强度及其在工程中的应用。在编写过程中，充分考虑了教学的要求，注重概念清晰、准确，语言精练、通畅，力求深入浅出。书中例题和习题有助于读者掌握书中理论知识和复杂的计算过程。

本书由北方工业大学博士生导师孙世国教授任主编，燕山大学武崇福、北京科技大学刘洋任副主编，燕山大学曹海莹，北方工业大学宋志飞、冯少杰参与了编写。同济大学熊巨华教授主审了本书，并在审稿中提出了许多宝贵意见，在此深表感谢！

本书分上、下篇，共有 18 章，具体参编单位、人员和分工如下：

北方工业大学——绪论，第 7、9、13、14 章（孙世国）；第 6、8、16 章（宋志飞）；第 1、15 章（冯少杰）。

燕山大学——第 4、10、12 章（武崇福）；第 3、17、18 章（曹海莹）。

北京科技大学——第 2、5、11 章（刘洋）。

由于时间紧，再加上作者水平有限，书中难免出现不妥或错误之处，敬请读者不吝赐教，编著者不胜感谢！

目　录

上篇　土　力　学

下篇　地　基　基　础

绪　　论

§0.1　土力学与地基基础的研究对象

土力学是一门研究土的力学性质的科学，它是研究土体的应力、变形、强度、渗流及长期稳定性的一门学科。广义的土力学是包括土的生成、组成、物理化学性质及分类在内的土质学。土力学也是一门实用的科学，它是土木工程的一个分支，主要研究土的工程性质，解决工程问题。

在自然界中，地壳表层分布有岩石圈（广义的岩石包括基岩及其覆盖土）、水圈及大气圈。岩石是一种或多种矿物的集合体，其工程性质在很大程度上取决于它的矿物成分，而土是岩石风化的产物。土是由岩石经历物理、化学、生物风化作用以及剥蚀、搬运、沉积作用等交错复杂的自然环境中所生成的各类沉积物。土的类型及其物理、力学性状是千差万别的，但在同一地质年代和相似沉积条件下，又有其相近性状的规律性。强风化岩石的性状接近土，也属于土质学与土力学的研究范畴。

在土木工程中，天然土层常被作为各种建筑物的地基，如在土层上建造房屋、桥梁、涵洞、堤坝等；或利用土作为建筑物周围的环境，如在土层中修筑地下建筑、地下管道、渠道、隧道等；还可利用土作为土工建筑物的材料，如修筑土堤、土坝等。因此，土是土木工程中应用最广泛的一种建筑材料或介质。

建筑物一般由上部结构和基础两部分组成。由于建筑物的修建而引起其下部土体应力状态发生改变的土层称为地基，而基础是建筑物上部结构和地基的连接部分。建筑物的建造使地基中原有的应力状态发生变化，这就必须运用力学方法来研究在荷载作用下地基土的变形和强度问题，使地基与基础设计满足两个基本条件。①作用于地基上的荷载不超过地基的承载能力，保证地基在防止整体破坏方面有足够的安全储备；②控制地基沉降不超过允许值，保证建筑物不因地基沉降而损坏或者影响其正常使用。因此，研究土的应力、变形、强度和稳定以及土与结构物相互作用规律的一门力学分支称为土力学。而基础工程是将建筑物荷载传递到地基上的建筑物下部结构，起着承上启下的作用，一般应埋入地下一定深度，进入较好的土层。另外，基础应满足一定的强度和刚度要求。

如果地基是良好的土层，基础可直接建在天然土层上，这种未经人工处理就可以满足设计要求的地基称为天然地基。如果地基软弱，承载力不足或预计变形较大，无法满足设计要求，则需要对地基进行加固处理，如采用换土垫层、深层密实、排水固结以及化学加固等方法，则称为人工地基。

根据基础的埋置深度和和施工方法，基础可分为浅基础和深基础。通常把埋置深度不超过 5m，只需经过挖槽、排水等普通施工措施就可建造的基础称为浅基础；若浅层土较软弱，土质不良，需要借助于特殊的施工方法，把基础埋置在较深的土层中，将荷载传递到深处良好土层中，这样建造的基础称为深基础，如桩基础、沉井基础及地下连续墙等。相对深基础而言，浅基础具有施工方法简单、造价较低等优点，因此，在满足地基承载力、变形和稳定性要求的前提下，宜优先考虑采用浅基础。

地基基础设计包括地基设计和基础设计两部分。地基设计包括地基承载力计算、地基沉降验算和地基整体稳定性验算。通过承载力计算来确定基础的埋深和基础底面尺寸，通过沉降验算来控制建筑物的沉降不超过规范规定的允许值，而整体稳定性验算则保证了建筑物不会发生倾覆而丧失其整体稳定性。基础设计包括基础的选型、构造设计、内力计算和钢筋混凝土的配筋。由于地基和基础相互作用，基础与上部结构又构成一个整体，所以在地基基础设计时不仅要考虑工程地质和水文地质条件，还要考虑上部结构的特点、建筑物的使用要求以及施工条件等。

在进行地基基础设计时，天然地基上的浅基础是首选方案。它充分利用了天然地基的承载力，可用常规的施工方法来修建，施工比较简单，工程造价较低。如果天然地基的承载力不足或建筑物的沉降不能满足设计要求，则可以考虑采用人工地基或深基础方案。此时，应在综合考虑工程地质条件、结构类型、材料情况、施工条件和工期、环境影响等诸多因素的基础上，因地制宜，从实际出发，在保证安全可靠的前提下，进行经济与技术分析后确定最终设计方案。

§0.2 土力学发展历程与未来发展趋势

土力学学科的发展可概括为如下几个阶段。

1. 经验积累与理论水平深化阶段

建筑业的发展是伴随人类科技文明的发展而不断进步的，人类自远古以来就广泛利用土作为建筑物的地基和建筑材料，如长城、大运河、灌溉渠道、桥梁、宫殿、庙宇，这些都为人类科技进步和文明发展不断积累了经验。但由于受各个阶段社会生产力和技术水平的限制，直至 18 世纪中叶，土力学研究还停留在感性认识阶段。

18 世纪产业革命后，大量建筑物的兴建和科技进步，促使人们不得不对土力学属性做进一步的研究和探索，开始了对积累的工程经验进行理论上的总结和深化。

法国学者库仑（Coulomb，C. A.）于 1776 年在试验的基础上，提出了土体的抗剪强度理论，提出无黏性土的强度取决于颗粒间摩擦力；黏性土的强度由黏聚力和颗粒间摩擦力两部分组成。同年，他还提出了著名的滑动楔体理论。假定挡土墙后的土体中出现一楔体，通过研究楔体上力的平衡而求出主动土压力和被动土压力。

进入 19 世纪 50 年代，很多学者致力于土压力和渗流方面的研究。法国学者达西（Darcy，H.）于 1856 年在研究砂土透水性的基础上，提出了著名的达西定律。同时期，斯笃克斯（Stokes，G. G.）研究了固体颗粒在液体中的沉降规律问题。1857 年英国学者朗肯（Rankine，W. J. M.）假定挡土墙后土体为均匀的半无限空间体，并应用塑性理论来求解土压力问题。这一土压力理论与库仑土压力理论并称古典土压力理论。在土体的应力分布与计算方面，1885 年法国布辛奈斯克（Boussinesq，J.）研究了半无限空间体表面作用有集中力的情况下土中应力的解析解，称为布辛奈斯克解，它是各种竖直分布荷载下应力计算的基础。

在此之后，众多学者对土力学的专门课题进行了研究，如 1916 年，瑞典彼得森（Pettersson，K. E.）首先提出边坡破坏的圆弧滑动评价法，之后美国学者泰勒（Taylor，D. W.）和瑞典学者费伦纽斯（Fellenius，W.）等对该理论做了进一步的完善和发展。

法国学者普朗特尔（Prandtl，L.）于 1920 年发表了地基滑动面计算的数学公式，用于计算地基承载力。

2. 形成独立学科和不断发展阶段

美国学者太沙基（Terzaghi，K.）于1925年出版了第一本土力学专著《土力学原理》，被公认为是近代土力学发展的开始。他在总结实践经验的基础上，根据大量试验提出了很多独特的见解，并把当时孤立的规律、原理及理论，按土的特性将它们有机联系和系统化起来，总结提出了土的三个特性，即黏性、弹性和渗透性，发展了土力学原理，拓宽了土力学领域，从而使之形成一门独立的学科。

太沙基提出的有效应力原理充分考虑了超孔隙压力对土的抗剪强度的影响，并用排水剪切试验来测定有效强度。有效应力原理的出现对土力学的发展产生了重大影响，而且至今仍是认识和研究土的性状的一个重要原理。有效应力原理的建立充分体现了太沙基作为土力学奠基人的睿智和创造性，是对土力学学科发展作出的突出贡献。

20世纪50～60年代是土力学理论和技术的完善和发展阶段。1955年英国学者毕肖普（Bishop，A. W.）发展了古典的圆弧滑动法，提出土坡稳定计算中考虑土条间水平力的方法，并应用有效强度指标计算土坡稳定。20世纪50年代后期，挪威学者简布（Janbu，N.）与加拿大学者摩根斯坦（Morgenstern，N. R.）等人相继提出了考虑条间力，滑动面取任意形状的土坡稳定计算方法，并在强度理论、强度计算等方面进一步发展了莫尔—库仑准则。

在土压力和承载力方面，俄国学者索科洛夫斯基将古典塑性理论引进了土力学，在散体极限平衡方面，有关地基、土坡和挡土墙的稳定分析方面，都获得了严密的数值解，并著有专著《散体静力学》。

自20世纪60年代以来随着计算机技术的迅速发展为整个科学技术的进步提供了强有力的工具，起到了巨大的推动作用。许多在理论上已经解决，而限于计算工具无法获得解答的课题得到了结果，许多在学术上已经发现或察觉的规律，由于计算工具限制而尚未得出结论的科学难点得到了明确的答案。计算机与数值分析方法的结合使科学技术的发展如虎添翼。土力学也不例外，它很快从这个新的科学成就中获得了活力，并在岩土工程的实践中迅速地推广应用。与此同时，在土力学本身，以学者罗斯科为代表的临界状态土力学的创立，使人们对土的本构关系的研究步入了一个新的境界。这个理论上的成就与先进的计算技术一结合，就使土力学进入了一个新的、能更好地反映土的本质、更符合岩土工程性状的快速发展时期，土力学由此进入了第二个发展阶段——现代土力学阶段。以往，当人们研究土时，不可避免地要采用简化的假定，如根据所关心的问题的不同，有时把它当作弹性体，有时又把它当作刚塑性体，对于土的性状的研究也仅片面着重于土的强度。这样就不能很好顾及土的固有本质的完整性。本阶段的一个特点就是把土在受力以后所表现出来的应力、变形、强度和稳定以及时间因素的影响等特征作为一个整体来研究其本构关系，而计算机的出现使得比较复杂的本构关系的研究成为现实。在这种情况下，影响土的本构关系和其他力学性状的各种因素得以研究得更细、更真实。本构关系的发展和数值分析技术的应用，使得岩土工程的分析能够更加真实地模拟土的特性、边界条件和加荷方式，岩土工作状态预测由定性向定量的方向发展。土的本构关系的研究也对土性的测试技术及其精度提出了更高的要求，从而也推动了土工测试技术发展。然而，鉴于土的性质的复杂性和岩土工程的许多不确定性，预测的精度和不少理论成果仍不时受到人们的质疑。因此验证的技术和实践的检验就很自然地受到重视。因此学者派克在60年代末提出了“观测法”的思想，引起了同行的很大兴趣。现场的原位试验和对土工建筑物的原型观测，被置于越来越重要的地位。日本的学者樱井春辅提出的根据实测资料的反分析法，也得到广泛的推崇和应用。与此同时，离心模拟技术也得到了飞速的发展，它被认为是在室内研究和分析复杂的土的特性和岩土工程性状的有效验证和预测手段。从以上的回顾中可以看出，在土力学发展的第二个阶段，土的本构关系研究将土的各方面特性，作为一个整体有机地联系起来。但其实这时土仍还未真正被当作土来对待，土的大多数本构关系，一般还是从其他学科中借用过来的，特别是金属材料的本构理论。在这些本构理论中无法充分地考虑岩土这种复杂材料的真面目，土的某些“个性”不得已被抹杀掉了，这也是学科发展水平所局限的，但这种局面恐不会长久地持续下去。

3. 发展趋势预测阶段

沈珠江院士曾经对土力学的未来发展趋势提出如下 8 个方面的观点，本绪论引用以供读者参考。

（1）土的微观和细观的研究。迄今为止，人们对土的认识仍有“不识庐山真面目”之感。虽都觉得土很复杂，但不一定能说得很确切。要认识土，除了从它受力以后所表现出的性状进行观察外，还必须采用微观和细观研究手段。欲了解土的成因、成分、结构和构造及其演化，微观手段是必不可少的途径。早在 20 世纪 50～60 年代，苏联的不少学者就对土的微观研究做过许多杰出的工作，形成了一门新的学科“土质学”。美国和日本等国的学者也有致力于土的结构及其与力学性质关系研究的，其实微观研究在土力学的研究中具有重要的指导意义，它可对许多力学现象提供本质上的解释，有助于土力学理论的发展。

（2）非饱和土的研究。在自然界，土绝大多数是处于非饱和状态的，尤其是在干旱和半干旱地区。有些即使长期处于水下，土内也含有一定数量的气体，很难处于完全二相状态。但由于非饱和土的复杂性，不得已只好把它当作完全饱和土来研究，这样就改变了它的本来面目。现在非饱和土的问题也重新引起了土力学界的重视，相信未来非饱和土力学会有长足的进步。非饱和土性质的复杂性主要是由于土中气相的存在引起的，土、水和气三相交界面上的吸力是非饱和土研究的核心问题，它对非饱和土的力学性质有很大的影响。目前饱和土的强度方面已有不少研究，变形问题上也已初步建立了理论框架，其本构关系的研究也有若干报道，但都还处于初步研究阶段。非饱和土的研究将是 21 世纪土力学研究的重要内容之一。

（3）非线性科学在岩土工程中的研究应用。众所周知，土是一种高度非线性、非均质的材料，而与土相联系的岩土工程，则往往出现大变形、大位移的问题，因此又具有几何非线性的特性。岩土工程的平衡方程或动力方程也是非线性的。因此，岩土工程的失稳与破坏是一个复杂的行为过程，当荷载或控制变量的组合达到某一临界点时，将发生由安全运行到破坏的突变。在一定的条件下，稳定或破坏状态可能不唯一，而出现分岔或混沌现象。为此就有必要引进非线性科学的原理和方法，例如分维理论、分叉理论和突变理论等。非线性原理对岩土工程破坏问题研究很有意义，它可以深刻地解释和预测岩土工程的失稳和破坏，如突变理论在滑坡的研究中已获得某些进展，也有人用于土的本构关系研究中。岩土材料和岩土工程的非线性特性是它们的基本属性，非线性科学的理论和分析方法将在未来土力学发展中发挥更大的作用。

（4）新的本构理论的研究。土的本构关系是土在外力作用或外界因素变化情况下所表现出来的行为性状的定量关系，它是土力学研究的中心问题之一。以往对土本构关系的研究多从宏观唯象观点出发，修改某些简单的金属材料的本构关系，以反映土受力后的变形特征。

为反映土的特征，建立了许多不同类型的本构模型。这些本构模型在预测工程的性状、验证某些原理的合理性等方面确实发挥了积极的作用，但是它们在描述土真实特性的准确性和完整性方面是远远不够的，其所得到的计算结果与实际工程的数值也有一定差距，有时甚至是很大的差距；因此该方面内容有待继续深化研究。

（5）非确定性方法的研究应用。土和岩土工程都具有大量的不确定性因素，以往将它们均作为确定性问题处理，抹杀了它的随机特性，这样的做法似乎是过于简单化了。作为大自然的产物，岩土材料具有很大的空间和时间的变异性，而且对岩土工程来说，从勘测、设计、试验研究到施工、运营的各个阶段无不存在着许多不确定性，理应作为随机问题来对待。在未来的土力学发展中，土的随机特性将会受到重视，岩土工程的设计方法将由定值设计方法逐步转为可靠性的设计方法，概率理论和优化决策理论将有用武之地，而岩土工程规划中风险分析的概念（如防洪工程的风险分析）将作为重要理论基础而确定它的主宰地位。

（6）环境方面问题的研究。土力学不是孤立的，它所研究的对象——岩土工程，处于复杂的环境之中，受到各种物理及化学的应力、热、磁场以及海浪或地震波等的作用。因此，岩土工程与环境的关系及其处理的研究将是未来土力学发展的另一个重要方向。目前，已呈现出的趋势是：从只研究与工程有关的地质问题，向注意工程与环境相互作用的角度转变。其特点是强调工程受环境的制约，同时考虑工程对环境的反馈作用。因此研究如何使岩土工程顺应大自然的要求，尊重大自然的客观规律是岩土工作者所必须具有的意识和素质。这里所指的环境问题不仅仅是废料、废土的利用和处理，地下工程引起的对地面建筑物的影响等小环境问题，还包括土壤荒漠化、洪水、区域性滑坡、泥石流、地震灾害和火山喷发等大环境问题。

（7）土的加固与改良技术。随着岩土工程的大型化、精细化和复杂化，作为天然材料的土有时不能满足工程的需要，这时就要处理土、改良土。土的改良方法已经有很多，值得一提的是近代兴起的土工合成材料的利用。有人认为土工合成材料的出现正在引起岩土工程的一场革命，其发展方兴未艾，但理论上的研究仍相当滞后。可以预见这方面的课题将给土力学和岩土工程的发展提供巨大的空间。在改良和处理土的过程中，往往会在土中增加与土性不同的材料，如金属材料、混凝土、土工合成材料等，这样就出现了土与其他材料的共同作用问题，这也是值得研究的一个方面。

（8）重视经验提升和观测方法的运用。正如人们常说的，土力学既是一门科学，又是一门艺术。因此工程实践经验必然有十分重要的意义。“计算所提供的解答只是问题的一个方面，问题的最后解答还要根据多方面的综合考虑，其中专家的知识和经验起到了重要的作用”。如何完善和提升专家系统、神经网络等新的思维和方法仍将是未来土力学和岩土工程发展的重要内容之一。观测方法之重要性是由土和岩土工程的复杂性所决定的，工程知识和经验的积累在相当程度上来自对观测资料的系统分析。它也是一切理论和计算成果验证的重要手段。可以预计，“观测法”的应用在未来的土力学和岩土工程中将占有更重要的地位。

§0.3　与土力学相关的典型地基问题实例

1. 意大利比萨斜塔

这是举世闻名的建筑物倾斜的典型实例。该塔自 1173 年 9 月 8 日动工，至 1178 年在建至第 4 层中部，高度约 29m 时，因塔明显倾斜而停工。经过 94 年后，于 1272 年复工，经

图 0-1 比萨斜塔

过 6 年时间，建完第 7 层，高 48m，再次停工中断 82 年。于 1360 年再复工，至 1370 年竣工，全塔共 8 层，高度为 55m。塔身呈圆筒形，1～6 层由优质大理石砌成，顶部 7～8 层采用砖和轻石料，如图 0-1所示。塔身每层都有精美的圆柱与花纹图案，是一座宏伟而精致的艺术品。1590 年伽利略在该塔上做落体实验，创建了物理学上著名的自由落体定律。斜塔成为世界上最珍贵的历史文物，吸引无数世界各地游客。全塔总重约 145MN，基础底面平均压力约 50kPa。地基持力层为粉砂，下面为粉土和黏土层。塔向南倾斜，南北两端沉降差 1.80m，塔顶离中心线已达 5.27m，倾斜 5.5°，成为危险建筑，1990 年 1 月 4 日将其封闭进行加固。除加固塔身外，用压重法和取土法进行地基处理，加固后塔身倾斜度挺直为 3.99°，2001 年 6 月重新向游人开放。

2. 加拿大特朗斯康谷仓

该谷仓平面呈矩形，南北向长 59.44m，东西向宽 23.47m，高 31.00m，容积36 368m^3，谷仓为圆筒仓，每排 13 个圆筒仓，5 排共计 65 个。谷仓基础为钢筋混凝土筏板基础，厚度 61cm，埋深 3.66m。谷仓于 1911 年动工，1913 年完工，空仓自重20 000T，相当于装满谷物后满载总重量的 42.5%。1913 年 9 月装谷物，10 月 17 日当谷仓已装了 31 822m^3 谷物时，发现 1h 内竖向沉降达 30.5cm，结构物向西倾斜，并在 24h 内谷仓倾斜，倾斜度达26°53′。谷仓西端下沉 7.32m，东端上抬 1.52m，上部钢筋混凝土筒仓坚如磐石，如图 0-2 所示。谷仓地基土事先未进行调查研究，据邻近结构物基槽开挖试验结果，计算地基承载力为 352kPa，应用到此谷仓。1952 年经勘察试验与计算，谷仓地基实际承载力为 193.8kPa～276.6kPa，远小于谷仓破坏时发生的压力 329.4kPa，因此，谷仓地基因超载发生强度破坏并滑动。事后在下面做了 70 余个支撑于基岩上的混凝土墩，使用 388 个 50t 千斤顶以及支撑系统，才把仓体逐渐纠正过来，但其位置比原来降低了 4m。

图 0-2 特朗斯康谷仓

3. 苏州市虎丘塔

该塔位于苏州市虎丘公园山顶，落成于宋太祖建隆二年（公元 961 年），距今已有 1036 年悠久历史。全塔 7 层，高 47.5m。塔的平面呈八角形，由外壁、回廊与塔心三部分组成。塔身全部青砖砌筑，外形仿楼阁式木塔，每层都有 8 个壶门，拐角处的砖特制成圆弧形，建筑精美，如图 0-3 所示。1961 年 3 月 4 日，国务院将此塔列为全国重点保护文物。

图 0-3　虎丘塔

20 世纪 80 年代，塔身已向东北方向严重倾斜，不仅塔顶离中心线已达 2.31m，而且底层塔身发生不少裂缝，东北方向为竖直裂缝，西南方向为水平裂缝，成为危险建筑而封闭。国家文物管理局和苏州市人民政府组织召开多次专家会议，采取在塔四周建造一圈桩排式地下连续墙并对塔周围与塔基进行钻孔注浆和树根桩加固塔身，获得成功。

4. 上海展览中心馆

上海展览中心馆原称上海工业展览馆，位于上海市区延安中路北侧，如图 0-4 所示。展览馆中央大厅为框架结构，箱形基础，展览馆两翼采用条形基础。箱形基础为两层，埋深 7.27m。箱基顶面至中央大厅顶部塔尖，总高 96.63m。地基为高压缩性淤泥质软土。展览馆于 1954 年 5 月开工，当年年底实测地基平均沉降量为 60cm。1957 年 6 月，中央大厅四周的沉降量最大达 146.55cm，最小为 122.8cm。到 1979 年，累计平均沉降量为 160cm，从 1957 年至 1979 年共 22 年的沉降量仅 20cm 左右，不及 1954 年下半年沉降量的一半，说明沉降已趋向稳定。但由于地基严重下沉，不仅使散水倒坡，而且建筑物内外连接的水、暖、电管道断裂，付出了相应的代价。

5. 香港宝城大厦

香港地区人口稠密，市区建筑密集。新建住宅只好建在山坡上。1972 年 7 月，香港发生一次大滑坡，数万立方米残积土从山坡上下滑，巨大的冲击力正好通过一幢高层住宅——宝城大厦，顷刻之间，宝城大厦被冲毁倒塌，如图 0-5 所示。因楼间净距太小，宝城大厦倒塌时，砸毁相邻一幢大楼一角约五层住宅。宝城大厦居住着金城银行等银行界人士，因大厦冲毁时为清晨 7 点钟，人们都还在睡梦中，当场死亡 120 人，这起重大伤亡事故引起了世界极大的震惊。

图 0-4　上海展览中心馆

图 0-5　香港宝城大厦滑坡现场情况

§0.4 土力学与地基基础的特点

土力学与地基基础作为技术基础课，同其他技术基础课相比，有其特殊性。其主要特点表现在如下几个方面。

1. 研究对象复杂多变

土力学是以土体为研究对象的。其一，土不同于一般固体材料，一般固体材料具有可选性和均匀性，其力学规律的数学关系式与实际比较吻合，其理论结果与实际情况相近。土是由固体颗粒、土中水和气体组成的三相松散集合体，它的强度一般比土粒强度小得多。其成因类型和成层规律非常复杂，且难以了解清楚。其二，土和土体在外界条件，诸如温度、湿度、压力、水流、振动等环境影响下，其性质会有显著变化。其三，地基基础多为隐蔽工程，当事故发生后，处理起来很困难。土和建筑物的上述特点使得土力学的研究规律具有复杂性和多变性。

2. 研究内容广泛

土力学研究内容相当广泛。首先表现在它是一门技术基础课，以多种课程为先修课程，如数学、物理、化学、理论力学、工程力学、弹性力学、工程地质学、水力学等。其次，土力学内容的广泛性还体现在土力学学科的多方面应用上。如水利水电工程、农业水利工程、公路铁路工程、房屋建筑工程、桥梁工程、矿山工程以及国防工程等，以上各行业部门的相关建筑物都需建在地基上，从事这些行业的设计和施工人员都需要具备扎实的土力学基础知识。近年来，随着科学技术的发展，土力学的研究领域有了明显的扩大。土动力学、冻土力学、海洋土力学、环境土力学等将土力学的应用推向了一个新的阶段。

3. 研究方法特殊

土力学是一门新兴学科，自 1925 年形成独立学科至今还不到一百年，理论上尚不成熟。因此，在解决问题时不得不借助固体力学和流体力学的理论。为了弥补这些不足，土力学中引入了很多假设、半经验公式和参数。实践表明，在应用有关理论解决工程问题时，一些参数带来的误差远大于理论本身。这一问题只有随着生产和科学技术不断发展，才能逐步完善。

4. 基础工程的不可复制性

地基土体的复杂性，决定了基础工程的不可复制性。这主要是由于地基土体的多变性、建筑结构形式和荷载分布的差异决定基础工程很难做成完全相同一致，这也就是基础工程无法复制的关键。再加上基础属于地下隐蔽工程，是建筑物的根本。基础的设计和质量直接关系到建筑的安危。大量工程实例表明，建筑物发生事故，很多与基础问题相关，而且基础一旦发生事故，补救非常不易。此外，基础工程费用与建筑物总造价的比例，视其复杂程度和设计、施工的合理与否，浮动范围在百分之几到百分之几十之间；因此，基础工程在整个建筑工程中的重要性是显而易见的。

综上，土力学与地基基础是一门应用科学，了解和掌握其学科精髓是解决现代建筑业复杂问题的根本；因此，需要初学者在掌握先修课程基础理论的同时，熟练掌握本学科基本理论和方法，再结合施工现场的工程地质条件和建筑结构形式及荷载分布特点，综合应用这些理论和方法，就能很好地解决工程设计中的复杂问题，从而为工程建设服务。

上篇 土 力 学

第1章 土的物理性质及工程分类

本章提要

土是由固体颗粒、水、气体所组成的三相体系。土颗粒大小和矿物成分的差异，造成了土的三相间的数量比例不尽相同。因此，研究土的工程性质就必须了解土的三相组成性质、比例关系以及在天然状态下的结构和构造等总体特征。

土的物理性质和状态在很大程度上决定了它的力学性质，因此，在进行土力学计算及处理地基基础问题时，不但要知道土的物理力学性质及其变化规律，了解各类土的工程特性，而且还要熟悉掌握表征土的物理力学性质的各种指标的概念、测定方法和相互换算关系，以及土的工程分类原则和标准。

本章要求熟练掌握土的三相组成及相关知识，包括三相比例指标及其换算，土的矿物成分、结构以及颗粒级配对土的工程性质的影响，土的分类方法等。

§1.1 土的生成与特性

1.1.1 土的生成

在自然界，土的生成过程是十分复杂的，地表岩石在阳光、大气、风和生物等因素的影响下，经物理化学风化、剥蚀、搬运、沉积，形成固体矿物、水和气体的碎散集合体。因此，通常说土是岩石风化的产物。

岩石和土在其存在、搬运和沉积的各个过程中都在不断地进行风化，不同的风化作用会形成不同性质的土，风化作用主要包括物理风化、化学风化和生物风化三种。

(1) 物理风化。物理风化是指由于风、霜、雨、雪的侵蚀，温度变化，地震等作用引起的岩石发生不均匀膨胀与收缩，产生裂隙、崩解的过程。这种风化作用，只改变颗粒的大小与形状，不改变原来的矿物成分。

由物理风化生成的土多为粗粒土，如块碎石、砾石和砂土等，这种土总称无黏性土。

(2) 化学风化。化学风化是指岩体或岩石与空气、水和二氧化碳等物质相接触时发生相互作用的过程。这种化学风化使岩石矿物成分发生了改变，产生一种新的成分，即次生矿物。

经化学风化生成的土多为细粒土，具有黏结力，如黏土与粉质黏土，总称为黏性土。

(3) 生物风化。生物风化是指由动物、植物和人类活动对岩体的破坏过程。例如，长在岩石缝隙中的树，因树根伸展使岩石缝隙扩展开裂。而人们开采矿山、石材，修铁路打通隧道，劈山修公路等活动形成的土，其矿物成分没有变化。

1.1.2 土的成因类型

根据土的形成条件，常见的成因类型有：

1. 残积土

残积土是由岩石风化后，未经搬运而残留于原地的碎屑堆积物，如图 1-1 所示。它处于岩石风化壳的上部，是风化壳中的剧风化带，向下则逐渐变为半风化的岩石。它的基本特征是颗粒表面粗糙、多棱角、无分选、无层理。它的分布主要受地形的影响，在雨水产生地表径流速度小、风化产物易于保留的地方，残积物就比较厚。在不同的气候条件下，不同的原岩，将产生不同矿物成分、不同物理力学性质的残积土。

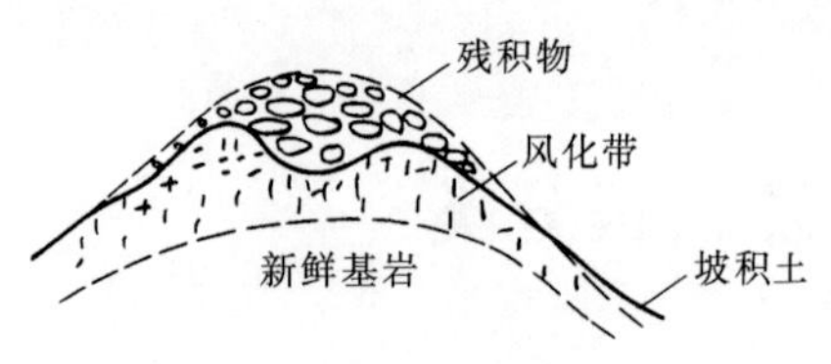

图 1-1 残积土层剖面

2. 坡积土

坡积土是残积土受重力和水流的作用，搬运到山坡或坡脚处沉积起来的土。其成分与坡上残积土基本一致。坡积土颗粒随斜坡自上而下呈现由粗而细的分选性和局部层理。由于地形的不同，其厚度变化大，新近堆积的坡积土，土质疏松，压缩性较高，如图1-2所示。

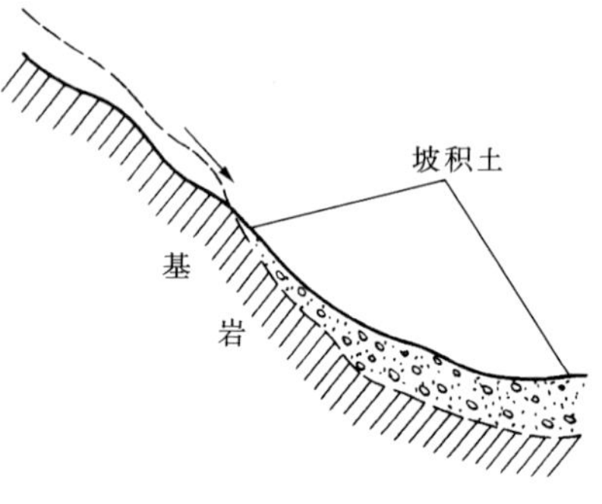

图 1-2 坡积土层剖面

3. 洪积土

洪积土是残积土和坡积土受洪水冲刷、搬运，在山沟出口处或山前平原沉积下来的土。山洪流出沟谷后，由于流速骤减，被搬运的粗碎屑物质首先大量堆积下来，离山渐远，洪积物的颗粒随之变细，其分布范围也逐渐扩大。洪积土地貌特征，靠山近处窄而陡，离山较远宽而缓，形如锥体，故又称为洪积扇。由于靠近山地的洪积土的颗粒较粗，地下水位埋藏较深，土的承载力一般较高，常为良好地基；离山较远地段洪积土较细，土质软弱而承载力较低。

4. 冲积土

冲积土是由于河流的流水作用，搬运到河谷坡降平缓的地带沉积下来的土，这类土经过长距离的搬运，颗粒有较好的分选性和磨圆度，常具有层理。冲积土分布广泛，特别是冲积平原是城市发达、人口集中的地带。粗粒的碎石土、砂土，是良好的天然地基，但如果作为水工建筑物的地基，由于其透水性好会引起严重的坝下渗漏；而对于压缩性高的软黏土，一般都需要处理地基。

5. 风积土

风积土是由风力作用将碎屑物由风力强的地方搬运到风力弱的地方沉积下来的土。其颗粒磨圆度好，分选性好。风积土生成不受地形的控制，我国西北黄土就是典型的风积土，主要分布在沙漠边缘的干旱与半干旱气候带。风积黄土的结构疏松，含水量小，浸水后具有湿陷性。

6. 湖积土

在湖泊及沼泽等极为缓慢的水流或静水压力条件下沉积下来的土，称为湖积土，主要是黏土和淤泥，常夹有细砂、粉砂薄层，土的压缩性高，强度低。若湖泊逐渐淤塞，则可演变为沼泽，沼泽沉积土称为沼泽土，主要由半腐烂的植物残体和泥炭组成的，泥炭的含水量极高，承载力极低，一般不宜作天然地基。

7. 海洋沉积物

按海水深度及海底地形，海洋可分为滨海带、浅海区和深海区，相应的三种海相沉积物性质也各不相同。滨海沉积物主要由卵石、圆砾和砂等组成，具有基本水平或缓倾的层理构造，其承载力较高，但透水性较大。浅海沉积物主要由细粒砂土、黏性土、淤泥和生物化学沉积物（硅质和石灰质）组成，有层理构造，较滨海沉积物疏松，含水量高、压缩性大、强度低。陆坡和深海沉积物主要是有机质软泥，成分均一。海洋沉积物在海底表层沉积的砂砾层很不稳定，随着海浪不断移动变化。选择海洋平台等构筑物地基时，应慎重对待。

8. 冰积土和冰水沉积土

冰积土和冰水沉积土分别是由冰川和冰川融化的冰下水进行搬运堆积而成。其颗粒粗细变化大，土质不均匀。一般分叠性极差，无层理，但冰水沉积土常具斜层理，颗粒呈棱角状，巨大块石上常有冰川擦痕。

1.1.3　土的工程特性

土与其他连续介质的建筑材料相比，具有以下三个显著的工程特性。

1. 压缩性高

反映材料压缩性高低的指标弹性模量 E（土称变形模量），随着材料性质不同而有极大的差别，例如：

钢材　$E_1 = 2.1 \times 10^5 \text{MPa}$

C30 混凝土　$E_2 = 3 \times 10^4 \text{MPa}$

卵石　$E_3 = 40 \sim 50\text{MPa}$

饱和细砂　$E_4 = 8 \sim 16\text{MPa}$

由此可知，在相同条件下，卵石的压缩性为钢材压缩性的数千倍，饱和细砂的压缩性为 C30 混凝土的压缩性的数千倍，这足以证明土的压缩性极高。另外，软塑或流塑状态的黏性土往往比饱和细砂的压缩性还要高很多。

2. 强度低

土的强度特指抗剪强度，而非抗压强度或抗拉强度。

无黏性土的强度来源于土粒表面的滑动摩擦和颗粒间的咬合摩擦；黏性土的强度除摩擦力外，还有黏聚力，无论摩擦力还是黏聚力，均远远小于建筑材料本身的强度，因此，土的强度比其他建筑材料如钢材、混凝土等都低很多。

3. 透水性大

透水性是指水在材料表面或内部渗透流动的性能。透水性大小可以用下面实验来说明。

将一小杯水分别倒在木材、混凝土和土体表面，可以发现，木材和混凝土表面的水可以保留一小段时间，而土体上的水很快不见了，这是由于土体中固体矿物颗粒之间具有许多透水的孔隙。因此土的透水性比木材、混凝土都大，尤其是粗颗粒的卵石或砂土，其透水性更大。

上述土的三个工程特性（压缩性高、强度低、透水性大）与建筑工程设计和施工关系密切，应高度重视。

§1.2　土的三相组成及其结构与构造

土的三相组成是指土由固体颗粒、水和气体三部分组成。固体颗粒是土最主要的物质成分，它构成土的骨架主体，也是最稳定、变化最小的成分。骨架之间存在大量孔隙，孔隙中充填着水和空气。

随着环境的变化，土的三相比例也发生相应的变化。而三相比例的不同，土的状态和工程性质也随之各异。从本质而言，土的工程性质主要取决于组成土的粒径大小和矿物类型，即土的粒度成分和矿物成分。而土粒大小、形状、排列方式及相互连接关系也能反映出土的结构特征。由此可见，研究土的各项工程性质，首先需从最基本的土的三相组成及其结构构造开始研究。

1.2.1　土的三相组成

一、土的固体颗粒（固相）

土的固体颗粒是土的三相组成中的主体，其大小和形状、矿物成分及组成是决定土的工程性质的主要因素。

1. 土的矿物成分

土的矿物成分主要取决于母岩的成分及其所经受的风化作用，不同的矿物成分对土的性质有着不同的影响，其中，细粒土的矿物成分尤为重要。

根据土的固体颗粒的矿物成分以及对土的工程性质的影响不同，可以分为原生、次生矿物和有机质。

（1）原生矿物。由岩石经物理风化而成，如常见的石英、长石、云母、角闪石与辉石等，这些矿物是组成卵石、砾石、砂粒和粉粒的主要成分，其成分与母岩相同。由于其颗粒粗大，比表面积小，与水作用的能力弱，故工程性质比较稳定，若级配良好，则土的密度大，强度高，压缩性低。

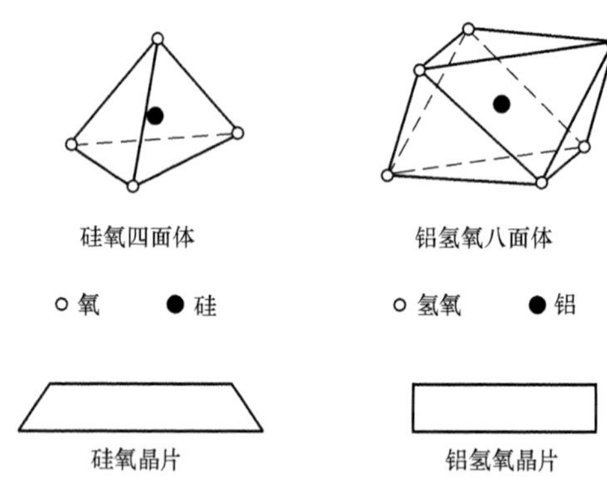

图 1-3　黏土矿物的晶片示意图

（2）次生矿物。由母岩岩屑经化学风化作用后形成新的矿物，主要是黏土矿物。它们颗粒细小，呈片状，是黏性土的主要成分，由于其粒径非常小，具有很大的比表面积，与水作用能力很强，能发生一系列复杂的物理、化学变化。黏土矿物的微观结构，由两种原子层（晶片）构成（见图 1-3）。一种是由 Si—O 四面体构成的硅氧晶片，另一种由 Al—OH 八面体构成的铝氢氧晶片。根据两种晶片结合的情况不同，黏土矿物可分为蒙脱石、伊利石和高岭石三种类型。

①蒙脱石。它的构造如图 1-4（a）所示，由于两结构单元之间没有氢键，因此相互的联结弱，水分子可以进入两晶胞之间，从而改变晶胞之间的距离，甚至达到完全分散到单晶胞为止。因此，蒙脱石的亲水性最大，具有剧烈的吸水膨胀、失水收缩的特性。

②伊利石。它的构造如图 1-4（b）所示，部分 Si—O 四面体中的 Si 为 Al、Fe 所取代，损失的原子价由阳离子钾补偿。因此，晶格层组之间具有结合力，亲水性低于蒙脱石。

③高岭石。它的构造如图 1-4（c）所示，晶胞之间有氢键，相互联结力较强，晶胞之间的距离不易改变，水分子不能进入，因此，高岭石的亲水性最小。

（3）有机质。在自然界中的一般土，特别是淤泥质土中，通常含有一定数量的有机质，当其在黏性土中含量达到或超过 5%（在砂土中的含量达到或超过 3%）时，就开始对土的工程性质产生显著的影响，不宜作为填筑材料。

2. 土粒粒组

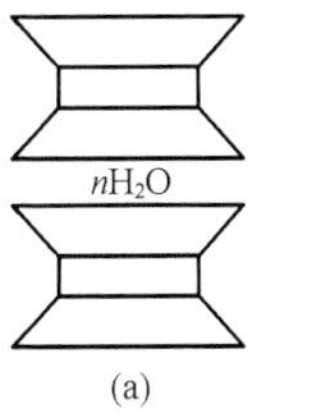

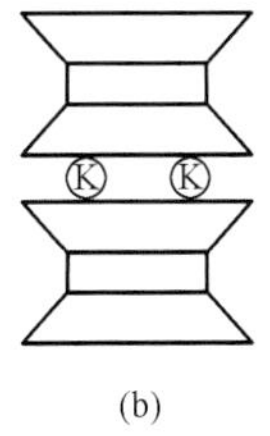

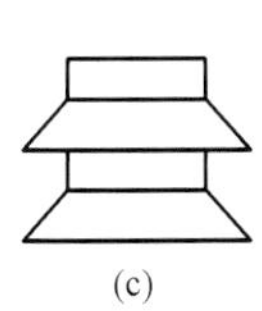

图 1-4　黏土矿物构造示意图
(a) 蒙脱石；(b) 伊利石；(c) 高岭石

在自然界中存在的土，都是由大小不同的土粒组成。土粒的粒径由粗到细逐渐变化时，土的性质相应的发生变化。土粒的大小称为粒度，通常以粒径表示。为了描述方便，在工程中常把大小、性质相近的土粒合并为一组，称为粒组。划分粒组的分界尺寸称为界限粒径。对于土的粒组划分方法，目前尚未统一。表 1-1 是摘录于《土的工程分类标准》(GB/T 5014—2007) 中规定的划分方法。

表 1-1　土粒粒组的划分

粒　组	颗粒名称		粒径 d 的范围 (mm)
巨　粒	漂石（块石）		$d>200$
	卵石（碎石）		$60<d\leqslant200$
粗　粒	砾粒	粗砾	$20<d\leqslant60$
		中砾	$5<d\leqslant20$
		细砾	$2<d\leqslant5$
	砂粒	粗砂	$0.5<d\leqslant2$
		中砂	$0.25<d\leqslant0.5$
		细砂	$0.075<d\leqslant0.25$
细　粒	粉粒		$0.005<d\leqslant0.075$
	黏粒		$d\leqslant0.005$

表 1-1 中所述各粒组特征的规律是：颗粒越细小，遇水的作用越强烈。所以，①毛细作用由无到毛细水上升高度逐渐增大；②透水性由大到小，甚至不透水；③逐渐由无黏性、无塑性到具有越来越大的黏性和塑性以及吸水膨胀等一系列特殊性质（结合水发育的结果）；④在力学性质上，强度逐渐减小，受外力时，易变性。

3. 土的颗粒级配

为了说明天然土的颗粒组成情况，不仅要理解土颗粒的粗细，而且要了解各种颗粒所占的比例。土中所含各粒组的相对含量，以土粒总重的百分数表示，称为土的颗粒级配或粒度分析。这是决定无黏性土的重要指标，是粗粒土的分类定名的标准。

确定土中各个粒组相对含量的方法称为土的颗粒分析试验。对于粒径大于 0.075mm 的粗粒土，可用筛分法。对于粒径小于 0.075mm 的细粒土，则可用沉降分析法。通常上述两种方法联合使用。

(1) 筛析法。将风干、分散的代表性土样通过一套标准筛子（如孔径：60、40、20、10、5、2、1、0.5、0.25、0.1、0.075mm)，称出留在各个筛子上的土的重量，即可求得各个粒组的相对含量，即土的颗粒级配。

(2) 沉降分析法。可用密度计法（也称比重计法）和移液管法（也称吸管法）测定，适用于土粒直径小于 0.075mm 的土。

密度计法的主要仪器为土壤密度计和容积为 1000mL 量筒。根据土粒直径大小不同，在水中沉降的速度也有不同的特性，将密度计放入悬液中，测记 0.5、1、2、5、15、30、60、120min 和 1440min 的密度计读数，计算而得。

根据颗粒分析试验结果，可以绘制土的粒径级配曲线，如图 1-5 所示，纵坐标表示小于（或大于）某粒径的土重（累计百分）含量；横坐标表示土的粒径，由于土粒粒径值域很宽，因此采用对数尺度。

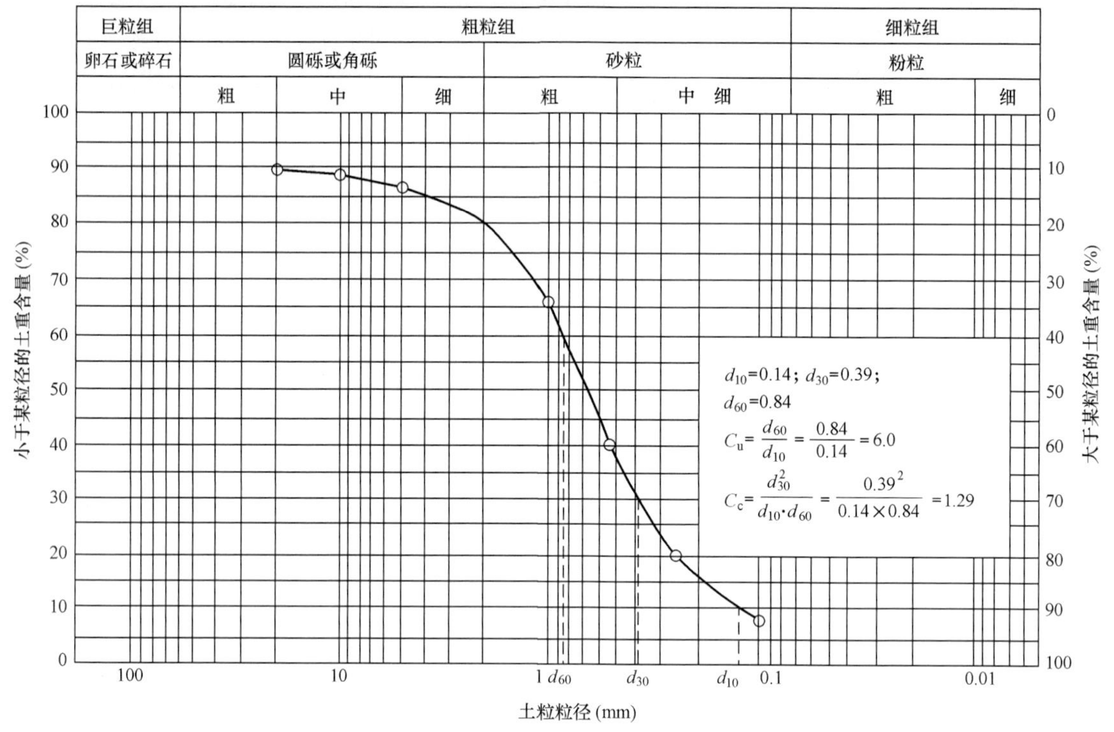

图 1-5 颗粒级配累计曲线

在颗粒级配累计曲线上，可确定两个描述土的级配的指标，即不均匀系数 C_u 和曲率系数 C_c。

不均匀系数 C_u

$$C_u=\frac{d_{60}}{d_{10}} \tag{1-1}$$

曲率系数 C_c

$$C_c=\frac{d_{30}^2}{d_{10}\cdot d_{60}} \tag{1-2}$$

式中 d_{10}、d_{30}、d_{60}——相当于小于某粒径的土粒重量累计百分数为 10%、30%、60%时相应的粒径；其中，d_{10} 称为有效粒径；d_{30} 称为中值粒径；d_{60} 称为限定粒径。

可见，不均匀系数 C_u 反映了大小不同粒组的分布情况，当 C_u 很小时曲线很陡，表示土均匀；当 C_u 很大时曲线平缓，表示土的级配良好。曲率系数 C_c 描述了级配曲线的整体形态，反映了限制粒径 d_{60} 和有效粒径 d_{10} 之间各粒组含量的分布情况。

一般情况下，工程上把 C_u 小于 5 的土看作是均匀的，属级配不良；C_u 大于 10 的土则是不均匀的，即级配良好。

C_c 值在 1～3 之间的土粒级配较好，C_c 值小于 1 或大于 3 的土，累计曲线都是明显弯曲（凹面朝下或朝上）而成阶梯状，粒度成分不连续，主要由大颗粒和小颗粒组成，缺少中间颗粒。

当砾类土和砂类土同时满足 $C_u \geqslant 5$ 且 $C_c = 1 \sim 3$ 两个条件时，则为级配良好；若不能同时满足，则为级配不良。对于级配良好的土，较粗颗粒间的孔隙被较细的颗粒所填充，这一连锁填充效应，使得土的密实度较好，此时，地基土的强度和稳定性较好，透水性和压缩性也较小；而用作为填方工程的建筑材料，则比较容易获得较大的密实度，是堤坝或其他土建工程良好的填方用土。

二、土中水

土的液相是指存在于土孔隙中的水，土中的水可以处于液态、固态或气态。固态水又称为矿物内部结晶水或内部结合水，是指存在于土粒矿物的晶体格架内部或是参与矿物构造的水，它只有在比较高的温度下（80～680℃）才能化为气态而与土粒分离，从工程性质上分析，可以把矿物内部结合水当做矿物颗粒的一部分。而一般液态水可视为中性的、无色、无味的液体。实际上，土中水是成分复杂的电解质水溶液，它与土粒有着复杂的相互作用，根据水与土相互作用程度的强弱，可将土中液态水分为结合水和自由水两大类。

1. 结合水

当土粒与水相互作用时，土粒会吸附一部分水分子，在土粒表面形成一定厚度的水膜，称为结合水。结合水是指受电分子吸引作用吸附于土粒表面的土中水。这种电分子吸引力高达几千到几万个大气压，使水分子和土粒表面牢固地黏结在一起。由于土粒表面一般带有负电荷，围绕土粒形成电场，在土粒电场范围内的水分子和溶液中的阳离子（如 Na^+、Ca^{2+}、Al^{3+} 等）一起被吸附在土粒表面。因为水分子是极性分子，它被土粒表面的电荷或水溶液中离子电荷吸引而定向排列。它又可细分为强结合水和弱结合水两种，如图 1-6 所示。

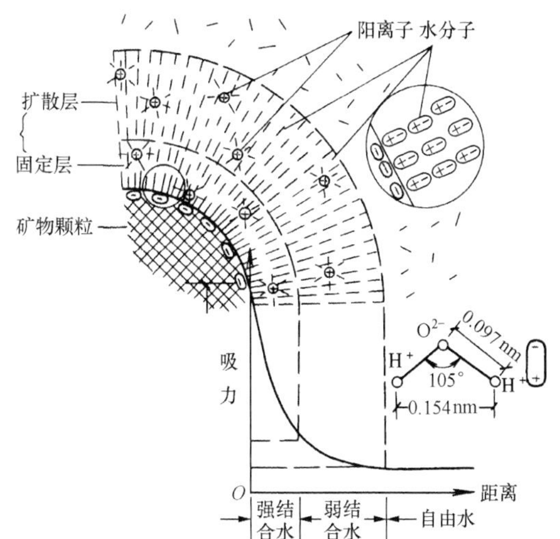

图 1-6　结合水定向排列及其所受电分子变化简图

土粒周围水溶液中的阳离子，一方面受到土粒所形成的电场的静电引力作用，另一方面又受到布朗运动（热运动）的扩散力作用。这两种相反的作用的结果，使土粒周围的极性水分子和阳离子呈不均匀分布。在最靠近土粒表面处，静电引力最强，把水化离子和极性水分子牢固地吸附在颗粒表面上，形成固定层。在固定层外围，静电引力比较小，因此水化离子和极性水分子的活动性比在固定层中大些，形成扩散层。固定层和扩散层中所含的阳离子（亦称反离子）与土粒表面的负电荷一起构成双电层。

越靠近土粒表面的水分子，受土粒表面的吸引力越强，与正常水的性质差别越大。因此，按这种吸引力的强弱，结合水进一步可分为强结合水和弱结合水。

（1）强结合水，是指紧靠土粒表面的结合水膜，也称吸着水。厚度只有几个水分子厚，小于 0.003μm（1μm=0.001mm）。与普通水不同的是：没有溶解盐的能力，不传递静水压力，只有吸热变成蒸汽时才能移动，这种水极为牢固地结合在土粒表面，其性质接近固体，密度（ρ_w）为 1.2～2.4g/cm^3，100℃不蒸发，并具有很大的黏滞性、弹性和抗剪强度。当黏土中只含有强结合水时呈坚硬状态。

（2）弱结合水，是指紧靠于强结合水的外围而形成的结合水膜，亦称薄膜水。这种水在强结合水外侧，也是由黏土表面的电分子力吸引的水分子，其厚度小于 0.5μm，密度（ρ_w）为 1.0～1.7g/cm^3。弱结合水也不传递静水压力，呈黏滞体状态，这部分水对土的黏性影响最大。

2. 自由水

自由水是存在于土粒表面电场影响范围以外的水，它的性质和正常水一样，能传递静水压力，冰点为 0℃，有溶解盐的能力。自由水按所受作用力的不同，又可分为重力水和毛细水两种。

（1）重力水。重力水是存在于地下水位以下的透水层中的地下水。当存在水头差时，它将产生流动，对土颗粒具有浮力作用，重力水的渗流特征，是地下工程排水和防水工程的主要控制因素之一，对土中的应力状态和开挖基槽、基坑以及修筑地下构筑物有重要的影响。

（2）毛细水。毛细水是存在于地下水位以上，受到水与空气交界面处表面张力作用的透水层中的自由水。毛细水按其与地下水面是否联系可分为毛细悬挂水（与地下水无直接联系）和毛细上升水（与地下水相连）两种。毛细水的上升高度与土粒粒度成分有关。

在工程中，毛细水的上升高度和速度对于建筑物地下部分的防潮措施和地基土的浸湿、冻胀等有重要影响，此外，在干旱地区，地下水中的可溶性盐随毛细水上升后不断蒸发，盐分便积聚于近地表处而形成盐渍土。

三、土中气体

土中气体存在于土孔隙中未被水填充的部位。土中气体的存在形式可分为下面两种。

1. 自由气体

这种气体为与大气相连通的气体，随着外界条件改变与大气有交换作用，处于动平衡状态，其含量的多少取决于土孔隙的体积和水填充的程度。它一般对土的性质影响较小。

2. 封闭气泡

封闭气泡与大气隔绝，存在黏性土中，当土层受荷载作用时，封闭气泡缩小，卸荷时又膨胀，使土体具有弹性，称为“橡皮土”，使土体的压实变得困难，若土中封闭气泡很多，土的渗透性将降低。

土中气体的成分与大气成分比较，主要区别在于土中气体含有更多的 CO_2，较少的 O_2，较多的 N_2，土中气体与大气的交换越困难，两者的差别越大。

对于淤泥和泥炭等有机质土，由于微生物的分解作用，在土中积蓄了某种可燃气体（如硫化氢、甲烷等），使土层在自重作用下长期得不到压密，而形成高压缩性土层。

1.2.2　土的结构和构造

很多试验资料表明，同一种土，原状土样和重塑土样的力学性质差别很大。也就是说，土的组成成分不是决定土的性质的全部因素，土的结构和构造对土的性质也有很大的影响。

一、土的结构

在岩土工程中，土的结构是指土粒单元的大小、形状、互相排列及其联结关系等因素形成的综合特征。一般分为单粒结构、蜂窝结构和絮凝结构三种基本类型。

1. 单粒结构

单粒结构是由粗大土粒在水中或空气中下沉而形成的，全部由砂粒及更粗土粒组成的土都具有单粒结构。在单粒结构中，土粒的粒度和形状，土粒在空间的相对位置决定其密实度。因此，这类土的孔隙比的值域变化较宽。同时，因颗粒较大，土粒间的分子吸引力相对很小，颗粒间几乎没有联结。只是在浸润条件下（潮湿而不饱和），粒间会有微弱的毛细压力联结。

单粒结构可以是疏松的，也可以是紧密的，如图1-7所示。呈紧密状态单粒结构的土，由于其土粒排列紧密，在动、静荷载作用下都不会产生较大的沉降，所以强度较大，压缩性较小，一般是良好的天然地基。具有疏松单粒结构的土，其骨架是不稳定的，当受到震动及其他外力作用时，土粒易发生移动，土中孔隙减少，引起土的很大变形。因此，这种土层如未经处理一般不宜作为建筑物的地基。

2. 蜂窝结构

蜂窝结构主要是由粉粒（0.005～0.075mm）组成的土的结构形式。据研究，粒径为0.005～0.075mm的土粒在水中沉积时，基本上是以单个土粒下沉，当碰上已沉积的土粒时，由于它们之间的相互引力大于其重力，因此，土粒就停留在最初的接触点上不再下沉，逐渐形成土粒链。土粒链组成弓架结构，形成具有很大孔隙的蜂窝结构，如图1-8所示。具有蜂窝结构的土有很大孔隙，但由于弓架作用和一定程度的粒间联结，使其可承担一般的水平静荷载。但当其承受较高水平荷载或动力荷载时，其结构将破坏，导致严重的地基沉降。

(a)

(b)

图1-7　土的单粒结构
(a) 疏松结构；(b) 紧密结构

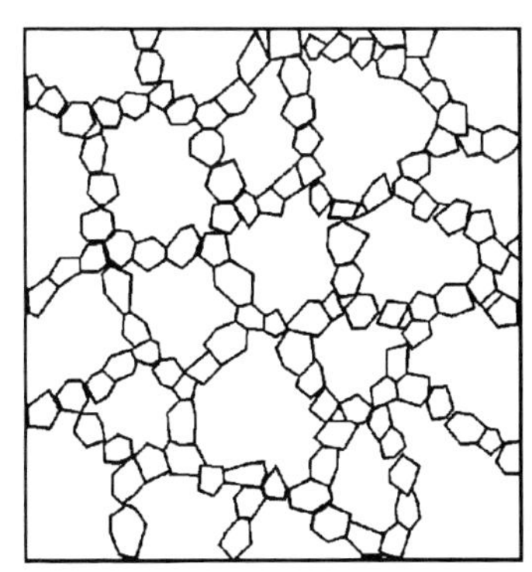

图1-8　土的蜂窝结构

3. 絮凝结构

对于更为细小的黏土颗粒（粒径小于0.005mm）。其重力作用很小，能够在水中长期悬浮，不因自重下沉。这时，黏土颗粒与水作用产生的粒间作用力就突显出来。粒间作用力既

图 1-9 土的絮凝结构

有排斥力也有吸引力，且随着粒间距离减小而增加，但增长的速率不尽相同。这种土粒在水中运动，相互碰撞而吸引逐渐形成小链环状的土集粒，质量增大而下沉，当一个小链环碰到另一小链环时相互吸引，不断扩大形成大链环状，称为絮凝结构。因小链环中已有孔隙，大链环中又有更大孔隙，形象地称为二级蜂窝结构，此种絮凝结构在海积黏土中较常见，如图 1-9 所示。

上述三种结构中，以密实的单粒结构土的工程性质最好，蜂窝结构其次，絮凝结构最差。具有蜂窝结构和絮凝结构的黏性土，一般不稳定，在外力作用下（如施工扰动），土粒之间的联结脱落，造成结构破坏，强度迅速降低，但土粒之间的联结强度（结构强度）往往由于长期的压密和胶结作用而得到加强。可见，黏粒间的联结特征，是影响这类土工程性质的主要因素之一。

二、土的构造

在同一层土中的物质成分和颗粒大小都相近的各部分之间的相互关系的特征称为土的构造，是土表现出来的宏观特征，常见的有下列几种。

(1) 层状构造。这是细粒土的一个重要特征。它是土的生成过程中，由于不同阶段沉积的物质成分、颗粒大小或颜色不同，而竖向呈现的成层特征，常见的有水平层理构造和交错层理构造。

(2) 分散构造。土层中土粒分布均匀，性质相近，如砂与卵石层为分散构造。

(3) 结核状构造。在细粒土中混有粗颗粒或各种结核，如含礓石的粉质黏土、含砾石的冰碛黏土等，均属结构状构造，其工程性质好坏取决于细粒土部分。

(4) 裂隙状构造。土体中有很多不连续的小裂隙，某些坚硬状态的黏土为此种构造，如黄土的柱状裂隙。裂隙的存在大大降低土体的强度和稳定性，增大渗透性，工程性质差。

§1.3 土的物理性质指标

土的物理性质指标直接反映土的松密、软硬等物理状态，也间接反映土的工程性质，而土的松密和软硬程度主要取决于土的三相组成的重量和体积之间的比例关系。因此，研究土的物理性质就必须分析土的三相比例关系，以及其在体积或质量上的相对比值。表示土的三相比例关系的指标，称为土的三相比例指标。它是评价土的工程性质的最基本的物理指标，也是工程勘察报告中不可缺少的基本内容。

土的物理指标可分为两类：一类是必须通过试验测定的，如含水量、密度和土粒比重；另一类是可以根据试验测定的指标换算的，如孔隙比、孔隙率和饱和度等。

1.3.1 指标的定义

为了阐述和标记方便，把自然界中土的三相混合分布的情况分别集中起来如下。

固相集中于下部，液相居中部，气相集中于上部，并按适当的比例画一个草图，左边标出各相的质量，右边标明各相的体积，如图 1-10 所示。图中各符号意义见图注说明。

气体的质量相对甚小，可以忽略不计。

一、三个基本物理指标

三个基本物理指标是指土的密度（ρ）、土粒比重（G_s）和土的含水量（w），均由实验室直接测定其数值。

1. 土的密度（天然密度）

土的总质量与总体积之比，即单位体积土的质量，为土的密度（ρ），单位是g/cm³，即

$$\rho=\frac{\text{土的总质量}}{\text{土的总体积}}=\frac{m}{V} \tag{1-3}$$

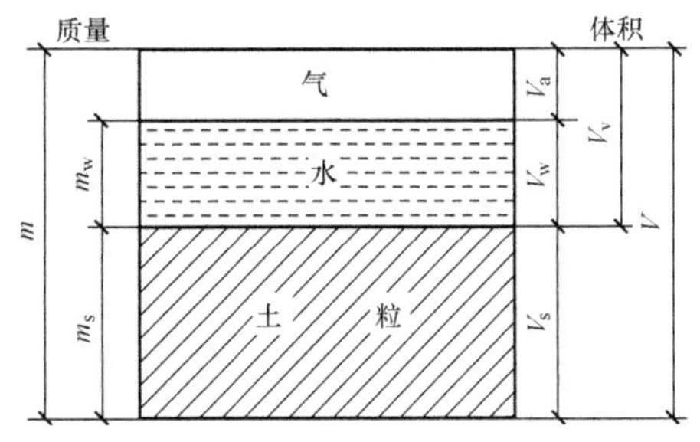

图 1-10　土的三相比例关系示意图

m_s—土中固体颗粒质量；m_w—土中水的质量；m—土的总质量，$m=m_s+m_w$；V_s、V_w、V_a—土中固体颗粒、土中水、土中空气的体积；V_v—土中孔隙体积：$V_v=V_w+V_a$；V—土的总体积

天然状态下土的密度变化范围较大。一般为ρ=1.8～2.0g/m³。土的密度测定方法一般采用"环刀法"，用一个圆环刀（刀刃向下）放置在削平的原状土样面上，垂直用力压环刀，边压边削去环刀周围的土至伸出环刀口为止，削去两端余土，使之与环刀口面齐平，称出环刀内土样质量，求得它与环刀容积的比值即为密度值。

2. 土粒比重

土中固体颗粒质量与同体积 4℃时的纯水质量之比，称为土粒比重（土粒相对密度），用 $G_s(d_s)$ 表示，无量纲，即

$$G_s=\frac{\text{固体颗粒的质量}}{\text{同体积 4℃ 纯水质量}}=\frac{\frac{m_s}{V_s}}{\rho_{w1}}=\frac{\rho_s}{\rho_{w1}} \tag{1-4}$$

式中　ρ_s——土粒密度，即土粒单位体积的质量，g/cm³；

ρ_{w1}——4℃时水的密度，其值为 1g/cm³ 或 1000kg/m³。

一般情况下，土粒比重在数值上等于土粒密度，但两者含义不同，前者是两种物质的质量之比或密度之比，无量纲；而后者是土粒的质量密度，有单位。土粒比重可采用"比重瓶法"测定，将风干碾碎的土样注入比重瓶内，由排出同体积的水的质量原理测定土颗粒的体积 V_s。土粒比重 G_s 的数值大小取决于土的矿物成分，变化幅度不大，一般可参考表 1-2 取值。

表 1-2　　土粒比重参考值

土的名称	砂类土	粉性土	黏性土	
			粉质黏土	黏土
土粒比重	2.65～2.69	2.70～2.71	2.72～2.73	2.74～2.76

3. 土的含水量（含水率）

土中水的质量与土中颗粒质量之比称为土的含水量（w），用百分数表示，即

$$w=\frac{\text{水的质量}}{\text{固体颗粒质量}}=\frac{m_w}{m_s}\times 100\% \tag{1-5}$$

含水量是标志土含水程度（湿度）的一个重要物理指标。一般天然土层的含水量变化范围很大，它与土的种类、埋藏条件及其所处的自然环境等因素有关。一般砂土的含水量不超过 40%，黏土大多在 10%～80%之间。一般来说，含水量越小，土越干；反之土越湿。

同一类土（尤其是细粒土），当含水量增大时，则强度降低。土的含水量对黏性土、粉土的性质影响较大，对粉砂、细砂稍有影响，而对碎石土等几乎没有影响。

用“烘干法”测定土的含水量，适用于黏性土、粉土与砂土等常规试验。先称出原状土样的湿土质量，然后置于烘干箱内维持105℃烘至恒温，再称干土质量，湿、干土质量之差与干土质量的比值即为土的含水量。

二、反映土的松密程度、含水程度的指标

1. 土的孔隙比

土中孔隙体积与固体颗粒的体积之比称为土的孔隙比（e），用小数表示，即

$$e=\frac{\text{孔隙体积}}{\text{固体颗粒体积}}=\frac{V_v}{V_s} \tag{1-6}$$

2. 土的孔隙率

土中孔隙体积与总体积之比称为土的孔隙率（n），用百分数表示，即

$$n=\frac{\text{孔隙体积}}{\text{土体总体积}}=\frac{V_v}{V}\times 100\% \tag{1-7}$$

土的孔隙比和孔隙率都是反映土体松密程度的重要物理性质指标，在一般情况下，e 小于0.6的土是密实的，土的压缩性小；e 大于1.0的土是疏松的，土的压缩性高。土的孔隙率常见值为30%～50%。孔隙比和孔隙率都是表示孔隙体积含量的概念，两者有如下关系。

$$n=\frac{e}{1+e} \tag{1-8}$$

或者

$$e=\frac{n}{1-n} \tag{1-9}$$

3. 土的饱和度

土中水的体积与孔隙体积之比称为土的饱和度（S_r），用百分数表示，即

$$S_r=\frac{\text{水的体积}}{\text{孔隙体积}}=\frac{V_w}{V_v}\times 100\% \tag{1-10}$$

土的饱和度反映了土中孔隙被水充满的程度，饱和度越大，表明土中孔隙充水越多；干燥时 $S_r=0$，孔隙全部被水填充时，$S_r=100\%$。在工程上，通常根据饱和度将砂土的湿度划分为三种状态：稍湿，$S_r\leqslant 50\%$；很湿，$50\%<S_r<80\%$；饱和，$S_r\geqslant 80\%$。

三、特定条件下土的密度（重度）

1. 土的干密度

单位体积土中固体颗粒部分的质量，称为土的干密度，并以 ρ_d 表示，单位 g/cm^3，即

$$\rho_d=\frac{\text{固体颗粒质量}}{\text{土的总体积}}=\frac{m_s}{V} \tag{1-11}$$

土的干密度一般为1.3～1.8g/cm^3。一般干密度达到1.6g/cm^3 以上时，土就比较密实。在工程上常把干密度作为评定土体密实程度的标准，以控制填土工程，包括土坝、路基和人工压实地基的施工质量。

2. 土的饱和密度

土中孔隙全部充满水时的单位体积质量称为土的饱和密度（ρ_{sat}），即

$$\rho_{sat}=\frac{\text{孔隙全部充满水的总质量}}{\text{土体总体积}}=\frac{m_s+V_v\rho_w}{V} \tag{1-12}$$

式中 ρ_w——水的密度，近似等于 $\rho_{w1}=1$g/cm^3，常见值为1.8～2.3g/cm^3。

3. 土的有效密度

在地下水位以下，单位体积土中土粒质量和同体积水的质量之差，称为有效密度，并以 ρ' 表示，单位为 g/cm³，即

$$\rho' = \frac{m_s - V_s\rho_w}{V} \tag{1-13}$$

由此可见，同一种土在体积不变的情况下，它的各种密度在数值上有如下关系：

$$\rho' < \rho_d < \rho < \rho_{sat} < \rho_s$$

另外，在计算自重应力时，须采用土的重力密度，即重度，土的湿重度 γ、干重度 γ_d、饱和重度 γ_{sat}、有效重度 γ'，可按下列公式计算。

$$\gamma = \rho \times g; \gamma_d = \rho_d \times g; \gamma_{sat} = \rho_{sat} \times g; \gamma' = \rho' \times g$$

式中：g 为重力加速度，各重度指标单位为 kN/m³。

下面结合例题进一步说明土的物理性质指标的计算。

【例 1-1】 某建筑地基土样，用体积为 100cm³ 的环刀取样试验，用天平称湿土的质量为 241.0g，环刀质量为 55.0g，烘干后土样质量为 162.0g，土粒比重为 2.70。计算该土样的物理性质指标 ω，s_r，e，n，ρ，ρ_{sat} 和 ρ'。

解 首先绘制三相关系示意图，如图 1-10 所示，由题可知 $m=241-55=186$g

因为 $$m_s = 162\text{g}$$

所以 $$m_w = m - m_s = 24\text{g} \quad v_w = 24\text{cm}^3$$

又知 $$G_s = \frac{m_s}{v_s} = 2.7$$

故 $$v_s = \frac{162}{2.7} = 60\text{cm}^3$$

孔隙体积 $v_v = v - v_s = 100 - 60 = 40\text{cm}^3$

气体体积 $v_a = v_v - v_w = 40 - 24 = 16\text{cm}^3$

1）含水量 $w = \dfrac{m_w}{m_s} = \dfrac{24}{162} = 14.8\%$

2）饱和度 $s_r = \dfrac{v_w}{v_v} \times 100\% = \dfrac{24}{40} \times 100\% = 60\%$

3）孔隙比 $e = \dfrac{v_v}{v_s} = \dfrac{40}{60} = 0.67$

4）孔隙率 $n = \dfrac{v_v}{v} \times 100\% = \dfrac{40}{100} \times 100\% = 40\%$

5）天然密度 $\rho = \dfrac{m}{v} = \dfrac{186}{100} = 1.86\text{g/cm}^3$

6）饱和密度 $\rho_{sat} = \dfrac{m_w + m_s + \rho_w v_a}{v} = \dfrac{24 + 162 + 16}{100} = 2.02\text{g/cm}^3$

7）有效密度 $\rho' = \rho_{sat} - \rho_w = 2.02 - 1 = 1.02\text{g/cm}^3$

根据各物理性质指标的定义，利用三相比例关系图，可以便捷地计算所需的物理性质指标。因此，土的物理性质指标计算是工程技术人员的一项基本功，要求熟练掌握。

1.3.2　指标的换算

由上述可知，通过土工试验可以直接测定土的密度（ρ）、土粒比重（G_s）和土的含水量（w）三个基本物理性质指标，其余物理性质指标，均可以通过三相比例关系图求得。

在推导换算各指标时，常采用三相比例指标换算图（见图 1-11），通常设定 $V_s = 1$（这

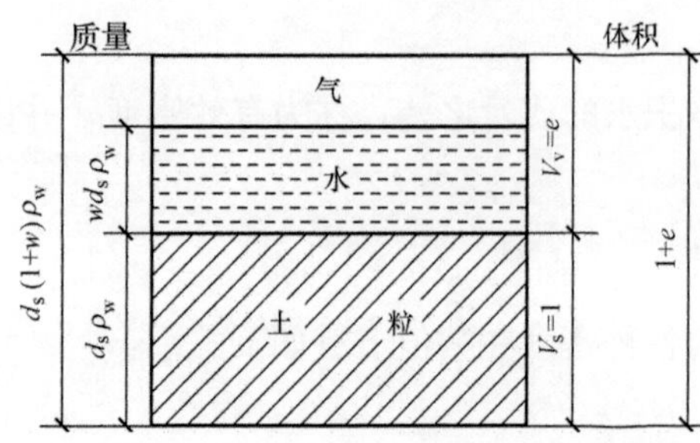

图 1 - 11 土的三相物理指标换算图

样常可使计算简化，因为土的三相之间是相对的比例关系），$\rho_w=\rho_{w1}$，则 $V_v=e$，$V=1+e$，$m_s=V_sG_s\rho_w=G_s\rho_w$，$m_w=wm_s=wG_s\rho_w$，$m=G_s(1+w)\rho_w$。则可推导出

$$\rho=\frac{m}{V}=\frac{G_s(1+w)\rho_w}{1+e} \quad (1-14)$$

$$\rho_d=\frac{m_s}{V}=\frac{G_s\rho_w}{1+e}=\frac{\rho}{1+w} \quad (1-15)$$

由上式可得

$$e=\frac{d_s\rho_w}{\rho_d}-1=\frac{d_s\rho_w(1+w)\rho_w}{\rho_d}-1 \quad (1-16)$$

$$\rho_{sat}=\frac{m_s+V_v\rho_w}{V}=\frac{(d_s+e)\rho_w}{1+e} \quad (1-17)$$

$$\rho'=\frac{m_s-V_s\rho_w}{V}=\frac{m_s-(V-V_v)\rho_w}{V}=\frac{m_s+V_v\rho_w-V\rho_w}{V}=\rho_{sat}-\rho_w \quad (1-18)$$

$$n=\frac{V_v}{V}=\frac{e}{1+e} \quad (1-19)$$

$$S_r=\frac{V_w}{V_v}=\frac{m_w}{V_w\rho_w}=\frac{wd_s}{e} \quad (1-20)$$

土的三相比例指标换算公式见表 1 - 3。

表 1 - 3　　土的三相比例指标换算公式

名称	符号	三项比例表达式	常用换算公式	单位	常见的取值范围
土粒比重	G_s	$G_s=\frac{m_s}{V_s\rho_{w1}}$	$G_s=\frac{S_re}{w}$		黏性土：2.72～2.75 粉土：2.70～2.71 砂土：2.65～2.69
含水量	w	$w=\frac{m_w}{m_s}\times100\%$	$w=\frac{S_re}{G_s}$ $w=\frac{\rho}{\rho_d}-1$		20%～60%
密度	ρ	$\rho=\frac{m}{V}$	$\rho=\rho_d(1+w)$ $\rho=\frac{G_s(1+w)}{1+e}\cdot\rho_w$	g/cm³	1.6～2.0
干密度	ρ_d	$\rho_d=\frac{m_s}{V}$	$\rho_d=\frac{\rho}{1+w}$ $\rho_d=\frac{d\rho_w}{1+e}$	g/cm³	1.3～1.8
饱和密度	ρ_{sat}	$\rho_{sat}=\frac{m_s+V_v\rho_w}{V}$	$\rho_{sat}=\frac{G_s+e}{1+e}\cdot\rho_w$	g/cm³	1.8～2.23
浮密度	ρ'	$\rho'=\frac{m_s-V_s\rho_w}{V}$	$\rho'=\rho_{sat}-\rho_w$ $\rho'=\frac{d_s-1}{1+e}\cdot\rho_w$	g/cm³	0.8～1.3
重度	γ	$\gamma=\rho\cdot g$	$\gamma=\frac{G_s(1+w)}{1+e}\cdot\gamma_w$	kN/m³	16～20

续表

名称	符号	三项比例表达式	常用换算公式	单位	常见的取值范围
干重度	γ_d	$\gamma_d = \rho_d \cdot g$	$\gamma_d = \frac{G_s}{1+e} \cdot \gamma_w$	kN/m^3	13～18
饱和重度	γ_{sat}	$\gamma_{sat} = \rho_{sat} \cdot g$	$\gamma_{sat} = \frac{G_s + e}{1+e} \cdot \gamma_w$	kN/m^3	18～23
浮重度	γ'	$\gamma' = \rho' \cdot g$	$\gamma' = \frac{G_s - 1}{1+e} \cdot \gamma_w$	kN/m^3	8～13
孔隙比	e	$e = \frac{V_v}{V_s}$	$e = \frac{G_s \rho_w}{\rho_d} - 1$ $e = \frac{G_s(1+w)\rho_w}{\rho} - 1$		黏性土和粉土：0.40～1.20 砂土：0.3～0.9
孔隙率	n	$n = \frac{V_v}{V} \times 100\%$	$n = \frac{e}{1+e}$ $n = 1 - \frac{\rho_d}{G_s \rho_w}$		黏性土和粉土：30%～60% 砂土：25%～45%
饱和度	S_r	$S_r = \frac{V_w}{V_v} \times 100\%$	$S_r = \frac{w G_s}{e}$ $S_r = \frac{w \rho_d}{n \rho_w}$		0～100%

§1.4　土的物理状态指标

本节将对土的物理状态指标进行阐述，为进一步研究土的松密和软硬，按两大类土分别进行阐述。

1.4.1　无黏性土的密实度

无黏性土一般指砂土、碎石类土，呈单粒结构，不具有可塑性。其物理状态主要取决于土的密实程度，因此，工程中将密实度作为判定其工程性质的重要指标。它综合反映了无黏性土颗粒的岩石和矿物组成，颗粒级配、颗粒形状和排列等对其工程性质的影响。一般来说，无黏性土呈密实状态时，强度较大，是良好的天然地基；呈松散状态则是一种软弱地质，尤其是饱和的粉、细砂，稳定性很差，在振动荷载作用下有可能发生液化现象。

一、砂土的密实度

1. 以孔隙比为标准划分

判别无黏性土密实度最简单的方法，是用孔隙比（e）来描述，孔隙比大，表示土中孔隙大，则土疏松。一般来说，e 小于 0.6，属密实的砂土，是良好的天然地基；当 e 大于 0.95 时，为松散状态，不宜作为天然地基。但此方法的不足之处在于要求采取原状砂样测定天然孔隙比。

国内许多学者收集了大量砂土资料，得出了按孔隙比 e 确定砂土密实度的标准，见表1-4。

表 1-4　　按孔隙比划分砂土的密实状态

密实度 / 土类	密　实	中　密	稍　密	松　散
砾砂、粗砂、中砂	$e<0.6$	$0.60\leqslant e\leqslant 0.75$	$0.75<e\leqslant 0.85$	$e>0.85$
细砂、粉砂	$e<0.7$	$0.70\leqslant e\leqslant 0.85$	$0.85<e\leqslant 0.95$	$e>0.95$

2. 以相对密度（D_r）为标准划分

由于孔隙比未能考虑级配的因素，为了克服用孔隙比对级配不同的砂土难以准确判别的缺陷，引入了相对密实度的概念。

相对密实度的表达式为

$$D_r=\frac{e_{max}-e}{e_{max}-e_{min}} \tag{1-21}$$

式中　e_{max}——砂土在最松散状态时的孔隙比，即最大孔隙比；

e_{min}——砂土在最密实状态时的孔隙比，即最小孔隙比；

e——砂土在天然状态下的孔隙比。

显然，当 $D_r=0$，即 $e=e_{max}$时，表示砂土处于最松散状态；$D_r=1$，即 $e=e_{min}$时，表示砂土处于最密实状态；因此，根据 D_r 值可把砂土的密实状态分为三种，见表 1-5。

表 1-5　　按相对密实度 D_r 划分砂土密实度

密实度	松　散	中　密	密　实
D_r	$D_r\leqslant 1/3$	$1/3<D_r\leqslant 2/3$	$2/3<D_r\leqslant 1$

从理论上讲，相对密实度的理论比较完整，也是国际上通用的划分砂类土密实度的方法，但测定试验方法存在原状土的采用问题，最大、最小孔隙比测定人为因素很大。所以，目前，国内外已广泛使用标准贯入试验的锤击数来划分砂土的密实度。

3. 以标准贯入试验锤击数 N 为标准划分

为避免采取原状砂样的困难，我国现行国家标准《建筑地基基础设计规范》(GB50007—2011) 采用标准贯入试验的锤击数 N 来评价砂类土的密实度，据此将砂土分为松散、稍密、中密和密实四种密实度，其划分标准见表 1-6。

表 1-6　　按标准贯击数 N 划分砂土密实度

密实度	密　实	中　密	稍　密	松　散
贯入击数	$N>30$	$30\geqslant N>15$	$15\geqslant N>10$	$N\leqslant 10$

注　1. 当用静力触探探头阻力判定砂土的密度时，可根据当地经验确定。

2. 表中的 N 值为未经过修正的数值。

二、碎石土的密实度的野外鉴别

对于大颗粒含量较多的碎石土，其密实度很难做室内试验或原位触探试验，可按表 1-7 的野外鉴别方法来划分。

表 1-7　碎石土密实度野外鉴别方法（GB 50007—2011）

密实度	骨架颗粒含量和排列	可挖性	可钻性
密实	骨架颗粒含量大于总重的 70%，呈交错排列，连续接触	锹、镐挖掘困难，用撬棍方能松动，井壁一般较稳定	钻进极困难，冲击钻探时，钻杆、吊锤跳动剧烈，孔壁较稳定
中密	骨架颗粒含量等于总重的 60%～70%，呈交错排列，大部分接触	锹、镐可挖掘，井壁有掉块现象，从井壁取出大颗粒处，能保持颗粒凹面形状	钻进较困难，冲击钻探时，钻杆、吊锤跳动不剧烈，孔壁有坍塌现象
稍密	骨架颗粒含量等于总重的 55%～60%，排列混乱，大部分不接触	锹可以挖掘，井壁易坍塌，从井壁取出大颗粒后，砂土立即坍落	钻进较容易，冲击钻探时，钻杆稍有跳动，孔壁易坍塌
松散	骨架颗粒含量小于总重的 55%，排列十分混乱，绝大部分不接触	锹易挖掘，井壁极易坍塌	钻进很容易，冲击钻探时，钻杆无跳动，孔壁极易坍塌

注　1. 骨架颗粒是指与表 1-11 相对应粒径的颗粒；
2. 碎石土的密实度应按表列各项要求综合确定。

1.4.2　黏性土的物理状态指标

一、黏性土的可塑性和界限含水量

所谓黏性土，就是具有可塑状态性质的土，可塑状态就是黏性土在某含水量范围内，外力作用下可塑成任何形状而不发生裂纹，并当外力移去后仍能保持既得的形状，土的这种性质叫做可塑性。

黏性土从一种状态转变为另一种状态的分界含水量称为界限含水量。界限含水量首先由瑞典科学家阿特堡（Atterberg）于 1911 年提出，因此，界限含水量又称为阿特堡界限。它对黏性土的分类及工程性质的评价有着重要意义，同一种黏性土随其含水量的不同而分别处于固态、半固态、可塑状态及流动状态，其界限含水量分别为缩限、塑限和液限，如图 1-12所示。土由可塑状态转变为流动状态的界限含水量称为液限（或塑性上限含水量），用符号 w_L 表示；土由半固态转变到可塑状态的界限含水量，称为塑限（或塑性下限含水量），用符号 w_P 表示；土由半固体状态不断蒸发水分，则体积继续逐渐缩小，直到体积不再收缩时，对应土的界限含水量叫缩限，用符号 w_S 表示。界限含水量都以百分数表示。

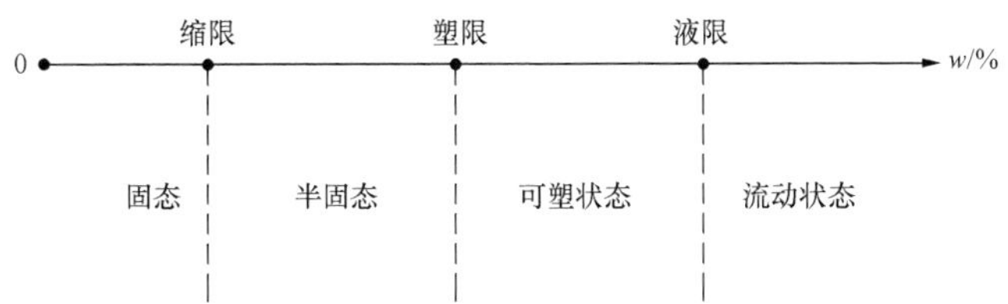

图 1-12　黏性土的物理状态和含水量的关系

目前，我国一般采用锥式液限仪（见图 1-13）来测定黏性的液限 w_L。将调成均匀的浓糊状试样装满盛土杯内，刮平杯口表面，将 76g 重的圆锥体轻放在试样表面的中心，使其在自重作用下沉入试样。如果圆锥体经 5s 恰好沉入深度为 10mm，这时杯内土样的含水量就是液限 w_L 值。为了避免放锥时的人为晃动影响，可采用电磁放锥的方法，这样可以提高测定精度。

欧美、日本等国家使用碟式液限仪（见图 1-14）来测定黏性土的液限。它是将调成浓糊状的试样装在碟内，刮平表面，再用开槽器在土中成槽，槽底宽度为 2mm，然后将碟子抬高 10mm，使碟自由下落，连续下落 25 次后，如土槽合拢长度为 13mm，该试样的含水量就是液限。

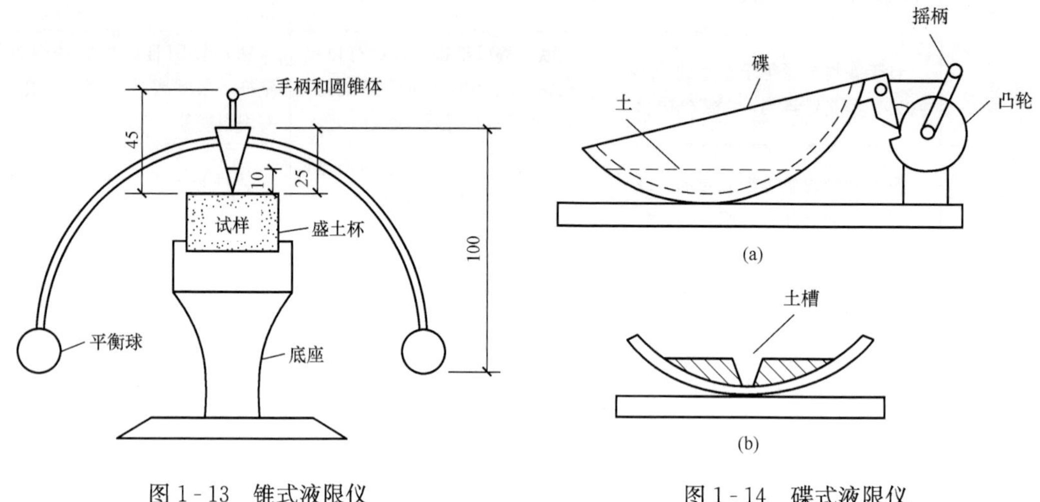

图 1-13　锥式液限仪　　　　图 1-14　碟式液限仪

黏性土的塑限 w_P 采用“搓条法”测定，把塑性状态的土重塑均匀后，用双手将天然湿度的土样搓成小圆球（球径小于 10mm），放在毛玻璃板上再用手掌慢慢搓滚成小土条，搓条过程中，水分渐渐蒸发，若土条搓到直径（d）为 3mm，恰好出现裂纹而自然断开，这时土条的含水量就是塑限 w_P 值。若土条 $d<3$mm 时不断或 $d>3$mm 时已断裂，说明土条含水量大于或小于塑限，将此土条丢弃，重新取土样滚搓。搓条法测塑限，如果手掌滚搓用力不易均匀，则测得的塑限值偏离，因而成果不稳定。因此，利用锥式液限仪联合测定液、塑限，实践证明可以取代搓条法。

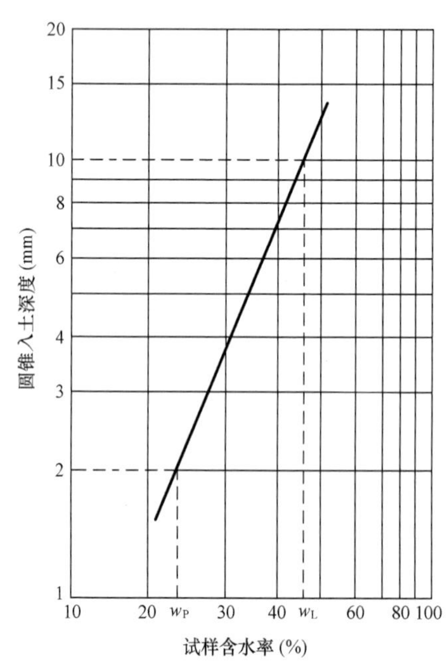

图 1-15　圆锥体入土深度与含水量的关系

联合测定法求液限、塑限是采用锥式液限仪对黏性土试样以电磁放锥，利用光电式测读锥入土中深度。试验时对不同的含水量进行若干次试验（一般为 3 组），并按测定结果在双对数坐标纸上作出 76g 圆锥仪的入土深度与含水量的关系曲线（见图 1-15）。试验资料表明，它接近于一条直线。则对应于圆锥仪入土深度为 10mm 和 2mm 时土样的含水量分别为该土的液限和塑限（方法详见国标《土工试验方法标准》）。

国内长期以来，以 76g 圆锥仪下沉深度 10mm 作为液限标准，但这与碟式液限仪测得的液限值不一致。国内外研究成果表明，取 76g 圆锥仪下沉深度 17mm 时的含水量与碟式液限仪测出的液限值相当。公路土工试验规程（JTJ051—1993）规定采用 100g 圆锥仪下沉深度 20mm 与碟式液限仪测出的液限值相当。

二、黏性土的塑性指数 I_P 和液性指数 I_L

1. 塑性指数

液限与塑限的差值，去掉百分数符号（%），称塑性指数，即土处在可塑状态的含水量变化范围，记为 I_P。

$$I_P=(w_L-w_P)\times 100 \tag{1-22}$$

由上式可知，I_P 表示土处于可塑状态的含水量范围大小，它与颗粒粗细、矿物成分和水中离子成分的浓度有关。I_P 越大，从土的颗粒来说，表明土粒越细且含量越多，则其比表面越大，土的结合水含量越高；从矿物成分来说，表明黏土矿物（蒙脱石类）含量越多，水化作用剧烈，结合水含量越高。在一定程度上，塑性指数综合反映了黏性土及其组成的基本特性。因此，在工程上常采用按塑性指数对黏性土进行分类。

2. 液性指数

黏性土的液性指数为天然含水量与塑限的差值和液限与塑限差值之比，用符号 I_L 表示，即

$$I_L=\frac{w-w_P}{w_L-w_P} \tag{1-23}$$

由上式可见，当 $w<w_P$ 时，液性指数 $I_L<0$，天然土处于坚硬状态；当 $w>w_L$，$I_L>1$，天然土处于流动状态；当 $w_P<w<w_L$，即 I_L 值在 0～1 之间，则天然土处于可塑状态。因此，利用液性指数 I_L 作为黏性土状态的划分指标。I_L 越大，土质越软，反之，土质越硬。

根据液性指数可把黏性土状态划分为坚硬、硬塑、可塑、软塑及流塑 5 种，见表 1 - 8。

表 1 - 8　　黏性土状态划分标准

状　态	坚　硬	硬　塑	可　塑	软　塑	流　塑
液性指数	$I_L\leqslant 0$	$0<I_L\leqslant 0.25$	$0.25<I_L\leqslant 0.75$	$0.75<I_L\leqslant 1.0$	$I_L>1.0$

三、黏性土的灵敏度、活动度和触变性

1. 灵敏度

天然状态下的黏性土，由于地质历史作用常具有一定的结构性，当土体受到外来因素的扰动时，其天然结构遭受破坏，土的强度降低和压缩性增大，黏性土结构性对强度的这种影响，一般用灵敏度 S_t 来衡量。土的灵敏度是以原状土的强度与该土经过重塑后的强度之比来表示，即

$$S_t=\frac{q_u}{q_u'} \tag{1-24}$$

式中　q_u——原状土的无侧限抗压强度，kPa；

　　q_u'——重塑土的无侧限抗压强度，kPa。

根据灵敏度可将饱和黏性土分为以下三类：

低灵敏　　$1<S_t\leqslant 2$

中灵敏　　$2<S_t\leqslant 4$

高灵敏　　$S_t>4$

土的灵敏度越高，其结构性越强，受土扰动后土的强度降低就越多，所以，在基础工

程施工中必须注意保护基槽，防止人来车往践踏基槽，破坏土的结构，以免降低地基强度。

2. 活动度

黏性土的塑性指数与土中胶粒含量百分数的比值，称为活动度，反映了黏性土中所含矿物的活动性，用符号 A 表示，即

$$A=\frac{I_{P}}{m} \tag{1-25}$$

式中 A——黏性土的活动度；

I_{P}——黏性土的塑性指数；

m——土中胶粒（$d<0.002$mm）含量百分数。

活动度反映黏性土中所含矿物的活动性。根据活动度的大小，黏土可分为以下三种。

不活动黏性土 $A<0.75$

正常黏性土 $0.75<A<1.25$

活动黏性土 $A>1.25$

3. 触变性

饱和黏性土的结构受到扰动时，结构产生破坏，土的强度降低，但当扰动停止后，土的强度又随时间而逐渐部分恢复。黏性土这种抗剪强度随时间恢复的胶体化学性质称为土的触变性。例如，在黏性土中打桩时，往往利用振扰的方法破坏桩侧土和桩间土的结构，以降低打桩的阻力，而打桩停止后，土的强度会部分恢复，使桩的承载力逐渐增大，这就是受土的触变性影响的结果。

饱和软黏土易于触变的实质在于黏性土强度主要来源于颗粒间的联结特征，即粒间电分子力产生的“原始黏聚力”和粒间胶结物产生的“固化黏聚力”。当土体被扰动时，这两类黏聚力被破坏，土体强度降低，但扰动破坏的外力停止后，被破坏的原始黏聚力可随时间部分恢复，因而强度有所恢复，由于固化黏聚力的破坏是无法在短时间内恢复的，所以，易于触变的土体，被扰动而降低的强度仅能部分恢复。

§1.5 土的压实性

土的压实性是指土体在不规则荷载作用下其密度增加的特性。土的压实性指标通常在室内采用击实试验测定。

1.5.1 土的击实试验和密实度

1. 击实试验和击实曲线

在实验室内进行击实试验，是研究土压实性的基本方法。土的压实程度可通过测量干密度的变化来反映。击实试验分轻型和重型两种。轻型击实试验适用于粒径小于 5mm 的黏性土，而重型击实试验采用大击实筒，当击实层数为 5 层时适用于粒径不大于 20mm 的土，当采用 3 层击实时，最大粒径不大于 40mm，且粒径大于 35mm 的颗粒含量不超过全重的 5%。击实试验所用的主要设备是击实仪，包括击实筒、击锤及导筒等。图 1-16 所示轻型和重型两种击实仪，分别用于标准击实试验和改进的击实试验，击实筒容积分别为 947.4cm^3 和 2103.9cm^3，击锤质量分别为 2.5kg 和 4.5kg，落高分别为 305mm 和 457mm。试验时，将

含水量 w 为一个定值的扰动土样分层（共3～5层）装入击实筒中，每铺一层后均用击锤按规定的落距和击次数（25次）锤击土样，最后被压实的土样充满击实筒。由击实筒的体积和筒内被压实土的总质量计算出湿密度 ρ，同时按烘干法测定土的含水量 w，则可算出干密度 $\rho_d=\rho/(1+w)$。

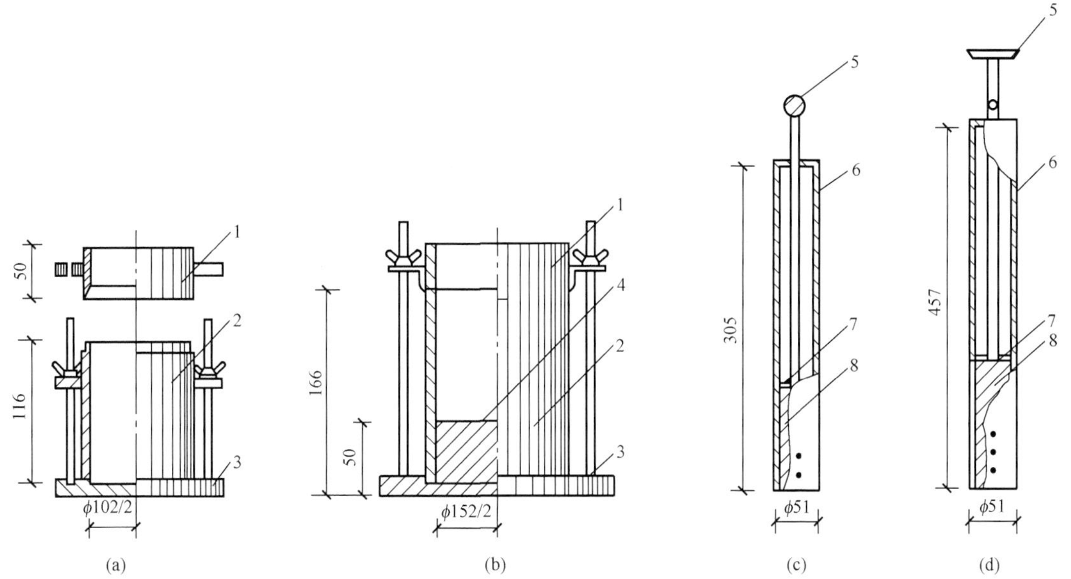

图1-16　两种击实仪示意图

（a）轻型击实筒；（b）重型击实筒；（c）2.5kg击锤；（d）4.5kg击锤

1—套筒；2—击实筒；3—底板；4—垫块；5—提手；

6—导筒；7—硬橡皮垫；8—击锤

击实曲线具有以下特点：

（1）峰值。土的干密度随含水量的变化而变化，并在击实曲线上出现一个干密度峰值（即最大干密度），只有当土的含水量达到最优含水量时，才能得到这个峰值 ρ_d。

（2）击实曲线位于理论饱和曲线左边（见图1-17）。因为理论饱和曲线假定土中空气全部被排出，孔隙完全被水占据，而实际上不可能做到。因为当含水量大于最优含水量后，土孔隙中的气体越来越处于与大气不连通的状态，击实作用已不能将其排出土体之外。

（3）击实曲线的形态。击实曲线在最优含水量两侧左陡右缓，且大致与饱和曲线平行，这表明土在接近最优含水量偏干状态时，含水量对土的密实度影响更为显著。

2. 土的压实度

土的压实度定义为现场土质材料压实后的干密度 ρ_d 与室内试验标准最大干密度 ρ_{dmax} 之比值，或称压实系数，可由下式表示

$$\lambda_c=\rho_d/\rho_{dmax} \tag{1-26}$$

式中　λ_c——土的压实度，以百分率表示。

在工程中，填土的质量标准常以压实度来控制，压实度越接近1，表明压实质量越高。根据工程性质及填土的受力状况，所要求的压实度是不一样的。必须指出，现场填土的压

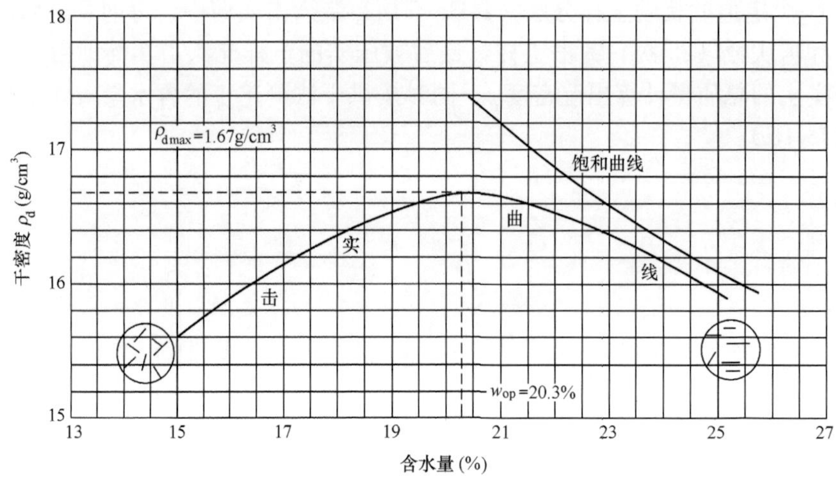

图 1-17 击实曲线

实，无论是在压实能量、压实方法还是在土的变形条件方面，与室内试验都存在一定差异，因此，室内击实试验用来模拟工地现场压实仅仅是一种半经验的方法。

1.5.2 土的压实原理及其影响因素

1. 土的压实原理

实际工程中采用的压实方法很多，可归纳为碾压、夯实和振动三类。大量工程实践经验表明，对于过湿的黏性土进行碾压或夯实时会出现软弹现象，土体难以压实，对于很干的土进行碾压或夯实也不能把土充分压实；只有在适当的含水量范围内才能压实。在一定的击实功能下使土最容易压实，并能达到最大密实度时的含水量称为土的最优（或最佳）含水量，用 w_{op}表示。与其相对应的干密度则称为最大干密度，以 ρ_{dmax}表示。

土在外力作用下的压实原理，可以用结合水膜润滑理论及电化学性质来解释。一般认为，在黏性土中含水量较低、土较干时，由于土粒表面的结合水膜较薄，水处于强结合水状态，土粒间距较小，粒间电作用力以引力占优势，土粒之间的摩擦力、黏结力都很大，所以土粒产生相对位移时阻力大，尽管有击实功能作用，但也还较难以克服这种阻力，因而压实效果差。随着土中含水量的增加，结合水膜增厚，土粒间距也逐渐增加，这时斥力增加而使土块变软，引力相对减小，击实功能比较容易克服粒间引力而使土粒产生相互位移，趋于密实，压实效果较好。表现为干密度增大，至最优含水量时，干密度达最大值。但当土中含水量继续增大时，虽然也能使粒间引力减少，但土中出现了自由水，而且水占据的体积越大，颗粒能够占据的相对体积就越小，击实时孔隙中过多的水分不易排出，同时也排不出气体，以封闭气泡的形式存在于土内，阻止了土粒的移动，击实仅能导致土粒更高程度的定向排列，而土体几乎不发生体积变化，所以干密度逐渐变小，击实效果反而下降。由此可见，含水量不同，改变了土中颗粒间的作用力，并改变了土的结构与状态，从而在一定击实功能下，改变着击实效果。试验证明，黏性土的最优含水量与其塑限含水量十分接近，大致为 $w_{oP}=w_P+2(\%)$。

对于无黏性土，含水量压实性的影响虽然不像黏性土那样敏感，但仍然是有影响的。图 1-18 是无黏性土的击实试验结果。其击实曲线与黏性土击实曲线有很大差异。含水量接近于零时，它有较高的干密度；当含水量在某一较小的范围时，由于假黏聚力的存在，击实过程中一部分击实能量消耗在克服这种假黏聚力上，所以出现了最低的干密度；随含水量的不断增加，假黏聚力逐渐消失，就又有较高的干密度。所以，无黏性土的压实性虽然也与含水量有关，但没有峰值点反映在击实曲线上，也就不存在最优含水量问题，最优含水量的概念一般不适用于无黏性土。一般在完全干燥或者充分饱水的情况下，无黏性土容易压实到较大的干密度。粗砂在含水量为4%～5%，中砂在含水量为7%左右时，压实后干密度最大。无黏性土的压实标准，常以相对密度 D_r 控制，一般不进行室内击实试验。

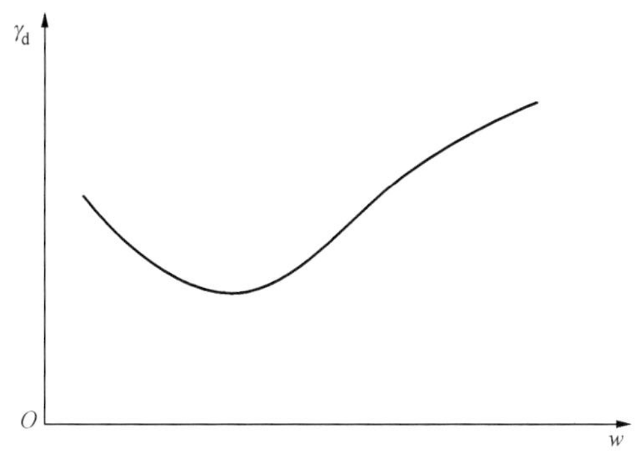

图1-18　无黏性土的击实曲线

2. 土压实的影响因素

土压实的影响因素有很多，包括土的含水量、土类及级配、击实功能、毛细管压力以及孔隙压力等，其中前三种影响因素是最主要的，现分述如下。

(1) 含水量的影响。

前已述及，对较干（含水量较小）的土进行夯实或碾压，不能使土充分压实；对较湿（含水量较大）的土进行夯实或碾压，同样也不能使土得到充分压实，此时土体还出现软弹现象，俗称“橡皮土”；只有当含水量控制为某一适宜值即最优含水量时，土才能得到充分压实，得到土的最大干密度。

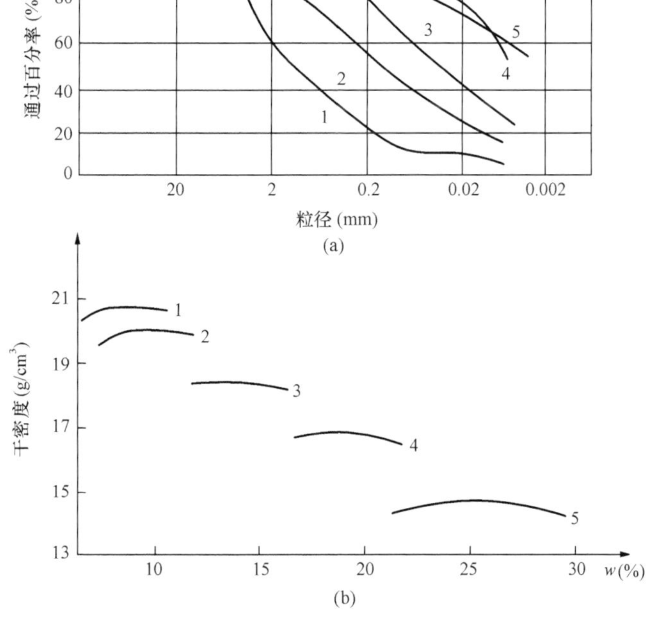

图1-19　五种土的不同击实曲线

(a) 级配累计曲线；(b) 击实曲线

实践表明，当压实土达到最大干密度时，其强度并非最大。研究发现：在含水量小于最优含水量时，土的抗剪强度和模量均比最优含水量时高；但将其浸水饱和后，则强度损失很大。只有在最优含水量时浸水饱和后的强度损失最小，压实土的稳定性最好。

（2）土类及级配的影响。

在相同击实功能条件下，不同的土类及级配其压实性是不一样的。图 1-19（a）所示为五种不同土料的级配曲线，图 1-19（b）是其在同一标准的击实试验中所得到的五条击实曲线。由图可见，含粗粒越多的土样其最大干密度越大，而最优含水量越小，即随着粗粒土增多，曲线形态不变但朝左上方移动。

在同一类土中，土的级配对它的压实性影响已很大。级配良好的土，压实时细颗粒能填充到粗颗粒形成的孔隙中，因而获得最大干密度。反之，级配差的土料，颗粒级配越均匀，压实效果越差。对于黏性土，压实效果与其中的黏性矿物成分含量有关；添加木质素和铁基材料可改善土的压实效果。

砂性土也可用类似黏性土的方法进行试验。干砂在压力与振动作用下，容易密实；稍湿的砂土，因有毛细压力作用使砂土互相靠紧，阻止颗粒移动，击实效果不好；饱和砂土，毛细压力消失，击实效果良好。

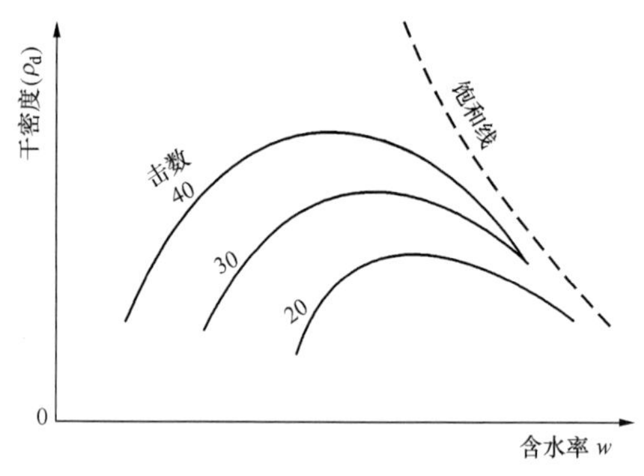

图 1-20 不同击数下的击实曲线

（3）击实功能的影响。

对于同一土料，加大击实功能，能克服较大的粒间阻力，会使土的最大干密度增加，而最优含水量减小，如图 1-20 所示。同时，当含水量较低时击数（能量）的影响较为显著。当含水量较高时，含水量与干密度的关系曲线趋近于饱和曲线，也就是说，这时靠加大击实功能来提高土的密实度是无效的。图中虚线为饱和线，即饱和度 $S_r=100\%$ 时填土的含水量 w 与干密度 ρ_d 关系曲线。

§1.6 地基土的工程分类

自然界的土，往往是各种不同大小粒组的混合物，工程性质差异很大，为了评价土的工程性质及进行地基基础设计与施工，必须按其主要特征进行分类。目前，国内使用的土的名称和分类方法并不统一，由于各个部门对土的某些工程性质的重视程度和要求不完全相同，因此，制定的规范也不完全一样。

作为教材而言，本书从学科的角度来阐述土的工程分类的基本原则，同时也考虑到知识的实用性。下面介绍《建筑地基基础设计规范》（GB 50007—2002）中地基土的工程分类标准，根据该规范，把土分为岩石、碎石土、砂土、粉土、黏性土和人工填土，现对每一大类岩土分别阐述其定义、分类依据和工程性质。

1.6.1 岩石

颗粒间牢固联结、呈整体或具有节理裂隙的岩体称为岩石。作为建筑物地基，除应确定岩石的地质名称外，尚应划分其坚硬程度、风化程度和完整程度。坚硬程度划分标准见

表1-9。

表 1-9　　岩石坚硬程度的划分

坚硬程度类别	坚硬岩	较硬岩	较软岩	软岩	极软岩
饱和单轴抗压强度标准值 f_{rk}/MPa	$f_{rk}>60$	$60\geqslant f_{rk}>30$	$30\geqslant f_{rk}>15$	$15\geqslant f_{rk}>5$	$f_{rk}\leqslant 5$

注　饱和单轴抗压强度标准值按《建筑地基基础设计规范》(GB 50007—2011) 附录 J 确定。

岩石按风化程度划分为五类，即

未风化——结构构造未变，岩质新鲜；

微风化——结构构造，矿物色泽基本未变，部分裂隙面有铁锰质渲染；

弱风化——结构构造部分破坏，矿物色泽有较明显变化，裂隙面出现风化矿物或出现风化夹层；

强风化——结构构造出现大部分破坏，矿物色泽有较明显变化，长石、云母等多风化成次生矿物；

全风化——结构构造全部破坏。

岩石完整程度应按表 1-10 划分。

表 1-10　　岩石完整程度划分

完整程度等级	完整	较完整	较破碎	破碎	极破碎
完整性指数	>0.75	0.75～0.55	0.55～0.35	0.35～0.15	<0.15

注　完整性指数为岩体纵波与纵波波速之比的平方。选定岩体、岩块测定波速时应有代表性。

1.6.2　碎石土

土的粒径大于 2mm 的颗粒含量超过全重 50%的土称为碎石土。碎石土根据粒组含量及颗粒形状进行分类，分类标准见表 1-11。

碎石土的工程性质与其密实度紧密相关，根据密实度的不同，碎石土可分为松散、稍密、中密和密实，见表 1-12。

表 1-11　　碎石土的分类

土的名称	颗粒形状	粒组含量
漂石	圆形及亚圆形为主	粒径大于 200mm 的颗粒超过全重 50%
块石	棱角形为主	
卵石	圆形及亚圆形为主	粒径大于 20mm 的颗粒超过全重 50%
碎石	棱角形为主	
圆砾	圆形及亚圆形为主	粒径大于 2mm 的颗粒超过全重 50%
角砾	棱角形为主	

注　分类时应根据粒组含量栏从上到下以最先符合者确定。

表 1-12 碎石土的密实度

重型圆锥动力触探锤击数 $N_{63.5}$	$N_{63.5} \leqslant 5$	$5 < N_{63.5} \leqslant 10$	$10 < N_{63.5} \leqslant 20$	$N_{63.5} > 20$
密实度	松散	稍密	中密	密实

注 1. 本表适用于平均粒径小于等于 50mm 的卵石、碎石、圆砾、角砾。

2. 对于平均粒径大于 50mm 或最大粒径大于 100mm 的碎石土，分类标准见本书表 1-7。

1.6.3 砂土

粒径大于 2mm 的颗粒含量不超过全重 50%，且粒径大于 0.075mm 的颗粒超过全重 50%的土称为砂土。根据土的粒径级配各粒组含量可分为砾砂、粗砂、中砂、细砂、粉砂五种，见表 1-13。

表 1-13 砂土的分类

土的名称	颗粒含量
砾砂	粒径大于 2mm 的颗粒含量占全重的 25%～50%
粗砂	粒径大于 0.5mm 的颗粒含量超过全重的 50%
中砂	粒径大于 0.25mm 的颗粒含量超过全重的 50%
细砂	粒径大于 0.075mm 的颗粒含量超过全重的 85%
粉砂	粒径大于 0.075mm 的颗粒含量超过全重的 50%

注 定名时应根据粒径分组含量栏由上到下最先符合者确定。

密实或中密状态的砾砂、粗砂、中砂为优良地基；稍密状态的砾砂、粗砂、中砂为良好地基。粉砂和细砂要具体分析：密实状态时为良好地基，饱和疏松状态时为不良地基。

1.6.4 粉土

粒径大于 0.075mm 的颗粒含量不超过全重 50%，且塑性指数 $I_p \leqslant 10$ 的土称为粉土。一般根据地区规范（如上海、天津、深圳等），由黏粒含量的多少，按表 1-14 划分为黏质粉土和砂质粉土。

表 1-14 粉土分类

土的名称	颗粒级配
砂质粉土	粒径小于 0.005mm 的颗粒含量不超过全重的 10%
黏质粉土	粒径小于 0.005mm 的颗粒含量超过全重的 10%

密实的粉土为良好地基，饱和稍密的粉土，地震时易产生液化，为不良地基。

1.6.5 黏性土

塑性指数 I_P 大于 10 的土称为黏性土。根据塑性指数 I_P 可分为黏土和粉质黏土，当 $I_P > 17$ 时，为黏土，当 $10 < I_P \leqslant 17$ 时，为粉质黏土。

工程实践表明，土的沉积年代对土的工程性质影响很大，不同沉积年代的黏性土其工程性质可能相差很悬殊，因此《岩土工程勘察规范》按土的沉积年代又分为：老黏性土、一般黏性土和新近沉积的黏性土。

黏性土的工程性质与其含水量的大小密切有关。硬塑状态的黏性土为优良地基，流塑状态的黏性土为软弱地基。

1.6.6　人工填土

由人类活动堆填形成的各类土称为人工填土。人工填土与上述五大类由大自然生成的土性质不同。其物质成分杂乱，均匀性较差。根据其物质组成和成因可分为素填土、压实填土、杂填土和冲填土四类。

（1）素填土。由碎石土、砂土、粉土，黏性土等组成的填土。其不含杂质或含杂质很少，例如，各城镇挖防空洞所弃填的土，这种人工填土不含杂物。按主要组成物质分为碎石素填土、砂性素填土、粉性素填土及黏性素填土。

（2）压实填土。经分层压实或夯实的素填土，统称为压实填土。

（3）杂填土。凡有大量建筑垃圾、工业废料、生活垃圾等杂物的填土，称为杂填土。通常大中小城市地面都有一层杂填土。按组成物质分为建筑垃圾土、工业垃圾土和生活垃圾土。

（4）冲填土。由水力冲填泥砂形成的填土，称为冲填土。

人工填土按堆积时间可分以下两种：

老填土——凡黏性土填筑时间超过 10 年，粉土超过 5 年，称为老填土；

新填土——若黏性土填筑时间小于 10 年，粉土少于 5 年，称为新填土。

通常人工填土的强度低，压缩性大且不均匀，其中压实填土相对较好。杂填土因成分复杂，平面与立面分布很不均匀、无规律，工程性质最差。

以上六大类岩土，在工业与民用建筑工程中经常会遇到。此外，还有几种特殊性质的土与上述六大类岩土不同，详见本书第 16 章。

思　考　题

1-1　土的结构有哪几种？试将各种土的结构的工程性质作一个比较。

1-2　土的粒组如何划分，何谓黏粒？各粒组的工程性质有什么不同？

1-3　什么是土的颗粒级配？颗粒级配曲线的纵坐标表示什么？不均匀系数 C_u 大于 10 反映土的什么性质？

1-4　A 土样的含水量大于 B 土样，试问 A 土样的饱和度是否大于 B 土样？

1-5　土粒比重 G_S 的物理意义是什么？如何测定 G_S 值？

1-6　塑性指数的定义和物理意义是什么？I_P 大小与土颗粒粗细有何关系？I_P 对地基土的性质有何影响？

1-7　什么是液性指数？如何应用液性指数 I_L 来评价土的工程性质？

1-8　影响土的压实性的主要因素是什么？

1-9　地基土分哪几大类？各类土划分的依据是什么？

习　　题

1-1　取某土层原状土做试验，测得土样体积为 $50cm^3$，湿土样质量为 98g，烘干后质量为 77.5g，土粒相对密度为 2.65。求土的天然密度、干密度、饱和密度、有效密度、天然含水量、孔隙比、孔隙率及饱和度。

1-2 一完全饱和土样的含水量为 40%，土粒比重为 2.70，求土的孔隙比和干密度。

1-3 某地基土样，含水量 $w=18\%$，干密度 $\rho_d=1.60g/cm^3$，土粒比重 $G_s=3.10$，液限 $w_L=29.1\%$，塑限 $w_P=17.3\%$。求：①该土样的孔隙比 e、孔隙率 n、饱和度 S_r；②塑性指数 I_P、液性指数 I_L，并确定土的名称及状态。

1-4 已知土样比重为 2.7，孔隙率为 50%，含水量为 20%，若将 $1m^3$ 土样加水至完全饱和，需加多少水？

1-5 一干砂试样的密度为 $1.66g/cm^3$，土粒比重为 2.70。将此干砂试样置于雨中，若砂样体积不变，饱和度增加到 60%。计算此湿砂的密度和含水量。

（答案：1-1：$1.96g/cm^3$，$1.55g/cm^3$，$1.97g/cm^3$，$0.97g/cm^3$，26.45%，0.71，41.5%，98.8%；1-2：1.08，$1.30g/cm^3$；1-3：0.938，48.4%，59%；11.8，0.06，硬塑粉质黏土；1-4：230kg；1-5：$1.89g/cm^3$，13.9%。）

注册岩土工程师考试题选

1-1 当黏性土含水量增大，土体积开始增大，土样即进入哪种状态？（ ）。

A. 固体状态 B. 可塑状态 C. 半固体状态 D. 流动状态

1-2 结构类型为絮凝结构的土是（ ）。

A. 粉粒 B. 黏粒 C. 砂粒 D. 碎石

1-3 亲水性最弱的黏土矿物是（ ）。

A. 高岭石 B. 蒙脱石 C. 伊利石 D. 方解石

1-4 某土样的天然含水量为 25%，液限为 40%，塑限为 15%，其液性指数为（ ）。

A. 2.5 B. 0.6 C. 0.4 D. 1.66

1-5 按土的工程分类，坚硬状态的黏土是指下列中的哪种土？（ ）。

A. $I_L\leqslant 0$，$I_P>17$ 的土 B. $I_L\geqslant 0$，$I_P>17$ 的土

C. $I_L\leqslant 0$，$I_P>10$ 的土 D. $I_L\geqslant 0$，$I_P>10$ 的土

（答案：1-1：C；1-2：B；1-3：A；1-4：C；1-5：A）

第2章 土的渗透性与渗流

本章提要

土的渗透性是土的主要力学性质之一，主要包括渗流量、渗透破坏和渗流防治三个方面的问题。本章主要学习土的渗透性与渗流规律、二维流网及其应用、渗流的危害及其控制等方面的内容。学完本章后，应掌握以下内容：Darcy渗流定律的基本理论，渗透系数的测定方法，渗透力的概念及计算，流土与管涌发生的条件及区别，渗透破坏的主要类型及防治措施等。

§2.1 概 述

2.1.1 土的渗透性

土是多孔的粒状或片状材料的集合体，土颗粒之间存在大量的孔隙，而孔隙的分布是很不规则的。当土体中存在能量差时，土体孔隙中的水就会沿着土骨架之间的孔隙通道从能量高的地方向能量低的地方流动。水在这种能量差的作用下在土孔隙通道中流动的现象称为渗流，土这种与渗流相关的性质称为土的渗透性。水在土孔隙中流动必然会引起土体中应力状态的改变，从而使土的变形和强度特征发生变化。

土体颗粒的排列是任意的，水在土孔隙中流动的实际路线是不规则的，渗流的方向和速度都是变化着的。土体两点之间的压力差和土体孔隙的大小、形状和数量是影响水在土中渗流的主要因素。为分析问题的方便，在渗流分析时常将复杂的渗流土体简化为一种理想的渗流模型，如图2-1所示。该模型不考虑渗流路径的迂回曲折而只分析渗流的主要流向，而且认为整个空间均为渗流所充满，即假定同一过水断面上渗流模型的流量等于真实渗流的流量，任一点处渗流模型的压力等于真实渗流的压力。

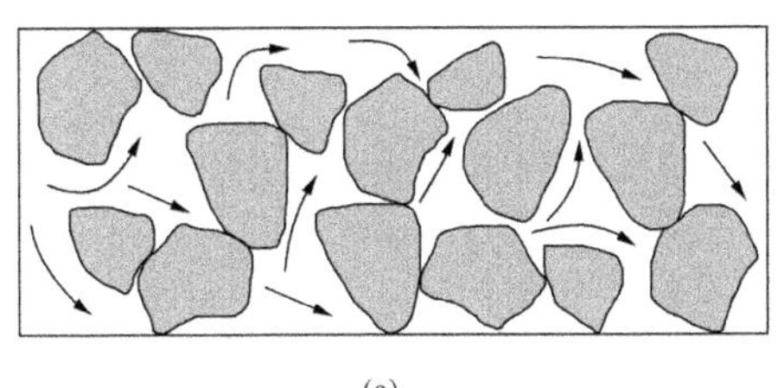

(a)

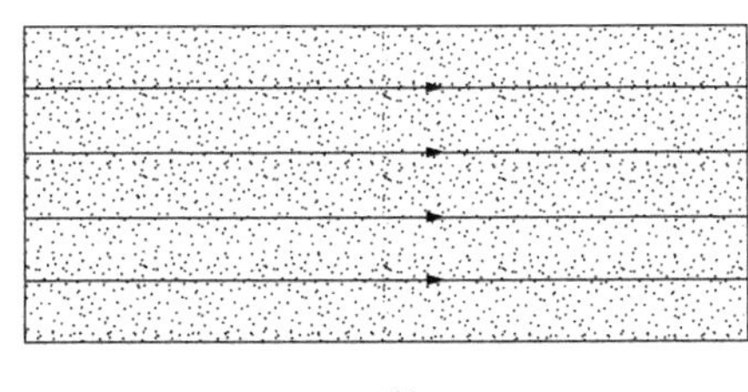

(b)

图2-1 渗流问题的假设模型

(a) 土中实际的渗流；(b) 简化的理想渗流模型

2.1.2 与渗流有关的几个基本概念

下面首先介绍渗流问题中的几个基本概念。

1. 渗流速度

水在饱和土体中渗流时，在垂直于渗流方向取一个土体截面，该截面叫过水截面。过水截面包括土颗粒和孔隙所占据的面积，平行渗流时为平面，弯曲渗流时为曲面。那么在时间t内渗流通过该过水截面（其面积为A）的渗流量为Q，渗流速度为

$$v=\frac{Q}{At} \tag{2-1}$$

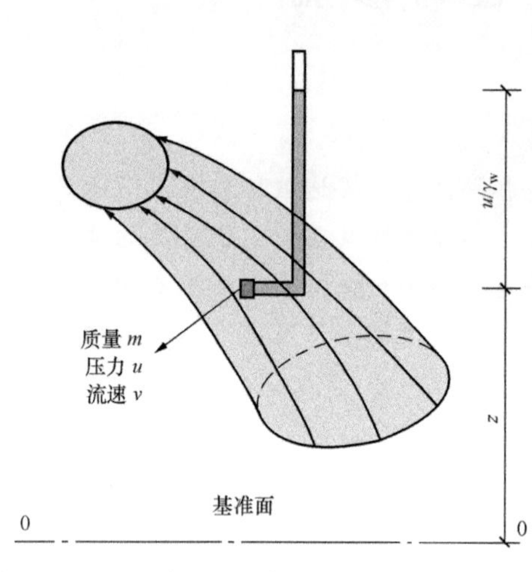

图 2-2　水头的概念

需要明确的是，渗流速度表征渗流在过水截面上的平均流速，并不代表水在土中渗流的真实流速。水在饱和土体中渗流时，其实际平均流速为

$$\bar{v}=\frac{Q}{nAt} \tag{2-2}$$

式中　n——土体的孔隙率。

2. 水头和水力坡降

如图 2-2 所示，水在土中从A点渗透到B点应该满足连续定律和平衡方程（D. Bernoulli 方程），选定基准面 0—0，水在土中任意一点的水头可以表示成：

$$h=z+\frac{u}{\gamma_w}+\frac{v^2}{2g} \tag{2-3}$$

式中　z——相对于任意选定的基准面的高度，代表单位液体所具有的位能，称为位置水头；

u——孔隙水压力，代表单位质量液体所具有的压力势能；

$\frac{u}{\gamma_w}$——该点孔隙水压力的水柱高，为该点的压力水头；

v——渗流速度；

$\frac{v^2}{2g}$——单位质量液体所具有的动能，为该点的速度水头；

h——总水头，表示该点单位质量液体所具有的总机械能；

γ_w——水的重度；

g——重力加速度。

位置水头z的大小与基准面的选取有关，因此水头的大小随着选取基准面的不同而不同。在实际计算中最关心的不是水头h的大小，而是水头差Δh的大小。如图 2-3 所示，水流从A点流到B点过程中的水头损失为Δh。

由于水在土中渗流时受到土的阻力较大，一般情况下渗流的速度很小，例如，取一个较大的水流速度v=1.5cm/s，它产生的速度水头大约为 0.001 2cm，这和位置水头或压力水头差几个数量级；因此在土力学中，一般忽略速度水头对总水头和水头差的影响。则式（2-3）可简化为

$$h=z+\frac{u}{\gamma_w} \tag{2-4}$$

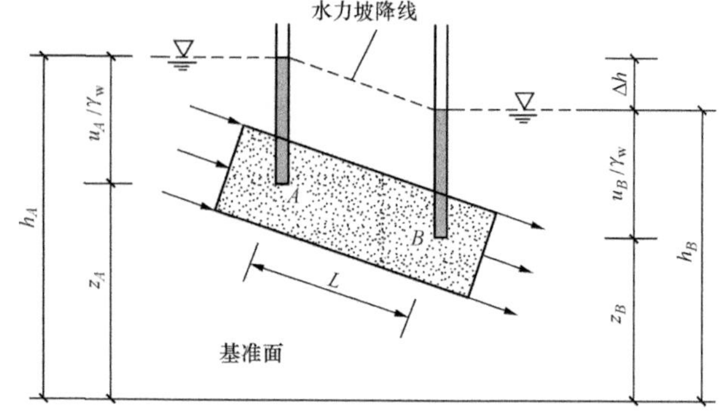

图 2-3　水力梯度的概念

实际应用中常将位置水头与压力水头之和$z+\frac{u}{\gamma_w}$称为测管水头，测管

水头代表在选定基准面的情况下单位重量液体所具有的总势能。

在图 2-3 中，水流从 A 点流到 B 点的过程中的水头损失为 Δh，那么在单位流程中水头损失的多少就可以表征水在土中渗流的推动力大小，可以用水力坡降（也称水力坡度、水头梯度）来表示，即

$$i=\frac{\Delta h}{L} \tag{2-5}$$

式中　Δh——单位质量液体从 A 点向 B 点流动时，为克服阻力而消耗的能量，称之为水头差；

L——渗流长度。

2.1.3　渗流的研究意义与研究方法

渗流对建筑、交通、水利、矿山等工程的影响和破坏是多方面的，会直接影响土工建筑物和地基的稳定和安全。例如，根据世界各国对坝体失事原因的统计，超过 30%的垮坝失事是由于渗漏和管涌。另外，滑坡和裂缝破坏也都和渗流有关。

因此研究土的渗透性，掌握水在土体中的渗透规律，在土力学中具有重要的理论价值和现实意义。作为土的主要力学性质之一的渗透性问题，主要包括渗流量、渗透破坏和渗流防治三个方面的问题。

在土力学中研究渗流问题的方法主要有三种：一是基于理论公式来确定渗流特性；二是通过绘制流网来确定渗流特性的图解法；三是通过模拟原理来确定渗流特性的数值和物理模拟实验法。

本章主要学习土的渗透性和渗透规律、二维流网绘制及其应用、渗流的危害和控制等方面的内容。本章的研究对象为饱和土体，对于非饱和土体的渗流问题可以参考相关著作。

§2.2　土的渗透定律

2.2.1　渗透试验与达西定律

水在土中流动时，由于土的孔隙通道很小，渗流过程中黏滞阻力很大；所以在多数情况下，水在土中的流速十分缓慢，属于层流范围。

1852～1855 年期间，达西（H. Darcy）为研究水在砂土中的流动规律，进行了大量的渗流试验，得出了层流条件下土中水渗流速度和水头损失之间关系的渗流规律，即达西定律。

图 2-4 为达西渗透实验装置，达西试验装置主要部分是一个上端开口的直立圆筒，圆筒中部装满砂土，下部放碎石。砂土试样长度为 L，截面积为 A，从试验筒顶部注水，使水位保持稳定，砂土试样两端各装一支测压管，测得前后两支测压管水位差为 Δh，试验筒左端底部留一个排水口排水。

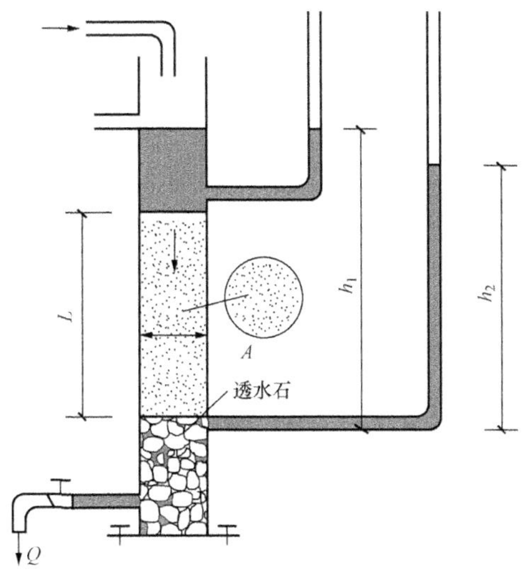

图 2-4　达西试验装置

达西在试验中发现：在某一时段 t 内，水从砂土中流过的渗流量 Q 与过水断面 A 和土体两

端测压管中的水位差 Δh 成正比，与土体在测压管间的距离 L 成反比。

那么，达西定律可表示为

$$q=\frac{Q}{t}=k\frac{\Delta hA}{L}=kAi \tag{2-6}$$

或者写成

$$v=\frac{q}{A}=ki \tag{2-7}$$

式中 q——单位时间渗流量，cm^2/s；

v——渗流速度，mm/s 或者 m/d；

k——反映土的透水能力的比例系数，称为土的渗透系数，其物理意义表示单位水力坡降的渗流速度，量纲与流速相同，mm/s 或者 m/d。

达西定律表明，在层流状态的渗流中，渗透速度与水力坡降的一次方成正比，并与土的性质有关。

2.2.2 达西定律的适用范围

达西定律是描述层流状态下渗流速度与水头损失关系的规律，达西定律所表示渗流速度与水力坡降成正比关系是在特定的水力条件下的试验结果。随着渗流速度的增加，这种线性关系将不再存在，因此达西定律应该有一个适用界限。实际上水在土中渗流时，由于土中孔隙的不规则性，水的流动是无序的，水在土中渗流的方向、速度和加速度都在不断地改变。当水运动的速度和加速度很小时，其产生的惯性力远远小于由液体黏滞性而产生的摩擦阻力，这时黏滞力占优势，水的运动是层流，渗流服从达西定律；当水运动速度达到一定的程度，惯性力占优势时，由于惯性力与速度的平方成正比，达西定律就不再适用了，但是这时的水流仍属于层流范围。

一般的工程问题中的渗流，无论是发生在砂土或者黏土中，均属于层流范围或者近似层流范围，达西定律均可适用，但实际上水在土中渗流时服从达西定律存在一个界限问题。图 2-5 绘出典型砂土和黏性土的渗流试验结果。

首先讨论一下达西定律的上限值，水在粗颗粒土中渗流时，随着渗流速度的增加，水在土中的运动状态可以分成以下三种情况［见图 2-5（a）］。

（1）水流速度很小，为黏滞力占优势的层流，达西定律适用，这时雷诺数 Re 在 1～10 之间的某一值；

（2）水流速度增加到惯性力占优势的层流和层流向紊流过渡时，达西定律不再适用，这时雷诺数 Re 在 10～100 之间；

（3）随着雷诺数 Re 的增大，水流进入紊流状态，达西定律完全不适用。

再者，我们讨论达西定律的下限值［见图 2-5（b）］。在黏性土中由于土颗粒周围结合水膜的存在而使土体呈现一定的黏滞性。因此，一般认为黏土中自由水的渗流必然会受到结合水膜黏滞阻力的影响，只有当水力坡降达一定值后渗流才能发生，将这一水力坡降称为黏性土的起始水力坡降 i_0，即存在一个达西定律有效范围的下限值。此时，达西定律可以修改成

$$v=k(i-i_0) \tag{2-8}$$

关于起始水力坡降的问题，很多学者认为：密实黏土颗粒周围具有较厚的结合水膜，它占据了土体内部的过水通道，渗流只有在较大水力坡降的作用下，挤开结合水膜的堵塞才能

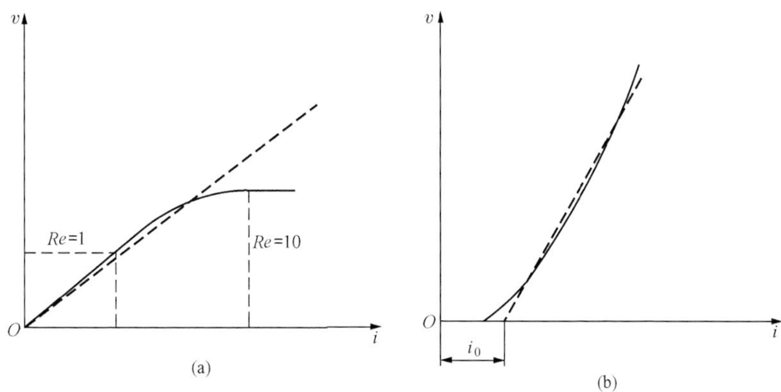

图 2 - 5　砂土和黏土中的渗流规律比较

(a) 砂土渗流试验结果；(b) 黏土渗流试验结果

发生，起始水力坡降是用以克服结合水膜所消耗的能量。需要指出的是，关于起始水力坡降是否存在的问题，目前仍存在较大的争论。

【例 2 - 1】　渗透试验装置如图 2 - 6 所示。砂Ⅰ的渗透系数 $k_1=2\times10^{-1}$cm/s；砂Ⅱ的渗透系数 $k_2=1\times10^{-1}$cm/s，砂样断面积 $A=200\text{cm}^2$。

试问：

(1) 若在砂Ⅰ与砂Ⅱ分界面处安装一测压管，则测压管中水面将升至右端水面以上多高？

(2) 渗透流量 Q 多大？

解　(1) 从图 2 - 6 可看出，渗流自左边水管流经砂Ⅱ和砂Ⅰ后的总水头损失 (Δh) 为 30cm。假设砂Ⅰ、砂Ⅱ各自的水头损失分别为 Δh_1、Δh_2，则

$$\Delta h_1+\Delta h_2=\Delta h=30\text{cm}$$

根据渗流连续原理，流经两砂样的渗透速度 v 应相等，即 $v_1=v_2$。

按照达西定律，$v=ki$，则

$$k_1 i_1=k_2 i_2$$

$$k_1\frac{\Delta h_1}{L_1}=k_2\frac{\Delta h_2}{L_2}$$

已知 $L_1=30$cm，$L_2=50$cm，$k_1=2k_2$，故 $\Delta h_2=\dfrac{10}{3}\Delta h_1$。

代入 $\Delta h_1+\Delta h_2=30$cm 后，可求出

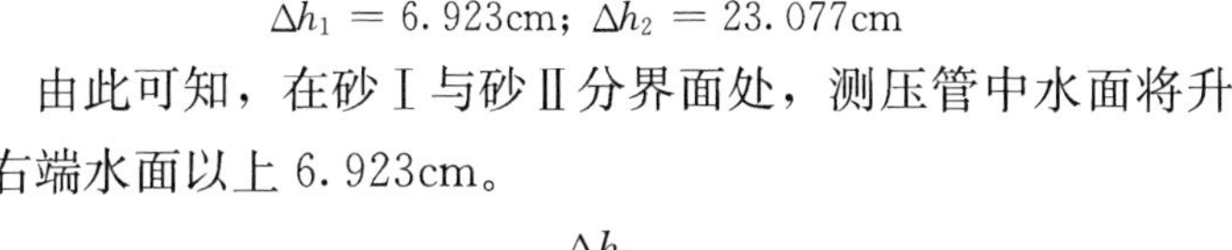

$$\Delta h_1=6.923\text{cm};\ \Delta h_2=23.077\text{cm}$$

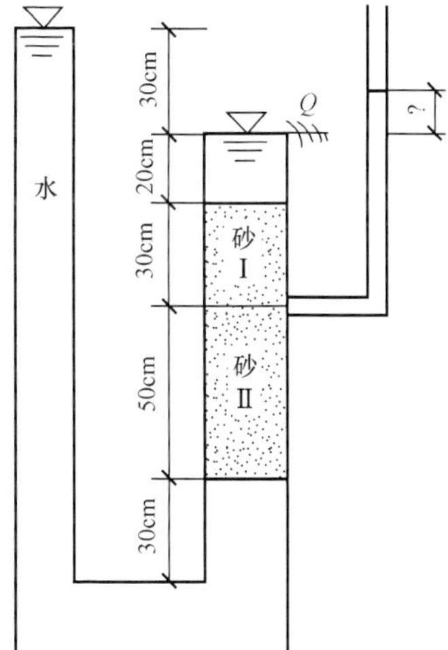

图 2 - 6　[例 2 - 1] 计算简图

由此可知，在砂Ⅰ与砂Ⅱ分界面处，测压管中水面将升至右端水面以上 6.923cm。

(2) 根据 $Q=kiA=k_1\dfrac{\Delta h_1}{L_1}A$

则

$$Q=0.2\times\frac{6.923}{30}\times200=9.231\text{cm}^3/\text{s}$$

2.2.3 渗透系数的确定方法

由达西定律可知，渗透系数 k 是一个表征土体渗透性强弱的指标，它在数值上等于单位水力坡降时的渗流速度。k 值大的土，渗透性强；k 值小的土，其透水性差。不同种类的土，其渗透系数差别很大。渗透系数确定的方法主要有经验估算法、室内试验测定法、现场试验测定法等。

1. 经验估算法

土体渗透系数变化范围很大，由粗砾到黏土，随着粒径和孔隙的减少，其渗透系数可由 1.0 降低到 10^{-9} cm/s。

对于砂性土，太沙基曾提出如下的经验公式进行估算，即

$$k = 2d_{10}^2 e^2$$

式中 k——渗透系数，cm/s；

d_{10}——有效粒径，mm；

e——土体孔隙比。

几种土渗透系数参考值见表 2-1。

表 2-1 常见土的渗透系数参考值

土 类	k (cm/s)	土 类	k (cm/s)
黏 土	$<1.2\times10^{-6}$	中 砂	$6.0\times10^{-3}\sim2.4\times10^{-2}$
粉质黏土	$1.2\times10^{-6}\sim6.0\times10^{-5}$	粗 砂	$2.4\times10^{-2}\sim6.0\times10^{-2}$
粉 土	$6.0\times10^{-5}\sim6.0\times10^{-4}$	砾砂、砾石	$6.0\times10^{-2}\sim1.2\times10^{-1}$
粉 砂	$6.0\times10^{-4}\sim1.2\times10^{-3}$	卵 石	$1.2\times10^{-1}\sim6.0\times10^{-1}$
细 砂	$1.2\times10^{-3}\sim6.0\times10^{-3}$	漂 石	$6.0\times10^{-1}\sim1.2\times10^{0}$

2. 室内试验法

目前，从试验原理上看，渗透系数 k 的室内测定方法可以分成常水头法和变水头法。下面分别介绍这两种试验方法的原理。

（1）常水头渗透试验。

常水头试验法就是在整个试验过程中保持水头为一常数，它适用于测量渗透性大的砂性土的渗透系数，前面介绍的达西渗流试验就是常水头试验。常水头试验装置如图 2-7 所示。

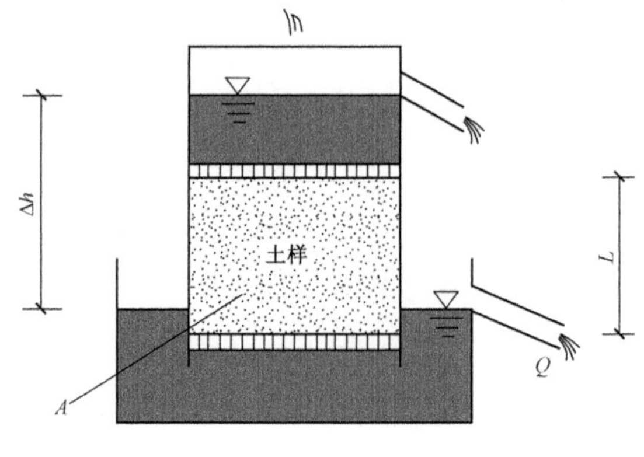

图 2-7 常水头试验

试验时，在圆桶容器中装高度为 L，横截面积为 A 的饱和试样。不断向试样桶内加水，使其水位保持不变，水在水头差 Δh 的作用下流过试样，从桶底排出。试验过程中，水头差 Δh 保持不变，因此称为常水头试验。

假设在一定时间 t 内测得流经试样的水量 Q，则 $Q = vAt = k\dfrac{\Delta h}{L}At$。根据达西渗透定律有

$$k=\frac{QL}{\Delta hAt} \quad (2-9)$$

（2）变水头渗透试验。

对于黏性土来说由于其渗透系数较小，故渗水量较小，用常水头渗透试验不易准确测定。因此，对于这种渗透系数小的土可用变水头试验。

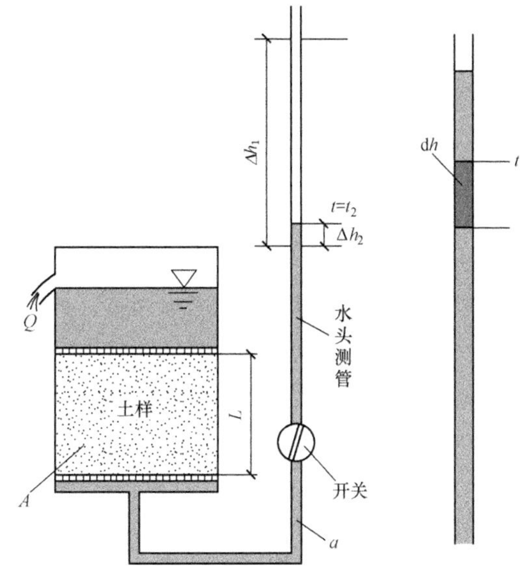

图 2-8　变水头试验

变水头试验法就是在试验过程中水头差一直随时间发生改变，变水头试验的装置如图 2-8 所示。水流从一根带有刻度的玻璃管和 U 形管中自下而上渗流过土样，装土样容器内的水位保持不变，而变水头管内的水位逐渐下降，因此称为变水头试验。

设土样的高度为 L，截面积为 A，试验过程中渗流水头差随试验时间的增加而减小，设在 t_1 时刻，水头差为 Δh_1，t_2 时刻，水头差为 Δh_2。通过建立瞬时达西定律，即可推出渗透系数的表达式，方法如下：

设试验过程中任意时刻 t 时的水头差为 h，经过 $\mathrm{d}t$ 时段后，变水头管中的水位下降 $\mathrm{d}h$，那么，$\mathrm{d}t$ 时间内流入试样的水量为

$$\mathrm{d}Q=-a\mathrm{d}h$$

式中　a——变水头管的内截面积；

负号表示渗水量随 h 减小而增加。

根据达西定律，$\mathrm{d}t$ 时间内流出试样的渗流量为 $\mathrm{d}Q=kiAt=k\dfrac{\Delta h}{L}A\,\mathrm{d}t$

根据水流连续条件，流入量和流出量应该相等，那么

$$-a\mathrm{d}h=k\frac{\Delta h}{L}A\,\mathrm{d}t$$

即

$$\mathrm{d}t=-\frac{aL}{kA}\frac{\mathrm{d}h}{\Delta h}$$

等式两边在时间内积分，得 $\int_{t_1}^{t_2}\mathrm{d}t=-\dfrac{aL}{kA}\int_{\Delta h_1}^{\Delta h_2}\dfrac{\mathrm{d}h}{\Delta h}$，积分得，$t_2-t_1=\dfrac{aL}{kA}\ln\dfrac{\Delta h_1}{\Delta h_2}$，于是，可得土的渗透系数为

$$k=\frac{aL}{A(t_2-t_1)}\ln\frac{\Delta h_1}{\Delta h_2} \quad (2-10)$$

室内测定渗透系数的优点是设备简单、花费较少，在工程中得到普遍应用。但是，土的渗透性与其结构构造有很大关系，而且实际土层中水平与垂直方向的渗透系数往往有很大差异；同时，由于取样时不可避免的扰动，一般很难获得具有代表性的原状土样。因此，室内试验测得的渗透系数往往不能很好地反映现场土的实际渗透性质，必要时可直接进行大型现场渗透试验。有资料表明，现场渗透试验值可能比室内小试样试验值大 10 倍以上，需引起足够的重视。

3. 渗透系数的现场测定

现场进行土的渗透系数的测定常采用井孔抽水试验或井孔注水试验，对于均质的粗粒土层，用现场试验测出的渗透系数的值往往比室内试验更为可靠，关于现场抽水与注水试验的原理与计算方法可以参考地下水动力学或水文地质的相关文献。

§2.3 二维渗流与流网

对于简单边界条件的一维渗流问题，可以直接利用达西定律进行分析，但工程中涉及的许多渗流问题一般为二维或三维问题，典型如基坑挡土墙、坝基渗流问题。在一些特定条件下，这些问题可以简化为二维问题（平面渗流问题），即假定在某一方向的任一个断面上其渗流特性是相同的。

图 2-9（a）为基坑地基平面渗流问题，图 2-9（b）为坝基平面渗流问题，对于该类问题可先建立渗流微分方程，然后结合渗流边界条件和初始条件进行求解。一般而言，渗流问题的边界条件往往比较复杂，一般很难给出其严密的数学解析，为此可采用电模拟试验法或图绘流网法，也可以采用有限元法等数值计算手段。其中，图绘流网法直观明了，在工程中有着广泛的应用，而且其精度一般能够满足实际需求。

所谓流网是由流线和等势线两组相互垂直交织的曲线所组成。在稳定渗流情况下流线表示水质点的运动线路，而等势线表示势能或水头的等值线，即每一条等势线上的测压管水位都是相同的。本节先给出平面渗流基本微分方程的推导，然后介绍流网的性质、绘制方法及其应用。

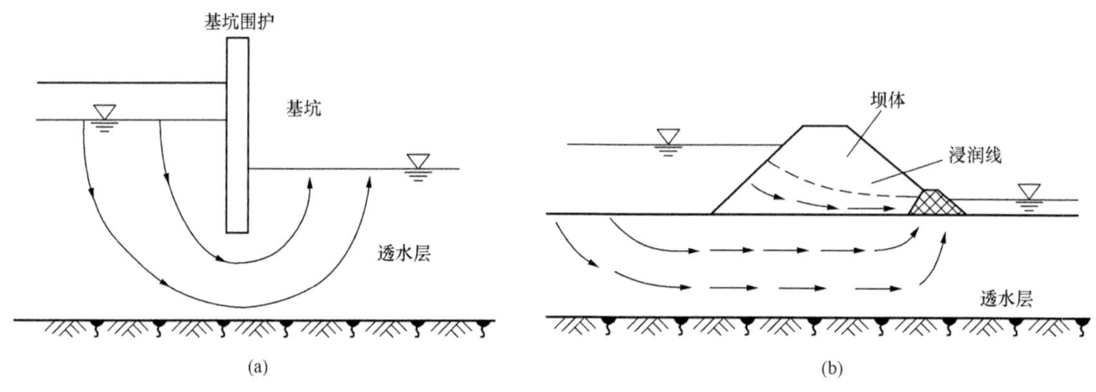

图 2-9 二维渗流示意图

（a）基坑地基平面渗流；（b）坝基平面渗流

2.3.1 平面渗流基本微分方程

在二维渗流平面内取一微元体（图 2-10），微元体的长度和高度分别为 dx、dz，厚度为 dy=1。并作如下假定：

（1）土体和水都是不可压缩的；

（2）二维渗流平面内（x，z）点处的总水头为 h；

（3）土是各向同性的均质土，即 $k_x=k_z$。

图 2-10 给出了单位时间内从微元体四边流入或流出的流速，单位时间内向微元体流入

的流量为

$$dq_e = v_x dz \cdot 1 + v_z dx \cdot 1$$

单位时间内从微元体四边流出的流量为

$$dq_o = \left(v_x + \frac{\partial v_x}{\partial x}dx\right)dz \cdot 1 + \left(v_z + \frac{\partial v_z}{\partial z}dz\right)dx \cdot 1$$

根据质量守恒定理，单位时间内流入的水量应该等于单位时间内流出的水量，即 $dq_e = dq_o$。

从而有

$$\frac{\partial v_x}{\partial x} + \frac{\partial v_z}{\partial z} = 0 \qquad (2-11)$$

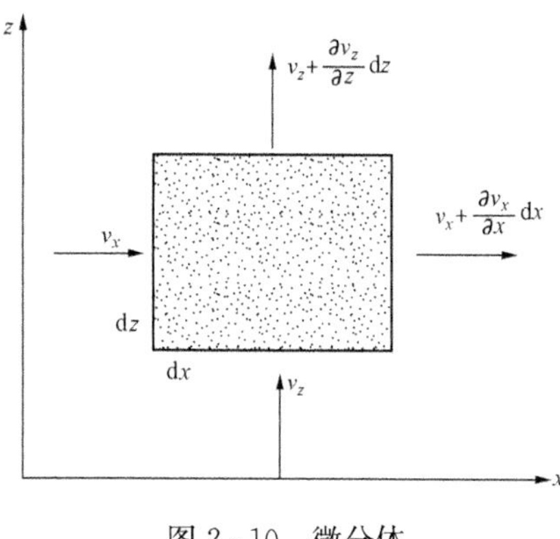

图2-10　微分体

上式即为二维渗流连续方程。

根据达西定律，对于各向异性土

$$v_x = k_x i_x = k_x \frac{\partial h}{\partial x}, v_z = k_z i_z = k_z \frac{\partial h}{\partial z}$$

式中　k_x，k_z——x 和 z 方向的渗透系数；

h——测管水头。

将上式代入渗流连续方程，即得

$$\frac{\partial^2 h}{\partial x^2} + \frac{\partial^2 h}{\partial z^2} = 0 \qquad (2-12)$$

式（2-12）为描述二维稳定渗流的连续方程，即著名的拉普拉斯（Laplace）方程，也叫做调和方程。对于拉普拉斯方程的求解，可以采用数学解析法、数值解法、实验法和图解法。

数学解析法是根据具体边界条件，以解析法求式（2-12）的解，但当边界条件复杂时，定解较难求得。数值解法是一种近似方法，常用的数值解法有差分法和有限元法。实验法即采用一定比例的模型来模拟真实的渗流场，用实验手段测定渗流场中的渗流要素，例如电比拟法、电网络法、沙槽模型法等。

图解法即用绘制流网的方法求解拉普拉斯方程的近似解。该法具有简便、迅速的优点，并能用于建筑物边界轮廓较复杂的情况。只要满足绘制流网的基本要求，精度就可以得到保证，因而在工程上得到广泛应用，下面详细介绍。

2.3.2　流网的性质

如图2-11所示，流网由流线和等势线正交绘制而成，一般流线由实线表示，等势线由虚线表示。在稳定渗流情况下流线是流场中的曲线，在这条曲线上所有各质点的流速矢量都和该曲线相切，而等势线表示势能或水头的等值线，即每一条等势线上的测压管水位都是相同的。

对于各向同性的均匀土体，流网的性质有：

（1）流网中的流线和等势线是正交的；

（2）流网中各等势线间的差值相等，各流线之间的差值也相等，那么各个网格的长宽之比为常数，即 $\Delta l/\Delta s=C$。当取 $\Delta l=\Delta s$ 时，网格应为曲线正方形，这是绘制流网时最常见和最方便的一种流网图形；

（3）流网中流线密度大的部位流速越大，等势线密度越大的部位水力坡降越大。

2.3.3 流网的绘制

流网的绘制方法很多，在工程上往往通过模型试验或者数值计算来绘制流网，也可以采用渐近手绘法来近似绘制流网。但是无论哪种方法都必须遵守流网的性质，同时也要满足流网的边界条件，以保证解的唯一性。这里主要介绍图解手绘法绘制流网的大致过程。

图解手绘法就是用绘制流网的方法求解拉普拉斯方程的近似解。该方法的最大优点就是简便迅速，能应用于建筑物边界轮廓等较复杂的情况，而且其精度一般不会比土质不均匀性质所引起的误差大，完全可以满足工程精度要求，在实际工程中得到广泛的应用。下面以图 2－11 为例说明绘制流网的步骤。

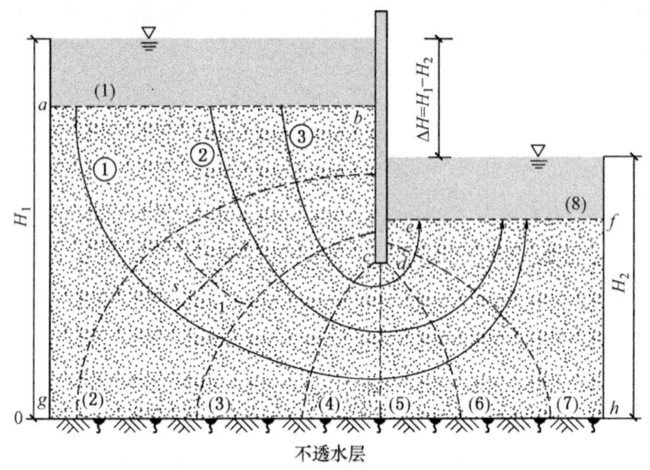

图 2－11　流网的绘制

(1) 根据流网的边界条件确定和绘制出边界流线和等势线。板桩轮廓线 b—c—d—e 和不透水层面 g—h 为流网的边界流线，基坑内外透水地基表面 a—b 和 e—f 为边界等势线。

(2) 初步绘制流网：按边界趋势先大致绘制出几条流线，如①、②、③，每条流线必须与边界等势线正交。然后再从中央向两边绘制等势线，如先绘制中线 (5)，再绘制 (4) 和 (6)，依次向两边推进，每条等势线与流线必须正交，并且弯曲成曲线正方形。

(3) 对初步绘制的流网进行修改，直至大部分网格满足曲线正方形为止。由于边界条件的不规则，在边界突变处很难绘制成曲线正方形，这主要是由于流网图中流线和等势线的根数有限造成的，只要满足网格的平均长度和宽度大致相等，就不会影响整个流网的精度。

由于流网是用图解法求解拉普拉斯方程，因此流网形状与边界条件有关。一个精度高的流网，需要经过多次修改才能最后完成。

2.3.4 流网的应用

绘制好流网后，即可由流网图计算渗流场内各点的测压管水头、水力坡降、流速以及渗流场的渗流量，下面以图 2－11 为例对流网的应用进行说明。

1. 测压管水头

根据流网的性质可知，任意相邻等势线之间的势能差值相等，即水头损失相同，那么相邻两条等势线之间的水头损失为

$$\Delta h=\frac{\Delta H}{N} \tag{2-13}$$

式中　ΔH——基坑内外总水头损失；

N——等势线间隔数。

根据式（2-13）所计算出的水头损失和已确定的基准面，就可以计算出渗流场中任意一点的水头。

2. 水力坡降

流网中任意一网格的平均水力坡降为

$$i=\frac{\Delta h}{\Delta l} \tag{2-14}$$

式中　Δl——所计算网格处流线的平均长度。

由此可见，流网中网格越密，其水力坡降越大。流网中最大的水力坡降也称为逸出坡降，是地基渗透稳定的控制坡降。

3. 渗流速度与渗流量

各点的水力坡降确定后，就可以根据达西定律求出各点的渗流速度，即 $v=ki$。流网中任意相邻流线之间的单位渗流量是相同的，那么，单位渗透量为

$$\Delta q=v\Delta A=ki\Delta s=k\frac{\Delta h}{\Delta l}\Delta s=k\frac{\Delta s}{\Delta l}\frac{\Delta H}{N} \tag{2-15}$$

式中　Δl——计算网格的长度；

Δs——计算网格的宽度。

若假设 $\Delta l=\Delta s$，则

$$\Delta q=k\Delta h=k\frac{\Delta H}{N} \tag{2-16}$$

那么，通过渗流区的总单位渗流量为

$$q=\sum_{m=1}^{M}\Delta q=Mk\Delta h=k\Delta H\frac{M}{N} \tag{2-17}$$

式中　M——流网中的流槽数，即流线数减 1。

计算出了总单位渗流量后，总流量就可求得了。

§2.4　渗流破坏和控制

2.4.1　土的渗透变形（破坏）的类型

土工建筑物及地基由于渗流作用而出现土层剥落、地面隆起、渗流通道等破坏或变形现象，称为渗流破坏或者渗透变形。渗透破坏是土工建筑物破坏的重要原因之一，危害很大。

土的渗透变形主要类型有流土（流砂）、管涌、接触流土和接触冲刷。就单一土层来说，渗透变形的主要形式是流土和管涌。

1. 流土

在向上的渗流水作用下，表层土局部范围内的土体或颗粒群同时发生悬浮、移动的现象称为流土，主要发生在地基或土坝下游渗流溢出处。如图 2-12 所示，基坑下相对不透水层下面有一层强透水砂层，由于不透水层的渗流系数远远小于强透水砂层，当有渗流发生在地基中时，渗流过程中的水头主要损失在坑内水流的溢出处，而在强透水层中的水头损失很小，因此造成渗流在坑内相对不透水层的渗流坡降较大，局部覆盖层被水流冲溃，砂土大量流出，这就是一个典型的流土现象。

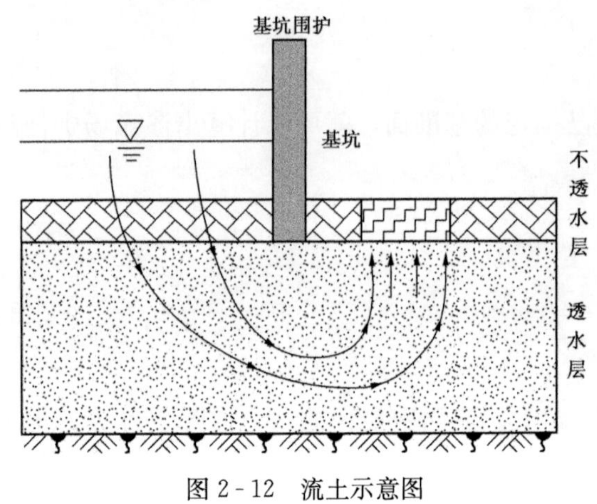

图 2-12　流土示意图

任何类型的土，包括黏性土或砂性土，只要满足水力坡降大于临界水力坡降这一水力条件，流土现象就要发生。发生在非黏性土中的流土，表现为颗粒群同时被悬浮，形成泉眼群、砂沸等现象，土体最终被渗流托起；而在黏性土中，流土表现为土体隆起、浮动、膨胀和断裂等现象。流土一般最先发生在渗流出溢处的表面，然后向土体内部波及，过程很快，往往来不及抢救，对土工建筑物和地基的危害较大。

2. 管涌

在渗透水流作用下，土中的细颗粒在粗颗粒形成的孔隙中移动以致流失，随着土的孔隙不断扩大，渗流速度不断增加，较粗的颗粒也被水流逐渐带走，最终导致土体内形成贯通的渗流管道，造成土体塌陷，这种现象称为管涌，如图 2-13 所示。

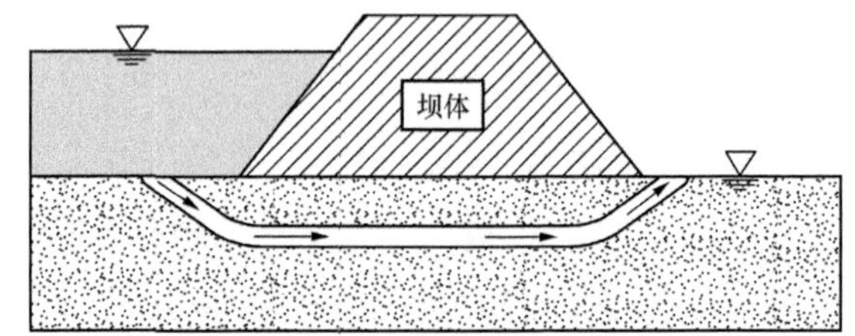

图 2-13　管涌破坏示意图

管涌一般发生在砂性土中，发生的部位一般在渗流出口处，但也可能发生在土体的内部，管涌现象一般随时间增加不断发展，是一种渐近性质的破坏。

3. 接触流土

接触流土是指渗流垂直于两种不同介质的接触面流动时，把其中一层的细粒带入另一层土中的现象，如反滤层的淤堵。

4. 接触冲刷

接触冲刷是指渗流沿着两种不同介质的接触面流动时，把其中细粒层的细粒带走的现象，一般发生在土工建筑物地下轮廓线与地基土的接触面处。

2.4.2　渗流力与临界水力坡降

如果土体中任意两点的总水头相同，它们之间没有水头差产生，那么渗流就不会发生，如果它们之间存在水头差 Δh，土中将产生渗流。水头差 Δh 是渗流穿过 L 高度土体时所损失的能量，说明土粒给水流施加了阻力；反之，渗流必然对每个土粒以推动、摩擦和拖曳作用。渗透力（或称渗流力）就是当在饱和土体中出现水头差时，作用于单位体积土骨架上的力。渗透力是一种体积力，一般用 j 表示，其方向与渗流方向一致。

$$j = \gamma_w i \qquad (2-18)$$

从上式可以看出，渗透力表示的是水流对单位体积土体颗粒的作用力，是由水流的外力转化为均匀分布的体积力，普遍作用于渗流场中所有的颗粒骨架上，量纲与 γ_w 相同，其大小与水力坡降成正比，方向与渗流的方向一致，总渗透力为

$$J = \gamma_w \Delta h A \qquad (2-19)$$

由渗透力的公式可定义临界水力坡降为

$$i_{cr} = \frac{\gamma'}{\gamma_w} \qquad (2-20)$$

由前面土的三相指标换算可知，$\gamma' = \dfrac{(G_s - 1)\gamma_w}{1+e}$，代入上式后得

$$i_{cr} = \frac{G_s - 1}{1+e} \tag{2-21}$$

由此可见，土的临界水力坡降取决于土的物理性质，与其他因素无关。工程上常用临界水力坡降 i_{cr} 来评价土体是否发生渗透破坏。

2.4.3　土的渗透变形（破坏）的条件

土的渗流变形的发生和发展主要取决于两个原因：一是几何条件，二是水力条件。

1. 几何条件

土体颗粒在渗流条件下产生松动和悬浮，必须克服土颗粒之间的黏聚力和内摩擦力，土的黏聚力和内摩擦力与土颗粒的组成和结构有密切关系。渗流变形产生的几何条件是指土颗粒的组成和结构等特征。例如，对于管涌来说，只有当土中粗颗粒所构成的孔隙直径大于细颗粒的直径，才可以让细颗粒在其中移动，这是管涌发生的必要条件之一。对于不均匀系数 C_u 小于 10 的土，粗颗粒形成的孔隙直径不能让细颗粒迅速通过，一般情况下这种土不会发生管涌；而对于不均匀系数 C_u 大于 10 的土，发生流土和管涌的可能性都存在，主要取决于土的级配情况和细粒含量。试验结果表明，当细粒含量小于 25%时，细粒填不满粗颗粒所形成的孔隙时，渗流变形属于管涌；而当细粒含量大于 35%时，则可能产生流土。

2. 水力条件

产生渗流变形的水力条件指的是作用在土体上的渗流力，是产生渗透变形的外部因素和主动条件。土体要产生渗透变形，只有当渗流水头作用下的渗透力，即水力坡降大到足以克服土颗粒之间的黏聚力和内摩擦力时，也就是说水力坡降大于临界水力坡降时，才可以发生渗流变形。表 2-2 给出了发生管涌时的临界坡降。应该指出的是，对于流土和管涌来说，渗流力具有不同的意义。对于流土来说，渗流力指的是作用在单位土体上的渗透力，是属于层流范围内的概念；而对于管涌来说，则指的是作用在单个颗粒上的渗透力，已经超出了层流的界限。

表 2-2　　产生管涌的临界坡降

水力坡降	级配连续土	级配不连续土
临界坡降 i_{cr}	0.2～0.4	0.1～0.3
允许坡降 $[i]$	0.15～0.25	0.1～0.2

3. 渗流的出溢条件

渗流出溢处有无适当的保护对渗流变形的产生和发展有着重要的意义。当出溢处直接临空，此处的水力坡降是最大的，同时水流方向也有利于土的松动和悬浮，这种出溢处条件最易产生渗透变形。

2.4.4　土的渗透变形（破坏）的控制

对于渗透变形的控制，可以在以下三个方面采取适当的工程措施。

（1）控制渗流水头和浸润线；

（2）降低渗流坡降；

（3）减少渗流量。

根据前面所介绍的流土与管涌发生的条件和特点，在预防渗流破坏时可以从以下几点进行考虑。

(1) 预防流土现象发生的关键是控制溢出处的水力坡降，使实际溢出处的水力坡降不超过允许坡降的范围。基于此，可以根据下面几点来考虑采取适当的工程措施，以预防流土现象的发生。

1) 切断地基的透水层，如在渗流区域设一些构造物（防渗墙、灌浆等）；

2) 延长渗流路径，降低溢出处的水力坡降，如做水平防渗铺盖；

3) 减小渗流压力或者防止土体被渗透力悬浮，如打减压井，在可能发生溢出处设透水盖重。

(2) 预防管涌现象的发生可以从改变水力和几何两个方面来采取措施。

1) 改变水力条件可以降低土层内部和溢出处的水力坡降，如做防渗铺盖；

2) 改变几何条件，在溢出部位铺设反滤层以保护地基土中的细颗粒不被带走，反滤层应该具有较大的透水性，以保证渗流的畅通，这是防止渗透破坏的有效措施。

思 考 题

2-1 达西（Darcy）定律的基本内容是什么？其适用条件和范围是什么？

2-2 常水头试验和变水头试验的试验原理是什么？分别适用于什么类型的土？

2-3 流线和等势线的物理意义是什么？流网中的流线和等势线必须满足什么条件？

2-4 什么是渗透力？它是怎样引起渗透变形的？发生流土与管涌的机理和条件是什么？

2-5 如何判断土是否可能发生渗透破坏？渗透破坏的防治措施有哪些？

习 题

2-1 对土样进行常水头试验，土样的长度为25cm，横截面积为100cm^2，作用在土样两端的水头差为75cm，通过土样渗流出的水量为100cm^3/min。试计算该土样的渗透系数k和水力坡降i，并根据渗透系数的大小判别该土样的类型。

2-2 一种黏性土的土粒比重G_s=2.70，孔隙比e=0.58，试求该土的临界水力坡降。

2-3 在常水头渗透试验中，土样1和土样2分上下两层装样，其渗透系数分别为k_1=0.03cm/s和k_2=0.1cm/s，试样截面积为A=200cm^2，土样的长度分别为L_1=15cm和L_2=30cm，试验时总水头差为40cm。试求渗流时土样1和土样2的水力坡降和单位时间流过土样的流量。

2-4 已知基坑底部有一厚1.25m的土层，其孔隙率为n=0.35，土粒比重G_s=2.65，假定该层土受到1.85m以上渗流水头的影响，在土层上面至少要加多厚的粗砂才能抵抗流土现象的发生（假定粗砂与基坑底部土层具有相同的孔隙比与比重）。

（答案：2-1：$k=5.6\times10^{-3}$cm/s，i=3，细砂；2-2：i_{cr}=1.076；2-3：i_1=1.67，i_2=0.5，$q_1=q_2$=10cm^3/s；2-4：0.48m）

注册岩土工程师考试题选

2-1　基坑内抽水，地下水绕坑壁钢板桩底稳定渗流，土质均匀，请问关于流速变化的下列论述中，（　　）项是正确的。

A. 沿钢板桩面流速最大，距桩面越远流速越小

B. 流速随深度增大，在钢板桩底部标高处最大

C. 钢板桩内侧流速大于外侧

D. 各点流速均相等

2-2　如图 2-14 所示，多层含水层中同一地点不同深度设置的侧压管量测的水头下列（　　）选项是正确的。

A. 不同深度量测的水头总是相等

B. 浅含水层量测的水头恒高于深含水层量测的水头

C. 浅含水层量测的水头低于深含水层量测的水头

D. 视水文地质条件而定

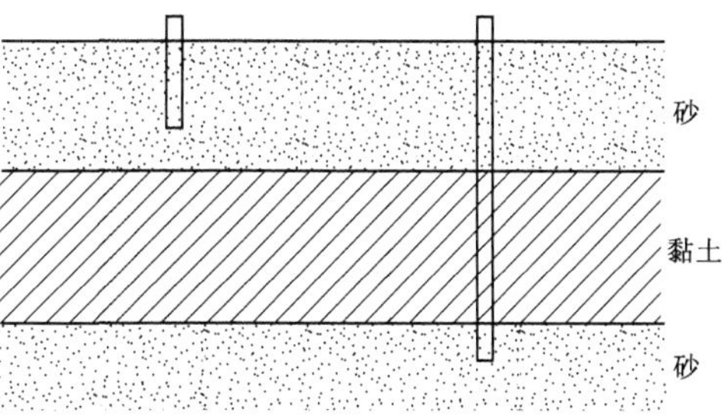

图 2-14　题选 2-2 图

（答案：2-1：A；2-2：D）

第3章 土中应力计算

本章提要

由于地基中的应力状态发生了变化，才引起了地基的变形，使基础产生沉降，如果变形值过大，甚至会影响到地基的稳定性。所以在研究地基变形与稳定性问题之间，有必要对地基中的应力计算和分布规律进行介绍。地基中的应力按产生的原因不同，可分为自重应力和附加应力，二者合起来构成土体中的总应力。对于形成年代比较久远的土或正常固结土而言，在自重应力作用下，其变形已经稳定，一般来说，土的自重应力不再引起地基的变形。而附加应力则不同，因为它是地基中新增加的应力，将会引起地基变形。

本章计算土中应力的方法，主要是采用弹性理论公式，也就是把地基土视为均匀的、各向同性的半无限空间弹性体。这种假定虽与土体的实际情况有出入，但弹性理论方法计算简单，实践证明，用弹性理论的计算结果能满足实际工程的要求。本章重点为土中自重应力与附加应力的概念、计算方法及其分布规律；基底压力的简化计算；矩形和条形均布荷载作用下角点附加应力的计算。

§3.1 土的自重应力

3.1.1 土的自重应力计算

由于土的自重在地基内所产生的应力称为自重应力。在计算土中自重应力时，假设天然地面为一无限大的水平面，因而任一竖直面可视作对称面，对称面上的剪应力均为零。按照剪应力互等定理，可知任意水平面上的剪应力也等于零。因此竖直面和水平面上只有正应力存在，竖直面和水平面为主平面。

对于天然重度为γ的均质土层，在天然地面以下任意深度z处的竖向自重应力σ_{cz}，可取作用于该深度水平面上任一单位面积的土柱体自重$\gamma z\times 1$计算（见图3-1），即

$$\sigma_{cz}=\gamma z \tag{3-1}$$

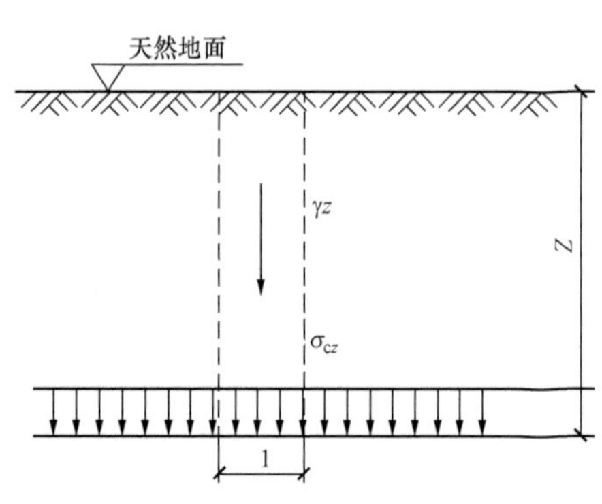

图3-1 均质土中的自重应力

可见，σ_{cz}沿水平面呈均匀分布，且与z成正比，即随深度线性增大。由于地基土在自重作用下只能产生竖向变形，而不能有侧向变形和剪切变形。从这个条件出发，根据弹性力学知识可以证明，侧向（水平向）自重应力σ_{cx}和σ_{cy}应与σ_{cz}成正比，而剪应力均为零，即

$$\sigma_{cx}=\sigma_{cy}=K_0\sigma_{cz} \tag{3-2}$$

$$\tau_{xy}=\tau_{yz}=\tau_{zx}=0 \tag{3-3}$$

式中 K_0——土的静止侧压力系数或静止土压力系数。

地基土往往是成层的，各层土具有不同的重度，则深度 z 处土的自重应力可通过各层土的自重应力求和得到，即

$$\sigma_{cz} = \sum_{i=1}^{n} \gamma_i h_i \tag{3-4}$$

式中　σ_{cz} ——天然地面下任意深度 z 处土的竖向有效自重应力，kPa；

n ——深度 z 范围内的土层总数；

h_i ——第 i 层土的厚度，m；

γ_i ——第 i 层土的天然重度，对地下水位以下的土层取有效重度 γ'_i，kN/m^3。

当地层中有不透水层（如岩层或只含结合水的坚硬黏土层）存在时，由于不透水层中不存在水的浮力，因此，该层顶面处的自重应力应按上覆土层的水土总重计算，即

$$\sigma_{cz} = \sum_{i=1}^{n} \gamma_i h_i + \gamma_w h_w \tag{3-5}$$

式中　γ_w ——水的重度，通常取 $\gamma_w = 10$kN/m^3；

h_w ——地下水位至不透水层顶面的距离，m。

【例 3-1】　试计算图 3-2 中各土层界面处及地下水位面处土的自重应力，并绘出分布图。

解　粉土层底处：　$\sigma_{cz1} = \gamma_1 h_1 = 18\times 3 = 54$kPa

地下水位面处：　$\sigma_{cz2} = \sigma_{cz1} + \gamma_2 h_2 = 54 + 18.4\times 2 = 90.8$kPa

黏土层底面处：　$\sigma_{cz3} = \sigma_{cz2} + \gamma'_2 h_3 = 90.8 + (19-10)\times 3 = 117.8$kPa

基岩层顶面处：　$\sigma_{cz} = \sigma_{cz3} + \gamma_w h_w = 117.8 + 10\times 3 = 147.8$kPa

自重应力分布图如图 3-2 所示。

3.1.2　地下水位升降及填土对土中自重应力的影响

形成年代已久的天然土层在自重应力作用下的变形早已稳定，但当地下水位发生下降或土层为新近沉积或地面有大面积人工填土时，土中的自重应力会增大，如图 3-3 所示，这时应考虑土体在自重应力增量作用下的变形。

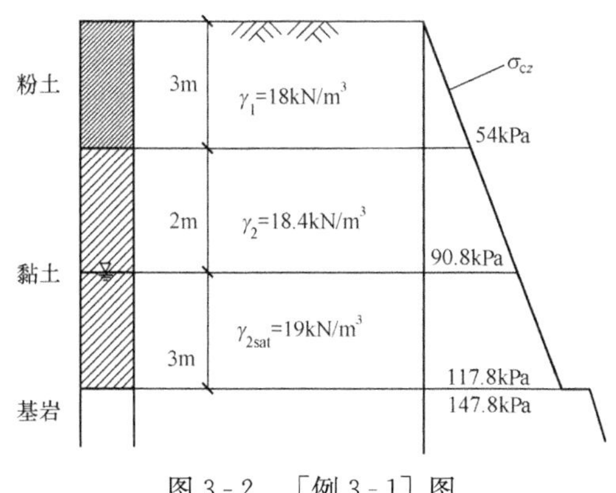

图 3-2　［例 3-1］图

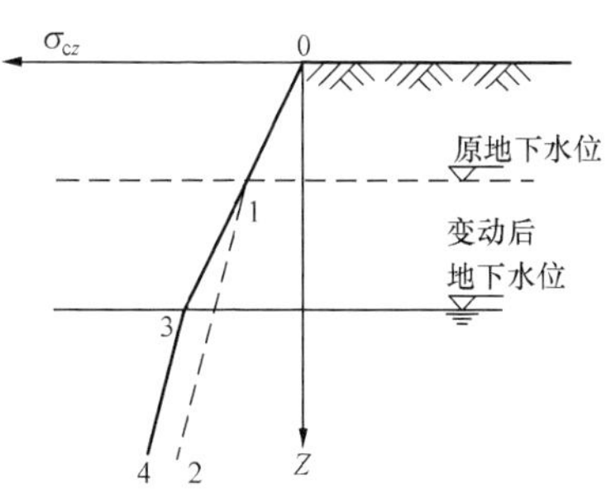

图 3-3　地下水位下降对土中自重应力的影响
0—1—2 线为原自重应力的分布；
0—3—4 线为地下水位变动后自重应力的分布

造成地下水位下降的原因主要是城市超量开采地下水及基坑开挖时的降水，其直接后果是导致地面下沉。地下水位下降后，新增加的自重应力会引起土体本身产生压缩变形。由于

这部分自重应力的影响深度很大，故所引起的地面沉降往往是很明显的。我国相当一部分城市由于超量开采地下水，出现了地表大面积沉降、地面塌陷等严重问题。在进行基坑开挖时，若降水过深、时间过长，则常引起坑外地表下沉而导致邻近建筑物开裂、倾斜。解决这一问题的方法是：在坑外设置止水帷幕或地下连续墙，其端部进入不透水层或弱透水层，平面上呈封闭状，以便将坑内外的地下水分隔开，并使从坑外渗透进入坑内的渗流量降低到最小程度。此外，还可以在邻近建筑物的基坑一侧设置回灌沟或回灌井，通过水的回灌来维持邻近建筑物下方的地下水位不变。

地下水位上升也会带来一些不利影响。水位上升会引起地基承载力的减小，湿陷性土的塌陷，在人工抬高蓄水水位的地区，滑坡现象常增多。在基础工程完工之前，如果停止基坑降水工作而使地下水位上升，则可能导致基坑边坡坍塌，或使刚浇筑的强度尚低的基础底板断裂。一些地下结构可能因水位上升而上浮，并带来新的问题和麻烦。

§3.2 基 底 压 力

建筑物荷载通过基础传递至地基，在基础底面与地基之间便产生了接触应力，通常称为基底压力。它既是基础作用于地基表面的压力，又是地基反作用于基础底面的反力。因此，在计算地基中的附加应力以及确定基础的底面尺寸时，都必须了解基底压力的大小和分布规律。

3.2.1 基底压力分布

基础与地基不是一个整体，且两者材料不同，刚度相差很大，若满足变形协调一致，基底压力将发生转移；同时，基底压力还受作用荷载的性质、大小，基础的刚度、尺寸和形状，埋置深度，地基土性质等诸多因素的影响。因此，精确确定基底压力的数值大小与分布规律，是一个十分复杂的问题。目前在弹性理论中主要是研究不同刚度的基础与弹性半空间表面间的接触压力分布问题。

(1) 对柔性基础而言，基底压力分布与上部荷载分布基本相同，而基础底面的沉降分布则是中央大而边缘小（因为刚度很小，在垂直荷载作用下几乎无抗弯能力，而随地基一起变形）。如由土筑成的路堤，其自重引起的地基反力分布与路堤断面形状相同，如图 3-4 所示。

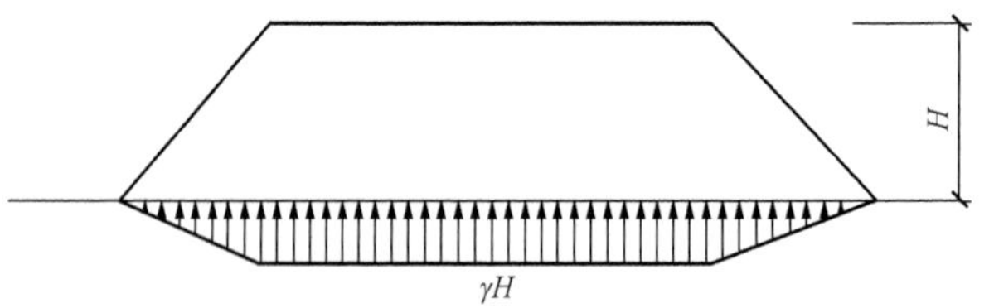

图 3-4 柔性基础下的基底压力分布

(2) 对刚性基础（如箱形基础或筏板基础等）而言，本身刚度大，在外荷载作用下基础不会出现挠曲变形，基础底面基本保持平面，即基础各点的沉降几乎是相同的，但基础底面的地基反力分布则不同于上部荷载的分布情况。刚性基础在中心荷载作用下，开始的基底压力呈马鞍形分布，中间小而边缘大，如图 3-5 (a) 所示；荷载较大时，基础边缘由于应力很大，使边缘地基土产生塑性变形，边缘应力不再增加，而中央部分继续增大，基底压力重新分布而呈抛物线分布，如图 3-5 (b) 所示；若作用在基础上的外荷载继续增大，接近于地基的破坏荷载时，基底压力的分布图形呈中部更为突出的钟形，如图 3-5 (c) 所示。

值得注意的是，通过在基础底面的不同部位埋设土压力盒，可以测试出基底压力的实际

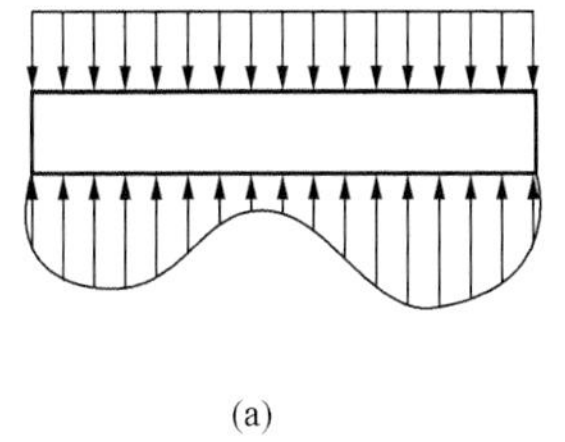
(a)

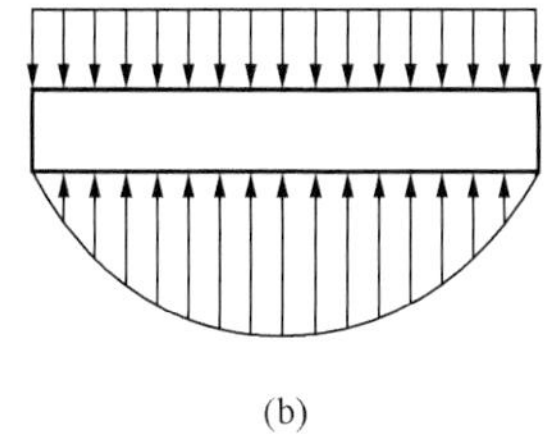
(b)

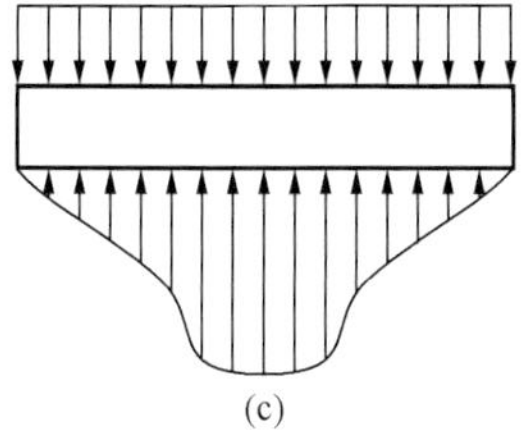
(c)

图3-5　刚性基础下的基底压力分布

分布形态。当基础埋置一定深度后，由于基础周围土体的约束，基础边缘土粒难以挤出，塑性区减小，边缘反力增加，使基础压力趋于均匀分布。

3.2.2　基底压力的简化计算

由于目前还没有精确、简便的基底压力计算方法，因此，在工程实际应用中往往采用简化方法，即对于具有一定刚度，且尺寸较小的基础，其基底压力分布可近似按直线分布的图形计算。而对于较为复杂的基础，如柱下条形基础、筏板基础和箱形基础，其基底压力的计算应考虑上部结构和基础的刚度以及地基土力学性质的影响，用弹性地基梁板的方法计算。

1. 中心荷载作用下的基底压力

作用在基底上的荷载合力通过基底形心，基底压力假定为均匀分布（见图3-6），平均压力设计值可按下式计算。

$$p=\frac{F+G}{A} \tag{3-6}$$

其中　$G=\gamma_G Ad$

对矩形基础　$A=lb$

式中　p——基底平均压力设计值，kPa；

F——上部结构作用在基础上的竖向力设计值，kN；

A——基底面积，m^2；

l、b——矩形基底的长度和宽度，m；

G——基础自重设计值及其上回填土重标准值总和，kN；

γ_G——基础及回填土的平均重度，一般取$20kN/m^3$，但在地下水位以下部分应扣除浮力$10kN/m^3$；

d——基础平均埋深，m。

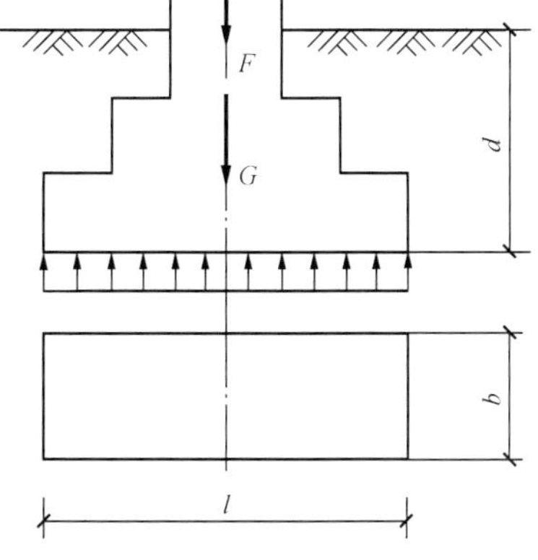

图3-6　中心荷载作用下基底压力分布

当基础埋深范围内有地下水时，$G=\gamma_G Ad-\gamma_w Ah_w=20Ad-10Ah_w$，代入式(3-6)，得

$$p=\frac{F}{A}+20d-10h_w \tag{3-7}$$

式中　h_w——基础底面至地下水位面的距离，m。

若地下水位在基底以下，则取$h_w=0$。在具体计算时，用式（3-7）会比用式（3-6）来得简单。

对于荷载沿长度方向均匀分布的条形基础，可沿长度方向截取 $l=1\text{m}$ 的单元进行计算，此时

$$p=\frac{F+G}{b}=\frac{F}{b}+20d-10h_w \tag{3-8}$$

式中 F、G——所取单元内的相应值，kN/m。

2. 偏心荷载作用下的基底压力

对于单向偏心荷载作用下的矩形基础［见图 3-7（a）］，通常将基底长边方向取与偏心方向一致。假定基底压力为线性分布，则此时两短边边缘最大压力值 p_{max} 与最小压力值 p_{min} 按材料力学短柱偏心受压公式计算

$$\left.\begin{matrix}p_{max}\\p_{min}\end{matrix}\right\}=\frac{F+G}{bl}\pm\frac{M}{W}=\frac{F+G}{bl}\left(1\pm\frac{6e}{l}\right) \tag{3-9}$$

式中 M——作用于矩形基底的力矩，kN·m，用于地基承载力及基础内力计算时取设计值；

W——基础底面的抵抗矩，m^3，对矩形基础，$W=bl^2/6$；

F、G、l、b 符号意义同前。

由上式可知，当 $e=0$ 时，$p_{max}=p_{min}=p$，基底压力呈均匀分布，即轴心受压情况；当 $0<e<\frac{l}{6}$ 时，呈梯形分布［见图 3-7（b）］；当 $e=\frac{l}{6}$ 时，$p_{min}=0$，呈三角形分布［见图 3-7（c）］；当 $e>\frac{l}{6}$ 时，$p_{min}<0$，由于基底与地基之间不能承受拉应力，此时基底与地基局部脱开，而使基底压力重新分布。因此，根据偏心荷载应与基底反力相平衡的条件，荷载合力 $F+G$ 应通过三角形反力分布图的形心［见图 3-7（d）］，由此可得基底边缘的最大压力为

$$p_{max}=\frac{2(F+G)}{3bk} \tag{3-10}$$

其中 $$k=\frac{l}{2}-e$$

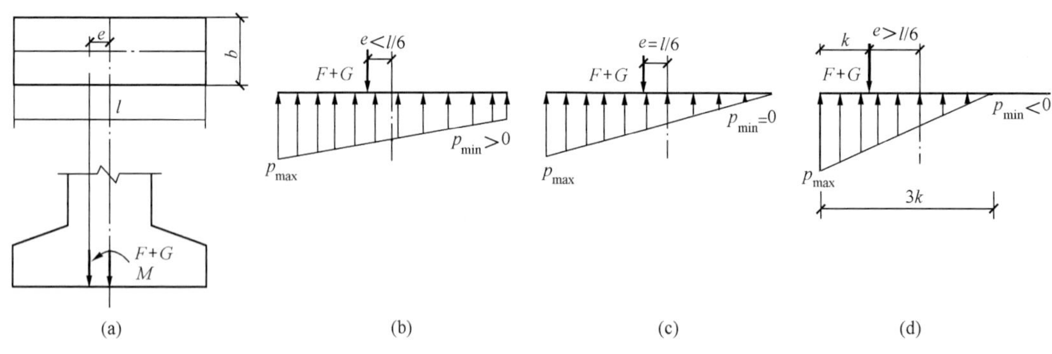

图 3-7 偏心荷载作用下基底压力分布

3. 基底附加压力

在建筑物建造之前，天然地基土中已存在自重应力，且一般情况下土层在自重应力作用下的变形也早已稳定。换个角度讲，土的自重应力不引起地基变形，只有新增的建筑物荷载，即作用于地基表面的附加压力，才是导致地基压缩变形的主要原因。因此，从建筑物建造后的基底压力中扣除基底标高处原有土的自重应力后，才是基底平面处新增加于地基表面

的压力，即基底附加压力 p_0，其计算公式如下。

$$p_0 = p - \sigma_{cd} = p - \gamma_0 d \tag{3-11}$$

式中 p——基底平均压力，kPa；

σ_{cd}——基底处土的自重应力，kPa；

γ_0——基底标高以上天然土层的加权平均重度，kN/m³，其中地下水位以下取有效重度；

d——基础埋深，m，必须从天然地面算起，对于新填土场地则应从旧天然地面算起。

按式（3-11）计算基底附加压力时，并未考虑坑底土体的回弹变形。实际上，当基坑的平面尺寸、深度较大且土层又较软时，坑底回弹是不可忽略的。因此，在计算地基变形时，为了适当考虑这种坑底回弹和再压缩而增加的沉降，通常做法是对基底附加压力进行调整，即取 $p_0 = p - \alpha\sigma_{cd}$，其中 α 为 0～1 的系数，一般对小基坑取 $\alpha=1$，对宽度超过 10m 的大基坑，取 $\alpha=0$。

对于一般浅基础而言，把基底附加压力近似看作是作用在弹性半空间表面上的局部荷载，根据弹性力学可推导出地基中的附加应力，这种假设造成的误差可忽略不计。

§3.3 地基附加应力

由建筑物的荷载或其他外载在地基内所产生的应力称为附加应力。本节采用的附加应力的计算方法是根据弹性理论推导出来的，首先讨论在竖向集中力作用下地基附加应力计算，然后应用竖向集中力的解答，通过叠加原理或积分的方法可以得到各种分布荷载作用下土中应力的计算公式。

3.3.1 竖向集中力作用下的地基附加应力

1. 布辛奈斯克解

在弹性半空间表面上作用一个竖向集中力时（见图 3-8），半空间内任意点处所引起的应力和位移的弹性力学解答是由法国的布辛奈斯克（J. Boussinesq，1885）首先提出的。他根据弹性理论推导得到的六个应力分量和三个位移分量的解答如下：

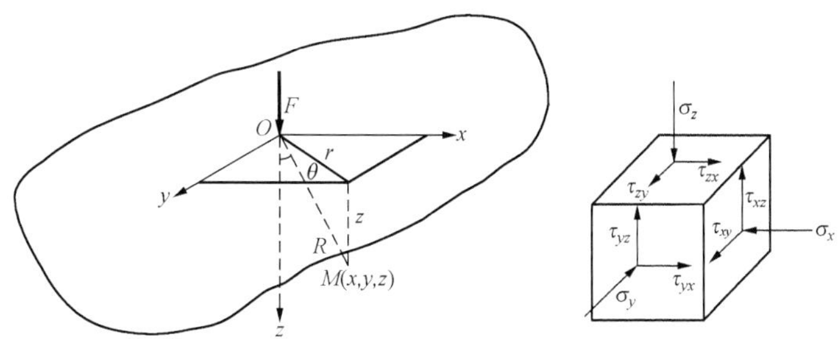

图 3-8 竖向集中力作用下的附加应力

$$\sigma_x = \frac{3F}{2\pi}\left\{\frac{x^2 z}{R^5} + \frac{1-2\mu}{3}\left[\frac{R^2 - Rz - z^2}{R^3(R+z)} - \frac{x^2(R+z)}{R^3(R+z)^2}\right]\right\} \tag{3-12}$$

$$\sigma_y = \frac{3F}{2\pi}\left\{\frac{y^2 z}{R^5} + \frac{1-2\mu}{3}\left[\frac{R^2 - Rz - z^2}{R^3(R+z)} - \frac{y^2(2R+z)}{R^3(R+z)^2}\right]\right\} \tag{3-13}$$

$$\sigma_z = \frac{3F}{2\pi}\frac{z^3}{R^5} = \frac{3F}{2\pi R^2}\cos^3\theta \tag{3-14}$$

$$\tau_{xy} = \tau_{yx} = -\frac{3F}{2\pi}\left[\frac{xyz}{R^5} - \frac{1-2\mu}{3}\cdot\frac{xy(2R+z)}{R^3(R+z)^2}\right] \tag{3-15}$$

$$\tau_{yz} = \tau_{zy} = -\frac{3F}{2\pi}\cdot\frac{yz^2}{R^5} = -\frac{3Fy}{2\pi R^3}\cos^2\theta \tag{3-16}$$

$$\tau_{zx} = \tau_{xz} = -\frac{3F}{2\pi}\cdot\frac{xz^2}{R^5} = -\frac{3Fx}{2\pi R^3}\cos^2\theta \tag{3-17}$$

$$u = \frac{F(1+\mu)}{2\pi E}\left[\frac{xz}{R_3} - (1-2\mu)\frac{x}{R(R+z)}\right] \tag{3-18}$$

$$v = \frac{F(1+\mu)}{2\pi E}\left[\frac{yz}{R^3} - (1-2\mu)\frac{y}{R(R+z)}\right] \tag{3-19}$$

$$w = \frac{F(1+\mu)}{2\pi E}\left[\frac{z^2}{R^3} + 2(1-\mu)\frac{1}{R}\right] \tag{3-20}$$

其中 $$R = \sqrt{x^2+y^2+z^2} = \sqrt{r^2+z^2} = z/\cos\theta$$

式中 σ_x、σ_y、σ_z——M 点平行于 x、y、z 坐标轴的正应力；

τ_{xy}、τ_{yz}、τ_{zx}——剪应力，其中前一个脚标表示与它作用的微面的法线方向平行的坐标轴，后一个脚标表示与它作用方向平行的坐标轴；

u、v、w——M 点分别沿坐标轴 x、y、z 方向的位移；

F——作用于坐标原点 O 的竖向集中力；

R——M 点至坐标原点 O 的距离；

θ——R 线与 z 坐标轴的夹角；

r——M 点与集中力作用点的水平距离；

E——土的弹性模量（或土力学中专用的地基变形模量，以 E_0 代之）；

μ——泊松比。

在上述各式中，若 $R=0$，则各式所得结果均为无限大，因此，所选择的计算点不应过于接近集中力的作用点。

以上这些计算应力和位移的公式中，竖向正应力 σ_z 和竖向位移 w 最为常用，以后有关地基附加应力的计算主要是针对 σ_z 而言的。

为了计算方便起见，将 $R=\sqrt{r^2+z^2}$ 代入式（3-14），得

$$\sigma_z = \frac{3F}{2\pi}\cdot\frac{z^3}{(r^2+y^2)^{5/2}} = \frac{3}{2\pi}\cdot\frac{1}{[(r/z)^2+1]^{5/2}}\cdot\frac{F}{z^2} \tag{3-21}$$

令 $K=\frac{3}{2\pi}\frac{1}{[(r/z)^2+1]^{5/2}}$，则上式改写为

$$\sigma_z = K\frac{F}{z^2} \tag{3-22}$$

式中 K——集中荷载作用下的地基竖向附加应力系数，是 r/z 的函数，由表 3-1 查取。

2. 等代荷载法

当有若干个竖向集中力 F_i（$i=1$，2，…，n）作用在地基表面时，按叠加原理，地面下 z 深度处某点 M 的附加应力 σ_z 为

$$\sigma_z = \sum_{i=1}^{n} K_i\frac{F_i}{z^2} = \frac{1}{z^2}\sum_{i=1}^{n} K_iF_i \tag{3-23}$$

式中　K_i——第 i 个集中荷载下的竖向附加应力系数，按 r_i/z 由表 3-1 查得，r_i 是第 i 个集中荷载作用点到 M 点的水平距离。

表 3-1　集中荷载作用下的地基竖向附加应力系数 K

γ/z	K	γ/z	K	γ/z	K	γ/z	K	γ/z	K
0	0.4775	0.50	0.2733	1.00	0.0844	1.50	0.0251	2.00	0.0085
0.05	0.4745	0.55	0.2466	1.05	0.0744	1.55	0.0224	2.20	0.0058
0.10	0.4657	0.60	0.2214	1.10	0.0658	1.60	0.0200	2.40	0.0040
0.15	0.4516	0.65	0.1978	1.15	0.0581	1.65	0.0179	2.60	0.0029
0.20	0.4329	0.70	0.1762	1.20	0.0513	1.70	0.0160	2.80	0.0021
0.25	0.4103	0.75	0.1565	1.25	0.0454	1.75	0.0144	3.00	0.0015
0.30	0.3849	0.80	0.1386	1.30	0.0402	1.80	0.0129	3.50	0.0007
0.35	0.3577	0.85	0.1226	1.35	0.0357	1.85	0.0116	4.00	0.0004
0.40	0.3294	0.90	0.1083	1.40	0.0317	1.90	0.0105	4.50	0.0002
0.45	0.3011	0.95	0.0956	1.45	0.0282	1.95	0.0095	5.00	0.0001

建筑物的荷载是通过基础作用于地基之上的，而基础总是具有一定的面积，因此，理论上的集中荷载实际上是没有的。等代荷载法是将荷载面（或基础底面）划分成若干个形状规则（如矩形）的面积单元（A_i），每个单元上的分布荷载（p_iA_i）近似地以作用在该单元面积形心上的集中力（$F_i=p_iA_i$）来代替（见图 3-9），这样就可以利用式（3-23）来计算地基中某一点 M 处的附加应力。由于集中力作用点附近的 σ_z 为无穷大，故这种方法不适用于过于靠近荷载面的计算点，其计算精度的高低取决于单元面积的大小，单元划分越细，计算精度越高。

3.3.2　分布荷载作用下的地基附加应力

首先讨论一般情况，设半无限土体表面作用一分布荷载 $p(x, y)$，如图 3-10 所示，若求地基土中某点 $M(x, y, z)$ 的竖向应力 σ_z，可以先在荷载范围内取一微元面积 $dA=d\xi d\eta$，则作用在微元面积上的分布荷载可用集中力 $dF=p(x, y)d\xi d\eta$ 表示，用式（3-14）在荷载面积范围内积分可得 σ_z，即

$$\sigma_z=\iint_A d\sigma_z=\frac{3z^3}{2\pi}\iint_A\frac{p(x,y)d\xi d\eta}{[(x-\xi)^2+(y-\eta)^2+z^2]^{5/2}} \tag{3-24}$$

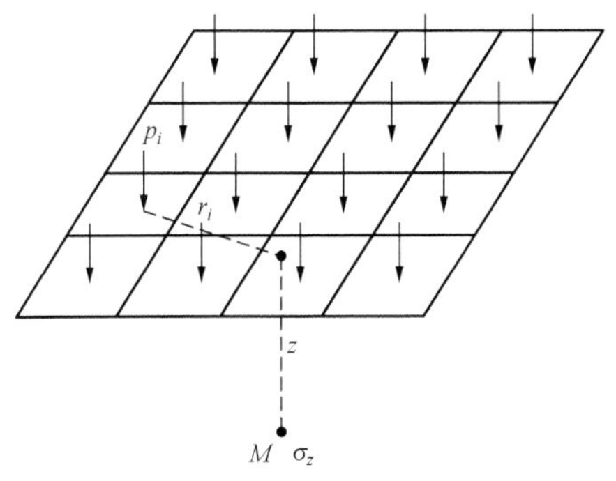

图 3-9　等代荷载法计算附加应力

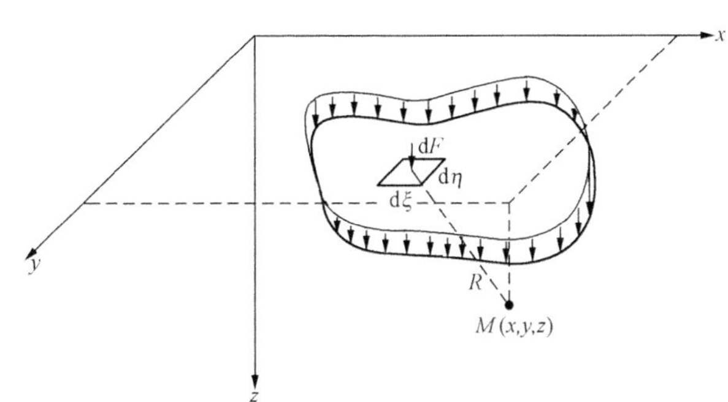

图 3-10　分布荷载作用下土中应力计算

在求解上式积分时与下面三个条件有关：

(1) 分布荷载 $p(x, y)$ 的分布规律及其大小；

(2) 荷载分布面积的几何形状及其大小；

(3) 应力计算点 $M(x, y, z)$ 的坐标。

显然，积分后的结果比较繁杂，但是都是 l/b，z/b 或 z/r_0 等的函数。为了工程上的应用方便，以 l/b，z/b 或 z/r_0 等编制一些表格，应用时可直接根据 l/b，z/b 或 z/r_0 等查表可得出附加应力系数 K。则

$$\sigma_z = Kp_0 \tag{3-25}$$

下面介绍几种规则分布荷载作用下的地基土附加应力计算过程。

一、均布矩形荷载

如图 3-11 所示，矩形荷载面的长度和宽度分别为 l 和 b，竖向均布荷载为 p_0。从荷载面内取一微面积 $dA=d\xi d\eta$，应用式 (3-24)，对整个矩形面积积分，得

$$\begin{aligned}\sigma_z &= \iint_A d\sigma_z = \frac{3p_0z^3}{2\pi}\int_0^l\int_0^b \frac{1}{(x^2+y^2+z^2)^{5/2}}dxdy \\ &= \frac{p_0}{2\pi}\left[\frac{lbz(l^2+b^2+2z^2)}{(l^2+z^2)(b^2+z^2)\sqrt{l^2+b^2+z^2}} + \arctan\frac{lb}{z\sqrt{l^2+b^2+z^2}}\right]\end{aligned} \tag{3-26}$$

令
$$K_c = \frac{1}{2\pi}\left[\frac{lbz(l^2+b^2+2z^2)}{(l^2+z^2)(b^2+z^2)\sqrt{l^2+b^2+z^2}} + \arctan\frac{lb}{z\sqrt{l^2+b^2+z^2}}\right]$$

可得
$$\sigma_z = K_cp_0 \tag{3-27}$$

若令 $m=l/b$，$n=z/b$，则

$$K_c = \frac{1}{2\pi}\left[\frac{mn(m^2+2n^2+1)}{(m^2+n^2)(1+n^2)\sqrt{m^2+n^2+1}} + \arctan\frac{m}{n\sqrt{m^2+n^2+1}}\right]$$

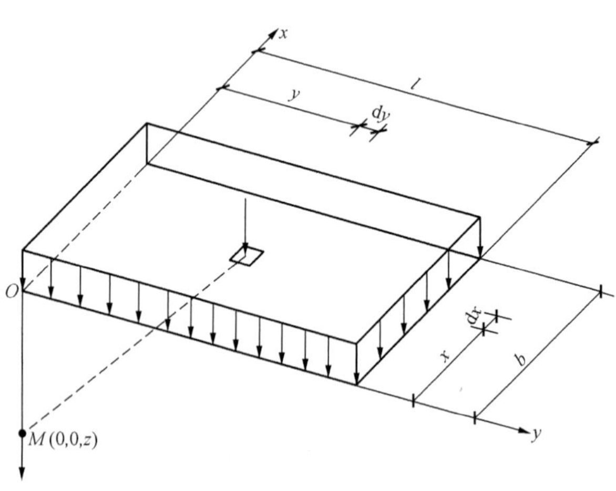

图 3-11 均布矩形荷载角点下的附加应力 σ_z

式中：K_c 为均布矩形荷载角点下的竖向附加应力系数，按 m 及 n 值由表 3-2 查得。

实际计算中，常会遇到计算点不位于矩形荷载面角点下的情况。这时可以通过作辅助线把荷载面分成若干个矩形面积，而计算点正好位于这些矩形面积的角点下，这样就可以应用式 (3-27) 及力的叠加原理来求解。这种方法称为角点法。

下面分四种情况（见图 3-12，计算点在图中 O 点以下任意深度处）说明角点法的具体应用。

1. O 点在荷载面边缘

过 O 点作辅助线 Oe，将荷载面分成Ⅰ、Ⅱ两块，由叠加原理，有

$$\sigma_z = (K_{c1}+K_{c2})p_o$$

式中：K_{c1} 和 K_{c2} 是分别按两块小矩形面积Ⅰ和Ⅱ查得的角点附加应力系数。

2. O 在荷载面内

作两条辅助线将荷载面分成Ⅰ、Ⅱ、Ⅲ和Ⅳ共四块面积。于是

$$\sigma_z = (K_{c1} + K_{c2} + K_{c3} + K_{c4}) p_0$$

如果 O 点位于荷载面中心，则 $K_{c1} = K_{c2} = K_{c3} = K_{c4}$，可得 $\sigma_z = 4K_{c1} p_0$，此即为利用角点法求基底中心点下 σ_z 的解，亦可直接查中点附加应力系数（略）。

3. O 在荷载面边缘外侧

将荷载面 $abcd$ 看成Ⅰ（$ofbg$）－Ⅱ（$ofah$）＋Ⅲ（$oecg$）－Ⅳ（$oedh$），则

$$\sigma_z = (K_{c1} - K_{c2} + K_{c3} - K_{c4}) p_0$$

4. O 在荷载面角点外侧

将荷载面看成Ⅰ（$ohce$）－Ⅱ（$ohbf$）－Ⅲ（$ogde$）＋Ⅳ（$ogaf$），则

$$\sigma_z = (K_{c1} - K_{c2} - K_{c3} + K_{c4}) p_0$$

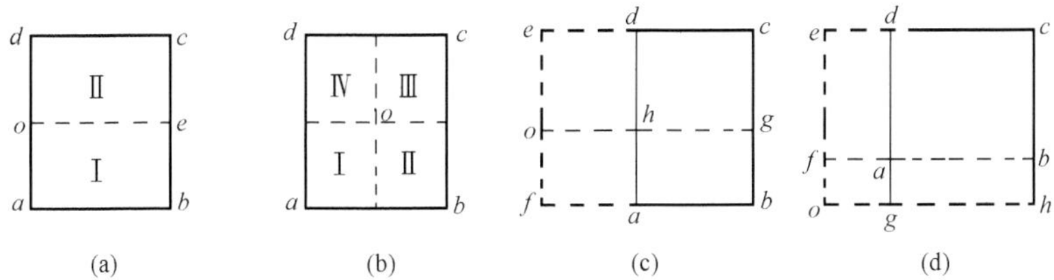

图 3-12 以角点法计算均布矩形荷载面 O 点下的地基附加应力

(a) O 点在荷载面边缘；(b) O 点在荷载面内；

(c) O 点在荷载面边缘外；(d) O 点在荷载面角点外侧

表 3-2 均布矩形荷载角点下的竖向附加应力系数 K_c

z/b \ l/b	1.0	1.2	1.4	1.6	1.8	2.0	3.0	4.0	5.0	6.0	10.0	条形
0	0.250 0	0.250 0	0.250 0	0.250 0	0.250 0	0.250 0	0.250 0	0.250 0	0.250 0	0.250 0	0.250 0	0.250 0
0.2	0.248 5	0.248 9	0.249 0	0.249 1	0.249 1	0.249 2	0.249 2	0.249 2	0.249 2	0.249 2	0.249 2	0.249 2
0.4	0.240 1	0.242 0	0.242 9	0.243 4	0.243 7	0.243 9	0.244 2	0.244 3	0.244 3	0.244 3	0.244 3	0.244 3
0.6	0.222 9	0.227 5	0.230 0	0.231 5	0.232 4	0.232 9	0.233 9	0.234 1	0.234 2	0.234 2	0.234 2	0.234 2
0.8	0.199 9	0.207 5	0.212 0	0.214 7	0.216 5	0.217 6	0.219 6	0.220 0	0.220 2	0.220 2	0.220 2	0.220 3
1.0	0.175 2	0.185 1	0.191 1	0.195 5	0.198 1	0.199 9	0.203 4	0.204 2	0.204 4	0.204 5	0.204 6	0.204 6
1.2	0.151 6	0.162 6	0.170 5	0.175 8	0.179 3	0.181 8	0.187 0	0.188 2	0.188 5	0.188 7	0.188 8	0.188 9
1.4	0.130 8	0.142 3	0.150 8	0.156 9	0.161 3	0.164 4	0.171 2	0.173 0	0.173 5	0.173 8	0.174 0	0.174 0
1.6	0.112 3	0.124 1	0.132 9	0.139 6	0.144 5	0.148 2	0.156 7	0.159 0	0.159 8	0.160 1	0.160 4	0.160 5
1.8	0.096 9	0.108 3	0.117 2	0.124 1	0.129 4	0.133 4	0.143 4	0.146 3	0.147 4	0.147 8	0.148 2	0.148 3
2.0	0.084 0	0.094 7	0.103 4	0.110 3	0.115 8	0.120 2	0.131 4	0.135 0	0.136 3	0.136 8	0.137 4	0.137 5
2.2	0.073 2	0.082 3	0.091 7	0.098 4	0.103 9	0.108 4	0.120 5	0.124 8	0.126 4	0.127 1	0.127 7	0.127 9
2.4	0.064 2	0.073 4	0.081 3	0.087 9	0.093 4	0.097 9	0.110 8	0.115 6	0.117 5	0.118 4	0.119 2	0.119 4
2.6	0.056 6	0.065 1	0.072 5	0.078 8	0.084 2	0.088 7	0.102 0	0.107 3	0.109 5	0.110 6	0.111 6	0.111 8

续表

z/b \ l/b	1.0	1.2	1.4	1.6	1.8	2.0	3.0	4.0	5.0	6.0	10.0	条形
2.8	0.050 2	0.058 0	0.064 9	0.070 9	0.076 1	0.080 5	0.094 2	0.099 9	0.102 4	0.103 6	0.104 8	0.105 0
3.0	0.044 7	0.051 9	0.058	0.064 0	0.069 0	0.073 2	0.087 0	0.093 1	0.095 9	0.097 3	0.098 7	0.099 0
3.2	0.040 1	0.046 7	0.052 6	0.058 0	0.062 7	0.066 8	0.080 6	0.087 0	0.090 0	0.091 6	0.093 3	0.093 5
3.4	0.036 1	0.042 1	0.047 7	0.052 7	0.057 1	0.081 1	0.074 7	0.081 4	0.084 7	0.086 4	0.088 2	0.088 6
3.6	0.032 6	0.038 2	0.043 3	0.048 0	0.052 3	0.056 1	0.069 4	0.076 3	0.079 9	0.081 6	0.083 0	0.084 2
3.8	0.029 6	0.034 8	0.039 5	0.043 9	0.047 9	0.051 6	0.064 6	0.071 7	0.075 3	0.077 3	0.079 6	0.080 2
4.0	0.027 0	0.031 8	0.036 2	0.430	0.044 1	0.047 4	0.060 3	0.067 4	0.071 2	0.073 3	0.075 8	0.076 5
4.2	0.024 7	0.029 1	0.033 3	0.037 1	0.040 7	0.043 9	0.056 3	0.063 4	0.067 4	0.069 6	0.072 4	0.073 1
4.4	0.022 7	0.026 8	0.030 6	0.034 3	0.037 6	0.040 7	0.052 7	0.059 7	0.063 9	0.066 2	0.069 2	0.070 0
4.6	0.020 9	0.024 7	0.028 3	0.031 7	0.034 8	0.037 8	0.049 3	0.056 4	0.060 6	0.063 0	0.066 3	0.067 1
4.8	0.019 3	0.022 9	0.026 2	0.029 4	0.032 4	0.035 2	0.046 3	0.053 3	0.057 6	0.060 1	0.063 5	0.064 5
5.0	0.017 9	0.021 2	0.024 3	0.027 4	0.030 2	0.032 8	0.043 5	0.050 4	0.054 7	0.057 3	0.061 0	0.062 0
6.0	0.012 7	0.015 1	0.017 4	0.019 6	0.021 8	0.023 8	0.032 5	0.038 8	0.043 1	0.046 0	0.050 6	0.052 1
7.0	0.009 4	0.011 2	0.013 0	0.014 7	0.016 4	0.018 0	0.025 1	0.030 6	0.034 6	0.037 6	0.042 8	0.044 9
8.0	0.007 3	0.008 7	0.010 1	0.011 4	0.012 7	0.014 0	0.019 8	0.024 6	0.028 3	0.031 1	0.036 7	0.039 4
9.0	0.005 8	0.006 9	0.008 0	0.009 1	0.010 2	0.011 2	0.016 1	0.020 2	0.023 5	0.026 2	0.031 9	0.035 1
10.0	0.004 7	0.005 6	0.006 5	0.007 4	0.008 3	0.009 2	0.013 2	0.016 8	0.019 8	0.022 2	0.028 0	0.031 6
12.0	0.003 3	0.003 9	0.004 6	0.005 2	0.005 8	0.006 4	0.009 4	0.012 1	0.014 5	0.016 5	0.021 9	0.026 4
14.0	0.002 4	0.002 9	0.003 4	0.003 8	0.004 3	0.004 8	0.007 0	0.009 1	0.011 0	0.012 7	0.017 5	0.022 7
16.0	0.001 9	0.002 2	0.002 6	0.002 9	0.003 3	0.003 7	0.005 4	0.007 1	0.008 6	0.010 0	0.014 3	0.019 8
18.0	0.001 5	0.001 8	0.002 0	0.002 3	0.002 6	0.002 9	0.004 3	0.005 6	0.006 9	0.008 1	0.011 8	0.017 6
20.0	0.001 2	0.001 4	0.001 7	0.001 9	0.002 1	0.002 4	0.003 5	0.004 6	0.005 7	0.006 7	0.009 9	0.015 9

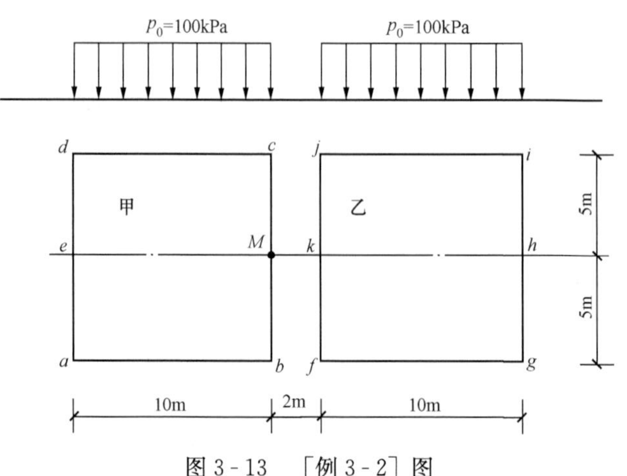

图 3-13 ［例 3-2］图

【例 3-2】 某相邻基础如图 3-13所示，试计算基础甲中 M 点下、深度 $z=10\text{m}$ 处的附加应力 σ_z。

解 M 点下、深度 $z=10\text{m}$ 处的附加应力有：

甲基础本身影响：

矩形 $eMcd$ 和矩形 $bMea$ 共两块，$l/b=2$，$z/b=2$，查表 3-2，可得 $K_c=0.120\ 2$。

乙基础的影响：

矩形 $bghM$ 和矩形 $Mhic$，

$l/b=2.4$，$z/b=2$，查表 3-2，可得 $K_c=0.1247$；矩形 $bfkM$ 和矩形 $Mkjc$，$l/b=2.5$，$z/b=5$，查表 3-2，可得 $K_c=0.0382$。

于是，$\sigma_z=[2\times0.1202+2\times(0.1247-0.0382)]\times100=41.34\text{kPa}$

二、三角形分布的矩形荷载

设竖向荷载沿矩形面积一边 b 方向上呈三角形分布（沿另一边 l 的荷载分布不变），荷载的最大值为 p_0，取荷载零值边的角点 1 为坐标原点（见图 3-14），运用式（3-24）以积分法可求角点 1 下任意深度 z 处 M 点的竖向附加应力 σ_z 为

$$\sigma_z=\iint_A \mathrm{d}\sigma_z=\iint_A \frac{3}{2\pi}\frac{p_0 x z^3}{b(x^2+y^2+z^2)^{5/2}}\mathrm{d}x\mathrm{d}y \tag{3-28}$$

积分后得

$$\sigma_z=K_{t1}p_0 \tag{3-29}$$

其中

$$K_{t1}=\frac{mn}{2\pi}\left[\frac{1}{\sqrt{m^2+n^2}}-\frac{n^2}{(1+n^2)\sqrt{m^2+n^2+1}}\right]$$

同理，还可求得荷载最大值边的角点 2 下任意深度 z 处的竖向附加应力 σ_z 为

$$\sigma_z=K_{t2}p_0 \tag{3-30}$$

K_{t1} 和 K_{t2} 均为 $m=l/b$ 和 $n=z/b$ 的函数，其值可参见《建筑地基基础设计规范》（GB 50007—2011）附录 K。注意 b 是沿三角形分布方向的边长。应用上述均布和三角形分布的矩形荷载在角点下的附加应力系数 K_c、K_{t1}、K_{t2}，即可用角点法求算梯形分布或三角形分布时地基中任意点的竖向附加应力 σ_z 值。

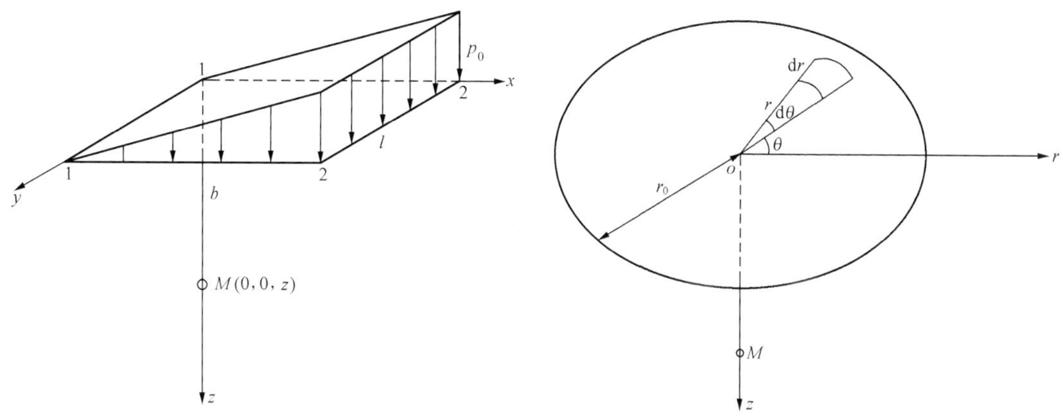

图 3-14 三角形分布矩形荷载角点下的 σ_z

图 3-15 均布圆形荷载中点下的 σ_z

三、均布圆形荷载

如图 3-15 所示，半径为 r_0 的圆形荷载面积上作用着竖向均布荷载 p_0。为求荷载面中心点下任意深度 z 处 M 点的 σ_z，可在荷载面积上取微面积 $\mathrm{d}A=r\mathrm{d}\theta\mathrm{d}r$，以集中力 $p_0\mathrm{d}A$ 代替微面积上的分布荷载，运用式（3-24）以积分法求得 σ_z 为

$$\begin{aligned}\sigma_z&=\iint_A \mathrm{d}\sigma_z=\frac{3p_0 z^3}{2\pi}\int_0^{2\pi}\int_0^{r_0}\frac{r\mathrm{d}\theta\mathrm{d}r}{(r^2+z^2)^{5/2}}\\&=p_0\left[1-\frac{z^3}{(r_0{}^2+z^2)^{3/2}}\right]=p_0\left[1-\frac{1}{(r_0{}^2/z^2+1)^{3/2}}\right]=K_0p_0\end{aligned} \tag{3-31}$$

式中 K_0——均布圆形荷载中心点下的附加应力系数，它是（z/r_0）的函数，由表 3-3 查得。

同理，可得到均布圆形荷载周边下的附加应力为

$$\sigma_z = K_r p_0 \tag{3-32}$$

式中 K_r——均布圆形荷载周边下的附加应力系数，它也是（z/r_0）的函数，可由表3-4查得。

表3-3 均布圆形荷载中心点下的竖向附加应力系数 K_0

z/r_0	K_0	z/r_0	K_0	z/r_0	K_0	z/r_0	K_0	z/r_0	K_0	z/r_0	K_0
0.0	1.000	0.8	0.756	1.6	0.390	2.4	0.213	3.2	0.130	4.0	0.087
0.1	0.999	0.9	0.701	1.7	0.360	2.5	0.200	3.3	0.124	4.2	0.079
0.2	0.992	1.0	0.646	1.8	0.332	2.6	0.187	3.4	0.117	4.4	0.073
0.3	0.976	1.1	0.595	1.9	0.307	2.7	0.175	3.5	0.111	4.6	0.067
0.4	0.949	1.2	0.547	2.0	0.285	2.8	0.165	3.6	0.106	4.8	0.062
0.5	0.911	1.3	0.502	2.1	0.264	2.9	0.155	3.7	0.101	5.0	0.057
0.6	0.864	1.4	0.461	2.2	0.246	3.0	0.146	3.8	0.096	6.0	0.040
0.7	0.811	1.5	0.424	2.3	0.229	3.1	0.138	3.9	0.091	10.0	0.015

表3-4 均布圆形荷载圆周边下的竖向附加应力系数 K_r

z/r_0	K_r	z/r_0	K_r	z/r_0	K_r	z/r_0	K_r	z/r_0	K_r	z/r_0	K_r
0.0	0.500	0.8	0.366	1.6	0.243	2.4	0.159	3.2	0.108	4.0	0.076
0.1	0.494	0.9	0.349	1.7	0.230	2.5	0.151	3.3	0.103	4.2	0.070
0.2	0.467	1.0	0.332	1.8	0.218	2.6	0.144	3.4	0.098	4.4	0.065
0.3	0.451	1.1	0.316	1.9	0.207	2.7	0.137	3.5	0.094	4.6	0.060
0.4	0.435	1.2	0.300	2.0	0.196	2.8	0.130	3.6	0.090	4.8	0.056
0.5	0.417	1.3	0.285	2.1	0.186	2.9	0.124	3.7	0.086	5.0	0.052
0.6	0.400	1.4	0.270	2.2	0.176	3.0	0.118	3.8	0.083	6.0	0.038
0.7	0.383	1.5	0.256	2.3	0.167	3.1	0.113	3.9	0.079	10.0	0.014

四、线荷载和均布条形荷载

在实际工程中，无限长的荷载是没有的，但在使用表3-2的过程中可以发现，当矩形荷载面积的长宽比 $l/b \geqslant 10$ 时，矩形面积角点下的地基附加应力计算值与按 $l/b=\infty$ 时的解相比误差很小。因此，诸如柱下或墙下条形基础、挡土墙基础、路基、坝基等，常常可视为条形荷载，按平面问题求解。为了求得条形荷载下的地基附加应力，下面先介绍线荷载作用下的解答。

1. 线荷载

如图3-16（a）所示，线荷载是作用在地基表面上一条无限长直线上的均布荷载。

设竖向线荷载 $\bar{p}$（kN/m）作用在 y 坐标轴上，沿 y 轴截取一微分段 dy，将其上作用的线荷载以集中力 $dF=\bar{p}dy$ 代替，从而利用式（3-14）可求得地基中任意点 M 处由 dA 引起的附加应力 $d\sigma_z$，再通过积分，即可求得 M 点的 σ_z。

$$\sigma_z = \frac{2\bar{p}z^3}{\pi {R_1}^4} = \frac{2\bar{p}}{\pi R_1}\cos^3\beta \tag{3-33}$$

同理

$$\sigma_x = \frac{2\bar{p}x^2 z}{\pi {R_1}^4} = \frac{2\bar{p}}{\pi R_1}\cos\beta\sin^2\beta \tag{3-34}$$

$$\tau_{xz} = \tau_{zx} = \frac{2\bar{p}xz^2}{\pi {R_1}^4} = \frac{2\bar{p}}{\pi R_1}\cos^2\beta\sin\beta \tag{3-35}$$

由于线荷载沿 y 轴均匀分布而且无限延伸，因此，与 y 轴垂直的任何平面上的应力状态都完全相同，根据弹性原理可得

$$\tau_{xy} = \tau_{yx} = \tau_{yz} = \tau_{zy} = 0 \tag{3-36}$$

$$\sigma_y = \mu(\sigma_x + \sigma_z) \tag{3-37}$$

式（3-36）和式（3-37）在弹性理论中称为费拉曼（Flamant）解。

2. 均布的条形荷载

均布的条形荷载是沿宽度方向［见图3-16（b）中 x 轴方向］和长度方向均匀分布，而长度方向为无限长的荷载。沿 x 轴取一宽度为 $\mathrm{d}x$ 长为无限长的微分段，作用于其上的荷载以线荷载 $\bar{p}=p_0\mathrm{d}x$ 代替，运用式（3-33）并作积分，可求得地基中任意点 M 处的竖向附加应力为（用极坐标表示）

$$\sigma_z = \frac{p_0}{\pi}[\sin\beta_2\cos\beta_2 - \sin\beta_1\cos\beta_1 + (\beta_2 - \beta_1)] \tag{3-38}$$

同理可得

$$\sigma_x = \frac{p_0}{\pi}[-\sin(\beta_2 - \beta_1)\cos(\beta_2 + \beta_1) + (\beta_2 - \beta_1)] \tag{3-39}$$

$$\tau_{xz} = \tau_{zx} = \frac{p_0}{\pi}(\sin^2\beta_2 - \sin^2\beta_1) \tag{3-40}$$

上述各式中当点 M 位于荷载分布宽度两端点竖直线之间时，β_1 取负值，反之取正值。

将式（3-38）、式（3-39）和式（3-40）代入下面材料力学公式，可以求得 M 点的大主应力 σ_1 与小主应力 σ_3

$$\left.\begin{matrix}\sigma_1\\ \sigma_2\end{matrix}\right\} = \frac{\sigma_z + \sigma_x}{2} \pm \sqrt{\left(\frac{\sigma_z - \sigma_x}{2}\right)^2 + \tau_{xz}^2} = \frac{p_0}{\pi}[(\beta_2 - \beta_1) \pm \sin(\beta_2 - \beta_1)] \tag{3-41}$$

设 β_0 为点 M 与条形荷载两端连线的夹角，即 $\beta_0=\beta_2-\beta_1$（当点 M 在荷载宽度范围内时 $\beta_0=\beta_2+\beta_1$），于是上式成为

$$\left.\begin{matrix}\sigma_1\\ \sigma_2\end{matrix}\right\} = \frac{p_0}{\pi}(\beta_0 \pm \sin\beta_0) \tag{3-42}$$

σ_1 的作用方向与 β_0 角的平分线一致。β_0、β_1、β_2 在上述各式中若单独出现则以弧度为单位，其余以度为单位。

为了计算方便，还可以改用直角坐标表示。取条形荷载的中点为坐标原点，则有

$$\sigma_z = \frac{p_0}{\pi}\left[\arctan\frac{1-2n}{2m} + \arctan\frac{1+2n}{2m} - \frac{4m(4n^2-4m^2-1)}{(4n^2+4m^2-1)^2+16m^2}\right] = k_{sz}p_0 \tag{3-43}$$

$$\sigma_x = \frac{p_0}{\pi}\left[\arctan\frac{1-2n}{2m} + \arctan\frac{1+2n}{2m} + \frac{4m(4n^2-4m^2-1)}{(4n^2+4m^2-1)^2+16m^2}\right] = k_{sx}p_0 \tag{3-44}$$

$$\tau_{xz} = \tau_{zx} = \frac{p_0}{\pi}\frac{32m^2 n}{(4n^2+4m^2-1)^2+16m^2} = k_{sxz}p_0 \tag{3-45}$$

上式中的 k_{sz}、k_{sx} 和 k_{sxz} 分别为均布荷载下相应的三个附加应力系数，都是 z/b 和 x/b 的

函数，可由表3-5查得。

表3-5 均布条形荷载下的附加应力系数

z/b	x/b																	
	0.00			0.25			0.50			1.00			1.50			2.00		
	k_{sz}	k_{sx}	k_{sxz}	k_{sz}	k_{sx}	k_{sxz}	k_{sz}	k_{sx}	k_{sxz}	k_{sz}	k_{sx}	k_{sxz}	k_{sz}	k_{sx}	k_{sxz}	k_{sz}	k_{sx}	k_{sxz}
0.00	1.00	1.00	0	1.00	1.00	0	0.50	0.50	0.32	0	0	0	0	0	0	0	0	0
0.25	0.96	0.45	0	0.90	0.39	0.13	0.50	0.35	0.30	0.02	0.17	0.05	0.00	0.07	0.01	0	0.04	0
0.50	0.82	0.18	0	0.74	0.19	0.16	0.48	023	0.26	0.08	0.21	0.13	0.02	0.12	0.04	0	0.07	0.02
0.75	0.67	0.08	0	0.61	0.10	0.13	0.45	0.14	0.21	0.15	0.22	0.16	0.04	0.14	0.07	0.02	0.10	0.04
1.00	0.55	0.04	0	0.51	0.05	0.10	0.41	0.09	0.16	0.19	0.15	0.16	0.07	0.14	0.10	0.03	0.13	0.05
1.25	0.46	0.02	0	0.44	0.03	0.07	0.37	0.06	0.12	0.20	0.11	0.14	0.10	0.12	0.10	0.04	0.11	0.07
1.50	0.40	0.01	0	0.38	0.02	0.06	0.33	0.04	0.10	0.21	0.08	0.13	0.11	0.10	0.10	0.06	0.10	0.07
1.75	0.35	—	0	0.34	0.01	0.04	0.30	0.03	0.08	0.21	0.06	0.11	0.13	0.09	0.10	0.07	0.09	0.08
2.00	0.31	—	0	0.31	—	0.03	0.28	0.02	0.06	0.20	0.05	0.10	0.14	0.07	0.10	0.08	0.08	0.08
3.00	0.21	—	0	0.21	—	0.02	0.20	0.01	0.03	0.17	0.02	0.06	0.13	0.03	0.07	0.10	0.04	0.07
4.00	0.16	—	0	0.16	—	0.01	0.15	—	0.02	0.14	0.01	0.03	0.12	0.02	0.05	0.10	0.03	0.05
5.00	0.13	—	0	0.13	—	—	0.12	—	—	0.12	—	—	0.11	—	—	0.09	—	—
6.00	0.11	—	0	0.10	—	—	0.10	—	—	0.10	—	—	0.10	—	—	—	—	—

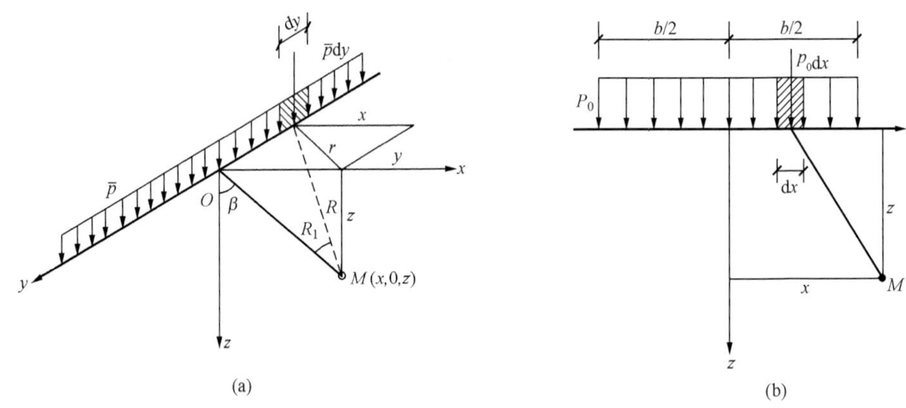

图3-16 地基附加应力的平面问题

(a) 线荷载作用下；(b) 均布条形荷载作用下

利用以上各式可绘出地基中的附加应力等值线图，如图3-17所示。所谓等值线就是地基中具有相同附加应力数值的点的连线。由图3-17（a）、（b）可知，地基中的竖向附加应力 σ_z 具有如下的分布规律。

（1）σ_z 的分布范围相当大，它不仅分布在荷载面积之内，而且还分布到荷载面积以外，这就是所谓的附加应力扩散现象。

（2）在离基础底面（地基表面）不同深度 z 处各个水平面上，以基底中心点下轴线处的

σ_z 为最大，离开中心轴线越远 σ_z 越小。

(3) 在荷载分布范围内任意点竖直线上的 σ_z 值，随着深度增大逐渐减小。

(4) 方形荷载所引起的 σ_z，其影响深度要比条形荷载小得多。例如方形荷载中心下 $z=2b$处，$\sigma_z\approx 0.1p_0$，而在条形荷载下的 $\sigma_z=0.1p_0$，等值线则约在中心下 $z=6b$ 处通过。这一等值线反映了附加应力在地基中的影响范围。

由条形荷载下的 σ_x 和 τ_{xz} 的等值线图 3-17 (c)、(d) 可知，σ_x 的影响范围较浅，所以基础下地基土的侧向变形主要发生于浅层；而 τ_{xz} 的最大值出现于荷载边缘，所以位于基础边缘下的土容易发生剪切破坏。

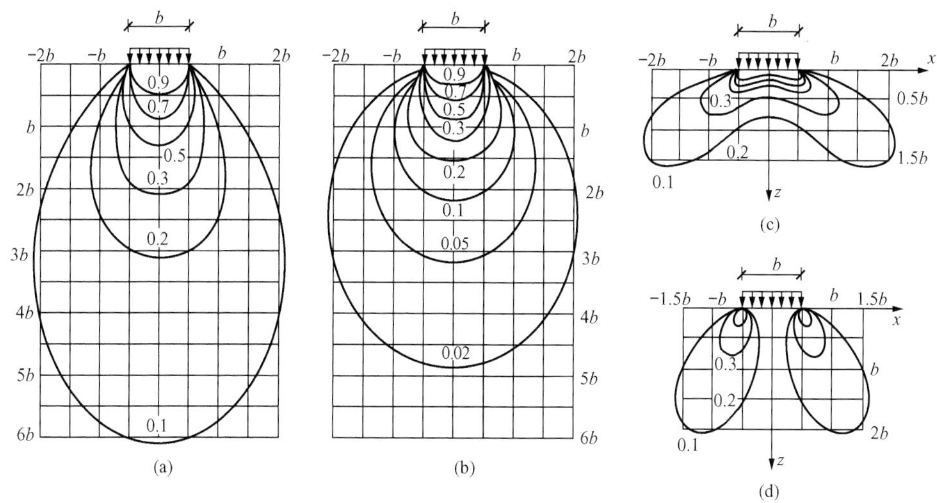

图 3-17 附加应力等值线

(a) 条形荷载下等 σ_z 线；(b) 方形荷载下等 σ_z 线；

(c) 条形荷载下等 σ_x 线；(d) 条形荷载下等 τ_{xz}线

3.3.3 非均质性和各向异性地基中的附加应力

以上介绍的地基附加应力计算都是把地基土看成是均质的、各向同性的线性变形体，而实际情况往往并非如此，如有的地基土是由不同压缩性土层组成的成层地基；有的地基同一土层中土的变形模量随深度增加而增大；有的土层竖直方向和水平方向的性质不同，这些都会影响附加应力的分布。

1. 双层地基

双层地基是工程中常见的一种情况。双层地基指的是在附加应力 σ_z 影响深度 ($\sigma_z=0.1p_0$)范围内地基主要由两层变形显著不同的土层所组成，主要分为上硬下软型和上软下硬型两种类型如图 3-18 (a)、(b) 所示。

在山区，通常基岩埋藏较浅，其表层为可压缩的土层，属上软下硬情况。此时，土层中的附加应力值比均质土时有所增大，即发生应力集中现象。岩层埋藏越浅，应力集中现象越明显，应力集中与荷载面的宽度 b、压缩性土层厚度 h 以及上、下层界面处的摩擦力有关。叶戈洛夫 (ЕгороВ, К. Е) 给出了竖向均布条形荷载下，上软下硬土层沿荷载面中轴线上各点的附加应力计算公式为

$$\sigma_z = K_d p_0 \tag{3-46}$$

式中 K_d——附加应力系数，查表 3-6。

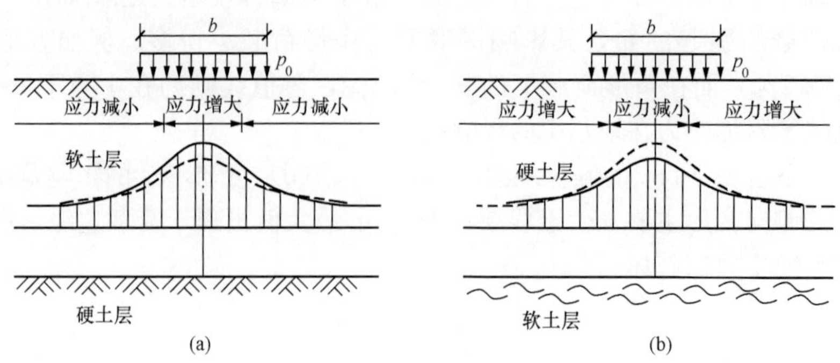

图 3-18 双层地基对附加应力的影响

(a) 应力集中现象；(b) 应力扩散现象

表 3-6 **附 加 应 力 系 数 K_d**

z/h	下卧硬层的埋藏深度		
	$h=0.5b$	$h=b$	$h=2.5b$
0	1.000	1.000	1.00
0.2	1.009	0.99	0.87
0.4	1.020	0.92	0.57
0.6	1.024	0.84	0.44
0.8	1.023	0.78	0.37
1.0	1.022	0.76	0.36

当土层出现上硬下软情况时，则往往出现应力扩散现象。在荷载中心竖直线上也如此，如图 3-19 所示，附加应力 σ_z 随着深度的增加迅速减小，曲线 1 表示均质地基情况；曲线 2 为上硬下软情况；曲线 3 为上软下硬情况。比较曲线 1 和曲线 2 可以明显看出，考虑应力扩散效应时所对应的附加应力要比均质地基时小一些。值得注意的是，在一定的前提条件下，充分挖掘双层地基的这种应力扩散效应可以节约工程成本。上部的坚硬土层也称为硬壳层，硬壳层本身具有相对较大的密实度和一定的刚度，可以分担荷载产生的一部分剪力。此时的硬壳层已具有类似于梁的作用，它可以承担部分弯矩、剪力并抵抗变形。这种类似于梁的作用可称为硬壳层的“壳体效应”。“壳体效应”的存在有可能使传到下卧软土层的单位面积荷载低于按传统扩散方法计算出来的单位荷载，且分布更加均匀，这就相当于提高了整个地基的承载能力。比如，在修建公路时发现硬壳层缺失的现象时，可以考虑采用人造硬壳层处理软土地基法来改善软土的受力特性。

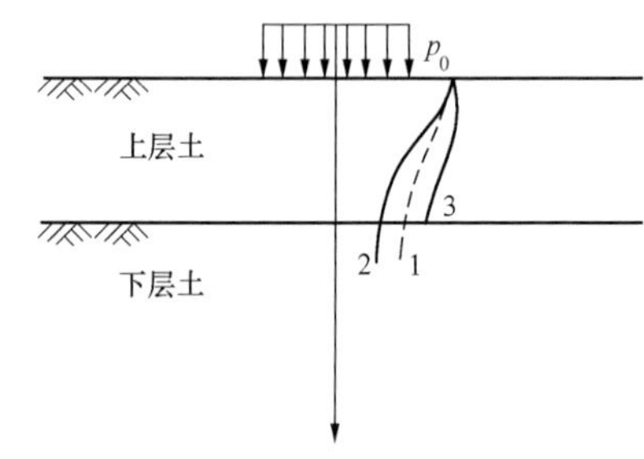

图 3-19 双层地基竖向应力分布的比较

在坚硬的上层与软弱下卧层中引起的应力扩散现象，随上层土厚度的增大而更加显著，它还与双层地基的变形模量 E_0（上层土 E_{01}、下层土 E_{02}）、泊松比 μ（上层土 μ_1、下层土 μ_2）有关，即随着参数 f 的增加而变得显著。

$$f=\frac{E_{01}}{E_{02}}\frac{1-\mu_2^2}{1-\mu_1^2} \tag{3-47}$$

为了计算简便，叶戈洛夫给出了竖向均布条形荷载下，上硬下软土层沿荷载面中轴线上各点的附加应力计算公式为

$$\sigma_z=K_E p_0 \tag{3-48}$$

式中 K_E——附加应力系数，查表3-7。

表3-7 附加应力系数 K_E

$b/2h$	$f=1$	$f=2$	$f=10$	$f=15$
0	1.00	1.00	1.00	1.00
0.5	1.02	0.95	0.87	0.82
1.0	0.90	0.69	0.58	0.52
2.0	0.60	0.41	0.33	0.29
3.33	0.39	0.36	0.20	0.18
5.0	0.27	0.17	0.16	0.12

注 h为上层土的厚度。

2. 变形模量随深度增大的地基

在地基中，土的变形模量 E_0 常随地基深度增大而增大。这种现象在砂土中尤为显著，这是土体在沉积过程中的受力条件所决定的，与通常假定的均质地基相比较，沿荷载中心线下，前者的地基附加应力 σ_z 将产生应力集中。这种现象在实验和理论上都得到了验证。

对于一个集中力作用下的地基附加应力的计算，可采用佛罗利克（Frohlich）建议的半经验公式。

$$\sigma_z=\frac{\nu F}{2\pi R^2}\cos^{\nu}\theta \tag{3-49}$$

式中 ν——应力集中因素，对黏性或完全弹性体，取3；对硬土，取6；对介于砂性土和黏性土之间的土体，取3～6整数。

3. 各向异性地基

天然形成的水平薄交互层地基，属于典型各向异性地基，其水平向变形模量 E_{0h} 常大于竖向变形模量 E_{0v}，考虑到由于土的这种层状构造特性与通常假定的均质各向同性地基土存在较大差别，沃尔夫（Wolf，1935）假定地基竖直和水平向的泊松比相同，但变形模量不同的条件下，推导了均布线荷载下各向异性地基的附加应力 σ_z'。

$$\sigma_z'=\sigma_z/m \tag{3-50}$$

$$m=\sqrt{E_{0h}/E_{0v}}$$

式中 E_{0h}、E_{0v}——土层水平和竖直方向的弹性模量；

σ_z——线荷载作用下，均质地基的附加应力。

由上式可以看出，当各向异性地基的 $E_{0h}>E_{0v}$ 时，地基中将发生应力扩散现象；当 $E_{0h}<E_{0v}$ 时，则出现应力集中现象。

§3.4 有效应力原理

3.4.1 有效应力原理的基本概念

有效应力原理是太沙基于1923年首次提出的。他从试验中观察到土的变形及强度性状

与有效应力密切相关，只有通过土颗粒接触点传递的应力，才能引起土的变形和影响土的强度，而土中任意点的孔隙水压力对各个方向作用是相等的，因此它只能使土颗粒产生压缩（土颗粒本身的压缩量很微小），而不能使土颗粒产生位移。土颗粒间的有效应力作用，则会引起土颗粒的位移，使孔隙体积改变，土体发生压缩变形。同时，有效应力的大小也会影响土的抗剪强度，这是土力学有别于其他力学的重要原理之一。

上述原理的研究对象是饱和土，对于非饱和土而言，由于水、气界面上的表面张力和弯液面的存在，问题比较复杂，有待进一步研究，具体内容可参见有关著作。饱和土是由固体颗粒组成的骨架和充满其间的水两部分组成。当外力作用于饱和土体后，一部分应力由土的骨架承担，并通过颗粒之间的接触面传递，称为有效应力；另一部分应力由孔隙中的水承担，水不能承担剪应力，但能承担法向应力，并可以通过连通的孔隙水传递，这部分水压力称为孔隙水压力。有效应力原理的研究内容就是研究饱和土中这两种应力的不同性质和它们与全部应力的关系。有效应力原理归纳起来可由下面两个要点表达：

（1）饱和土体内任一平面上受到的全部应力可分为有效应力和孔隙水压力两部分。其关系如下

$$\sigma=\sigma'+u \tag{3-51}$$

式中 σ——作用于任意面上的全部应力（包括自重应力、附加应力和静水压力）；

σ'——有效应力；

u——孔隙水压力。

（2）土的变形与强度的变化仅决定于有效应力的变化。换言之，引起土的体积压缩和抗剪强度发生变化的，不是作用在土体上的全部外力，而是总外力与孔隙水压力之差，即有效应力。孔隙水压力本身不能使土发生变形和强度的变化。这是因为水压力各方向相等，均衡的作用于每个土颗粒周围，不会使土颗粒移动。孔隙水压力除了使土颗粒受到浮力外，只能使土颗粒受到静水压力。由于固体颗粒的弹性模量很大，故固体颗粒本身的压缩可以忽略不计。此外，水不能承受剪应力，因此孔隙水压力自身的变化也不会引起土的抗剪强度的变化。

3.4.2 有效应力原理的推导

考虑图 3-20 所示的土体平衡条件，沿 a—a 截面取脱离体，a—a 截面是沿着土颗粒间接触面截取的曲线状截面，在此截面上土颗粒接触面间的作用法向应力为 σ_s，各土颗粒间接触面积之和为 A_s，孔隙内的水压力为 u_w，气体压力为 u_a，其相应的面积为 A_w 和 A_a。由此可建立平衡条件：

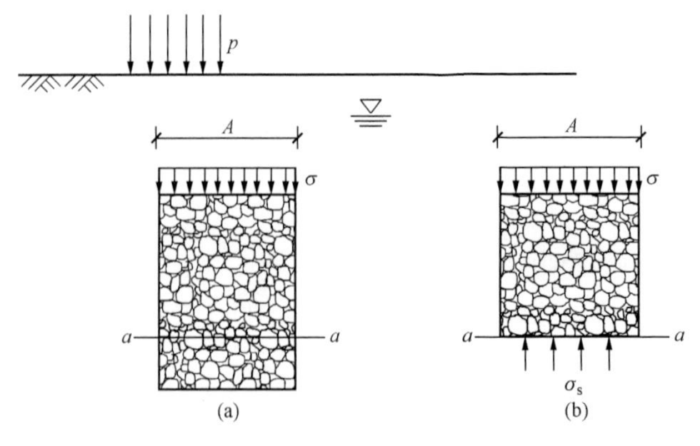

图 3-20 有效应力

$$\sigma A=\sigma_s A_s+u_w A_w+u_a A_a \tag{3-52}$$

对于饱和土体，式（3-52）中的 u_a 和 A_a 均为零，则此式可写成

$$\sigma A=\sigma_s A_s+u_w A_w=\sigma_s A_s+u_w(A-A_s)$$

或

$$\sigma=\frac{\sigma_s A_s}{A}+u_w\left(1-\frac{A_s}{A}\right) \tag{3-53}$$

由于颗粒间的接触面积 A_s 很小，因此，上式中的 A_s/A 项可忽略不计，此时式（3-53）可简化为

$$\sigma=\frac{\sigma_s A_s}{A}+u_w \tag{3-54}$$

式（3-54）第一项实际上是土颗粒间的接触应力在截面积上的平均应力，称为有效应力，通常用 σ' 表示，并把孔隙水压力 u_w 用 u 表示，于是式（3-54）可写为：$\sigma=\sigma'+u$。在工程实际中，直接测定有效应力 σ' 很困难，通常是已知总应力 σ 和测定了孔隙水压力 u 后，利用下式反求 σ'：

$$\sigma'=\sigma-u \tag{3-55}$$

式（3-55）也称为饱和土的有效应力原理。

3.4.3 天然应力状态下的有效应力原理应用

天然应力状态下的孔隙水压力和有效应力分析，主要有以下几种情况：地下水位以上毛细带的有效应力问题；无渗流和有渗流情况时的有效应力问题。

1. 毛细带的有效应力问题

设地基土层如图 3-21 所示，在深度 h_1 的 B 线下的土体已经完全饱和，但地下水的自由表面却在其下的 C 线处。这是由于 C 线下的地下水在毛细吸力作用下，沿着复杂的毛细孔道上升所致。

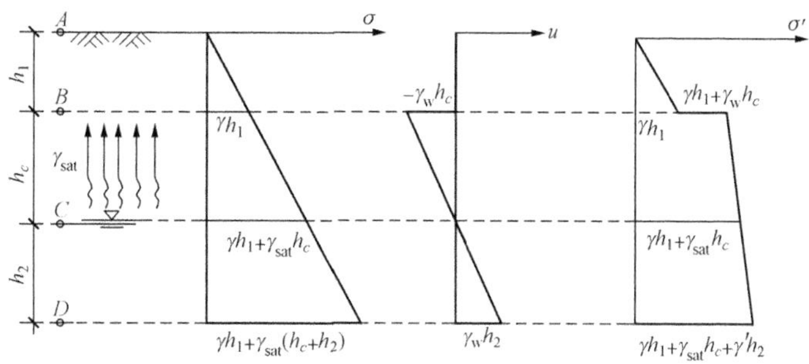

图 3-21　毛细水上升时土中总应力、总应力、孔隙水压力和有效应力计算

根据毛细水上升的原理，毛细水上升区中孔隙水的应力为负值，即受拉，亦称为毛细吸力。在毛细饱和区的最高点（B 点下），孔隙水压力等于毛细水柱高度的重量，即 $u=-h_c\gamma_w$，在地下水位处 $u=0$，根据有效应力原理，毛细水上升区的有效应力相应增加，即 $\sigma'=h_c\gamma_w$。其他计算点情况见表 3-8：

表 3-8　　毛细水上升时土中总应力、孔隙水压力和有效应力计算

计算点		总应力 σ	孔隙水压力 u	有效应力 σ'
A 点		0	0	0
B 点	B 点上	γh_1	0	γh_1
	B 点下		$-\gamma_w h_c$	$\gamma h_1+\gamma_w h_c$
C 点		$\gamma h_1+\gamma_{sat}h_c$	0	$\gamma h_1+\gamma_{sat}h_c$
D 点		$\gamma h_1+\gamma_{sat}$（h_c+h_2）	$\gamma_w h_2$	$\gamma h_1+\gamma_{sat}h_c+\gamma' h_2$

2. 无渗流和有渗流情况时有效应力问题

图 3-22（a）中水静止不动，即土中 a、b 两点的水头相等，属于无渗流情况；地下水渗流时又分为水流向下渗流和水流向上渗流两种情况，图 3-22（b）表示土中 a、b 两点存在水头差 h，属于水流向下渗流情况；图 3-22（c）表示土中 a、b 两点也存在水头差 h，但属于水流向上渗流情况。a、b 两计算点的总应力、孔隙水压力和有效应力如图 3-22 所示，其值列于表 3-9 中。

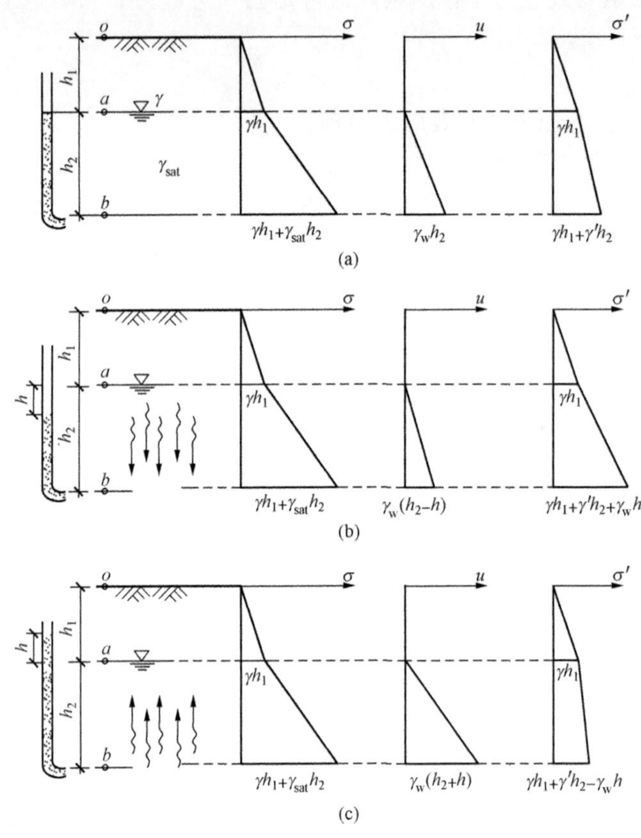

图 3-22 土中无渗流和有渗流时总应力、总应力、孔隙水压力和有效应力计算

表 3-9 土中无渗流和有渗流时总应力、孔隙水压力和有效应力计算

渗流情况		计算点	总应力 σ	孔隙水压力 u	有效应力 σ'
无渗流		a	γh_1	0	γh_1
		b	$\gamma h_1+\gamma_{sat}h_2$	$\gamma_w h_2$	$\gamma h_1+\gamma' h_2$
有渗流	水自上向下渗流	a	γh_1	0	γh_1
		b	$\gamma h_1+\gamma_{sat}h_2$	γ_w (h_2-h)	$\gamma h_1+\gamma_w h+\gamma' h_2$
	水自下向上渗流	a	γh_1	0	γh_1
		b	$\gamma h_1+\gamma_{sat}h_2$	γ_w (h_2+h)	$\gamma h_1-\gamma_w h+\gamma' h_2$

从计算结果可以看出，无渗流和有渗流情况时土中的总应力σ的分布是相同的，土中水的渗流不影响总应力值。水渗流时土中产生动水压力，致使有效应力和孔隙水压力均发生变化。土中水自上向下渗流时，动水力方向与土体自重应力方向一致，导致有效应力增加，而孔隙水压力减小；当土中水自下向上渗流时，动水力方向与土体自重应力方向相反，导致有效应力减小，而孔隙水压力增加。

流砂在水利工程和基坑工程中是一种破坏性很大的工程现象。若基坑底部存在承压水层，而隔水、排水不当，或者开挖深度过大，坑底会受到向上的动水力作用，当动水压力等于上覆土压力时，土颗粒之间的有效应力等于零，土颗粒似悬浮在水中，失去稳定，就可能发生流砂。流砂发生时，坑底土会随着水涌出，无法清除，坑底隆起，强度降低，基坑周边地面下沉，会引发边坡失稳破坏。

思 考 题

3-1 地基土中自重应力的分布有什么特点？

3-2 试以矩形面积荷载和条形均布荷载为例，说明地基中附加应力的分布规律。

3-3 影响基底压力分布的因素有哪些？

3-4 如何计算基底压力？在计算中为什么要减去基底自重应力？

3-5 目前根据什么假设计算地基中的附加应力？

3-6 试简述太沙基的有效应力原理。

3-7 地下水位的变化对地表沉降有无影响？为什么？

3-8 土中水的渗流方向对有效应力的影响如何？

习　　题

3-1 某建筑场地的土层分布均匀，地下水位在地面下 2m 深处，第一层杂填土厚 1.6m，$\gamma=17\text{kN/m}^3$；第二层粉质黏土厚 3.5m，$\gamma=19\text{kN/m}^3$，$\gamma_{sat}=19.2\text{kN/m}^3$；第三层淤泥质黏土厚 8m，$\gamma_{sat}=18.2\text{kN/m}^3$；第四层粉土厚 3m，$\gamma_{sat}=19.7\text{kN/m}^3$；第五层砂岩未钻穿。试计算各土层交界处的竖向自重应力σ_{cz}，并绘出σ_{cz}沿深度的分布图。

3-2 某墙下条形基础底面宽度$b=1.2$m，埋深$d=1.2$m，作用在基础顶面的竖向荷载$F=180$kN/m，试求其基底压力大小。

3-3 有一矩形均布荷载$p_0=150\text{kN/m}^2$，受荷面积为 2m×1m 的矩形，试求矩形形心O点及长边边缘中点（E点）下方深度为 1m 处的竖向附加应力。

3-4 如图 3-23 所示线性分布荷载$p=170$kPa，试计算E点下深度 5m 处（F点）的附加应力σ_z。

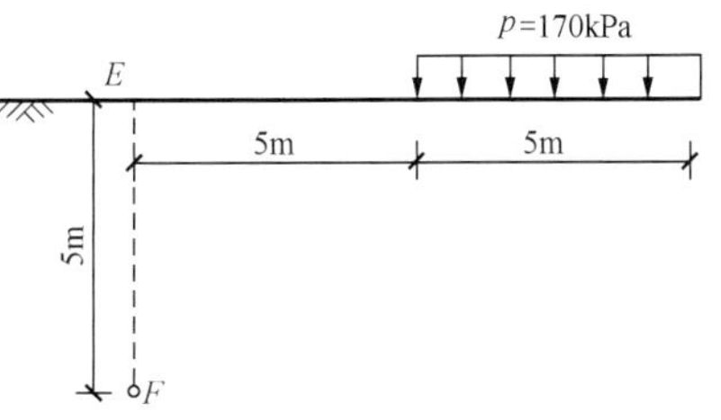

图 3-23 习题 3-4 图

（答案：3-1：$\sigma_{z1}=27.2$kPa，$\sigma_{z2}=63.32$kPa，$\sigma_{z3}=128.92$kPa；$\sigma_{z4}=158.02$kPa；3-2：$p=174$kPa；3-3：$\sigma_{zo}=72$kPa，$\sigma_{zE}=52.5$kPa；3-4：$\sigma_{zo}=11.9$kPa）

注册岩土工程师考试题选

3-1 自重应力在均匀土层中呈（ ）分布。

A. 折线 B. 曲线 C. 直线 D. 不确定

3-2 计算自重应力时，对地下水位以下的土层采用（ ）。

A. 湿重度 B. 有效重度 C. 饱和重度 D. 天然重度

3-3 引起建筑物基础沉降的根本原因是（ ）。

A. 基础自重压力

B. 基底总压应力

C. 基底附加应力

D. 建筑物上的活荷载

3-4 相邻刚性基础，同时建于均质地基上，基底压力假定均匀分布，下面说法正确的是（ ）。

A. 甲、乙两基础的沉降量不相同

B. 由于相互影响，甲、乙两基础要产生更多的沉降

C. 由于相互影响，甲、乙两基础要背向对方，向外倾斜

D. 由于相互影响，甲基础向乙基础方向倾斜，乙基础向甲基础方向倾斜。

（答案：3-1：C；3-2：B；3-3：C；3-4：B）

第4章 土的压缩性

本章提要

地基土在自重及建筑物荷载作用下产生压缩变形，压缩性指标的确定是土力学的重要问题之一。本章讨论土的压缩性试验及压缩指标的确定，土的压缩性高低的划分，以及应力历史对土压缩性的影响，特别讨论了土的压缩模量、变形模量及弹性模量的相互联系与区别。本章内容是地基土沉降计算的基础。

本章将介绍荷载作用下土的压缩性，应力历史对土的压缩性的影响，土的弹性模量与土的变形模量等。

本章重点为土的压缩性和压缩性指标的确定，根据土的压缩性指标对土压缩性高低的划分。至于应力历史对土的压缩性的影响，是比较复杂的问题，只要求作一般性的了解。

§4.1 压缩试验及压缩性指标

4.1.1 基本概念

土在压力作用下体积缩小的特性称为土的压缩性。土的压缩通常由三部分组成：①固体土颗粒被压缩；②土中水及封闭气体被压缩；③水和气体从孔隙中被挤出。试验研究表明，在一般压力（100～600kPa）作用下，土粒和水的压缩与土的总压缩量之比是很微小的，因此完全可以忽略不计，所以把土的压缩看作为土中孔隙体积的减小。此时，土粒调整位置，重新排列，互相挤紧。饱和土压缩时，随着孔隙体积的减少土中孔隙水则被排出。

土的压缩变形的快慢与土的渗透性有关。在荷载作用下，透水性大的饱和无黏性土，其压缩过程在短时间内就可以结束。相反，黏性土的透水性低，饱和黏性土中的水分只能慢慢排出，因此其压缩稳定所需的时间要比砂土长得多，其压缩过程所需时间达十几年，甚至几十年压缩变形才稳定。土的压缩随时间而增长的过程，称为土的固结。对于饱和黏性土来说，土的固结问题是十分重要的。

计算地基沉降量时，必须取得土的压缩性指标，无论用室内试验或原位试验来测定它，应该力求试验条件与土的天然状态及其在外荷作用下的实际应力条件相适应。在一般工程中，常用不允许土样产生侧向变形（侧限条件）的室内压缩试验来测定土的压缩性指标。

4.1.2 压缩曲线和压缩性指标

一、压缩试验和压缩曲线

压缩曲线是室内土的固结试验成果，它是土的孔隙比与所受压力的关系曲线。室内固结试验时，用金属环刀切取保持天然结构的原状土样，并置于圆筒形压缩容器的刚性护环内（见图4-1），土样上下各垫一块透水石，受压后可以自由排水。由于金属环刀和刚性护环的限制，土样在压力作用下只能沿竖向发生变形，而无侧向变形。土样的天然状态下或经过人工饱和后，进行逐级加压固结，以便测定各级压力 p_i 作用下土样压缩稳定后的孔隙比 e_i。

设土样的初始高度为 H_0，受压后土样高度为 H_i，ΔH_i 为压力 p_i 作用下土样的稳定压缩量，A 为容器的横截面面积。根据土的孔隙比的定义以及土粒体积 V_s 不会变化，又令 $V_s=1$，则土样孔隙体积 V_v 在受压前相应等于初始孔隙比 e_0，在受压后相应等于孔隙比 e_i，如图 4-2 所示。

为求土样压缩稳定后的孔隙比，利用受压前后土粒体积不变和土样横截面积不变的两个条件，得出受压前后土粒体积。

$$\frac{H_0}{1+e_0}=\frac{H_i}{1+e_i}=\frac{H_0-\Delta H}{1+e_i}$$

$$e=e_0-\frac{\Delta H}{H_0}(1+e_0) \tag{4-1}$$

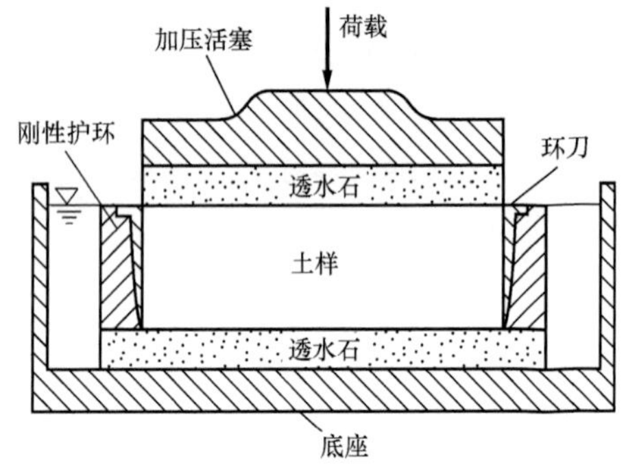

图 4-1　固结仪的压缩容器简图

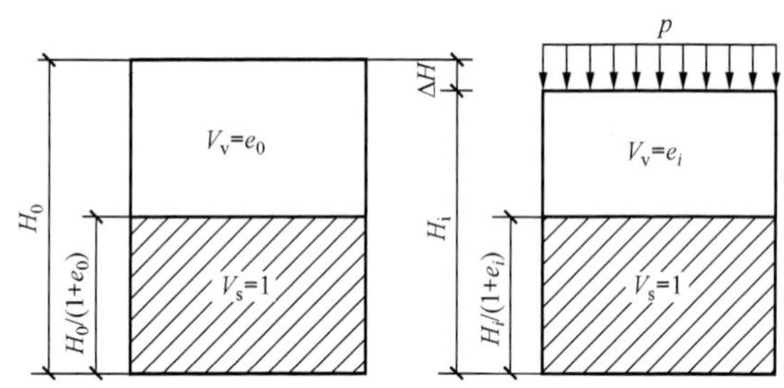

图 4-2　侧限条件下土样原始孔隙比的变化

只要测定土样在各级压力作用下的稳定压缩量后，就可按上式算出相应的孔隙比 e，从而绘制土的压缩曲线。

压缩曲线可按两种方式绘制，一种是采用普通直角坐标绘制的曲线图，如图 4-3 (a) 所示。在常规试验中，一般按 p=50、100，200，300，400kPa 五级加荷；另一种的横坐标则取的常用对数取值，即采用半对数直角坐标绘制成曲线，如图 4-3 (b) 所示。试验时以较小的压力开始，采取小增量多级加荷，并加到较大的荷载（例如 1000kPa）为止。

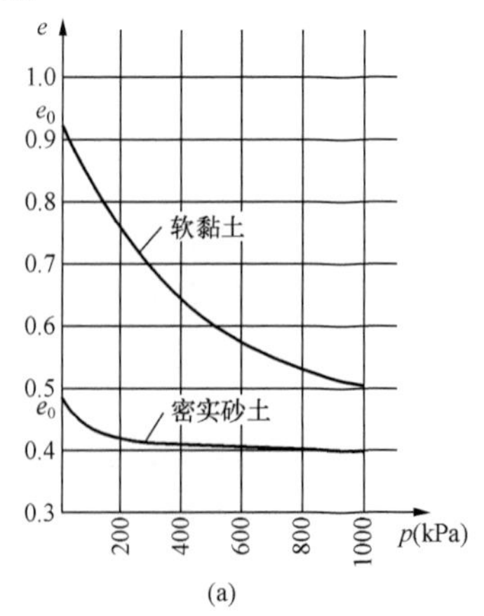

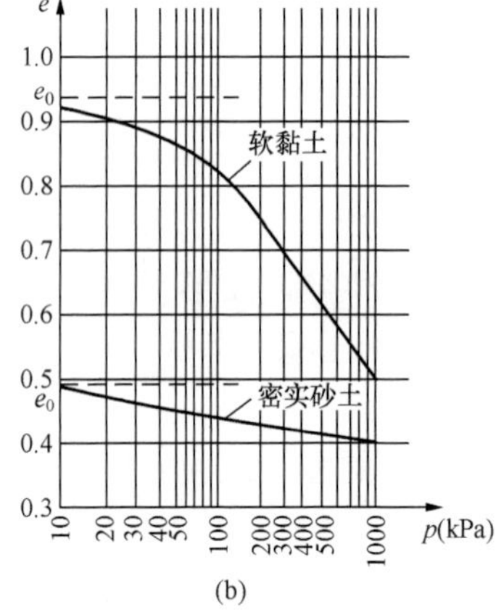

图 4-3　土的压缩曲线

(a) e-p 曲线；(b) e-$\lg p$ 曲线

二、土的压缩系数和压缩指数

压缩性不同的土，其 $e-p$ 曲线的形状是不一样的，如图 4-4 所示。曲线越陡，说明随着压力的增加，土孔隙比的减小越显著，因而土的压缩性越高，所以，曲线上任一点的切线斜率 a 就表示了相应于压力 p 作用下土的压缩性。

$$a=-\frac{\mathrm{d}e}{\mathrm{d}p} \tag{4-2}$$

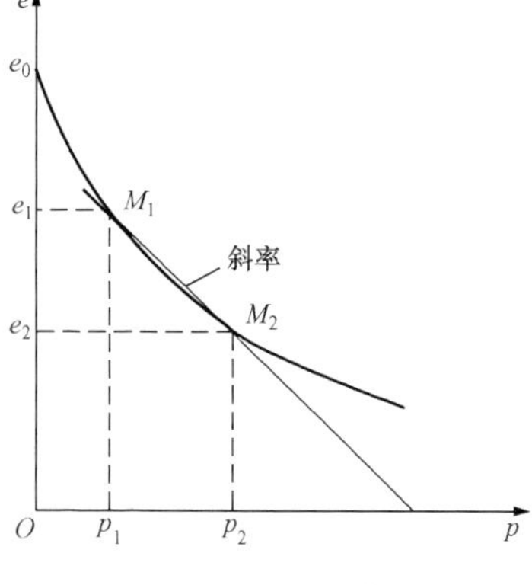

图 4-4　$e-p$ 曲线

土的压缩性可用图中割线 M_1M_2 的斜率表示，设割线与横坐标的夹角为 α，则

$$a\approx\tan\alpha=\frac{\Delta e}{\Delta p}=\frac{e_1-e_2}{p_2-p_1} \tag{4-3}$$

式中　a——土的压缩系数，kPa^{-1}或 MPa^{-1}；

p_1——一般是指地基某深度处土中竖向自重应力，kPa；

p_2——地基某深度处土中自重应力与附加应力之和，kPa；

e_1——相应于 p_1 作用下压缩稳定后的孔隙比；

e_2——相应于 p_2 作用下压缩稳定后的孔隙比。

为了便于应用和比较，通常采用压力间隔由 $p_1=100$kPa 增加到 $p_2=200$kPa 时所得的压缩系数 a_{1-2} 来评定土的压缩性。

当 $a_{1-2}<0.1MPa^{-1}$时，属低压缩性土；

$0.1MPa^{-1}\leqslant a_{1-2}<0.5MPa^{-1}$时，属中压缩性土；

$a_{1-2}\geqslant 0.5MPa^{-1}$时，属高压缩性土。

土的压缩性高低，对建筑工程影响很大，在高压缩性土的地基上，必须注意其不均匀沉降。土的压缩指数的定义是土体在侧限条件下孔隙比减小量与竖向有效压应力常用对数增量的比值，即 $e-\lg p$ 曲线中某一压力段的直线斜率。土的 $e-p$ 曲线改绘成半对数压缩曲线 $e-\lg p$ 曲线时，它的后段接近直线（见图 4-5）。其斜率 C_C 为

$$C_C=\frac{e_1-e_2}{\lg p_2-\lg p_1}=(e_1-e_2)/\lg\frac{p_2}{p_1} \tag{4-4}$$

式中　C_C——土的压缩指数，以便与土的压缩系数 a 相区别，其他符号意义同式（4-3）。

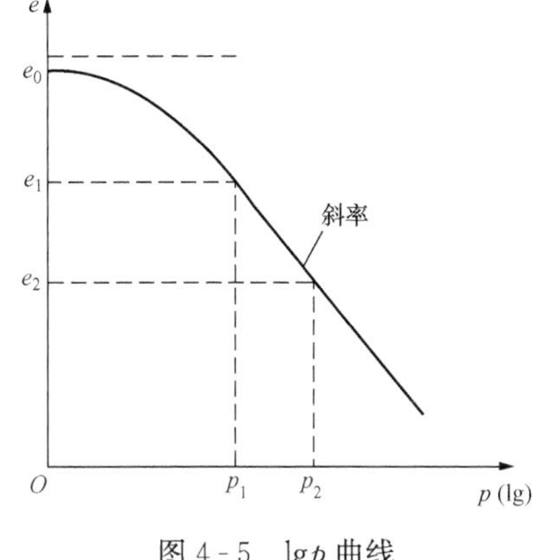

图 4-5　$\lg p$ 曲线

同压缩系数 a 一样，压缩指数 C_C 值越大，土的压缩性越高。从图中可见 C_C 与 a 不同，它在直线段范围内并不随压力而变，试验时要求斜率确定得很仔细，否则出入很大。低压缩性土的 C_C 值一般小于 0.2，C_C 值大于 0.4 一般属于高压缩性土。国内外广泛采用 $e-\lg p$ 曲线来分析研究应力历史对土的压缩性的影响，这对重要建筑物的沉降计算具有现实意义。

三、压缩模量（侧限压缩模量）

根据 $e-p$ 曲线，可以求算另一个压缩性指标—压缩模量 E_s。它的定义是土在完全侧限条件下的竖向附加压应力与相应的应变增量之比值。土的压缩模量可根

据下式计算

$$E_s=\frac{\Delta p}{\Delta H/H_1}=\frac{1+e_1}{a} \tag{4-5}$$

式中 E_s——土的压缩模量，kPa或MPa；

a——土的压缩系数，kPa^{-1}或MPa^{-1}；

e_1——相应于p_1作用下压缩稳定后的孔隙比。

式（4-5）的推导，把压缩前比拟为实际土体在自重应力p_1作用下的情况，压缩后相当于自重应力和附加应力之和p_2的情况，如图4-6所示。

$$\frac{H_1}{1+e_1}=\frac{H_2}{1+e_2}=\frac{H_1-\Delta H}{1+e_2} \tag{4-6}$$

$$\Delta H=\frac{e_1-e_2}{1+e_1}H_1$$

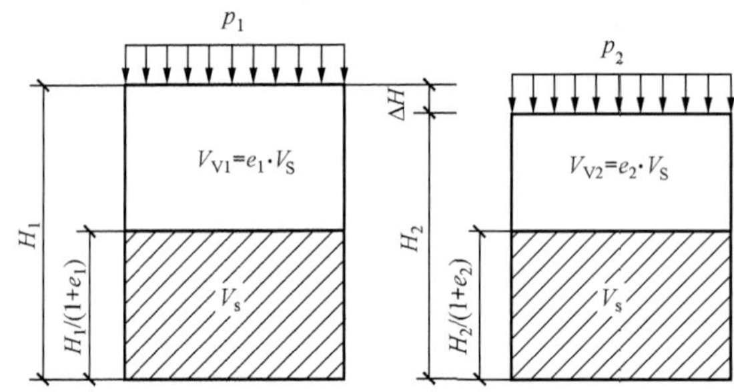

图4-6 侧限条件下土样高度变化与孔隙比变化的关系

由a和E_s定义有

$$E_s=\frac{\sigma_Z}{\varepsilon_Z}=\frac{p_2-p_1}{\Delta H/H_1}=\frac{p_2-p_1}{\dfrac{e_1-e_2}{1+e_1}}=\frac{1+e_1}{a} \tag{4-7}$$

E_s也称侧限压缩模量，以便与一般材料在无侧限条件下简单拉伸或压缩时的弹性模量相区别。

土的压缩模量E_s是土的压缩性指标的又一个表达方式，其单位为kPa或MPa。压缩模量与压缩系数a成反比，E_s越大，a越小，土的压缩性越低。所以E_s也具有划分土压缩性高低的功能。一般认为，$E_s\leqslant$4MPa时为高压缩性土；$E_s>$15MPa时为低压缩性土；$E_s=4\sim15$MPa时为中压缩性土。

四、土的回弹曲线和再压缩曲线

在实际工程中，对于底面积和埋深都较大的基础，在基坑开挖后，地基土体由于受到较大的减压作用而发生体积增大，会导致坑底产生回弹变形。这种影响可通过试验所得的回弹曲线和再压缩曲线来考虑（见图4-7）。

在压缩试验过程中，如加压至某一值p_i后逐级卸去压力，则土样回弹升高。根据回弹量可算出相应的孔隙比，由此绘出的孔隙比与相应的压力的关系曲线（图4-7中bc曲线），称为回弹曲线。

从回弹曲线可看到，当压力卸除后土样不能恢复到原来的高度和孔隙比e_0，而要平缓的多，变形不能全部恢复，这说明土是一种非弹性体。土的压缩变形是由弹性变形和残余变形两部分组成的，其中可恢复的是弹性变形，不可恢复的残余变形。如果重新逐级加压，并求

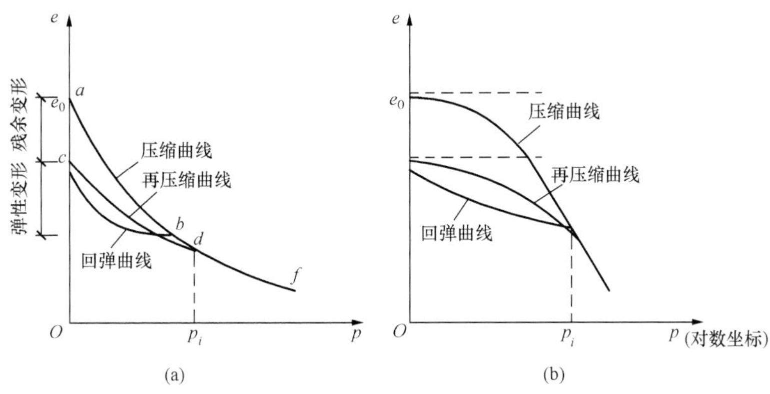

图 4-7 土的回弹曲线和再压缩曲线

(a) e-p 曲线；(b) e-$\lg p$ 曲线

出各级压力下再压缩稳定的孔隙比，则可画出再压缩曲线，如图中 cdf 所示。其中 df 段像是 ab 段的延续，犹如其间没有经过卸压和再加压过程一样，半对数曲线上也同样可看到这种现象。

§4.2 应力历史对土的压缩性的影响

4.2.1 天然土层的应力历史

为了考虑应力历史对土的压缩变形的影响，就必须知道土层受过的前期固结压力。前期固结压力，是指土层在历史上曾经受到过的最大固结压力，用 p_c 表示。其与目前土层所受的自重压力 $p_1=\gamma z$ 之比，称为“超固结比”（OCR），天然土层按其固结状态可分为正常固结土、超固结土和欠固结土。

如土在形成和存在的历史中只受过等于目前土层所受的自重应力（即 $p_c=p_1$），并在其应力作用下完全固结的土称为正常固结土，如图 4-8（b）所示，反之，若土层在 $p_c>p_1$ 的压力作用下曾固结过，如土层在历史上曾经沉积到图 4-8（a）中虚线所示的地面，并在自重应力作用下固结稳定，由于地质作用，上部土层被剥蚀，而形成现在地表，这种土称为超固结土。如土属于新近沉积的堆积物，在其自重应力 p_1 作用下尚未完全固结，称为欠固结土，如图 4-8（c）所示。

应该指出，前期固结压力 p_c 只是反映土层压缩性能发生变化的一个界限值，其成因不一定都是由土的受荷历史所致。其他如黏土风化过程的结构变化，土粒间的化学胶结、土层的地质时代变老，地下水的长期变化以及土的干缩等作用均可能使黏土层的密实程度超过正常沉积情况下相对应的密度，而呈现一种类似超固结的性状。因此，确定前期固结压力时，须结合场地的地质情况，土层的沉积历史、自然地理环境变化等各种因素综合评定。

4.2.2 先期固结压力 p_c 的确定

1. 先期固结压力 p_c 的确定

为了判断地基土的应力历史，必须确定它的前期固结应力 p_c。最常用的方法是卡萨格

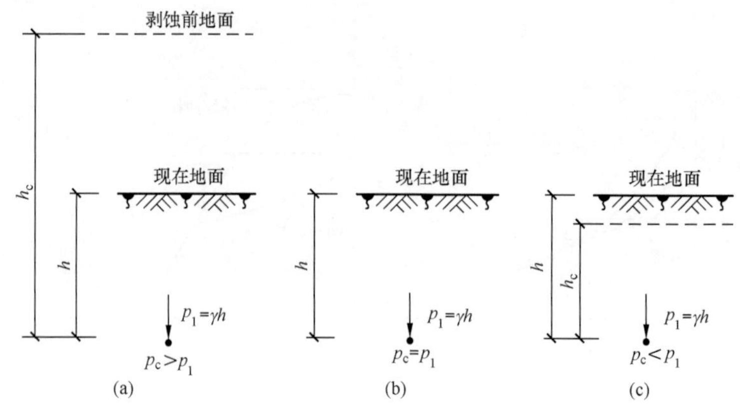

图 4-8 沉积土层按先期固结压力 p_c 分类

兰德（Casagrande）图解法，其作图方法和步骤如下，如图 4-9 所示。

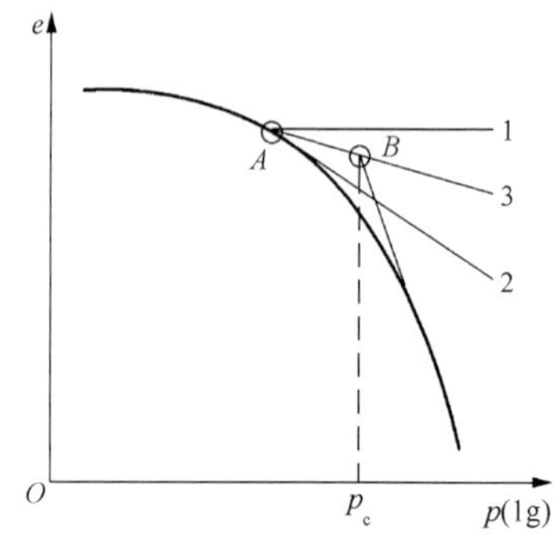

图 4-9 前期固结应力的确定

(1) 在室内压缩 $e\sim\lg p$ 曲线上，找出曲率最大的 A 点，过 A 点作水平线 $A1$、切线 $A2$ 以及它们的角平分线 $A3$；

(2) 将压缩曲线下部的直线段向上延伸交 $A3$ 于 B 点，则 B 点的横坐标即为所求的前期固结应力 p_c。

应当指出，采用这种方法确定前期固结应力的精度在很大程度上取决于曲率最大的 A 点的选定。但是，通常 A 点是凭借目测决定的，有一定的误差。对严重扰动试样，其压缩曲线的曲率不大明显，A 点的正确位置就更难以确定。另外，纵坐标用不同的比例时，A 点的位置也不尽相同。因此，要可靠地确定前期固结应力，宜结合土层形成的历史资料，加以综合分析。

2. 现场压缩曲线的推求

试样的前期固结应力确定之后，就可以将它与试样原位现有固结应力 p_1 比较，从而判定该土是正常固结的，超固结的，还是欠固结的。然后，依据室内压缩曲线的特征，即可推求出现场压缩曲线。

(1) 若 $p_c=p_1$，则试样是正常固结的，它的现场压缩曲线可用下面的方法确定。假定取样过程中，试样不发生体积变化：即实验室测定的试样初始孔隙比 e_0 就是取土深度处的天然孔隙比。由 e_0 和 p_c 的值，在 $e\sim\lg p$ 坐标上定出 E 点，如图 4-10 所示，此即土在现场压缩的起点，也就是说，（e_0，p_c）反映了原位土的应力-孔隙比的状态。然后，从纵坐标 $0.42e_0$ 处作一水平线交室内压缩曲线于 C 点。根据前述的压缩曲线特征，可以推论：现场压缩曲线亦通过 E 点。连接 E 点和 C 点，即得现场压缩曲线。

(2) 若 $p_c>p_1$，则试样为超固结的。这时，室内压缩试验必须用下面的方法确定。在试验过程中，随时绘制 $e\sim\lg p$ 曲线，待压缩曲线出现急剧转折之后，逐级回弹至 p_0，再分级加荷。得到图 4-11 所示的曲线 $AEFC$ 即可用于确定超固结土的现场压缩曲线。

①确定前期固结应力的位置线和 C 点的位置；

②按试样在原位的现有有效应力 p_0'（即现有自重应力 p_0）和孔隙比 e_0。定出 D'点，此

即试样在原位压缩的起点；

③假定现场再压缩曲线与室内回弹—再压缩曲线构成的回滞环的割线 EF 相平行，则过 D' 点作 EF 的平行线交 p_C 线于 D 点，$D'D$ 线即为现场再压缩曲线；

④作 D 点和 C 点的连线，即得现场压缩曲线。

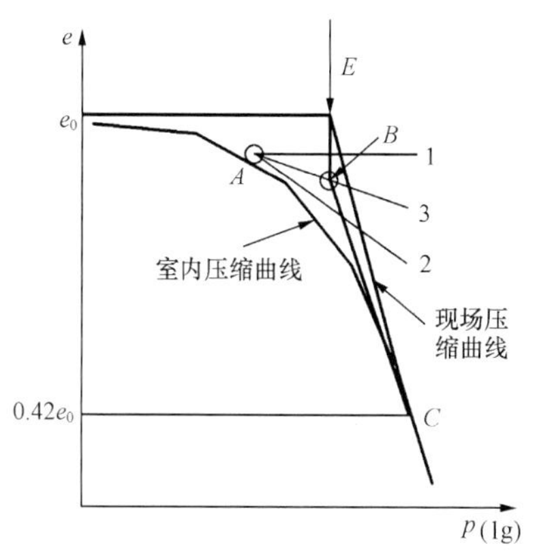

图 4-10 正常固结土的孔隙比变化

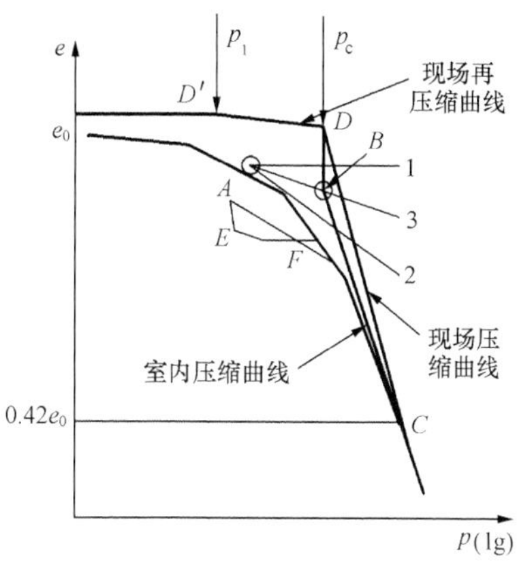

图 4-11 超固结土的孔隙比变化

(3) 若 $p_C < p_1$，则试样是欠固结的。如前所述，欠固结土实际上属于正常固结土一种特例，所以，它的现场压缩曲线的推求方法与正常固结土相同，现场压缩曲线与图 4-10 相似，但压缩的起始点较高。

§4.3 土的弹性模量

土的弹性模量定义是土体在无侧限条件下瞬时压缩的应力应变模量。布辛奈斯克解答了一个竖向集中力作用在半空间（半无限体）表面上，半空间内任意点处所引起的六个应力分量和三个位移分量，其中位移分量包含了土的弹性模量和泊松比两个参数。由于土并非理想弹性体，它的变形包括了可恢复的弹性变形和不可恢复的残余变形两部分。因此，在静荷载作用下计算土的变形时所采用的参数为压缩模量或变形模量；在侧限条件假设下，通常地基沉降计算的分层总和法公式都采用压缩模量；当运用弹性力学公式时，则用变形模量或弹性模量进行变形计算。

如果在动荷载（如车辆荷载、风、地震）作用时，仍采用压缩模量或变形模量计算土的变形，将得出与实际情况不符的偏大结果，其原因是冲击荷载或反复荷载每一次作用的时间短暂，由于土骨和土粒未被破坏，不发生不可恢复的残余变形，只发生土骨架的弹性变形，部分土中水排出的压缩变形、封闭土中气的压缩变形，都是可恢复的弹性变形，所以，弹性模量远大于变形模量。

确定土的弹性模量的方法，一般采用室内三轴压缩试验或单轴压缩无侧限抗压强度试验得到的应力—应变关系曲线所确定的初始切线模量（E_i）或相当于现场荷载条件下的再加荷模量（E_r），试验方法如下：

采用取样质量好的原状土样，在三轴仪中进行固结，所施加的固结压力 σ_s 各向相等，其值取等于试样在现场 K_0 固结条件下的有效自重应力，即 $\sigma_3 = \sigma_{cx} = \sigma_{cy}$。固结后在不排水

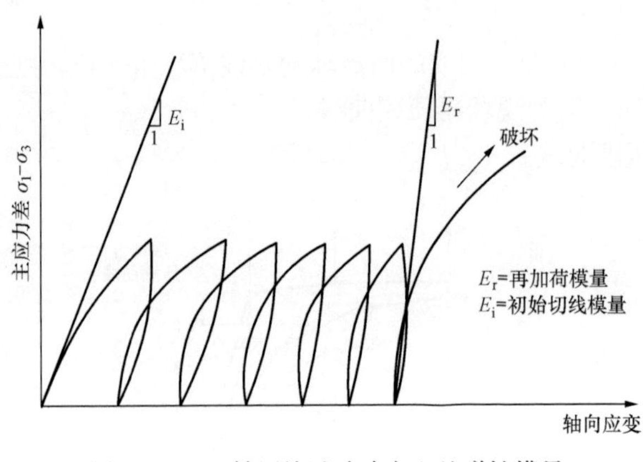

图 4-12　三轴压缩试验确定土的弹性模量

的情况下，施加轴向压力 $\Delta\sigma$，达到现场条件下的附加压力，$\Delta\sigma=\sigma_z$，此时试样中的轴向压应力为 $\sigma_3+\Delta\sigma=\sigma_1$，然后减压到零。这样重复加载和卸荷若干次，如图 4-12 所示，一般加、卸 5～6个循环后，便可在主应力差（$\sigma_1-\sigma_3$）与轴向应变 ε 关系图上测得 E_i 和 E_r。该图还表明，在周期荷载作用下，土样随着应变量增大而逐渐硬化。这样确定的再加荷模量 E_r 就是符合现场条件下的土的弹性模量。

§4.4　土的变形模量

土的压缩性指标，除从室内压缩试验测定外，还可以通过现场原位测试取得。例如可以通过载荷试验或旁压试验所测得的地基沉降（或土的变形）与压力之间近似的比例关系，从而利用地基沉降的弹性力学公式来反算土的变形模量。

一、以载荷试验测定土的变形模量

地基土载荷试验是工程地质勘察工作中的一项原位测试。试验前先在现场试坑中竖立载荷架，使施加的荷载通过承压板（或称压板）传到地层中去，以便测试岩、土的力学性质，包括测定地基变形模量，地基承载力以及研究土的湿陷性质等。

图 4-13 所示两种千斤顶形式的载荷架，其构造一般由加荷稳压装置，反力装置及观测装置三部分组成。根据各级荷载及其相应的（相对）稳定沉降的观测数值，即可采用适当的比例尺绘制荷载 p 与稳定沉降 s 的关系曲线，必要时还可绘制各级荷载下的沉降与时间的关系曲线。

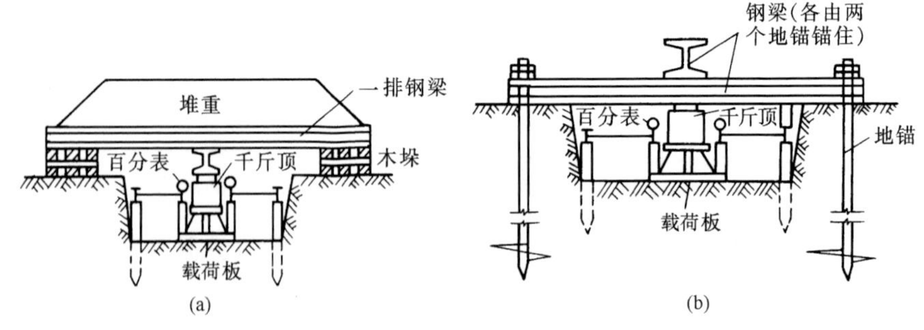

图 4-13　地基荷载试验载荷架示例

（a）堆重—千斤顶式；（b）地锚—千斤顶式

试验的加荷标准应符合下列要求：加载等级应不少于 8 级，最大加载量不应少于设计荷载的 2 倍。每级加载后，按间隔 10、10、10、15、15min，以后为每隔半小时测读一次沉降量，当在连续 2 小时内，每小时的沉降量小于 0.1mm 时，则认为已趋于稳定，可加下一级荷载。当出现下列情况之一时，即可终止加载：

(1) 承压板周围的土明显地侧向挤出；

(2) 沉降 s 急骤增大，荷载～沉降（p-s）曲线出现陡降段；

(3) 在某一荷载下，24h 内沉降速率不能达到稳定标准；

(4) 沉降量与承压板宽度或直径之比大于或等于 0.06。

满足终止加载前三种情况之一时，其对应的前一级荷载定为极限荷载 p_u。

根据各级荷载及其相应的沉降量观测数值，即可绘制承压板底面压力 p 与沉降量 s 的关系曲线，即 p-s 曲线，如图 4-14 所示。其中曲线的开始部分往往接近于直线，与直线段终点 1 对应的荷载称为地基的比例界限荷载，相当于地基的临塑荷载。一般地基承载力设计值取接近于或稍超过此比例界限值。所以通常将地基的变形按直线变形阶段，以弹性力学公式，即按下式来反求地基土的变形模量，其计算公式如下：

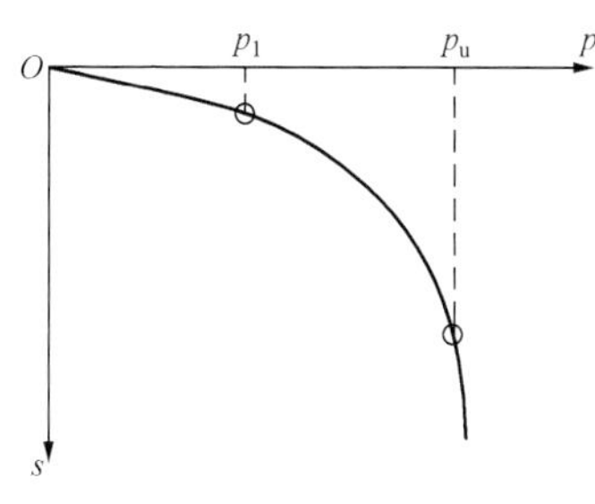

图 4-14　平板载荷试验压缩曲线

$$E_0 = \omega(1-\mu^2)\frac{p_1 b}{s_1}$$

式中：p_1 为直线段的荷载强度，单位为 kPa；s_1 为相应于 p 的载荷板下沉量；b 为载荷板的宽度或直径；μ 为土的泊松比，砂土可取 0.2～0.25，黏性土可取 0.25～0.45；ω 为沉降影响系数，对刚性载荷板取 ω=0.88（方形板）；ω=0.79（圆形板）。

二、变形模量与压缩模量的关系

如前所述，土的变形模量是土体在无侧限条件下的应力与应变的比值；而土的压缩模量则是土体在完全侧限条件下的应力与应变的比值。E_0 与 E_s 两者在理论上是完全可以互换算的。

从侧向不允许膨胀的压缩试验土样中取一微单元体进行分析，可得 E_0 与 E_s 两者具有如下关系

$$E_0 = E_s\left(1-\frac{2\mu^2}{1-\mu}\right) = E_s(1-2\mu K_0)$$

$$\beta = 1-\frac{2\mu^2}{1-\mu} = 1-2\mu K_0$$

$$E_0 = \beta E_s$$

上式是 E_0 与 E_s 间的理论关系。实际上，由于各种因素的影响，E_0 值可能是 βE_s 值的几倍。一般来说，土越坚硬，则倍数越大，而软土的 E_0 值与 βE_s 值比较接近。

思　考　题

4-1　何谓土的压缩系数？一种土的压缩系数是否为定值、为什么？

4-2　如何判别土的压缩性的高低？压缩系数的单位是什么？

4-3　压缩指数 C_C 的物理意义是什么？如何确定？

4-4　压缩模量 E_s 与变形模量 E_0 有何异同？相互间有何关系？

4-5　工程中采用土的压缩性指标有那几个？各指标之间有什么关系？

4-6　载荷试验有何优点？什么情况应做荷载试验？载荷试验如何加载？如何沉降？停止加荷的标准是什么？

4-7　旁压试验有何特点？适用于什么条件？旁压试验中的应力与变形如何量测？

习　　题

4-1　某工程钻孔2号土样2-1粉质黏土和2-2淤泥质黏土的压缩试验数据列于表4-1中，试计算压缩系数 $a_{1\text{-}2}$ 并评价其压缩性。

表4-1　压缩试验数据表

垂直压力（kPa）		0	50	100	200	300	400
孔隙比	土样2-1	0.866	0.799	0.770	0.736	0.721	0.714
	土样2-2	1.085	0.960	0.890	0.803	0.748	0.707

4-2　对一黏性土试样进行侧限压缩试验，测得当 $p_1=100$kPa 和 $p_2=200$kPa 时土样相应的孔隙比分别为 $e_1=0.932$ 和 $e_2=0.885$，试计算 a_{1-2} 和 $E_{s,1-2}$，并评价土的压缩性。

4-3　某现场载荷试验采用边长为0.707m的方形刚性荷载板，试验测得的 p-s 曲线前面直线段所确定的比例界限压力值 p_1 及相应的荷载板的下沉量 S_1 分别为200kPa及100mm，地基土的泊松比 $v=0.3$，试计算土的变形模量 E_0。

4-4　一饱和黏性土样的原始高度为20mm，试样面积为 $3\times10^3\text{mm}^2$，在固结仪中做压缩试验。土样与环刀的总重为 175.6×10^{-2}N，环刀重 58.6×10^{-2}N。当压力由 $p_1=100$kPa 增加到 $p_2=200$kPa 时，土样变形稳定后的高度相应地由19.31mm减小为18.76mm。试验结束后烘干土样，称得干土重为 94.8×10^{-2}N。试计算及回答：

（1）与 p_1 及 p_2 相对应的孔隙比 e_1 及 e_2；

（2）该土的压缩系数 a_{1-2}；

（3）评价该土的压缩性。

（答案：4-1：土样2-1，$a_{1-2}=0.34\text{MPa}^{-1}$，中压缩性土；土样2-2，$a_{1-2}=0.87\text{MPa}^{-1}$，高压缩性土。4-2：$a_{1-2}=0.47\text{MPa}^{-1}$，$E_{s,1-2}=4.11$MPa，中压缩性土。4-3：$E_0=1.13$MPa。4-4：$e_1=0.532$，$e_2=0.489$，$a_{1-2}=0.43\text{MPa}^{-1}$，中压缩性土）

注册岩土工程师考试题选

4-1　在条形基础持力层以下有厚度为2m的正常固结黏土层，已知该黏土层中部的自重应力为50kPa，附加应力为100kPa，在此下卧层中取土做固结试验的数据见表4-2。该黏土层在附加应力作用下的压缩变形量为何值？

表4-2

p	0	50	100	200	300
e	1.04	1.00	0.97	0.93	0.93

4 - 2 某建筑场地在稍密砂层中进行浅层平板载荷试验，方形压板底面积为 0.5m^2，压力为累积沉降量关系见表 4 - 3。

表 4 - 3

压力 p (kPa)	25	50	75	100	125	150	175	200	225	250	275
累积沉降量 s (mm)	0.88	1.76	2.65	3.53	4.41	5.30	6.13	7.25	8.00	10.54	15.80

变形模量 E_s 最接近于下列（　　）（土的泊松比 μ=0.33，形状系数为 0.89）。（　　）

A. 9.8MPa　　B. 13.3MPa　　C. 15.8MPa　　D. 17.7MPa

4 - 3 超固结土的先期固结压力与其现有竖向自重应力的关系为下列何项：（　　）

A. 前者小于后者　　B. 前者等于后者

C. 前者大于后者　　D. 前者与后者之间无关

（答案：4 - 1：Δs=50mm；4 - 2：C；4 - 3：C）

第5章　地　基　变　形

本章提要

地基的变形或沉降主要有以下三个方面的原因造成。第一是土骨架的变形引起的土体孔隙比的减少；第二是土颗粒本身的压缩或者变形；第三是土中孔隙水（有时还包括封闭气体）的压缩。其中土骨架的变形是地基变形的主要原因。

在荷载作用下，地基的沉降或者变形通常分成如下三个部分：

(1) 瞬时沉降：施加荷载后，土体在很短的时间内产生的沉降。一般认为，瞬时沉降是土骨架在荷载作用下的弹性变形，通常根据弹性力学理论公式对其进行估算。

(2) 主固结沉降：它是饱和软黏土在荷载作用下产生的超孔隙水压力逐渐消散，孔隙水排水和孔隙体积减小的过程。一般会持续较长时间。

(3) 次固结沉降：指孔隙水压力完全消散，主固结沉降完成后的那部分沉降。通常认为次固结沉降是由于土颗粒之间的蠕变和重新排列而产生的。对于不同类型土，次固结沉降所占总沉降的比例是不同的。

本章主要学习地基变形计算的弹性力学计算方法、分层总合法的概念及采用规范法计算地基最终沉降量、太沙基一维固结理论等，最后对地基沉降的相关问题进行了综述。

§5.1　地基变形的弹性力学公式

假定在均匀的各向同性的半无限弹性体表面，作用一竖向集中荷载 F，如图 5-1 所示，计算半无限体内任一点 M 的应力（不考虑弹性体的体积力）。这一课题已在弹性理论中由法国数学家布辛奈斯克（Boussinesq，J. V. 1885）解得，称为布辛奈斯克课题。当采用直角坐标系时，其 6 个应力分量和 3 个位移分量可分别表示如下。

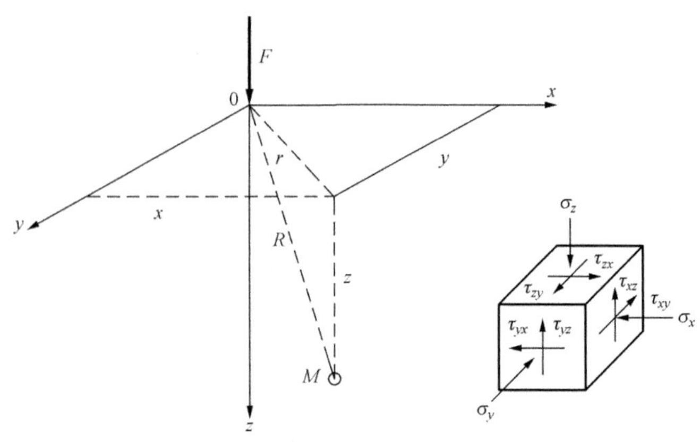

图 5-1　竖向集中荷载作用下土中应力计算

（1）法向应力

$$\sigma_z=\frac{3Fz^3}{2\pi R^5} \tag{5-1}$$

$$\sigma_x=\frac{3F}{2\pi}\left\{\frac{zx^2}{R^5}+\frac{1-2\mu}{3}\left[\frac{R^2-Rz-z^2}{R^3(R+z)}-\frac{x^2(2R+z)}{R^3(R+z)^2}\right]\right\} \tag{5-2}$$

$$\sigma_y=\frac{3F}{2\pi}\left\{\frac{zy^2}{R^5}+\frac{1-2\mu}{3}\left[\frac{R^2-Rz-z^2}{R^3(R+z)}-\frac{y^2(2R+z)}{R^3(R+z)^2}\right]\right\} \tag{5-3}$$

（2）剪应力

$$\tau_{xy}=\tau_{yx}=\frac{3F}{2\pi}\left[\frac{xyz}{R^5}-\frac{1-2\mu}{3}\times\frac{xy(2R+z)}{R^3(R+z)^2}\right] \tag{5-4}$$

$$\tau_{yz}=\tau_{zy}=-\frac{3Fyz^2}{2\pi R^5} \tag{5-5}$$

$$\tau_{zx}=\tau_{xz}=-\frac{3Fxz^2}{2\pi R^5} \tag{5-6}$$

（3）x、y、z 轴方向的位移分别为

$$u=\frac{F(1+\mu)}{2\pi E}\left[\frac{xz}{R^3}-(1-2\mu)\frac{x}{R(R+z)}\right] \tag{5-7}$$

$$v=\frac{F(1+\mu)}{2\pi E}\left[\frac{yz}{R^3}-(1-2\mu)\frac{y}{R(R+z)}\right] \tag{5-8}$$

$$w=\frac{F(1+\mu)}{2\pi E}\left[\frac{z^2}{R^3}+2(1-\mu)\frac{1}{R}\right] \tag{5-9}$$

式中　x、y、z——M 点的坐标 $R=\sqrt{x^2+y^2+z^2}$；

E、μ——地基土的弹性模量及泊松比。

对于地基变形问题，我们关心的是地基表面沉降，对于式（5-9），取 $z=0$ 即求得地基表面变形 s。

$$s=w(x,y,0)=\frac{F(1+\mu)}{\pi E}\left[(1-\mu)\frac{1}{R}\right]$$

上式可进一步改写成

$$s=w(x,y,0)=\frac{F(1-\mu^2)}{\pi Er} \tag{5-10}$$

式中　s——竖向集中力 F 作用下地基表面任意点沉降；

r——地基表面任意点到竖向集中力作用点的距离，$r=\sqrt{x^2+y^2}$。

§5.2　地基最终沉降量计算

在相同荷载作用下地基所产生的沉降，将随地基土的性质不同而有所差别，这些差别不仅表现在总沉降，而且也反映在沉降速度上。为了搞清这些差别，对平均沉降应作分析，一般来说，它可分为三部分：当荷载刚加上，在很短时间内产生的沉降 s_1，一般称为瞬时沉降，这是土骨架在三个轴向上产生弹性和塑性变形的结果；其次是主固结沉降 s_2（或渗透固结沉降），它是饱和黏土地基在荷载作用下，孔隙水被挤出而产生渗透固结的结果；最后是次固结沉降 s_3，它是上述地基孔隙水基本停止挤出后，颗粒和结合水之间的剩余应力尚在调整而引起的沉降。

对于不同类型的土，它们的沉降特征也不一样。对于砂土地基，不论是饱和的或非饱和

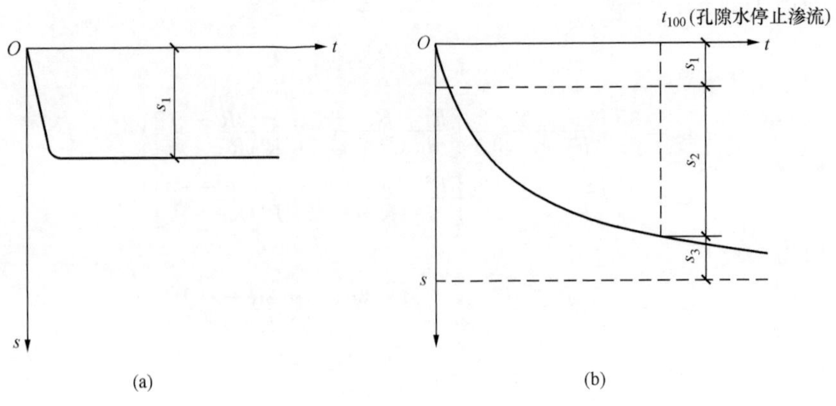

图 5-2 地基沉降发展过程

(a) 砂土地基；(b) 黏性土地基

的，其沉降主要是瞬时沉降，如图 5-2（a）所示。对于饱和砂土，由于不含结合水，土孔隙也很大，自由水排出很快，故地基下沉很快，不存在固结沉降问题；对于非饱和黏性土，由于土中含有气体，受力后气体体积压缩，部分气体溶解于水，故地基沉降也以瞬时沉降为主。至于含有机质较少的一般饱和黏性土，当荷载刚加上时，由于土骨架的弹塑性变形的结果，地基将产生较小的瞬时沉降 s_1，如图 5-2（b）所示，随后将是大量的随时间而发展的沉降，这里包括主固结沉降和次固结沉降，而以主固结为主；如该黏性土中有机质含量较多，则次固结沉降就起主要作用了。

关于瞬时沉降的计算，一般都采用弹性理论，对于固结沉降，常采用分层总和法。实际上，分层总和法在经过一定经验修正后，常用来计算各种地基的总沉降。

下面分别介绍地基沉降计算的弹性力学公式法、分层总合法、规范法以及考虑先期固结压力的计算方法。

5.2.1 按弹性力学公式计算沉降量

1. 地基表面沉降的弹性力学公式

根据 5.1 节给出的一个竖向集中力 F 作用在弹性半空间内任意点 M（x，y，z）处产生的垂直位移 w（x，y，z）解答，地基表面任意点沉降 s（见图 5-3）可用式（5-10）计算，即

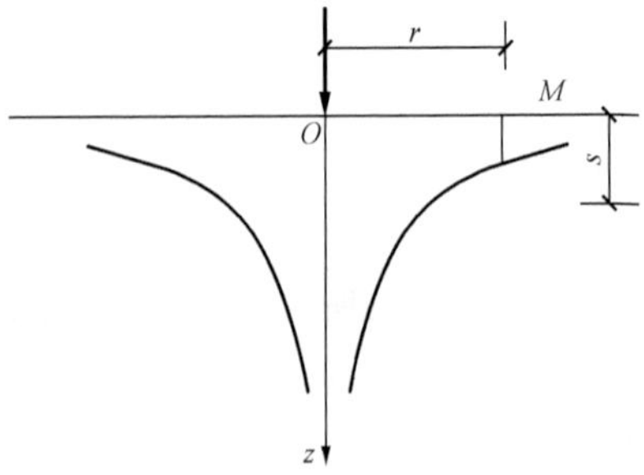

$$s = w(x, y, 0) = \frac{F(1-\mu^2)}{\pi E r}$$

式中 E——地基土的弹性模量（估算黏性土的瞬时沉降，一般用 E 表示）或变形模量（估算最终沉降，用 E_0 表示）。

其余符号同前。

图 5-3 竖向集中力作用下地基表面的沉陷曲线

对于局部柔性荷载作用下的地基表面沉降，可利用式（5-10），根据叠加原理求得。如图 5-4（a）所示，设荷载面 A 内任意点 N（ξ，η）处的分布荷载为 p（ξ，η），该点微面积 $\mathrm{d}\xi\mathrm{d}\eta$ 上的分布荷载可由集中力 $\mathrm{d}p = p(\xi,\eta)\times\mathrm{d}\xi\mathrm{d}\eta$ 代替。

于是与竖向集中力作用点相距为 $r = \sqrt{(x-\xi)^2+(y-\eta)^2}$ 的 $M(x,y)$ 点沉降

$s(x, y)$，可按式（5-10）积分得到

$$s(x,y)=\frac{1-\mu^2}{\pi E}\iint_A \frac{p(\xi,\eta)\mathrm{d}\xi\mathrm{d}\eta}{\sqrt{(x-\xi)^2+(y-\eta)^2}} \tag{5-11}$$

对均布矩形荷载 $p(\xi,\eta)=p=$ 常数，则矩形角点 C 处产生的沉降按上式积分的结果表达为

$$s=\delta_c p \tag{5-12}$$

式中 δ_c——单位均布矩形荷载 $p=1$ 在角点 C 处产生的沉降，称为角点沉降影响系数，即

$$\delta_c=\frac{1-\mu^2}{\pi E}\left(l\ln\frac{b+\sqrt{l^2+b^2}}{l}+b\ln\frac{l+\sqrt{l^2+b^2}}{b}\right) \tag{5-13}$$

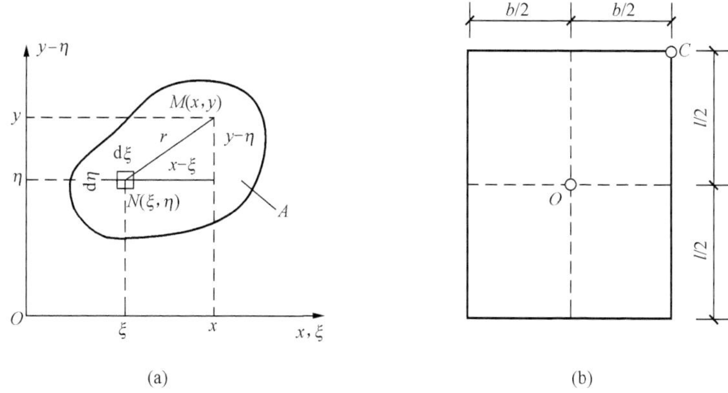

图5-4 局部柔性荷载下的地面沉陷计算

（a）任意荷载面；（b）矩形荷载面

以长宽比 $m=l/b$ 代入式（5-13），则

$$s=\frac{1-\mu^2 b}{\pi E}\left[m\ln\frac{1+\sqrt{m^2+1}}{m}+\ln(m+\sqrt{m^2+1})\right]p \tag{5-14a}$$

令 $\omega_c=\frac{1}{\pi}\left[m\ln\frac{1+\sqrt{m^2+1}}{m}+\ln(m+\sqrt{m^2+1})\right]$，$\omega_c$ 称为角点沉降影响系数，上式改写为

$$s=\omega_c\frac{1-\mu^2}{E}bp \tag{5-14b}$$

利用式（5-14b），以角点法可求均布矩形荷载下地基表面任意点的沉降。

对于矩形中点的沉降量［见图5-4（b）］，应等于四个按虚线划分的相同小矩形角点沉降量之和

$$s=4\omega_c\frac{1-\mu^2}{E}(b/2)p=2\omega_c\frac{1-\mu^2}{E}bp \tag{5-15a}$$

即矩形荷载中心点沉降量为角点沉降量的2倍，若令 $\omega_0=2\omega_c$，其中 ω_0 称为中心点沉降影响系数，则

$$s=\omega_0\frac{1-\mu^2}{E}bp \tag{5-15b}$$

计算和实践表明，局部柔性荷载下的半空间地基具有应力扩散性。地基表面沉降不仅产生于荷载面范围之内，而且对荷载面以外也有影响。一般扩展基础多具有一定的抗弯刚度，因而基底中心点沉降可近似按柔性荷载考虑，即

$$s=\left(\iint_A s(x,y)\mathrm{d}x\mathrm{d}y\right)/A \tag{5-16a}$$

式中 A——基底面积。

对于均布的矩形荷载，式（5-16a）的积分结果为

$$s=\omega_m\frac{1-\mu^2}{E}bp \tag{5-16b}$$

式中 ω_m——平均沉降影响系数。

为了便于查表计算，将式（5-14b）、式（5-15b）、式（5-16b）用统一的弹性力学公式表达为

$$s=\omega(1-\mu^2)bp/E \tag{5-17}$$

式中 s——地基表面各种计算点的沉降量，mm；

b——矩形荷载的宽度或圆形荷载的直径，m；

p——地基表面均布荷载，kPa；

E——地基土的弹性模量，常用土的变形模量 E_0 代替来估算最终沉降；

μ——地基土的泊松比；

ω——各种沉降影响系数，按基础的刚度、基底形状及计算点位置而定，可查表 5-1 得到。

表 5-1 沉降影响系数 ω 值

计算点位置		荷载面形状												
		圆形	方形	矩形（l/b）										
				1.5	2.0	3.0	4.0	5.0	6.0	7.0	8.0	9.0	10	100
柔性荷载	ω_c	0.64	0.56	0.68	0.77	0.89	0.98	1.05	1.11	1.16	1.2	1.24	1.27	2.00
	ω_0	1.00	1.12	1.36	1.53	1.78	1.96	2.10	2.22	2.32	2.40	2.48	2.54	4.01
	ω_m	0.85	0.95	1.15	1.30	1.52	1.70	1.83	1.96	2.04	2.12	2.19	2.25	3.70
刚性基础	ω_r	0.785	0.886	1.08	1.22	1.44	1.61	1.72	—	—	—	—	2.12	3.40

中心荷载作用下的刚性基础被假设为具有无限大的抗弯刚度，受荷沉降后基础不挠曲，因而基底各点的沉降量处处相等。s 也以式（5-17）表示，常取基底平均附加应力作为公式中的地基表面均布荷载。

对于土质均匀的地基，利用式（5-17）估算地基表面的最终沉降量是很简便的。由于弹性力学公式是按均质的线性变形半空间的假设得出的，而实际上地基常常是非均质的成层土，其变形模量 E_0 一般随深度而增大，所以用土的变形模量 E_0 代替来估算最终沉降所得的结果往往偏大。因此，利用弹性力学公式计算基础沉降问题，在于所用的 E_0 值是否能反映地基变形的真实情况。

地基土层的 E_0 值，如能从已有建筑物的沉降观测资料，以弹性力学公式反算求得，这种数据是很有价值的。通常在整理地基载荷试验资料时，就是利用式（5-17）来反算 E_0 的。

2. 刚性基础倾斜的弹性力学公式

刚性基础承受偏心荷载时，沉降后基底为倾斜平面，基底形心处的沉降（即平均沉降）

可按式（5-17）取 $w=w_r$ 计算。基底倾斜的弹性力学公式如下

圆形基础
$$\tan\theta = 6\frac{1-\mu^2}{E}\frac{pe}{b^3} \tag{5-18a}$$

矩形基础
$$\tan\theta = 8K\frac{1-\mu^2}{E}\frac{pe}{b^3} \tag{5-18b}$$

式中 θ——基础倾斜角；

p——基底竖向偏心荷载，kN；

e——合力的偏心距；

b——荷载偏心方向的矩形基底边长或圆形基底直径，m；

E——地基土的弹性模量，常用土的变形模量 E_0 代替，kPa；

μ——地基土的泊松比；

K——矩形刚性基础的倾斜影响系数，无量纲，按 l/b（l 为矩形基础底另一边长）值由图 5-5 查取。

对于成层土地基，在地基压缩层深度范围内应取各土层的变形模量 E_{0i} 和泊松比 μ_i 的加权平均值 $\bar{E}_0$ 和 $\bar{\mu}$，即近似均按各土层厚度的加权平均取值。

此外，弹性力学公式可用来计算短暂荷载作用下地基的沉降和基础的倾斜，此时认为地基土不产生压缩变形（体积变形）而只产生剪切变形（形状变形），如在风力或其他短暂荷载作用下，基础的倾斜可按式（5-18）计算，但式中 E_0 应换成土的弹性模量 E 代入，并以土的泊松比 $\mu=0.5$ 代入。

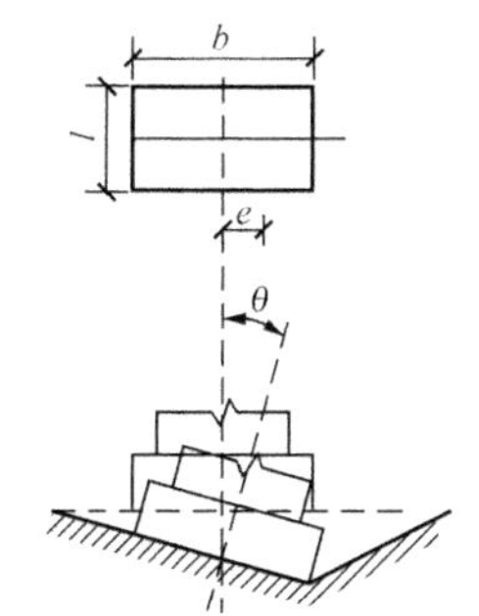

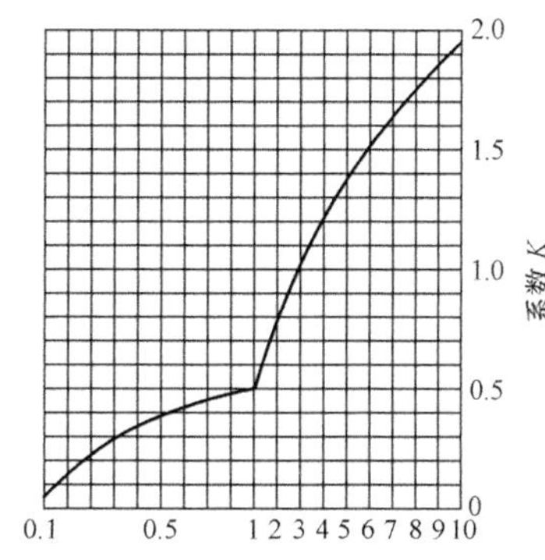

图 5-5 刚性基础的倾斜影响系数

5.2.2 分层总和法计算地基沉降

分层总和法计算地基的最终的沉降量，是以无侧向变形条件下的压缩量计算公式为基础，在地基沉降计算深度范围内分为若干分层，计算各分层的压缩量，然后求其总和，可采用单向压缩基本公式。

土的压缩性指标从压缩试验的 e-p 曲线和 e-$\lg p$ 曲线确定。由室内压缩试验所得的 e-p 曲线和 e-$\lg p$ 曲线反映了每级荷载作用下变形稳定时的孔隙比变化（相当于土体体积的变化），所以由压缩试验所得的压缩曲线可用来计算土层在荷载作用下的总沉降量。

由于根据压缩试验所得的每一级荷载作用下的 e-$\lg p$ 曲线中包含有次固结段，所以根据压缩试验结果计算所得的沉降量是包括主固结沉降与次固结沉降的总沉降量。但由于大多数情况下次固结沉降在总沉降中所占的比例很小，所以一般都把根据压缩试验数据计算所得的沉降量作为主固结沉降量。对于次固结沉降较大的土，一般需根据其次固结曲线单独计算次固结沉降。

1. 基本假定

分层总和法的基本假定如下：

(1) 土的压缩完全是由于孔隙体积减小所致，而土粒本身的压缩忽略不计；

(2) 土体仅产生竖向压缩，而无侧向变形；

(3) 在划分的各土层高度范围内，假定应力是均匀分布的，并按照与上下层交界处的平均应力计算。

2. 基本公式

利用压缩试验成果计算地基沉降，就是在已知 e-p 曲线的情况下，根据附加应力 Δp 来计算单层土的竖向变形量 ΔH，也就是单层土的沉降量 Δs。

沉降量计算公式为

$$\Delta s=\frac{e_1-e_2}{1+e_1}H=\frac{\Delta e}{1+e_1}H=\frac{a}{1+e_1}\Delta pH \tag{5-19}$$

式中 H——压缩土层厚度；

e_1——根据土层顶、底面处自重应力平均值 σ_c，即原始压应力 p_1，从土的压缩 e-p 曲线上查得的相应孔隙比；

e_2——根据土层顶、底面处自重应力平均值 σ_c 与附加应力平均值 σ_z 之和，即总压应力 p_2，从土的压缩 e-p 曲线上查得的相应孔隙比；

Δp——压缩土层平均附加应力，$\Delta p=p_2-p_1$。

定义体积压缩系数 $m_v=\dfrac{a}{1+e_1}$，则压缩模量 $E_s=\dfrac{1+e_1}{a}=\dfrac{1}{m_v}$，故上式也可以写成

$$\Delta s=\frac{1}{E_s}\Delta pH=m_v\Delta pH \tag{5-20}$$

3. 分层总和法

式 (5-19)、式 (5-20) 是土中单元体在受到附加应力作用下产生的沉降，由于在地基中的附加应力是随深度衰减的，所以总沉降应为各点产生的沉降的总和，即

$$s=\int_0^{\infty}\varepsilon \mathrm{d}z=\int_0^{\infty}\frac{\Delta p}{E_s}\mathrm{d}z=\int_0^{\infty}m_v\Delta p\mathrm{d}z=\int_0^{\infty}\frac{\Delta e}{1+e_1}\mathrm{d}z \tag{5-21}$$

其中

$$\Delta e=e_1-e_2$$

式中 s——总沉降量；

ε——压缩土层的侧限压缩应变；

Δp——压缩土层平均附加应力；

m_v——体积压缩系数；

E_s——压缩土层的压缩模量；

e_1——压缩土层的自重应力平均值（p_1）从土的压缩曲线上得到的孔隙比；

e_2——压缩土层的自重应力平均值与附加应力平均值之和，即 $p_2=p_1+\Delta p$，从土的压缩曲线上得到的孔隙比。

其中，Δp、E_s、e_1、e_2 均为深度 z 的函数，将式 (5-21) 进行离散化后进行计算，得

$$s=\sum_{i=1}^{n}\varepsilon_i H_i=\sum_{i=1}^{n}\frac{\Delta p_i}{E_{si}}H_i=\sum_{i=1}^{n}\frac{\Delta e_i}{1+e_{1i}}H_i \tag{5-22}$$

其中

$$\Delta e_i=e_{1i}-e_{2i}$$

式中 ε_i——第 i 层土的侧限压缩应变；

n——地基分层的层数；

e_{1i}——根据第 i 层土的自重应力平均值（p_{1i}）从土的压缩曲线上得到的孔隙比；

e_{2i}——根据第 i 层土的自重应力平均值与附加应力平均值之和，即 $p_{2i}=p_{1i}+\Delta p_i$，从土的压缩曲线上得到的孔隙比；

H_i——第 i 层土的厚度；

E_{si}——第 i 层土的压缩模量，根据 Δp_i、p_{1i}计算所得。

天然地基土都是不均匀的。最常见的水平成层地基，其土性参数和附加应力是随深度而变化的。前面讲述的土样沉降的计算都是假定土样的应力和力学性质（土性参数）在竖向没有变化。为利用土样压缩试验的结果，最好把土层分成许多层，分层后的每一层其应力和力学性质变化不大，可用平均值作为代表。分别计算每一层的压缩变形后，最后求每一层沉降的总和，得到总沉降，如图 5-6 所示。这是一种近似的计算方法。

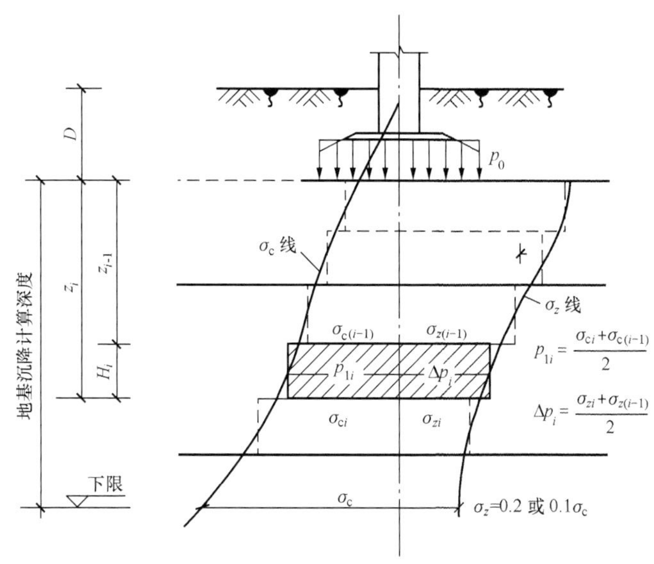

图 5-6 分层总和法计算示意图

如图 5-6 所示，式（5-22）相当于把自重应力与附加应力曲线采用分段的直线来代替，E_{si}、a_i 在分层范围内假定为常数。

由于自重应力随深度增大，一般情况下 E_{si}、a_i 亦随深度增加，附加应力随深度衰减；所以随埋深增加土体的变形减小。因此，实际上超过一定深处的土体的变形，对总沉降已基本上没有影响，此时的深度就是地基沉降计算深度。该深度以上的土层称为地基压缩层。

地基压缩层深度一般取地基附加应力等于自重应力的 20%处，即 $\sigma_z=0.2\sigma_c$ 处（若存在软弱下卧层，则取地基附加应力等于自重应力的 10%处，即 $\sigma_z=0.1\sigma_c$ 处）。地基压缩层范围内的分层厚度可取 0.4b（b 为基底宽度）或 1～2m。成层土的自然界面和地下水位都是分层面。分层后即可计算层顶和层底的自重应力值与附加应力值，分别进行算术平均后即为该分层土的自重应力值和附加应力值。

5.2.3 规范法计算地基沉降

《建筑地基基础设计规范》（GB 50007—2002）推荐的计算最终沉降量的计算公式是对分层总和法单向压缩公式的修正。同样采用侧限条件下 e-p 曲线的压缩性指标，但应用了平均附加应力系数 $\bar{\alpha}$ 的新参数，并规定了地基变形计算深度 z_n（即地基压缩层深度）的新标准，还提出了沉降计算经验系数 ψ_s，使得计算成果接近于实测值。

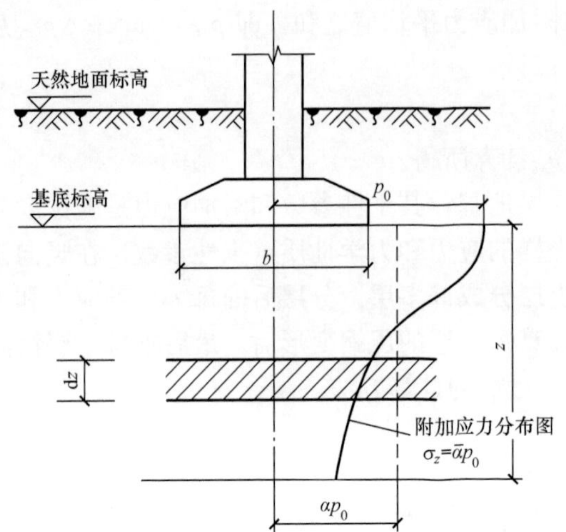

图 5-7 平均附加应力系数的物理意义

规范所采用的平均附加应力系数 $\bar{\alpha}$，其概念为：从基底某点下至地基任意深度 z 范围内的附加应力分布面积对基底附加应力与地基深度的乘积 p_0z 之比值 $\bar{\alpha}=A/p_0z$。首选不妨假想地基是均质的，即所假定的土在侧限条件下的压缩模量 E_s 不随深度而变，则从基底至地基任意深度 z 范围内的压缩量为（见图 5-7）

$$s=\int_0^z \varepsilon \mathrm{d}z=\frac{1}{E_s}\int_0^z \sigma_z \mathrm{d}z=\frac{A}{E_s} \tag{5-23}$$

式中 ε——土的侧限压缩应变，$\varepsilon=\sigma_2/E_s$；

A——深度 z 范围内的附加应力分布图所包围的面积，$A=\int_0^z \sigma_z \mathrm{d}z$。

因为附加应力 σ_z 可以根据基底应力与附加应力系数计算，所以 A 还可以表示为

$$A=\int_0^z \sigma_z \mathrm{d}z=p_0\int_0^z \alpha \mathrm{d}z=p_0z\bar{\alpha} \tag{5-24}$$

式中 p_0——基底的附加应力；

α——附加应力系数；

$\bar{\alpha}$——深度 z 范围内的竖向平均附加应力系数。

将式（5-24）代入式（5-23），则地基最终沉降量可以表示为

$$s=\frac{p_0z\bar{\alpha}}{E_s} \tag{5-25}$$

式（5-25）就是用平均附加应力系数表达的从基底至任意深度 z 范围内地基沉降量的计算公式。由此可得成层地基中第 i 层沉降量的计算公式（见图 5-8）为

$$\Delta s=\frac{\Delta A_i}{E_{si}}=\frac{A_i-A_{i-1}}{E_{si}}=\frac{p_0}{E_{si}}(z_i\bar{\alpha}_i-z_{i-1}\bar{\alpha}_{i-1}) \tag{5-26}$$

式中 A_i 和 A_{i-1}——z_i 和 z_{i-1} 范围内的附加应力面积；

$\bar{\alpha}$ 和 $\bar{\alpha}_{i-1}$——与 z_i 和 z_{i-1} 对应的竖向平均附加应力系数。

规范用符号 z_n 表示地基沉降计算深度，并规定 z_n 应满足下列条件：

由该深度处向上取按表 5-2 规定的计算厚度 Δz（见图 5-8）所得的计算沉降量 Δs_n 不大于 z_n 范围内总的计算沉降量的 2.5%，即应满足（包括考虑相邻荷载的影响）

$$\Delta s_n \leqslant 0.025\sum_{i=1}^{n}\Delta s_i \tag{5-27}$$

表 5-2 计算厚度 Δz 值

$b\leqslant2$	$2<b\leqslant4$	$4<b\leqslant8$	$8<b\leqslant15$	$15<b\leqslant30$	$b>30$
0.3	0.6	0.8	1.0	1.2	1.5

在按上式所确定的沉降计算深度下如有较软弱土层时，还应向下继续计算，直至软弱土层中所取规定厚度 Δz 的计算沉降量满足上式要求为止。

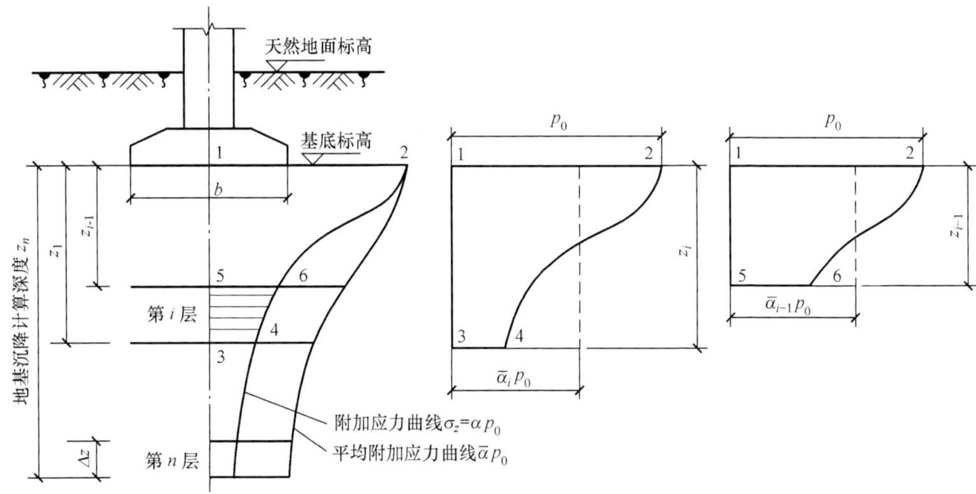

图 5-8 规范法计算地基沉降示意图

当无相邻荷载影响，基础宽度在 1～50m 范围内时，基础中点的地基沉降计算深度也可按下列简化公式计算

$$z_n = b(2.5 - 0.4\ln b) \tag{5-28}$$

式中 b——基础宽度，$\ln b$ 为 b 的自然对数。

在沉降计算深度范围内有基岩存在时，取基岩表面为计算深度；当存在较厚的坚硬黏土层，其孔隙比小于 0.5、压缩模量大于 50MPa，或存在较厚密实砂卵石层，其压缩模量大于 80MPa 时 z_n 可取至该层土表面。

为了提高计算准确度，计算所得的地基最终沉降量尚需乘以一个沉降计算经验系数 ψ_s。ψ_s 按下式确定，即

$$\psi_s = s_\infty / s \tag{5-29}$$

式中 s_∞——利用地基观测资料推算的地基最终沉降量。

因此，各地区宜按实测资料制定适合于本地区各种地基情况的 ψ_s 值；无实测资料时，可采用规范提供的数值，见表 5-3。

表 5-3 **沉降计算经验系数 ψ_s**

$\bar{E}_s$ (MPa) / 地基附加压力	2.5	4.0	7.0	15.0	20.0
$p_0 \geqslant f_k$	1.4	1.3	1.0	0.4	0.2
$p_0 \leqslant 0.75 f_k$	1.1	1.0	0.7	0.4	0.2

注 f_k 为地基承载力特征值，$\bar{E}_s$ 为沉降计算深度范围内压缩模量的当量值，其计算公式为 $\bar{E}_s = \dfrac{\sum A_i}{\sum \dfrac{A_i}{E_{si}}}$。其中 $A_i = p_0 (z_i \bar{\alpha}_i - z_{i-1} \bar{\alpha}_{i-1})$。

综上所述，规范推荐的地基最终沉降量 s_∞ 的计算公式为

$$s_\infty = \psi_s s = \psi_s \frac{p_0}{E_{si}} \sum_{i=1}^{n} (z_i \bar{\alpha}_i - z_{i-1} \bar{\alpha}_{i-1}) \tag{5-30}$$

式中 s_∞——地基最终沉降量；

s——按分层总和法计算的地基变形量；

ψ_s——沉降计算经验系数，根据地区沉降观测资料及经验确定，也可采用表 5-3 的数值；

n——地基变形计算深度范围内所划分的土层数，层面和地下水位面是分层面。分层厚度不应大于 2m，以提高 E_s 的取值精度；

p_0——对应于荷载效应准永久组合时的基底附加压力；

E_{si}——基础底面下第 i 层土的压缩模量，按实际应力段范围取值；

z_i、z_{i-1}——基础底面至第 i 层土、第 $i-1$ 层土底面的距离；

$\bar{\alpha}_i$、$\bar{\alpha}_{i-1}$——基础底面的计算点至第 i 层土、第 $i-1$ 层土底面范围内竖向平均附加应力系数，可按表 5-7、表 5-8 查用。

【例 5-1】 某柱下独立基础为正方形，边长 $l=b=4$m，基础埋深 $d=1$m，作用在基础顶面的轴心荷载 $F=1500$kPa。地基为粉质黏土，土的天然重度 $\gamma=16.5$kN/m^3，地下水位深度 3.5m，土的饱和重度 $\gamma_{sat}=18.5$kN/m^3，如图 5-9 所示。地基土的天然孔隙比 $e_1=0.95$，地下水位以上土的压缩系数为 $a_1=0.30$MPa^{-1}，地下水位以下土的压缩系数为 $a_2=0.25$MPa^{-1}，地基土承载力特征值 $f_{ak}=94$kPa。试采用传统单向压缩分层总和法和规范推荐分层中总和法分别计算该基础沉降量。

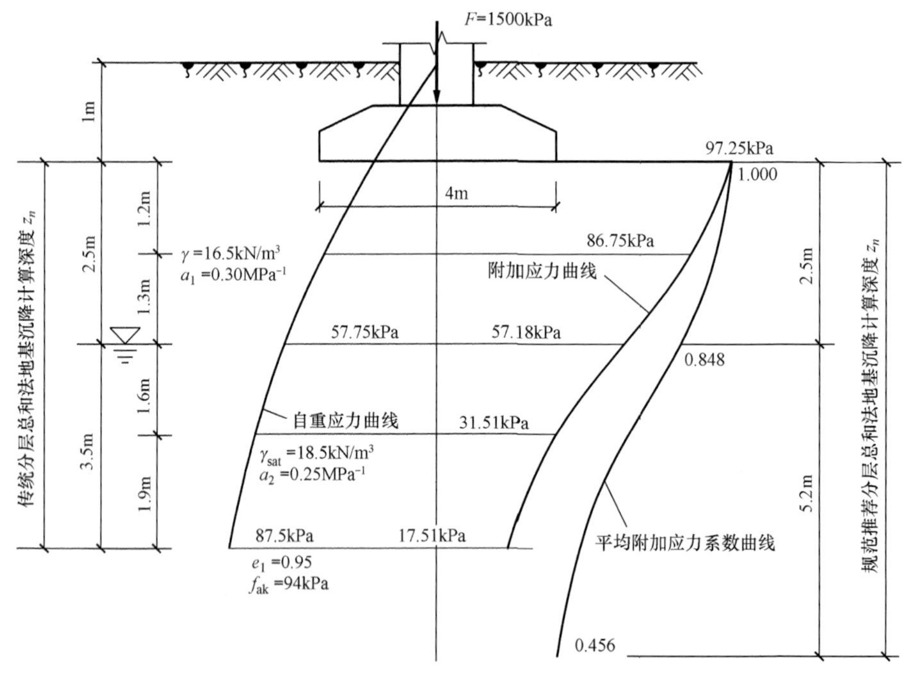

图 5-9 ［例 5-1］图

解 1. 按分层总和法计算

(1) 按比例绘制柱基础及地基土的剖面图，如图 5-9 所示。

(2) 按式 $\sigma_{cz}=\sum\gamma_i h_i$ 计算地基土的自重应力（提示：自土面开始，地下水位以下用浮重度计算），结果见表 5-4。应力图如图 5-9 所示。

(3) 计算基底应力 $p=\dfrac{F+G}{lb}=\dfrac{1500+4\times4\times1\times20}{4\times4}\text{kPa}=113.75\text{kPa}$

(4) 计算基底处附加应力 $p_0=p-\gamma d=(113.75-16.5\times1)\text{kPa}=97.25\text{kPa}$

(5) 计算地基中的附加应力。

基础底面为正方形，用角点法计算，分成相等的四个小块，每块计算边长 $l=b=2\text{m}$。按式 $\sigma_z=4\alpha_c p_0$ 计算附加应力。其中 α_c 据 l/b、z/b 查表 5-7 得到。结果如表 5-4 所示。

(6) 地基受压层厚度 z_n 由附加应力与自重应力的比值 $\sigma_z/\sigma_c=0.2$ 所对应的深度点来确定，如图 5-9 所示。

当 $z=6\text{m}$ 时 $\sigma_z=17.5\text{kPa}$，$0.2\sigma_c=0.2\times87.5\text{kPa}=17.5$，因此取压缩层厚度为 $z_n=6\text{m}$。

(7) 地基沉降计算分层：

每层厚度应按 $H_i\leqslant0.4b=0.4\times4\text{m}=1.6\text{m}$ 确定。地下水位以上 2.5m 分两层，可分别为 1.2m 和 1.3m；由于附加应力随深度增加越来越小，地下水位以下先分出 1.6m，其余可分为一层 1.9m。

(8) 按下式计算各层土的压缩量，计算结果列于表 5-4。

$$\Delta s_i=\frac{a_i}{1+e_{1i}}\Delta p_i H_i=\frac{a_i}{1+e_{1i}}\bar{\sigma}_z H_i$$

表 5-4　　分层总和法计算地基沉降量

自基底深度 z (m)	土层厚度 h_i (m)	自重应力 (kPa)	附加应力 (kPa)				孔隙比	附加应力平均值 (kPa)	分层土压缩变形量 s_i (mm)
			l/b	z/b	α_c	σ_z			
0		16.5	1.0	0	0.2500	97.25			
1.2	1.2	36.3	1.0	0.6	0.2229	86.60	0.95	91.93	16.97
2.5	1.3	57.75	1.0	1.25	0.1461	57.76	0.95	72.10	14.42
4.1	1.6	71.35	1.0	2.05	0.0811	31.51	0.95	44.64	9.16
6.0	1.9	87.5	1.0	3.00	0.0447	17.39	0.95	24.45	5.96

(9) 柱基础中点最终沉降量 $s=\sum\limits_{i=1}^{n}\Delta s_i=(16.97+14.42+9.16+5.96)\text{mm}=46.5\text{mm}$

2. 按规范法计算

(1) 因为无相邻荷载影响，所以地基沉降计算深度可按以下经验公式计算：

$$z_n=b(2.5-0.4\ln b)=4\times(2.5-0.4\times\ln4)\text{m}=7.8\text{m}$$

(2) 分层：自基础底面以下，沉降计算深度范围内共分两层，按地下水位面划分为 2.5m、5.3m。

(3) 按式 $E_{si}=\dfrac{1+e_i}{\alpha_i}$ 计算各层土的压缩模量，结果见表 5-5。

(4) 按 l/b，z/b 查表得平均附加应力系数 $\bar{\alpha}$（角点法查得的系数实际计算时应乘以 4），结果见表 5-5。

表 5-5 规范推荐分层总和法计算地基沉降量

分层深度 z_i（m）	厚度 h_i（m）	压缩模量（MPa）	l/b	z/b	$\bar{\alpha}$
0			1.0	0	0.250×4=1.000
0～2.5	2.5	6.5	1.0	1.25	0.212×4=0.848
2.5～7.8	5.3	7.8	1.0	3.90	0.114×4=0.456

（5）计算地基土压缩模量的当量值（加权平均值）$\bar{E}_s$：

$$\bar{E}_s=\frac{\sum \Delta A_i}{\sum \frac{\Delta A_i}{E_{si}}}=\frac{\sum p_0(z_i\bar{\alpha}_i-z_{i-1}\bar{\alpha}_{i-1})}{\sum \frac{p_0(z_i\bar{\alpha}_i-z_{i-1}\bar{\alpha}_{i-1})}{E_{si}}}$$

$$=\frac{\sum(z_i\bar{\alpha}_i-z_{i-1}\bar{\alpha}_{i-1})}{\sum \frac{(z_i\bar{\alpha}_i-z_{i-1}\bar{\alpha}_{i-1})}{E_s}}$$

$$=\frac{\frac{1.000+0.848}{2}\times 2.5+\frac{0.848+0.456}{2}\times 5.3}{\frac{1.000+0.848}{2\times 6.5}\times 2.5+\frac{0.848+0.456}{2\times 7.8}\times 5.3}\text{MPa}$$

$$=7.2\text{MPa}$$

（6）查表 5-6，$p=97.25\text{kPa}>f_{ak}=94\text{kPa}$。沉降计算经验系数 $\psi_s=0.985$。

（7）按式 $s=\psi_s\left[\frac{p_0}{E_{s1}}(z_1\bar{\alpha}_1)+\frac{p_0}{E_{s2}}(z_2\bar{\alpha}_2-z_1\bar{\alpha}_1)\right]$ 计算柱基中点沉降量 s。

表 5-6 沉降计算经验系数 ψ_s

地基附加应力 $\bar{E}_s$(MPa)	2.5	4.0	7.0	15.0	20.0
$p_0\geqslant f_{ak}$	1.4	1.3	1.0	0.4	0.2
$p_0\leqslant 0.75f_{ak}$	1.1	1.0	0.7	0.4	0.2

规范中提供的各种荷载形式下地基中的平均附加应力系数表的查法与附加应力系数表相同。

表 5-7 和表 5-8 分别为均布的矩形荷载角点下（b 为荷载面宽度）和三角形分布的矩形荷载角点下（b 为三角形分布方向荷载面的边长）的地基平均竖向附加应力系数表，借助于该两表可以运用角点法求算基底附加压力为均布、三角形分布或梯形分布时地基中任意点的平均竖向附加应力系数 $\bar{\alpha}$ 值。《建筑地基基础设计规范》还附有均布的圆形荷载中点下和三角形分布的圆形荷载边点下地基竖向平均附加应力系数表。

5.2.4 考虑先期固结压力沉降计算方法

若地基土体为超固结土，其压缩曲线如图 5-10 所示，p_c 为先期固结压力，p_0 为上覆地基土体重量。当 $p<p_c$ 时，e-$\lg p$ 曲线斜率为 C_e（回弹指数）。当 $p>p_c$ 时，e-$\lg p$ 曲线斜率为 C_C（压缩指数）。

表 5-7 均布的矩形荷载角点下的平均竖向附加应力系数 $\bar{\alpha}$

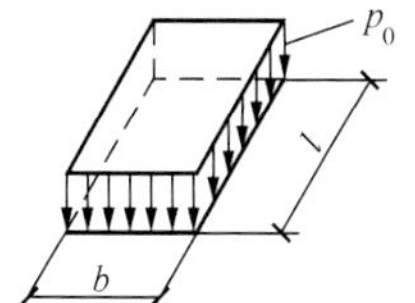

z/b \ l/b	1.0	1.2	1.4	1.6	1.8	2.0	2.4	2.8	3.2	3.6	4.0	5.0	10.0
0.0	0.2500	0.2500	0.2500	0.2500	0.2500	0.2500	0.2500	0.2500	0.2500	0.2500	0.2500	0.2500	0.2500
0.2	0.2496	0.2497	0.2497	0.2498	0.2498	0.2498	0.2498	0.2498	0.2498	0.2498	0.2498	0.2498	0.2498
0.4	0.2474	0.2479	0.2481	0.2483	0.2483	0.2484	0.2485	0.2485	0.2485	0.2485	0.2485	0.2485	0.2485
0.6	0.2423	0.2437	0.2444	0.2448	0.2451	0.2452	0.2454	0.2455	0.2455	0.2455	0.2455	0.2455	0.2456
0.8	0.2346	0.2372	0.2387	0.2395	0.2400	0.2403	0.2407	0.2408	0.2409	0.2409	0.2410	0.2410	0.2410
1.0	0.2252	0.2291	0.2313	0.2326	0.2335	0.2340	0.2346	0.2349	0.2351	0.2352	0.2352	0.2353	0.2353
1.2	0.2149	0.2199	0.2229	0.2248	0.2260	0.2268	0.2278	0.2282	0.2285	0.2286	0.2287	0.2288	0.2289
1.4	0.2043	0.2102	0.2140	0.2164	0.2190	0.2191	0.2204	0.2211	0.2215	0.2217	0.2218	0.2220	0.2221
1.6	0.1939	0.2006	0.2049	0.2079	0.2099	0.2113	0.2130	0.2138	0.2143	0.2146	0.2148	0.2150	0.2152
1.8	0.1840	0.1912	0.1960	0.1994	0.2018	0.2034	0.2055	0.2066	0.2073	0.2077	0.2079	0.2082	0.2084
2.0	0.1746	0.1822	0.1875	0.1912	0.1938	0.1958	0.1982	0.1996	0.2004	0.2009	0.2012	0.2015	0.2018
2.2	0.1659	0.1737	0.1793	0.1833	0.1862	0.1883	0.1911	0.1927	0.1937	0.1943	0.1947	0.1952	0.1955
2.4	0.1578	0.1657	0.1715	0.1757	0.1789	0.1812	0.1843	0.1862	0.1873	0.1880	0.1885	0.1890	0.1895
2.6	0.1503	0.1583	0.1642	0.1686	0.1719	0.1745	0.1779	0.1799	0.1812	0.1820	0.1825	0.1832	0.1838
2.8	0.1433	0.1514	0.1574	0.1619	0.1654	0.1680	0.1717	0.1739	0.1753	0.1763	0.1769	0.1777	0.1784
3.0	0.1369	0.1449	0.1510	0.1556	0.1592	0.1619	0.1658	0.1682	0.1698	0.1708	0.1715	0.1725	0.1733
3.2	0.1310	0.1390	0.1450	0.1497	0.1533	0.1562	0.1602	0.1628	0.1645	0.1657	0.1664	0.1675	0.1685
3.4	0.1256	0.1334	0.1394	0.1441	0.1478	0.1508	0.1550	0.1577	0.1595	0.1607	0.1616	0.1628	0.1639
3.6	0.1205	0.1282	0.1342	0.1389	0.1427	0.1456	0.1500	0.1528	0.1548	0.1561	0.1570	0.1583	0.1595
3.8	0.1158	0.1234	0.1293	0.1340	0.1378	0.1408	0.1452	0.1482	0.1502	0.1516	0.1526	0.1541	0.1554
4.0	0.1114	0.1189	0.1248	0.1294	0.1332	0.1362	0.1408	0.1438	0.1459	0.1474	0.1485	0.1500	0.1516
4.2	0.1073	0.1147	0.1205	0.1251	0.1289	0.1319	0.1365	0.1396	0.1418	0.1434	0.1445	0.1462	0.1479
4.4	0.1035	0.1107	0.1164	0.1210	0.1248	0.1279	0.1325	0.1357	0.1379	0.1396	0.1407	0.1425	0.1444
4.6	0.1000	0.1070	0.1127	0.1172	0.1209	0.1240	0.1287	0.1319	0.1342	0.1359	0.1371	0.1390	0.1410
4.8	0.0967	0.1036	0.1091	0.1136	0.1173	0.1204	0.1250	0.1283	0.1307	0.1324	0.1337	0.1357	0.1379
5.0	0.0935	0.1003	0.1057	0.1102	0.1139	0.1169	0.1216	0.1249	0.1273	0.1291	0.1304	0.1325	0.1318
6.0	0.0805	0.0866	0.0916	0.0957	0.0991	0.1021	0.1067	0.1101	0.1126	0.1146	0.1161	0.1185	0.1216
7.0	0.0705	0.0761	0.0806	0.0844	0.0877	0.0904	0.0949	0.0982	0.1008	0.1028	0.1044	0.1071	0.1109
8.0	0.0627	0.0678	0.0720	0.0755	0.0785	0.0811	0.0853	0.0886	0.0912	0.0932	0.0948	0.0976	0.1020
10.0	0.0514	0.0556	0.0592	0.0622	0.0649	0.0672	0.0710	0.0739	0.0763	0.0783	0.0799	0.0829	0.0880
12.0	0.0435	0.0471	0.0502	0.0529	0.0552	0.0573	0.0606	0.0634	0.0656	0.0674	0.0690	0.0719	0.0774
16.0	0.0322	0.0361	0.0385	0.0407	0.0425	0.0442	0.0469	0.0492	0.0511	0.0527	0.0540	0.0567	0.0625
20.0	0.0269	0.0292	0.0312	0.0330	0.0345	0.0359	0.0383	0.0402	0.0418	0.0432	0.0444	0.0468	0.0524

表 5-8　三角形分布的矩形荷载角点下的平均竖向附加应力系数 $\bar{\alpha}$

z/b ＼ l/b	0.2		0.4		0.6		0.8		1.0		1.2		1.4		1.6		1.8		2.0	
点	1	2	1	2	1	2	1	2	1	2	1	2	1	2	1	2	1	2	1	2
0.0	0.000 0	0.250 0	0.000 0	0.250 0	0.000 0	0.250 0	0.000 0	0.250 0	0.000 0	0.250 0	0.000 0	0.250 0	0.000 0	0.250 0	0.000 0	0.250 0	0.000 0	0.250 0	0.000 0	0.250 0
0.2	0.011 2	0.216 1	0.014 0	0.230 8	0.014 8	0.233 3	0.015 1	0.233 9	0.015 2	0.234 1	0.015 3	0.234 2	0.015 3	0.234 3	0.015 3	0.234 3	0.015 3	0.234 3	0.015 3	0.234 3
0.4	0.017 9	0.181 0	0.024 5	0.208 4	0.027 0	0.215 3	0.028 0	0.217 5	0.028 5	0.218 4	0.028 8	0.218 7	0.028 9	0.218 9	0.029 0	0.219 0	0.029 0	0.219 0	0.029 0	0.219 1
0.6	0.020 7	0.150 5	0.030 8	0.185 1	0.035 5	0.196 6	0.037 6	0.201 1	0.038 8	0.203 0	0.039 4	0.203 9	0.039 7	0.204 3	0.039 9	0.204 6	0.040 0	0.204 7	0.040 1	0.204 8
0.8	0.021 7	0.127 7	0.034 0	0.164 0	0.040 5	0.178 7	0.044 0	0.185 2	0.045 9	0.188 3	0.047 0	0.189 9	0.047 6	0.190 7	0.048 0	0.191 2	0.048 2	0.191 5	0.048 3	0.191 7
1.0	0.021 7	0.110 4	0.035 1	0.146 1	0.043 0	0.162 4	0.047 6	0.170 4	0.050 2	0.174 6	0.051 8	0.176 9	0.052 8	0.178 1	0.053 4	0.178 9	0.053 8	0.179 4	0.054 0	0.179 7
1.2	0.021 2	0.097 0	0.035 1	0.131 2	0.043 9	0.148 0	0.049 2	0.157 1	0.052 5	0.162 1	0.054 6	0.164 9	0.056 0	0.166 6	0.056 8	0.167 8	0.057 4	0.168 4	0.057 7	0.168 9
1.4	0.020 4	0.086 5	0.034 4	0.118 7	0.043 6	0.135 6	0.049 5	0.145 1	0.053 4	0.150 7	0.055 9	0.154 1	0.057 5	0.156 2	0.058 6	0.157 6	0.059 4	0.158 5	0.059 9	0.159 1
1.6	0.019 5	0.077 9	0.033 3	0.108 2	0.042 7	0.124 7	0.049 0	0.134 5	0.053 3	0.140 5	0.056 1	0.144 3	0.058 0	0.146 7	0.059 4	0.148 4	0.060 3	0.149 4	0.060 9	0.150 2
1.8	0.018 6	0.070 9	0.032 1	0.099 3	0.041 5	0.115 3	0.048 0	0.125 2	0.052 5	0.131 3	0.055 6	0.135 4	0.057 8	0.138 1	0.059 3	0.140 0	0.060 4	0.141 3	0.061 1	0.142 2
2.0	0.017 8	0.065 0	0.030 8	0.091 7	0.040 1	0.107 1	0.046 7	0.116 9	0.051 3	0.123 2	0.054 7	0.127 4	0.057 0	0.130 3	0.058 7	0.132 4	0.059 9	0.133 8	0.060 8	0.134 8
2.5	0.015 7	0.053 8	0.027 6	0.076 9	0.036 5	0.090 8	0.042 9	0.100 0	0.047 8	0.106 3	0.051 3	0.110 7	0.054 0	0.113 9	0.056 0	0.116 3	0.057 5	0.118 0	0.058 6	0.119 3
3.0	0.014 0	0.045 8	0.024 8	0.066 1	0.033 0	0.078 6	0.039 2	0.087 1	0.043 9	0.093 1	0.047 6	0.097 6	0.050 3	0.100 8	0.052 5	0.103 3	0.054 1	0.105 2	0.055 4	0.106 7
5.0	0.009 7	0.028 9	0.017 5	0.042 4	0.023 6	0.047 6	0.028 5	0.057 6	0.032 4	0.062 4	0.035 6	0.066 1	0.038 2	0.069 0	0.040 3	0.071 4	0.042 1	0.073 4	0.043 5	0.074 9
7.0	0.007 3	0.021 1	0.013 3	0.031 1	0.018 0	0.035 2	0.021 9	0.042 7	0.025 1	0.046 5	0.027 7	0.049 6	0.029 9	0.520	0.031 8	0.054 1	0.033 3	0.055 8	0.034 7	0.057 2
10.0	0.005 3	0.015 0	0.009 7	0.022 2	0.013 3	0.025 3	0.016 2	0.030 8	0.018 6	0.033 6	0.020 7	0.035 9	0.022 4	0.037 9	0.023 9	0.039 5	0.025 2	0.040 9	0.026 3	0.040 3

采用分层总和法计算沉降，在计算各土层压缩时，应判断土体在附加应力 Δp 作用下是处于超固结状态（$\Delta p < p_c - p_0$），还是已进入正常固结状态（$\Delta p > p_c - p_0$）。现计算第 i 层土体压缩量 Δs_i，设 $p_c > p_0$，即土体为超固结土，当附加应力 $\Delta p <$（$p_c - p_0$）时，即土体在 Δp 作用下还处于超固结状态时，

$$\Delta s_i = H_i \frac{C_e}{1+e_0} \lg \frac{p_0 + \Delta p}{p_0} \tag{5-31}$$

式中　e_0——土体初始孔隙比；

H_i——第 i 层土体厚度。

当 $\Delta p >$（$p_c - p_0$）时，即土体在 Δp 作用下，已由超固结状态转变为正常固结状态时，其压缩量分两段计算，

$$\Delta s_i = \frac{H_i}{1+e_0}\left(C_e \lg \frac{p_c}{p_0} + C_c \lg \frac{p_0 + \Delta p}{p_c}\right) \tag{5-32}$$

得到各土层压缩量后，再求和得到总沉降，即

$$s = \sum_{i=1}^{n} \Delta s_i \tag{5-33}$$

考虑先期固结压力沉降计算方法适用于计算超固结土地基，以及加载—卸载—再加载的情况。对正常固结黏土地基，$p_c = p_0$，则计算式为

$$s = \sum_{i=1}^{n} \frac{H_i C_{ci}}{1+e_{0i}} \lg p_{0i} + \frac{\Delta p_i}{p_{0i}} \tag{5-34}$$

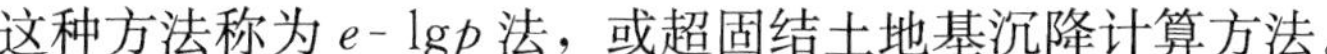

这种方法称为 e-$\lg p$ 法，或超固结土地基沉降计算方法。

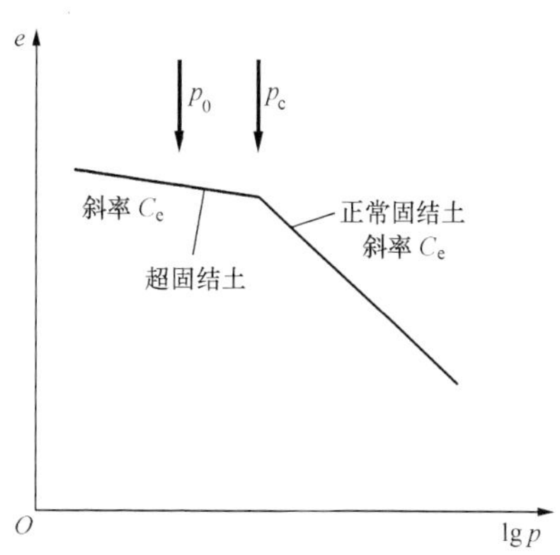

图 5-10　超固结土压缩曲线

§5.3　地基变形与时间的关系

在实际工程中，为了便于控制施工速度，确定有关施工措施，考虑建筑物正常使用的安全措施（如考虑建筑物各有关部分之间的预留净空或连接方法等），往往需要了解建筑物在施工期间或以后某一时间的基础沉降量及变形随时间的变化情况。在采用堆载预压等方法处理地基时，也需要考虑地基变形与时间的关系。

碎石土和砂土的压缩性小，透水性好，其固结所经历的时间较短，施工结束后，其变形基本稳定；对于黏性土，固结所需时间比较长，如高压缩性的饱和软黏土，其固结变形需要几年甚至几十年时间才能完成。因此，以下只对饱和土的变形与时间关系进行讨论。

5.3.1　固结模型和基本假设

太沙基 1924 年建立了如图 5-11 所示的模型。图中整体代表一个土单元，弹簧代表土骨架，水代表孔隙水，活塞上的小孔代表土的渗透性，活塞与筒壁之间无摩擦。

在外荷载 p 刚施加的瞬时，水还来不及从小孔中排出，弹簧未被压缩，荷载 p 全部由孔隙水所承担，水中产生超静孔隙水压力 u，此时，$u=p$。随着时间的发展，水不断从小孔中向外排出，超静孔隙水压力逐渐减小，弹簧逐步受到压缩，弹簧所承担的力逐渐增大。

弹簧中的应力代表土骨架所受的力，即土体中的有效应力 σ'，在这一阶段 $u+\sigma'=p$。有效应力与超静孔隙水压力之和称为总应力 σ。当水中超静孔隙水压力减小到 0 时，水不再从

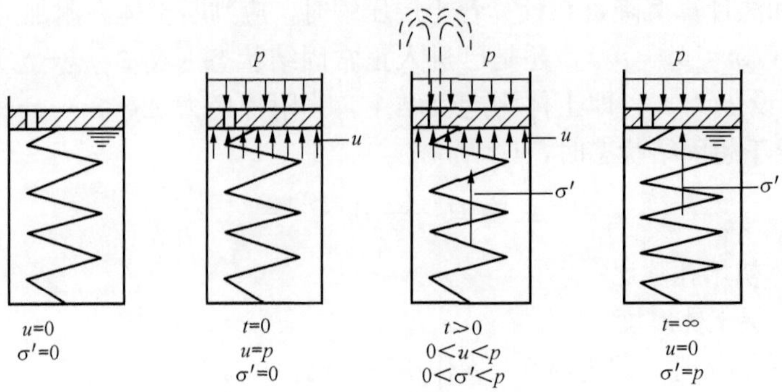

图 5-11 土体固结的弹簧活塞模型

小孔中排出，此时全部外荷载由弹簧承担，即有效应力 $\sigma'=p$。在整个过程中，总应力 σ、有效应力 σ' 和超静孔隙水压力 u 之间关系为

$$u+\sigma'=\sigma \tag{5-35}$$

太沙基采用这一物理模型，并作出如下假设：

(1) 土体是饱和的；

(2) 土体是均质的；

(3) 土颗粒与孔隙水在固结过程中不可压缩；

(4) 土中水的渗流服从达西定律；

(5) 在固结过程中，土的渗透系数 k 是常数；

(6) 在固结过程中，土体的压缩系数 a 是常数；

(7) 外部荷载是一次瞬时施加的，且不随时间发生变化；

(8) 土体的固结变形是小变形；

(9) 土中水的渗流与土体变形只发生在竖向。

在以上假设的基础上，太沙基建立了一维固结理论。许多新的固结理论都是在减少上述假设的条件下发展起来的。

5.3.2 太沙基一维固结理论

为了求得饱和土层在渗透固结过程中某一时刻的变形，通常采用太沙基提出的一维固结理论进行计算。其适用条件为：大面积均布荷载，地基中孔隙水主要沿竖向渗流。

1. 单向渗流固结普遍方程

(1) 渗透力及其反作用力 F_z。

土体中一点土骨架作用于水流的阻力与水流作用于骨架上的渗透力是大小相等方向相反的。在图 5-12 所示的单向渗流固结条件下，取断面积为 1×1，厚度为 dz 微元体，力及其反作用力表示如下，如图 5-13 所示。

渗透力
$$J=i\gamma_w \mathrm{d}z=\frac{v}{k}\gamma_w \mathrm{d}z$$

式中 i——水力坡降；

γ_w——水的容重。

渗透力的反作用力为土骨架对流动水体的阻力，可表示为下式

$$F_z=-J=-\frac{v}{k}\gamma_w \mathrm{d}z \tag{5-36}$$

式中 v——渗流的流速；

k——渗透系数。

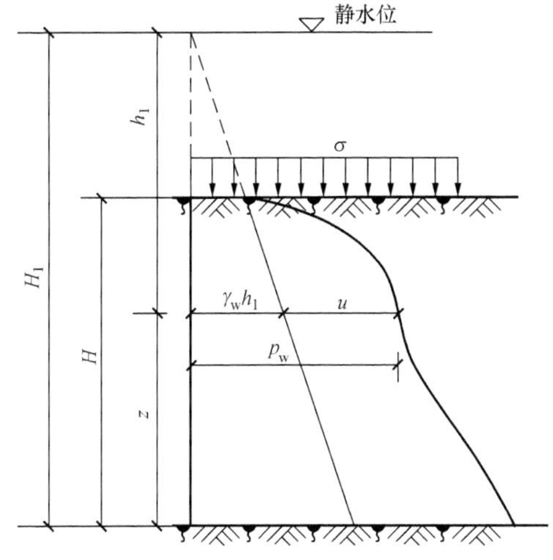

图 5-12 土层剖面和作用力

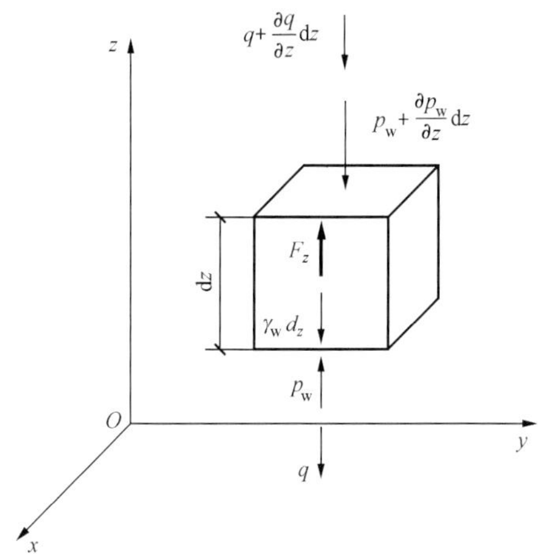

图 5-13 单位体积中孔隙水在 z 方向力的平衡

在图 5-13 中，取该单元体中的孔隙水为隔离体，渗流方向向下，阻力 F_z 向上。

(2) 单元孔隙水的自重及浮力的反力。

单元体孔隙水自重为 $n\gamma_w dz$，而对土骨架的浮力的反作用力为 $(1-n)\gamma_w dz$，方向都是向下的。二者之和为

$$[n\gamma_w+(1-n)\gamma_w]dz=\gamma_w dz$$

(3) 单元体孔隙水的平衡。

在 z 方向，除了土骨架对水流的阻力、孔隙水自重和浮力的反力外，在上下表面还作用着水压力，其差值为 $\frac{\partial p_w}{\partial z}dz$，与渗流方向一致，即方向向下，则在 z 方向的平衡条件可表示为下式

$$F_z-\gamma_w dz-\frac{\partial p_w}{\partial z}dz=0$$

将式 (5-36) 代入上式

$$\frac{\partial p_w}{\partial z}+\gamma_w+\frac{v}{k}\gamma_w=0 \tag{5-37}$$

将式 (5-37) 对 z 进一步求导数，并假设 k 只沿着深度 z 方向变化，得

$$\frac{\partial^2 p_w}{\partial z^2}+\gamma_w\frac{1}{k}\frac{\partial v}{\partial z}-\frac{\gamma_w}{k^2}v\frac{dk}{dz}=0 \tag{5-38}$$

(4) 饱和土体单向渗流的连续性条件。

在图 5-13 中，在 dt 时间段内，微单元体中孔隙体积的减少应等于同一时间段内从微单元体流出的水量。即

$$\frac{\partial V}{\partial t}dt=\frac{\partial q}{\partial z}dzdt$$

在这种微单元条件下，$dV=d\varepsilon_v dz$ [ε_v 为体应变 $\varepsilon_v=(\varepsilon_x+\varepsilon_y+\varepsilon_z)$]，$q=v$（$q$ 为单位截面积上的流量）代入上式，则得

$$\frac{\partial \varepsilon_v}{\partial t}\mathrm{d}z\mathrm{d}t=\frac{\partial v}{\partial z}\mathrm{d}z\mathrm{d}t$$

即

$$\frac{\partial \varepsilon_v}{\partial t}=\frac{\partial v}{\partial z} \tag{5-39}$$

（5）土骨架的应力应变关系。

在有效竖直应力 σ' 作用下，土骨架的体应变为

$$\varepsilon_v=m_v\sigma'$$

代入式（5-39），则

$$m_v\frac{\partial \sigma'}{\partial t}=\frac{\partial v}{\partial z} \tag{5-40}$$

将式（5-40）代入式（5-38）中，得

$$\frac{\partial^2 p_w}{\partial z^2}+\frac{\gamma_w m_v}{k}\frac{\partial \sigma'}{\partial t}-\frac{\gamma_w}{k^2}v\frac{\mathrm{d}k}{\mathrm{d}z}=0 \tag{5-41}$$

将 $p_w=u+\gamma_w(H_i-z)$ 及达西定律 $v=-\dfrac{k}{\gamma_w}\dfrac{\partial u}{\partial z}$ 代入上式，其中 u 为超静空压，H_1 如图5-12所示。

$$\frac{\partial^2 u}{\partial z^2}+\frac{\gamma_w m_v}{k}\frac{\partial \sigma'}{\partial t}+\frac{1}{k}\frac{\partial u}{\partial z}\frac{\mathrm{d}k}{\mathrm{d}z}=0 \tag{5-42}$$

在图5-12中根据有效应力原理，有

$$\sigma'=\sigma+\gamma'(H-z)-u$$

则

$$\frac{\partial \sigma'}{\partial t}=\frac{\partial \sigma}{\partial t}-\frac{\partial u}{\partial t}+\gamma'\frac{\partial H}{\partial t} \tag{5-43}$$

将式（5-43）代入式（5-42），得

$$\frac{\partial^2 u}{\partial z^2}+\frac{\gamma_w m_v}{k}\left(\frac{\partial \sigma}{\partial t}-\frac{\partial u}{\partial t}+\gamma'\frac{\partial H}{\partial t}\right)+\frac{1}{k}\frac{\partial u}{\partial z}\frac{\mathrm{d}k}{\mathrm{d}t}=0 \tag{5-44}$$

式（5-44）是反映单向固结过程的普遍方程。它综合考虑了外加荷重随时间变化，土层厚度随时间变化，以及土的渗透性随深度变化等可能遇到的情况。

2. 太沙基方程及其解答

太沙基所研究的问题只是前面所讲的普遍情况的一个特例。根据前面太沙基一维固结物理模型的假设，在式（5-44）中，k=常量，H=常量，$\dfrac{\partial \sigma}{\partial t}=0$，则有

$$\frac{\partial^2 u}{\partial z^2}-\frac{\gamma_w m_v}{k}\frac{\partial u}{\partial t}=0$$

或

$$C_v\frac{\partial^2 u}{\partial z^2}=\frac{\partial u}{\partial t} \tag{5-45}$$

其中

$$C_v=\frac{k}{\gamma_w m_v}=\frac{k(1+e)}{a\gamma_w} \tag{5-46}$$

这就是太沙基单向固结微分方程。式中 C_v 称为土的固结系数。因为假设了 k 和 m_v 为常量，故 C_v 自然也是常量。

式（5-45）超静水压力 u 与位置 z 及时间 t 的函数关系。根据给定的起始条件与边界条件，可以求得它的解析解。

如图 5-14 假设土层厚度为 $2H$，底面与顶面均可自由排水，土面上瞬时施加的大面积外荷重为 σ_0，故初始条件与上下边界条件如下：

当 $t=0$ 和 $0\leqslant z\leqslant 2H$ 时，$u=\sigma_0$；

当 $0<t<\infty$ 和 $z=0$ 时，$u=0$；

当 $0<t<\infty$ 和 $z=2H$ 时，$u=0$。

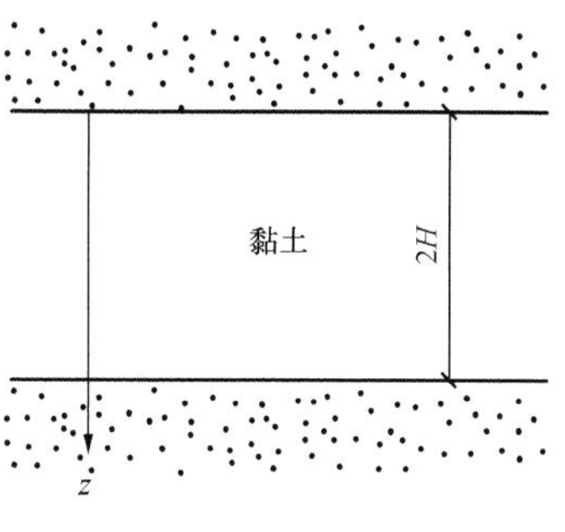

图 5-14 固结方程推导图

由上述条件，应用傅里叶级数可得式（5-45）的解答

$$u=\sum_{n=1}^{\infty}\left(\frac{1}{H}\int_0^{2H}\sigma_0\sin\frac{n\pi z}{2H}\mathrm{d}z\right)\left(\sin\frac{n\pi z}{2H}\right)\mathrm{e}^{-\frac{n^2\pi^2C_{\mathrm{v}}t}{4H^2}} \quad (5-47)$$

或

$$u=\frac{4\sigma_0}{4}\sum_{m=1}^{\infty}\left(\frac{1}{m}\sin\frac{m\pi z}{2H}\right)\mathrm{e}^{-m^2\frac{\pi^2}{4}T_{\mathrm{v}}} \quad (5-48)$$

式中 m——奇数正整数，即 1，3，5…。

e——自然对数的底。

H——土层最大排水距离，如为双面排水，H 取土层厚度一半，单面排水，H 为土层厚度。

T_{v}——时间因数，无因次。

$$T_{\mathrm{v}}=\frac{C_{\mathrm{v}}t}{H^2}=\frac{k(1+e_1)t}{a\gamma_{\mathrm{w}}H^2} \quad (5-49)$$

3. 固结度

为了研究土层中超静水压力的消散程度，常应用固结度概念。对某一深度 z 处经历时间 t，有效应力 σ'_{zt} 与总应力 σ 的比值，称为该点固结度，即

$$U_{z,t}=\frac{\sigma'_{zt}}{\sigma}=\frac{\sigma-u_{zt}}{\sigma} \quad (5-50)$$

将式（5-48）代入式（5-50），可得

$$U_t=1-\frac{8}{\pi}\sum_{m=1}^{\infty}\frac{2}{m^2}\mathrm{e}^{-\frac{m^2\pi^2}{4}T_{\mathrm{v}}} \quad (5-51)$$

由于上式收敛很快的级数，实用中可取第一项，即

$$U_t=1-\frac{8}{\pi}\mathrm{e}^{-\frac{\pi^2}{4}T_{\mathrm{v}}}$$

显然，固结度 U_t 是时间因数 T_{v} 的函数，为了便于实用，可以绘成图 5-15。图中的曲线称为等时孔压线。每一等时孔压线（对应于某特定时刻 t 或时间因数 T_{v}）上的点给出了某时刻各个深度处所达到的固结度。

对于工程更有实用意义的是整个土层的平均固结度 U，它反映全压缩土层超静水压力的平均消散程度。类似于式（5-50），可得土层平均固结度为

$$U=1-\frac{\int_0^{2H}u\mathrm{d}z}{\int_0^{2H}u_0\mathrm{d}z} \quad (5-52)$$

在本情况中由于 u_0 沿深度为常量，故得

$$U=1-\sum_{m=0}^{\infty}\frac{2}{M^2}\exp(-M^2T_{\mathrm{v}}) \quad (5-53)$$

上式所示的 $U=f(T_{\mathrm{v}})$，可绘制成图 5-16 中的曲线Ⅰ，或制成表格以供计算。

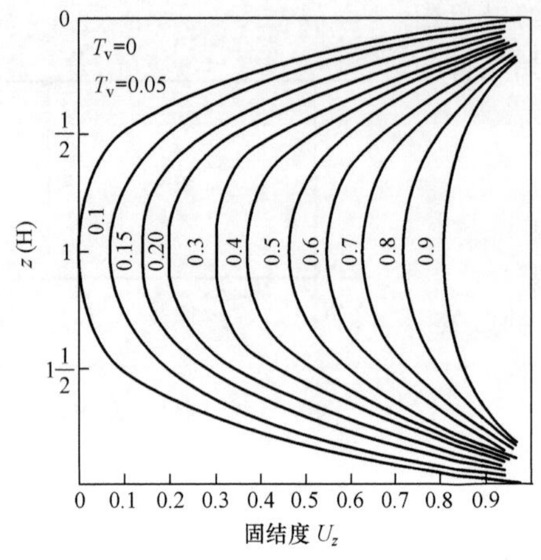

图 5-15 土层中各点在不同时刻（T_v）的固结度

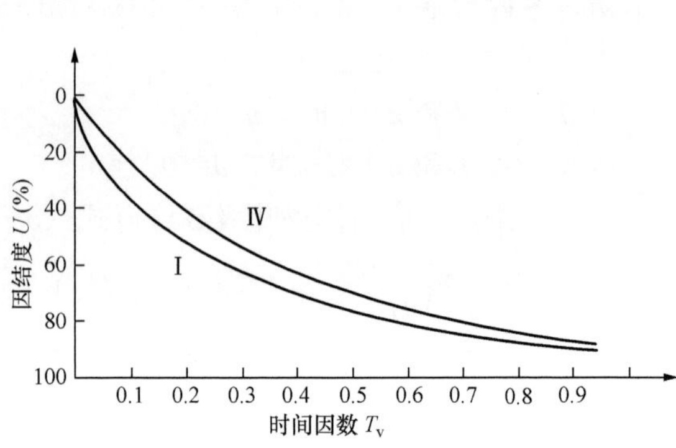

图 5-16 理论固结曲线 $U=f(T_v)$

式（5-53）还可以足够近似地用下列经验关系式代替

$$U<0.6, T_v=\frac{\pi}{4}U^2$$

$$U>0.6, T_v=-0.0851-0.933\lg(1-U) \tag{5-54}$$

$$U=1.0, T_v\approx 3U$$

顺便指出，在单向固结条件下，由超静水压力所定义的固结度也正反映以土体变形表示的固结度。如果已知地基的最终沉降量 s，则任何时刻 t 的沉降量 s_t 即可按下式计算

$$s_t=U_z s \tag{5-55}$$

5.3.3 实测沉降—时间关系的经验公式

沉降量如按一维固结理论计算，其结果往往与实测沉降过程线不相符合，因为地基沉降多为三维课题且实际情况又很复杂，因此利用实测沉降资料推算实际工程发生沉降量的实用计算方法，有其重要的现实意义。

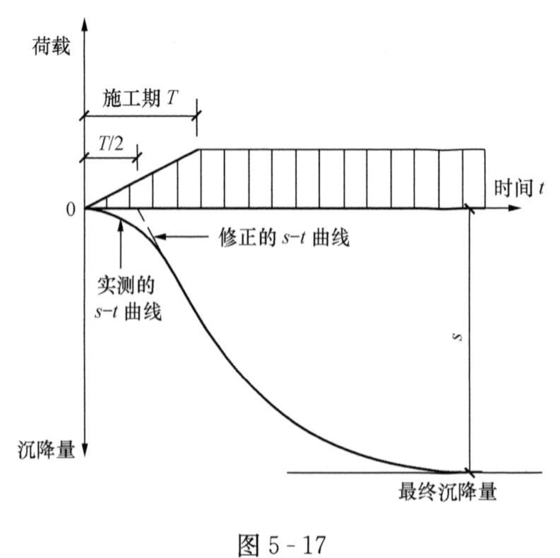

图 5-17

工程实践中实测的沉降与时间资料表明，饱和黏性土地基的实测关系多呈双曲线或对数曲线关系，如图 5-17 所示。通过对已有资料的分析，可以确定这些曲线的参数以及最终沉降量。

1. 双曲线公式

假定 s_t 沉降与时间 t 呈双曲线关系，即

$$s_t=\frac{t}{\alpha+t}s \tag{5-56}$$

式中 s——待定的地基最终沉降量；

s_t——t 时刻地基实测沉降量，根据修正曲线从施工期的一半算起；

α——待定的经验参数。

在上式中若令 $y=t/s_t$，$a=1/s$，$b=a\alpha$，则 $y=at+b$ 为一线性方程，因此可根据实测点，采用线性回归（最小二乘法）的方法求得 a、b 值，然后再求出 α 及 s 值，即可推算任

一时刻 t 时的沉降量 s_t。

2. 对数曲线公式

不同条件的固结度 U_z 可用一个普遍表达式概括为

$$U_z = 1 - a\mathrm{e}^{-bt} \tag{5-57}$$

或

$$s_{ct} = (1 - a\mathrm{e}^{-bt})s_c \tag{5-58}$$

式中 s_{ct}——地基在任一时间 t 的固结沉降量；

s_c——地基最终沉降量。

式中 a 和 b 是两个待定参数，我们利用实测的沉降—时间关系曲线，在后半段中任取三组对应的 s、t 值，代入式（5-58），可建立三个联立方程，并可解得三个未知数 a、b 和 s_c。然后代回式（5-58），即可推出任一时刻 t 时的沉降量 s_{ct}。

§5.4 地基沉降计算有关问题综述

以上详细介绍了计算地基最终沉降量的分层总和法、规范法以及考虑应力历史影响的方法。现综述有关问题如下：

5.4.1 地基最终沉降量的组成

根据对黏性土地基在外荷载作用下实际变形发展的观察和分析，可以认为地基土的总沉降量 s 由三个分量组成（见图 5-18），即

$$s = s_d + s_c + s_s \tag{5-59}$$

式中 s_d——瞬时沉降（不排水沉降、畸变沉降）；

s_c——固结沉降（主固结沉降）；

s_s——次固结沉降。

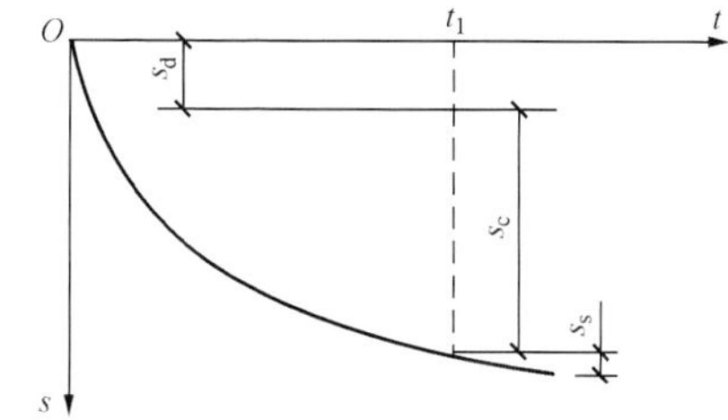

图 5-18 地基沉降的三个组成部分

瞬时沉降是紧随着加压之后地基即时发生的沉降，地基土在外荷载作用下其体积还来不及发生变形，它是地基土的不排水沉降。黏性土地基的 s_d 可用弹性力学公式计算，即

$$s_d = \frac{1-\mu^2}{E}\omega b p_0$$

式中 p_0——基底均布压力；

b——基础宽度（矩形基础指较短的一边的宽度，圆形基础则指基底半径）；

E——地基土的变形模量；

μ——地基土的泊松比；

ω——基础形状和刚度影响系数，可由表 5-1 查得。

式中，变形模量 E 要用土的弹性模量，因为这一变形阶段体积变化为零，泊松比 μ= 0.5。弹性模量可通过室内三轴反复加卸载的不排水试验求得。也可近似采用 E=（500～1000）C_u 估算，C_u 为不排水抗剪强度。

固结沉降是由于在荷载作用下随着土中超孔隙水压力的消散，孔隙体积相应减少，土体逐渐压密而产生的沉降，通常采用分层总和法计算。

次固结沉降被认为与土的骨架蠕变有关，它是在超孔隙水压力已经消散、有效应力增长

基本不变之后仍随时间而缓慢增长的压缩。

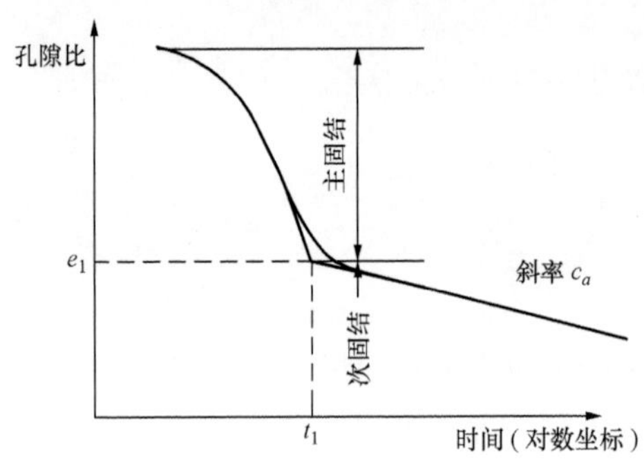

图 5-19 次压缩沉降计算时的孔隙比与时间关系曲线

实际上在次固结过程中，也有微小的超孔隙水压力存在，驱使水在土颗粒孔隙中流动，但水的流动速度很慢，超静水孔隙水压力难以测量到。一般认为次固结速率与孔隙水的流出的速率无关。其次固结可通过试验结果来进行估计。

许多室内试验和现场测量的结果都表明，一定荷载作用下的土，在主固结完成之后发生的次固结过程中，其孔隙比与时间的关系在半对数图上接近于一条直线，如图 5-19 所示。因而次固结引起的孔隙比变化可近似地表示为

$$\Delta e = C_{\alpha i} \lg \frac{t}{t_1}$$

地基次固结沉降计算的分层总和法公式如下：

$$s_s = \sum_{i=1}^{n} \frac{H_i}{1 + e_{0i}} C_{\alpha i} \lg \frac{t}{t_1} \quad (5-60)$$

式中 $C_{\alpha i}$——第 i 分层土的次固结系数（半对数图上直线段的斜率），由试验确定；

t——所求次固结沉降的时间，$t > t_1$；

t_1——相当于主固结度为 100%的时间，根据次固结曲线外推而得。

通过对室内和现场试验结果的分析，得出 C_α 值主要取决于土的天然含水量 ω，近似计算时可取 $C_\alpha = 0.018\omega$。

上述不同变形阶段的沉降计算方法，对黏性土地基是合适的，特别是饱和软黏土。对含有较多有机质的黏土，次固结沉降历时较长，实践中只能进行近似计算。而对于砂性土地基，由于透水性好，固结完成快，瞬时沉降与固结沉降已分不开来，故不适于用此方法估算。

5.4.2 最终沉降量计算方法的讨论

在地基沉降量的各种计算方法中，以分层总和法较为方便实用，采用侧限条件下的压缩性指标，以有限压缩层范围的分层计算加以总和。三种分层总和法中，单向压缩基本公式最简单方便。对于中小型基础，通常取基底中心轴线下的地基附加应力进行计算，以弥补所采用的压缩性指标偏小的不足。对于基底形状简单，尺寸不大的民用建筑基础，常根据经验给出一个合适的地基变形允许值（如 1～2cm）之后，也能解决地基变形问题。随着建筑物作用荷载和基础尺寸的不断加大，以及基础形式的复杂多变，基础沉降将不仅限于计算基底中心点的沉降。规范修正公式运用了简化的平均附加应力系数（按实际应力分布图面积计算），规定了合理的沉降计算深度，提出了关键的沉降计算经验系数，还给出了与各种建筑物基础变形特征相应的地基变形允许值。

弹性理论，计算简便，但是它的应用有较大局限性。天然土很少是均质的，各处的弹性参数变化可能很大，尤其是针对影响范围较大较深的大面积基础。本法不能考虑到各种实际的复杂边界条件。另外，计算范围达到无限深，常使计算结果偏大。因此弹性理论法只适用于土质相对均匀，基础面积较小的一般房屋地基设计。如计算饱和软黏土地

基在荷载作用下的初始沉降，砂土地基沉降计算，饱和软黏土地基排水条件下地基总沉降计算等。

变形发展三分法计算最终沉降量，全面考虑了地基变形发展过程中由三个分量组成，将瞬时沉降、固结沉降及次固结沉降分开来计算，然后叠加。固结沉降部分又考虑了不同应力历史生成的三类固结土（层)，正常固结土（层)、超固结土（层）及次固结土（层)，分别采用各自不同的压缩性指标，计算各自不同的固结沉降。对于正常固结土的固结沉降与前面单向压缩分层总和法的总沉降计算结果是基本一致的，因为压缩性指标均在单向压缩固结试验的侧限条件下得到。注意：这里指标取自 $e-\lg p$ 曲线，前面指标取自 $e-p$ 曲线。此法计算的三类固结土层各自的固结沉降，再叠加瞬时沉降和次固结沉降后便更趋于接近实际的最终沉降。除此之外，又提出了将单向压缩条件下计算的固结沉降乘上一个修正系数得到轴对称线上的地基考虑侧向变形的修正后的固结沉降，提高了计算精度。但此法计算最终沉降量只适用于黏性土层。

最后指出，不同应力历史生成的土层，其变形参数即压缩性指标及固结沉降量是不同的；同样应力历史对土的强度也有影响，三种固结土的（抗剪）强度指标（参数）也是不同的，可见土的变形和强度的性质是紧密地联系在一起的。此外，在加载过程中土体内某点的应力状态的变化，对土的变形和强度也是有影响的。

5.4.3 相邻荷载的影响

由于附加应力在地基中具有扩散现象，相邻荷载将会引起地基产生附加沉降。建筑物如不充分考虑相邻荷载的影响，将会导致不均匀沉降，致使建筑物产生破坏。相邻荷载对地基变形的影响在软土地基中尤为严重。影响附加沉降的因素包括有两基础间的距离、荷载大小、地基土性以及施工时间的先后等，其中两基础间的距离为主要因素。一般距离越近，荷载越大，地基土越软弱，其影响越大。以下是几点实践经验可在估算建筑物相邻荷载的影响时进行参考。

（1）单独基础，当基础间净距大于相邻基础宽度时，相邻荷载可按集中荷载计算；

（2）条形基础，当基础间净距大于四倍相邻基础宽度时，相邻荷载可按线荷载计算；

（3）一般情况下，相邻基础间净距大于 10m 时，可略去相邻荷载影响；

（4）大面积地面荷载（如填土、生产堆料等）引起仓库或厂房的柱子倾斜、影响厂房和吊车的正常使用工程事例很多，必须引起足够注意。

相邻荷载影响的地基变形的具体计算，还是按照应力叠加原则，采用角点进行计算。

思 考 题

5-1 计算地基沉降的分层总合法和《规范》法有何不同？(试从基本假定、分层厚度、计算深度的确定以及修正系数等方面加以比较)

5-2 在地基沉降计算中，土中附加应力是指有效应力还是总应力？为什么？

5-3 土的先期固结压力对土的压缩性有什么影响？考虑先期固结压力的地基沉降是如何计算的？

5-4 在土的一维渗流固结过程中，土中的有效应力与超孔隙水压力是如何变化的？

5-5 土的最终沉降由哪几部分组成，各部分的意义是什么？

习 题

5-1 有一矩形基础 4m×8m，埋深为 2m，受 4000kN 中心荷载（包括基础自重）的作用。地基为细砂层，其 $\gamma=19\text{kN/m}^3$，压缩资料示于下表。试用分层总和法计算基础的总沉降。

p（kPa）	50	100	150	200
e	0.680	0.654	0.635	0.620

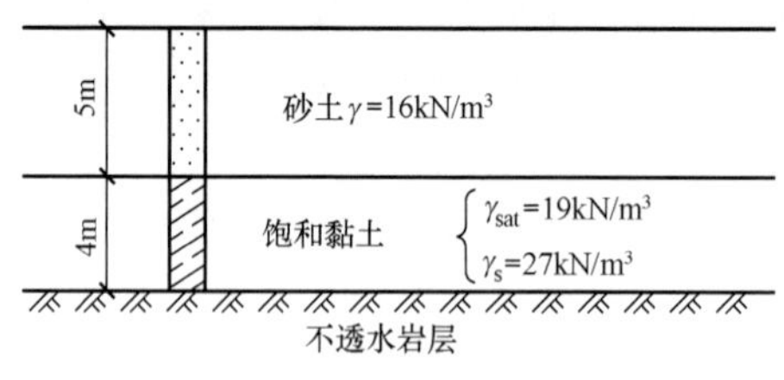

图 5-20 习题 5-2 图

5-2 有一饱和黏土层，厚 4m，饱和重度 $\gamma_{sat}=19\text{kN/m}^3$，土粒重度 $\gamma_s=27\text{kN/m}^3$，其下为不透水岩层，其上覆盖 5m 的砂土，其天然重度 $\gamma=16\text{kN/m}^3$。现于黏土层中部取土样进行压缩试验并绘出 $e-\lg p$ 曲线，测得压缩指数 C_c 为 0.17，若又进行卸载和重新加载试验，测得膨胀系数 $C_s=0.02$，并测得先期固结压力为 140kPa。

问：(a) 此黏土是否为超固结土？(b) 若地表施加满布荷载 80kPa，黏土层下沉多少？

5-3 柱荷载 $F=1190\text{kN}$，基础埋深 $d=1.5\text{m}$，基础底面尺寸 $l\times b=4\text{m}\times 2\text{m}$。基础地层如图 5-21 所示，试用《规范》法计算该基础的最终沉降量。

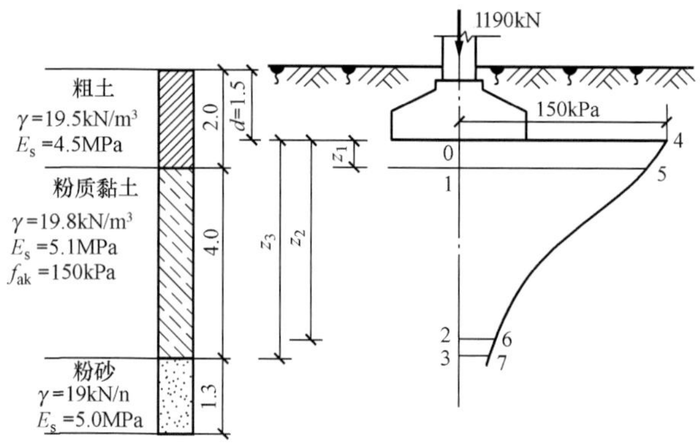

图 5-21 习题 5-3 图

5-4 某饱和土层厚 3m，上下两面透水，在其中部取一土样，于室内进行固结试验（试样厚 2cm），在 20min 后固结度达 50%。求：

(a) 固结系数 c_v；

(b) 该土层在满布压力作用下 p，达到 90%固结度所需的时间。

（答案：5-1：按 1.6m 分层，计算总沉降 8.3cm；5-2：是超固结土，31.2mm；5-3：81.30mm；5-4：$c_v=0.588\text{cm}^2/\text{h}$，$t_{90}=3.7y$）

注册岩土工程师考试题选

5-1 某工程地基为高压缩性软土层，为了预测建筑物的沉降历时关系，该工程的勘察报告中除常规岩土参数外还必须提供下列（ ）岩土参数。

A. 体积压缩系数 m_v　　B. 压缩指数 C_C

C. 固结系数 C_v　　D. 回弹指数 C_s

5-2 某柱下扩展锥形基础，柱截面尺寸为 0.4m×0.5m，基础尺寸、埋深及地基条件如图 5-22 所示，基础及其上土的加权平均重度取 $20kN/m^3$。

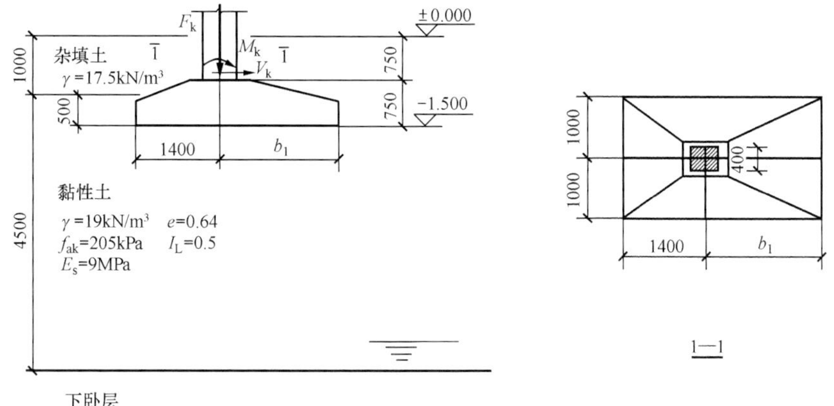

图 5-22 题选 5-2 图

假定黏性土层的下卧层为基岩。假定基础只受轴心荷载作用，且 b_1 为 1.4m；荷载效应准永久组合时，基底的附加压力值 p_0 为 150kPa。试问，当基础无相邻荷载影响时，基础中心计算的地基最终变形量 s（mm），最接近于下列何项数值？（ ）

A. 21　　B. 28

C. 32　　D. 34

（答案：5-1：C；5-2：A）

第6章 土的抗剪强度

本章提要

在计算地基的变形时，首先应当确定地基土的应力状态有没有达到极限状态，否则变形计算就没有意义了。土的强度指标并不是固定不变的，而是随着应力情况和其他条件而改变的。因此，如何全面、正确地掌握土的强度指标的测试方法和抗剪强度变化的规律是保证工程安全和经济的必要条件。

本章的主要内容是讨论土的强度及强度指标的问题。在岩土工程中、这是一个非常重要的问题，它不仅是地基承载力计算，而且也是边坡稳定、挡土墙土压力分析等的理论基础。

§6.1 土的抗剪强度理论

一、概述

土的抗剪强度是指土体对于外荷载所产生的剪应力的极限抵抗能力。在外荷载的作用下，土体中任一截面将同时产生法向应力和剪应力，其中法向应力作用将使土体发生压密，而剪应力作用可使土体发生剪切变形；当土中某一点的截面上由外力所产生的剪应力达到土的抗剪强度时，它将沿着剪应力作用方向产生相对滑动，该点便发生剪切破坏。工程实践和室内试验研究都证实了土的破坏主要是由于剪切所引起的，剪切破坏是土体破坏的重要特点。

在工程实践中与土的抗剪强度有关的工程问题，如图 6 - 1 所示。主要有以下三类：第一类是土坝、路堤等填方边坡以及天然土坡等的稳定性问题；第二类是土对工程构筑物的侧向压力，即土压力问题，如挡土墙、地下结构等所受的土压力，它受土强度的影响；第三类是建筑物地基的承载力问题，如果基础下的地基产生整体滑动或因局部剪切破坏而导致过大的地基变形，都会造成上部结构的破坏或影响其正常使用的事故。所以研究土的抗剪强度的规律对于工程设计、施工和管理都具有非常重要的理论意义和实际意义。

二、莫尔—库仑强度理论

1910 年，莫尔（Mohr）首先提出：材料的破坏是剪切破坏，任一平面 L 的剪应力等于材料的抗剪强度时，该点就发生破坏。

通常需要研究土体内任一微小单元体的应力状态，如图 6 - 1（a）所示。通过土体内某微小单元体的任一平面上，一般都作用着法向应力（正应力）σ 和切向应力（剪应力）τ 两个分量。若该单元的大主应力 σ_1 和小主应力 σ_3 的大小和方向都为已知时，与大主应力面成 θ 角的任一平面上的法向应力 σ 和剪应力 τ 可直接应用材料力学的结果如下：

$$\sigma=\frac{\sigma_1+\sigma_3}{2}+\frac{\sigma_1-\sigma_3}{2}\cos 2\theta \tag{6 - 1}$$

若给定 σ_1 和 σ_3，则通过该单元体任一平面上的法向应力和剪应力，将随着它与大主应

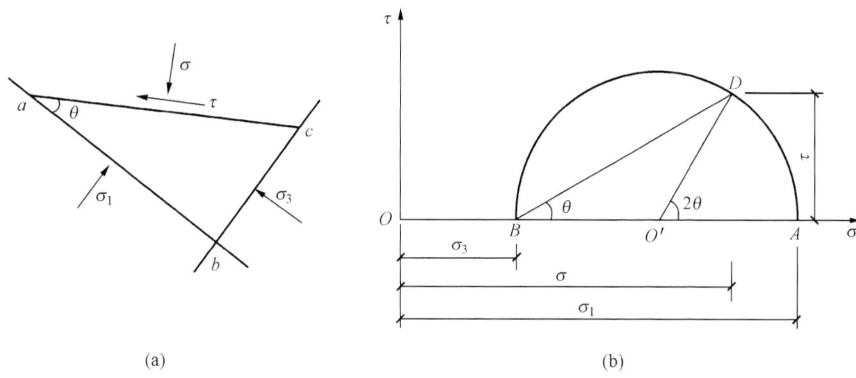

图6-1　土单元的应力状态

力面的夹角 θ 而异。

经整理得

$$\left(\sigma-\frac{\sigma_1+\sigma_3}{2}\right)^2+\tau^2=\left(\frac{\sigma_1-\sigma_3}{2}\right)^2 \tag{6-2}$$

可见，在 σ-τ 坐标平面内，土单元体的应力状态的轨迹是一个圆，该圆就称为莫尔应力圆，某土单元体的莫尔应力圆一经确定，该单元体的应力状态也就确定了。

绘制莫尔应力圆时，习惯上常以坐标横轴为法向应力 σ 轴，坐标纵轴为剪应力 τ 轴，在横轴上取 OO' 等于 $(\sigma_1+\sigma_3)/2$，以 O' 为圆心，$(\sigma_1-\sigma_3)/2$ 为半径作圆即可。该圆与横轴交于 A 点和 B 点，则 OA 等于大主应力，OB 等于小主应力，如图 6-1（b）所示。由于莫尔应力圆是以 σ—τ 为坐标平面绘出的，因而圆周上任意点的纵、横坐标值，即表示着单元体中与大主应力面成某一角的相应面上的剪应力 τ 和法向应力 σ 大小。

莫尔应力圆圆周上的任意点，都代表着单元土体中相应面上的应力状态，因此，就可以把莫尔应力圆与库仑抗剪强度定律互相结合起来，通过两者之间的对照来对土所处的状态进行判别。当莫尔应力圆在强度线以内时，如图 6-2 中 A 圆所示，说明此时单元土体中任一平面上的剪应力都小于该面上相应的抗剪强度，故土单元体处于稳定状态，没有剪破；当莫尔应力圆与抗剪强度线相切时，如图 6-2中 B 圆所示，说明此时单元土体中有一对平面上的剪应力达到它的抗剪强度，故该土体已处于濒临破坏的极限平衡状态；把莫尔应力圆与库仑抗剪强度线相切时的应力状态，即 $\tau=\tau_f$ 时的极限平衡状态作为土体破坏准则，即莫尔—库仑破坏准则，它是目前判别土体所处状态的最常用或最基本的准则。根据这一准则，当土体处于极限平衡状态即应理解为破坏状态，此时的莫尔应力圆即称为极限应力圆或破坏应力圆（即图中的 B 圆），相应的一对平面即称为剪切破坏面（简称剪破面）。

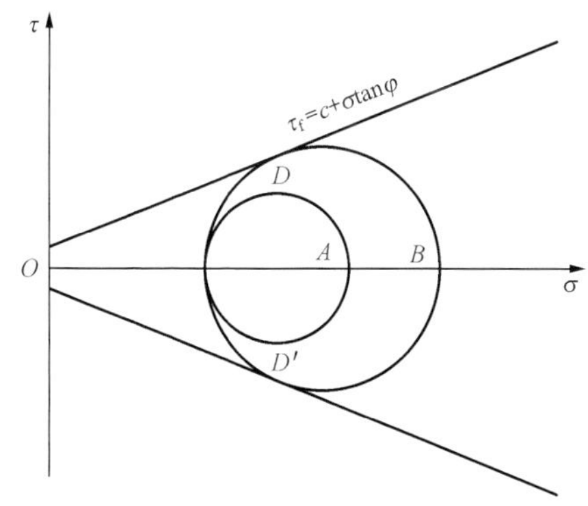

图6-2　单元土体所受的状态

三、土的极限平衡条件

根据莫尔—库仑破坏准则，当单元土体达到极限平衡状态时，莫尔应力圆恰好与库仑抗剪强度线相切，如图 6－3（a）所示。这时的应力条件及其大、小主应力之间的关系，即称为土的极限平衡条件。

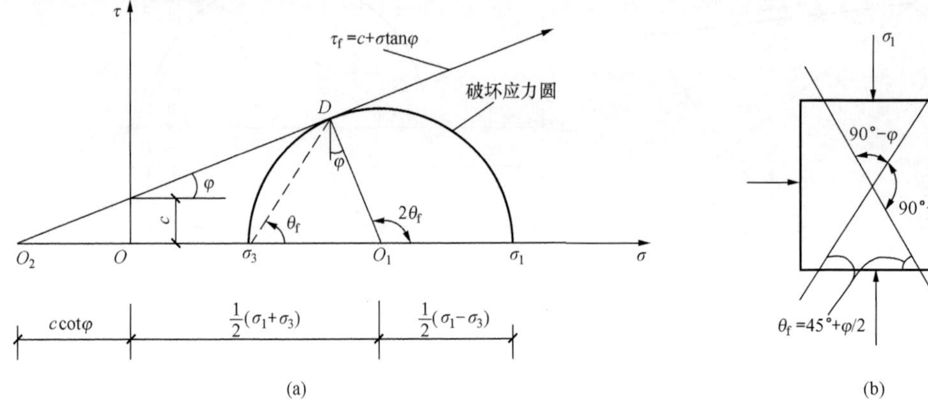

图 6－3　土的极限平衡条件

（a）极限平衡状态；（b）剪破状态

根据图中的几何关系可得

$$\sin\varphi = \frac{(\sigma_1 - \sigma_3)/2}{(\sigma_1 + \sigma_3)/2 + c\cot\varphi} \tag{6-3}$$

经过三角变换得

$$\sigma_3 = \sigma_1 \tan^2\left(45° - \frac{\varphi}{2}\right) - 2c\tan\left(45° - \frac{\varphi}{2}\right) \tag{6-4}$$

或

$$\sigma_1 = \sigma_3 \tan^2\left(45° + \frac{\varphi}{2}\right) + 2c\tan\left(45° + \frac{\varphi}{2}\right) \tag{6-5}$$

式（6－5）即为土的极限平衡条件。从图中还可以看出，按照莫尔—库仑破坏准则，当土处于极限平衡状态时，其极限应力圆与抗剪强度线相切于 D 点，这说明此时土体中已出现了一对剪破面。剪破面与大主应力面的夹角 θ_f 称为破坏角，从图中的几何关系可得到的理论破坏角为

$$\theta_f = 45° + \frac{\varphi}{2} \tag{6-6}$$

而两剪破面间的夹角为 $(90° - \varphi)$ 或 $(90° + \varphi)$，如图 6－3（b）所示。

§6.2　抗剪强度测定方法

测定土抗剪强度指标的试验称为剪切试验，剪切试验可以在实验室进行，也可在现场原位条件下进行。按常用的试验仪器可将剪切试验分为直接剪切试验、三轴压缩试验、无侧限抗压强度试验和十字板剪切试验四种。其中除十字板剪切试验可在现场原位条件下进行外，其他三种试验均需从现场取回土样，在室内进行试验。

影响土的抗剪强度的因素很多，如土的密度、含水率、初始应力状态、应力历史以及固结程度和试验中的排水条件等。因此，为了求得可供设计或计算分析用的土的强度指标，在实验室中测定土的抗剪强度时，应采取具有代表性的土样而且还必须采用一种能够模拟现场条件的试验方法来进行。根据现有的测试设备和技术条件，要完全模拟现场条件仍有困难，

只是尽可能地做近似模拟。

对于砂土和砾石，测定其抗剪强度时可采用扰动试样进行试验，对于黏性土，由于扰动对其强度影响很大，因而必须采用原状的试样进行抗剪强度的测定。但研究土的剪切性状时，只能用重塑土进行。土的抗剪强度与土的固结程度和排水条件有关，对于同一种土，即使在剪切面上具有相同的法向总应力 σ，由于土在剪切前后的固结程度和排水条件不同，它的抗剪强度也不同。

6.2.1 直接剪切试验

用直接剪切仪来测量土的抗剪强度的试验称为直接剪切试验，它是测定预定剪破面上抗剪强度的最简便和最常用的方法。直剪仪分应变控制式和应力控制式两种，前者以等应变速率使试样产生剪切位移直至剪破，后者是分级施加水平剪应力并测定相应的剪切位移。目前我国使用较多的是应变控制式直剪仪，如图 6-4 所示。它主要由可互相错动的上、下两个金属盒组成。盒的内壁呈圆柱形，试样高 2cm，面积 $30cm^2$，下盒可自由移动，上盒与一端固定的量力钢环相接触，钢环的作用是测出上盒在试验时的位移并据此而换算出剪切面上的剪应力。试验时，将试样放入剪切盒中，并根据试验条件，在试样上、下面各放一透水石（允许排水）或不透水板（不允许排水），再在透水石或不透水板顶部放一金属的传压活塞，并根据试验要求在其上施加第一级竖向压力 σ_1，然后以规定的速率对下盒逐渐施加水平推力 T，随着水平推力的施加，上、下盒即沿水平接触面发生相对位移（即剪切变形）而使试样受剪并在剪切面上产生剪应力，在施加水平推力后，即刻读出试样的剪位移和计算相应的剪应力，并绘出剪应力与剪位移的关系曲线，该曲线即为抗剪强度线，如图 6-5 所示。图中直线与纵轴的截距即为黏聚力 c，直线与水平轴的夹角即为该土样的内摩擦角 φ。

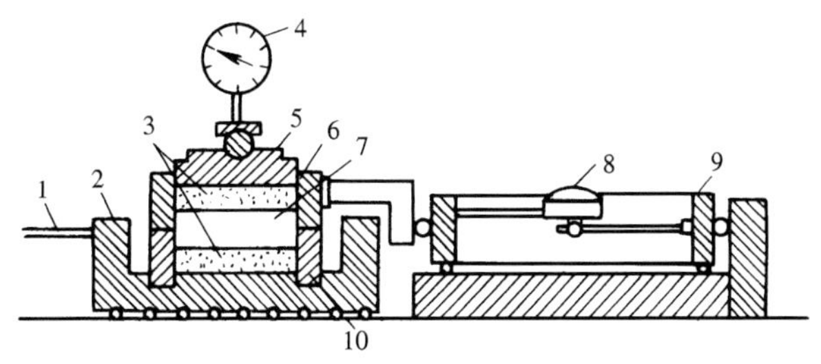

图 6-4 应变控制式直剪仪

1—轮轴；2—底座；3—透水石；4—百分表；5—加压活塞；6—上盒；7—土样；8—百分表；9—量力钢环；10—下盒

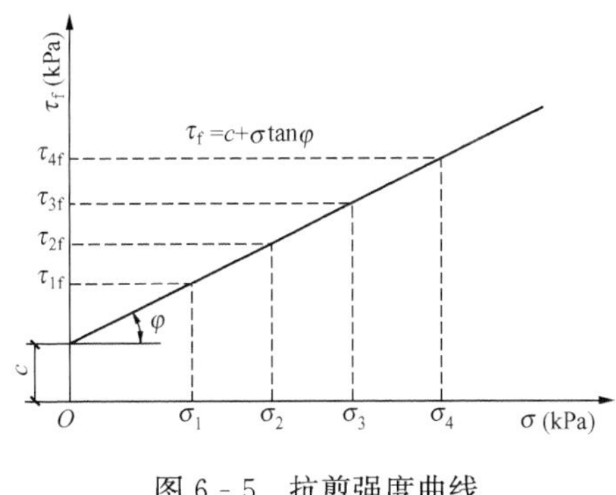

图 6-5 抗剪强度曲线

在直剪试验过程中，不能量测孔隙水力，也不能控制排水，所以只能以总应力法来表示土的抗剪强度。但是，为了考虑固结程度和排水条件对抗剪强度的影响，根据加荷速率的快慢将直剪试验划分为快剪（Q）、固结快剪（R）和慢剪（S）三种试验类型。

1. 快剪试验

《土工试验方法标准》(GB/T 50123—1999) 规定，快剪试验适用于渗透系数小于 10^{-6}cm/s的细粒土，试验时在试样上施加垂直压力后，拔去固定销钉，立即以 0.8mm/min 的剪切速度进行剪切，使试样在 3～5min 内剪损。试样每产生剪切位移 0.2～0.4mm，记录测力计和位移读数，直至测力计读数出现峰值，或继续剪切至剪切位移为 4mm 时停机，记下破坏值；当剪切过程中测力计读数无峰值时，应剪切至剪切位移为 6mm 时停机。该试验所得到的强度称为快剪强度，相应的指标称为快剪强度指标，以 c_Q、φ_Q 表示。

2. 固结快剪试验

固结快剪试验也适用于渗透系数小于 10^{-6}cm/s 的细粒土。试验时对试样施加垂直压力后，每小时测读垂直变形一次，直至固结变形稳定。变形稳定标准为变形量每小时不大于 0.005mm，再拔去固定销，剪切过程同快剪试验。该试验所得到的强度称为固结快剪强度，其相应指标称为固结快剪强度指标，以 c_R、φ_R 表示。

3. 慢剪试验

慢剪试验是对试样施加垂直压力后，待固结稳定后，再拔去固定销，以小于 0.02mm/min的剪切速度使试样在充分排水的条件下进行剪切。该试验所得到的强度称为慢强度，其相应的指标称为慢剪强度指标，以 c_S、φ_S 表示。

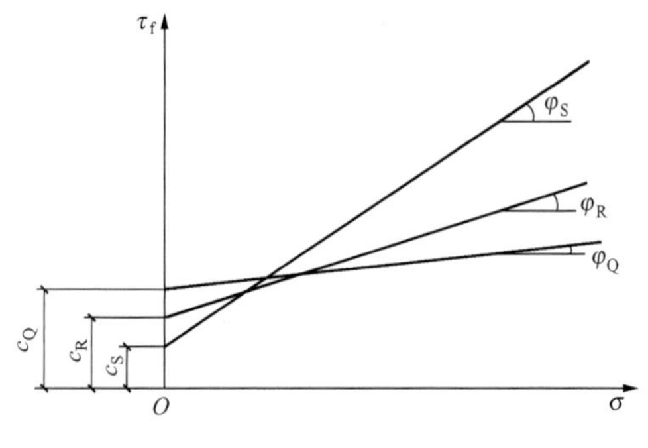

图 6-6　三种直剪试验方法成果的比较

上述三种试验方法的结果（见图 6-6）为 $c_Q>c_R>c_S$ 而 $\varphi_Q<\varphi_R<\varphi_S$。

直剪试验的设备简单，试样的制备和安装方便，且操作容易掌握，至今仍为工程单位广泛采用。

直剪试验存在的缺点有以下几方面：

（1）剪切破坏面固定为上、下盒之间的水平面不符合实际情况，因为该面不一定是土样的最薄弱的面。

（2）试验中试样的排水程度是靠试验速度的“快”、“慢”来控制的，做不到严格的排或不排水，这一点对透水性强的土来说尤为突出。

（3）由于上、下盒的错动，剪切过程中试样的有效面积逐渐减小，使试样中的应力分布不均匀，主应力方向发生变化；当剪切变形较大时这一缺陷表现得更为突出。

为了克服直剪试验存在的问题，对重大工程及一些科学研究，应采用更为完善的三轴压缩试验。

6.2.2　三轴压缩试验

三轴压缩试验直接量测的是试样在不同恒定周围压力下的抗压强度，然后利用莫尔—库仑破坏理论间接求出土的抗剪强度。

三轴压缩仪主要由压力室、加压系统和量测系统三大部分组成。图 6-7 是三轴压力室的示意图。它是一个由金属顶盖、底座和透明有机玻璃圆筒组成的密闭容器。试样为圆柱形，高度与直径之比按《土工

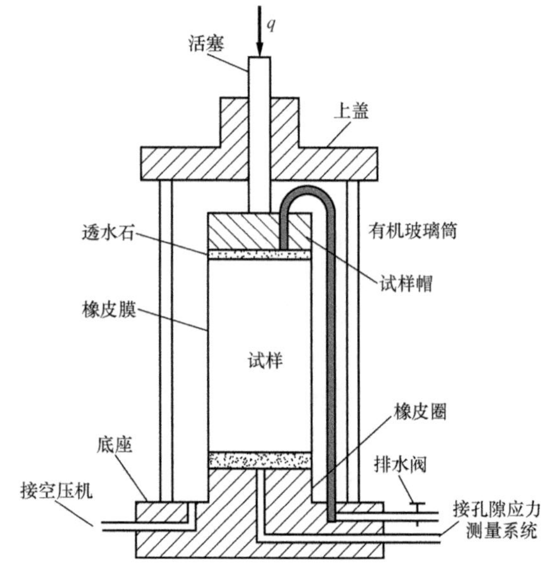

图 6-7　三轴压力室示意图

试验方法标准》(GB/T 50123—1999),采用2～2.5。试样安装在压力室中,外用柔性橡皮膜包裹,橡皮膜扎紧在试样帽和底座上,不让压力室中的水进入试样。试样上、下两端可根据试验要求放置透水石或不透水板。试验时试样的排水,应由顶部连通的排水阀来控制。试样底部与孔隙水应力量测系统相连接,必要时用以量测试验过程中试样内的孔隙水应力变化。试样的周围压力,由与压力室直接相连的压力源(空压机或其他稳压装置)来供给。试样的轴向压力增量,由与顶部试样帽直接接触的传压活塞杆来传递(对于应变控制式三轴仪,轴向力的大小可由量力环测定,轴向力除以试样的横断面积后可得附加轴向压力 q,又称为偏应力)使试样受剪,直至剪破。在受剪过程中同时要测读试样的轴向压缩量,以便计算轴向应变 ε。三轴是指一个竖向和两个侧向而言,由于压力室和试样均为圆柱形,因此,两个侧向(或称周围)的应力相等并为最小主应力 σ_3,而竖向(或轴向)的应力为最大主应力 σ_1,在增加 σ_1 时保持 σ_3 不变,这样条件下的试验称为常规三轴压缩试验。

常规三轴压缩试验按下述步骤进行:

(1) 将制备好的圆柱形土样安放在压力室中,用橡皮膜封裹,避免压力室中的水进入试样。

(2) 安装压力室,将压力室中充满水,为模拟试样的天然状态,对试样施加周围压力 σ_c,使其固结。对于填土,σ_c 可取零。对于地基土,当正常固结时,σ_c 的大小可取试样自重应力 p_o 的80%左右;当超固结时,σ_c 的大小可取试样自重应力 p_o。

(3) 施加周围应力增量 σ_3(加 $\Delta\sigma_3$ 后,是否需要固结,视试验方法而定,如下述)。

(4) 逐渐施加轴向应力增量 q,直至试样剪破。在施加轴向应力增量 q 的过程中,相应地量测试样的轴向变形量 Δh,并绘制轴向应力增量(即主应力差或称偏应力)$q=\sigma_1-\sigma_3$ 与轴向应变 ε(轴向变形量与试样高度之比)的关系曲线,图中曲线的峰值即为欲求的破坏轴向应力增量或称破坏主应力差,此值即为破坏应力圆的直径。

(5) 采用同一种土的试样重复上列步骤3～4次,每次均改变周围应力增量 σ_3 的值,这样就可以得到3～4个破坏应力圆,绘制这些破坏应力圆的包络线(公切线),即可求得该土的抗剪强度曲线及相应的强度指标 c、φ 值,如图6-8所示。

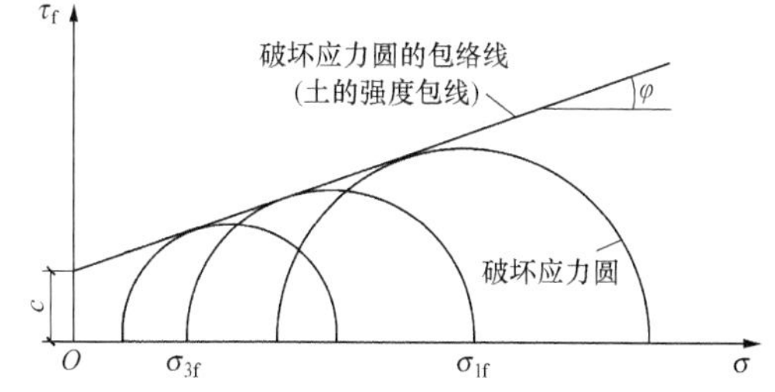

图6-8 抗剪强度曲线及相应的强度指标

三轴试验根据试样的固结和排水条件的不同,可分为不固结不排水剪(UU)、固结不排水剪(CU)和固结排水剪(CD)三种方法。

6.2.3 无侧限抗压强度试验

三轴压缩试验中,当周围压力 $\sigma_3=0$ 时即为无侧限试验条件,这时只有 $q=\sigma_1$。所以,也可称为单轴压缩试验。由于试样的侧向压力为零,在轴向受压时,其侧向变形不受限制,故又称为无侧限压缩试验,如图6-9(a)所示。同时,又由于试样是在轴向压缩的条件下破坏的,因此,把这种情况下土所能承受的最大轴向压力称为无侧限抗压强度,用 q_u 表示。在施加轴向压力的过程中,相应地量测试样的轴向压缩变形,并绘制轴向压力 q 与轴向应变 ε 的关系曲线。当轴向压力与轴向应变的关系曲线出现明显的峰值时,则以峰值处的最大轴向压力作为土的无侧限抗压强度 q_u;当轴向压力与轴向应变的关系曲线不出现峰值时,则

取轴向应变 $\varepsilon=20\%$处的轴向压力作为土的无侧限抗压强度 q_u，如图 6-9（b）所示。求得土的无侧限抗压强度 q_u 后，即可绘出极限应力圆。由于 $\sigma_3=0$，所以无侧限压缩试验的结果只能求得一个通过坐标原点的极限应力圆。一个极限应力圆是无法得到强度包线的，不过由三轴压缩试验对饱和黏土进行不固结不排水剪试验的结果证明，这种土的内摩擦角 $\varphi_u=0$（φ_u 为不固结不排水剪试验测得的内摩擦角），只有黏聚力 c_u（通常简称不排水强度）。因此，可借助于三轴压缩试验的这一结论，绘出一条水平的抗剪强度包线，如图 6-9（c）所示。于是，根据无侧限抗压强度 q_u 即可求出饱和土的不排水强度，即

$$\tau_f = c_u = \frac{q_u}{2} \tag{6-7}$$

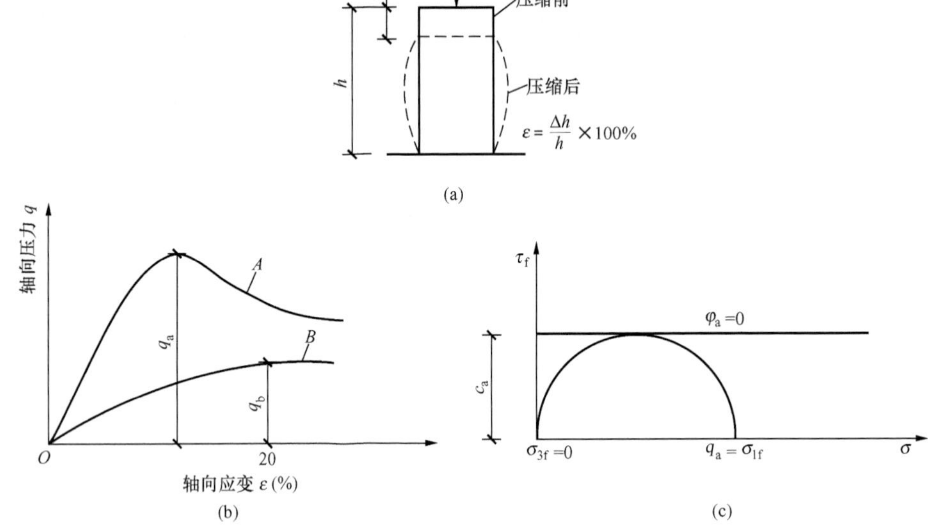

图 6-9 无侧限压缩试验示意图

（a）试样变形情况；（b）应力与应变关系；（c）强度包线

6.2.4 原位十字板剪切试验

十字板剪切试验是一种利用十字板剪切仪在现场测定土的抗剪强度的方法。这种试验方法避免了试样在采取、运送、保存和制备过程中受到扰动，适合于在现场测定饱和黏性土的原位不排水强度，特别适用于均匀的饱和软黏土。

十字板剪切仪主要由两片十字交叉的金属板头、扭力装置和量测设备三部分组成。

金属板的高度与宽度之比一般为 2，如图 6-10（a）所示。十字板剪切试验可在现场钻孔内进行，试验时，先将十字板插到要进行试验的深度，如图 6-10（b）所示，再在十字板剪切仪上端的加力架上以一定的转速对其施加扭力矩，使板头内的土体与其周围土体产生相对扭剪，直至剪破，测出其相应的最大扭力矩。然后，根据力矩的平衡条件，推算出圆柱形剪破面上土的抗剪强度。在推算强度时，做了以下两点假定：

（1）剪破面为一圆柱面，圆柱面的直径与高度分别等于十字板板头的宽度 D 和高度 H。

（2）圆柱面的侧面和上下端面上的抗剪强度 τ_f 为均匀分布并且相等，如图 6-11 所示。

根据外力施加于十字板剪切仪上的最大扭力矩 M_{max} 应等于圆柱侧面上的抗剪力对轴心的抵抗力矩 M_1 和上下两端面上的抗剪力对轴心的抵抗力矩 M_2 之和的原理，可来推求土的

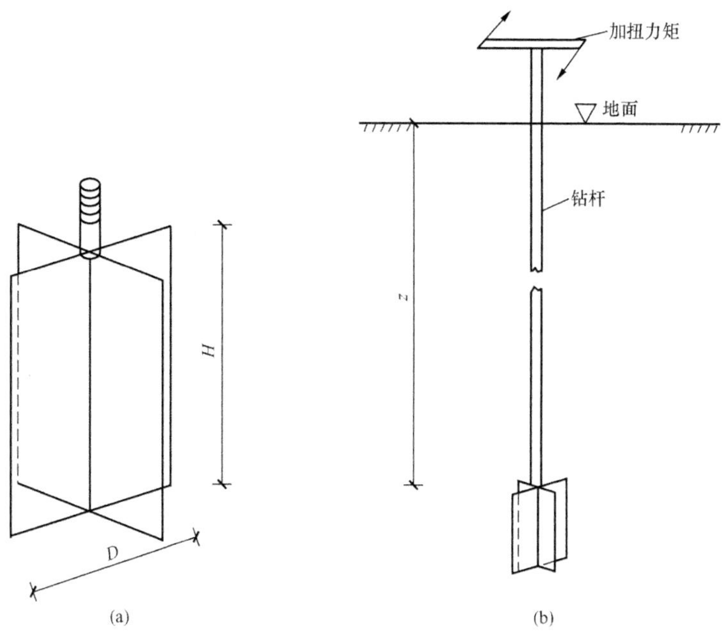

图 6 - 10　十字板剪切仪及其试验示意图

(a) 板头；(b) 试验情况

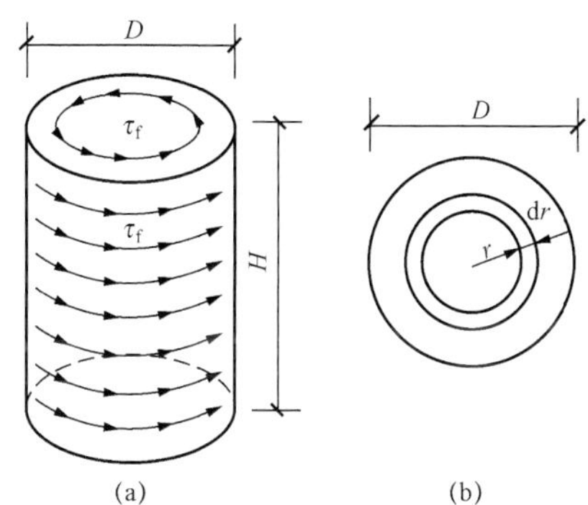

图 6 - 11　圆柱形破坏面上强度的分布

抗剪强度。其抗剪强度的表达式为

$$\tau_f = \frac{M_{max}}{\frac{\pi D^2}{2}\left(H + \frac{D}{3}\right)} \tag{6 - 8}$$

§6.3　三轴压缩试验中的孔隙压力系数

对饱和土而言，为了用有效应力法分析实际工程中的变形和稳定问题，常常需要知道外荷载作用后土体的孔隙水压力值。荷载所引起的孔隙水压力值同土的性质有关，可用孔隙压力系数表示。孔隙压力系数是由英国学者斯开普顿（SkemptonA. W.）提出的。所谓孔隙压力系数是指土体在不排水和不排气的条件下，由外荷载引起的孔隙压力增量与应力增量（以总应力表示）的比值，用以表征孔隙压力对总应力的变化。有了孔隙压力系数，便可计算在不同的外荷载作用下所产生的孔隙压力值。下面将分别对三种不同的加载条件下孔隙压力及孔隙压力系数进行讨论。

6.3.1 弹性理论知识

弹性体承受各应力分量作用时，由广义胡克定律可知：

$$\varepsilon_x = \frac{1}{E}[\sigma_x - \mu(\sigma_z + \sigma_y)]$$

$$\varepsilon_y = \frac{1}{E}[\sigma_y - \mu(\sigma_z + \sigma_x)]$$

$$\varepsilon_z = \frac{1}{E}[\sigma_z - \mu(\sigma_x + \sigma_y)]$$

这时体积应变应为

$$\frac{\Delta V}{V} = \frac{(x+\Delta x)(y+\Delta y)(z+\Delta z) - xyz}{xyz} = \frac{\Delta x \cdot yz + \Delta y \cdot zx + \Delta z \cdot xy + \Delta x \Delta y \Delta z}{xyz}$$

$$\approx \varepsilon_x + \varepsilon_y + \varepsilon_z \tag{6-9}$$

当各向等压或呈等向压缩应力状态时，即 $\sigma_x = \sigma_y = \sigma_z = \sigma_o$，无切应力时，$\varepsilon_x = \varepsilon_y = \varepsilon_z = \sigma_o(1-2\mu)/E$，这时，体积应变即为

$$\varepsilon_V = \frac{\Delta V}{V} = \frac{3\sigma_o}{E}(1-2\mu) \tag{6-10}$$

则体积变形模量即为

$$K = \frac{\sigma_o}{\varepsilon_V} = \frac{E}{3(1-2\mu)} \tag{6-11}$$

土的体积压缩系数（各向等压状态下，体积应变与各向等压应力之比）为

$$C_s = \frac{3(1-2\mu)}{E} \tag{6-12}$$

6.3.2 在侧向与轴向荷载下孔隙压力的分析图式

在侧向与轴向荷载下孔隙压力受力状态是：

(1) 试样先在各向相等的压力 P 作用下实现固结（$u=0$），然后在不排水条件下，在轴向再施加应力增量 $\Delta\sigma_3$，此时将产生孔隙压力 Δu_3。

(2) 在不排水条件下，仅在轴向施加 $\Delta\sigma_1 - \Delta\sigma_3$ 偏应力增量，此时将产生孔隙压力 Δu_1。

不同应力条件下所产生的孔隙压力和有效应力是不同的。$\Delta\sigma_1$ 和 $\Delta\sigma_3$ 均引起孔隙压力。为了分析孔隙压力和孔隙压力系数，将上面的受力条件表现为以下几种受力状态的分析方式，如图 6-12 所示。

(3) 各向等压 $\Delta\sigma_3$ 不排水条件下，孔隙压力 Δu_3 值（孔隙压力系数 B）。

试样在不排水条件下，受到各向相等的压力 $\Delta\sigma_3$ 作用时，孔隙压力增长 Δu_3，则有效应力的增长为 $\Delta\sigma'_3 = \Delta\sigma_3 - \Delta u_3$，这时，根据前述弹性理论公式（6-10）、式（6-11）可知，土的体积变化应为

$$\Delta V = \frac{3(1-2\mu)}{E} V \Delta\sigma'_3 = C_s \Delta\sigma'_3 V = C_s(\Delta\sigma_3 - \Delta u_3)V \tag{6-13}$$

式中 C_s——前述土的体积压缩系数或称土骨架的体积压缩系数。

其余符号意义同前。

对土的孔隙中的流体而言（空气和水），压力增大 Δu_3 时发生的体积压缩为

$$\Delta V_v = C_v \Delta u_3 n V \tag{6-14}$$

式中　n——土的孔隙率；

C_v——孔隙流体的体积压缩系数。

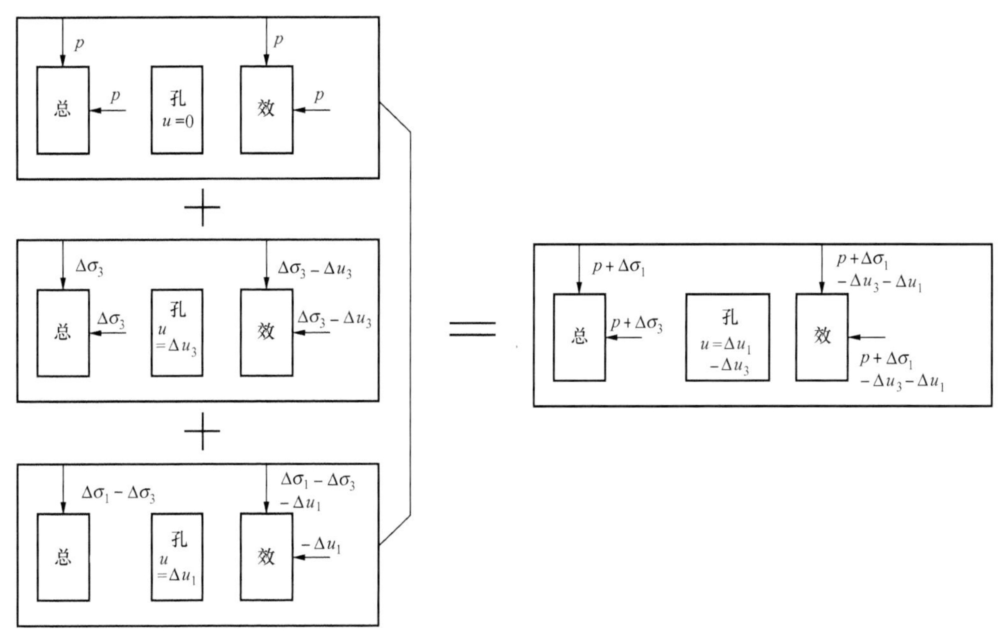

图6-12　几种应力状态的分析图

由于假定土中矿物颗粒是不可压缩的，在不排水和不排气的条件下，必有土骨架的体积变化等于空隙流体的体积变化，由 $C_s=(\Delta\sigma_3-\Delta u_3)V=C_v\Delta u_3 nV$ 可得

$$\frac{\Delta u_3}{\Delta\sigma_3}=\frac{1}{1+\dfrac{nC_v}{C_s}}=B \tag{6-15}$$

B 便是各向等压条件下的孔隙压力系数。

对完全饱和土而言，因水的压缩性比土骨架的压缩性低得多，可以认为 $C_v/C_s\approx 0$，因而这时 $B=1$。对干土而言，由于孔隙的压缩性近于无穷大，所以 $B=0$。对非饱和湿土而言，$B=0\sim1$，饱和度越高，B 越接近于1。

(4) 轴向偏应力 $(\Delta\sigma_1-\Delta\sigma_3)$ 作用下的孔隙压力 Δu_1 值（孔隙压力系数 A）。

当试样在不排水和不排气的条件下，只有轴向受到偏应力 $(\Delta\sigma_1-\Delta\sigma_3)$ 作用时，孔隙压力增长 Δu_1，因而这时轴向和侧向的有效应力的增长为

$$\Delta\sigma_1'=(\Delta\sigma_1-\Delta\sigma_3)-\Delta u_1,\Delta\sigma_3'=-\Delta u_1$$

由前述弹性理论式（6-10）和式（6-11）可得土的体积变化为

$$\begin{aligned}\Delta V&=\frac{1-2\mu}{E}(\Delta\sigma_1'+2\Delta\sigma_3')V=\frac{3(1-2\mu)}{E}\frac{1}{3}(\Delta\sigma_1'+2\Delta\sigma_3')V\\&=\frac{1}{3}(\Delta\sigma_1'+2\Delta\sigma_3')C_sV\\&=\frac{1}{3}(\Delta\sigma_1-\Delta\sigma_3-3\Delta u_1)C_sV\end{aligned} \tag{6-16}$$

而空隙中的流体在压力增大 Δu_1 时发生的体积变化为

$$\Delta V_v=C_v\Delta u_1 nV \tag{6-17}$$

由 $\Delta V=\Delta V_v$，可得

$$\Delta u_1=\frac{1}{1+\dfrac{nC_v}{C_s}}\times\frac{1}{3}(\Delta\sigma_1-\Delta\sigma_3)=B\times\frac{1}{3}(\Delta\sigma_1-\Delta\sigma_3) \tag{6-18}$$

可用系数 A 代替式中的 1/3，即得

$$\Delta u_1=BA(\Delta\sigma_1-\Delta\sigma_3) \tag{6-19}$$

由此可知，对弹性体而言，$A=1/3$。但土不是弹性体，系数 A 在这里是一个符合土体实际的经验系数，故 Δu_1 可用上式表达。

由 Δu_3 和 Δu_1 的两表达式可知，在 $\Delta\sigma_1$ 和 $\Delta\sigma_3$ 共同作用下所产生的孔隙压力应为

$$\begin{aligned}\Delta u&=\Delta u_3+\Delta u_1=B[\Delta\sigma_3+A(\Delta\sigma_1-\Delta\sigma_3)]\\&=B\Delta\sigma_3+\overline{A}(\Delta\sigma_1-\Delta\sigma_3)\end{aligned} \tag{6-20}$$

这里 A 和 $\overline{A}$ 是在偏压力作用下的孔隙压力系数，且 $\overline{A}=BA$。对于饱和土而言，因为 $B=1$，由式（6-19）可得

$$\overline{A}=A=\frac{\Delta u_1}{\Delta\sigma_1-\Delta\sigma_3} \tag{6-21}$$

A 的数值取决于偏应力（$\Delta\sigma_1-\Delta\sigma_3$）所引起的体积变化。高压缩性黏土的 A 值大，而超压密黏土在偏应力作用下会发生体积膨胀，产生负的孔隙压力，因而 A 值可能是负的。表 6-1 是根据试验资料建议的 A 值。

表 6-1　　孔压系数 A 参考值

土类	A（用于沉降计算）	土类	A_f（用于计算土体破坏）
很松的细砂	2～3	高灵敏度软黏土	＞1
灵敏黏性土	1.5～2.5	正常固结黏土	0.5～1
正常固结黏土	1.7～1.3	超固结黏土	0.25～0.5
轻度超固结黏土	0.3～0.7	严重超固结黏土	0～0.25
严重超固结黏土	－0.5～0		

（5）孔隙压力系数的试验确定和算例。

依据三轴不排水剪试验确定所依据的关系式是：

在各向等压条件下　　$\dfrac{\Delta u_3}{\Delta\sigma_3}=B$

在偏应力条件下　　$\Delta u_1=BA(\Delta\sigma_1-\Delta\sigma_3)$

保持不排水条件，试验时，施加不同的周围应力 $\Delta\sigma_3$，同时量测孔隙压力 Δu_3，这样，就可求得 B 值。如施加力 $\Delta\sigma_3$ 后，令试件固结（$u=0$）。对于完全饱和土而言，$B=1$。然后，保持不排水条件，逐渐增大偏应力，同时量测孔隙压力 Δu_1。这时可得 $\dfrac{\Delta u_1}{\Delta\sigma_1}=A$。

对于同一种土而言，它还与应变大小、初始应力状态、应力历史等因素有关。当需要精确计算土的孔隙压力时。应在实际可能遇到的应力与应变条件下进行三轴不排水试验，直接测定 A 的数值。这时按式（6-20）得出。而在通常的三轴试验中，$\Delta\sigma_3=0$，$\Delta u=\Delta u_1$，故这时

$$A=\frac{\Delta u}{\Delta\sigma_1} \tag{6-22}$$

【例 6-1】　在半无限体表面，瞬间施加一均布条形荷载 $p=100$kPa，荷载宽度为 4m，

如图 6 - 13 所示。若土的孔隙压力系数 $B=1$，$A=0.3$，试计算荷载中心线下和边缘下 3m 深处 M 和 N 点的孔隙压力和有效应力增量。

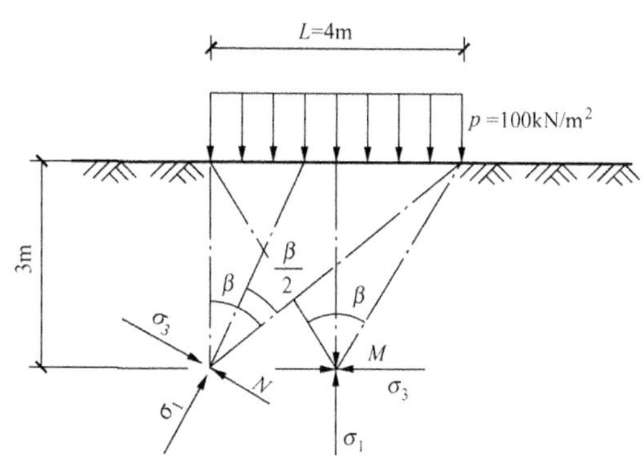

图 6 - 13 地基附加应力计算示意图

解 （1）M，N 点的总应力增量。

由土力学和弹性理论可知，在均布条形荷载作用下，半无限体中任一点处，σ_1 的方向为视角半平分线的方向，同时 σ_1 和 σ_3 的大小仅取决于条形荷载 p 与视角 β_0 的大小，可按 M. Michell（英国，1902 年）公式，即式 $\begin{matrix}\sigma_1\\\sigma_3\end{matrix}=\frac{p}{\pi}(\beta_0\pm\sin\beta_0)$ 计算。

M 点：$\beta_M=2\arctan\frac{2}{3}=67.38°$

$$\begin{matrix}\sigma_1\\\sigma_3\end{matrix}=\frac{P}{\pi}(\beta_0\pm\sin\beta_0)=\frac{P}{\pi}(\beta_0\pm\sin\beta_0)=\frac{100}{\pi}\left(\frac{67.38}{180}\pi\pm\sin67.38°\right)=\begin{matrix}66.80\\8.15\end{matrix}\text{kPa}$$

N 点：$\beta_N=\arctan\frac{4}{3}=53.13°$

$$\begin{matrix}\sigma_1\\\sigma_3\end{matrix}=\frac{P}{\pi}(\beta_0\pm\sin\beta_0)=\frac{P}{\pi}(\beta_0\pm\sin\beta_0)=\frac{100}{\pi}\left(\frac{53.13}{180}\pi\pm\sin53.13°\right)=\begin{matrix}54.97\\4.07\end{matrix}\text{kPa}$$

（2）孔隙压力计算。

$$u=B[\Delta\sigma_3+A(\Delta\sigma_1-\Delta\sigma_3)]$$

这里 $\Delta\sigma_1$ 与 $\Delta\sigma_3$ 即为上述计算得出的由条形荷载产生的 σ_1 与 σ_3。因而

M 点：$u=8.15+0.3\times(66.80-8.15)=25.75\text{kPa}$

N 点：$u=4.07+0.3\times(54.97-4.07)=19.34\text{kPa}$

（3）有效应力增量。

M 点：$\sigma'_1=66.80-25.75=41.05\text{kPa}$

$\sigma'_3=8.15-25.75=-17.60\text{kPa}$

N 点：$\sigma'_1=54.97-19.34=35.63\text{kPa}$

$\sigma'_3=4.07-19.34=-15.27\text{kPa}$

§6.4 土的抗剪强度指标

1773 年，库仑（Coulomb，C. A.）根据砂土的直剪试验，得到抗剪强度的表达式为

$$\tau_f=\sigma\tan\varphi \tag{6 - 23}$$

对于黏性土，由试验得出

$$\tau_f=c+\sigma\tan\varphi \tag{6 - 24}$$

式中 τ_f——土的抗剪强度，kPa；

σ——滑动面上的法向应力，kPa；

c——土的黏聚力，也称内聚力，即抗剪强度线在 σ-τ 坐标系中纵轴上的截距，kPa；

φ——土的内摩擦角，即抗剪强度线的倾角。

式（6-23）和式（6-24）为著名的库仑抗剪强度定律。c、φ 称为抗剪强度指标。该定律说明，土的抗剪强度是滑动面上的法向总应力 σ 的线性函数，如图 6-14 和图 6-15 所示。同时从该定律可知，对于无黏性土（如砂土），其抗剪强度仅由粒间的摩擦分量所构成，此时 $c=0$，仅作为式（6-24）一个特例看待，而对于黏性土，其抗剪强度由黏聚力分量和摩擦分量两部分所构成。

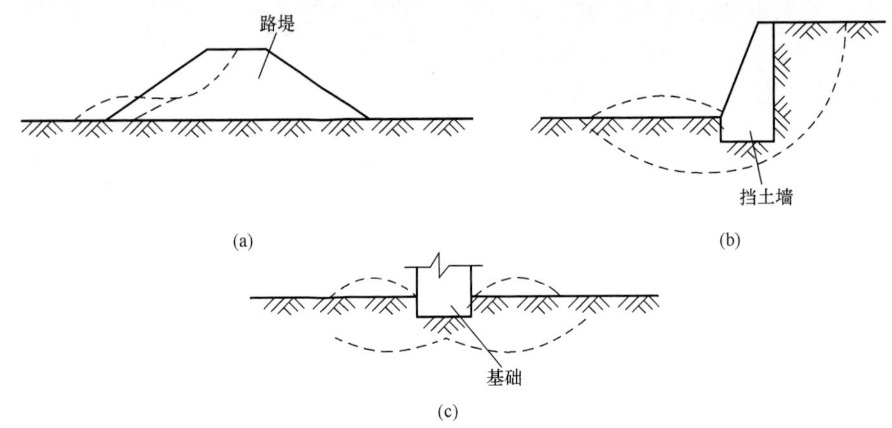

图 6-14 工程中土的强度问题

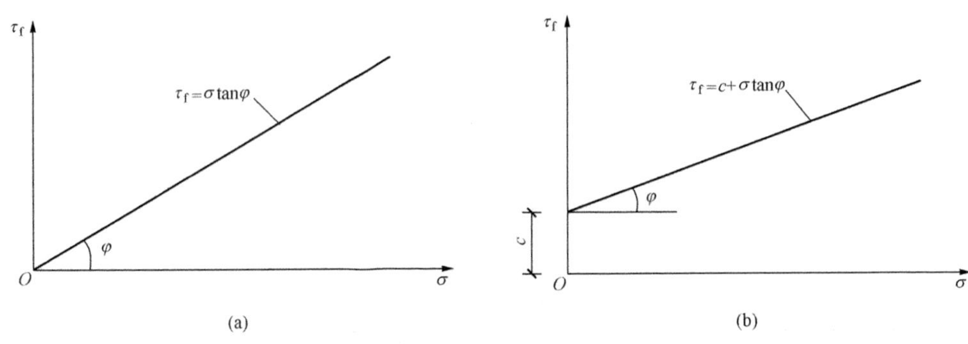

图 6-15 土的抗剪强度

（a）砂土；（b）黏性土

根据固体间摩擦的讨论和土的抗剪强度定义，如果土的强度特性类似于固体间的摩擦，则只要单元土体中剪切面上的剪应力 τ 为已知，即可按照下列条件判断土体所处的状态。当 $\tau<\tau_f$ 时，该单元土体没有剪破，处于稳定状态；当 $\tau=\tau_f$ 时该单元土体处于极限平衡状态；而 $\tau>\tau_f$ 是不可能的。

【例 6-2】 已知土的抗剪强度指标 $c=60$kPa，$\varphi=30°$，若作用在该土某平面上的总应力为 $\sigma_\theta=170$kPa，倾角 $\theta=37°$，试问会不会沿该平面产生剪切破坏？

解 该平面上的正应力为 σ，剪应力为 τ，即

$$\sin\theta=\frac{\tau}{\sigma_\theta};\cos\theta=\frac{\sigma}{\sigma_\theta}$$

$$\tau=\sigma_\theta\cdot\sin\theta=170\times\sin37°=102\text{kPa}$$

$$\sigma = \sigma_\theta \cdot \cos\theta = 170 \times \cos37^\circ = 136\text{kPa}$$

该平面上的抗剪强度为

$$\tau_f = c + \sigma\tan\varphi = 60 + 136 \times \tan30^\circ = 138.5\text{kPa}$$

因为 $\tau < \tau_f$，故不会沿该平面产生剪切破坏。

§6.5 应 力 路 径

6.5.1 应力路径的概念

同一种土样，在不同的试验方法和不同的加荷方式下剪破时，所经历的应力变化是不相同的。为了分析土体剪切过程中的应力变化对于土的力学性质的影响，对加荷过程中的土体内某点，其应力状态的变化可在应力坐标中以特征应力点的移动轨迹表示，这种轨迹称为应力路径。常用特征应力点是应力圆顶点。图 6 - 16（a）代表三轴试验中 σ_3 不变，增加至 σ_1 剪破的情况，AB 为最大剪应力面上的应力路径。图 6 - 16（b）表示 σ_1 不变，逐步减少 σ_3 至剪破的情况，则应力路径为 AC。

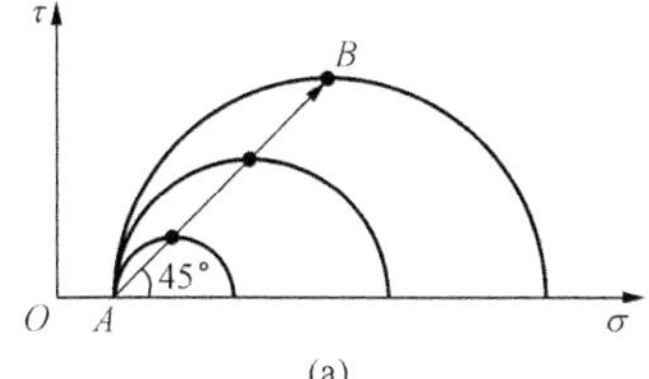

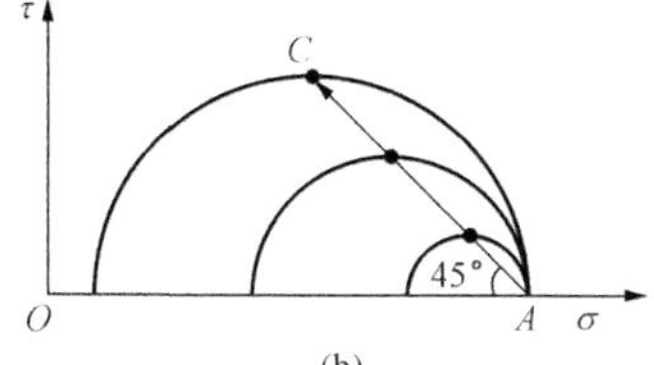

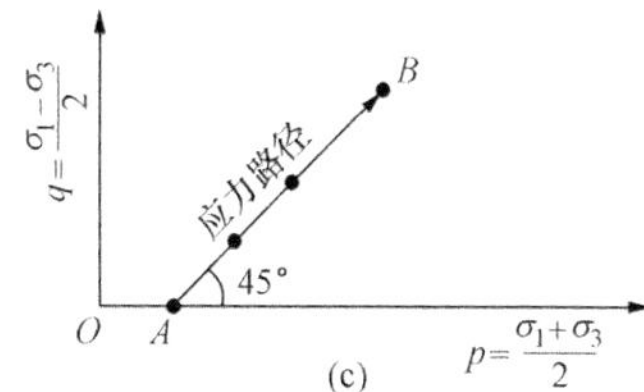

图 6 - 16 最大剪应力面的总应力路径

（a）σ_3 不变增加 σ_1；（b）σ_1 不变减少 σ_3；（c）σ_3 不变增加 σ_1

6.5.2 应力路径表示的方法

土的强度可以用有效应力和总应力表示，应力路径也可用有效应力和总应力表示。所谓总应力路径是反映受荷土体中某点以总应力表示的特征应力点在应力坐标系中变化的轨迹，而有效应力路径则是土体相应点以有效应力表达的特征应力点的轨迹。图 6 - 17 表示正常固结土固结不排水剪的总应力路径和有效应力路径，图中 K_f 和 K'_f 线分别为以总应力和有效应力表示的极限应力圆顶点的连线。

对于正常固结土，总应力路径为直线 A，而有效应力路径为曲线 B，它们的破坏点分别由 a、b 两点表示。b 与 a 之间的水平距离 u 就是破坏时的孔隙水压力值。A、B 两条线上相应的各点的水平距离表示加荷过程中孔隙水压力的变化，因此 B 线可简捷地由 A 线上各点 p 值减去相应的孔隙水压力 u 值而得到，即 $p' = p - u$。

通常直剪试验中把试件指定剪破面上法向应力和剪应力作为特征应力点，采用 $\sigma - \tau$ 坐标系表示它的变化轨迹。

在直剪试验中，先施加垂直压力 p，而后在 p 不变的条件下逐渐增大剪应力，直至土样被剪破。所以受剪面的应力路径先是一条水平线，达 p 后变为一条竖直线，至抗剪强度线而终止，如图 6 - 18 中所示的 OLL' 为相应的应力路径。

图 6 - 19（a）中 AB 线是由 $\sigma - \tau$ 坐标系表达的莫尔圆顶点的应力路径。显然，由

$\frac{1}{2}(\sigma_1-\sigma_3)\sim\frac{1}{2}(\sigma_1+\sigma_3)$坐标系表达的应力路径形式更佳。因为图 6 - 19（b）中 AB 线上各点很直观的表示土的应力状态，应用更为方便。

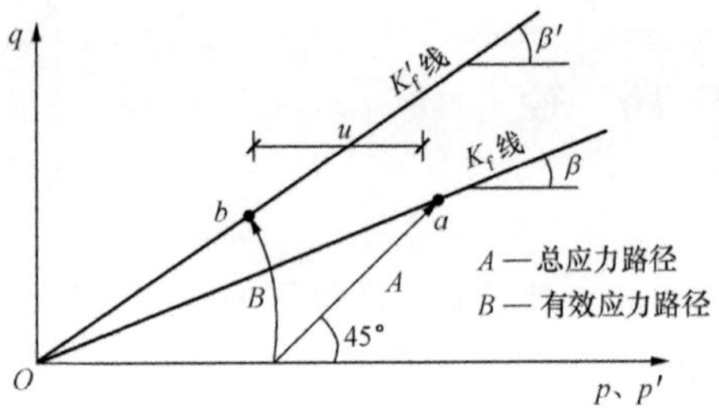

图 6 - 17 正常固结土固结不排水剪应力路径

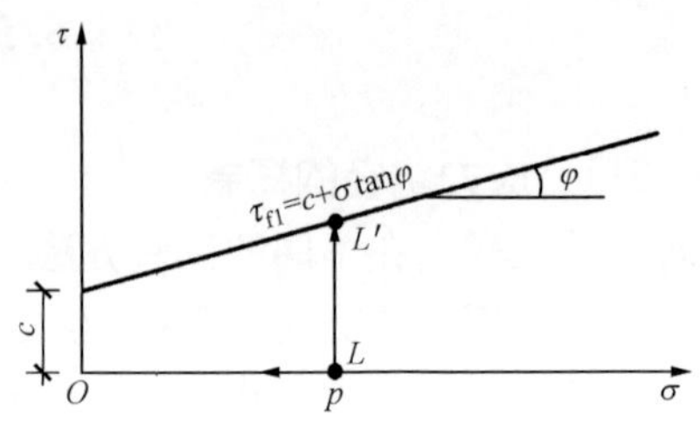

图 6 - 18 直接剪切试验应力路径

图 6 - 19（b）中的 K_f 线是土样在不同周围压力 σ_3 条件下受剪时，以总应力表示的极限应力圆顶点的连线，它的坡度 β 和它与纵坐标轴的截距 a 值，可由抗剪强度指标 c、φ 通过土体的极限平衡条件推算而得。

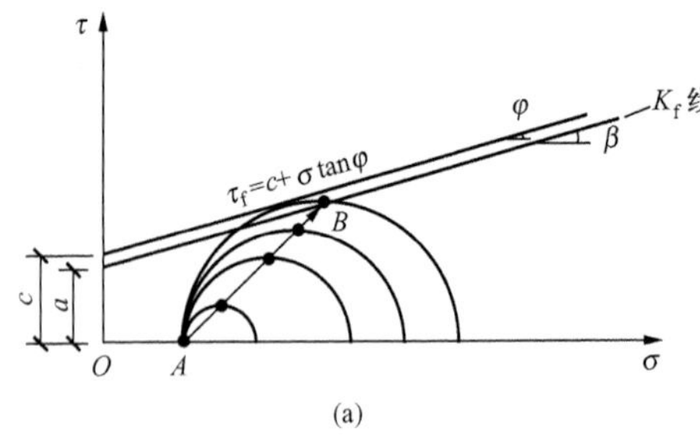

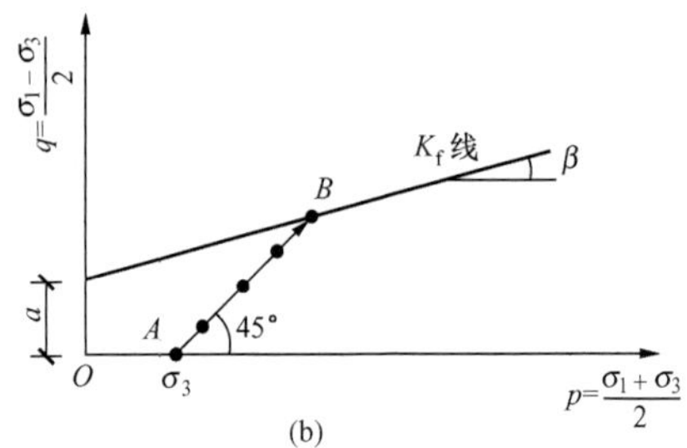

图 6 - 19 应力路径及 a，β 和 c，φ 之间的关系

当土体处于极限平衡状态时，由式（6 - 3）知

$$\sin\varphi=\frac{\sigma_1-\sigma_3}{\sigma_1+\sigma_3+2c\cot\varphi}$$

上式改写为

$$\frac{1}{2}(\sigma_1-\sigma_3)=\frac{1}{2}(\sigma_1+\sigma_3)\sin\varphi+c\cos\varphi$$

而由图 6 - 19（b）知 K_f 线的表达式为

$$\frac{1}{2}(\sigma_1-\sigma_3)=\frac{1}{2}(\sigma_1+\sigma_3)\tan\beta+a$$

上两式比较得

$$\tan\beta=\sin\varphi$$

$$a=c\cos\varphi$$

$$\varphi=\arcsin(\tan\beta) \tag{6 - 25a}$$

$$c=\frac{a}{\cos\varphi} \tag{6 - 25b}$$

这样，由试验求得 K_f 线，则可根据式（6 - 25a）和式（6 - 25b）K_f 线的坡度 β 和它与纵坐标截距 a 反算土体抗剪强度指标 c、φ 值。

6.5.3 应用

(1) 利用应力路径整理三轴试验成果，求出抗剪强度指标 c，φ 值。

【例 6-3】 某土样的三轴试验结果见表 6-2。

表 6-2　　　某土样的三轴试验结果

σ_1/kPa	220	295	368	467
σ_1/kPa	80	120	150	200

在 $\frac{1}{2}(\sigma_1-\sigma_3)\sim\frac{1}{2}(\sigma_1+\sigma_3)$ 坐标系中绘出抗剪强度线，并求出 c，φ 的值。

解 将三轴试验结果用 $\frac{1}{2}(\sigma_1+\sigma_3)$，$\frac{1}{2}(\sigma_1-\sigma_3)$ 表示列于表 6-3 中。

表 6-3　　　三 轴 试 验 结 果

$\frac{1}{2}$ $(\sigma_1+\sigma_3)$ /kPa	150	207.5	259	333.5
$\frac{1}{2}$ $(\sigma_1+\sigma_3)$ /kPa	70	87.5	109	133.5

先在 $\frac{1}{2}(\sigma_1-\sigma_3)\sim\frac{1}{2}(\sigma_1+\sigma_3)$ 坐标图中绘出 K_f 线，从图上量得 $\beta=20°$，$a=20$kPa，然后将 β，a 代入式 (6-25a) 和式 (6-25b) 中，得

$$\varphi=\arcsin(\tan\beta)=\arcsin(\tan20°)=21.34°$$

$$c=\frac{a}{\cos\varphi}=\frac{20}{\cos21.34°}=21.47\text{kPa}$$

然后再以 c，φ 值在同一坐标图上绘出抗剪强度线，如图 6-20 所示。

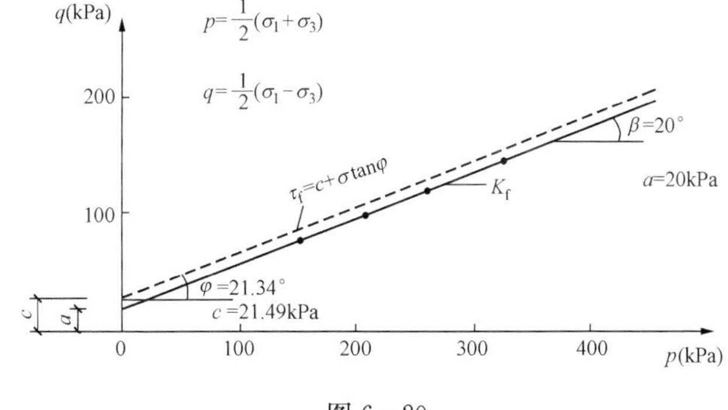

图 6-20

(2) 由应力路径求土样破坏时的主应力。

【例 6-4】 某饱和黏土试样做固结不排水剪试验，结果见表 6-4，当 $\sigma_3=600$kPa 时：

①绘出试样破坏时的应力路径；

②若试样在周围压力 600kPa 下固结后，在充分排水条件下剪切，根据应力路径求土样破坏时的大主应力。

表 6-4　　　某饱和黏土试样固结不排水剪试验结果

$(\sigma_1-\sigma_3)$ (kPa)	0	152	256	280	328	336 (破坏)
u (kPa)	0	72	136	192	256	296

解 ①绘出试样破坏时的应力路径：

当对试样做不排水剪三轴试验时，可绘出总应力路径 L 线。由于不排水剪可测出相应荷载作用下的孔隙水压力，故又可绘出有效应力路径 L'线。根据试验结果经整理得表 6-5，在 $\frac{1}{2}(\sigma_1+\sigma_3)\sim\frac{1}{2}(\sigma_1-\sigma_3)$ 坐标图中绘出应力路径，如图 6-21 所示。

表 6 - 5 **试样不排水剪三轴试验结果**

$\frac{1}{2}(\sigma_1+\sigma_3)$ /kPa	600	676	728	740	746	768
$\frac{1}{2}(\sigma_1-\sigma_3)$ /kPa	0	76	128	140	164	168
$\frac{1}{2}(\sigma_1'+\sigma_3')$ /kPa	600	604	592	548	508	472
$\frac{1}{2}(\sigma_1'-\sigma_3')$ /kPa	0	76	128	140	164	168

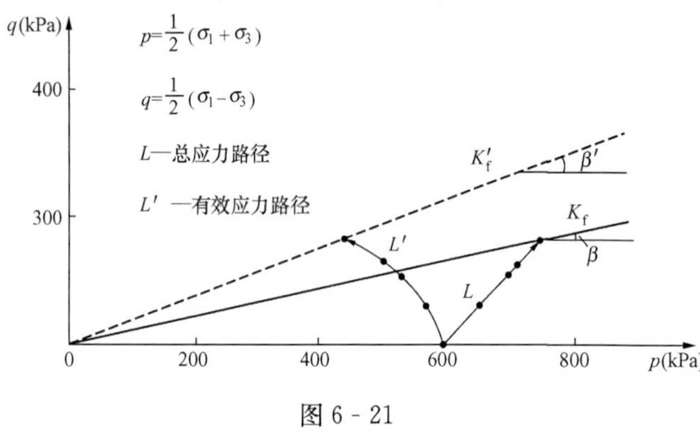

图 6 - 21

②因固结不排水剪的 K_f 线和 K_f' 线过坐标原点，所以由图 6 - 21知

$$\beta'=20°,\varphi'=\arcsin(\tan\beta)=21.34°,c'=0$$

破坏时的大主应力为

$$\sigma_1'=\sigma_3'\tan^2\left(45°+\frac{\varphi'}{2}\right)=600\times\tan^2\left(45°+\frac{21.34°}{2}\right)=1286.50\text{kPa}$$

(3) 用应力路径分析在修建建筑物过程中地基受荷情况。

在实际地基中，不同的加荷情况，会有不同的应力路径，如基坑开挖。为简化计算，取一直立开挖基坑边缘处的微元体进行分析。开挖使水平向应力 $\sigma_3=k_o\gamma z$ 减至零，而竖直方向上应力 $\sigma_1=\gamma z$ 保持不变，如图 6 - 22 所示。应力路径如图 6 - 23 所示，图中 LL'表示 σ_1 保持不变，σ_3 逐渐减小。

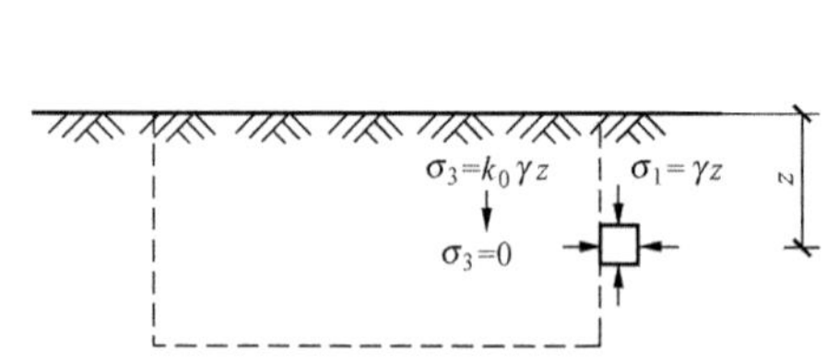

图 6 - 22 开挖基坑竖直面上一点的应力变化

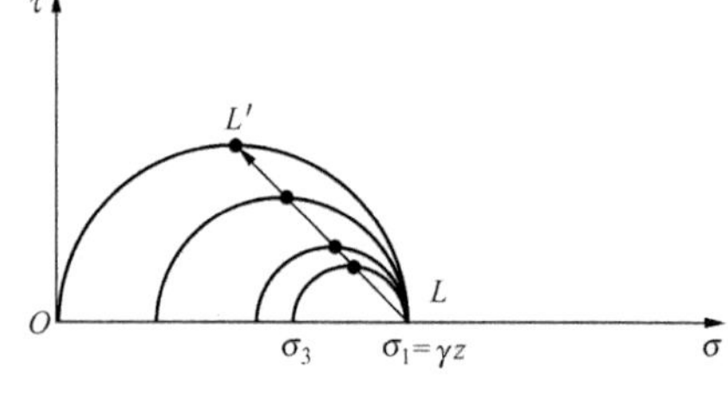

图 6 - 23 开挖基坑竖直面上一点的应力路径

对于软土地基采用应力路径则可合理控制施工步骤，解决软土地基加固问题。

思 考 题

6 - 1 何谓土的抗剪强度？砂土与黏性土的抗剪强度表达式有何不同？

6 - 2 土体中发生剪切破坏的平面是不是剪应力最大的平面？在什么情况下，破裂面与最大剪应力面是一致的？一般情况下，破裂面与大主应力面成什么角度？

6 - 3 测定土的抗剪强度指标主要有哪几种方法？

6－4　影响土体抗剪强度的因素有哪些？

6－5　何谓土的极限平衡状态和极限平衡条件？

习　　题

6－1　某条形基础下地基土中一点的应力为 $\sigma_z=250\text{kPa}$，$\sigma_x=100\text{kPa}$，$\tau_{xz}=40\text{kPa}$，已知土的 $\varphi=30°$，$c=0$，问该点是否破坏？

6－2　某饱和黏性土无侧限抗压强度试验得不排水抗剪强度 $c_u=70\text{kPa}$，如果对同一土样进行三轴不固结不排水试验，施加周围压力 $\sigma_3=150\text{kPa}$，问试件将在多大的轴向压力作用下发生破坏？

6－3　设砂土地基中一点的大小主应力分别为 500kPa 和 180kPa，其内摩擦角 $\varphi=36°$，求：

(1) 该点最大剪应力是多少？最大剪应力面上的法向应力为多少？

(2) 此点是否已达到极限平衡状态？为什么？

(3) 如果此点未达到平衡状态，令大主应力不变，而改变小主应力，使该点达到极限平衡状态，这时小主应力应为多少？

（答案：6－1：该点未剪切破坏；6－2：290kPa；6－3：160kPa，340kPa，未达到极限平衡状态；129.8kPa）

注册岩土工程师考试题选

6－1　土在有侧限条件下测得的模量被称为（　　）。

A. 变形模量　　B. 回弹模量　　C. 弹性模量　　D. 压缩模量

6－2　饱和黏土的总应力 σ、有效应力 σ'、孔隙水压力 u 之间存在的关系是什么？（　　）

A. $\sigma=u-\sigma'$　　B. $\sigma=\sigma'+u$　　C. $\sigma'=\sigma+u$　　D. $\sigma'=u-\sigma$

6－3　采用不固结不排水试验方法对饱和黏性土进行剪切试验，土样破坏面与水平面的夹角是多少？（　　）

A. $45°+\varphi/2$　　B. $45°$　　C. $45°-\varphi/2$　　D. $0°$

6－4　某土样的排水剪指标 $c'=20\text{kPa}$，$\varphi'=30°$，当所受总应力为 $\sigma_1=500\text{kPa}$，$\sigma_3=177\text{kPa}$ 时，土样内孔隙水压力 $u=50\text{kPa}$ 时，土样处于什么状态？（　　）

A. 安全状态　　B. 极限平衡状态　　C. 破坏状态　　D. 静力平衡状态

（答案：6－1：D；6－2：B；6－3：B；6－4：B）

第7章　土　压　力

本章提要

土压力是土力学理论内容之一，主要包括静止土压力、主动土压力和被动土压力三个方面内容。本章主要学习朗肯土压力、库伦土压力以及几种常见情况的土压力和挡土墙设计。学完本章后应掌握朗肯土压力与库伦土压力基本理论方法，几种常见情况的土压力计算和挡土墙设计方法及其安全防护措施等。

§7.1　作用在挡土墙上的土压力

7.1.1　挡土墙的用途

在建筑工程中，遇到在土坡上、下修筑建筑物时，为了防止土坡发生滑坡和坍塌，需用各种类型的挡土结构物加以支挡（见图7-1）。挡土墙是最常用的支挡结构物。土体作用在挡土墙上的压力称为土压力。土压力的大小是挡土墙设计的重要依据。

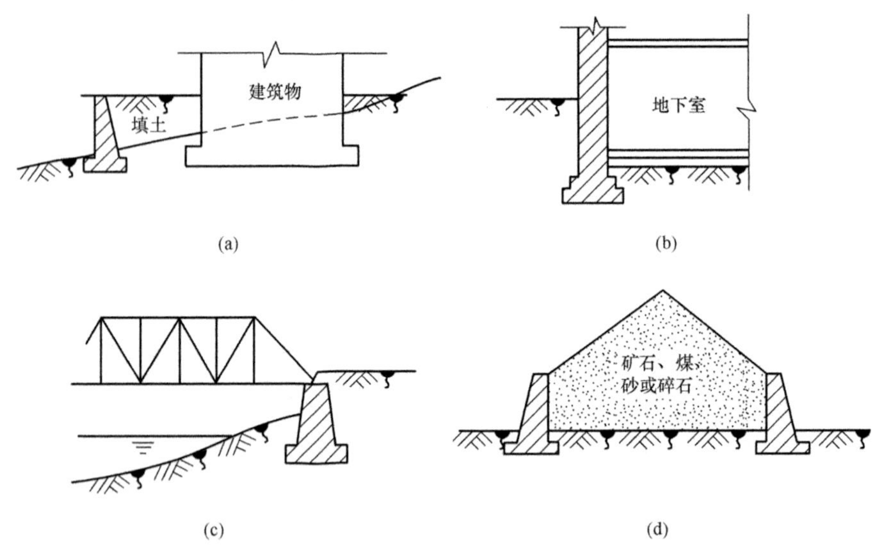

图7-1　挡土墙应用举例
（a）支撑建筑物周围填土的挡土墙；（b）地下室侧墙；
（c）桥台；（d）储藏粒状物的挡墙

7.1.2　土压力种类

墙体位移的方向和大小决定着土压力的性质和大小，根据墙的位移情况和墙后土体所处的应力状态，土压力可分为以下三种。

（1）主动土压力：当挡土墙离开土体方向偏移至土体达到极限平衡状态时，作用在墙上的土压力称为主动土压力，用 E_a 表示，如图7-2（a）所示。

（2）被动土压力：当挡土墙向土体方向偏移至土体达到极限平衡状态时，作用在挡土墙上的土压力称为被动土压力，用 E_P 表示，如图 7－2（b）所示。桥台受到桥上荷载推向土体时，土体对桥台产生的侧压力属被动土压力。

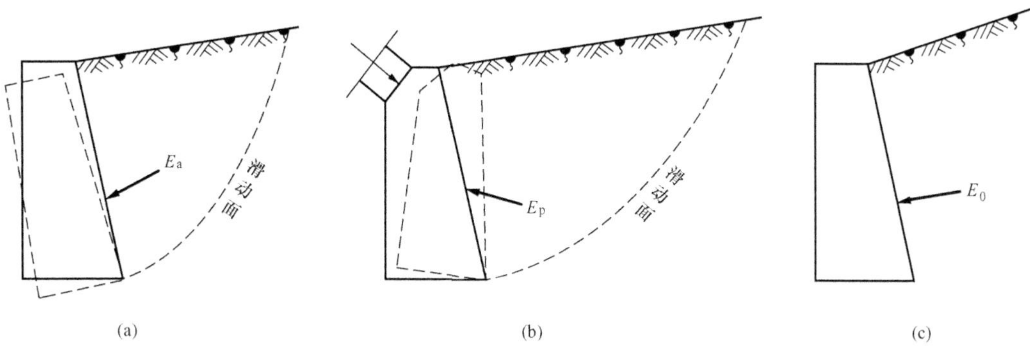

图 7－2　挡土墙侧的三种土压力
（a）主动土压力；（b）被动土压力；（c）静止土压力

（3）静止土压力：当挡土墙静止不动，土体处于平衡状态时，土体对墙的压力称为静止土压力，用 E_0 表示，如图 7－2（c）所示。地下室外墙可视为受静止土压力的作用。

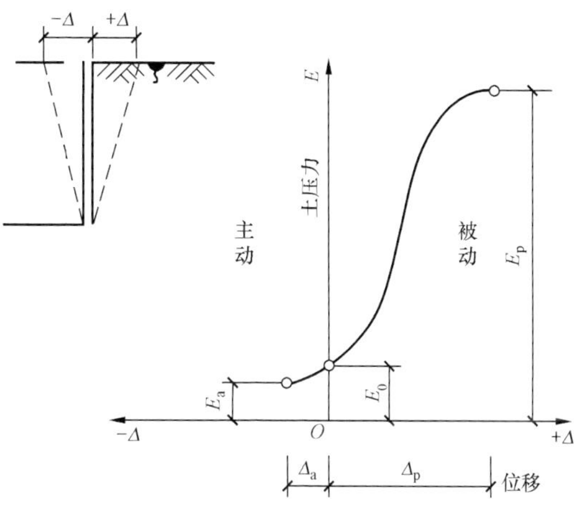

图 7－3　墙身位移和土压力的关系

挡土墙计算均属于平面应变问题，故在土压力计算中，均取一延米墙的长度，土压力单位取 kN/m，而土压力强度则取 kPa。土压力的计算理论主要有古典的 W. J. M. 朗肯（Rankine，1857 年）理论和 C. A. 库伦（Coulomb，1773 年）理论。自从库伦理论发表以来，人们先后进行过多次多种的挡土墙模型实验、原型观测和理论研究。实验（见图 7－3）表明：在相同条件下，主动土压力小于静止土压力，而静止土压力又小于被动土压力，即 $E_a < E_0 < E_P$，而且产生被动土压力所需的位移 Δ_p 大大超过产生主动土压力所需的位移 Δ_a。

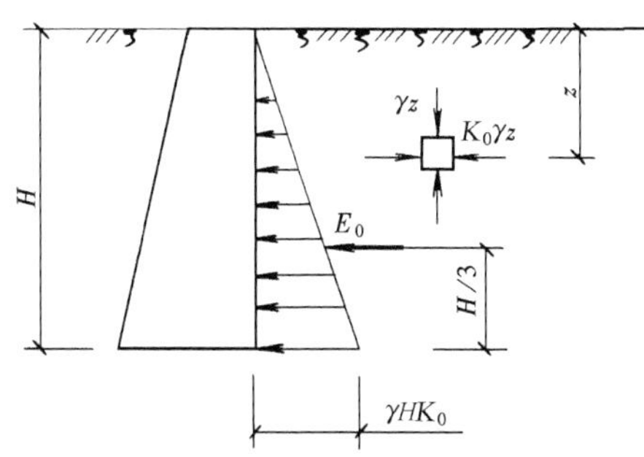

图 7－4　静止土压力的分布

7.1.3　静止土压力计算

静止土压力：挡土墙静止不动，墙后土体由于墙的侧限作用而处于静止状态，如图 7－3中的 O 点。此时墙后土体作用在墙背上的土压力称为静止土压力，以 E_0 表示，如图 7－2（c）所示。

静止土压力可按以下所述方法计算。在填土表面下任意深度 z 处取一微单元体（见图7－4），其上作用着竖向的土自重应力 γz，则该处的静止土压力强度 σ_0 即可按下式计算。

$$\sigma_0 = K_0 \gamma z \tag{7-1}$$

式中 K_0——土的静止侧压力（土压力）系数，也可近似按 $K_0=1-\sin\varphi'$（φ'为土的有效内摩擦角）计算；

γ——墙背填土的重度，kN/m³。

由式（7 - 1）可知，静止土压力沿墙高为三角形分布。如果取单位墙长，则作用在墙上的静止土压力为

$$E_0 = (1/2)\gamma H^2 K_0 \tag{7-2}$$

式中 H——挡土墙高度，m。

其余符号意义同前。

E_0 的作用点在距墙底 $H/3$ 处。

§7.2 朗肯土压力理论

朗肯土压力理论是根据半空间的应力状态和土的极限平衡条件而得出的土压力计算方法。

图 7 - 5（a）表示地表为水平面的半空间，即土体向下和沿水平方向都伸展至无穷远，在离地表 z 处取一微单元体 M，当整个土体都处于静止状态时，各点都处于弹性平衡状态。设土的重度为 γ，显然 M 单元水平截面上的法向应力等于该处土的自重应力，即

$$\sigma_z = \gamma z$$

而竖直截面上的水平法向应力相当于静止土压力 σ_0 为

$$\sigma_x = \sigma_0 = K_0 \gamma z$$

由于半空间内每一竖直面都是对称面，因此竖直截面和水平截面上的剪应力都等于零，因而相应截面上的法向应力 σ_z 和 σ_x 都是主应力，此时的应力状态用莫尔圆表示为如图 7 - 5（d）所示中的圆Ⅰ，由于该点处于弹性平衡状态，故莫尔圆没有与抗剪强度包线相切。

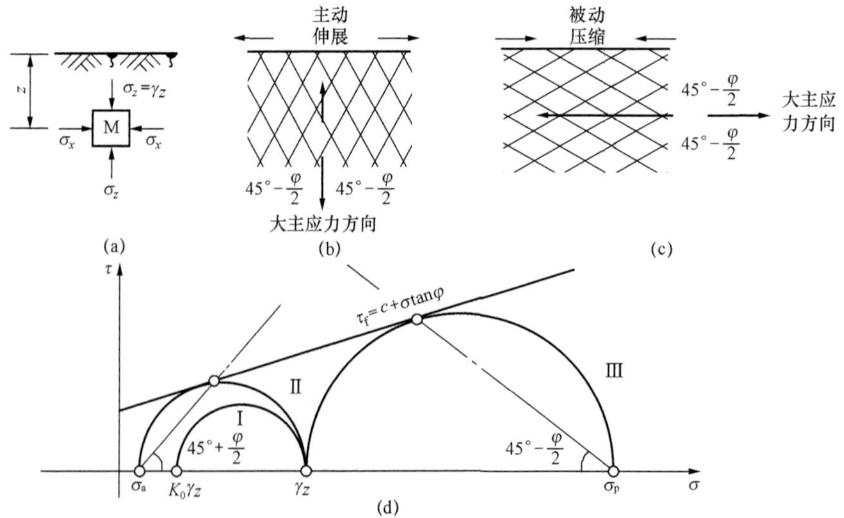

图 7 - 5 半空间的极限平衡状态

（a）半空间内的微单原体；（b）半空间的主动朗肯状态；
（c）半空间的被动朗肯状态；（d）用莫尔圆表示主动和被动朗肯状态

设想由于某种原因将使整个土体在水平方向均匀地伸展或压缩，使土体由弹性平衡状态转为塑性平衡状态。如果土在水平方向伸展，则 M 单元竖直截面上的法向应力逐渐减少，而在水平截面上的法向应力 σ_z 是不变的，当满足极限平衡条件时，即莫尔圆与抗剪强度包线相切，如图 7－5（d）中的圆Ⅱ所示，称为主动朗肯状态，此时 σ_x 达最低限值，它是小主应力，而 σ_z 是大主应力。若土体继续伸展，则只能造成塑性流动，而不改变其应力状态。反之，如果土体在水平方向压缩，那么 σ_x 不断增加，而 σ_z 仍保持不变，直到满足极限平衡条件，称为被动朗肯状态，这时 σ_x 达到极限值，是大主应力，而 σ_z 是小主力，莫尔圆为图 7－5（d）中的圆Ⅲ。

由于土体处于主动朗肯状态时大主应力 σ_1 所作用的面是水平面，故剪切破坏面与竖直面的夹角为 $(45°-\varphi/2)$［见图 7－5(b)］；当土体处于被动朗肯状态时，大主应力 σ_1 的作用面是竖直面，剪切破坏面则与水平面的夹角为 $(45°-\varphi/2)$［见图 7－5(c)］，整个土体各由相互平行的两簇剪切面组成。

朗肯将上述原理应用于挡土墙土压力计算中，设想用墙背直立的挡土墙代替半空间左边的土（见图 7－3），则墙背与土的接触面上满足剪应力为零的边界应力条件以及产生主动或被动朗肯状态的边界变形条件。由此可以推导出主动和被动土压力的计算公式。

7.2.1 主动土压力

当挡土墙在墙后土体的推力作用下，向前移动，墙后土体随之向前移动。土体下方阻止移动的强度发挥作用，使作用在墙背上的土压力减小。当墙向前位移达到 $+\Delta$ 值时，土体中产生 AB 滑裂面，同时在此滑裂面上产生的抗剪强度全部发挥，此时墙后土体达到主动极限平衡状态，墙背上作用的土压力减至最小。因土体主动推墙，称之为主动土压力，以 E_a 表示，如图 7－5（d）所示。

对于如图 7－6 所示的挡土墙，设墙背光滑（为了满足剪应力为零的边界应力条件）、竖直、填土表面水平。当挡土墙偏离土体时，由于墙背任意深度 z 处的竖向应力 $\sigma_z=\gamma z$ 不变，即大主应力 σ_1 不变；而水平应力 σ_x 逐渐减少直至产生主动朗肯状态，σ_x 即为小主应力 σ_3，也就是主动土压力强度 σ_a，由极限平衡条件

$$\sigma_3=\sigma_1\tan^2(45°-\varphi/2)$$

$$\sigma_3=\sigma_1\tan^2(45°-\varphi/2)-2c\tan(45°-\varphi/2)$$

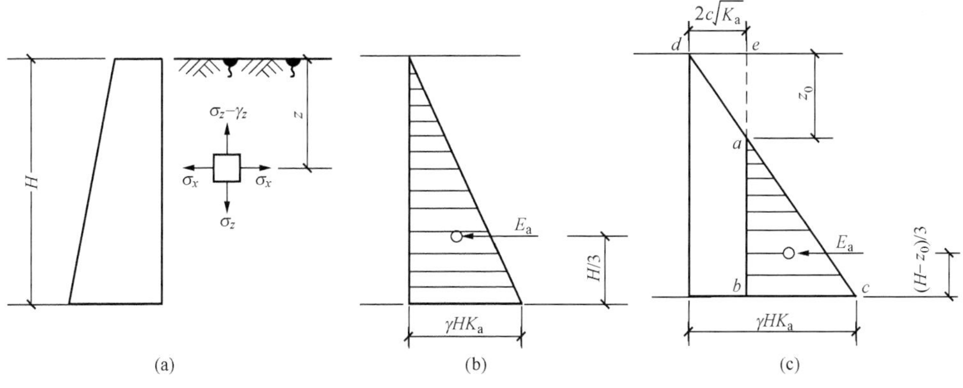

图 7－6 主动土压力强度分布图

（a）主动土压力的作用；（b）无黏性土；（c）黏性土

分别得

无黏性土　$$\sigma_a = \gamma z \tan^2(45° - \varphi/2) \tag{7-3a}$$

或　$$\sigma_a = \gamma z K_a \tag{7-3b}$$

黏性土、粉土　$$\sigma_a = \gamma z \tan^2(45° - \varphi/2) - 2c\tan(45° - \varphi/2) \tag{7-4a}$$

或　$$\sigma_a = \gamma z K_a - 2c\sqrt{K_a} \tag{7-4b}$$

式中　K_a——朗肯主动土压力系数，$K_a = \tan^2(45° - \varphi/2)$；

γ——墙后填土的重度，kN/m^3，地下水位以下采用浮重度；

c——填土的黏聚力，kPa；

φ——填土的内摩擦角，度；

z——所计算的点离填土面的深度，m。

由式（7-3）可知：无黏性土的主动土压力强度与 z 成正比，沿墙高呈三角形分布，如图 7-6（b）所示，如取单位墙长计算，则无黏性土的主动土压力为

$$E_a = (1/2)\gamma H^2 \tan^2(45° - \varphi/2) \tag{7-5a}$$

或　$$E_a = (1/2)\gamma H^2 K_a \tag{7-5b}$$

E_a 通过三角形的形心，即作用在离墙底 $H/3$ 处。

由式（7-4）可知，黏性土和粉土的主动土压力强度包括两部分：一部分是土自重引起的土压力 $\gamma z K_a$，另一部分是由黏聚力 c 引起的负侧压力 $2c\sqrt{K_a}$。这两部分土压力叠加的结果如图 7-6（c）所示，其中 ade 部分是负侧压力，对墙背是拉力，但实际上土体的抗拉强度几乎为零，因此 ade 部分是不合理解，需要略去，黏性土和粉土的土压力分布仅是 abc 部分。

a 点离填土面的深度 z_0 常称为临界深度，在填土面无荷载的条件下，可令式（7-4b）为零求得 z_0 值，即

$$\sigma_a = \gamma z_0 K_a - 2c\sqrt{K_a} = 0 \tag{7-6}$$

取单位墙长计算，则黏性土和粉土的主动土压力 E_a 为

$$E_a = (H - z_0)(\gamma H K_a - 2c\sqrt{K_a})/2 \tag{7-7a}$$

$$E_a = \gamma H^2 K_a/2 - 2cH\sqrt{K_a} + 2c^2/\gamma \tag{7-7b}$$

主动土压力 E_a 通过在三角形压力分布图 abc 的形心，即作用在离墙底（$H-z_0$）/3 处。

【例 7-1】　有一挡土墙，高 5m，墙背直立、光滑、填土面水平。填土的物理力学性质指标如下：c=10kPa，φ=20°，γ=18kN/m³。试求主动土压力及其作用点，并绘出主动土压力分布图。

解　在墙底处的主动土压力强度按朗肯土压力理论为

$$\begin{aligned}\sigma_a &= \gamma H \tan^2(45° - \varphi/2) - 2c\tan(45° - \varphi/2)\\ &= 18 \times 5 \times \tan^2(45° - 20°/2) - 2 \times 10 \times \tan(45° - 20°/2) = 30.1\text{kPa}\end{aligned}$$

主动土压力为

$$\begin{aligned}E_a &= \frac{1}{2}\gamma H^2 \tan^2(45° - \varphi/2) - 2cH\tan(45° - \varphi/2) + 2c^2/\gamma\\ &= \frac{1}{2} \times 18 \times 5^2 \times \tan^2(45° - 20°/2) - 2 \times 10 \times 5 \times \tan(45° - 20°/2) + 2 \times \frac{10^2}{18}\\ &= 51.4\text{kN/m}\end{aligned}$$

临界深度 $z_0=2c/\gamma\sqrt{K_a}=2\times10/18$

$\tan^2(45°-20°/2)\approx1.59\text{m}$

主动土压力 E_a 作用点离墙底的距离为

$(H-z_0)/3=(5-1.59)/3=1.14\text{m}$

主动土压力强度分布图如图 7-7 所示。

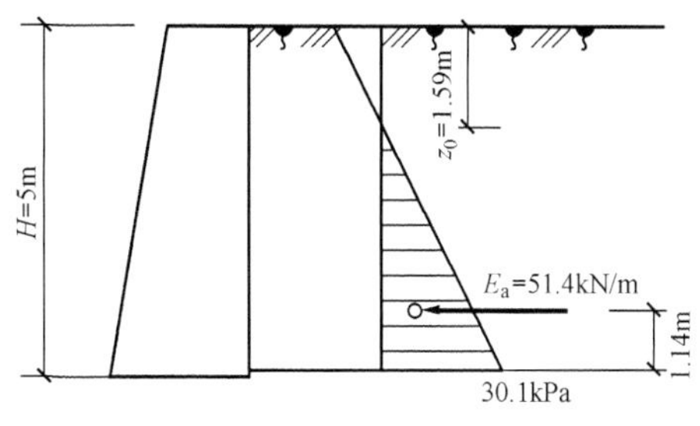

图 7-7 [例 7-1] 图

7.2.2 被动土压力

如图 7-2(b)所示，若挡土墙在外力作用下，向后移动推向填土，则填土受墙的挤压，使作用在墙背上的土压力增大。当挡土墙向填土方向的位移量达到 $+\Delta'$ 时，墙后土体即将被挤出产生滑裂面 AC，在此滑裂面上的抗剪强度全部发挥，墙后土体达到被动极限平衡状态，墙背上作用的土压力增至最大。因土体是被动地被墙推移，故称之为被动土压力，以 E_p 表示。

当墙受到外力作用而推向土体时［见图 7-6(a)］，填土中任意一点的竖向应力 $\sigma_a=\gamma z$ 仍不变，它是小主应力 σ_3 不变；而水平向应力 σ_x 却逐渐增大，直至出现被动朗肯状态，达最大极限值是大主应力 σ_1，它就是被动土压力强度 σ_p，于是由 $\sigma_1=\sigma_3\tan^2(45°+\varphi/2)$ 和 $\sigma_1=\sigma_3\tan^2+2c\tan(45°+\varphi/2)$ 可得

无黏性土 $$\sigma_p=\gamma zK_p \tag{7-8}$$

黏性土、粉土 $$\sigma_p=\gamma zK_p+2c\sqrt{K_p} \tag{7-9}$$

式中 K_p——朗肯被动土压力系数，$K_p=\tan(45°+\varphi/2)$。

其余符号意义同前。

由式(7-8)和式(7-9)可知，无黏性土的被动土压力强度呈三角形分布［见图 7-8(b)］，黏性土和粉土的被动土压力强度呈梯形分布［见图 7-8(c)］。取单位墙长计算，则被动土压力可由下式计算：

无黏性土 $$E_p=(1/2)\gamma H^2K_p \tag{7-10}$$

黏性土、粉土 $$E_p=(1/2)\gamma H^2K_p+2cH\sqrt{K_p} \tag{7-11}$$

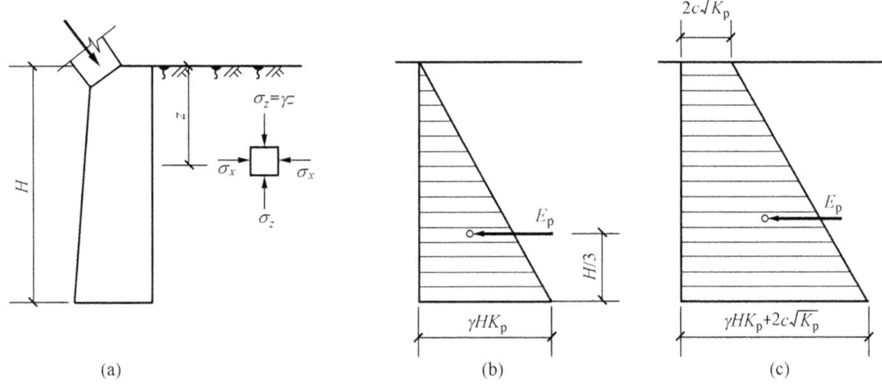

图 7-8 被动土压力强度分布图

(a) 被动土压力的作用；(b) 无黏性土；(c) 黏性土

被动土压力 E_p 通过三角形或梯形压力分布图的形心。

§7.3 库伦土压力理论

库伦土压力理论是根据墙后土体处于极限平衡状态并形成一滑动楔体时，从楔体的静力平衡条件得出的土压力计算理论。其基本假设：①墙背俯斜，倾角为 α，如图 7 - 9 所示；②墙背粗糙，墙土摩擦角 δ；③填土为理想散粒体 $c=0$；④填土表面倾斜，坡角为 β；⑤滑动破坏面为一平面。

7.3.1 主动土压力

一般挡土墙的计算按平面应变问题考虑，即沿墙的长度方向取 1m 进行分析，如图 7 - 9 (a) 所示。当墙向前移动或转动而使墙后土体沿某一破坏面$\overline{BC}$破坏时，土楔 ABC 向下滑动而处于主动极限平衡状态。此时，作用于土楔 ABC 上的力有：

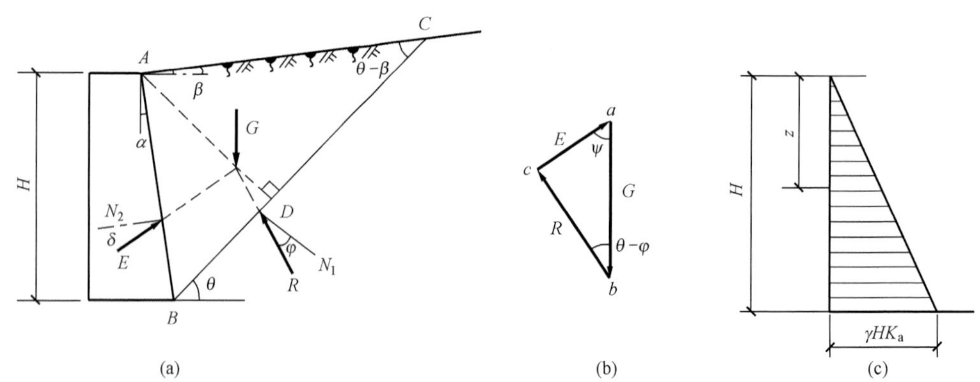

图 7 - 9 库伦理论的主动土压力

(a) 土楔上的作用力；(b) 力矢三角形；(c) 主动土压力分布

(1) 土楔体的自重 $G=\triangle ABC\cdot\gamma$，$\gamma$ 为填土的重度，只要破坏面$\overline{BC}$的位置一确定，G 的大小就是已知值，其方向向下。

(2) 破坏面$\overline{BC}$上的反力 R，其大小是未知的。反力 R 与破坏面$\overline{BC}$的法线 N_1 之间的夹角等于土的内摩擦角 φ，并位于 N_1 的下侧。

(3) 墙背对土楔体的反力 E，与它大小相等、方向相反的作用力就是墙背上的土压力。反力 E 的方向必与墙背的法线 N_2 成 δ 角，δ 角为墙背与填土之间的摩擦角，称为外摩擦角。当土楔体下滑时，墙对土楔体的阻力是向上的，故反力 E 必在 N_2 的下侧。

土楔体在以上三力作用下处于静力平衡状态，因此必定构成一个闭合的力矢三角形 [见图 7 - 9 (b)]，按正弦定律可知

$$E=G\sin(\theta-\varphi)/\sin(\theta-\varphi+\psi) \tag{7-12}$$

式中 $\psi=90°-\alpha-\delta$，其余符号如图 7 - 9 (b) 所示。

土楔重
$$G=\triangle ABC\cdot\gamma=\gamma\cdot\overline{BC}\cdot\overline{AD}/2 \tag{7-13}$$

在三角形 ABC 中，利用正弦定律可得

$$\overline{BC}=\overline{AB}\cdot\sin(90°-\alpha+\beta)/\sin(\theta-\beta) \tag{7-14}$$

因为
$$\overline{AB}=H/\cos\alpha$$

所以
$$\overline{BC}=H\cdot\cos(\alpha-\beta)/[\cos\alpha\cdot\sin(\theta-\beta)] \tag{7-15}$$

通过 A 点作$\overline{BC}$线的垂线$\overline{AD}$，由$\triangle ADB$ 得

$$\overline{AD}=\overline{AB}\cdot\cos(\theta-\alpha)=H\cdot\cos(\theta-\alpha)/\cos\alpha \tag{7-16}$$

将式（7-14）和式（7-15）代入式（7-13）得

$$G=\frac{\gamma H^2}{2}\cdot\frac{\cos(\alpha-\beta)\cdot\cos(\theta-\alpha)}{\cos^2\alpha\cdot\sin(\theta-\beta)}$$

将上式代入式（7-12）得 E 的表达式为

$$E=\frac{1}{2}\gamma H^2\cdot\frac{\cos(\alpha-\beta)\cdot\cos(\theta-\alpha)\cdot\sin(\theta-\varphi)}{\cos^2\alpha\cdot\sin(\theta-\beta)\cdot\sin(\theta-\varphi+\psi)}$$

在式（7-16）中，γ、H、α、β 和 φ、δ 都是已知的，而滑动面 BC 与水平面的倾角 θ 是任意假定的，因此，假定不同的滑动面可以得出一系列相应的土压力 E 值，也就是说，E 是 θ 的函数。E 的最大值 E_{max} 即为墙背的主动土压力。其所对应的滑动面即是土楔最危险的滑动面。为求主动土压力，可用微分学中求极值的方法求 E 的最大值。为此可令 $dE/d\theta=0$，从而解得使 E 为极大值时填土的破坏角 θ_{cr}，这就是真正滑动面的倾角，将 θ_{cr} 值代入式（7-16），整理后可得库伦主动土压力的一般表达式。

$$E_a=\frac{1}{2}\gamma H^2\frac{\cos^2(\varphi-\alpha)}{\cos^2\alpha\cdot\cos(\alpha+\delta)\left[1+\sqrt{\dfrac{\sin(\varphi+\delta)\cdot\sin(\varphi-\beta)}{\cos(\alpha+\delta)\cdot\cos(\alpha-\beta)}}\right]^2} \tag{7-17}$$

$$E_a=\gamma H^2K_a/2 \tag{7-18}$$

式中　K_a——库伦主动土压力系数，是式（7-17）的后面部分或查表7-1确定；

H——挡土墙高度，m；

γ——墙后壤土的重度，kN/m^3；

φ——墙后填土的内摩擦角，度；

α——墙背的倾斜角，度，俯斜时取正号，仰斜为负号；

β——墙后填土面的倾角，度；

δ——土对挡土墙背的摩擦角，查表7-2确定。

表7-1　库伦主动土压力系数 K_a 值

δ	α	β \ φ	15°	20°	25°	30°	35°	40°	45°	50°
0°	−20°	0°	0.497	0.380	0.287	0.212	0.153	0.106	0.070	0.043
		10°	0.595	0.439	0.323	0.234	0.166	0.114	0.074	0.045
		20°		0.707	0.401	0.274	0.188	0.125	0.080	0.047
		30°				0.498	0.239	0.147	0.090	0.051
		40°						0.301	0.116	0.060
	−10°	0°	0.540	0.433	0.344	0.270	0.209	0.158	0.117	0.083
		10°	0.644	0.500	0.389	0.301	0.229	0.171	0.125	0.088
		20°		0.785	0.482	0.353	0.261	0.190	0.136	0.094
		30°				0.614	0.331	0.226	0.155	0.104
		40°						0.433	0.200	0.123
	0°	0°	0.589	0.490	0.406	0.333	0.271	0.217	0.172	0.132

续表

δ	α	β \ φ	15°	20°	25°	30°	35°	40°	45°	50°
		10°	0.704	0.569	0.462	0.374	0.300	0.238	0.186	0.142
		20°		0.883	0.573	0.441	0.344	0.267	0.204	0.154
		30°				0.750	0.436	0.318	0.235	0.172
		40°						0.587	0.303	0.206
	10°	0°	0.652	0.560	0.478	0.407	0.343	0.288	0.238	0.194
		10°	0.784	0.655	0.550	0.461	0.384	0.318	0.261	0.211
		20°		1.105	0.685	0.548	0.444	0.360	0.291	0.231
		30°				0.925	0.566	0.443	0.337	0.262
		40°						0.785	0.437	0.316
	20°	0°	0.736	0.648	0.569	0.498	0.434	0.375	0.322	0.274
		10°	0.896	0.768	0.663	0.572	0.492	0.421	0.358	0.302
		20°		1.205	0.834	0.688	0.576	0.484	0.405	0.337
		30°				1.169	0.740	0.586	0.474	0.385
		40°						1.064	0.620	0.469
5°	−20°	0°	0.457	0.352	0.267	0.199	0.144	0.101	0.067	0.041
		10°	0.557	0.410	0.302	0.220	0.157	0.108	0.070	0.043
		20°		0.688	0.380	0.259	0.178	0.119	0.076	0.045
		30°				0.484	0.228	0.140	0.085	0.049
		40°						0.293	0.111	0.058
	−10°	0°	0.503	0.406	0.324	0.256	0.199	0.151	0.112	0.080
		10°	0.612	0.474	0.369	0.286	0.219	0.164	0.120	0.085
		20°		0.776	0.463	0.339	0.250	0.183	0.131	0.091
		30°				0.607	0.321	0.218	0.149	0.100
		40°						0.428	0.195	0.120
	0°	0°	0.556	0.465	0.387	0.319	0.260	0.210	0.166	0.129
		10°	0.680	0.547	0.444	0.360	0.289	0.230	0.180	0.138
		20°		0.886	0.558	0.428	0.333	0.259	0.199	0.150
		30°				0.753	0.428	0.311	0.229	0.168
		40°						0.589	0.299	0.202
	10°	0°	0.622	0.536	0.460	0.393	0.333	0.280	0.233	0.191
		10°	0.767	0.636	0.534	0.448	0.374	0.311	0.255	0.207
		20°		1.305	0.676	0.538	0.436	0.354	0.286	0.228
		30°				0.943	0.563	0.428	0.333	0.259
		40°						0.801	0.436	0.314
	20°	0°	0.709	0.627	0.553	0.485	0.424	0.368	0.318	0.271
		10°	0.887	0.755	0.650	0.562	0.484	0.416	0.355	0.300
		20°		1.250	0.835	0.684	0.571	0.480	0.402	0.335
		30°				1.212	0.746	0.587	0.474	0.385
		40°						0.103	0.627	0.472

续表

δ	α	β \ φ	15°	20°	25°	30°	35°	40°	45°	50°
10°	−20°	0°	0.427	0.330	0.252	0.188	0.137	0.096	0.064	0.039
		10°	0.529	0.338	0.286	0.209	0.149	0.103	0.068	0.041
		20°		0.675	0.364	0.248	0.170	0.114	0.073	0.044
		30°				0.475	0.220	0.135	0.082	0.047
		40°						0.288	0.108	0.056
	−10°	0°	0.477	0.385	0.309	0.245	0.191	0.146	0.109	0.078
		10°	0.590	0.455	0.354	0.275	0.211	0.159	0.116	0.082
		20°		0.773	0.450	0.328	0.242	0.177	0.127	0.088
		30°				0.605	0.313	0.212	0.146	0.098
		40°						0.426	0.191	0.117
	0°	0°	0.533	0.447	0.373	0.309	0.253	0.204	0.163	0.127
		10°	0.664	0.531	0.431	0.350	0.282	0.225	0.177	0.136
		20°		0.897	0.549	0.420	0.326	0.254	0.195	0.148
		30°				0.762	0.423	0.306	0.226	0.166
		40°						0.596	0.297	0.201
	10°	0°	0.603	0.520	0.448	0.384	0.326	0.275	0.230	0.189
		10°	0.759	0.626	0.524	0.440	0.369	0.307	0.253	0.206
		20°		1.064	0.674	0.534	0.432	0.351	0.284	0.227
		30°				0.969	0.564	0.427	0.332	0.258
		40°						0.823	0.438	0.315
	20°	0°	0.695	0.615	0.543	0.478	0.419	0.365	0.316	0.271
		10°	0.890	0.752	0.646	0.558	0.482	0.414	0.354	0.300
		20°		1.308	0.844	0.687	0.573	0.481	0.403	0.337
		30°				1.268	0.758	0.594	0.478	0.388
		40°						1.155	0.640	0.480
15°	−20°	0°	0.405	0.314	0.240	0.180	0.132	0.093	0.062	0.038
		10°	0.509	0.372	0.275	0.201	0.144	0.100	0.066	0.040
		20°		0.667	0.352	0.239	0.164	0.110	0.071	0.042
		30°				0.470	0.214	0.131	0.080	0.046
		40°						0.284	0.105	0.055
	−10°	0°	0.458	0.371	0.298	0.237	0.186	0.142	0.106	0.076
		10°	0.576	0.442	0.344	0.267	0.205	0.155	0.114	0.081
		20°		0.776	0.441	0.320	0.237	0.174	0.125	0.087
		30°				0.607	0.308	0.209	0.143	0.097
		40°						0.428	0.189	0.116
	0°	0°	0.518	0.434	0.363	0.301	0.248	0.201	0.160	0.125
		10°	0.656	0.522	0.423	0.343	0.277	0.222	0.174	0.135
		20°		0.914	0.546	0.415	0.323	0.251	0.194	0.147
		30°				0.777	0.422	0.305	0.225	0.165
		40°						0.608	0.298	0.200

续表

δ	α	β \ φ	15°	20°	25°	30°	35°	40°	45°	50°
	10°	0°	0.592	0.511	0.441	0.378	0.323	0.273	0.228	0.189
		10°	0.760	0.623	0.520	0.437	0.366	0.305	0.252	0.206
		20°		0.103	0.679	0.535	0.432	0.351	0.284	0.228
		30°				1.005	0.571	0.430	0.334	0.260
		40°						0.853	0.445	0.319
	20°	0°	0.690	0.611	0.540	0.476	0.419	0.366	0.317	0.273
		10°	0.904	0.757	0.649	0.560	0.484	0.416	0.357	0.303
		20°		1.383	0.862	0.697	0.579	0.486	0.408	0.341
		30°				1.341	0.778	0.606	0.487	0.395
		40°						1.221	0.659	0.492
20°	−20°	0°			0.231	0.174	0.128	0.090	0.061	0.038
		10°			0.266	0.195	0.140	0.097	0.064	0.039
		20°			0.344	0.233	0.160	0.108	0.069	0.042
		30°				0.468	0.210	0.129	0.079	0.045
		40°						0.283	0.140	0.054
	−10°	0°			0.291	0.232	0.182	0.104	0.105	0.076
		10°			0.337	0.262	0.202	0.153	0.113	0.080
		20°			0.437	0.316	0.233	0.171	0.124	0.086
		30°				0.614	0.306	0.207	0.142	0.096
		40°						0.433	0.188	0.115
	0°	0°			0.357	0.297	0.245	0.199	0.160	0.125
		10°			0.419	0.340	0.275	0.220	0.174	0.135
		20°			0.547	0.414	0.322	0.251	0.193	0.147
		30°				0.798	0.425	0.306	0.225	0.166
		40°						0.625	0.300	0.202
	10°	0°			0.438	0.377	0.322	0.273	0.229	0.190
		10°			0.521	0.438	0.367	0.306	0.254	0.208
		20°			0.690	0.540	0.436	0.354	0.286	0.230
		30°				1.015	0.582	0.437	0.338	0.264
		40°						0.893	0.456	0.325
	20°	0°			0.543	0.479	0.422	0.370	0.321	0.277
		10°			0.659	0.568	0.490	0.423	0.363	0.309
		20°			0.891	0.715	0.592	0.496	0.417	0.349
		30°				1.434	0.807	0.624	0.501	0.406
		40°						1.305	0.685	0.509
25°	−20°	0°				0.170	0.125	0.089	0.060	0.037
		10°				0.191	0.137	0.096	0.063	0.039
		20°				0.229	0.157	0.106	0.069	0.041
		30°				0.470	0.207	0.127	0.078	0.045
		40°						0.284	0.103	0.053

续表

δ	α	β \ φ	15°	20°	25°	30°	35°	40°	45°	50°
	−10°	0°				0.228	0.180	0.139	0.104	0.075
		10°				0.259	0.200	0.151	0.112	0.080
		20°				0.314	0.232	0.170	0.123	0.086
		30°				0.620	0.307	0.207	0.142	0.096
		40°						0.441	0.189	0.116
	0°	0°				0.296	0.245	0.199	0.160	0.126
		10°				0.340	0.275	0.221	0.175	0.136
		20°				0.418	0.324	0.252	0.195	0.148
		30°				0.828	0.432	0.309	0.228	0.168
		40°						0.647	0.306	0.205
	10°	0°				0.379	0.325	0.276	0.232	0.193
		10°				0.443	0.371	0.311	0.258	0.211
		20°				0.551	0.443	0.360	0.292	0.235
		30°				1.112	0.600	0.448	0.346	0.270
		40°						0.944	0.471	0.335
	20°	0°				0.488	0.430	0.377	0.329	0.284
		10°				0.582	0.502	0.433	0.372	0.318
		20°				0.740	0.612	0.512	0.430	0.360
		30°				1.553	0.846	0.650	0.520	0.421
		40°						1.414	0.721	0.532

表 7-2　　土对挡土墙墙背的摩擦角 δ

挡土墙情况	外摩擦角 δ	挡土墙情况	外摩擦角 δ
墙背平滑、排水不良	(0～0.33) φ	墙背很粗糙、排水良好	(0.5～0.67) φ
墙背粗糙、排水良好	(0.33～0.5) φ	墙背与填土间不能滑动	(0.67～1.0) φ

注　φ为墙背填土的内摩擦角。

当墙背垂直（$\alpha=0$）、光滑（$\delta=0$）、填土面水平（$\beta=0$）时，式（7-17）可写为

$$E_a = \frac{1}{2}\gamma H^2 \tan^2(45° - \varphi/2) \tag{7-19}$$

可见，在上述条件下，库伦公式和朗肯公式相同。

由式（7-18）可知，主动土压力沿墙高的平方成正比，为求得距离墙顶任意深度 z 处的主动土压力强度 σ_a，可将 E_a 对 z 取导数而得，即

$$\sigma_a = \frac{dE_a}{dz} = \frac{d}{dz}\left(\frac{1}{2}\gamma z^2 K_a\right) = \gamma z K_a \tag{7-20}$$

由上式可见，主动土压力强度沿墙高成三角形分布［见图7-9（c）］。主动土压力的作用点在离墙底 $H/3$ 处，作用线方向与墙背法线的夹角为 δ。必须注意：在图7-9（c）所示的土压力强度分布图中只表示其大小，而不代表其作用方向。

【例7-2】　挡土墙高4m，墙背倾斜角 $\alpha=10°$（俯斜），填土坡角 $\beta=30°$，填土重度 $\gamma=18\text{kN/m}^3$，$\varphi=30°$，$c=0$，填土与墙背的摩擦角 $\delta=2\varphi/3$，试按库伦理论求主动土压力 E_a 及

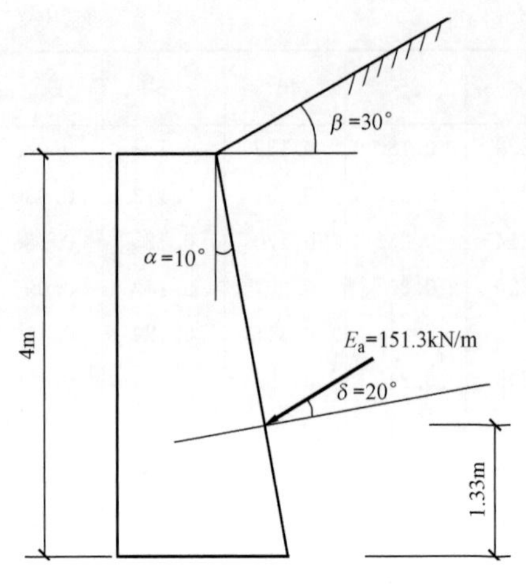

图 7-10 [例 7-2] 图

其作用点。

解 根据 $\delta=2\varphi/3=20°$、$\alpha=10°$、$\beta=30°$、$\varphi=30°$，由式（7-17）的后半部分或查表 7-2 得库伦主动土压力系数 $K_a=1.051$，由式（7-17）计算主动土压力。

$$E_a=\frac{\gamma H^2 K_a}{2}=\frac{18\times 4^2\times 1.051}{2}=151.3\text{kN/m}$$

土压力作用点在离墙底 $H/3=4/3=1.33$m 处，如图 7-10 所示。

7.3.2 被动土压力

当墙受外力作用推向填土，直至土体沿某一破坏面$\overline{BC}$破坏时，土楔 ABC 向上滑动，并处于被动极限平衡状态［见图 7-11（a）］。此时土楔 ABC 在其自重 G 和反力 R、E_p 的作用下平衡［见图 7-11（b）］，R 和 E_p 的方向都分别在$\overline{BC}$和$\overline{AB}$面法线的上方。按上述求主动土压力同样的原理可求得被动土压力的库伦公式为

$$E_p=\frac{1}{2}\gamma H^2\cdot\frac{\cos^2(\varphi+\alpha)}{\cos^2\alpha\cdot\cos(\alpha-\delta)\left[1-\sqrt{\dfrac{\sin(\varphi+\delta)\cdot\sin(\varphi+\beta)}{\cos(\alpha-\delta)\cdot\cos(\alpha-\beta)}}\right]^2} \tag{7-21}$$

或

$$E_p=\frac{1}{2}\gamma H^2 K_p \tag{7-22}$$

式中 K_p——库伦被动土压力系数，是式（7-21）的后面部分。

其余符号意义同前。

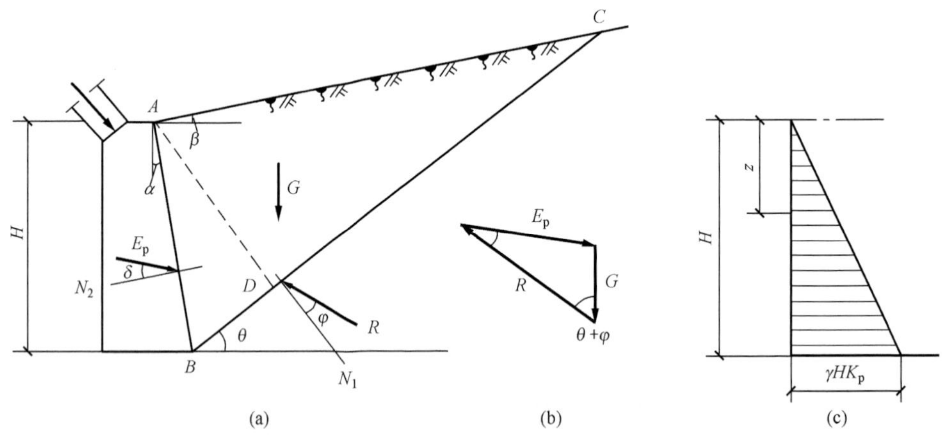

图 7-11 按库伦理论求被动土压力

（a）土楔上的作用力；（b）力矢三角形；（c）被动土压力的分布图

如果墙背垂直（$\alpha=0$）、光滑（$\delta=0$）以及墙后填土面水平（$\beta=0$）时，则式（7-21）变为

$$E_p=\frac{1}{2}\gamma H^2\tan^2(45°+\varphi/2) \tag{7-23}$$

可见，在上述条件下，库伦被动土压力公式也与朗肯公式相同。

被动土压力强度 σ_p 可按下式计算：

$$\sigma_p = \frac{dE_p}{dz} = \frac{d}{dz}\left(\frac{1}{2}\gamma z^2 K_p\right) = \gamma z K_p \tag{7-24}$$

被动土压力强度沿墙高也呈三角形分布，如图7-11（c）所示，必须注意，土压力强度分布图只表示其大小，不代表其作用方向。被动土压力的作用点在距离墙底 $H/3$ 处。

7.3.3 朗肯理论与库伦理论的比较

朗肯土压力理论和库伦土压力理论分别根据不同的假设，以不同的分析方法计算土压力，只有在最简单的情况下（$\alpha=0$，$\beta=0$，$\delta=0$），用这两种理论计算结果才相同，否则将得出不同的结果。

朗肯土压力理论应用半空间中的应力状态和极限平衡理论的概念比较明确，公式简单，便于记忆，对于黏性土、粉土和无黏性土都可以用该公式直接计算，故在工程中得到广泛应用。但为了使墙后的应力状态符合半空间的应力状态，必须假设墙背是直立、光滑的，墙后填土是水平的，而其他情况时其计算繁杂，并由于该理论忽略了墙背与填土之间摩擦影响，使得计算的主动土压力偏大，而计算的被动土压力偏小。

库伦土压力理论根据墙后滑动土楔的静力平衡条件推导得出土压力计算公式，考虑了墙背与土之间的摩擦力，并可用于墙背倾斜、填土面倾斜的情况，但由于该理论假设填土是无黏性土，因此不能用库伦理论的原始公式直接计算黏性土或粉土的土压力。库伦理论假设墙后填土破坏时，破坏面是一平面，而实际上却是一曲面。实验证明，在计算主动土压力时，只有当墙背的斜度不大，墙背与填土间的摩擦角较小时，破坏面才接近于一平面，因此，计算结果与按曲线滑动面计算的有出入。在通常情况下，这种偏差在计算主动土压力时约为2%～10%，可以认为已满足实际工程所要求的精度；但在计算被动土压力时，由于破坏面接近于对数螺线，因此计算结果误差较大，有时可达2～3倍，甚至更大。

§7.4 几种常见情况的土压力

7.4.1 库伦土压力公式应用于黏性土

库伦土压力理论假设墙后填土是理想的散体，也就是填土只有内摩擦角 φ 而没有黏聚力 c，因此，从理论上说只适用于无黏性土。但在实际工程中常不得不采用黏性土，为了考虑黏性土和粉土的黏聚力 c 对土压力数值的影响，在应用库伦公式时，曾有将内摩擦角 φ 增大，采用所谓“等代内摩擦角 φ_D”来综合考虑黏聚力对土压力的效应，但误差较大。在这种情况下，可用以下方法确定。

1. 图解法（楔体试算法）

如果挡土墙的位移很大，足以使黏性土的抗剪强度全部发挥，在填土顶面 z_0 深度处将出现张拉裂缝，引用朗肯土压力理论的临界深度 $z_0=2c/(\gamma\sqrt{K_a})$（$K_a$ 为朗肯主动土压力系数）。

先假设一滑动面 $\overline{BD'}$，如图7-12（a）所示，作用于滑动土楔 $A'BD'$ 上的力有：

（1）土楔体自重 G；

（2）滑动面 $\overline{BD'}$ 的反力 R，与 $\overline{BD'}$ 面的法线成 φ 角；

（3）$\overline{BD'}$ 面上的总黏聚力 $C=c_a \cdot \overline{BD'}$，$c$ 为填土的黏聚力；

（4）墙背与接触面 $A'B$ 的总黏聚力 $C_a=c_a \cdot \overline{A'B}$，在上述各力中，$G$、$C$、$c_a$ 的大小和

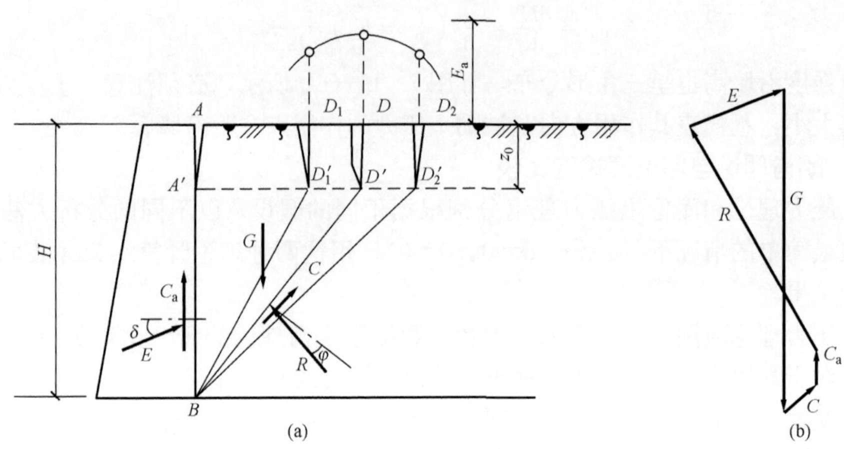

图 7-12　黏性填土的图解法

方向均已知，R 和 E 的方向已知，但大小未知，考虑到力系的平衡，由力矢多边形可以确定 E 的数值，如图 7-12（b）所示，假定若干滑动面按以上方法试算，其中最大值即为主动土压力 E_a。

2. 规范推荐公式

《建筑地基基础设计规范》（GB 50007—2011）推荐的公式，采用楔体试算法相似的平面滑裂面假定，得到黏性土和粉土的主动土压力为

$$E_a = \psi_c \cdot \frac{1}{2}\gamma H^2 K_a \tag{7-25}$$

式中　ψ_c——主动土压力增大系数，土坡高度小于 5m 时取 1.0，高度为 5～8m 时取 1.1，高度大于 8m 时取 1.2；

γ——填上重度，kN/m³；

H——挡土墙高度，m；

K_a——规范主动土压力系数。

$$\begin{aligned}K_a =& \frac{\sin(\alpha'+\beta)}{\sin^2\alpha'\sin^2(\alpha'+\beta-\varphi-\delta)}\times\{k_q[\sin(\alpha'+\beta)\sin(\alpha'-\delta)+\sin(\varphi+\delta)\sin(\varphi-\beta)]\\&+2\eta\sin\alpha'\cos\varphi\times\cos(\alpha'+\beta-\varphi-\delta)-2\{k_q\sin(\alpha'+\beta)\sin(\varphi-\delta)+\eta\sin\alpha'\cos\varphi\\&\times[k_q\sin(\alpha'-\delta)\sin(\varphi+\delta)+\eta\sin\alpha'\cos\varphi]\}^{1/2}\}\end{aligned}$$

$$k_q = 1+2q\sin\alpha'\cos\beta/[\gamma H\sin(\alpha'+\beta)]$$

$$\eta = 2c/\gamma H$$

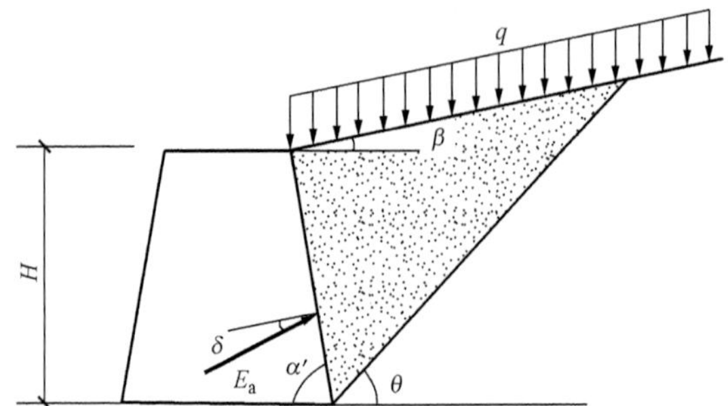

图 7-13　计算简图

式中　q——地表均布荷载（以单位水平投影面上的荷载强度计）；

φ、c——填土的内摩擦角和黏聚力。

α'、β、δ 如图 7-13 所示。

7.4.2　墙后填土分层

如图 7-14 所示的挡土墙，墙后有几层不同种类的水平土层，在计算土压力时，第一层的土压力按均质土计算，土压力的分布为图中的 abc 部分；计算第二层土压

力时，将第一层土按重度换算成与第二层土相同的当量土层，即其当量土层厚度为 $h'_1=h_1\gamma_1/\gamma_2$，然后以 (h'_1+h_2) 为墙高，按均质土计算土压力，但只在第二层土层厚度范围内有效，如图中的 $bdfe$ 部分。必须注意，由于各层土的性质不同，朗肯主动土压力系数 K_a 值也不同。图中所示的土压力强度计算是以无黏性填土（$\varphi_1<\varphi_2$）为例。

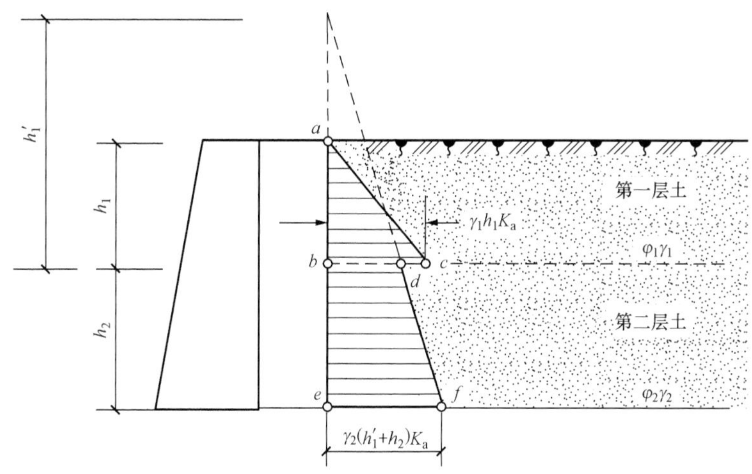

图 7 - 14　成层填土的土压力计算

7.4.3　填土中有地下水

挡土墙后的回填土常会部分或全部处于地下水位以下，由于地下水的存在将使土的含水量增加，抗剪强度降低，而使土压力增大，因此，挡土墙应该有良好的排水措施。

当墙后填土有地下水时，作用在墙背上的侧压力有土压力和水压力两部分。地下水位以下土的重度应采用有效重度，地下水位以上和以下土的抗剪强度指标也可能不同，因而有地下水的情况，也是成层填土的一种特定情况。计算如图 7 - 15所示填土中有地下水时的土压力时假设地下水位上下土的内摩擦角 φ 相同，在图 7 - 15 中，$abdec$ 部分为土压力分布图，cef 部分为水压力分布图，总侧压力为土压力和水压力之和。图中所示的土压力强度计算也是以无黏性填土为例。当具有地区工程实践经验时，对黏性填土，也可按水土合算原则计算土压力，地下水位以下取饱和重度（γ_{sat}）和总应力固结不排水抗剪强度指标（c_{cu}、φ_{cu}）计算。

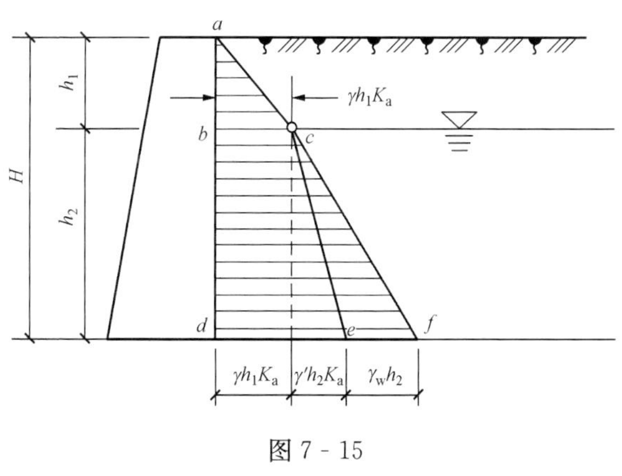

图 7 - 15

7.4.4　填土面有超载

通常将挡土墙后填土面上的分布荷载称为超载。当挡土墙后填土面有连续均布荷载 q 作用时，土压力的计算方法是将均布荷载换算成当量的土重，即用假想的土重代替均布荷载。当填土面水平时［见图 7 - 16（a）］，当量的土层厚度为

$$h=q/\gamma \tag{7-26}$$

式中 γ——填土的重度，kN/m^3。

然后，以 $A'B$ 为墙背，按假想的填土面无荷载的情况计算土压力。以无黏性填土为例，则填土面 A 点的主动土压力强度，按朗肯土压力理论为

$$\sigma_{aA}=\gamma HK_a=qK_a \tag{7-27}$$

墙底 B 点的土压力强度

$$\sigma_{aB}=\gamma(h+H)K_a=(q+\gamma H)K_a \tag{7-28}$$

压力分布如图 7-16（a）所示，实际的土压力分布图为梯形 $ABCD$ 部分，土压力的 $ABCD$ 作用点在梯形的重心。

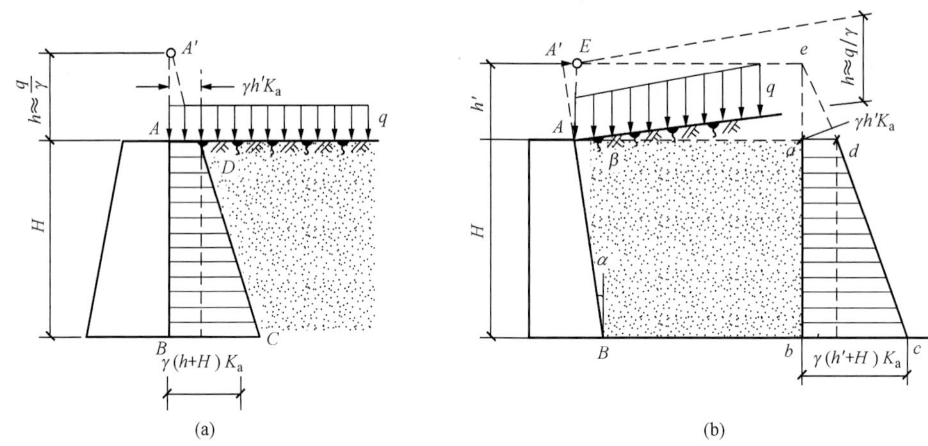

图 7-16 填土面有均布荷载时的主动土压力

（a）填土面水平；（b）填土面倾斜

当填土面和墙背倾斜时［见图 7-16（b）］，当量土层的厚度仍为 $h=q/\gamma$，假想的填土面与墙背 AB 的延长线交于 A' 点，故以 $A'B$ 为假想墙背计算主动土压力，但由于坡土面和墙背面倾斜，假想的墙高应为 $h'+H$，根据△$A'AE$ 的几何关系可得

$$h'=h\cos\beta\cdot\cos\alpha/\cos(\alpha-\beta) \tag{7-29}$$

然后，同样以 $A'B$ 为假想的墙背按地面无荷载的情况计算土压力。

当填土表面上的均布荷载从墙背后某一距离开始，如图 7-17（a）所示，在这种情况下的土压力计算可按以下方法进行。

自均布荷载起点 O 作两条辅助线 $\overline{OD}$ 和 $\overline{OE}$，分别与水平面的夹角为 φ 和 θ，对于垂直光滑的墙背 $\theta=45°+\varphi/2$，可以认为 D 点以上的土压力不受地面荷载的影响，E 点以下完全受均布荷载影响，D 点和 E 点间的土压力用直线连接，因此墙背 AB 上的土压力为图中阴影部分。若地面上均布荷载在一定宽度范围内时，如图 7-17（b）所示，从荷载的两端 O 点及 O' 点作两条辅助线 $\overline{OD}$ 和 $\overline{O'E}$，都与水平面成 θ 角。认为 D 点以上和 E 点以下的土压力都不受地面荷载的影响，D、E 之间的土压力按均布荷载计算，AB 墙面上的土压力如图中阴影部分。

【例 7-3】 挡土墙高 6m，填土的物理力学性质指标如下：$\varphi=34°$，$c=0$，$\gamma=19kN/m^3$。墙背直立、光滑，填土面水平并有均布荷载 $q=10kPa$，如图 7-18 所示，试求挡土墙的主动土压力 E_a 及作用点位置，并绘出土压力分布图。

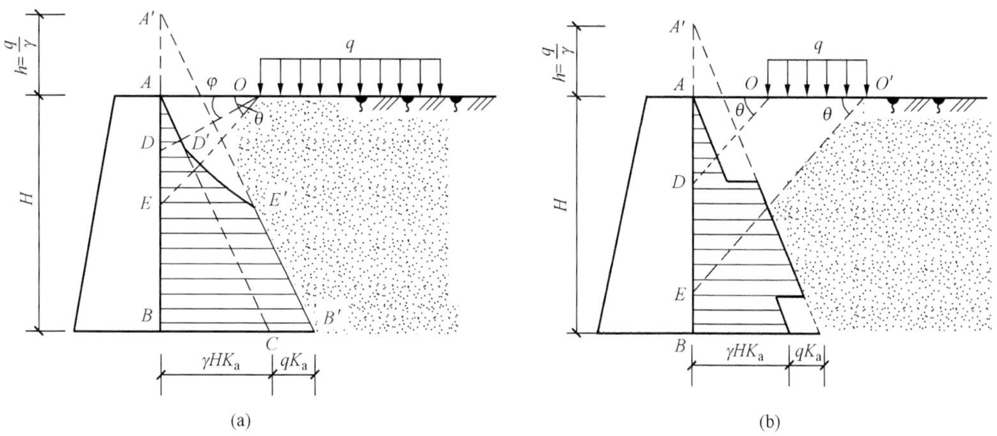

图 7 - 17 填土面有局部均布荷载时的主动土压力

解 将地面均布荷载换算成填土的当量土层厚度为

$$h = q/\gamma = 10/19 = 0.526\text{m}$$

在填土处的土压力强度为

$$\sigma_{a1} = \gamma h K_a = q K_a = 10 \times \tan^2(45° - 34°/2) = 2.8\text{kPa}$$

在墙底处的土压力强度

$$\begin{aligned}\sigma_{a2} &= \gamma(h + H)K_a = (q + \gamma H)\tan^2(45° - \varphi/2)\\ &= (10 + 19 \times 6) \times \tan^2(45° - 34°/2) = 35.1\text{kPa}\end{aligned}$$

总主动土压力

$$E_a = (\sigma_{a1} + \sigma_{a2})H/2 = (2.8 + 35.1) \times 6/2 = 113.8\text{kN/m}$$

土压力作用点位置

$$z = \frac{H}{3} \cdot \frac{2\sigma_{a1} + \sigma_{a2}}{\sigma_{a1} + \sigma_{a2}} = \frac{6}{3} \cdot \frac{2 \times 2.8 + 35.1}{2.8 + 35.1} = 2.15\text{m}$$

土压力分布如图 7 - 18 所示。

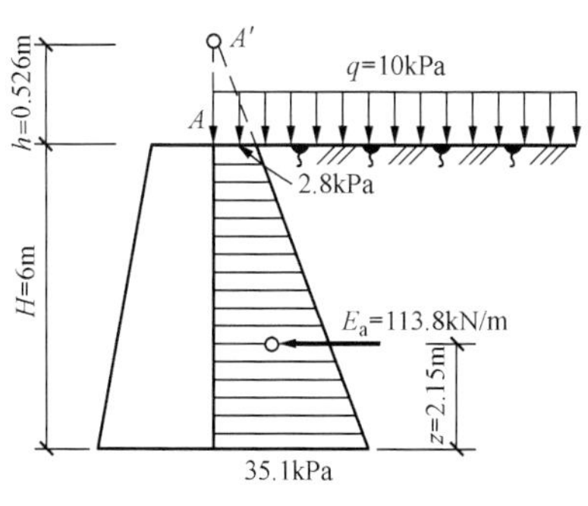

图 7 - 18 ［例 7 - 3］图

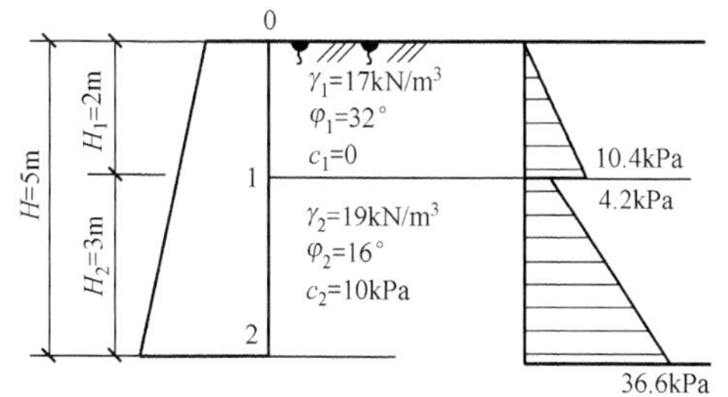

图 7 - 19 ［例 7 - 4］图

【例 7 - 4】 挡土墙高 5m，背直立、光滑，墙后填土面水平，共分两层。各层土的物理力学性指标如图 7 - 19 所示，试求主动土压力 E_a，并绘出土压力的分布图。

解 计算第一层填土的土压力强度

$$\sigma_{a0} = \gamma_1 z \tan^2(45° - \varphi_1/2) = 0$$

$$\sigma_{a1} = \gamma_1 h_1 z \tan^2(45° - \varphi_1/2)$$

$$=17\times2\times\tan^2(45°-32°/2)=10.4\text{kPa}$$

第二层填土顶面和底面的土压力强度分别为

$$\sigma_{a1}=\gamma_1h_1\tan^2(45°-\varphi_2/2)-2c_2\tan^2(45°-\varphi_2/2)$$
$$=17\times2\times\tan^2(45°-16°/2)-2\times10\times\tan(45°-16°/2)=4.2\text{kPa}$$
$$\sigma_{a2}=(\gamma_1h_1+\gamma_2h_2)\tan^2(45°-\varphi_2/2)-2c_2\tan(45°-\varphi_2/2)$$
$$=(17\times2+19\times3)\times\tan^2(45°-16°/2)-2\times10\times\tan(45°-16°/2)=36.6\text{kPa}$$

主动土压力 E_a 为

$$E_a=10.4\times2/2+(4.2+36.6)\times3/2=71.6\text{kN/m}$$

主动土压力分布如图 7 - 19 所示。

§7.5 挡土墙设计

挡土墙是用来支撑土体的挡土结构物。挡土墙按结构形式可分为重力式挡土墙、悬臂式挡土墙、扶壁式挡土墙、锚杆式挡土墙和加筋土挡土墙。按建筑材料可分为砖砌挡土墙、块石挡土墙、素混凝土挡土墙和钢筋混凝土挡土墙。按刚度及位移方式可分为刚性挡土墙和柔性挡土墙。

7.5.1 挡土墙形式的选择

选择原则依据挡土墙的用途、高度与重要性以及当地的地形、地质条件；就地取材，经济、安全。

1. 重力式挡土墙

这种挡土墙靠墙的自重保持稳定，一般用于低挡土墙，墙高 $H<5$m 时采用。材料用块石、砖、素混凝土筑成。墙背有俯斜、垂直和仰斜三种，其中仰斜式在挖方贴坡时采用较多。重力式挡土墙具有结构简单、施工方便、能就地取材等优点，在工程上应用较广［见图 7 - 20 (a)、图 7 - 21］。

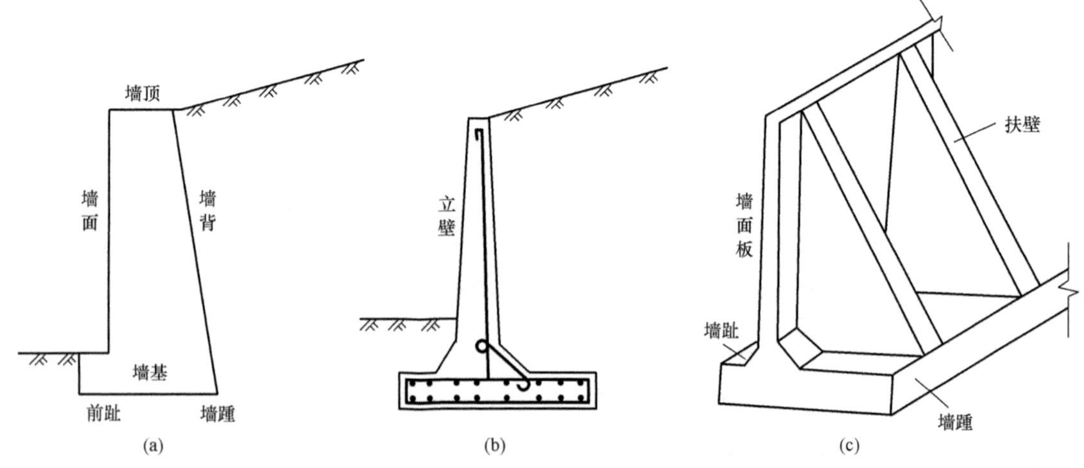

图 7 - 20 挡土墙的类型

(a) 重力式挡土墙；(b) 悬臂式挡土墙；(c) 扶壁式挡土墙

2. 悬臂式挡土墙

悬臂式挡土墙用钢筋混凝土建造。墙的稳定主要靠墙踵悬臂以上的土重，墙体内的拉

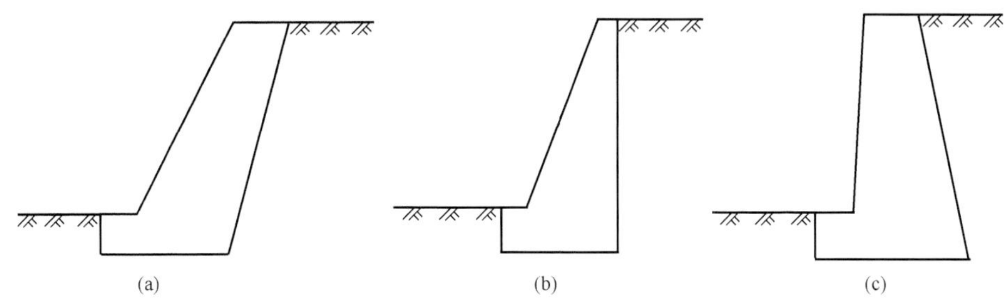

图 7-21　重力式挡土墙墙背倾斜形式

(a) 仰斜；(b) 垂直；(c) 俯斜

应力由钢筋承担。这种类型的挡土墙截面尺寸较小，适用于重要工程，墙高大于 5m，地基土土质差，当地缺少石料等情况；市政工程和厂矿储库中常用这种形式［见图 7-20 (b)］。

3. 扶壁式挡土墙

当墙高 $H>10$m 时，为了增强悬臂式挡土墙的抗弯性能，沿长度方向每隔 0.8～1.0H 做一个扶壁以保持挡土墙的整体性［见图 7-20 (c)］。

4. 锚杆式挡土墙

它由预制的钢筋混凝土立柱、墙面、钢拉杆和锚定板在现场拼装而成。这种挡土结构具有结构轻、柔性大、工程量少、造价低、施工方便等优点，已在我国铁路部门太焦线、武豹线、陇海复线、青藏线和北京 321 线等处应用，效果良好。

太原至焦作的铁路线在某段修建锚杆式挡土墙，墙高达 27m，墙底部墩子高 3m，其上为 4m 高立柱共 6 节，立柱间距 2m，中间铺墙面。下面三节立柱锚杆插入砂岩，用高强度砂浆锚固。上面三节立柱锚杆如果也插入砂岩，则锚杆太长，且露在填土外不耐久，因而采用了锚定板。该工程已于 1974 年建成，1975 年铺轨通车。

锚定板挡土墙还曾应用于武豹铁路线与公路立体交叉的桥台中，该桥台高 8m，立柱用素混凝土，截面 1.2m×0.8m，间距 3.2m，上面承受公路桥荷载，后面受土压力作用。锚杆采用 ϕ40，上部每根长 9m，下部长 5m。锚定板长宽各 1.4m，厚 0.7m。此工程已于 1978 年建成通车。由于利用墙后填土代替部分混凝土，大大节省工程量与造价。实测立柱顶部位移 1cm，使用良好。

5. 加筋土挡土墙

国外近十几年来采用加筋土挡土墙，需用大量镀锌铁皮和扁钢。如法国、意大利和美国在高速公路上应用这种加筋土挡土墙。这种挡土墙靠镀锌铁皮、扁钢和土之间的摩擦力来平衡土压力。我国浙江省天台县、临海县曾用加筋土挡土墙加固河堤。挡土墙墙高 5.0～5.5m，面板为十字形，宽 1m，厚 16cm；加固河堤长 70m，经洪水考验，获得成功。

上述锚杆式挡土墙利用锚定板的被动土压力来平衡墙面上的主动土压力，比加筋土挡土墙靠金属材料与土之间的摩擦力来平衡土压力要优越。

7.5.2　挡土墙的验算

1. 作用在挡土墙上的力（见图 7-22）

(1) 墙身自重 W。垂直向下，作用在墙体的重心。挡土墙形式与尺寸初定后，W 确定。若经验算后，尺寸修改，则 W 需重新计算。

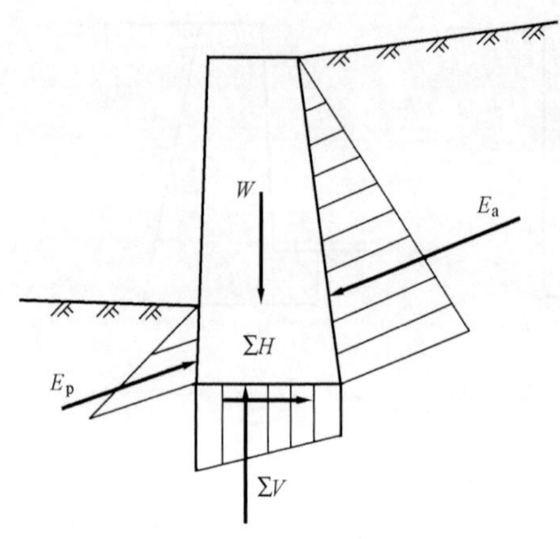

图 7 - 22 作用在挡土墙上的力

(2) 土压力。这是挡土墙的主要荷载，通常墙向前移动，墙背有主动土压力 E_a；若基础有一定埋深，则墙面埋深部分有被动土压力 E_p；但在挡土墙设计中，这部分土压力常忽略不计，使结果偏于安全。

(3) 基底反力。基底反力法向分力简化计算与偏心受压基础相同，呈梯形分布，作用在梯形的重心，用 $\sum V$ 表示；基底反力的水平分力用 $\sum H$ 表示。

2. 抗滑稳定验算

挡土墙的断面尺寸用试算法，先根据经验拟定初步尺寸，然后进行各种验算（见图7 - 23和图 7 - 24）。

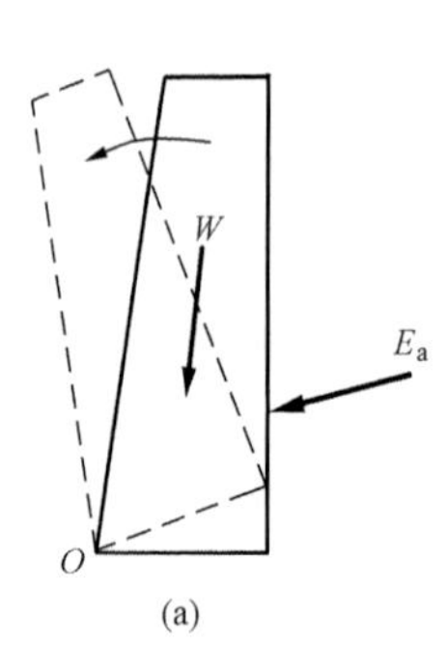

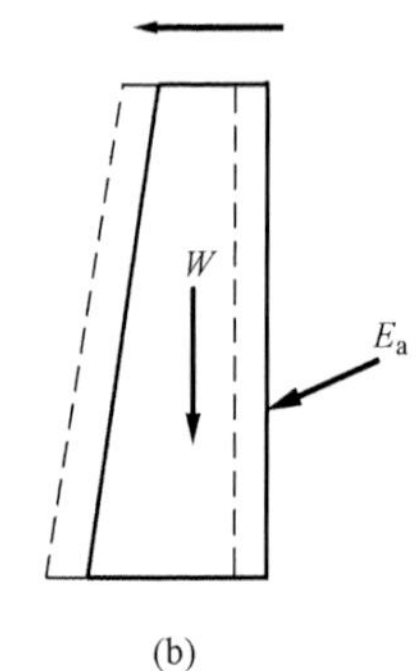

图 7 - 23 挡土墙的倾覆和移滑

(a) 倾覆；(b) 移滑

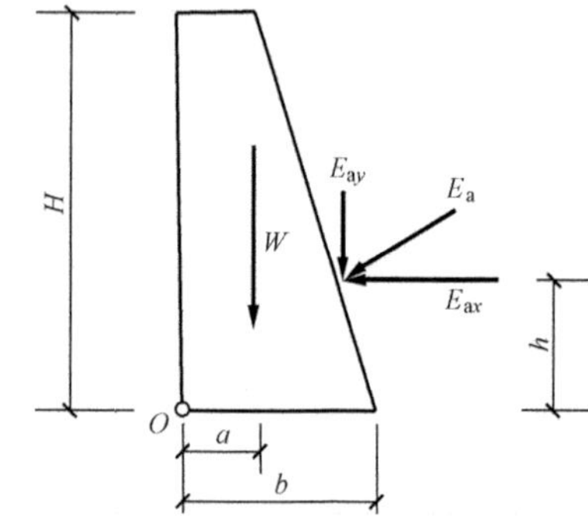

图 7 - 24 稳定性验算图

抗滑稳定验算应满足下式的要求（见图 7 - 22）：

$$K_s = \frac{抗滑力}{滑动力} = \frac{(W + E_{ay})\mu}{E_{ax}} \geqslant 1.3 \tag{7 - 30}$$

式中 K_s——抗滑稳定安全系数；

E_{ax}、E_{ay}——主动土压力的水平分力和竖直分力，kN/m；

μ——基底摩擦系数，可用试验测定或参考表 7 - 3 取值。

表 7 - 3 挡土墙基底对地基的摩擦系数 μ 值

土的类别		摩擦系数 μ	土的类别	摩擦系数 μ
黏性土	可塑	0.25～0.30	中砂、粗砂、砾砂	0.40～0.50
	硬塑	0.30～0.35	砂石土	0.40～0.60
	坚硬	0.35～0.45	软质岩石	0.40～0.60
粉土	$S_r \leqslant 0.50$	0.30～0.40	表面粗糙的硬质岩石	0.65～0.75

注 对于易风化的软质岩石和 $I_p > 22$ 的黏性土 μ 应通过试验确定。

若验算结果不满足式（7 - 30），则应采取以下措施加以解决。

(1) 修改挡土墙断面尺寸，通常是加大底宽，增加墙自重 W 以增大抗滑力；

(2) 在挡土墙底面做砂、石垫层，以提高摩擦系数 μ 值，增大抗滑力；

(3) 将挡土墙底做成逆坡，利用滑动面上部分反力来抗滑；

(4) 在软土地基上，抗滑稳定安全系数较小，其他方法无效或不经济时，可在挡土墙踵后加拖板，利用拖板上的土重来抗滑。拖板与挡土墙之间用钢筋连接。

3. 抗倾覆稳定验算

挡土墙满足式（7－30）后，还应满足抗倾覆的稳定性（见图7－23）。对墙趾点O取力矩，必须满足下列公式。

$$K_t=\frac{\text{抗倾覆力矩}}{\text{倾覆力矩}}=\frac{Wa+E_{ay}b}{E_{ax}h}\geqslant 1.6 \tag{7-31}$$

式中 K_t——抗倾覆安全系数；

a、b、h——W、E_{ay}、E_{ax}，对O点的力臂。

如不满足式（7－31）的要求，可选用以下措施。

(1) 加大墙底宽，增大墙自重，以增大抗倾覆力矩。但这种方法要增加较多的工程量，通常并不经济。

(2) 伸长墙前趾，增加混凝土工程量不多，但需多用钢筋。

(3) 将墙背做成反坡［见图7－25 (a)］，减小土压力，但施工不方便。在软土地基上，抗滑稳定安全系数较小，采取其他方法无效或不经济时，可以在挡土墙墙踵后面加钢筋混凝土托板。利用托板上填土重量增大抗滑力，同时还增加一个抗倾覆力矩。托板和挡土墙之间用钢筋连接，如图7－25 (b) 所示。

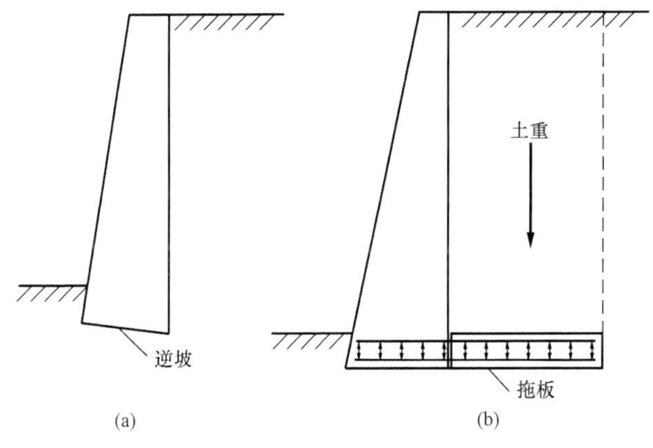

图7－25 增加抗滑力的措施

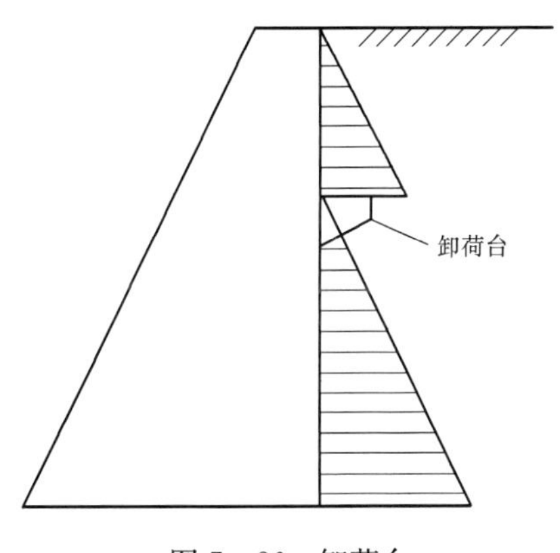

图7－26 卸荷台

(4) 在挡土墙垂直墙背上做卸荷台（见图7－26），卸荷台以上的土压力，不能传到卸荷台以下。土压力呈两个小三角形，因而减小了墙背总的土压力，同时还增加了一个抗滑移力矩，增加挡土墙的安全性。

4. 地基承载力验算

与一般偏心受压基础验算方法相同，应同时满足：

$$\frac{1}{2}(\sigma_{max}+\sigma_{min})\leqslant f_a$$

$$\sigma_{max}\leqslant 1.2f_a$$

7.5.3 墙后回填土的选择

挡土墙后的回填土用什么土为好？根据上述土压力理论进行分析，希望作用在挡土墙上的土压力值最小。使挡土墙断面小，节省方量，降低造价。也就是希望产生最小的主动土压力 P_a，而 P_a 的大小与墙后填土的种类和性质密切有关。

(1) 理想的回填土为卵石、砾石、粗砂、中砂，要求砂砾料洁净、含泥量小。用这类填土可以使挡土墙产生较小的主动土压力。因为上述材料的内摩擦角大，使得主动土压力系数较小，主动土压力也就较小。

(2) 可用的回填土为细砂、粉砂、含水率接近最优含水率的粉土、粉质黏土和低塑性黏土，如当地无粗粒土且外运不经济，可就地取材。

(3) 不能用的回填土为软黏土、成块的硬黏土、膨胀土和耕植土。因为这类土产生的土压力大且性质不稳定，在冬季冰冻时或雨季吸水膨胀会产生额外压力，对挡土墙的稳定不利。

7.5.4 墙后排水措施

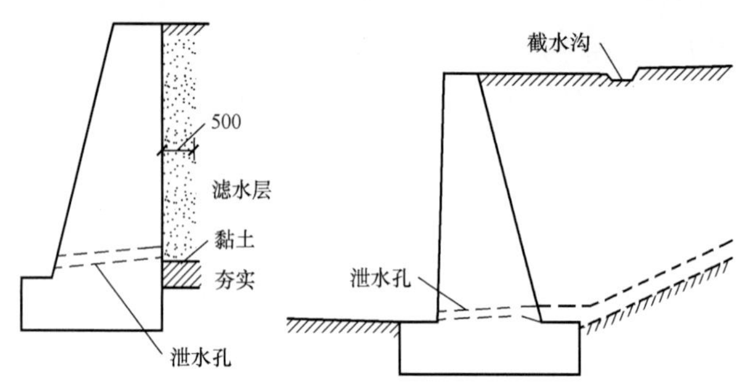

图 7-27　挡土墙的排水措施

在挡土墙建成使用期间，如遇暴雨渗入墙后填土，使填土重度增加，内摩擦角降低，导致填土对墙的土压力的增大。同时墙后积水，增加水压力，对墙的稳定性不利。因此，墙背应做泄水孔，一般泄水孔直径为 5～10cm，间距 2～3m。池水孔应高于墙前水位，以免倒灌（见图 7-27）。如墙后填土倾斜，还应做截水沟。

【例 7-5】　已知某挡土墙墙高 $H=6\text{m}$，墙背倾斜 $\varepsilon=10°$，填土表面倾斜 $\beta=10°$，墙摩擦角 $\delta=20°$，墙后填土为中砂，内摩擦角 $\varphi=30°$，重度 $\gamma=18.5\text{kN/m}^3$，地基承载力设计值 $f=180\text{kPa}$。设计挡土墙的尺寸。

解　①应用库伦理论计算作用于墙上的主动土压力，查表 7-1 得 $K_a=0.46$，

则
$$E_a=\frac{1}{2}\gamma H^2K_a=\frac{1}{2}\times 18.5\times 6^2\times 0.46=153\text{kN/m}$$

垂直分力
$$E_{ay}=E_a\cos60°=153\times\frac{1}{2}=76.5\text{kN/m}$$

水平分力
$$E_{ax}=E_a\cos30°=153\times\frac{\sqrt{3}}{2}=132.4\text{kN/m}$$

②设挡土墙断面尺寸为顶宽 1m，底宽 5m，则墙自重

$$W=\frac{(1+5)H\times 24}{2}=432\text{kN/m}$$

③抗滑稳定验算：

查表 7-4 得 $\mu=0.4$，则

$$K_s=\frac{(W+E_{ay})\mu}{E_{ax}}=\frac{(432+76.5)\times 0.4}{132.4}=\frac{508.5\times 0.4}{132.4}=1.54>1.3\qquad\text{可以。}$$

为节省工程量，将底宽修改为 4m，此时

$$W=\frac{(1+4)H\times 24}{2}=359\text{kN/m}$$

$$K_s=\frac{(W+E_{ay})\mu}{E_{ax}}=\frac{(359+76.5)\times 0.4}{132.4}=1.32>1.3\qquad\text{可以。}$$

④抗倾覆验算：

$$K_t = \frac{Wa + E_{ay}b}{E_{ax}h} = \frac{359 \times 2.2 + 76.5 \times 3.6}{132.4 \times 2} = 4.02 > 1.5 \quad 满足要求。$$

由上可见，一般挡土墙稳定验算中 K_t 容易满足要求。

思　考　题

7-1　试述主动土压力、静止土压力、被动土压力各自产生的条件，并比较其大小。

7-2　朗肯土压力和库伦土压力各自的适用条件是什么?

7-3　影响土压力大小的因素主要有哪些?

7-4　挡土墙有哪些常用的类型?应如何选择?

7-5　挡土墙设计应进行哪些验算?哪些措施可以提高挡土墙的抗滑移和抗倾覆稳定系数?

习　　题

7-1　某挡土墙高5m，墙背垂直光滑，墙后填土为砂土，$\gamma=18\text{kN/m}^3$，$\varphi=40°$，$c=0$，填土表面水平，试比较静止土压力、主动土压力和被动土压力值大小。

7-2　某拱桥，高6m，土层分布和土指标如图7-28所示，试计算墙背静止土压力和被动土压力（$K_0=0.5$）。

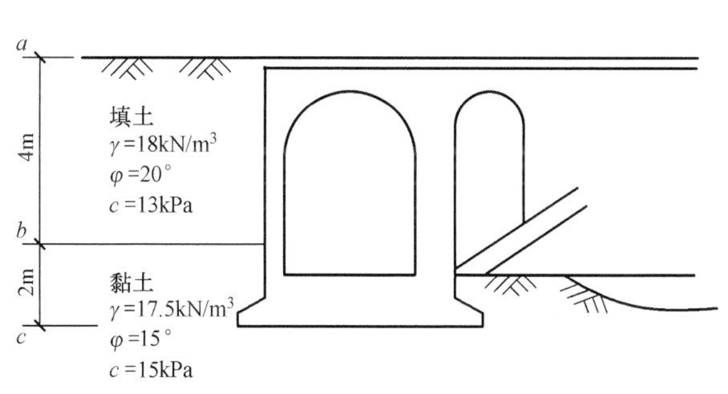

图7-28　习题7-2图

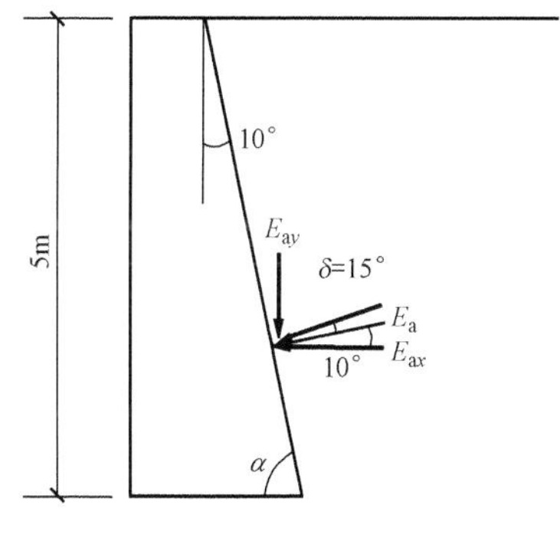

图7-29　习题7-3图

7-3　某挡土墙，墙高5m，墙背倾角10°，填土为砂，填土面水平$\beta=0°$，墙背摩擦角$\delta=15°$，$\gamma=19\text{kN/m}^3$，$\varphi=30°$，$c=0$，如图7-29所示，试按库伦土压力理论和朗肯土压力理论计算主动土压力。

7-4　某混凝土挡土墙高6m，分两层土，第一层土$\gamma_1=19.5\text{kN/m}^3$，$c_1=12\text{kPa}$，$\varphi_1=15°$；第二层土$\gamma_2=17.3\text{kN/m}^3$，$c_2=0$，$\varphi_2=31°$，如图7-30所示。试计算主动土压力。

7-5　某挡土墙高6m，墙背竖直光滑，墙后填土$\varphi=34°$，$c=0$，$\gamma=19\text{kN/m}^3$，填土面水平，顶面均布荷载$q=10\text{kPa}$，试求主动土压力及作用位置。

7-6　某挡土墙，墙背填土为砂土，如图7-31所示，试用水土分算法计算主动土压力和水压力。

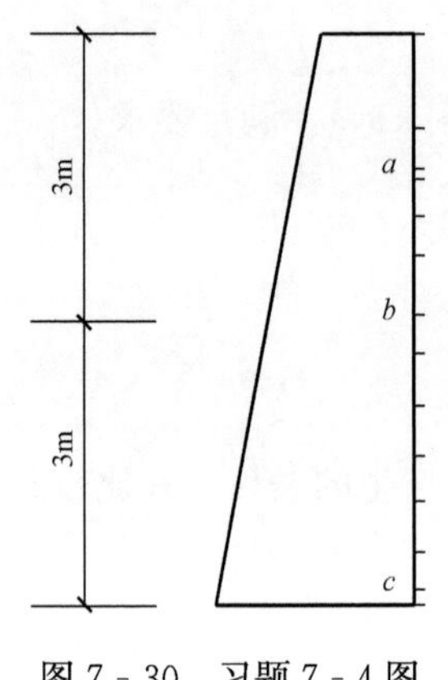

图 7-30 习题 7-4 图

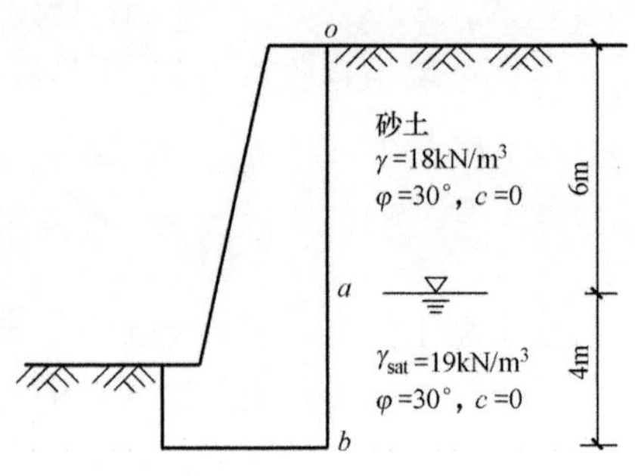

图 7-31 习题 7-6 图

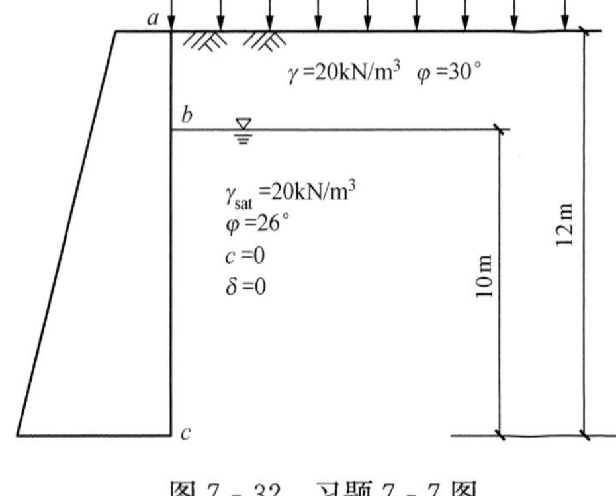

图 7-32 习题 7-7 图

7-7 某挡土墙高 12m，如图7-32所示，试计算主动土压力。

7-8 某挡土墙高 7m，填土顶面局部作用荷载 $q=10\text{kN/m}^2$，如图7-33所示，试计算挡土墙主动土压力。

7-9 某挡土墙高 $H=6$m，墙背倾角 $\alpha=80°$，填土面倾角 $\beta=10°$，$\delta=15°$，$\mu=0.4$，填料为中砂，$\varphi=30°$，$\gamma=18.5\text{kN/m}^3$，砌体 $\gamma=22\text{kN/m}^3$，如图 7-34 所示，试设计该挡土墙。

7-10 某挡土墙高 6m，用毛石和 M5 水泥砂浆砌筑，填土 $\gamma=19\text{kN/m}^3$，$\varphi=40°$，$c=0$，基底摩擦系数 $\mu=0.5$，地基承载力特征值 $f_a=180$kPa，试进行挡土墙抗倾覆、抗滑移稳定性和地基承载力验算。

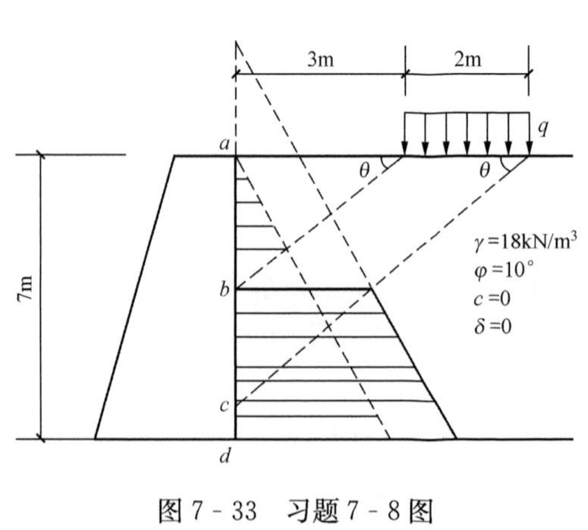

图 7-33 习题 7-8 图

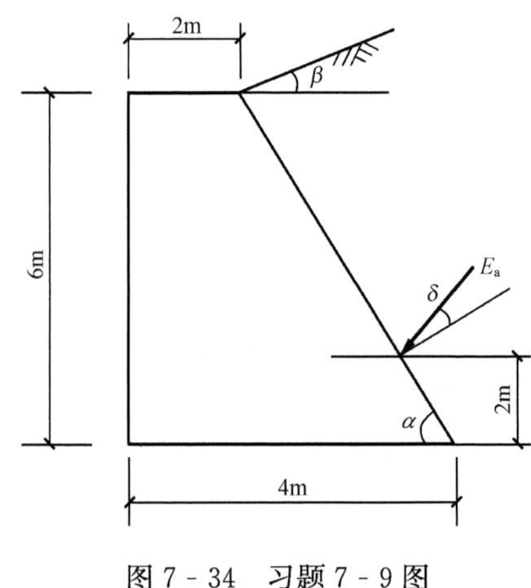

图 7-34 习题 7-9 图

（答案：7-1：80.33kPa，48.8kPa，1035kPa；7-2：161.5kPa，824.7kPa；7-3：89.775kPa，79.09kPa；7-4：92.3kPa；7-5：113.7kPa，据下部 2.15m；7-6：276kPa，80kPa；7-7：1092.6kPa；7-8：325.2kPa；7-9：略；7-10：2.29，1.42，151.4kPa）

注册岩土工程师考试题选

7－1　某工程现浇钢筋混凝土地下隧道，其剖面如图7－35所示。作用在填土地面上的活荷载为$q=20\text{kN/m}^2$，通道周围填土为砂土，其重度为20kN/m^3，静止土压力系数为$K_0=0.45$，地下水位在自然地面下8m处。

（1）试问，作用在通道侧墙顶点（图中A点）处的水平侧压力强度值（kN/m^2），与下列何项数值最为接近？（　　）

A. 6　　B. 12　　C. 18　　D. 24

（2）假定作用在图中A点处的水平侧压力强度值为20kN/m^2，试问：作用在单位长度1m侧墙上总的土压力（kN）与下列何项数值最为接近？（　　）

A. 180　　B. 210

C. 260　　D. 310

（3）假定作用在单位长度1m侧墙上总的土压力为$E_a=220\text{kN}$，其作用点C位于B点以上2.0m处，试问：单位长度1m侧墙根部截面（图中B点处）的弯矩设计值（kN·m）与下列何项数值最为接近？（　　）

A. 210　　B. 270

C. 320　　D. 390

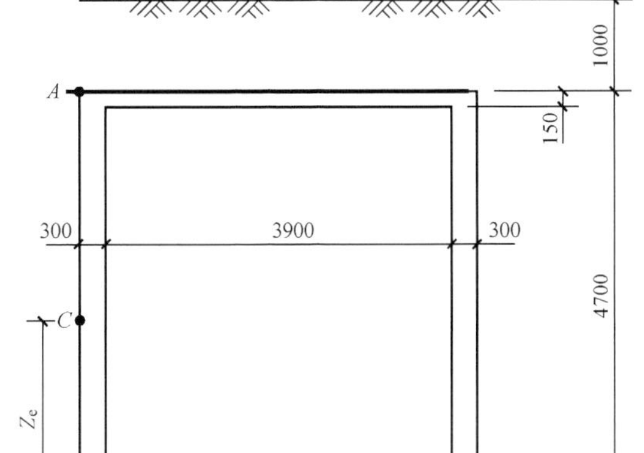

图7－35　题选7－1图

7－2　某毛石砌体挡土墙，其剖面尺寸如图7－36所示。墙背直立，排水良好。墙后填土与墙齐高，其表面倾角为β，填土表面的均布荷载为q。

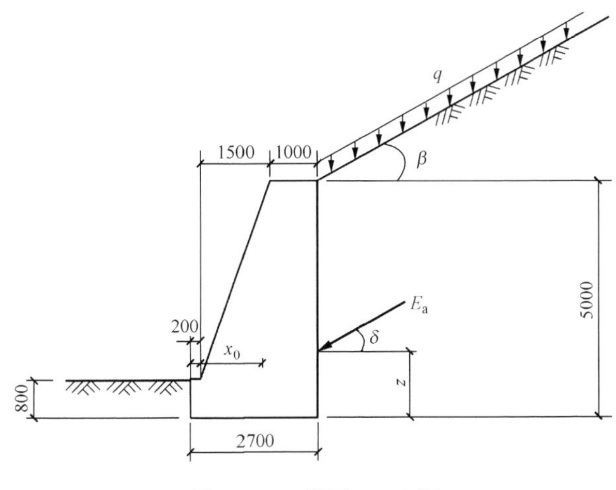

图7－36　题选7－2图

（1）假定填土采用粉质黏土，值重度为19kN/m^3，干密度大于1.65t/m^3，土对挡土墙

背的摩擦角 $\delta=\frac{1}{2}\varphi$（$\varphi$ 为墙背填土的内摩擦角），填土的表面倾角 $\beta=10°$，$q=0$。试问：主动土压力 E_a(kN/m) 最接近于下列何项数值？（　　）

A. 60　　B. 62　　C. 70　　D. 74

(2) 假定挡土墙的主动土压力 $E_a=70$kN/m，土对挡土墙基底的摩擦系数 $u=0.4$，$\delta=13°$，挡土墙每延米自重 $G=209.22$kN/m。试问：挡土墙抗滑移稳定性安全度 K_s（即抵抗滑移与引起滑移的力的比值），最接近于下列何项数值？（　　）

A. 1.29　　B. 1.32　　C. 1.45　　D. 1.56

(3) 条件同题 (2)，已求得挡土墙重心与墙趾的水平距离 $x_0=1.68$m，试问：挡土墙抗倾覆稳定性安全度 K_t（即稳定力矩与倾覆力矩之比）最接近于下列何项数值？（　　）

A. 2.3　　B. 2.9　　C. 3.5　　D. 4.1

(4) 假定 $\delta=0$，$q=0$，$E_a=70$kN/m，挡土墙每延米自重为 209.22kN/m，挡土墙重心与墙趾的水平距离 $x_0=1.68$m，试问：挡土墙基础底面边缘的最大压力值 $p_{k\max}$(kPa)，最接近于下列何项数值？（　　）

A. 117　　B. 126　　C. 134　　D. 154

(5) 假定填土采用粗砂，其堆密度为 18kN/m^3，$\delta=0$，$\beta=0$，$q=15$kN/m^2，$K_a=0.23$，试问：主动土压力 E_a(kN/m)，最接近于下列何项数值？（　　）

A. 83　　B. 78　　C. 72　　D. 69

(6) 假定 $\delta=0$，已计算出墙顶面处的土压力强度 $p_{a1}=3.8$kN/m，墙底面处的土压力强度 $p_{a2}=27.83$kN/m，土动土压力 $E_a=79$kN/m，试问：主动土压力 E_a 作用点距离挡土墙底面的高度 z(m)，最接近于下列何项数值？（　　）

A. 1.6　　B. 1.9　　C. 2.2　　D. 2.5

(7) 对挡土墙的地基承载力验算，除应符合《建筑地基基础设计规范》的规定外，基底合力的偏心距 e 尚应符合下列何项数值才是正确的？提示：b 为基础宽度。（　　）

A. $e\leqslant\frac{b}{2}$　　B. $e\leqslant\frac{b}{3}$　　C. $e\leqslant\frac{b}{3.5}$　　D. $e\leqslant\frac{b}{4}$

（答案：7-1：C，B，B；7-2：C，B，C，A，B，B，D）

第8章 地基承载力

本章提要

地基承载力是指地基土单位面积上所能承受荷载的能力，以 kPa 计。通常把地基上单位面积所能承受的最大荷载称为极限荷载或极限承载力。地基承受建筑物荷载作用后，一方面引起地基土体变形，造成建筑物沉降或不均匀沉降，若沉降过大，就会导致建筑物严重下沉、倾斜或挠曲、上部结构开裂；另一方面，引起地基内土体的剪应力增加，当某一点的剪应力达到土的抗剪强度时，这一点的土就处于极限平衡状态。若土体中某一区域内各点都达到极限平衡状态，就形成极限平衡区（或称为塑性区）。如果荷载继续增大，地基内塑性区的范围随之不断增大，局部的塑性区发展成为连续滑动面，这时，基础下一部分土体将沿滑动面产生整体滑动，称为地基失去稳定（或丧失承载能力）。坐落在其上的建筑物将会发生急剧沉降、倾斜，甚至倒塌。在地基基础设计中，为保证在荷载作用下地基土不致产生强度（剪切）破坏，必须使基底压力不超过规定的地基承载力，同时也要使建筑物不会产生不允许的沉降和沉降差，以满足建筑物正常的使用要求。

确定地基承载力是工程实践中迫切需要解决的基本问题之一，也是土力学研究的主要内容。本章主要从土的强度和地基稳定性角度介绍确定地基承载力常见的几种理论方法。当然，在实际工程设计中，还需考虑不同建筑物对地基变形的控制要求，进行地基变形的验算。

§8.1 地基的破坏模式

为了解地基承载力的概念以及地基土受荷后的破坏特征，可以通过现场载荷试验和室内模拟试验来研究，这些试验实际上是一种基础受荷的模拟试验。从中可以发现地基在垂直荷载作用及倾斜荷载作用两种情况下的破坏模式。

8.1.1 垂直荷载作用下地基破坏的三种模式及其判别

地基载荷试验曲线反映了垂直荷载 p 与沉降 s 之间的关系特性（$p-s$ 曲线）。曲线一般分为三段，表明地基的变形可分为三个阶段。

（1）线性变形阶段（压密阶段）：相应与 $p-s$ 曲线中的 Oa 段。此时荷载 p 与沉降 s 基本上呈直线关系，地基中任意点的剪应力均小于土的抗剪强度，土体处于弹性状态。地基的变形主要是由于土的孔隙体积减小而产生的压密变形。

（2）塑性变形阶段（剪切阶段）：相应与 $p-s$ 曲线中的 ab 段。此时荷载 p 与沉降 s 不再呈直线关系，沉降的增量与荷载的增量的比值（即 $\Delta s/\Delta p$）随荷载的增大而增加，$p-s$ 之间呈曲线关系。在此阶段，地基土在局部范围内剪应力达到土的抗剪强度而处于极限平衡状态。产生剪切破坏的区域称为塑性区。随着荷载的增加，塑性区逐步扩大，由基础边缘开始逐渐向纵深发展。

（3）破坏阶段：相应与 $p-s$ 曲线中的 bc 阶段。随着荷载的继续增加，剪切破坏区不断扩大，最终在地基中形成一个连续的滑动面。此时基础急剧下沉，四周的地面隆起，地基发生整体剪切破坏。

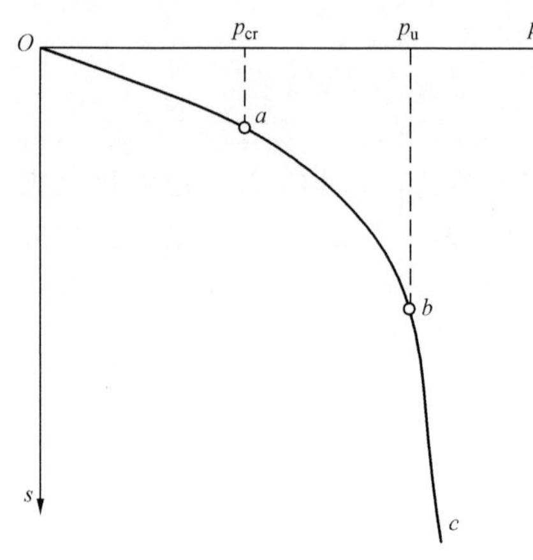

图 8-1　$p-s$ 曲线

上述地基变形的三个阶段，在 $p-s$ 曲线上有两个重要的转折点：a 点所对应的荷载称为临塑荷载，以 p_{cr} 表示，指地基中即将开始出现剪切破坏时的基底压力。b 点所对应的荷载称为地基极限承载力 p_u，是地基承受基础荷载的极限压力。

根据荷载与沉降的关系及其相应的地基滑动情况，可以将垂直荷载作用下地基的破坏模式分为整体剪切破坏、局部剪切破坏和冲剪破坏三种，如图 8-1 所示。

1. 整体剪切破坏

当作用在地基上的压力达到极限压力后，地基内塑性变形区连成一片并出现连续的滑动面，地基土发生整体剪切破坏。此时只要荷载稍有增加，基础就会急剧下沉、倾斜，地面严重隆起，并往往使建筑物发生破坏，如图 8-2（a）所示。对于压缩性较低的土，加密实砂土和坚硬黏土，当压力足够大时，一般都发生这种破坏模式。

2. 局部剪切破坏

介于整体剪切破坏与冲剪破坏之间。这是一种过渡性的破坏模式。破坏时地基的塑性变形区域局限于基础下方，滑动面也不延伸到地面。地面可能会轻微隆起，但基础不会明显倾斜或倒塌，其沉降与荷载的关系一开始就呈非线性变化并无明显的拐点，如图 8-2（b）所示。

3. 冲剪破坏

其特点是地基不出现明显的连续滑动面，基础四周的地面也不隆起；基础没有很大倾斜，但随着荷载的增加并达到一定数值时，基础将随着土的压缩连续刺入，最后因基础侧面附近土的垂直剪切而破坏，对于这种破坏形式，其沉降与荷载的关系同样不出现明显的拐点，如图 8-2（c）所示。这种破坏模式一般出现在压缩性较大的松砂和软土中。

基础破坏形式的出现与基础上所加的荷载条件、基础的埋置深度、土的种类和密度等多种因素有关。在一定的条件下，主要取决于土的相对压缩性。魏锡克（Vesic，A. S.）主要考虑到土的压缩性，建议用土的刚度指标 I_r 与土的临界刚度指标 $I_r(C_r)$ 两者的比较，将土划分为相对不可压缩和相对可压缩的两大类型，并据此来判别地基的破坏形式。若 $I_r > I_r(C_r)$，则认为土是相对不可压缩的，此时地基将发生整体剪切破坏；若 $I_r < I_r(C_r)$，则认为土是相对可压缩的，此时地基将可能发生局部剪切破坏或冲剪破坏。地基土的刚度指标可按式（8-1）计算，即

$$I_r = \frac{G}{c + q_0 \tan\varphi} = \frac{E}{2(1+\gamma)(c + q_0 \tan\varphi)} \tag{8-1}$$

式中　G——土的剪切模量，kPa；

E——土的变形模量，kPa；

γ——土的泊松比；

c——土的凝聚力，kPa；

φ——土的内摩擦角，(°)；

q_0——地基中膨胀区平均超载压力，kPa，一般可取基底以下 $B/2$，（B 为基础宽度）深度的上覆土重。

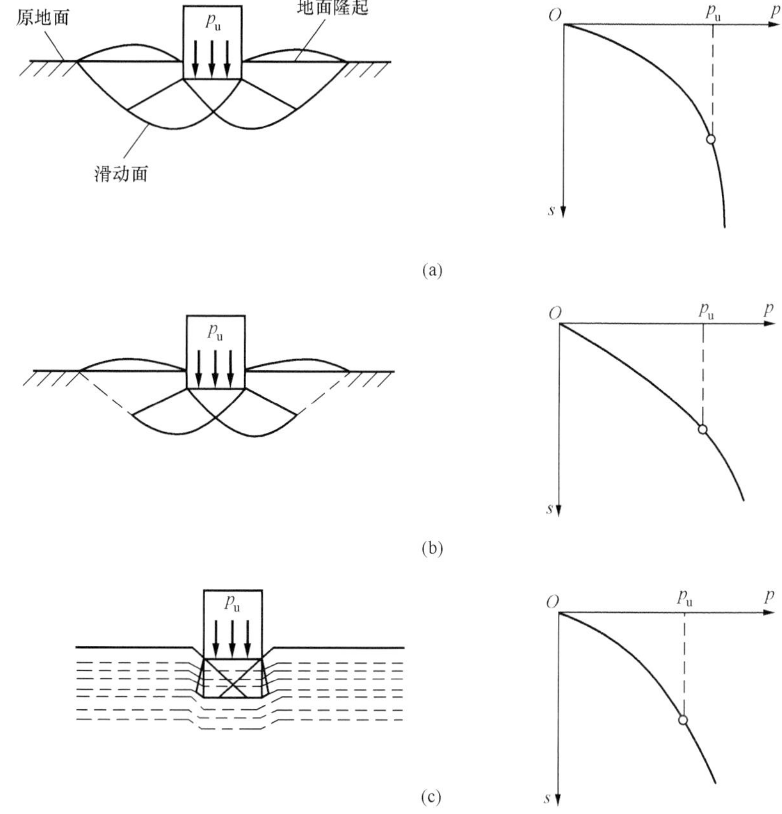

图 8-2　地基的破坏模式

(a) 整体剪切破坏；(b) 局部剪切破坏；(c) 冲剪破坏

地基土的临界刚度指标可按式（8-2）计算，即

$$I_r(c_r)=\frac{1}{2}\exp\left(3.30-0.45\frac{B}{L}\right)\cot\left(45°-\frac{\varphi}{2}\right) \tag{8-2}$$

式中　L——基础的长度，m。

其余符号的意义同式（8-1）。

8.1.2　倾斜荷载下地基的破坏模式

建筑物的地基有时会同时承受竖直方向和水平方向的荷载，如图 8-3 所示。图中，P_v 和 P_h 分别表示竖向与水平方向荷载，δ 为荷载合力 R 与竖直线的夹角。当竖向荷载较小时，地基的应力远未达到破坏状态，这时加上水平荷载会使地基的稳定程度有所降低，但仍不足以在地基土上形成深层滑动面，建筑物只可能沿地基表面产生平面滑动，如图 8-3（a）所示。当竖向荷载增加至某种程度时，地基中一定范围内的应力便可达到极限

平衡状态，这时如果再加上水平荷载就会出现 8－3（b）所示的连续滑动面，这种情况称为深层滑动。

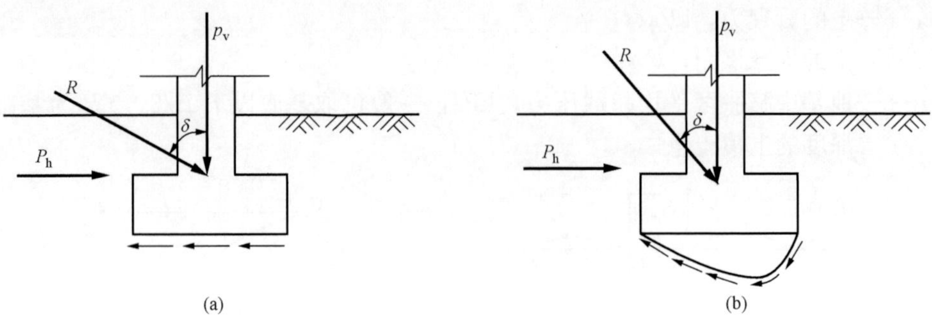

图 8－3　倾斜荷载下地基的破坏模式

（a）平面滑动；（b）深层滑动

§8.2　地基的临塑荷载和临界荷载

在荷载作用下地基变形的发展经历三个阶段，即压密阶段、剪切阶段和破坏阶段。地基变形的剪切阶段也是土中塑性区范围随着作用荷载的增加而不断发展的阶段，我们把土中塑性区开展到不同深度时其相应的荷载称为临界荷载。

下面我们来看一下塑性区边界方程的推导过程。

如图 8－4（a）所示，在地基表面作用均布条形荷载 p，计算土中任意点 M 的最大与最小主应力 σ_1 及 σ_3 时，可按下式计算。

$$\begin{matrix}\sigma_1\\\sigma_3\end{matrix} = \frac{p}{\pi}(2\alpha \pm \sin 2\alpha)$$

考虑土体重力的影响时，则土中任意点 M 由土体重力产生的竖向应力为 $\sigma_{cz}=\gamma z$，水平方向应力为 $\sigma_{cz}=K_o\gamma z$。若假定土的侧压力系数为 $K_o=1$，则土的重力所产生的压应力将同静水压力一样，在各个方向都相等，均为 γz。这样，如图 8－4（a）所示情况，当考虑土的重力时，M 点的最大及最小主应力为

$$\begin{matrix}\sigma_1\\\sigma_3\end{matrix} = \frac{p}{\pi}(2\alpha \pm \sin 2\alpha) + \gamma z \tag{8-3}$$

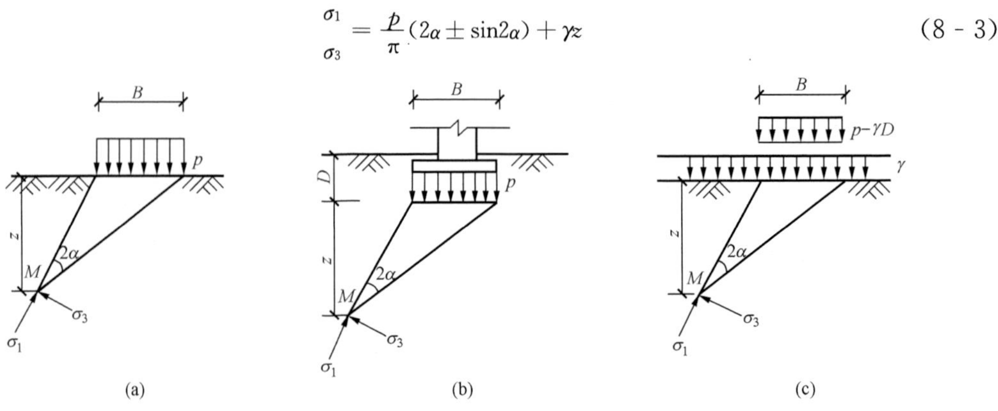

图 8－4　塑性区边界方程的推导

（a）无基础埋深时；（b）有基础埋深时；（c）有基础埋深时的分解示意

若条形基础的埋置深度为 D 时，如图 8 - 4（b）所示，计算基底下深度 z 处 M 点的主应力时，可将作用在基底水平面上的荷载（包括作用在基底的均布荷载 p 以及基础两侧埋置深度 D 范围内的自重应力 γD），分解为图 8 - 4（c）所示两部分，即无限均布荷载 γD 以及基底范围内的均布荷载（$p-\gamma D$）。这样，由土自重作用在 M 点产生的主应力为 γ（$D+z$），这样，当基础有埋置深度 D 时，土中任意点 M 的主应力为

$$\begin{matrix}\sigma_1\\ \sigma_3\end{matrix}=\frac{p-\gamma D}{\pi}(2\alpha\pm\sin2\alpha)+\gamma(D+z) \tag{8-4}$$

若 M 点位于塑性区的边界上，它就处于极限平衡状态。根据土体强度理论中的公式，知道土中某点处于极限平衡状态时，其土应力间满足下述条件。

$$\sin\varphi=\frac{\frac{1}{2}(\sigma_1-\sigma_3)}{\frac{1}{2}(\sigma_1+\sigma_3)+c\cot\varphi}$$

将式（8 - 4）代入上式中得

$$\sin\varphi=\frac{\frac{p-\gamma D}{\pi}\sin2\alpha}{\frac{p-\gamma D}{\pi}\times2a+\gamma(D+z)+c\cot\varphi} \tag{8-5}$$

整理后得

$$z=\frac{p-\gamma D}{\pi\gamma}\left(\frac{\sin2\alpha}{\sin\varphi}-2\alpha\right)-\frac{c\cot\varphi}{\gamma}-D \tag{8-6}$$

式（8 - 6）就是土中塑性区边界线的表达式。若已知条形基础的尺寸 B 和 D，荷载 p，以及土的指标 γ、c、φ 时，假定不同的视角 2α 值代入式（8 - 6），求出相应的深度 z 值，把一系列由对应的 2α 与 z 值决定其位置的点连起来，就得到条形均布荷载 p 作用下土中塑性区的边界线，也即绘得土中塑性区的发展深度范围。

【例 8 - 1】 有一条形基础，如图 8 - 5 所示，基础宽度 $B=3\text{m}$，埋置深度 $D=2\text{m}$，作用在基础底面的均布荷载 $p=190\text{kPa}$。已知土的内摩擦角 $\varphi=15°$，黏聚力 $c=15\text{kPa}$，重度 $\gamma=18\text{kN/m}^3$。求此时地基中的塑性区范围。

解　地基中塑性区范围的表达式如公式（8 - 6），即

$$\begin{aligned}z&=\frac{p-\gamma D}{\pi\gamma}\left(\frac{\sin2\alpha}{\sin\varphi}-2\alpha\right)-\frac{c\cot\varphi}{\gamma}-D\\&=\frac{190-18\times2}{\pi\times18}\left(\frac{\sin2\alpha}{\sin15°}-2\alpha\right)-\frac{15\cot15°}{18}-2\\&=10.52\sin2\alpha-5.45\alpha-5.11\end{aligned}$$

将不同的 α 值代入上式，求得其相应得值，列于表 8 - 1，根据表中结果，绘出土中塑性区范围，如图 8 - 5 所示。

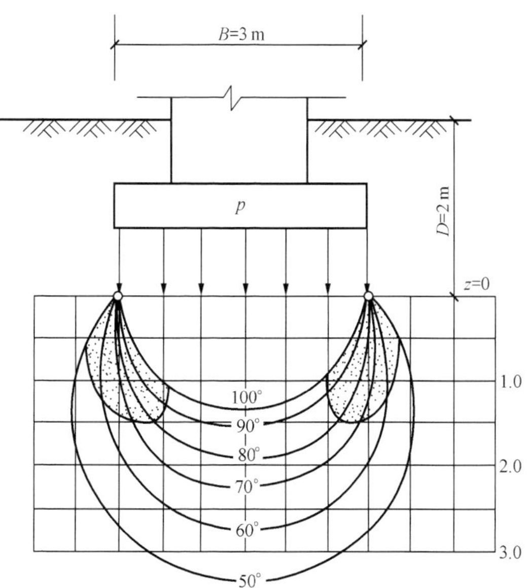

图 8 - 5　条形基础下塑性区计算

在条形均布荷载 p 作用下，计算地基中塑性区开展的最大深度 z_{max} 值时，可以用式（8 - 6）对 α 求导，并令此导数等于

零，即

$$\frac{\mathrm{d}z}{\mathrm{d}\alpha}=\frac{2(p-\gamma D)}{\gamma\pi}\left(\frac{\cos2\alpha}{\sin\varphi}-1\right)=0 \tag{8-7}$$

表 8-1　**塑性区范围计算**

	15	20	25	30	35	40	45	50	55
$10.52\sin2\alpha$	5.26	6.76	8.06	9.11	9.88	10.36	10.52	10.35	9.88
-5.45α	−1.43	−1.9	−2.38	−2.86	−3.33	−3.81	−4.28	−4.75	−5.22
−5.11	−5.11	−5.11	−5.11	−5.11	−5.11	−5.11	−5.11	−5.11	−5.11
z (m)	−1.28	−0.25	−0.25	0.57	1.44	1.44	1.13	0.49	−0.45

由此解得

$$\cos2\alpha=\sin\varphi \tag{8-8}$$

或

$$2\alpha=\frac{\pi}{2}-\varphi \tag{8-9}$$

将式（8-9）中的 2α 值代入式（8-6）中，即可得地基中塑性区开展最大深度的表达式：

$$z_{\max}=\frac{p-\gamma D}{\gamma\pi}\left[\cot\varphi-\left(\frac{\pi}{2}-\varphi\right)\right]-\frac{c\cot\varphi}{\gamma}-D \tag{8-10}$$

由式（8-10）也得到相应的基底均布荷载 p 的表达式：

$$p=\frac{\pi}{\cot\varphi+\varphi-\frac{\pi}{2}}\gamma z_{\max}+\frac{\cot\varphi+\varphi+\frac{\pi}{2}}{\cot\varphi+\varphi-\frac{\pi}{2}}\gamma D+\frac{\pi\cot\varphi}{\cot\varphi+\varphi-\frac{\pi}{2}}c \tag{8-11}$$

式（8-11）就是计算临塑荷载及临界荷载的基本公式。

如令 $z_{\max}=0$ 代入式（8-11），此时的基底压力即为临塑荷载 p_{cr}，得其计算公式为

$$p_{cr}=N_q\gamma D+N_c c \tag{8-12}$$

其中

$$N_q=\frac{\cot\varphi+\varphi+\frac{\pi}{2}}{\cot\varphi+\varphi-\frac{\pi}{2}},\quad N_c=\frac{\pi\cot\varphi}{\cot\varphi+\varphi-\frac{\pi}{2}}$$

若地基中允许塑性区开展的深度 $z_{\max}=B/4$（B 为基础宽度），则代入式（8-11），即得相应的临界荷载 $p_{\frac{1}{4}}$ 的计算公式：

$$p_{\frac{1}{4}}=\gamma BN_\gamma+\gamma DN_q+N_cC \tag{8-13}$$

式中　$N_\gamma=\dfrac{\pi}{4\left(\cot\varphi+\varphi-\frac{\pi}{2}\right)}$，其他符号意义同前。

N_q，N_γ，N_c 称为承载力系数，它只与土的内摩擦角有关，可从表 8-2 查得。

表 8-2　**临塑荷载 P_{cr} 及临界荷载 $P_{\frac{1}{4}}$ 的承载力系数 N_γ，N_q，N_c 值**

φ (°)	N_γ	N_q	N_c	φ (°)	N_γ	N_q	N_c
0	0	1.00	3.14	6	0.10	1.39	3.71
2	0.03	1.12	3.32	8	0.14	1.55	3.93
4	0.06	1.25	3.51	10	0.18	1.73	4.17

续表

φ (°)	N_γ	N_q	N_c	φ (°)	N_γ	N_q	N_c
12	0.23	1.94	4.42	28	0.98	4.93	7.40
14	0.29	2.17	4.69	30	1.15	5.59	7.95
16	0.36	2.43	5.00	32	1.34	6.35	8.55
18	0.43	2.72	5.31	34	1.55	7.21	9.22
20	0.51	3.06	5.66	36	1.81	8.25	9.97
22	0.61	3.44	6.04	38	2.11	9.44	10.80
24	0.72	3.87	6.45	40	2.46	10.84	11.73
26	0.84	4.37	6.90	45	3.66	15.64	14.64

在式（8－12）、式（8－13）的应用中，还应注意以下几点：

（1）公式是基于条形基础推导出来的，条形基础属于弹性力学平面应变问题，将这个解答用于矩形、方形、圆形基础时，显然结果偏于安全。

（2）公式是基于中心垂直荷载或均布荷载推导的，所以，如果实际工程中有明显的偏心或倾斜荷载，则上述公式不能应用，应进行修正或另推导公式。

（3）在上述公式的推导过程中，图8－4所示地基中任一点 M 处的附加应力 σ_1、σ_3 是一个特殊的方向，而自重应力场中 σ_1、σ_3 的方向分别是竖向和水平的，为了叠加方便，假定自重应力场均为静水应力场，即确定的深度处，任何方向上的应力都相等。显然，这种假定在饱和软黏土如淤泥中还算正确，误差不大，但对于大多数土都相差较大。对这种情况，国内已有学者作了改进，读者可以查阅相关文献。在上述公式中，若土的内摩擦角 $\varphi=0$，则出现$\frac{\infty}{\infty}$或$\frac{0}{0}$的形式，这时求解应先用数学上的洛必达法则（L′Hospital）进行处理后再求解，得到

$$p_{cr}=p_{1/4}=\pi c+\gamma D \tag{8-14}$$

这说明：土质越软，临塑荷载越小，地基中不允许出现塑性区，一旦出现了塑性区，就立即破坏。

§8.3　地基极限承载力

极限荷载是地基达到完全剪切破坏时的最小压力。极限承载力的理论推导目前只能针对整体剪切破坏模式进行。确定极限承载力的计算公式可归纳为两大类：一类是假定滑动面法，先假定在极限荷载作用时土中滑动面的形状，然后根据滑动土体的静力平衡条件求解；另一类是理论解，根据塑性平衡理论导出在已知边界条件下，滑动向的数学方程式来求解。

8.3.1　地基极限承载力理论

由于假定不同，计算极限荷载的公式的形式也各不相同。但不论哪种公式，都可写成如下基本形式 $p_u=\frac{1}{2}\gamma bN_\gamma+N_qq+N_cc$。下面介绍几种著名的极限荷载公式。

一、普朗德尔解

1920 年，普朗德尔（Prandtl L.）根据塑性理论，研究了刚性物体压入均匀、各向同性、无质量的半无限刚塑性介质时，导出了介质达到破坏时的滑动面形状及相应的极限压应力公式。普朗德尔做如下假设：

（1）地基土是均匀、各向同性的无重量介质，即认为土的 $\gamma=0$。

（2）基础底面光滑，即基础底面与土之间无摩擦力存在。因此水平面为大主应力面，竖直面为小主应力面。

（3）当地基处于极限（或塑性）平衡状态时，将出现连续的滑动面，其滑动区域将由朗肯主动区Ⅰ、径向剪切区（过渡区）Ⅱ及和朗肯被动区Ⅲ所组成。

根据弹塑性极限平衡理论及上述假定条件，得出极限承载力计算公式为

$$p_u = cN_c \tag{8-15}$$

$$N_c = \cot\varphi\left[e^{\pi\tan\varphi}\tan^2\left(45°+\frac{\varphi}{2}\right)-1\right]$$

式中 N_c——承载力系数；

c——土的黏聚力。

二、赖斯诺解

赖斯诺（Reissner，1924 年）在普朗德尔解的基础上，考虑了基础埋深 d 的影响，将 $q=\gamma_m d$ 作为旁侧荷载，从而得到地基极限承载力公式为

$$p_u = cN_c + qN_q \tag{8-16}$$

$$N_q = e^{\pi\tan\varphi}\tan^2\left(45°+\frac{\varphi}{2}\right)$$

式中 N_q、N_c——承载力系数；

q——旁侧荷载，$q=\gamma_m d$；

d——基础埋深；

γ_m——埋深范围内土的平均重度。

三、泰勒解

普朗德尔—赖斯诺公式是假定土的重度 $\gamma=0$（无质量），并按极限平衡理论求得的，泰勒在 1948 年提出若考虑土体重力时，其极限承载力公式应为

$$p_u = \frac{1}{2}\gamma bN_\gamma + qN_q + cN_c \tag{8-17}$$

$$N_\gamma = \tan\left(45°+\frac{\varphi}{2}\right)\left[e^{\pi\tan\varphi}\tan^2\left(45°+\frac{\varphi}{2}\right)-1\right]$$

式中 N_q、N_c、N_γ——承载力系数；

b——基础宽度；

γ——基底下土的重度。

四、太沙基公式

1943 年，太沙基（Terzaghi，K.）利用塑性理论推导了条形浅基础在铅直中心荷载作用下，地基极限荷载的理论公式。太沙基认为从实用考虑，当基础的长宽比 $L/B\geqslant5$ 及基础的埋置深度 $D\leqslant B$ 时，就可视为是条形基础。基底以上的土体看作是作用在基础两侧的均布荷载 $q=\gamma D$。太沙基公式是属于假定滑动（见图 8 - 6）分成三个区求极限荷载的方法。其假定为：

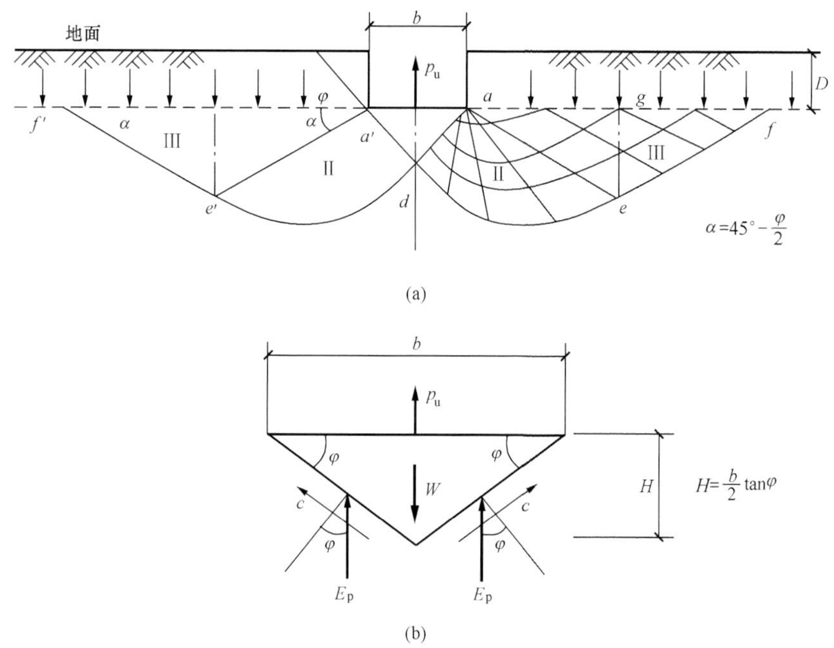

图 8-6　太沙基极限承载力解

(a) 完全粗糙基底；(b) 弹性楔体受力分析

(1) 基底面粗糙，具有很大的摩擦力，不会发生剪切位移，Ⅰ区在基础底面下的三角形弹性楔体，不是处于朗肯主动状态，而是处于弹性压密状态。它在地基破坏时随基础一同下沉。楔体与基底面（滑动面与水平面）的夹角为 φ。

(2) Ⅱ区（辐射受剪区）的下部近似为对数螺旋曲线，因为如果考虑土的重度，滑动面就不会是对数螺旋曲线，目前尚不能求得两组滑动面的解析解，太沙基忽略了土的重度对滑动面形状的影响，是一种近似解。Ⅲ区（朗肯被动状态区）下部为一斜直线，其与水平面夹角为 $\left(45°-\dfrac{\varphi}{2}\right)$，塑性区（Ⅱ与Ⅲ）的地基，同时达到极限平衡。

(3) 基础两侧的土重视为“边载荷” $q=\gamma d$，不考虑这部分土的抗剪强度。Ⅲ区的重量抵消了上举作用力，并通过Ⅱ、Ⅰ区阻止基础的下沉。

考虑单位长基础，根据对弹性楔体（基底下的三角形土楔体）的静力平衡条件，得出如下公式：

$$p_u = c \cdot \tan\varphi + \frac{2P_p}{B} - \frac{1}{4}\gamma b \tan\varphi \tag{8-18}$$

太沙基认为从实际工程要求的精度，可用下述简化方法分别计算由三种因素引起的被动力的总和。

(1) 土是无质量，有黏聚力和内摩擦角，没有超载，即 $\gamma=0$，$c\neq0$，$\varphi\neq0$，$q=0$；

(2) 土是无质量、无黏聚力，有内摩擦角、有超载，即 $\gamma=0$，$c=0$，$\varphi\neq0$，$q\neq0$；

(3) 土是有质量，无黏聚力，有内摩擦角，无超载，即 $\gamma\neq0$，$c=0$，$\varphi\neq0$，$q=0$。

最后代入式（8-15）可得太沙基的极限承载力公式

$$p_u = \frac{1}{2}\gamma b N_\gamma + N_c c + N_q q \tag{8-19}$$

其中 $$q=\gamma d$$

式中 p_u——地基极限承载力，kPa；

φ——土的内摩擦角，度；

c——基土的黏聚力，kPa；

γ——基土的重度，kN/m³；

N_γ，N_c，N_q——承载力系数。

式（8-19）只适用于条形基础，对于圆形基础、方形基础或矩形基础，太沙基提出了半经验的极限荷载公式。

圆形基础：

$$p_u = 0.6\gamma RN_\gamma + 1.2N_c c + N_q q \tag{8-20}$$

式中 R——圆形基础半径。

方形基础：

$$p_u = 0.4\gamma BN_\gamma + 1.2N_c c + N_q q \tag{8-21}$$

矩形基础：因为条形基础 $b/l\approx0$，方形基础 $b/l=1$，矩形基础 $0<b/l<1$。因此，在确定了条形基础和方形基础的地基极限承载力后，可通过内插的办法确定矩形基础的地基极限荷载。

上述两式只适用于地基土是整体剪切破坏的情况，即地基土较密实，其 $p-s$ 曲线有明显的转折点，破坏前沉降不大等情况。对于松软土质，地基破坏是局部剪切破坏，沉降较大，其极限荷载较小。太沙基建议在这种情况下采用较小的 c'、φ'值代入上列各式计算极限荷载。

即令

$$\tan\varphi' = \frac{2}{3}\tan\varphi$$

$$c' = \frac{2}{3}c$$

用太沙基极限荷载公式计算地基承载力时，其安全系数应取为 3。

五、汉森公式

太沙基极限荷载公式只适用于中心竖向荷载作用时的条形基础，同时不考虑基底以上土的抗剪强度作用。若基础上作用的荷载是倾斜的或有偏心，基底的形状是矩形或圆形，基础的埋置深度较深，计算时就需要考虑基底以上土的抗剪强度影响。汉森（Hanson，1970年）提出的汉森公式是个半经验公式，它适用于倾斜荷载作用下，不同基础形状和埋置深度的极限荷载的计算。由于适用范围较广，对水利工程有实用意义，已被我国港口工程技术规范所采用。

汉森公式的普通形式（未列入地表面倾斜系数）为

$$p_u = \frac{1}{2}\gamma bN_\gamma s_\gamma i_\gamma + qN_q s_q d_q i_q + cN_c s_c d_c i_c \tag{8-22}$$

$$b' = b - 2e_b$$

式中 γ——基础底面下土的重度，kN/m³；

b'——基础有效宽度；

b——基础宽度，m；

e_b——合力作用点的偏心距，m；

q——基础底面处的边荷载（$q=\gamma d$，d 为基础埋深，γ 为 d 深度内土的重度），kPa；

c——地基土的黏聚力，kPa；

N_γ，N_c，N_q——承载力系数；

s_γ，s_c，s_q——地基础形状有关的形状系数；

d_q，d_c——与基础埋深有关的深度系数；

i_γ，i_q，i_c——与作用荷载倾斜角有关的倾斜系数。

六、魏西克公式

魏西克（Vesic，A. S.）于 20 世纪 70 年代在普朗德尔理论的基础上，考虑了土的自重和埋深，得到条形基础在中心荷载作用下的极限承载力公式为

$$p_u = cN_c + qN_q + \frac{1}{2}\gamma bN_\gamma \tag{8-23}$$

式中 N_c、N_q、N_γ——魏西克承载力系数。

$$N_q = \exp(\pi\tan\varphi)\tan^2\left(45^\circ + \frac{\varphi}{2}\right)$$

$$N_c = (N_q - 1)\cdot\cot\varphi$$

$$N_\gamma = 2(N_q + 1)\tan\varphi$$

魏西克根据影响承载力的各种因素，对式（8-23）进行了修正，提出了许多修正公式。

1. 基础形状的影响

式（8-23）适合于条形基础，对于方形和圆形基础，可采用以下经验公式：

$$p_u = cN_cS_c + qN_qS_q + \frac{1}{2}\gamma bN_\gamma S_\gamma \tag{8-24}$$

式中 s_c、s_q、s_γ——基础形状系数。

矩形基础：

$$\begin{cases} s_c = 1 + \dfrac{b}{l}\dfrac{N_q}{N_c} \\ s_q = 1 + \dfrac{b}{l}\tan\varphi \\ s_\gamma = 1 - 0.4\dfrac{b}{l} \end{cases}$$

圆形和方形基础：

$$\begin{cases} s_c = 1 + \dfrac{N_q}{N_c} \\ s_q = 1 + \tan\varphi \\ s_\gamma = 0.60 \end{cases}$$

2. 偏心和倾斜荷载的影响

分析表明，偏心和倾斜荷载作用下，极限承载力将有所降低。

对于偏心荷载，如为条形基础，用有效宽度 $b'=b-2e$（e 为偏心距）来代替原来的宽度 b；如为矩形基础，则用有效面积 $A'=b'l'$ 代替原来面积 A，其中 $b'=b-2e_b$，$l'=l-2e_l$，e_b，e_l 分别为荷载在短边和长边方向的偏心距。

当偏心和倾斜荷载同时存在时，极限承载力按下式确定：

$$p_u = cN_cS_ci_c + qN_qS_qi_q + \frac{1}{2}\gamma bN_\gamma S_\gamma i_\gamma \tag{8-25}$$

式中 i_c、i_q、i_γ——荷载倾斜系数。

$$i_c = \begin{cases} 1 - \dfrac{mH}{b'l'cN_c} & (\varphi = 0) \\ i_q - \dfrac{1 - i_q}{N_c\tan\varphi} & (\varphi > 0) \end{cases}$$

$$i_q = \left(1 - \frac{H}{Q + b'l'c\cot\varphi}\right)^m$$

$$i_\gamma = \left(1 - \frac{H}{Q + b'l'c\cot\varphi}\right)^{m+1}$$

式中 Q、H——倾斜荷载在基底上的垂直分力和水平分力，kN；

l'、b'——基础的有效长度和宽度，m；

m——系数。对于条形基础，$m=2$；当荷载在短边方向倾斜时，$m_b=\dfrac{2+(b/l)}{1+(b/l)}$；当荷载在长边方向倾斜时，$m_l=\dfrac{2+(l/b)}{1+(l/b)}$；如果荷载在任意方向倾斜

$$m_n = m_l\cos^2\theta_n + m_b\sin^2\theta_n$$

其中，θ_n 为荷载在任意方向的倾角，度。

3. 基础两侧覆盖层抗剪强度的影响

式（8-25）忽略了基础底面以上两侧覆盖层土的抗剪强度，考虑这个影响，承载力应该有所提高，极限承载力的表达式为

$$p_u = cN_cS_ci_cd_c + qN_qS_qi_qd_q + \frac{1}{2}\gamma bN_\gamma S_\gamma i_\gamma d_\gamma \tag{8-26}$$

式中：d_c、d_q、d_γ 为基础埋深修正系数。

$$d_q = \begin{cases} 1 + 2(d/b)\tan\varphi(1-\sin\varphi)^2 & (d \leqslant b) \\ 1 + 2\tan\varphi(1-\sin\varphi)^2\arctan(d/b) & (d > b) \end{cases}$$

$$d_c = \begin{cases} 1 + 0.4d/b & (\varphi = 0, d \leqslant b) \\ 1 + 0.4\arctan^{-1}(d/b) & (\varphi = 0, d > b) \\ d_q - \dfrac{1 - d_q}{N_c\tan\varphi} & (\varphi > 0) \end{cases}$$

$$d_\gamma = 1$$

8.3.2 影响极限承载力的因素

影响极限承载力的因素主要有：土的重度 γ，土的抗剪强度指标 φ 和 c，基础埋深 d，基础宽度 b。并且由太沙基公式和汉森公式可以得出如下结论：

（1）土的内摩擦角 φ、黏聚力 c 和重度 γ 越大，极限承载力 p_u 也越大；

（2）基础底面宽度 b 增加，长期承载力将增大，特别是当土的 φ 值较大时影响会较显著，但短期承载力与 b 无关；

（3）基础埋深 d 增加，p_u 值亦随之提高。

一般来说，γ、φ、c、d、b 越大，土的极限承载力也越大；但对于饱和软土，$\varphi=0$，增大基础宽度 b 对 p_u 几乎没有影响。在这五个影响因素中，对极限承载力影响很大的就是 φ 和 c，正确采用 φ 和 c 值是合理确定极限承载力的关键。

§8.4 地基容许承载力和地基承载力特征值

8.4.1 地基容许承载力

规范中给出了当设计的基础宽度 $b<2m$，埋置深度 $h<3m$ 时的地基容许承载力，用 $[\sigma_0]$表示。只要设计的基础宽度和埋置深度符合上述规定，地基容许承载力值就可以根据土的物理力学性质指标，直接从规范所给出的地基容许承载力表中查得。表 8-3～表 8-6 中列出了一般黏性土、老黏性土、新近沉积黏性土和砂土的地基容许承载力$[\sigma_0]$。若设计的基础宽度或埋置深度超过上述范围时，则地基容许承载力值将在$[\sigma_0]$的基础上予以修正提高。其计算方法见后面所述。

表 8-3　一般黏性土的容许承载力

h / $[\sigma_0]$ kPa / e	0	0.1	0.2	0.3	0.4	0.5	0.6	0.7	0.8	0.9	1.0	1.1	1.2
0.5	450	440	430	420	400	380	350	310	270	240	220	—	—
0.6	420	410	400	380	360	340	310	280	250	220	200	180	—
0.7	400	370	350	330	310	290	270	240	220	190	170	160	150
0.8	380	330	300	280	260	240	230	210	180	160	150	140	130
0.9	320	280	260	240	220	210	190	180	160	140	130	120	100
1.0	250	230	220	210	190	170	160	150	140	120	110	—	—
1.1	—	—	160	150	140	130	120	110	100	90	—	—	—

注 1. 一般黏性土是指文化期以前沉积的黏性土，一般为正常沉积的黏性土；

2. 土中含有粒径大于 2mm 的颗粒重量超过全部重量 30%以上的，$[\sigma_0]$可酌情提高。

3. 当 $e<0.5$ 时，取 $e=0.5$；$I_l<0$ 时，取 $I_l=0$。此外，超过表列范围的一般黏性土，$[\sigma_0]$可按下式计算：

$$[\sigma_0]=57.22E_a^{0.57}$$

式中 E_a——土的压缩模量，MPa；

$[\sigma_0]$——一般黏性土的容许承载力，kPa。

表 8-4　老黏性土的容许承载力$[\boldsymbol{\sigma_0}]$

E_a（MPa）	10	15	20	25	30	35	40
$[\sigma_0]$（kPa）	380	430	470	510	550	580	620

注

$$E_a=\frac{1+e_1}{\alpha_{1-2}}$$

式中 e_1——压力为 0.1MPa 时，土样的孔隙比；

α_{1-2}——对应于 0.1MPa～0.2MPa 压力段的压缩系数，MPa^{-1}。

表 8-5 新近沉积黏性土的容许承载力 $[\sigma_0]$ kPa

$[\sigma_0]$ h / e	<0.25	0.75	1.25
0.8	140	120	100
0.9	130	110	90
1.0	120	100	80
1.1	110	90	—

表 8-6 砂土的容许承载力 $[\sigma_0]$ kPa

土名	$[\sigma_0]$ 密度 / 湿度	密实	中密	松散
砾砂、粗砂	与湿度无关	550	400	200
中砂	与湿度无关	450	350	150
细砂	水上	350	250	100
	水上	300	200	—
粉砂	水下	300	200	—
	水下	200	100	—

注 1. 密实度按相对密实度 D_r，标准贯入度的锤击数 N 确定另见规范；

2. 在地下水位以上的地基土的湿度称为“水上”；

3. 在地下水位以下的地基土的湿度称为“水下”。

8.4.2 地基容许承载力的修正和提高

从前述临界荷载及极限荷载计算公式可看到，当基础越宽，埋置深度越大，土的强度指标 c、φ 值越大时，地基承载力也增加。因此当设计的基础宽度 $b>2$m，埋置深度 $h>3$m 且 $h/b<4$ 时，地基容许承载力 $[\sigma]$ 可以在 $[\sigma_0]$ 的基础上修正提高，规范给出了下述计算公式

$$[\sigma]=[\sigma_0]+k_1\gamma_1(b-2)+k_2\gamma_2(h-3) \tag{8-27}$$

式中 $[\sigma]$ ——按设计的基础宽度和埋置深度修正后的地基容许承载力，MPa。

$[\sigma_0]$ ——按表 8-3～表 8-6 查得的地基土的容许承载力，kPa。

b——基础底面的宽度（或直径），m。当 $b<2$m 时，取 $b=2$m；$b>10$m 时，按 $b=10$m 计算。

h——基础的埋置深度，m。对于受水流冲刷的基础，由一般冲刷线算起；不受水流冲刷的基础，由天然地面算起；位于挖方内的基础，由挖方后的地面算起。当 $h<3$m 时，取 $h=3$m 计算。

γ_1——基础底面下持力层土的重度，kN/m^3，如持力层在水下且为透水性时，应采用浮重度。

γ_2——基础底面以上土的重度（多层土时采用各层土重度的加权平均值），kN/m^3。若持力层在水下且是不远水的，则不论基底以上土的进水性质如何，应一律采用饱和重度；若持力层为透水的，则采用浮重度。

k_1，k_2——地基土的容许承载力随基础宽度和埋置深度的修正系数，按持力层土的类别和性质由表8-7查得。

表8-7　　地基土容许承载力宽度、深度修正系数

<table>
<tr><th rowspan="3">土的类别系数</th><th colspan="5">黏性土</th><th colspan="3">黄　土</th><th colspan="8">砂　土</th><th colspan="4">碎石土</th></tr>
<tr><th rowspan="2">老黏性土</th><th colspan="2">一般黏性土</th><th rowspan="2">新近沉积黏性土</th><th rowspan="2">残积黏性土</th><th rowspan="2">新近堆积黄土</th><th rowspan="2">一般新黄土</th><th rowspan="2">老黄土</th><th colspan="2">粉砂</th><th colspan="2">细砂</th><th colspan="2">中砂</th><th colspan="2">砾砂粗砂</th><th colspan="2">碎石、圆砾、解砾</th><th colspan="2">卵石</th></tr>
<tr><th>$I_L>0.5$</th><th>$I_L<0.5$</th><th>中密</th><th>密实</th><th>中密</th><th>密实</th><th>中密</th><th>密实</th><th>中密</th><th>密实</th><th>中密</th><th>密实</th><th>中密</th><th>密实</th></tr>
<tr><td>k_1</td><td>0</td><td>0</td><td>0</td><td>0</td><td>0</td><td>0</td><td>0</td><td>0</td><td>1.0</td><td>1.2</td><td>1.5</td><td>2.0</td><td>2.0</td><td>3.0</td><td>3.0</td><td>4.0</td><td>3.0</td><td>4.0</td><td>3.0</td><td>4.0</td></tr>
<tr><td>k_2</td><td>2.5</td><td>1.5</td><td>2.5</td><td>1.0</td><td>1.5</td><td>1.0</td><td>1.5</td><td>1.5</td><td>2.0</td><td>3.0</td><td>4.0</td><td>2.5</td><td>4.0</td><td>5.5</td><td>5.0</td><td>6.0</td><td>5.0</td><td>6.0</td><td>6.0</td><td>1.0</td></tr>
</table>

注 1. 对于稍松状态的砂土和松散状态的碎石土，k_1、k_2 的值可采用列表中密值的50%；

2. 节理不发育或较发育的岩石不作宽、深修正，节理发育或很发育的岩石，k_1、k_2 可参照碎石的系数，但对已风化成砂、土状者，则参照砂土、黏性土的系数；

3. 冻土的 $k_1=0$，$k_2=0$。

8.4.3 地基承载力特征值

在保证地基强度和稳定的条件下，使建筑物的沉降量和沉降差不超过允许值的地基承载力称为地基承载力特征值，以 f_a 表示。

由其定义可知，f_a 的确定取决于两个条件：

一是要有一定的强度储备，二是地基变形不应大于相应的允许值。

确定地基承载力特征值的方法可以由现场载荷试验得到的 $p-s$ 曲线确定，或按动力、静力触探等方法确定，或通过理论公式计算，或参照邻近建筑物的工程经验确定等。在具体工程中，应根据地基岩土条件并结合当地工程经验，选择确定地基承载力的适当方法，必要时可以按多种方法综合确定。

一、根据《建筑地基基础设计规范》推荐的理论公式确定承载力特征值

当荷载偏心距 $e\leqslant 0.033b$（b 为偏心方向基础边长）时，可以采用GB 50007—2011《建筑地基基础设计规范》推荐的、以浅基础地基的临界荷载为基础的理论公式，计算地基承载力特征值，其计算公式为

$$f_a = M_b\gamma b + M_d\gamma_m d + M_c c_k \tag{8-28}$$

式中 f_a——由土的抗剪强度指标确定的地基承载力特征值，kPa；

M_b、M_d、M_c——承载力系数，可通过《建筑地基基础设计规范》（GB 5007—2002）查表得到；

b——基础底面宽度，m，大于6m时按6m取值，对于砂土，小于3m时按3m取值；

c_k——土的黏聚力标准值，kPa；

γ——基底以下土的重度，地下水位以下取浮重度，kN/m^3；

γ_m——基底以上土的加权平均重度，地下水位以下取浮重度，kN/m^3；

d——基础埋深，m。

同样，根据《建筑地基基础设计规范》推荐的理论公式确定的承载力特征值，可直接作

为地基允许承载力。

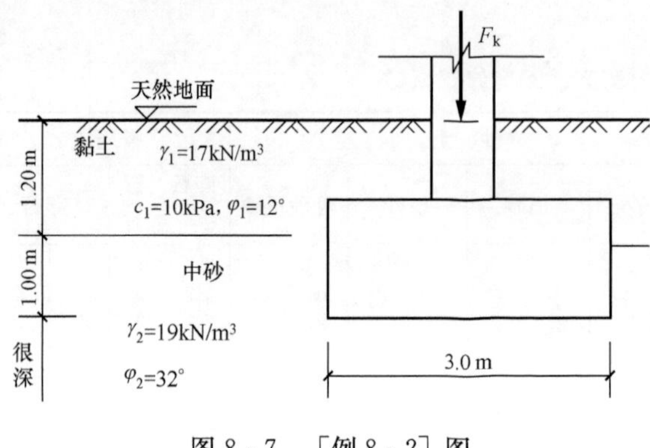

图 8-7 ［例 8-2］图

【例 8-2】 用《建筑地基基础设计规范》推荐的理论公式确定如图 8-7 所示方形独立基础下地基承载力特征值 f_a？

解 计算承载力系数 M_b、M_d

$$M_b = \frac{\pi}{4(\cot\varphi + \varphi - \pi/2)} = \frac{\pi}{4\left(\cot 32° + 32° \frac{\pi}{180} - \pi/2\right)} = \frac{\pi}{4 \times 0.589} = 1.33$$

$$M_d = 1 + \frac{\pi}{\cot\varphi + \varphi - \pi/2} = 1 + \frac{\pi}{0.589} = 6.33$$

根据已知条件，代入式（8-28），得

$$\begin{aligned} f_a &= M_b \gamma b + M_d \gamma_m d + M_c c_k \\ &= 1.33 \times 19 \times 3.0 + 6.33 \times (17 \times 1.2 + 19 \times 1.0) + 0 = 325.21\text{kPa} \end{aligned}$$

二、载荷试验确定地基承载力特征值

现场载荷试验是工程地质勘察工作中的一项原位测试，可获得地基土的 p-s 曲线。下面重点介绍如何依据 p-s 曲线确定地基承载力特征值。

（1）对于密实砂土、硬塑黏土等低压缩性土，其 p-s 曲线通常有比较明显的起始直线段和极限值，即呈急进破坏的“陡降型”，如图 8-8（a）所示。

当 $p_u \geqslant 2.0 p_{cr}$ 时，取 p_{cr}（比例界限荷载）作为承载力特征值；

当 $p_u < 2.0 p_{cr}$ 时，取 $p_u/2$ 作为承载力特征值。

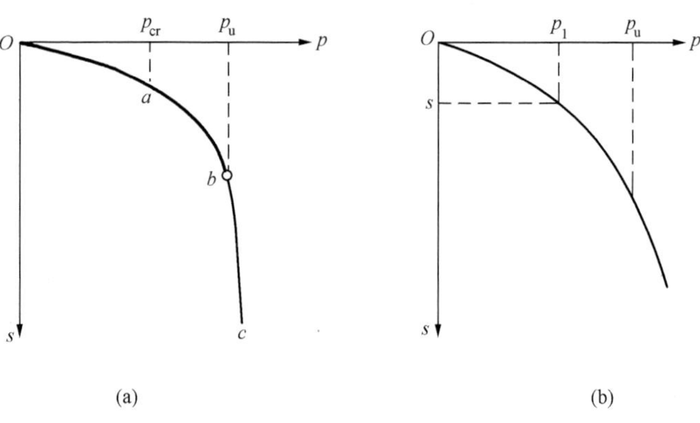

图 8-8 不同种类土的 p-s 曲线

（a）低压缩性土；（b）高压缩性土

（2）对于松砂、填土、较软的黏性土等高压缩性土，其 p-s 曲线往往无明显的转折点，呈显渐进破坏的“缓变型”，如图 8-8（b）所示。

取沉降 $s=(0.01 \sim 0.015)b$（b 为承压板宽度或直径）所对应的荷载作为承载力特征值，但其值不应大于最大加载量的一半。

特别注意：对同一土层，宜选取三个以上的试验点，并取其平均值作为该土层的地基承载力特征值 f_{ak}。

三、按动力、静力触探等方法确定地基承载力特征值

原位测试方法除载荷试验外，还有动力触探、静力触探、十字板剪切试验和旁压试验等方法。

各地应以载荷试验数据为基础，积累和建立相应的测试数据与地基承载力的相关关系，这种相关关系具有地区性、经验性，对于大量建设的丙级地基基础是非常适用的。

四、凭建筑经验确定

在拟建建筑物的邻近地区，常常有着各种各样的在不同时期内建造的建筑物。调查这些已有建筑物的形式、构造特点、基底压力大小，地基土层情况以及这些建筑物是否有裂缝、倾斜和其他损坏现象，根据这些进行详细地分析和研究，对于新建建筑物地基土的承载力的确定，具有一定的参考价值。这种方法一般适用于荷载不大的中、小型工程。

五、修正后的地基承载力特征值

当基础宽度大于 3m 或埋深大于 0.5m 时，从载荷试验或其他原位测试、经验等方法确定的地基承载力特征值，应按下式进行修正。

$$f_a = f_{ak} + \eta_b \gamma (b - 3) + \eta_d \gamma_m (d - 0.5) \tag{8-29}$$

式中 f_a——修正后的地基承载力特征值，kPa；

f_{ak}——地基承载力特征值，kPa，按照《建筑地基基础设计规范》第 5.2.3 条原则确定；

η_b、η_d——地基承载力修正系数，见表 8-8；

γ——基底下土的重度，地下水位以下取浮重度，kN/m^3；

b——基底宽度，m，当基底宽度小于 3m 按 3m 取值，大于 6m 按 6m 取值；

γ_m——基底以上土的加权平均重度，地下水位以下取浮重度，kN/m^3；

d——基础埋深，m。

修正后的地基承载力特征值可以直接作为地基允许承载力。

表 8-8 **承载力修正系数**

<table>
<tr><th colspan="2">土 的 类 别</th><th>η_b</th><th>η_d</th></tr>
<tr><td rowspan="2">淤泥和淤泥质土</td><td>f_{ak}<50kPa</td><td>0</td><td>1.0</td></tr>
<tr><td>f_{ak}≥50kPa</td><td>0</td><td>1.1</td></tr>
<tr><td>人工填土
e 或 I_l 大于等于 0.85 的黏性土
e≥0.85 或 S_r>0.5 的粉土</td><td>0</td><td>0</td><td>1.1</td></tr>
<tr><td rowspan="2">红黏土</td><td>含水比 a_w>0.8</td><td>0</td><td>1.2</td></tr>
<tr><td>含水比 a_w≤0.8</td><td>0.15</td><td>1.4</td></tr>
<tr><td colspan="2" rowspan="4">e 及 I_l 均小于等于 0.85 的黏性土
e<0.85 及 S_r≤0.5 的粉土
粉砂、细砂（不包括很湿与饱和时的稍密状态）
中砂、粗砂、砾砂和碎石类土</td><td>0.3</td><td>1.6</td></tr>
<tr><td>0.5</td><td>2.2</td></tr>
<tr><td>2.0</td><td>3.0</td></tr>
<tr><td>3.0</td><td>4.4</td></tr>
</table>

注 1. 强风化的岩石，可参照所风化成的相应土类取值。

2. S_r 为土的饱和度。S_r≤0.5，稍湿；0.5<S_r≤0.8，很湿；S_r>0.8，饱和。

3. 含水比是指土的天然含水量与液限的比值；

4. 大面积压实填土是指填土范围大于两倍基础宽度的填土。

【例 8-3】　某四层住宅，由砖砌体承重，采用钢筋混凝土条形基础，如图 8-9 所示。其宽度为 1.8m，现需对此住宅进行加层改造，经计算，现基础的基底压力为 150kPa，经现场勘察得知地基为均质的粉质黏土，天然重度 $\gamma=18\text{kN/m}^3$，地基承载力特征值 $f_{ak}=175\text{kPa}$，地基承载力修正系数 $\eta_b=1.0$，$\eta_d=1.6$。如果每增加一层，墙体传至基底处的荷载增量为 50kN/m，试根据地基承载力的要求验算该楼可以加几层？

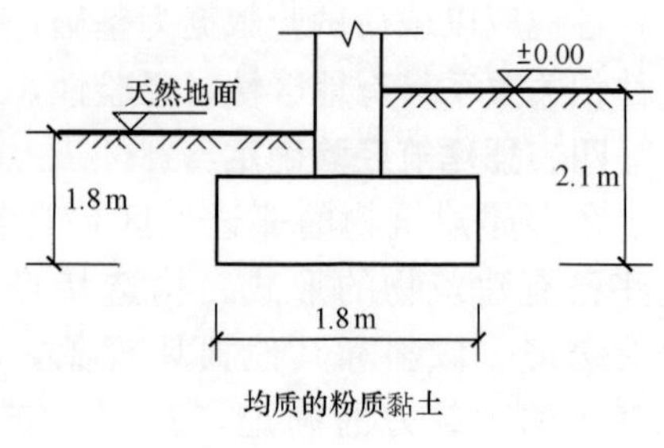

图 8-9　[例 8-3] 图

解　根据已知条件，代入式 (8-29)，得

$$f_a=f_{ak}+\eta_b\gamma(b-3)+\eta_d\gamma_m(d-0.5)$$
$$=175+0+1.6\times18\times(1.8-0.5)=212.44\text{kPa}$$

假设可以增加 x 层，则

$$f_a=p+\frac{50x}{b}$$

$$x=\frac{(f_a-p)b}{50}=\frac{(212.44-150)\times1.8}{50}=2.25$$

由去尾法，故可加 2 层。

思　考　题

8-1　地基的破坏形式有哪几种？影响地基破坏的因素有哪些？

8-2　影响地基承载力的因素有哪些？

8-3　何谓临塑荷载、临界荷载和极限荷载？

8-4　确定地基承载力的方法有哪些？

习　　题

8-1　某条形基础，基底宽度 $b=5\text{m}$，埋深 $d=1.2\text{m}$，建于均质黏性地基土上，黏土的 $\gamma=18\text{kN/m}^3$，$\varphi=22°$，$c=15\text{kPa}$，试求临塑荷载 p_{cr} 和 $p_{1/4}$。

8-2　某条形基础，基底宽度 $b=1.5\text{m}$，埋深 $d=1.4\text{m}$，地下水位埋深 7.8m，粉土的天然重度、黏聚力、内摩擦角分别为 $\gamma=18\text{kN/m}^3$，$\varphi=30°$，$c=10\text{kPa}$，试按太沙基公式计算地基极限荷载 p_u。如果安全系数 $K=3$，则地基承载力设计值是多少？

(答案：8-1：164.8kPa，219.7kPa；8-2：1060.1kPa，353.4kPa)

注册岩土工程师考试题选

8-1　深度相同时，随着离基础中心点距离的增大，地基中竖向附加应力将如何变化？(　　)

A. 斜线增大　　B. 斜线减小　　C. 曲线增大　　D. 曲线减小

8－2 土中附加应力起算点位置为？（　　）

A. 天然地面　　B. 基础地面　　C. 室外设计地面　D. 室内设计地面

8－3 一般而言，软弱黏性土地基发生的破坏形式为（　　）。

A. 整体剪切破坏　B. 刺入式破坏　　C. 局部剪切破坏　D. 连续式破坏

8－4 地基承载力特征值不需要进行宽度、深度修正的条件是（　　）。

A. $b \leqslant 3m$，$d \leqslant 0.5m$　　B. $b > 3m$，$d \leqslant 0.5m$

C. $b \leqslant 3m$，$d > 0.5m$　　D. $b > 3m$，$d > 0.5m$

8－5 所谓临塑荷载，就是指（　　）。

A. 地基土将出现塑性区时的荷载

B. 地基土中出现连续滑动面时的荷载

C. 地基土中出现某一允许大小塑性区时的荷载

D. 地基土中即将发生整体剪切破坏时的荷载

（答案：8－1：D；8－2：B；8－3：B；8－4：A；8－5：A）

第9章 土坡和地基的稳定性

本章提要

土坡和地基稳定是土力学理论中重要的应用技术，主要内容包括土坡和地基稳定的影响因素和相应的评价方法。在影响因素方面本书重点介绍了有渗流作用下的土坡稳定问题；在评价方法方面着重介绍了六种方法。本章应重点掌握以下内容：影响土坡和地基稳定的主要因素、几种常用稳定计算方法的原理和计算方法及其安全控制措施等。

§9.1 概 述

土坡分为天然土坡和人工土坡。由于自然地质作用形成的土质边坡称为天然土坡，如山坡、江河岸坡等；人们在各类工程建设或资源开发时，开挖形成的土质边坡称为人工边坡，如基坑、渠道、土坝、路堤等。滑坡诱发的灾害是人类要面对的主要灾害问题之一。据国土资源部统计，中国有10万多处地质灾害隐患点随时可酿成大灾，仅2010年1～5月全国共发生地质灾害4175起，其中滑坡2915起，崩塌927起，泥石流138起，地面塌陷142起，地裂缝32起；造成人员伤亡的地质灾害71起，死亡131人；直接经济损失6.11亿元。由此可以看出滑坡是我国最主要的地质灾害之一。土坡是指具有倾斜坡面的土体，当土坡的顶面和底面都是水平的，并延伸至无穷远，且由均质土体组成时称为简单土坡。图9-1给出了简单土坡的外形和各部分名称。由于土坡表面倾斜，土体在自重及外荷载作用下，将出现自上而下的滑移趋势。土坡上的部分岩体或土体在自然或人为因素的影响下沿某一明显界面发生剪切破坏向坡下运动的现象称为滑坡或边坡破坏。小型滑坡可影响工程进度，大型滑坡则会导致交通中断，河流堵塞，厂矿城镇被掩埋，工程建设受阻，造成重大的人员伤亡和财产损失。例如：1983年3月17日，甘肃省东乡县洒勒山发生黄土滑坡，摧毁4个自然村227人死亡；又如2008年8月1日凌晨1时左右，山西省娄烦尖山铁矿发生排土场连同山体的滑坡事故，造成45人死亡和失踪，受伤1人；因此对边坡稳定问题要引起足够的重视。不同研究领域边坡构成特点与安全要求也不完全一致，具体见表9-1。

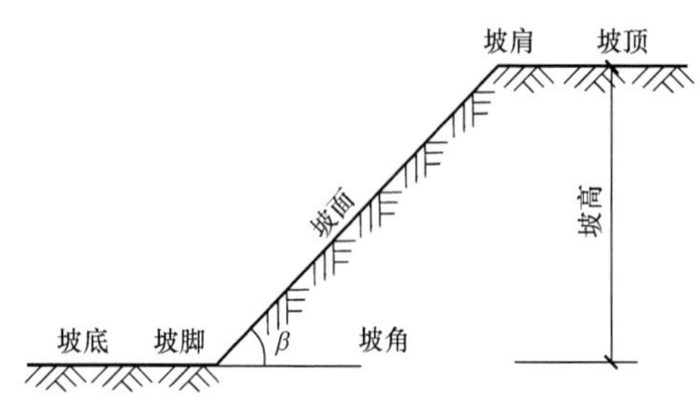

图9-1 简单土坡

表9-1 不同领域边坡类型及特点

研究领域	一般高边坡高度范围	边坡工程特点
水电系统	人工：100～700m 自然：100～1000m	边坡高度大，地质结构及环境条件复杂，工程对边坡质量要求高，常需要保证永久稳定
矿山系统	100～500m	边坡高度大，地质结构较复杂，工程对边坡质量有一定要求，但通常考虑极限设计

续表

研究领域	一般高边坡高度范围	边坡工程特点
铁道系统	人工：50～150m 自然：100～300m	边坡高度一般较大，地质结构及环境条件复杂，对边坡质量要求高，但通常要求线路快速通过
公路系统	人工：30～80m 自然：30～150m	边坡高度一般较小，地质结构及环境条件相对简单，对边坡质量要求较高
城建系统	人工：5～50m 自然：15～100m	边坡高度小，地质结构及环境条件相对简单，对边坡质量要求高

§9.2　土坡稳定性的影响因素

9.2.1　环境工程地质条件变化的影响

影响土坡滑动的因素复杂多变，但其根本原因在于土体内部某个滑动面上的剪应力超过了它的抗剪强度，使平衡关系遭到破坏。一般致使土坡滑动失稳的原因有以下两种：

(1) 外部荷载作用或工程开挖扰动等导致土体内部剪应力加大，例如基坑开挖，堤坝施工中上部填土荷重的增加，降雨导致土体饱和增加重度，土体内部水的渗透力，坡顶载荷过大或由于地震、打桩等引起的动力荷载等；

(2) 由于外界环境因素影响变化导致土体抗剪强度降低，促使土坡失稳破坏，如孔隙水压力的升高，气候变化产生的干裂、冻融冻胀，新土夹层因雨水等侵入而软化以及黏性土蠕变导致的土体强度降低等。

土坡稳定性是高速公路、铁路、机场、深基坑开挖以及露天矿和水利水电大坝等工程建设中十分重要的问题，都需要保证土坡的稳定性；但由于影响土坡稳定的因素较多，许多问题需要深入地研究，如滑动面破坏形式的确定，土体抗剪强度参数的选取，土的非均质性以及土坡水渗流的影响等。因此，需要掌握土坡稳定分析各种方法的基本原理。

建筑工程领域中岩土工程稳定问题一般包括三个方面：

(1) 对于拟建土坡，根据给定的高度、土的性质、荷载大小及性质等已知条件设计出合理的断面尺寸，尤其是总体坡角的大小。

(2) 对于已存在的边坡，验算其是否稳定。对于可能失稳的土坡，应根据其危害程度和经济条件，确定安全治理方案。

(3) 地基承载力不足而失稳的问题，建（构）筑物基础在水平荷载作用下的倾覆和滑动失稳，基础在水平荷载作用下连同地基一起滑动失稳以及土坡坡顶建（构）筑物地基失稳，都是地基稳定性问题。

9.2.2　有渗流作用的土坡稳定分析

当土坡部分浸水时，水下土条的重力按饱和重度计算，同时还需考虑滑动面上的静水压力和作用在土坡坡面上的水压力。如图9-2(a)所示，ef线以下作用有滑动面上的静水压力P_1、坡面上水压力P_2以及孔隙水重力和土粒浮力的反作用力G_w。在静水状态，三力维持平衡，且由于P_1的作用线通过圆心O，根据力矩平衡条件，P_2对圆心O的力矩也恰好与G_w对圆心O的力矩相互抵消。因此，在静水条件下边界上的水压力对滑动土体的影响可用静水面以下滑动土体所受的浮力来代替，即相当于水下土条重量取有效重度计算。故稳定安全系数的计算公式与前述完全相同，只是将 ef 线以下土的重度用有效重度 γ' 计算即可。

当土坡两侧水位不同时，水将由高的一侧向低的一侧渗流。当坡内水位高于坡外水位时，坡内水将向外渗流，产生渗流力（动水力），其方向指向坡面，如图 9-2（b）所示。若已知浸润线或渗流水位线为 efg，滑动土体在浸润线以下部分（fgC）的面积为 A_w，则作用在该部分土体上的渗流力合力为 D。

$$D = JA_w = \gamma_w i A_w \tag{9-1}$$

式中 J——作用在单位体积土体上的渗流力，kN/m³；

i——浸润线以下部分面积 A_w 范围内水头梯度平均值，可近似地假定 i 等于浸润线两端 fg 连线的坡度。

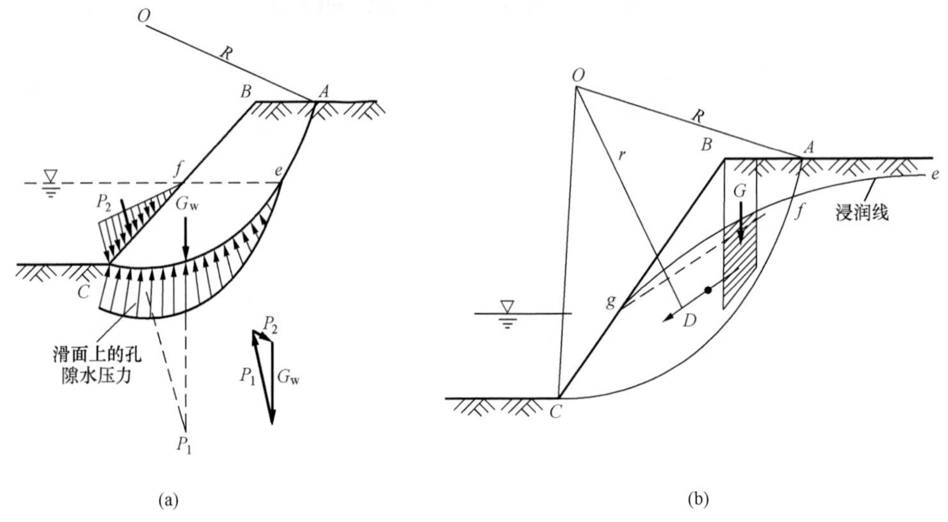

图 9-2 水渗流时的土坡稳定计算

（a）部分渗水土坡；（b）水渗流时的土坡

渗流力合力 D 的作用点在面积 fgC 的形心，其作用方向假定与 fg 平行，D 对滑动面圆心 O 的力臂为 r，由此可得考虑渗流力后，毕肖普条分法分析土坡稳定安全系数的计算公式为

$$K = \frac{\sum \frac{1}{m_{\alpha i}}[c'b + (G_i - u_i b)\tan\varphi']}{\sum G_i \sin\alpha_i + \frac{r}{R}D} \tag{9-2}$$

§9.3 无黏性土土坡的稳定性

9.3.1 无黏性土土坡的稳定性分析

图 9-3（a）给出一坡度为 β 的均质无黏性土土坡。假设坡体及其地基为同一种土，并且完全干燥或完全浸水，即不存在渗流作用。由于砂土和碎石土等无黏性土在干燥或完全浸水饱和情况下，颗粒之间不存在黏聚力，只有摩擦力，因此，只要位于坡面上的土单元体能保持稳定，则整个土坡就是稳定的。

在坡面上任取一侧面竖直、底面与坡面平行的土单元体 M，不计单元体两侧应力对稳

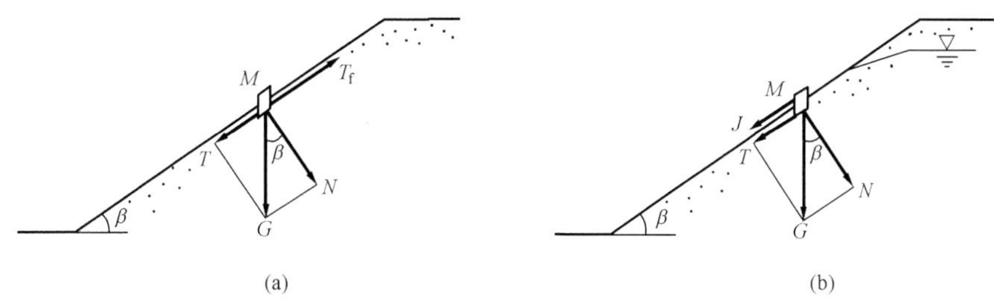

(a)　(b)

图 9 - 3　无黏性土坡的稳定性
(a) 重力作用；(b) 重力和渗流作用

定性的影响，单元体自重为 G，土的内摩擦角为 φ，故使土单元下滑的剪切力为自重力沿坡面方向的分力 $T=G\sin\beta$；而阻止土体下滑的力称为抗滑力 T_f，其大小等于单元体自重沿坡面法线方向的分力 N 引起的摩擦力，即 $T_f=N\tan\varphi=G\cos\beta\tan\varphi$。抗滑力和滑动力的比值称为稳定安全系数，用 K 表示，亦即

$$K=\frac{T_f}{T}=\frac{G\cos\beta\tan\varphi}{G\sin\varphi}=\frac{\tan\varphi}{\tan\beta} \tag{9-3}$$

由式 (9 - 3) 可见，对于均质无黏性土土坡，理论上土坡的稳定性与坡高无关，只要坡角小于土的内摩擦角 ($\beta<\varphi$)，$K>1$，土体就是稳定的。当坡角与土的内摩擦角相等 ($\beta=\varphi$) 时，稳定安全系数 $K=1$，此时抗滑力等于滑动力，土坡处于极限平衡状态，相应的坡角就等于无黏性土的内摩擦角，特称之为自然休止角 (natural angle of repose)。通常为了保证土坡具有足够的安全储备，可取 $K=1.3\sim1.5$。

9.3.2　有渗流作用的土坡

对于水库蓄水，水库水位突然下降，或坑深低于地下水位的基坑边坡等情况，由于有地下水从边坡中渗出，会对边坡稳定性带来不利影响。当无黏性土坡受到一定的渗流力作用时，坡面上渗流溢出处的单元土体，除本身重量外，还受到渗流力 $J=\gamma_w i$ (i 为水头梯度，$i=\sin\beta$) 的作用，如图 9 - 3 (b) 所示。若渗流为顺坡出流，则溢出处渗流及渗流力方向与坡面平行，此时使土单元体下滑的剪切力为 $T+J=G\sin\beta+\gamma_w i$，且此时对于单位土体来说，土体自重 G 就等于有效重度 γ'，故土坡的稳定安全系数变为

$$K=\frac{T_f}{T+J}=\frac{\gamma'\cos\beta\tan\varphi}{(\gamma'+\gamma_w)\sin\beta}=\frac{\gamma'\tan\varphi}{\gamma_{sat}\tan\beta} \tag{9-4}$$

可见，与式 (9 - 3) 相比，相差 γ'/γ_{sat} 倍，此值约为 1/2。因此，当坡面有顺坡渗流作用时，无黏性土坡的稳定安全系数约降低一半，因此有渗流作用的土坡坡度必须减缓。

§9.4　黏性土坡的稳定性分析

9.4.1　瑞典条分法

由于黏聚力的存在，对这类土坡进行稳定性分析与计算中有一种比较简单而实用的方法就是条分法。也就是先假定一系列可能的滑裂面，然后将每个滑裂面以上土体分成若干垂直土条，对作用于各土条上的力进行平衡分析，求出在极限平衡状态下土体稳定的安全系数，其中最小的安全系数即为土坡的稳定安全系数，相应的滑裂面即为最危险的滑裂面。

实际工程中土坡轮廓形状比较复杂，由多层土构成，$\varphi>0$，有时尚存在某些特殊外力，如渗流力，地震等作用力，此时滑弧上各区段土的抗剪强度各不相同，并与各点法向应力有关。为此，常将滑动土体分成若干条块，分析每一条块上的作用力，然后利用每一土条上的力和力矩的静力平衡条件，求出安全系数表达式，这统称为条分法（Slice Method），可用于圆弧或非圆弧滑动面情况。

该方法除假定滑动面为圆弧面及滑动土体为不变形的刚体外，同时忽略土条两侧面上的作用力，然后利用土条底面法向力的平衡和整个滑动土条力矩平衡两个条件求出各土条底面法向力 N_i 的大小和土坡的稳定安全系数 K 的表达式。

当土坡为均质土时（见图 9-4），设滑动面为 AC，圆心为 O，半径为 R，将滑动土体 ABC 分成若干土条，若取其中任一土条（第 i 条）分析其受力情况，则作用在土条上的力有：

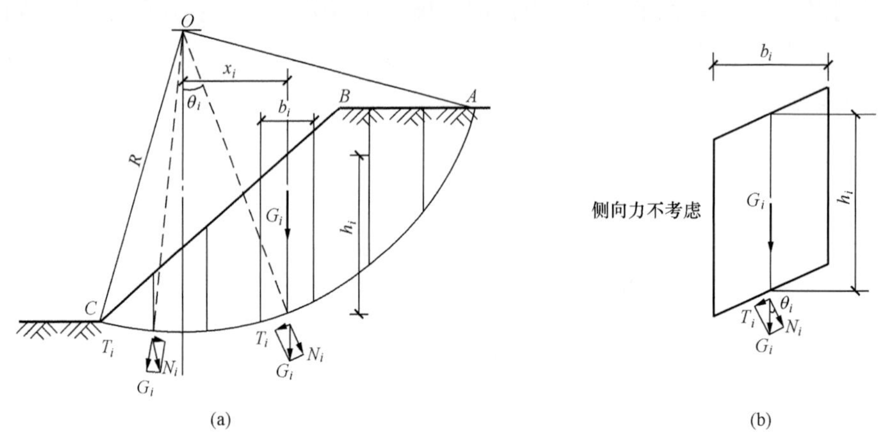

图 9-4 瑞典条分法计算图式

（1）土条自重 G_i，方向竖直向下，其值为

$$G_i = \gamma b_i h_i$$

式中：γ 为土的重度，b_i、h_i 分别为该土条的宽度和平均高度。将 G_i 引至分条滑动面上，可分解为通过滑弧圆心的法向力 N_i 和与滑弧相切的剪切力 T_i。若以 θ_i 表示该土条底面中点的法线与竖直线的交角，则有

$$N_i = G_i \cos\theta_i$$

$$T_i = G_i \sin\theta_i$$

（2）作用于土条底面的法向力 N_i 与反力 N'_i 大小相等，方向相反。

（3）作用于土条底面的抗剪力 T'_i，可能发挥的最大值等于土条底面上土的抗剪强度与滑弧长度的乘积，方向与滑动方向相反。当土坡处于稳定状态，并假定各土条底部滑动面上的安全系数均等于整个滑动面上的安全系数时，其抗剪力为

$$T_{fi} = \frac{\tau_{fi} l_i}{K} = \frac{(c + \sigma_i \tan\varphi) l_i}{K} = \frac{c l_i + N'_i \tan\varphi}{K} \tag{9-5}$$

若将整个滑动土体内各土条对圆心 O 点取力矩平衡，则

$$\sum T_i R = \sum T_{fi} R \tag{9-6}$$

故安全系数

$$K = \frac{\sum (c l_i + N'_i \tan\varphi)}{\sum T_i} = \frac{\sum (c l_i + G_i \cos\theta_i \tan\varphi)}{\sum G_i \sin\theta_i} = \frac{\sum (c l_i + \gamma b_i h_i \cos\theta_i \tan\varphi)}{\sum \gamma b_i \sum h_i \sin\theta_i} \tag{9-7}$$

若取各土条宽度相等，式（9-7）可简化为

$$K=\frac{c\widehat{L}+\gamma b\tan\varphi\Sigma h_i\cos\theta_i}{\gamma b\Sigma h_i\sin\theta_i} \tag{9-8}$$

式中：$\widehat{L}$ 为滑弧的弧长。此外，计算时还需注意土条的位置，如图9-4（a）所示，当土条底面中心在滑弧圆心 O 的垂线右侧时，剪切力 T_i 方向与滑动方向相同，取剪切力为正号；而当土条底面中心在圆心的垂线左侧时，T_i 方向与滑动方向相反，起抗剪作用，取负号。$\overline{T}_i$ 则无论何处其方向均与滑动方向相反。

假定不同的滑弧，则可求出不同的 K 值，其中最小的 K 值即为土坡的稳定安全系数。

瑞典法也可用有效应力法进行分析，此时土条底部实际发挥的抗剪力为

$$T_{fi}=\frac{\tau_{fi}l_i}{K}=\frac{[c'+(\sigma_i-u_i)\tan\varphi']l_i}{K}=\frac{c'l_i+(G_i\cos\theta_i-u_il_i)\tan\varphi'}{K} \tag{9-9}$$

故

$$K=\frac{\sum[c'l_i+(G_i\cos\theta_i-u_il_i)\tan\varphi']}{\sum G_i\sin\theta_i} \tag{9-10}$$

式中：c'、φ'为土的有效应力强度指标；u_i 为第 i 土条底面中点处的（超）孔隙水压力；其余符号意义同前。

这样，在确定了土的参数 c_i、φ_i（或 c'_i、φ'_i）和指定某一安全系数的条件下，第 i 土条底面上的法向反力 N_i 和切向反力 T_i，是线性相关的。所以 n 个土条上有 n 个未知量。

【例9-1】　某一均质黏性土土坡，高20m，坡比为1∶2，填土黏聚力 c 为10kPa，内摩擦角 φ 为20°，重度 γ 为18kN/m³。试用瑞典条分法计算土坡的稳定安全系数。

解　（1）选择滑弧圆心，作出相应的滑动圆弧。按一定比例画出土坡剖面（见图9-5）。因是均质土坡，可由表9-3查得 $\beta_1=25°$，$\beta_2=35°$，作 BO 及 CO 线得交点 O。再求得点 E，作 EO 之延长线，在该延长线上任取一点 O_1 作为第一次试算的滑弧圆心，通过坡脚作相应的滑动圆弧，量得其半径 R 为40m。

（2）将滑动土体分成若干土条并编号。为计算方便，土条宽度 b 取等宽为 $b=0.2R=8$m。土条编号以滑弧圆心的垂线开始为 O，逆滑动方向的土条依次为0、1、2、3…，顺滑动方向的土条依次为－1、－2、－3…。

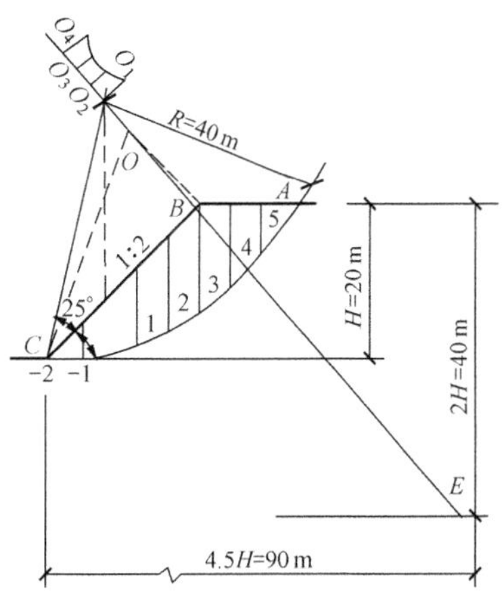

图9-5　土坡剖面示意图

（3）量出各土条中心高度 h_i，并列表计算 $\sin\theta_i$、$\cos\theta_i$ 及 $\sum h_i\sin\theta_i$、$\sum h_i\cos\theta_i$ 等值，见表9-2。还应注意：取等宽时，土体两端土条的宽度不一定恰好等于 b，此时需将土条的实际高度折算成相应于 b 时的高度，对 $\sin\theta$ 亦应按实际宽度计算，如表9-2备注栏所示。

（4）量出滑动圆弧的中心角 θ 为98°，计算滑弧弧长

$$\widehat{L}=\frac{\pi}{180}\theta R=\frac{\pi}{180}\times 98\times 40=68.4\text{m}$$

若考虑裂缝，滑弧长度只能算到裂缝为止。

（5）计算安全系数。根据式（9-8）

$$K=\frac{c\hat{L}+\gamma b\tan\varphi\sum h_i\cos\theta_i}{\gamma b\sum h_i\sin\theta_i}=\frac{10\times 68.4+18\times 8\times 0.364\times 80.51}{18\times 8\times 25.34}=\frac{4904.0}{3650.4}=1.34$$

（6）在 EO 延长线上重新选择滑弧圆心 O_2、O_3…，重复上述计算，即可求出最小安全系数，即该土坡的稳定安全系数。

表 9-2　瑞典法计算表（圆心编号：O_1；R：40m；土条宽：8m）

土条编号	h_i(m)	$\sin\theta_i$	$\cos\theta_i$	$h_i\sin\theta_i$	$h_i\cos\theta_i$	备　注
－2	3.3	－0.383	0.924	－1.26	3.05	1. 从图上量出“－2”土条的实际宽度为 6.6m，实际高度为 4.0m，折算后的“－2”土条高度为 $4.0\times\frac{6.6}{8}=3.3$m 2. $\sin\theta_{-2}=-\frac{1.5b+0.5b_{-2}}{R}=-\frac{1.5\times 8+0.5\times 6.6}{40}=-0.383$
－1	9.5	－0.2	0.980	－1.90	9.31	
0	14.6	0	1	0	14.60	
1	17.5	0.2	0.980	3.50	17.15	
2	19.0	0.4	0.916	7.60	17.40	
3	17.9	0.6	0.800	10.20	13.60	
4	9.0	0.8	0.600	7.20	5.40	
$\sum$				25.34	80.51	

9.4.2　圆弧滑动法

1. 黏性土土坡的滑动特点

黏性土土坡的失稳形态与工程地质条件密切相关。在非均质土层中，若土坡下存在软弱层，将通过软弱土层形成曲折的复合滑动面（见图 9-6），而当土坡位于倾斜岩层面上时，滑动面将沿岩层面产生。

对于均质黏性土土坡，其滑动面大多为一曲面，破坏前，一般在坡顶首先出现张力裂缝，然后沿某一曲面产生整体滑动。此外，滑动体沿纵向也有一定范围，并且也是曲面，为了简化，进行稳定性分析时往往假设滑动面为圆弧面，并按平面应变问题处理。根据土坡的坡脚大小、土体强度指标以及土中硬层位置的不同，滑弧面的形式一般有以下三种：①滑弧面通过坡脚 B 点［见图 9-6（a）］，称为坡脚圆；②滑弧面通过坡面上 E 点，并与硬岩层相切［见图 9-6（b）］，称为坡面圆；③滑弧面通过坡脚之外的 A 点并与硬岩层相切［见图 9-6（c）］，称为中点圆。

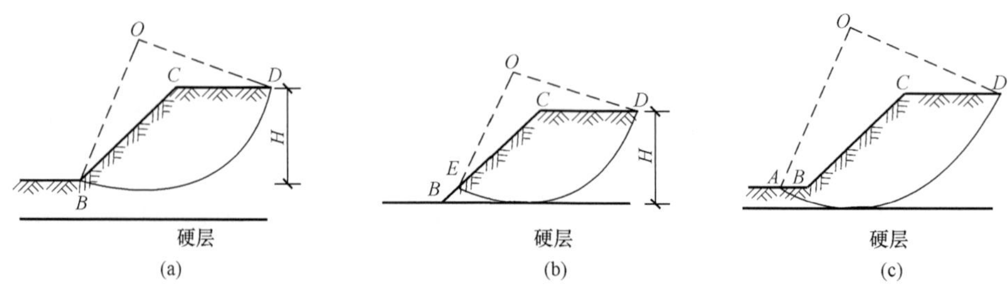

图 9-6　均质黏性土土坡的三种圆弧滑动面

（a）坡脚圆；（b）坡面圆；（c）中点圆

2. 整体圆弧滑动法

对于均质简单土坡，假定黏性土土坡失稳破坏时的滑动面为一圆弧面，将滑动面以上土体视为刚体，并视其为脱离体，在极限平衡条件下分析脱离体上作用的各种力的平衡关系，而以整个滑动面上的平均抗剪强度与平均剪应力之比来定义土坡的稳定安全系数，即

$$K=\frac{\tau_f}{\tau} \tag{9-11}$$

土坡保持稳定时，土的抗剪强度并没有完全发挥，而是只发挥了与下滑力矩平衡所需的那部分。因此安全系数也可定义为整个滑动面上平均抗剪强度与平均剪应力之比来定义土坡的稳定安全系数，其结果与式（9-11）是完全一致的。

黏性土土坡如图9-7所示，AC 为假定的滑动面，圆心为 O，半径为 R。当土体 ABC 保持稳定时必须满足力矩平衡条件，故稳定安全系数为

$$K=\frac{\tau_f \cdot AC \cdot R}{G \cdot a} \tag{9-12}$$

式中　AC——滑弧弧长；

a——土体重心离滑弧圆心的水平距离。

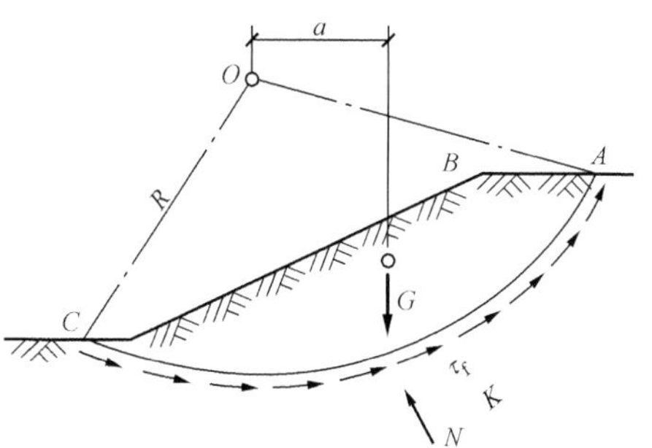

图9-7　均质土坡的整体圆弧滑动

一般情况下，土的抗剪强度由黏聚力 c 和摩擦力 $\sigma\tan\varphi$ 两部分组成，沿滑动面不同位置上的法向应力 σ 并不是常数，因此，土的抗剪强度亦随滑动面位置的不同而变化。但对饱和黏土来说，在不排水剪条件下，$\varphi_u=0$，故 $\tau_f=c_u$，因此式（9-12）可写为如式（9-13），此分析方法通常称为 $\varphi_u=0$ 等于零分析法。

$$K=\frac{c_u \cdot AC \cdot R}{G \cdot a} \tag{9-13}$$

表9-3　不同边坡的 β_1、β_2 数据表

坡比	坡角	β_1	β_2
1：0.58	60°	29°	40°
1：1	45°	28°	37°
1：1.5	33.79°	26°	35°
1：2	26.57°	25°	35°
1：3	18.43°	25°	35°
1：4	14.04°	25°	37°
1：5	11.32°	25°	37°

由于计算安全系数时，滑动面为任意假定，并不是最危险滑动面，因此，所求结果并非最小安全系数。通常在计算时需假定一系列的滑动面，进行多次试算，计算工作量颇大。为此，W. 费伦纽斯（Fellenius，1927年）通过大量计算分析，提出了确定最危险滑动面圆心的经验方法，一直被沿用。该方法的主要原理是对于均质黏性土土坡，当土的内摩擦角 $\varphi=0$ 时，其最危险滑动面常通过坡脚。其圆心位置可由图9-8（a）中 CO 与 BO 两线的交点确定，图中 β_1 及 β_2 的值可根据坡角由表9-3查出。当 $\varphi>0$ 时，最危险滑动面的圆心位置可能在图9-8（b）中 EO 的延长线上。自 O 点向外取圆心 O_1、O_2…，分别作滑弧，并求出相应的抗滑安全系数 K_1、K_2…，然后绘曲线找出最小值，即为所要求的最危险滑动面的圆心 O_m 和土坡的稳定安全系数 K_{min}。当土坡非均质，或坡面形状及荷载情况比较复杂时，还需自 O_m 作 OE 线的垂直线，并在垂直线上再取若干点作为圆心进行计算比较才能找出最危险滑动面的圆心和土坡稳定安全系数。

3. 稳定数法

如上所述，土坡的稳定分析大都需经过试算，计算工作量颇大，因此，有学者提出简化的图表计算法。图9-9给出根据计算资料整理得到的极限状态时均质土坡内摩擦角 φ、坡

角β与稳定系数N_s之间的关系曲线，有：

$$N_s=\frac{c}{\gamma h} \tag{9-14}$$

式中 c——土的黏聚力；

γ——土的重度；

h——土坡高度。

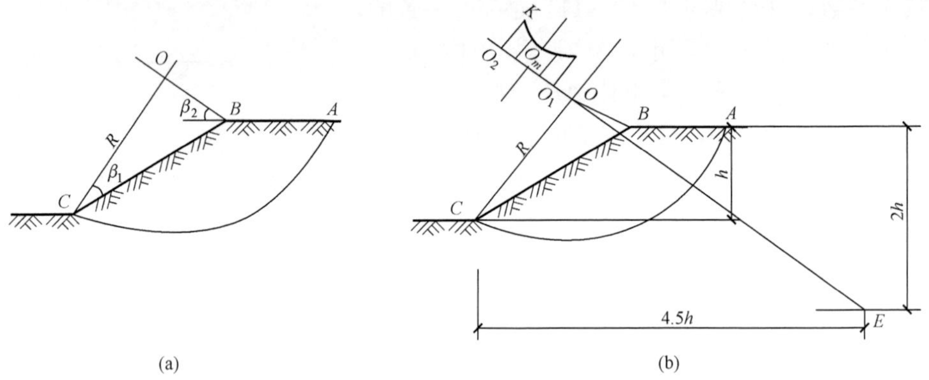

图 9-8 最危险滑动面圆心位置的确定

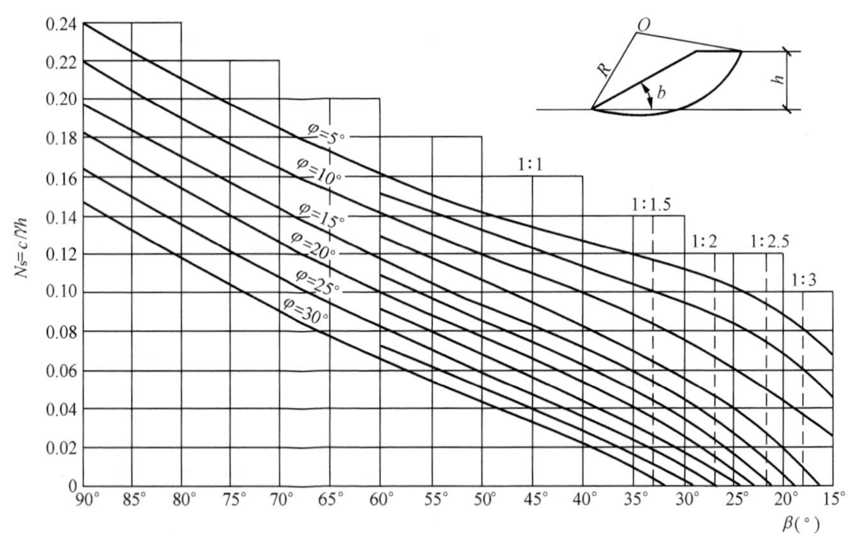

图 9-9 土坡稳定计算图

从图 9-9 中可直接由已知的c、φ、γ、β确定土坡极限高度h，也可由已知的c、φ、γ、h及安全系数K确定土坡的坡角β。

【例 9-2】 已知某上坡边坡坡比为 1∶1（β为 45°），土的黏聚力c=12kPa，内摩擦角φ=20°，重度γ=17.0kN/m³，试确定该土坡的极限高度h。

解 根据β=45°和φ=20°查图 9-9 得N_s=0.065 代入式（9-14）得土坡的极限高度为

$$h=\frac{c}{\gamma N_s}=\frac{12}{17\times 0.065}=10.9\text{m}$$

9.4.3　毕肖普条分法

毕肖普（A. W. Bishop，1955 年）假定各土条底部滑动面上的抗滑安全系数均相同，即等于整个滑动面的平均安全系数，取单位长度土坡按平面问题计算，如图 9 - 10 所示。设可能滑动面为一圆弧 AC，圆心为 O，半径 R。将滑动土体 ABC 分成若干土条，而取其中任一条（第 i 条）分析其受力情况。作用在该土条上的力有：

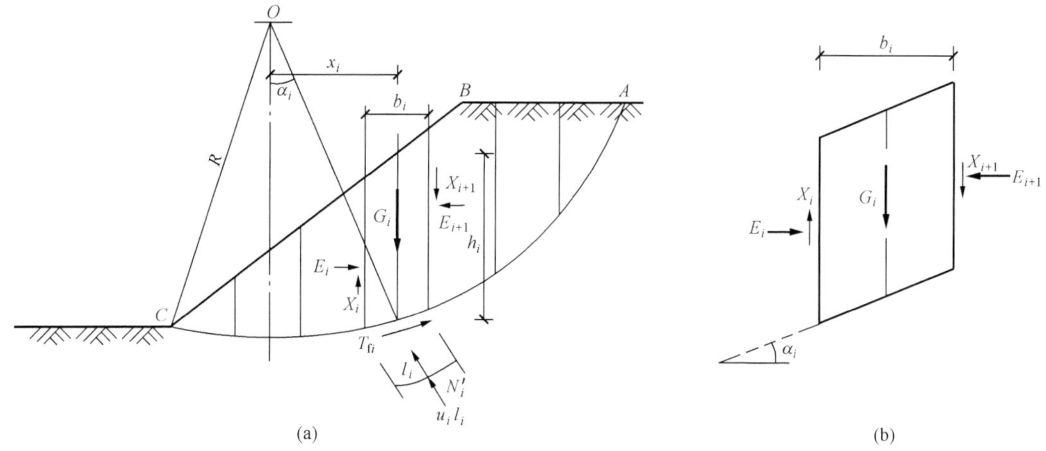

图 9 - 10　毕肖普条分法计算图式

（1）土条自重 $G_i=\gamma b_i h_i$，式中：b_i、h_i 分别为该土条的宽度与平均高度。

（2）作用于土条底面的抗剪力 T_{fi}、有效法向反力 N'_i 及孔隙水压力 $u_i l_i$，其中 u_i、l_i 分别为该土条底面中点处孔隙水压力和滑弧长度。

（3）作用于该土条两侧的法向力 E_i 和 E_{i+1} 及切向力 X_i 和 X_{i+1}，$\Delta X_i=(X_{i+1}-X_i)$。且 G_i、T_{fi}、N'_i 及 $u_i l_i$ 的作用点均在土条底面中点。

对 i 土条竖直方向取力的平衡得

$$G_i+\Delta X_i-T_{fi}\sin\alpha_i-N'_i\cos\alpha_i-u_i l_i\cos\alpha_i=0$$

或

$$N'_i\cos\alpha_i=G_i+\Delta X_i-T_{fi}\sin\alpha_i-u_i b_i \tag{9-15}$$

当土坡尚未破坏时，土条滑动面上的抗剪强度只发挥了一部分，若以有效应力表示，土条滑动面上的抗剪力为

$$T_{fi}=\frac{\tau_{fi}l_i}{K}=\frac{c'l_i}{K}+N'_i\frac{\tan\varphi'}{K} \tag{9-16}$$

式中　c'——土的有效黏聚力；

φ'——土的有效内摩擦角；

K——安全系数。

代入式（9 - 15），可解得 N'_i 为

$$N'_i=\frac{1}{m_{\alpha i}}\left(G_i+\Delta X_i-u_i b-\frac{c'l_i}{K}\sin\alpha_i\right) \tag{9-17}$$

其中

$$m_{\alpha i}=\cos\alpha_i\left(1+\frac{\tan\varphi'\tan\alpha_i}{K}\right)$$

然后就整个滑动土体对圆心 O 求力矩平衡，此时相邻土条之间侧壁作用力的力矩将互相抵消，而各土条的 N'_i 及 $u_i l_i$ 的作用线均通过圆心，故有

$$\sum G_i x_i-\sum T_{fi}R=0 \tag{9-18}$$

将式（9-17）、式（9-18）代入式（9-16），且 $x_i=R\sin\alpha_i$，$b=b_i=l_i\cos\alpha_i$，可得

$$K=\frac{\sum\frac{1}{m_{\alpha i}}[c'b+(G_i-u_ib+\Delta X_i)\tan\varphi']}{\sum G_i\sin\alpha_i}\tag{9-19}$$

此为毕肖普条分法计算土坡安全系数的普遍公式，但 ΔX_i 仍为未知。为了求出 K，须估算 ΔX_i 值，可通过逐次逼近法求解，而 X_i 及 E_i 的试算值均应满足每个土条的平衡条件，且整个滑动土体的 $\sum\Delta X_i$ 及 $\sum\Delta E_i$ 均等于零。毕肖普证明：若令各土条的 $\Delta X_i=0$，所产生的误差仅为1%，由此可得毕肖普简化公式：

$$K=\frac{\sum\frac{1}{m_{\alpha i}}[c'b+(G_i-u_ib)\tan\varphi']}{\sum G_i\sin\alpha_i}\tag{9-20}$$

由于式（9-17）中 $m_{\alpha i}$ 的计算式含有安全系数 K，故仍需试算。通常试算时可先假定 $K=1$，求出 $m_{\alpha i}$，再按式（9-20）求出 K，若计算的 K 与假定 K 值不等，则以计算的 K 值入再求出新的 $m_{\alpha i}$ 和 K，如此反复迭代，直至前后两次 K 值满足所要求的精度为止。通常迭代3～4次即可满足工程精度要求，且迭代总是收敛的。

尚需注意，当 α_i 为负时，$m_{\alpha i}$ 有可能趋近于零，此时 N'_i 将趋近于无限大，显然不合理，故此时简化毕肖普法不能应用。国外某些学者建议，当任一土条的 $m_{\alpha i}\leqslant0.2$ 时，简化毕肖普法计算的 K 值误差较大，最好采用其他方法。此外，当坡顶土条的 α_i 很大时，N'_i 可能出现负值，此时可取 $N'_i=0$。

为了求得最小的安全系数 K，同样必须假定若干个滑动面，其最危险滑动面圆心位置的确定，仍可采用前述费伦纽斯经验法。

毕肖普条分法考虑了土条两侧的作用力，计算结果比较合理。分析时先后利用每一土条竖直方向力的平衡及整个滑动土体的力矩平衡条件，避开了 E_i 及其作用点的位置，并假定所有的 ΔX_i 均等于零，使分析过程得到了简化，但同样不能满足所有的平衡条件，还不是一个严格的方法，由此产生的误差为2%～7%。同时，毕肖普条分法也可用于总应力分析，即在上述公式中略去孔隙水压力 u_il_i 的影响，并采用总应力强度 c、φ 计算即可。

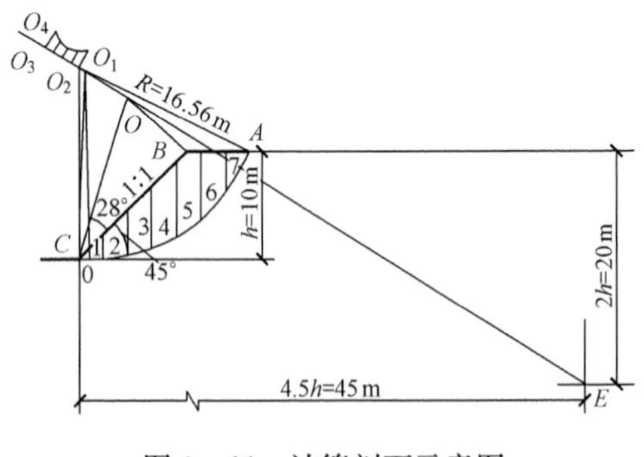

图9-11　计算剖面示意图

【例9-3】　某均质黏性土土坡，高10m，坡比1∶1，填土黏聚力 $c=150\text{kPa}$，内摩擦角 $\varphi=20°$，重度 $\gamma=18\text{kN/m}^3$，坡内无地下水影响，试用毕肖普条分法（总应力法）计算土坡的稳定安全系数。

解　（1）选择滑弧圆心，作出相应的滑动圆弧。按一定比例画出土坡剖面，如图9-11所示。由于是均质土坡，可按表9-4查得 $\beta_1=28°$，$\beta_2=37°$，作 BO 线及 CO 线得交点 O。再如图9-10求得 E 点，作 EO 的延长线，在 EO 延长线上取一点 O_1 作为第一次试算的滑弧圆心，通过坡脚作相应的滑动圆弧，可量得半径 $R=16.56\text{m}$。

（2）将滑动土体分成若干土条，并对上条编号。取土条宽度 b 为2m。土条编号从滑弧圆心的垂线开始作为 O，逆滑动方向的土条依次编为1，2，3，…，7。

表 9-4　　毕肖普法计算表

土条编号	N_o	0	1	2	3	4	5	6	7	$\sum$
h_i (m)	1	0.970	2.786	4.351	5.640	6.612	6.188	4.202	1.520	
b (m)	2	2.0	2.0	2.0	2.0	2.0	2.0	2.0	1.709	
$G_i(=\gamma h_i b)$	3	34.92	100.30	156.64	203.04	238.03	222.77	151.27	46.76	
$\sin\alpha_i$	4	0.030	0.151	0.272	0.393	0.514	0.636	0.758	0.950	
$\cos\alpha_i$	5	1.000	0.988	0.962	0.919	0.857	0.772	0.652	0.313	
$G_i\sin\alpha_i$	6	1.05	15.15	42.61	79.79	122.35	141.68	114.66	44.42	561.71
$G_i\tan\varphi$	7	12.71	36.51	57.01	73.90	86.64	81.08	55.06	17.02	
cb	8	30.0	30.0	30.0	30.0	30.0	30.0	30.0	25.64	
$m_{\alpha i}(K=1)$	9	1.011	1.043	1.061	1.062	1.044	1.003	0.928	0.659	
[(7)+(8)]/(9)	10	42.25	63.77	82.01	97.83	111.72	110.75	91.66	64.73	664.02
$m_{\alpha i}(K=1.1834)$	11	1.009	1.034	1.046	1.040	1.015	0.968	0.885	0.605	
[(7)+(8)]/(11)	12	42.33	64.32	83.18	99.90	114.92	114.75	96.11	70.51	686.02
$m_{\alpha i}(K=1.2213)$	13	1.009	1.033	1.043	1.036	1.010	0.962	0.878	0.596	
[(7)+(8)]/(13)	14	42.33	64.39	83.42	100.29	115.49	115.47	96.88	71.58	689.85
$m_{\alpha i}(K=1.2281)$	15	1.009	1.033	1.043	1.035	1.009	0.961	0.877	0.595	
[(7)+(8)]/(15)	16	42.33	64.39	83.42	100.39	115.60	115.59	96.99	71.70	690.41

(3) 量出各土条中心高度 h_i，并列表计算 $\sin\alpha_i$，$\cos\alpha_i$，G_i，$G_i\sin\alpha_i$，$G\tan\varphi$ 以及 cb。

(4) 稳定安全系数计算公式为

$$K=\frac{\sum\frac{1}{m_{\alpha i}}(cb+G_i\tan\varphi)}{\sum G_i\sin\alpha_i}$$

第一次试算时，假定 $K=1$，求得

$$K=\frac{664.72}{561.71}=1.1834$$

第二次试算时，假定 $K=1.1834$，求得

$$K=\frac{686.02}{561.71}=1.2213$$

第三次试算时，假定 $K=1.2213$，求得

$$K=\frac{689.85}{561.71}=1.2281$$

第四次试算时，假定 $K=1.2281$，求得

$$K=\frac{690.41}{561.71}=1.2291$$

满足精度要求，故取 $K=1.23$。应当注意：这仅是一个滑弧的计算结果，为了求出最小的 K 值，需假定若干个滑动面，按前法进行试算。

9.4.4 简布条分法

在实际工程中常常会遇到非圆弧滑动面的土坡稳定分析，如土坡下面有软弱夹层，或土

坡位于倾斜岩层面上，滑动面形状受到夹层或硬层影响而呈非圆弧形状。此时若采用前述圆弧滑动向法分析就不再适用。下面介绍简布（N. Janbu）提出的非圆弧普遍条分法。

如图 9-12（a）所示土坡，滑动面任意，划分土条后，其假定：①滑动面上的切向力 T_i 等于滑动面上土所发挥的抗剪强度 τ_{fi}，即 $T_i=\tau_{fi}l_i=(N_i\tan\varphi_i+c_il_i)/K$；②土条两侧法向力 E 的作用点位置为已知，且一般假定作用于土条底面以上 1/3 高度处。分析表明，条间力作用点的位置对土坡稳定安全系数影响不大。

取任一土条如图 9-12（b）所示，认为条间力作用点的位置 α_{ti} 为推力线与水平线的夹角。需求的未知量有：土条底部法向反力 N_i（n 个），法向条间力之差 ΔE_i（n 个），切向条间力 X_i（$n-1$ 个）及安全系数 K。可通过对每一土条的力和力矩平衡建立 $3n$ 个方程求解。

对每一土条取竖直方向力的平衡，则

$$N_i\cos\alpha_i=G_i+\Delta X_i-T_i\sin\alpha_i$$

或

$$N_i=(G_i+\Delta X_i)\sec\alpha_i-T_i\tan\alpha_i \tag{9-21}$$

再取水平方向力的平衡，有

$$\Delta E_i=N_i\sin\alpha_i-T_i\cos\alpha_i=(G_i+\Delta X_i)\tan\alpha_i-T_i\sec\alpha_i \tag{9-22}$$

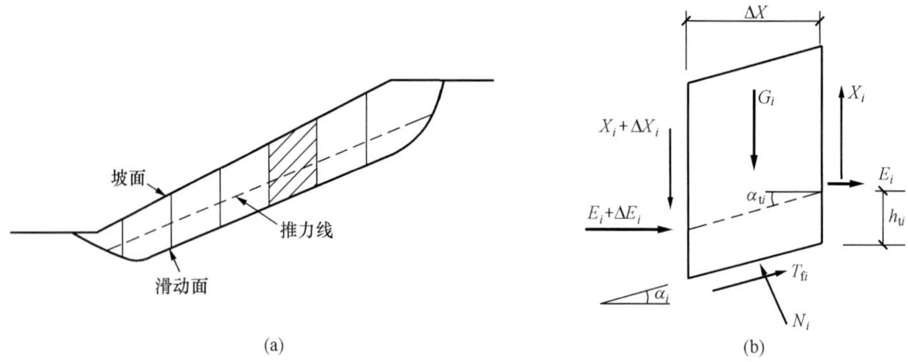

图 9-12 简布的普遍条分法

对土条中点取力矩平衡，并略去高阶微量，则

$$X_ib=-E_ib\tan\alpha_{ti}+h_{ti}\Delta E_i$$

或

$$X_i=-E_i\tan\alpha_{ti}+h_{ti}\Delta E_i/b \tag{9-23}$$

再由整个土坡 $\sum\Delta E_i=0$，可得

$$\sum(G_i+\Delta X_i)\tan\alpha_i-\sum T_i\sec\alpha_i=0 \tag{9-24}$$

根据安全系数的定义和摩尔—库伦破坏准则

$$T_i=\frac{\tau_{fi}l_i}{K}=\frac{cb\sec\alpha_i+N_i\tan\varphi}{K} \tag{9-25}$$

联合求解式（9-21）及式（9-25），得

$$T_i=\frac{1}{K}[cb+(G_i+\Delta X_i)\tan\varphi]\frac{1}{m_{\alpha i}} \tag{9-26}$$

其中

$$m_{\alpha i}=1+\frac{\tan\varphi\tan\alpha_i}{K}$$

将式（9-26）代入式（9-24），得

$$K=\frac{\sum\frac{1}{\cos\alpha_i m_{\alpha i}}[cb+(G_i+\Delta X_i)\tan\varphi]}{\sum(G_i+\Delta X_i)\tan\alpha_i}\tag{9-27}$$

显然，上述公式的求解仍需采用迭代法，可按以下步骤进行：

(1) 先设 $\Delta X_i=0$（相当于简化的毕肖普法），并假定 $K=1$，算出 $m_{\alpha i}$，代入式（9-24）求得 K，若计算 K 值与假定值相差较大，则由新的 K 值再求 $m_{\alpha i}$ 和 K，反复逼近至满足精度要求，求出 K 的第一次近似值。

(2) 由式（9-26）、式（9-22）及式（9-23）分别求出每一土条的 T_i、ΔE_i 及 X_i，并计算出 ΔX_i。

(3) 用新求出的 ΔX_i 重复步骤（1），求出 K 的第二次近似值，并以此值重复上述计算每一土条的 T_i、ΔE_i、ΔX_i，直到最后计算的 K 值达到某一要求的计算精度。

简布条分法可以满足所有静力平衡条件，但推力线的假定必须符合条间力的合理性要求，即满足土条间不产生拉力和剪切破坏。目前在国内外应用较广，但也须注意，在某些情况下，其计算结果有可能不收敛。

9.4.5 折线滑动法

折线滑动法是假定边坡沿滑动面为折线，该方法主要应用于岩质边坡或下层为岩质边坡，上层为黏性土层的边坡。在建设场区内，由于施工或其他因素的影响滑动有可能发生在滑坡地段，必须采取可靠的预防措施，防止产生滑坡。当滑体有多层滑动面（带）时，应取推力最大的滑动面（带）确定滑坡推力，且选择平行于滑动方向的几个具有代表性的断面进行计算。计算断面一般不少于2个，其中应有一个是滑动主轴断面。根据不同断面的推力设计相应的抗滑结构，当滑动面为折线形时，如图9-13所示，滑坡推力可按下式计算：

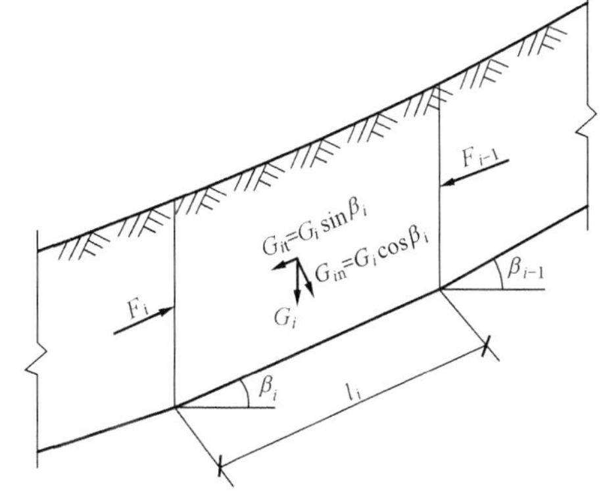

图9-13　滑坡推力土层示意图

$$F_i=F_{i-1}\varphi+\gamma_t G_{it}-G_{in}\tan\varphi_i-c_i l_i\tag{9-28}$$

$$\psi=\cos(\beta_{i-1}-\beta_i)-\sin(\beta_{i-1}-\beta_i)\tan\varphi_i\tag{9-29}$$

式中　F_i、F_{i-1}——第 i 块、第 $i-1$ 块滑体的剩余下滑力；

ψ——传递系数；

γ_t——滑坡推力安全系数；

G_{it}、G_{in}——第 i 块滑体自重沿滑动面、垂直滑动面的分力；

φ_i——第 i 块滑体沿滑动面土的内摩擦角标准值；

c_i——第 i 块滑动面土体的黏聚力标准值；

l_i——第 i 块滑体沿滑动面的长度。

滑坡推力作用点，取在滑体厚度的1/2处，滑坡推力安全系数，应根据滑坡现状及其对工程的影响等因素确定，对地基基础设计等级为甲级的建筑物宜取1.25，设计等级为乙级的建筑物宜取1.15，设计等级为丙级的建筑物宜取1.05。滑动面上的抗剪强度可根据土（岩）的性质和当地经验，采用试验与滑坡反算相结合的方法确定。

9.4.6 Spencer 和 Morgenstern-Price 法

Morgenstern-Price 法是一种严格的条分法，该方法假设条块的竖直切向力与水平推力之比为含有待定参数 λ 与条间力函数 $f(x)$ 的乘积，然后建立满足水平和垂直方向的平衡方程与力矩平衡方程，通过迭代求解安全系数 F_s 和待定参数 λ。我国陈祖煜等学者曾先后对 Morgenstern-Price 法的计算格式作了一定的改进，由于这种方法收敛性较好，且满足严格平衡条件，因而在岩土工程界受到欢迎。但是该方法求解过程比较复杂，需要编制专业软件。

Spencer 法是稍后于 Morgenstern-Price 法的又一个严格条分法，该法直接假设条块间的推力平行，即推力倾角 θ 为常数，建立满足所有力与力矩平衡的方程组，然后通过迭代求解安全系数。Spencer 法与 Morgenstern-Price 法尽管两者平衡方程在形式上有很大不同，但当条间函数 $f(x)=1$ 时，Spencer 是 Morgenstern-Price 法的特例。

Spencer 法与 Morgenstern-Price 法是岩土工程界今后推广的一种方法，朱大勇等学者对 Morgenstern-Price 法的计算格式进行了改进，它使计算过程得到了简化，有利于该方法的应用。

一、Spencer 法

Spencer 法假定条间力的倾角为一个待定常数，即

$$T_i = \tan\theta E_i \tag{9-30}$$

则可以得到相应的条底法向力方程：

$$N_i = \frac{1}{\sec\varphi'_{m1}\cos(\alpha_1-\theta-\varphi'_{m1})}[W_i\cos\theta - K_s W_i\sin\theta + Q_i\cos(\theta_i-\theta) - c'_{mi}l_i\sin(\alpha_i-\theta) + U_i\tan\varphi'_{mi}\sin(\alpha_i-\theta)] \tag{9-31}$$

Spencer 建立了两个安全系数方程：一个是基于整体力矩平衡，另一个是基于平行于条间力方向上力的整体平衡。

根据方程 $\sum_{i=1}^{n} Q_i(Y_{qi}\sin\theta_i \mp X_{qi}\cos\theta_i) = 0$ ，基于整体力矩平衡的安全系数方程为

$$F_{sm} = \frac{\sum_{i=1}^{n}[c'_i l_i + (N_i - U_i)\tan\varphi'_i](Y_{ni}\cos\alpha_i \pm X_{ni}\sin\alpha_i)}{\sum_{i=1}^{n}N_i(Y_{ni}\cos\alpha_i \mp X_{ni}\sin\alpha_i) + \sum_{i=1}^{n}K_s W_i Y_{ci} \pm \sum_{i=1}^{n}K_s W_i X_{ci} + \sum_{i=1}^{n}Q_i(\pm X_{qi}\cos\theta_i - Y_{qi}\sin\theta_i)} \tag{9-32}$$

基于力平衡的安全系数方程也可以通过水平方向上力的整体平衡方程得到

$$F_{sf} = \frac{\sum_{i=2}^{n}[c'_i l_i + (N_i - U_i)]\tan\varphi'_i\cos\alpha_i}{\sum_{i=2}^{n}N_i\sin\alpha_i + \sum_{i=2}^{n}K_s W_i - \sum_{i=2}^{n}Q_i\sin\theta_i} \tag{9-33}$$

其中，下标 m 和 f 分别表示安全系数是由力矩平衡和力平衡得到的。当边坡的几何形状及滑裂面已确定，同时组成边坡的材料强度参数又已知时，只有 θ 和 F_s 两个未知数，因此方程有唯一解。

Spencer 法的具体解题步骤如下：

(1) 对于给定滑裂面，划分垂直条块。

(2) 选定若干个 θ 值，对于不同的 θ 值，根据式（9 - 33）求出不同的 F_{sf} 值，根据式

(9-32) 求出不同的 F_{sm} 值，$\theta=0°$ 时的 F_{sm} 称为 F_{sm0}，对于圆弧滑裂面，它相当于用简化 Bishop 法求出的安全系数值。

(3) 在同一张图上绘制 $F_{sf}\sim\theta$ 及 $F_{sm}\sim\theta$ 关系曲线（见图 9-14）两条曲线的交点就给出了同时满足力和力矩平衡的安全系数 F_s 及条间力的倾角 θ。

(4) 以求出的 F_s 及 θ，从上到下逐个条块求出条块界面上的法向力和剪力，根据式 (9-28) 进行合理校验。

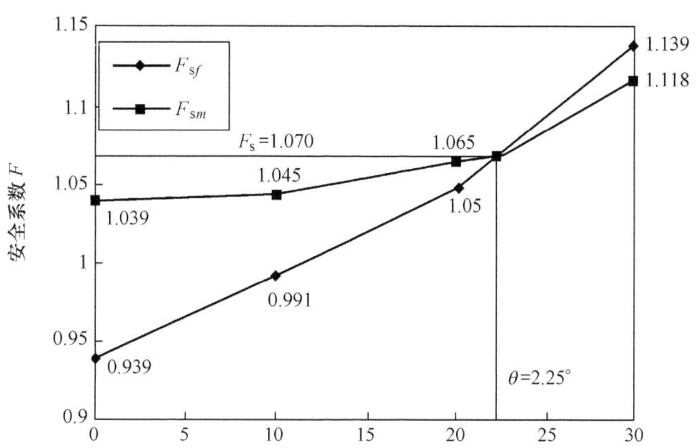

图 9-14　$F_s\sim\theta$ 的关系曲线

$$F_{vi}=\frac{c_{avi}h_i+(E_i-p_{wi})\tan\varphi_{avi}}{T_i}>F_s \tag{9-34}$$

(5) 再从上到下逐个条块求出条间力的作用点及条底法向力的作用点的位置，根据式 (9-35) 进行合理的校验。

$$0\leqslant D_{ni}\leqslant l_i, 0\leqslant D_{pi}\leqslant h_i \tag{9-35}$$

二、Morgenstern-Price 法

Morgenstern-Price 法首先对任意曲线形状的滑裂面进行分析，导出了满足力的平衡及力矩平衡的微分方程式，然后假定条间力的倾角的正切值为某一函数分布，即式 $\tan\beta_i=\lambda f(x_i)$，根据整个滑动土体的边界条件求出问题的解答。

将任意形状边坡［见图 9-15 (a)］的地表线、浸润线、推力线及滑裂线分别以函数 $y=g(x)$，$y=h(x)$，$y=f_t(x)$ 及 $y=s(x)$ 表示。图 9-15 (b) 为其中任一微分条块，其上作用有体力 dW、地震力 $K_s dW$、坡面外力 dQ，条块两侧的法向条间力 E，$E+dE$ 及切向条间力 T，$T+dT$，条块两侧的孔隙水压力 p_w，p_w+dp_w，条底剪力 dS，条底孔隙水压力 dU。

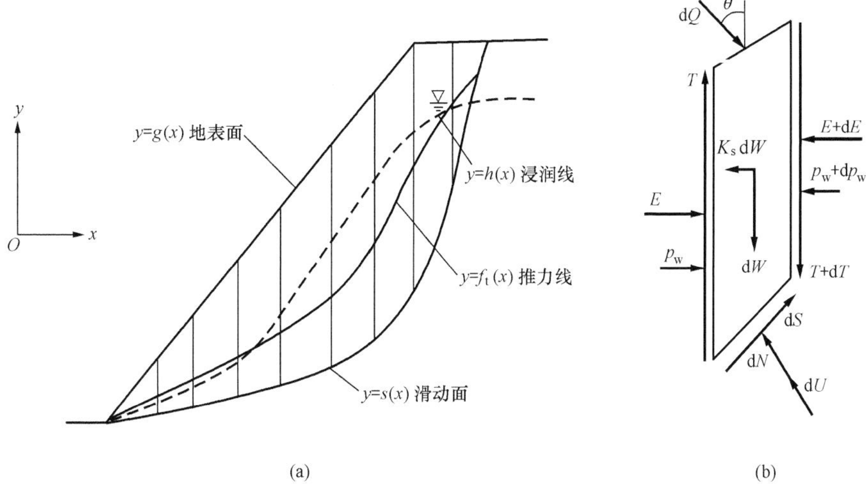

图 9-15　边坡体的微分及微分条块的受力分析

将作用在微分条块上的力对条底中点（dS，dN 合力的作用点）取力矩平衡，并且认为 dU 的作用点与 dS，dN 的合力的作用点重合，有

$$E\left[f_t(x)-s(x)-\frac{1}{2}s'(x)\mathrm{d}x\right]-(E+\mathrm{d}E)\left[f_t(x+\mathrm{d}x)-s(x+\mathrm{d}x)+\frac{1}{2}s'(x)\mathrm{d}x\right]$$

$$+T\frac{\mathrm{d}x}{2}+(T+\mathrm{d}T)\frac{\mathrm{d}x}{2}-K_s\mathrm{d}W\left[y_c-s(x)+\frac{1}{2}s'(x)\mathrm{d}x\right]+\mathrm{d}Q\sin\theta$$

$$\left[y_q-s(x)+\frac{1}{2}s'(x)\mathrm{d}x\right]+\mathrm{d}Q\cos\theta\left(x_q-x-\frac{\mathrm{d}x}{2}\right)=0 \tag{9-36}$$

将式（9-36）整理简化，略去高阶微量，就得到每一微分条块满足力矩平衡的微分方程：

$$T=\frac{\mathrm{d}}{\mathrm{d}x}[Ef_t(x)]-s(x)\frac{\mathrm{d}E}{\mathrm{d}x}+K_s[y_c-s(x)]\frac{\mathrm{d}W}{\mathrm{d}x}-\{[y_q-s(x)]\sin\theta+(x_q-x)\cos\theta\}\frac{\mathrm{d}Q}{\mathrm{d}x} \tag{9-37}$$

再取条底法线方向力的平衡，得

$$\mathrm{d}N=\mathrm{d}T\cos\alpha-\mathrm{d}E\sin\alpha+\mathrm{d}W\cos\alpha-K_s\mathrm{d}W\sin\alpha+\mathrm{d}Q\sin(\theta-\alpha) \tag{9-38}$$

同时取平行条底方向里的平衡可得

$$\mathrm{d}S=\mathrm{d}E\cos\alpha+\mathrm{d}T\sin\alpha+\mathrm{d}W\sin\alpha+K_s\mathrm{d}W\cos\alpha-\mathrm{d}Q\sin(\theta-\alpha) \tag{9-39}$$

又根据边坡稳定系数定义及 Mohr-Coulmb 强度准则，得：

$$\mathrm{d}S=\frac{c'\mathrm{d}x\sec\alpha+(\mathrm{d}N-\mathrm{d}U)\tan\varphi'}{F_s} \tag{9-40}$$

同时引用 Bishop 等关于孔隙水压力的定义，得

$$\mathrm{d}U=r_u\mathrm{d}W\sec\alpha \tag{9-41}$$

式中 r_u——孔隙压力比。

综合以上各式，消去 dT 及 dN，得到每一微分条块满足力的平衡的微分方程：

$$\frac{\mathrm{d}E}{\mathrm{d}x}[1+s'(x)\tan\varphi'_m]+\frac{\mathrm{d}T}{\mathrm{d}x}[s'(x)-\tan\varphi'_m]$$

$$=c'_m\{1+[s'(x)]^2+\frac{\mathrm{d}W}{\mathrm{d}x}\{\tan\varphi'_m-s'(x)-K_s-K_ss'(x)\tan\varphi'_m-r_u\tan\varphi'_m-r_u[s'(x)]^2\tan\varphi'_m\}$$

$$+\frac{\mathrm{d}Q}{\mathrm{d}x}[\cos\theta\tan\varphi'_m+\sin\theta\tan\varphi'_ms'(x)+\sin\theta-\cos\theta s'(x)] \tag{9-42}$$

式中：$c'_m=c'/F_s$，$\tan\varphi'_m=\tan\varphi'/F_s$。

一般来说，$y=g(x)$，$y=h(x)$ 是已知的，$y=s(x)$ 由计算者选定，也是已知的。两个基本微分方程中的$\frac{\mathrm{d}W}{\mathrm{d}x}$，$\frac{\mathrm{d}Q}{\mathrm{d}x}$，$y_c$ 及 $s'(x)$ 都可以求出，同时土的抗剪强度指标 c' 和 $\tan\varphi'$、坡面外力 dQ 的作用点 (x_q,y_q) 和方向角 θ、地震影响系数 K_s 及空隙压力比 r_u 也是给定的，因此，要求解的未知量就剩下 E、T、函数 $y=f_t(x)$ 及安全系数 F_s。

假定 E 和 T 之间存在如下函数关系：

$$T=\lambda f(x)E \tag{9-43}$$

式中 λ——任意选择的一个常数；

$f(x)$——一个预先给定的函数。

对于每一微分条块来说，由于 dx 可以取得很小，使 $s(x)$ 和 $f(x)$ 在微分条块范围内近似为一直线，即 $s'(x)$ 和 $f'(x)$ 在微分条块范围内为一常数。令

$$Ax+D=\lambda f(x)[s'(x)-\tan\varphi'_m] \tag{9-44}$$

$$B-D=1+s'(x)\tan\varphi'_{m} \tag{9-45}$$

$$C=c'_{m}\{1+[s'(x)]^{2}\}+\frac{dW}{dx}\{\tan\varphi'_{m}-s'(x)-K_{s}-K_{s}s'(x)\tan\varphi'_{m}-r_{u}\tan\varphi'_{m}-r_{u}[s'(x)]^{2}\tan\varphi'_{m}\}$$

$$+\frac{dQ}{dx}[\cos\theta\tan\varphi'_{m}+\sin\theta\tan\varphi'_{m}s'(x)+\sin\theta-\cos\theta s'(x)] \tag{9-46}$$

以上三式中　A，B，D——任意常数。

经过系列的处理，式（9-42）简化为

$$(Ax+B)\frac{dE}{dx}+AE=C \tag{9-47}$$

现在取条块两侧的边界条件为

$$E=E_{i-1}(x=x_{i-1})$$

$$E=E_{i}(x=x_{i})$$

对式（9-47）从 x_{i-1} 到 x_i 进行积分，可以求得

$$E_{i}=\frac{Ax_{i-2}+B}{Ax_{i}+B}E_{i-1}+\frac{1}{Ax_{i}+B}\int_{x_{i-2}}^{x_{i}}C\mathrm{d}x \tag{9-48}$$

这样就可以从上到下，逐条求出法向条间力 E，然后根据式（9-43）求出切向条间力 T。当滑动土体外部没有其他外力作用时，对最后一条土条必须满足条件：

$$E_{n}=0 \tag{9-49}$$

同时，条块侧面的力矩可以用微分方程积分求出，有

$$M_{i}=M_{i-1}+M_{0} \tag{9-50}$$

式中

$$M_{i}=E_{i}[f_{t}(x_{i})-s(x_{i})] \tag{9-51}$$

$$M_{i-1}=E_{i-1}[f_{t}(x_{i-1})-s(x_{i-1})] \tag{9-52}$$

$$M_{0}=\int_{x_{i-1}}^{x_{i}}\left\{T-Ef'_{t}(x)-K_{s}[y_{c}-s(x)]\frac{dW}{dx}+[(y_{q}-s(x))\sin\theta+(x_{q}-x)\cos\theta]\frac{dQ}{dx}\right\}dx \tag{9-53}$$

最后也必须满足条件：

$$M_{n}=0 \tag{9-54}$$

此时，各条间力合理作用点位置 $f_{t}(x)$ 可由式（9-44）求出。因此，为了找到满足所有平衡方程的 λ 和 F_s 值，我们可以先假定一个 λ 及 F_s，然后逐条积分得到 E_n 及 M_n，如果不为零，再用一个有规律的迭代步骤不断修正 λ 及 F_s，直到 E_n 及 M_n 为零或充分接近零为止。

最后剩下的问题是如何选择 $f(x)$，它们可以利用弹性理论的解答算出，也可以再直观假设的基础上指定。根据 Morgenstern 等人的研究，对于接近圆弧的滑裂面，安全系数对内力分布的反应很不灵敏，往往取完全不同的 $f(x)$，得到的安全系数却相当接近。

当然用本法求出的条间力也必须符合合理性要求。如果得不到满足，可以通过修改 $f(x)$ 来加以调整。

Morgenstern-Price 法是对土坡稳定进行计算的一种方法，如果取 $f(x)$ 为一常数，其结果与 Spencer 法相同；更特殊一些，如果取 $f(x)=0$，则相当于简化 Bishop 法。显然，由于计算的繁琐和复杂，没有计算机这个方法是无法得到实际应用的。

三、Morgenstern-Price 法的积分解

1. Morgenstern-Price 法

陈祖煜和 Morgenstern（Chen and Morgenstern，1983 年）曾对上述 Morgenstern-Price 法作

出改进，提出以下积分解法（见图 9-16）：

$$\int_a^b p(x)s(x)\mathrm{d}x = 0 \tag{9-55}$$

$$\int_a^b p(x)s(x)t(x)\mathrm{d}x = M_e \tag{9-56}$$

式中 $p(x)$——反映边坡几何特性和物理特性的变量；

$s(x)$——反映侧向力倾角 β 的特性。

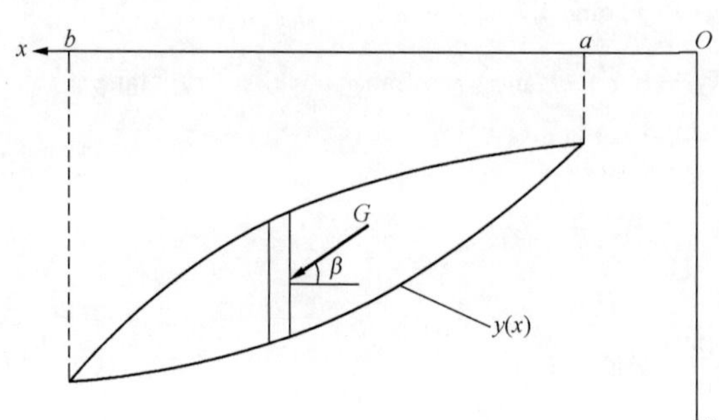

图 9-16 边坡稳定的条分法

$p(x)$，$s(x)$，$t(x)$ 的定义分别为

$$\left.\begin{aligned} c'_e &= c'/F \\ \tan\varphi'_e &= \tan\varphi'/F \end{aligned}\right\} \tag{9-57}$$

$$p(x) = \left(\frac{\mathrm{d}W}{\mathrm{d}x}+q\right)\sin(\varphi'_e-\alpha) - r_u\frac{\mathrm{d}W}{\mathrm{d}x}\sec\alpha\sin\varphi'_e + c'_e\sec\alpha\cos\varphi'_e - \eta\frac{\mathrm{d}W}{\mathrm{d}x}\cos(\varphi'_e-\alpha) \tag{9-58}$$

$$s(x) = \sec(\varphi'_e-\alpha+\beta)\exp\left[-\int_a^x \tan(\varphi'_e-\alpha+\beta)\frac{\mathrm{d}\beta}{\mathrm{d}\xi}\mathrm{d}\xi\right] \tag{9-59}$$

$$t(x) = \int_a^x (\sin\beta-\cos\beta\tan\alpha)\exp\left[\int_a^\xi \tan(\varphi'_e-\alpha+\beta)\frac{\mathrm{d}\beta}{\mathrm{d}\xi}\mathrm{d}\xi\right]\mathrm{d}\xi \tag{9-60}$$

$$M_e = \int_a^b \eta\frac{\mathrm{d}W}{\mathrm{d}x}h_e q\mathrm{d}x \tag{9-61}$$

上式中保持了原文对安全系数定义的符号：$c'_e = c'/F$，$\tan\varphi'_e = \tan\varphi'/F$。

式中 α——土条底倾角；

$\mathrm{d}W$——土条重力；

$q\mathrm{d}x$——坡表面垂直荷重；

$\eta\mathrm{d}W$——水平地震力；

h_e——作用力与土条底距离；

β——作用在土条垂直边上的总作用力 G 与水平线的夹角。

通常定义孔隙水压力系数为

$$r_u = \frac{u}{\mathrm{d}W/\mathrm{d}x} \tag{9-62}$$

式中 u——条底中点的孔隙水压力。

式（9-58）和式（9-59）中包含一个未知数，即安全系数 F，它隐含在 φ'_e 和 c'_e 中，另外还包含一个变量 $\beta(x)$，Morgenstern 和 Price 假定其符合某一形状的分布，留下一个特定常数 λ 和 F 一起求解，即假定 $\tan\beta = \lambda f(x)$。

上述解法详见《碾压式土石坝设计规范》（SL274—2001）。

2. Spencer 法

Spencer 法为 Morgenstern-Price 法的特例，即 $f(x)=1$，$\mathrm{d}\beta/\mathrm{d}x=0$，$\beta$ 为一待定的常量，故有

$$s(x) = \sec(\varphi'_e-\alpha+\beta) \tag{9-63}$$

式（9-55）和式（9-56）可简化为

$$\int_a^b p(x)\sec(\varphi'_e-\alpha+\beta)\mathrm{d}x = 0 \tag{9-64}$$

$$\int_a^b p(x)\sec(\varphi'_e-\alpha+\beta)[(x-a)\sin\beta-(y-y_a)\cos\beta]\mathrm{d}x = M_e \tag{9-65}$$

式中　y_a——滑裂面顶部端点（$x=a$ 处）的 y 坐标。

考虑到式（9-64）已经成立，式（9-65）也可写成：

$$\int_a^b p(x)\sec(\varphi'_e-\alpha+\beta)(x\sin\beta-y\cos\beta)dx=M_e \tag{9-66}$$

四、Morgenstern-Price 法计算格式的改进

1. 平衡方程建立

令条底水压力的合力为 U_i，$U_i=u_ib_i\sec\alpha_i$。式中 u_i 是平均水压力；滑动面上有效法向力为 N'_i；调用的抗剪强度为 S_i，$S_i=(N'_i\tan\varphi'_i+c'_ib_i\sec\alpha_i)/F_s$，式中，$F_s$ 是安全系数；条块间法向力为 E_i 和 E_{i-1}，与底面的垂直距离分别是 z_i 和 z_{i-1}；条块间的剪切力为 $T_i=f_iE_i$ 和 $T_{i-1}=\lambda f_{i-1}E_{i-1}$。

现考察第 i 个条块的受力平衡。沿垂直于滑面方向将力进行分解，得

$$N'_i=(W_i+\lambda f_{i-1}E_{i-1}-\lambda f_iE_i+Q_i\cos\theta_i)\cos\alpha_i+(-K_cW_i+E_i-E_{i-1}+Q_i\sin\theta_i)\sin\alpha_i-U_i \tag{9-67}$$

沿平行于滑面方向将力进行分解，得

$$\begin{aligned}(N'_i\tan\varphi'_i+c'_ib_i\sec\alpha_i)/F_s=&(W_i+\lambda f_{i-1}E_{i-1}-\lambda f_iE_i+Q_i\cos\theta_i)\sin\alpha_i\\&+(-K_cW_i+E_i-E_{i-1}+Q_i\sin\theta_i)\cos\alpha_i\end{aligned} \tag{9-68}$$

将式（9-67）代入式（9-68）得到

$$\begin{aligned}&E_i[(\sin\alpha_i-\lambda f_i\cos\alpha_i)\tan\varphi'_i+(\cos\alpha_i+\lambda f_i\sin\alpha_i)F_s]\\&=E_{i-1}[(\sin\alpha_i-\lambda f_{i-1}\cos\alpha_i)\tan\varphi'_i+(\cos\alpha_i+\lambda f_{i-1}\sin\alpha_i)F_s]+F_sT_i-R_i\end{aligned} \tag{9-69}$$

其中

$$R_i=[W_i\cos\alpha_i-K_cW_i\sin\alpha_i+Q_i\cos(\theta_i-\alpha_i)-U_i]\tan\varphi'_i+c'_ib_i\sec\alpha_i \tag{9-70}$$

$$T_i=W_i\sin\alpha_i-K_cW_i\cos\alpha_i-Q_i\sin(\theta_i-\alpha_i) \tag{9-71}$$

实际上，R_i 是除条间力之外的条块上所有力所提供的抗剪力之和，T_i 是所有力产生的下滑力之和。式（9-69）可重写如下：

$$E_i\Phi_i=\Psi_{i-1}E_{i-1}\Phi_{i-1}+F_sT_i-R_i \tag{9-72}$$

其中

$$\Phi_i=(\sin\alpha_i-\lambda f_{i-1}\cos\alpha_i)\tan\varphi'_i+(\cos\alpha_i+\lambda f_{i-1}\sin\alpha_i)F_s \tag{9-73}$$

$$\Phi_{i-1}=(\sin\alpha_{i-1}-\lambda f_{i-1}\cos\alpha_{i-1})\tan\varphi'_{i-1}+(\cos\alpha_{i-1}+\lambda f_{i-1}\sin\alpha_{i-1})F_s \tag{9-74}$$

$$\psi_{i-1}=\frac{(\sin\alpha_i-\lambda f_{i-1}\cos\alpha_i)\tan\varphi'_i+(\cos\alpha_i+\lambda f_{i-1}\sin\alpha_i)F_s}{\Phi_{i-1}} \tag{9-75}$$

根据端部条件：

$$E_0=0;E_n=0$$

再由式（9-75）推导安全系数 F_s 表达式：

$$F_s=\frac{\sum\limits_{i=1}^{n-1}\left(R_i\cdot\prod\limits_{j=1}^{n-1}\psi_j\right)+R_n}{\sum\limits_{i=1}^{n-1}\left(T_i\cdot\prod\limits_{j=1}^{n-1}\psi_j\right)+T_n} \tag{9-76}$$

上式为隐式方程，因为变量 F_s 在两边都出现，因此需要用迭代方法求解。

现在考虑第 i 个条块的力矩平衡，对条块基底中心取力矩：

$$E_i\left(z_i-\frac{b_i}{2}\tan\alpha_i\right)=E_{i-1}\left(z_{i-1}+\frac{b_i}{2}\tan\alpha_i\right)-\lambda\frac{b_i}{2}(f_iE_i+f_{i-1}E_{i-1})+K_cW_i\frac{h_i}{2}-Q_i\sin\theta_ih_i \tag{9-77}$$

设

$$M_i=E_iz_i,M_{i-1}=E_{i-1}z_{i-1} \tag{9-78}$$

M_i，M_{i-1}称为条间力矩。

将式（9 - 78）代入式（9 - 77），得

$$M_i = M_{i-1} - \lambda \frac{b_i}{2}(f_i E_i + f_{i-1} E_{i-1}) + \frac{b_i}{2}(E_i + E_{i-1})\tan\alpha_i + K_c W_i \frac{h_i}{2} - Q_i \sin\theta_i h_i \quad (9-79)$$

同样有

$$M_0 = 0, M_n = 0$$

根据力矩平衡方程可以解出比例系数 λ：

$$\lambda = \frac{\sum_{i=1}^{n}[b_i(E_i + E_{i-1})\tan\alpha_i + K_c W_i h_i - 2Q_i \sin\theta_i h_i]}{\sum_{i=1}^{n}[b_i(f_i E_i + f_{i-1} E_{i-1})]} \quad (9-80)$$

2. 计算过程

上述安全系数计算过程按下面步骤进行：

(1) 划分条块。计算机编程时，可根据滑体长度划分等宽条块。

(2) 计算每个条块的下滑力 T_i 和抗剪力 R_i。

(3) 选定条间力函数 $f(x)$。Spencer 法，取 $f(x) = 1$；Morgenstern-Price 法可取

$$f(x) = \sin^{\mu}\left[\pi\left(\frac{x-a}{b-a}\right)^{v}\right] \quad (9-81)$$

式中：a，b 为左右端横坐标，μ=0～0.5，v=0.5～2.0。

(4) 设定安全系数 F_s 和待定系数 λ 的初始值。要实现推力有效传递，须满足：

$$F_s > -\frac{\sin\alpha_i - \lambda f_i \cos\alpha_i}{\cos\alpha_i + \lambda f_i \sin\alpha_i}\tan\varphi' \quad (9-82)$$

一般可取 F_s=1，λ=0 作为初始值。

(5) 计算传递系数 Φ_i，ψ_{i-1}。

(6) 计算改进的安全系数 F_s。

(7) 应用改进后的 F_s，再重新计算一次 Φ_i，ψ_{i-1}。

(8) 再重新计算安全系数 F_s。

(9) 计算条间推力 E_i。

(10) 计算改进的待定系数 λ。

重复过程（5）～（10），直至 F_s 和 λ 收敛至预定范围。

§9.5 地 基 的 稳 定 性

通常在下述情况可能发生地基的稳定性破坏：①承受很大水平力或倾覆力矩的建（构）筑物，如受风荷载或地震作用的高层建筑或高耸构筑物，承受拉力的高压线塔架基础及锚拉基础，承受水压力或土压力的挡土墙、水坝、堤坝和桥台等；②位于斜坡或坡顶上的建（构）筑物，由于荷载作用或环境因素影响，造成部分或整个边坡失稳；③地基中存在软弱土层，土层下面有倾斜的岩层面、隐伏的破碎或断裂带，地下水渗流等。

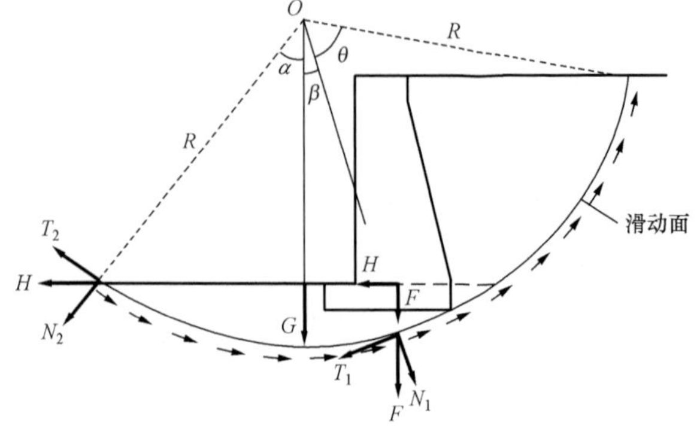

图 9 - 17　坡顶开裂时稳定计算

9.5.1 基础连同地基一起滑动的稳定性

基础在经常性水平荷载作用下，连同地基一起滑动失稳的地基稳定性问题有如下几种。

(1) 如图 9-17 所示挡土墙剖面，滑动破坏面接近圆弧滑动面，并通过墙踵点（线）。分析时取绕圆弧中心点 O 的抗滑力矩与滑动力矩之比作为整体滑动的稳定安全系数，可粗略地按下式验算。

$$K=\frac{M_{R}}{M_{S}} \tag{9-83}$$

其中

$$M_{R}=(\alpha+\beta+\theta)c_{k}\pi R/180^{\circ}+(N_{1}+N_{2}+G)R\tan\varphi_{k}$$

$$M_{S}=(T_{1}+T_{2})R$$

式中　M_R——抗滑力矩；

M_S——滑动力矩；

c_k、φ_k——土的黏聚力标准值和内摩擦角标准值；

R——滑动圆弧的半径。

$$N_{1}=F\cos\beta,\ N_{2}=H\sin\alpha,\ T_{1}=F\sin\beta, T_{2}=H\cos\alpha,\ G=\gamma\left(\frac{\alpha\pi}{180^{\circ}}-\sin\alpha\cos\alpha\right)R^{2}$$

式中　F，H——挡土墙基底所承受的垂直分力和水平分力。

若考虑土质的变化，也可采用类似于土坡稳定条分法计算稳定安全系数。同理，最危险圆弧滑动面必须通过试算求得，一般要求 $K_{min}\geqslant1.2$。

(2) 当挡土墙周围土体及地基土都比较软弱时，地基失稳时可能出现图 9-18 所示贯入软土层深处的圆弧滑动面。此时，同样可采用类似于土坡稳定分析的条分法计算稳定安全系数，通过试算求得最危险的圆弧滑动面和相应的稳定安全系数 K_{min}，一般要求 $K_{min}\geqslant1.2$。

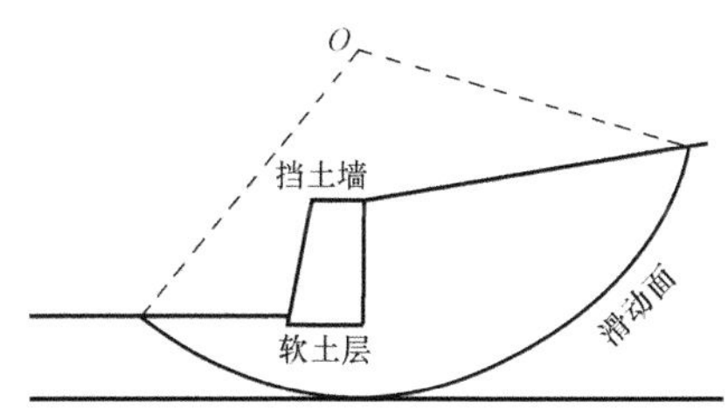

图 9-18　贯入软土层深处的圆弧滑动面

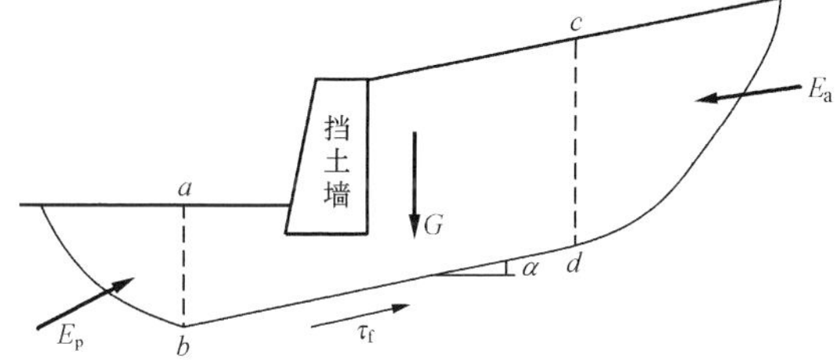

图 9-19　硬土层中的非圆弧滑动面

(3) 当挡土墙位于超固结坚硬黏土层中时，其滑动破坏可能沿近似水平面的软弱结构面发生，为非圆弧滑动面（见图 9-19）。计算时，可近似地取土体 $abdc$ 为隔离体。假定作用在 ab 和 dc 竖直面上的力分别等于主动土压力和被动土压力。设 bd 面为平面，沿此滑动面上总的抗剪强度为

$$\tau_{f}l=cl+G\cos\alpha\tan\varphi \tag{9-84}$$

式中　G——土体 $abdc$ 的自重标准值；

l，α——bd 的长度和水平倾角；

c，φ——硬黏土的黏聚力标准值和内摩擦角标准值。

此时滑动面 bd 为平面，稳定安全系数 K 为抗滑力与滑动力之比，即

$$K=\frac{E_{p}+\tau_{f}l}{E_{a}+G\sin\alpha} \tag{9-85}$$

一般平面滑动要求 $K\geqslant 1.3$。

9.5.2 土坡坡顶建（构）筑物地基的稳定性

位于稳定土坡坡顶上的建（构）筑物，《建筑地基基础设计规范》（GB 50007—2002）规定，当垂直于坡顶边缘线的基础底面边长≤3m 时，基础底面外边缘线至坡顶边缘线的水平距离（见图 9 - 20）应符合下式要求，但不得小于 2.5m。

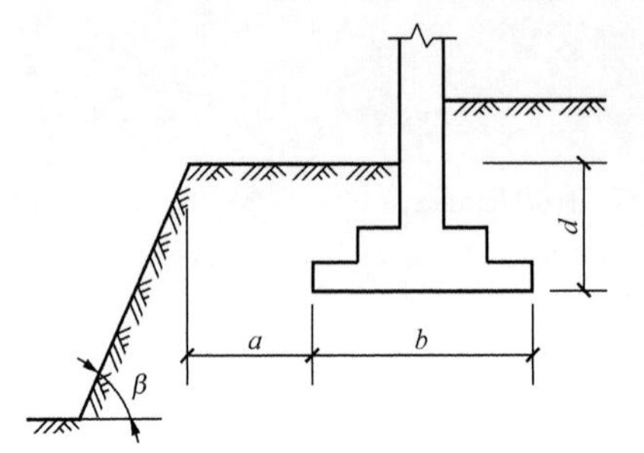

图 9 - 20 基础底面外边缘线至坡顶的水平距离示意图

条形基础
$$a\geqslant 3.5b-\frac{d}{\tan\beta} \quad (9-86a)$$

矩形基础
$$a\geqslant 2.5b-\frac{d}{\tan\beta} \quad (9-86b)$$

式中 a——基础底面外边缘线至坡顶的水平距离；

b——垂直于坡顶边缘线的基础底面边长；

d——基础埋置深度；

β——边坡坡角。

当基础顶面外边缘线至坡顶的水平距离不满足式（9 - 86a）、式（9 - 86b）的要求时，可根据基底平均压力按式（9 - 83）确定基础距坡顶边缘的距离和基础埋深。

当边坡坡角 $\beta>45°$、坡高>8m 时，尚应按式（9 - 83）验算坡体稳定性。

思 考 题

9 - 1 土坡稳定有何实际意义？影响土坡稳定的因素有哪些？

9 - 2 何谓无黏性土坡的自然休止角？无黏性土坡的稳定性与哪些因素有关？

9 - 3 土坡圆弧滑动面的整体稳定分析的原理是什么？如何确定最危险圆弧滑动面？

9 - 4 简述毕肖普条分法确定安全系数的试算过程。

9 - 5 试比较土坡稳定分析瑞典条分法、规范圆弧条分法、毕肖普条分法及简布条分法的异同。

9 - 6 土坡稳定安全系数的意义是什么？在本章中有哪几种表达形式？

9 - 7 分析土坡稳定性时应如何根据工程情况选取土体抗剪强度指标及稳定安全系数？

9 - 8 地基的稳定性包括哪些内容？地基的整体滑动有哪些情况？应如何考虑？

9 - 9 砂性土边坡和黏性土边坡破坏方式有何不同？两者在何种情况下可采用相同的滑动模式？

9 - 10 在黏性土边坡稳定分析时，所要解决的主要问题主要有哪些？

9 - 11 在坡顶开裂和存在渗流时如何计算边坡稳定？

9 - 12 土地失稳破坏的原因有哪些？

9 - 13 砂性土边坡只要坡角不超过其内摩擦角即保持稳定，与安全系数与坡高无关，而黏性土坡安全系数与坡高有关，试分析其原因。

9 - 14 影响边坡稳定性的主要因素有哪些？对各种不同的边坡（黏性土、碎石土、黄土、填土和岩石）在分析其稳定性时，应分别注意哪些因素？

9-15　边坡稳定性评价有哪些常用方法？对于非岩质边坡，哪些土性指标起决定性作用？

习　　题

9-1　某地基土的天然重度$\gamma=18.6\text{kN/m}^3$，内摩擦角$\varphi=10°$，黏聚力$c=12\text{kPa}$，当采用1∶1坡度开挖基坑时，其最大开挖深度可为多少？

9-2　已知某挖方土坡，土的物理力学指标为$\gamma=18.93\text{kN/m}^3$，$\varphi=10°$，$c=12\text{kPa}$，若取安全系数$K=1.5$，试问：①将坡角做成$\beta=60°$时边坡的最大高度；②若挖方的开挖高度为6m，坡角最大能做成多大？

9-3　某均质黏性土坡，$h=20\text{m}$，坡比为1∶2，填土重度$\gamma=18\text{kN/m}^3$，黏聚力$c=10\text{kPa}$，内摩擦角$\varphi=36°$，若取土条平均孔隙压力系数$\overline{B}=0.6$，即$u_ib=\overline{G}_iB$，试用简化毕肖普条分法计算该土坡的稳定安全系数。

9-4　用瑞典条分法计算如图9-21所示土坡的稳定安全系数。已知土坡高度$H=5\text{m}$，边坡坡度为1∶1.6，土的性质及试算滑动面圆心位置如图中所示。计算时将土条分成7条，各土条宽度b_i、平均高度h_i、倾角α_i、滑动面弧长l_i及作用在土条底面的平均孔隙水压力u_i，均列于表9-5中。

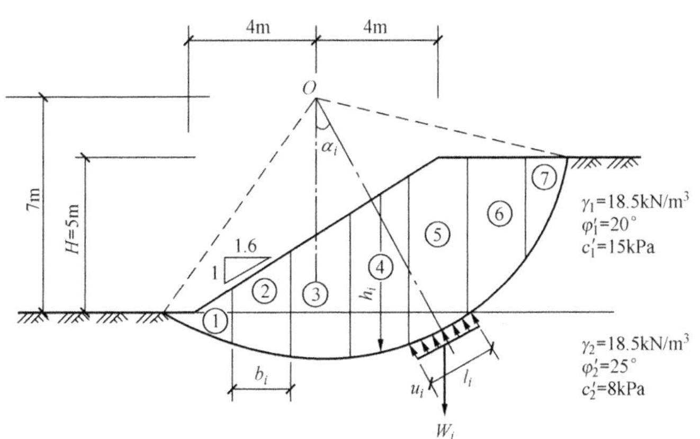

图9-21　习题9-4图

表9-5　　**土条计算数据**

土条编号	b_i(m)	h_i(m)	α_i	l_i(m)	α_i(kN/m²)
1	2	0.7	−27.7°	2.3	2.1
2	2	2.6	−13.4°	2.1	7.1
3	2	4.0	0°	2.0	11.1
4	2	5.1	13.4°	2.1	13.8
5	2	5.4	27.7°	2.3	14.8
6	2	4.0	44.2°	2.8	11.2
7	2	1.8	68.5°	3.2	5.7

9-5　某砂土土坡，高10m，$\gamma=19\text{kN/m}^3$，$c=0$，$\varphi=35°$，试计算土坡稳定安全系数$K=1.3$时坡角β值，以及滑动面倾角α为何值时，砂土土坡安全系数最小。

9-6　某边坡，坡角$\beta=60°$，坡面倾角$\theta=30°$，土的$\gamma=20\text{kN/m}^3$，$\varphi=25°$，$c=10\text{kPa}$，假设滑动面倾角$\alpha=45°$，滑动面长度$L=60\text{m}$，滑动块楔体垂直高度$h=20\text{m}$，试计算边坡

的稳定安全系数。

9-7 按稳定系数法，试求黏性土的直立坡极限高度。已知条件：黏性土，$\varphi=5°$，$c=10\text{kPa}$，$\gamma=19\text{kN/m}^3$（土体稳定性系数 $N_s=0.24$）。

9-8 已知某土坡边坡坡比为1∶1，土的黏聚力 $c=12\text{kPa}$，$\varphi=20°$，$\gamma=18\text{kN/m}^3$，试求土坡极限高度（土体稳定性系数 $N_s=0.065$）。

9-9 现需设计一个无黏性土的简单土坡，已知边坡高度为10m，土的内摩擦角 $\varphi=45°$，黏聚力 $c=0$，试求边坡坡角 β 为何值，其安全系数 $K_s=1.3$。

9-10 饱和软黏土坡度1∶2，黏聚力 $c_u=30\text{kPa}$，$\varphi=0$，$\gamma=18\text{kN/m}^3$。已知单位土坡长度滑坡体水位以下土体体积 $V_B=144.11\text{m}^3/\text{m}$，与滑动圆弧的圆心距离 $d_B=4.44\text{m}$，在滑坡体上部有3.33m的拉裂缝，缝中充满水，水压力为 p_w，滑坡体水位以上的体积 $V_A=41.92\text{m}^3/\text{m}$，圆心距 $d_A=13\text{m}$；用整体圆弧法计算，求土坡沿滑裂面滑动的安全系数。

9-11 某很长的岩质边坡受一组节理控制，节理走向与边坡走向平行，地表出露线距边坡顶边缘线20m，坡顶水平，节理面与坡面交线和坡顶的高差为40m，与坡顶的水平距离为10m，节理面内摩擦角35°，黏聚力 $c=70\text{kPa}$，岩体重度为 23kN/m^3，试验算抗滑稳定安全系数。

（答案：9-5：$\alpha=\beta$；9-6：0.57；9-7：2.19m；9-8：10.26m；9-9：37.6°；9-10：1.07；9-11：2.6）

注册岩土工程师考试题选

某毛石砌体挡土墙，其剖面尺寸如图9-22所示。墙背直立，排水良好。墙后填土与墙齐高，其表面倾角为 β，填土表面的均布荷载为 q。假定挡土墙的主动土压力 $E_a=70\text{kN/m}$，土对挡土墙基底的摩擦系数 $\mu=0.4$，$\delta=13°$，挡土墙每延米自重 $G=209.22\text{kN/m}$。试问，挡土墙抗滑移稳定性安全度 K（即抵抗滑移与引起滑移的力的比值），最接近于下列何项数值？（ ）

A. 1.29　　B. 1.32　　C. 1.45　　D. 1.56

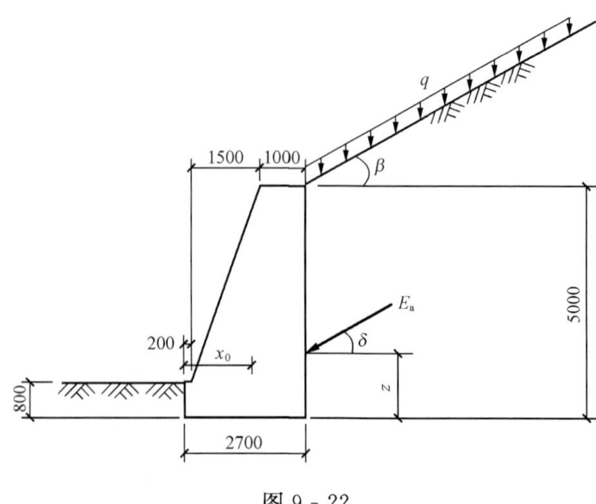

图9-22

（答案：B）

下篇　地　基　基　础

第 10 章　地基基础的设计原则

本 章 提 要

地基基础设计是建筑结构设计的重要内容之一，与建筑物的安全和正常使用有密切关系。设计时必须根据上部结构的使用要求、建筑物的安全等级、上部结构类型特点、工程地质条件、水文地质条件以及施工条件、造价和环境保护等各种条件，合理选择地基基础方案，因地制宜，精心设计，以确保建筑物的安全和正常使用。力求做到使基础工程安全可靠、经济合理、技术先进和施工方便。

本章介绍了地基基础设计的基本原则和基本规定，叙述了常规设计方法和合理设计方法各自的特点，介绍了地基及基础类别划分以及地基基础与上部结构共同工作的概念。

§ 10.1　地基基础的设计原则

10.1.1　概述

建筑工程通常由上部结构和基础两大部分组成。以室外地面标高为划分标准，地面标高以上部分称为上部结构，地面标高以下部分称为基础。

基础承受上部结构传来的所有荷载，并将这些荷载传递给其下的土层——地基。基础的主要功能有以下几点：

（1）通过扩大的基础底板或桩基础等形式将上部结构传来的荷载（如轴向力、水平力及弯矩等）传递到持力层和下卧土层，以满足地基土的承载力要求；

（2）根据地基可能出现的变形及上部结构的特点，利用基础所具有的刚度与上部结构共同调整地基的不均匀变形，以满足上部结构对地基变形的要求；

（3）当上部结构受到较大的水平力（如风力、水压力、土压力以及地震作用等）作用时，基础还起抗滑和抗倾覆的作用；

（4）作为动力机器的基础还有减振的功能。

上部结构的荷载通过基础传到地基，使其向土体深部继续传递扩散，随之土中应力也相应减小、到某一深度后，由上部结构所增加的土中应力已经很小，对工程实际已无意义。因此，一般将基础底部至该深度范围内的土体统称为建筑物的地基。对建筑物地基承载力起主要作用的土体简称为地基主要受力层。事实也正是如此，地基主要受力层较好时，设计就较简单，建筑物的安全也容易得到保证；地基主要受力层较软弱时，地基事故相应增加，地基处理费用也相应增加。

对一般房屋建筑而言，主要地基受力层的厚度与基础的宽度和密度有关。对基础宽度较大的箱基和筏基，其地基主要受力层一般为 1 倍基础短边的宽度；对基础宽度较小而密集时，考虑到基础间的相互影响及地基的均匀程度，一般将基底标高下 5m 以内的土层称为主要受力层。重点研究主要受力层土的物理力学性质及土层的均匀程度，对做好地基基础勘察和设计都是很重要的。

地基基础设计时，需要综合考虑场地地质条件、建筑物的重要性及使用功能、上部结构的类型、荷载大小及分布、施工条件及对周围邻近建筑物的影响等众多因素之后，合理选择地基基础方案，因地制宜，精心设计，以确保建筑物的安全和正常使用。对某一具体建筑物，可能有多种设计方案可供选择。基础设计的各方面内容都要密切联系、相互制约，故很难一次考虑周详。因此，地基基础设计工作往往需要反复多次才能取得满意的结果。设计人员可根据具体工程情况，采用优化设计方法，以提高设计质量。

10.1.2　概率极限设计方法与极限状态设计原则

国际标准《结构可靠性总原则》ISO 2394 对土木工程设计采用了以概率理论为基础的极限状态设计方法。我国为了与国际接轨，从 20 世纪 80 年代开始在建筑工程领域内使用概率极限状态设计原则，现行建筑工程设计规范都是按这一原则要求制定的。

以结构的可靠度指标（或者失效概率）来度量结构的可靠度，并且建立结构可靠度与结构极限状态方程关系，这种设计方法就是以概率论为基础的极限设计方法，简称概率极限设计方法。该方法一般要已知基本变量的统计特征，然后根据预先规定的可靠度指标求出所需的结构抗力平均值并选择截面，这能比较充分地考虑各有关影响因素的客观变异性。但是，对一般常见的结构使用这种方法设计工作量很大，尤其是在地基基础设计中，有些参数因为统计资料不足，在很大程度上还要凭经验确定。

整个结构或结构的一部分（构件）超过某一特定状态就不能满足设计指定的某一功能要求，这个特定状态称为该功能的极限状态，例如，构件即将开裂、倾覆、滑移、压屈、失稳等。也就是说，能完成预定的各项功能时，结构处于有效状态；反之，则处于失效状态，有效状态和失效状态的分界，称为极限状态，是结构开始失效的标志。

极限状态可分为二类：

1. 承载能力极限状态

结构或构件达到最大承载能力或者达到不适于继续承载的变形状态，称为承载能力极限状态。当结构或构件由于材料强度不够而破坏，或因疲劳而破坏，或产生过大的塑性变形而不能继续承载，结构或构件丧失稳定；结构转变为机动体系时，结构或构件就超过了承载能力极限状态。超过承载能力极限状态后，结构或构件就不能满足安全性的要求。

2. 正常使用极限状态

结构或构件达到正常使用或耐久性能中某项规定限度的状态称为正常使用极限状态。例如，当结构或构件出现影响正常使用的过大变形、过宽裂缝、局部损坏和振动时，可认为结构或构件超过了正常使用极限状态。超过了正常使用极限状态，结构或构件就不能保证适用性和耐久性的功能要求。结构或构件按承载能力极限状态进行计算后，还应该按正常使用极限状态进行验算。

结构极限状态采用结构极限状态方程 $g(x_1, x_2, \cdots, x_n) = 0$ 描述，式中：结构功能函数 $g(\cdots)$ 中的基本变量 x_i 是指结构上的各种作用和材料性能、几何参数等；进行结构可靠度分析时，也可采用作用效应和结构抗力作为综合的基本变量；基本变量应作为随机变量考虑。

结构按极限状态设计应满足下列要求：

$$g(x_1, x_2, \cdots, x_n) \geqslant 0 \tag{10-1}$$

当仅有作用效应和结构抗力两个基本变量时，结构按极限状态设计应满足下列要求：

$$R - S \geqslant 0 \tag{10-2}$$

式中　S——结构的作用效应；

R——结构抗力。

10.1.3　地基基础设计基本规定

1. 对地基计算的要求

地基与基础设计内容和建筑物的设计等级有关。根据地基复杂程度、建筑物规模和功能特征以及由于地基问题可能造成建筑物破坏或者影响正常使用的程度，《建筑地基基础设计规范》将地基基础设计分为三个设计等级（见表 10-1）。

表 10-1　　地基基础设计等级

设计等级	建筑和地基类型
甲级	1. 重要的工业与民用建筑物； 2. 30 层以上的高层建筑； 3. 体型复杂，层数相差超过 10 层的高低层连成一体的建筑物； 4. 大面积的多层地下建筑物（如地下车库、商场、运动场等）； 5. 对地基变形有特殊要求的建筑物； 6. 复杂地质条件下的坡上建筑物（包括高边坡）； 7. 对原有工程影响较大的新建建筑物； 8. 场地和地基条件复杂的一般建筑物； 9. 位于复杂地质条件及软土地区的二层及二层以上地下室的基坑工程
乙级	除甲级、丙级以外的工业与民用建筑物
丙级	场地和地基条件简单、荷载分布均匀的七层及七层以下民用建筑及一般工业建筑；次要的轻型建筑物

根据建筑物地基基础设计等级及长期荷载作用下地基变形对上部结构的影响程度，地基基础设计应符合下列规定。

（1）所有建筑物的地基计算均应满足承载力计算的有关规定。

（2）设计等级为甲级、乙级的建筑物，均应按地基变形设计。

（3）表 10-2 所列出范围内设计等级为丙级的建筑物可不作变形验算，但如有下列情况之一时，仍应做变形验算：

1）地基承载力特征值小于 130kPa 且体型复杂的建筑；

2）在基础上及其附近有地面堆载或相邻基础荷载差异较大，可能引起地基产生过大的不均匀沉降时；

3）软弱地基上的建筑物存在偏心荷载时；

4）相邻建筑距离过近，可能发生倾斜时；

5）地基内有厚度较大或者厚薄不匀的填土，其自重固结未完成时。

（4）对经常受水平荷载作用的高层建筑、高耸结构和挡土墙，以及建造在斜坡上或边坡附近的建筑物和构筑物等，尚应验算其稳定性。

（5）基坑工程应进行稳定性验算。

（6）当地下水埋藏较浅，建筑地下室或地下构筑物存在上浮问题时，尚应进行抗浮验算。

表 10-2　　可不做地基变形计算设计等级为丙级的建筑物范围

<table>
<tr><td rowspan="2">地基主要受力层情况</td><td colspan="3">地基承载力特征值 f_{ak}(kPa)</td><td>$60\leqslant f_{ak}$ <80</td><td>$80\leqslant f_{ak}$ <100</td><td>$100\leqslant f_{ak}$ <130</td><td>$130\leqslant f_{ak}$ <160</td><td>$160\leqslant f_{ak}$ <200</td><td>$200\leqslant f_{ak}$ <300</td></tr>
<tr><td colspan="3">各土层坡度(%)</td><td>≤5</td><td>≤5</td><td>≤10</td><td>≤10</td><td>≤10</td><td>≤10</td></tr>
<tr><td rowspan="8">建筑类型</td><td colspan="3">砌体承重结构、框架结构(层数)</td><td>≤5</td><td>≤5</td><td>≤5</td><td>≤6</td><td>≤6</td><td>≤7</td></tr>
<tr><td rowspan="4">单层排架结构(6m柱距)</td><td rowspan="2">单跨</td><td>吊车额定起重量(t)</td><td>5~10</td><td>10~15</td><td>15~20</td><td>20~30</td><td>30~50</td><td>50~100</td></tr>
<tr><td>厂房跨度(m)</td><td>≤12</td><td>≤18</td><td>≤24</td><td>≤30</td><td>≤30</td><td>≤30</td></tr>
<tr><td rowspan="2">多跨</td><td>吊车额定起重量(t)</td><td>3~5</td><td>5~10</td><td>10~15</td><td>15~20</td><td>20~30</td><td>30~75</td></tr>
<tr><td>厂房跨度(m)</td><td>≤12</td><td>≤18</td><td>≤24</td><td>≤30</td><td>≤30</td><td>≤30</td></tr>
<tr><td colspan="2">烟囱</td><td>高度(m)</td><td>≤30</td><td>≤40</td><td>≤50</td><td colspan="2">≤75</td><td>≤100</td></tr>
<tr><td colspan="2" rowspan="2">水塔</td><td>高度(m)</td><td>≤15</td><td>≤20</td><td>≤30</td><td colspan="2">≤30</td><td>≤30</td></tr>
<tr><td>容积(m)</td><td>≤50</td><td>50~100</td><td>100~200</td><td>200~300</td><td>300~500</td><td>500~1000</td></tr>
</table>

注　1. 地基主要受力层系指条形基础底面下深度为 $3b$(b 为基础底面宽度),独立基础下为 $1.5b$ 且厚度均不小于 5m 的范围(二层以下一般的民用建筑除外);

2. 地基主要受力层中如有承载力特征小于 130kPa 的土层时,表中砌体承重结构的设计,应符合《建筑地基基础设计规范》第七章软弱地基的有关要求;

3. 表中砌体承重结构和框架结构均指民用建筑,对于工业建筑可按厂房高度、荷载情况折合成与其相当的民用建筑层数;

4. 表中吊车额定起重量、烟囱高度和水塔容积的数值系指最大值。

2. 关于荷载取值的规定

地基基础设计时,所采用的荷载效应最不利组合与相应的抗力限值应按下列规定采用:

(1) 按地基承载力确定基础底面积及埋深(或按单桩承载力确定桩数)时,传至基础(或承台)底面上的荷载效应应按正常使用极限状态下荷载效应的标准组合。相应的抗力应采用地基承载力特征值(或单桩承载力特征值)。

(2) 计算地基变形时,传至基础底面上的荷载效应应按正常使用极限状态下荷载效应的准永久组合,不应计入风荷载和地震作用。相应的限值应为地基变形允许值。

(3) 计算挡土墙土压力、地基和斜坡的稳定及滑坡推力时,荷载效应应按承载能力极限状态下荷载效应的基本组合,但其分项系数均为 1.0。

(4) 在确定基础高度(或承台高度)、支挡结构截面,计算基础或支挡结构内力,确定配筋和验算材料强度时,上部结构传来的荷载效应组合和相应的基底反力,应按承载能力极限状态下荷载效应的基本组合,采用相应的分项系数。

当需要验算基础裂缝宽度时,应按正常使用极限状态荷载效应标准组合。

(5) 由永久荷载效应控制的基本组合值可取标准组合值的 1.35 倍。

10.1.4　地基基础的设计原则

基础工程设计时,需要综合考虑场地地质条件、建筑物的重要性及使用功能,上部结构的类型、荷载大小及分布、施工条件及对周围邻近建筑物的影响等众多因素,之后才能做出相应的设计方案。对某一具体建筑物,可能有多种设计方案可供选择,只有经过技术经济比较,才能得出较经济合理的方案。

1. 地基基础设计内容和一般步骤

(1) 选择基础的材料、类型，确定基础平面布置；

(2) 选择基础的埋置深度；

(3) 确定地基承载力特征值；

(4) 根据地基承载力特征值，确定基础底面积；

(5) 进行必要的地基变形和稳定性验算；

(6) 进行基础的结构设计，确定基础构造尺寸；

(7) 绘制基础施工图。

2. 地基基础设计时的主要事项

(1) 对地质资料的分析判断。

根据拟建建筑物场址的地质勘察报告，正确判定地基土类别，特别应防止对地区性或者特殊类地基土的误判。此外，还应判明地基土的分布情况，特别是局部软弱层、可液化土层及暗沟、墓穴等异常情况。土层在竖直向及水平向的分布状况，直接关系到持力层的选择、基础的类型，选择埋深及沉降的均匀性。在对地基各土层（包括软弱下卧层）的分布及埋深进行分析判定时，还应对地基各类土的有关物理力学指标进行分析比较，以便为基础设计做准备。

对地下水的埋深及变化规律也应查明。生产及生活用水的排放以及抽取地下水，都会使原地下水位出现变化。在地下水位较高的地区，当进行基坑开挖时，必须慎重考虑地下水对边坡稳定性的影响及需采取的边坡维护措施；当施工需采用井点降水法降低地下水位时，还应考虑抽取地下水对邻近建筑物的影响以及应采取的防范措施。

设计前，必须判明地下防空洞、各种地下管线的分布情况以及邻近建筑物基础的情况，以便使基础的平面布置及埋深与现有的地下情况相适应，否则，将会造成停工或者不得不对原设计进行修改。

(2) 对上部结构的分析。

对上部结构进行分析时，必须了解建筑物的重要性及使用要求，以便对建筑物的地基变形值进行控制。对重要的工业与民用建筑及对地基变形有特殊要求的建筑物，设计时更应慎重。如设有众多易燃易爆管道的化工建筑，若因地基沉降不均引起管道开裂则会引起严重后果；对体型复杂的高层建筑，若发生较多的倾斜，即使不致发生倒塌，也会使电梯设施难以运行，并给居住者造成不安全感；又如某些大型的精密加工设备基础，其自动化程度高，当基础的变形值超过规定范围，则会影响设备的正常运行及加工精度。

建筑物体型的复杂程度、结构形式、荷载性质及其大小与分布情况等因素，均是选择基础形式的依据。例如，体型简单的建筑物，即使荷载较大，因其分布较均匀，可能采用天然地基作持力层并采用一般连续基础即可满足要求；而体型复杂的建筑物，因荷载分布不均，对沉降差要求极为严格，可能须采用桩基础才能满足要求。不同的结构形式，对地基不均匀沉降的敏感程度也不同。对敏感性结构，则应选择刚度较大的基础形式。对层数多、荷载大且作用情况复杂的高层建筑，则应选择承载力高、整体刚度大的基础形式，如大厚度片筏基础、箱形基础，甚至可采用桩—筏及桩—箱等复合基础，以获得较大的空间刚度及承载力。

当拟建基础与已有建筑或者设施相邻时，还必须考虑对邻近建筑或设施的影响。由于地基土会因为两相邻基础基底压力的扩散而引起附加不均匀沉降，为此，应按有关规定使相邻建筑保持一定的间距。

(3) 保证设计方案的技术合理性。

所选择的基础形式应与上部结构类型适应，其底面尺寸还应与地基承载力相适应。为了使建筑物的地基变形不超过规定的允许值，以免出现结构损坏，建筑物倾斜、开裂等事故，使地基的稳定性能得到充分保证，还应按需要对建筑物地基的变形及稳定性进行验算，让建筑物安全可靠地发挥其功能，这样的设计方案才具有技术合理性。

(4) 设计方案应与施工技术的可行性相适应。

任何设计方案，只能通过相应的施工技术手段，才能使设计方案变为现实。现有施工技术的水平，直接关系到设计意图能否实施或实施的质量。为此，设计者对建筑施工经验、施工工艺的适应性及施工技术的水平均应有全面的了解，所采用的设计方案，若能利用当地已有成熟经验的施工工艺即可完成，则较为理想。

对于一般常规工程，往往不存在施工技术的可行性问题，而随着高大建筑物的增多，采用深基础、锚杆、地下连续墙等难度较大的施工工艺也相应增加。由于设计者往往只按地质条件选择可行的施工工艺，但对施工机械的设备能力及具体施工工艺的技术水平不一定完全有把握。为了使施工完毕的基础能满足设计要求，应对影响基础施工质量的因素进行全面分析，并且还应考虑所采用的施工工艺与环境要求是否相适应。

(5) 工程造价应尽可能经济合理。

当某一基础工程有几种设计方案可供选择时，就应对各方案的工程造价进行比较。由于基础设计方案是根据地质条件，建筑物体型的复杂程度、结构形式、荷载情况、环境条件、施工工艺等因素进行选取的，如果地质条件差，建筑体型及结构复杂，则所设计的基础，其施工难度必然较大，基础工程的造价甚至会成倍增加。为此，建筑设计不应仅考虑某一方面的要求，还应进行宏观经济分析，力求建筑形式更加合理，为经济合理的结构设计（包括基础设计）创造条件。

在高层建筑的基础施工中，深基坑开挖、支挡结构以及降水工程的造价，也属基础工程造价的一部分，在满足了技术合理性及施工可行性的前提下，同样应进行经济比较并考虑就地取材的可能性。

3. 基础工程设计的基本原则

工程中可能遇到这类情况：相同结构形式及相同荷载的建筑物，当地基土土质不同时，有的结构能正常工作，而有的结构可能出现严重事故；同样地基土上不同结构类型的建筑，某些类型结构未出现问题，而另一类型结构却遭破坏。由于上部结构、基础及地基的情况不同，可能出现的问题也不同，需采用的设计措施也不一样，以为地基承载力能满足要求就可不顾其他的看法是不明智的，应本着上部结构、基础及地基三者相互作用、共同工作的整体观点，分析在各种地质条件下三者可能出现的问题并采取相应的设计措施，才能使设计方案安全合理。虽然相互作用的理论还未完全进入实施阶段，但国内总结的实践经验相当丰富并在地基基础设计规范中均有体现。所以，严格遵守国家的有关规定进行设计，是避免失误的重要途径。基础工程设计时，必须遵循以下原则。

(1) 基底压力应不大于修正后的地基承载力特征值。

所有建筑物的地基设计均应符合这一原则。当地基受荷载后即将丧失稳定性时对应的承载力即为极限承载力，它不能被设计所采用。在某级荷载压力下，地基变形能逐渐稳定，地基受荷后塑性区能限制在一定范围内，并能保证不产生剪切破坏及出现整体失稳，且地基变形不超过建筑物的容许变形值时对应的承载力为允许承载力。按正常使用极限状态的原则进行地基设计时，所选定的地基允许承载力，是指由载荷试验测定的地基土压力变形曲线线性变形段内规定的变形所对应的压力值，其最大值为比例界限值，称其为地基承载力特征值。

由于地基承载力与地基土的性质、基础形状、宽度、埋深等因素有关。从相互作用的观点看，允许承载力还应与建筑结构的特性有关。根据地基土的性质、基础宽度及埋置深度等具体情况进行修正得出的允许承载力，为修正后的地基承载力特征值。

当地基所受荷载大于修正后的地基承载力特征值时，则难以保证地基土能正常工作，地基土的塑性区将进一步发展，使地基变形进一步增大而难以稳定直至破坏。

(2) 地基变形值应不大于建筑物的地基变形允许值。

当基底压力满足修正后的地基承载力特征值时，一般情况下能保证地基土不发生剪切破坏，但地基在荷载作用下，总会产生一定变形，地基变形控制到什么程度，才能保证建筑物的使用功能及外观不受影响，也不会引起建筑物开裂、损坏，是设计时必须考虑的。

地基的变形量可为数毫米至数百毫米，而建筑物的构件材料，除木材外，其他如砖石砌体和钢筋混凝土梁板，都只能适应较小的差异沉降，如敏感性结构的砌体承重墙体，由于其抗拉、抗剪强度低，当拉应变大于 0.05%时，砖墙即会产生裂缝。当地基土压缩性不均匀时，上部结构及基础调整不均匀沉降的能力越小，则建筑物因地基变形产生不良后果的可能性也越大。可见，建筑物地基的变形程度既与地基土的压缩性有关，又与结构类型有关。按地基土压缩性不同及结构类型的不同，根据长期沉降观测资料，国家制定出各种相应情况下的建筑物变形允许值表，以作为设计时的控制标准。

由于地基变形使上部结构产生裂缝及破坏的事例较多，控制地基变形已成为地基设计的主要原则。按 GB 50007—2002《建筑地基基础设计规范》的要求，在满足承载力计算的前提下，对设计等级为甲级、乙级及部分丙级的建筑物，均应按地基变形设计，即应按控制地基变形的正常使用极限状态设计。

需要说明的是，在计算地基变形量时，考虑的主要是地基土的压缩性及上部荷载情况，而未能考虑上部结构的刚度对计算的影响，所以地基变形计算值与实际情况有一定的误差，而地基变形允许值是按实际建筑物在不同类型地基上的长期沉降实测资料制定出的，应属上部结构、基础及地基三者相互作用的结果。不能因为计算值与实际情况有较大差异就忽视计算的重要性，也不能只求设计的可靠性而一味增加安全度，致使造成不必要的浪费，应根据实际情况及现有可供借鉴的设计经验，认真考虑上部结构、基础及地基相互作用对地基变形的影响，灵活地运用相关理论，才能使设计成果更为理想。

(3) 水平荷载作用时应满足稳定性要求。

对承受较大水平荷载（如风力、地震力）的建筑物，特别是高层建筑及高耸结构物，设计时必须考虑地基所具有的抗滑及抗倾覆能力，一旦地基失稳，则会造成灾难性后果。对位于斜坡地段的建筑物，若考虑不周全，一旦产生对斜坡稳定性不利的因素，不但危及建筑物的安全，甚至会引起斜坡破坏。

为了使建筑物能安全可靠地发挥其功能，在风力或者地震力等水平荷载较大的地区，必须进行地基的抗滑及抗倾覆验算，且应使安全系数达到要求。

当需在斜坡地段进行建筑时，应按斜坡的具体情况分别进行考虑。对处于稳定土坡地段的建筑物，其基础外边缘与斜坡边缘的距离，应按国家规范要求经计算确定；避免在可能产生滑坡的不良地段进行建设；为了防止滑坡的产生，在山区进行场地平整时，应考虑土方施工对斜坡稳定性的影响，避免采用大挖大填的施工方案，并应采用相应的疏导排水设施；在江、河岸坡地段，既要防止因流水冲刷引起滑坡，也应防止因建筑物重量及地面堆载引起地基失稳。

在邻近建筑物附近进行深基坑开挖施工时，为了维护邻近建筑物的安全及边坡的稳定性，使边坡及邻近建筑物地基的抗滑、抗倾覆能力得到加强，需采用边坡支挡结构进行维护并进行相应的设计。

以上三项原则是基础工程设计的基本原则，设计时可根据建筑物的重要性或者建筑物的使用年限区别对待。

对设计等级为甲级、乙级及表 1 - 2 以外的丙级建筑物，必须按以上三项原则进行设计。对地基变形量有严格限制的建筑物因荷载差异或者建筑物高度差异可能引起局部沉降差过大时；大面积堆载可能引起邻近建筑不均匀沉降时；遇到不均匀地基或者特殊性土地基可能引起不均匀沉降时，都应进行地基变形计算。当设计的基础宽度过大时，由于计算出的地基承载力值较大，为了安全起见，需要对地基的变形量进行计算复核，也可采用载荷进行复核。设计时还应考虑地基变形对建筑物整体的影响并采取相应的设计及施工措施，如有主楼及裙楼的大型建筑物，既要保证主楼及裙楼的地基变形符合要求，又要避免因主楼地基沉降较大而引起裙楼部分损坏；设计时还应考虑建筑物使用过程中可能产生的引起建筑物沉降增大的各种因素，如地面堆载是否会引起厂房柱基沉降量或者不均匀沉降量增大，抽取地下水引起的塌陷对基础的影响，排放工业废水对基础有无侵蚀性及是否对地基土产生不利影响等。

由以上情况可知，设计时，既要对地基土的特性、各类型基础的功能特性、上部结构及基础对地基变形的适应能力等有足够的认识，又要对施工的难易程度、工期长短、工程对周围环境的影响及工程造价进行综合比较。由于需考虑的各方面因素互相制约，难以使最佳方案一次到位，往往得出几种方案并进行比较，经筛选综合后才能使设计方案达到较理想的程度。

§10.2 地 基 类 型

10.2.1 均质地基

土层分布较均匀的地基称为均质地基。其地基土层可能是单一的，也可能是由多层土组成，当由多层土组成时，各土层的坡度一般小于 10%，其中软土层坡度一般小于 5%，地基土也可能夹有薄层透镜体。

由于土层分布较均匀，设计时主要考虑地基土的力学性质以及建筑物的特性。在多数情况下，采用天然地基可满足一般建筑物对地基的变形及稳定性要求。由于勘察工作的精度有限，地层浅部存在的局部软土、洞穴、树根等情况有时待基坑开挖时才发觉，甚至有使用过程中出现建筑物沉降不均时才引起注意。因此，基础施工前的基坑验槽工作必须慎重，应加强验槽时的钎探工作，排除地基土中的各种隐患。

当地基土层分布无规律，各土层坡度较大，特别是软弱土层厚度变化大时，应视为非均质地基，设计时应根据土层具体情况区别对待。

10.2.2　特殊性土地基

对一般性土地基（如黏性土地基、砂土地基、碎石土地基及岩石土地基等）而言，特殊性土地基主要指湿陷性黄土地基、膨胀性土地基、软土地基、冻土地基等。

1. 湿陷性黄土地基

湿陷性黄土的天然含水量较低，一般低于塑限，孔隙比稍高，约为 1 左右。该类土在天然状态下强度较高，压缩性较低，而当浸水后，粒间联结力因可溶盐溶解而降低，在一定压力作用下土体将重新压缩，即产生湿陷。

黄土的湿陷性，由室内压缩试验，按在一定压力下测定的湿陷系数 δ_s 判定：$\delta_s<0.015$ 时，一般定为非湿陷性黄土；$\delta_s\geqslant0.015$ 时，一般定为湿陷性黄土。按土在饱和自重压力下测定的自重湿陷性系数 δ_{sj} 来判定时，$\delta_{sj}<0.015$ 时，定为非自重湿陷性黄土；$\delta_{sj}\geqslant0.015$ 时，定为自重湿陷性黄土。对施工现场土层的湿陷程度，可采用承压板（面积 $0.25m^2$ 或者 $0.5m^2$）试验，按压力 200kPa 时浸水载荷试验结果判定，以承压板为 $0.25m^2$，压力为 200kPa 时浸水载荷试验为例，当附加湿陷量 $\Delta F_S>7.5cm$ 时，可判定为湿陷程度很严重；当 $1.0<\Delta F_S\leqslant1.5cm$ 时，可定为轻微湿陷。

由于浸水后湿陷性黄土地基将产生较大沉降，按一般地基设计方法往往不能满足工程要求，而应按现行的国家标准《湿陷性黄土地区建筑规范》进行设计。又因为地基的变形与水的浸入量直接有关，设计及施工时，应对以下几方面进行考虑：①须判别黄土的湿陷性，预估浸水后可能造成的危害；②判定建筑施工及使用期间的用水量和浸入地下的可能性，以及浸入地下的水量（包括管道渗漏的影响）；③考虑雨水汇集后可能渗入地下的深度，以及地下水上升的可能性和上升程度；④建筑物对变形的敏感性和容许变形量等。

在具体设计施工时，应根据以上几项原则进行综合分析，再确定出相应的防治措施。基本措施主要有：

(1) 防止水浸入地基。在建筑物的布置、场地及屋面排水、地面防水、散水、排水沟、管道铺设、管材及接口等方面采取防水措施；在防护范围内，对地下管道设检漏管沟和检漏井；对防水地面、排水沟、检漏管沟、检漏井等设施提高设计标准。

(2) 地基处理措施。为消除地基的部分或者全部湿陷量，可采用的方法有：重锤夯实表层地基，采用土（或者灰土）垫层，采用土（或者灰土）桩挤密，采用预浸水法，采用桩基础穿透全部湿陷性黄土等。

(3) 结构措施（包括减少建筑物的不均匀沉降和使其适应地基变形的措施）。选择适宜的结构和基础形式；加强结构的整体性及空间刚度；构件应有足够的支承长度；预留适应沉降的净空；建筑物体型力求简单，当体型复杂时应设沉降缝，将建筑物分成若干体型简单并具有较大空间刚度的独立单元。

2. 膨胀土地基

因膨胀土的黏粒成分主要由亲水矿物（蒙脱石、水云母等）组成，吸水膨胀、失水收缩或者反复胀缩是膨胀土地基的变形特点。由于地基土的密度、天然含水量不同，加上气候、覆盖条件的差异，其变形可能是上升型变形，也可能是下降型变形，或者二者皆有。

地基土含水量的改变是引起地基变形的主要原因，含水量的改变及变化程度主要取决于降雨量及蒸发量、地温的变化程度及地基的覆盖情况，如房屋、地坪、草木的覆盖情况等。地基变形引起的房屋变形，以反向挠曲变形居多，在某一时期某一具体条件下，也常表现为正向弯曲变形，坡地上的房屋还常出现局部倾斜并伴有水平变形。在膨胀土地基上的房屋，其损坏率较高，且损坏后的房屋不易修复。

根据以上基本特征，膨胀土地基的设计工作应按以下原则进行：

（1）根据拟建地区的气候、地形地貌条件、地基的膨胀性质等，判定地基有十年或者更长时间可能发生的最大变形量及其变形特征。

（2）采取相应措施，使可能发生的变形量减少到房屋容许变形值范围之内，如：增加基底压力以限制其膨胀变形；为减少气候变化所产生的不利影响，对基础采用适当的埋深；采用覆盖设施，使蒸发所引起的干缩变形减至最低限度；改善地面排水及地下管道排水设施，防止向土中渗漏等。

（3）对处于坡地的房屋，设置挡墙维护边坡，以减少地基土中水分的侧向蒸发，防止地基因水平向变形而危害建筑物。

对膨胀土地基的变形特征判定，直接关系到膨胀土地基的设计是否正确，以及将来采取的防治措施是否得当。例如，对膨胀变形为主的地基，用增加基底压力，防止水渗入地基的措施最可靠；而对含水量较高的膨胀土地基，增加基底压力的方法不能采用，应以减少蒸发，防止地基土收缩下沉才是正确的。

3. 软土地基

由淤泥、淤泥质土等高压缩性土层构成的地基属软土地基。因为在这类地基土上建造房屋会产生较大沉降，若将中低压缩性土地基的一般设计方法直接用到软土地基的设计中，可能不能满足建筑物的安全使用要求，所以，除按一般地基设计原则进行设计外，在某些方面还应采取特殊措施。

软土地基设计中必须慎重考虑地基土的变形，甚至当荷载未超过地基的承载力特征值时，若未采取特殊措施，也会产生过大沉降及不均匀沉降，使房屋严重破坏。例如，建在中低压缩性地基上的三层砖石结构，其沉降量一般不超过 10～20mm，若建在软土地基上，沉降量可达 100～500mm。又由于软土的渗透性弱，建筑物的沉降稳定时间少则几年，多则十几年，可见对软土地基进行设计时，需考虑采用相应的措施很有必要。其设计原则和措施主要有：

（1）提高建筑物的刚度，以利减小相对弯曲变形，使建筑物得以均匀下沉。

（2）利用补偿性基础设计方法，或者采用筏板基础，以减小地基中的附加应力，使沉降减小。

（3）使建筑物的体型及平面布置简单、荷载均匀，必要时按平面布置及高度差异，在适当部位设置沉降缝，以减少局部地基的不均匀变形，防止建筑物开裂和破坏。

（4）控制相邻建筑物的间距，以免因相互影响而产生附加不均匀沉降，防止相对倾斜。

（5）控制加荷速率，利用土的固结原理，使地基土在压缩变形过程中相应提高地基承载力。

（6）利用地基处理的方法，如堆载预压、换土垫层等方法，以提高地基承载力。

（7）控制施工现场大面积堆载的范围及堆载量，以防邻近建筑物被破坏或者使基础产生不均匀下沉。

（8）当在软土地基上建造高层、重型建筑物时，一般采用深基础，如采用桩基础穿过软土层进入承载力较高的地基土中，甚至可进入深部基岩，使建筑物的沉降量不超过允许范围，且稳定性得到保证。但采用桩基础会使工程造价提高，需进行技术经济比较后才能决定是否采用。

4. 冻土地基

在寒冷地区，土中液态水因温度低于 0℃而结冰，因冰胶结土粒形成冻土，冻土的强度较高，压缩性很低；当温度升到 0℃以上，土体因冰融化使强度大幅度降低，压缩性增强。冻土分为季节性冻土（冬季冻结，春季融化）和多年性冻土（在年平均气温低于 0℃的地区，仅表层土因气温升高而融化，其下部土层终年处于冻结状态）。

在我国的高纬度高海拔地区进行铁道建设、油气管道、电站及特殊项目的施工常遇到冻土地基，在这类地基上施工需解决的主要问题是如何防止冻土解冻，以及如何避免因地下水向地表上升而产生的冻锥对工程的危害。

地温升高将引起地基土解冻，如气温升高、建筑物覆盖地基、采暖等都会使地基土解冻。由于冻土中冰的体积大于融化后水的体积，使解冻后的地基产生塌陷现象，又因土体强度急剧降低，会使基础产生过量的或者不均匀下沉。

为防止冻融对建筑物的危害，可将基础埋置于不解冻土层中（如采用钻孔灌注桩工艺），并设置地板架空层（对表层土隔热），可减小解冻的可能性。工程选址时，应避开可能产生冰锥的地区，并做好场地排水工作。

10.2.3　特殊地质条件地基

特殊地质条件地基主要指坡地型地基、岩土交错型地基、岩溶型地基等。

1. 坡地型地基

坡地型地基为常见的山区地基类型，坡地土层有残积或坡积的黏性土，也可能由块石、圆砾、砂土、黏性土、淤泥等厚度不同、分布不均匀的土层组成。地形起伏与土质不均是这种地基类型的两个基本特点。坡度超过 10°时，坡体稳定性是地基设计中的首要问题。并与平整场地面积大小密切相关。大规模平整场地必然带来大挖大填，自然排水系统破坏，自然稳定条件改变等一系列问题。如果设计不当，重者出现人为滑坡，轻者造价高昂。因此，在这类地基上施工时，要遵守下列规则。

（1）查明拟建场地有无不良地质现象，应尽量避开古滑坡体或有可能滑坡的地带。

（2）合理选择各建筑物的地面标高，采用多级支挡，以减少大挖大填。同时，应计算场地的稳定性及各建筑物的地基的稳定性。并根据汇水面积布置新的排水系统，开辟新的引洪截流渠道。

（3）必须按照先排水治坡，再支挡，然后进行建筑施工的程序进行建设。

（4）对于土质坡地，其地基设计按一般地基设计进行，在填方地区建设必须进行压密处理，只有在处理后，才可用填土作为地基。要特别注意填方的不均匀性。有些施工单位在平整场地后才进入现场，既不审查原有填方施工质量，又不注意原有地形地貌的变迁情况。直到地基开挖后才发现问题，造成处理上的困难及经济上的损失。由于忽视填方质量，地坪凹陷翻填的事故极为普遍。房屋墙体在挖填交界处断裂的情况也屡见不鲜。

（5）对于各种土相互夹杂的山前坡地，特别在滨海地区，常出现喇叭状淤泥层，稍有不慎将因不均匀沉降而使房屋开裂。

（6）当坡地为特殊土时，按特殊性土地基进行设计处理。

2. 岩土交错型地基

岩土交错型地基的基本特征是在地基中一部分为较浅的基岩，另一部分为残积、坡积或沉积的土层。由于土的变形模量远远小于岩石的变形模量，因此，由于土质部分的下沉常引起建筑物的破坏。

对此类地基设计时一般要考虑三个问题：岩石表面的倾斜程度、上覆土层的力学性质和建筑物类型与荷载大小。这类地基的设计原则是：

(1) 凡是岩石出露的部分必须凿去一部分，换以砂、土或其他柔性材料，俗称褥垫。褥垫的作用主要在于减少岩石与基础相接触部位的集中应力。其次，根据土的变形量计算褥垫的厚度以减少岩石与土之间的差异变形量。但应注意，岩石出露在中部时，即使采取上述措施，建筑物也仍有破坏的可能。所以最好先做褥垫，再在该处设沉降缝，则情况会得到很大改善。

(2) 当岩层坡面不大于 30%，而土的变形模量在 10MPa 以上时，如基础底面以下有 30cm 以上的土层，对四层以下的民用砖石结构一般都可以不加处理；当土的变形模量超过 20MPa 时，六层以下的砖石结构也将是安全的。

(3) 对高层建筑必须采用灌注桩，才可有效地防止过大的倾斜。对排架结构一般不需做地基处理，但围护墙体应根据情况采取措施。

(4) 对石芽地基可根据具体情况，以石芽作为支墩，用基础梁连系起来，效果较好。如果石芽离基底标高 1m 以上，石芽间属坚硬到硬塑状的红黏土，一般也可不做地基处理。

3. 岩溶型地基

岩溶型地基主要出现在碳酸盐类岩石地区，其基本特征是：地基主要受力层范围内有溶洞、溶槽、落水洞以及土洞等。我国贵州、广西两省岩溶地基比较普遍。

溶洞存在于溶沟发育、地下水在基岩上下频繁活动的地区。一般呈倒竖缶状，直径 1～4m 不等。有的土洞已停止发育，但在地下水发育地区，土洞还可能发育。大量人工抽取地下水会加速土洞的发育，严重时可引起地面大量塌陷。

溶洞属于石质洞穴，石灰岩的强度较高，由于溶洞而引起建筑物的塌陷事例尚未有报道。一般建筑物基础设计时主要根据洞顶的厚度、形状及洞跨，估算它可能承受的荷载来考虑基础方案。当洞顶板的厚度接近或大于洞跨，或洞体断面呈拱形时，这类溶洞可以认为是稳定的洞体。实际工程中，溶洞上覆红黏土较厚，充分利用红黏土作为持力层，使基础荷载通过土层扩散作用较均匀地传到溶洞上，也可得到满意的结果。当溶洞较浅，又受到较大的柱荷载作用时问题较多。例如，对框架结构，有时柱荷载很大，又遇到多层溶洞时，为了安全起见，采用大直径灌注桩，穿过溶洞，直至比较稳定的岩层，但工程费用较大。

至于溶沟和溶槽，一般采用换填，并用梁、拱跨越的方法。当沟宽较大时，也可采用桩基础。

如果溶沟、溶槽或溶洞中有水流通过，应根据水流量及流速考虑处理方法，绝不可堵塞流水通道，造成场地淹没。

土洞的勘察与处理比溶洞困难，目前还没有简易准确的勘察方法。有时，在施工过程中才发现土洞，有些土洞在建筑物使用过程中发生不均匀沉降后才被探明。鉴于这种情况，在地下水位高于基岩表面的岩溶地区或者在地下水强烈活动于岩土界面的地区，必须沿基槽进行触探检验。一般建筑物可采取挖填处理，独立柱基宜用桩基础。

以上介绍了工程中常见的而且较典型的几种地基类型。地基可按其他因素进行分类，例如，按地基土层的压缩性，可分为高压缩性地基、中等压缩性地基及低压缩性地基；按地基土层的处理与否，可分为天然地基和人工地基等。对各种地基的设计，应根据其分布情况及工程地质条件，按国家的有关规定，对地基的不安全因素制订出相应的防治措施，使地基的承载力、变形及稳定性能够满足工程建设的要求。

§10.3 基 础 类 型

建筑物的基础可采用多种材料建造而成，常见的有砖基础、毛石基础、灰土基础（石灰∶黏土为 3∶7 或者 2∶8）、三合土基础（石灰∶砂∶碎石为 1∶2∶4 或者 1∶3∶6）、混凝土基础、钢筋混凝土基础等。工程中可从不同的角度将基础分为以下几种类型：

10.3.1 按基础的受力性能

1. 刚性基础（无筋扩展基础）

砖基础、毛石基础、灰土基础、混凝土基础等均属刚性基础，也称无筋扩展基础。基础自身的抗压强度远大于其抗拉、抗剪强度，能承受较大的竖向荷载，但不能承受挠曲变形而产生的拉应力和剪应力，如图 10 - 1 所示。

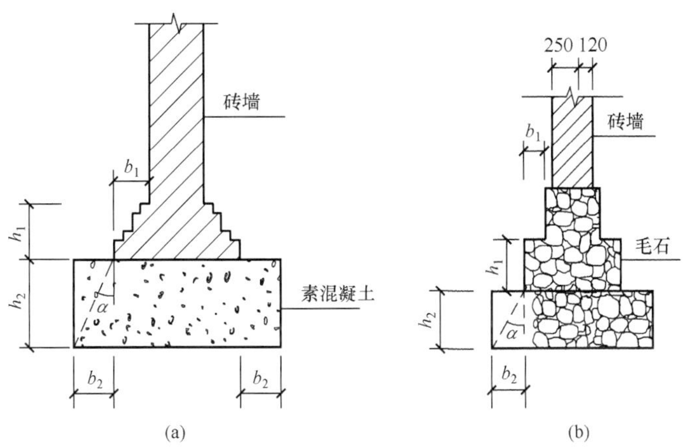

图 10 - 1　刚性条形基础详图

（a）素混凝土刚性基础；（b）毛石刚性基础

由于基础的抗拉、抗弯曲强度较低，当上部荷载分布不均或者地基土层强度不均时，一旦产生沉降不均，刚性基础易断裂，且刚性基础受刚性角的限制，其截面尺寸宜窄不宜宽，并应有足够的埋深。因此，当上部荷载不大且分布均匀，地基土为承载力较高的均质地基时，适宜采用刚性基础。

刚性基础通过限制刚性角来限制基础的尺寸，并保证基础抗弯刚度，见式（10 - 3）。

$$\frac{b_i}{h_i} \leqslant \left[\frac{b}{h}\right] = \tan\alpha \tag{10 - 3}$$

式中　b_i、h_i——基础台阶宽度和高度；

$[b/h]$——基础宽高比允许值；

$\tan\alpha$——用刚性角表示台阶宽高比，其允许值可按表 10 - 3 选用。

表 10 - 3 **无筋扩展基础台阶宽高比的允许值**

基础材料	质量要求	台阶宽高比的允许值		
		$p_k \leqslant 100$	$100 < p_k \leqslant 200$	$200 < p_k \leqslant 300$
混凝土基础	C15 混凝土	1∶1.00	1∶1.00	1∶1.25
毛石混凝土基础	C15 混凝土	1∶1.00	1∶1.25	1∶1.50
砖基础	砖不低于 MU10、砂浆不低于 M5	1∶1.50	1∶1.50	1∶1.50
毛石基础	砂浆不低于 M5	1∶1.25	1∶1.50	—
灰土基础	体积比为 3∶7 或 2∶8 的灰土，其最小干密度： 粉土 1.55t/m³ 粉质黏土 1.50t/m³ 黏土 1.45t/m³	1∶1.25	1∶1.50	—
三合土基础	体积比 1∶2∶4～1∶3∶6（石灰：砂：骨料），每层约虚铺 220mm，夯至 150mm	1∶1.50	1∶2.00	—

注 1. p_k 为荷载效应标准组合基础底面处的平均压力值（kPa）；
2. 阶梯形毛石基础的每阶伸出宽度，不宜大于 200mm；
3. 当基础由不同材料叠合组成时，应对接触部分做抗压验算；
4. 基础底面处的平均压力值超过 300kPa 的混凝土基础，尚应进行抗剪验算。

2. 柔性基础

对无筋扩展基础而言，钢筋混凝土基础属柔性基础。它不仅具有一定的抗压强度，能承受较大的竖向荷载，且具有一定的抗拉、抗弯曲强度，能承受挠曲变形及其所产生的拉应力和剪应力，因而能抵抗一定的不均匀沉降。柔性基础不受刚性角的限制，可采用宽截面浅埋深的形式。例如，当地基承载力较低时，可加大基础宽度以减小基底单位面积荷载，使上部结构荷载与地基承载力相适应，如图 10 - 2 所示。

10.3.2 按基础的构造形式

1. 墙下条形基础

墙下条形基础分刚性及柔性两种，柔性墙下条形基础如图 10 - 2 所示。

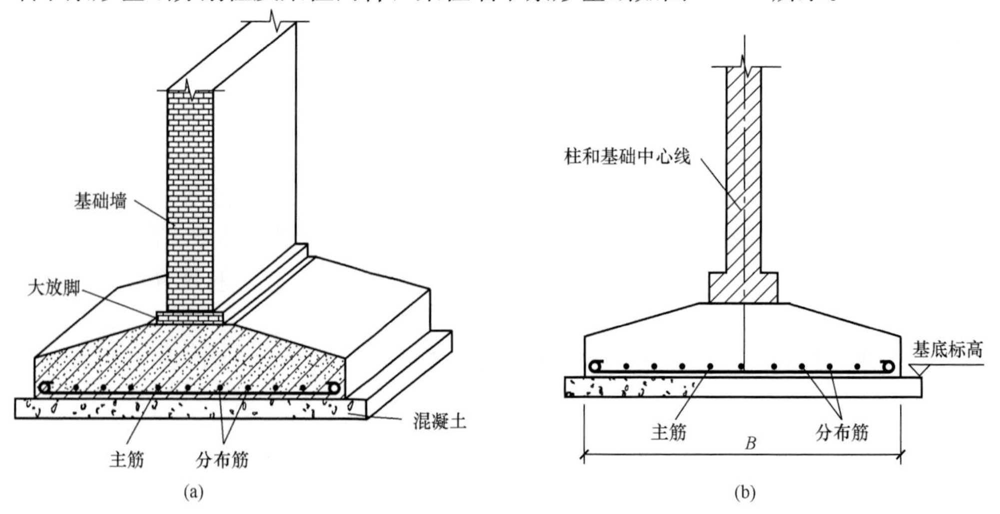

图 10 - 2 墙下条形基础详图

(a) 立面图；(b) 剖面图

因刚性条基受刚性角的限制，适宜在承载力较大的均质地基且荷载分布较均匀的情况下采用，柔性条基能抵抗一定的不均匀沉降，且不受刚性角的限制，当上部荷载稍大而地基承载力稍低时，可采用增加基础宽度的办法以减小基底单位面积的荷载，使地基承载力满足上部荷载的要求。

2. 独立基础

独立基础按基础形式可分为墩式基础、杯形基础及壳体基础。常见的墩式独立基础有垂直式、斜坡式及阶梯式；杯形基础多用于装配式钢筋混凝土柱基，为了便于将预制柱竖立于基础之上，在基础上预留出杯口，故称为杯形基础如图 10－3 所示。

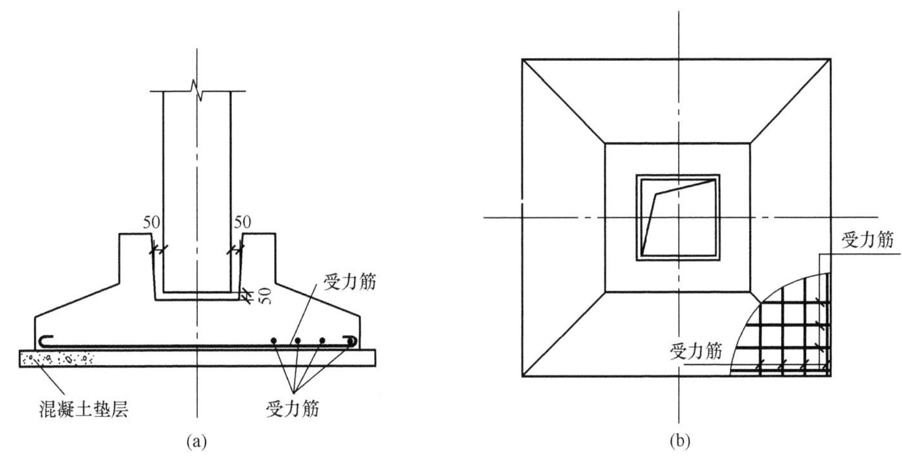

图 10－3　杯形基础详图

(a) 剖面图；(b) 平面图

壳体基础常作为烟囱、水塔、料仓等筒形构筑物的基础。

独立基础用于一般厂房柱基及民用框架结构基础，并适宜在承载力较大的均质地基中采用。当地基承载力较低，需增加基底面积时，应采用柔性独立基础，以免受刚性角的限制。当基础上部荷载分布不均匀，地基土局部软弱时，可采用增加相应地段（荷载较大地段或者地基土软弱地段）基底面积及埋深的办法，使基础受力及沉降趋于均匀。

由于基础之间相互联系，当各基础的荷载不同时，只能以调整各基础底面积的方法使各处地基变形趋于均匀。当地基土不均匀时，应对各独立基础的截面尺寸及埋深作相应调整，以免使各基础之间出现较大的沉降差，对多跨厂房及框架结构，除基础底面积应适应地基承载力外，还应对各柱基的沉降差，特别是边排柱与中排柱之间的沉降差进行验算。

3. 连续基础

为了满足地基承载力的要求，将基础底面积扩大，形成柱列（单向）或者双向下的条形基础，以及整片连续设置于建筑物之下的筏板基础、箱形基础等，均属连续基础。由于采用连续基础的建筑物其整体刚度加强，调整不均匀沉降的能力及抗震性能也显著提高。

(1) 柱下条形基础及柱下十字交叉基础。将柱下独立基础沿柱列（单向）连接起来的基础称为柱下条形基础（见图 10－4）；沿柱列的纵横向（柱网）将独立基础连接起来，即形成柱下十字交叉基础，也称格状或者网状基础（见图 10－5）。

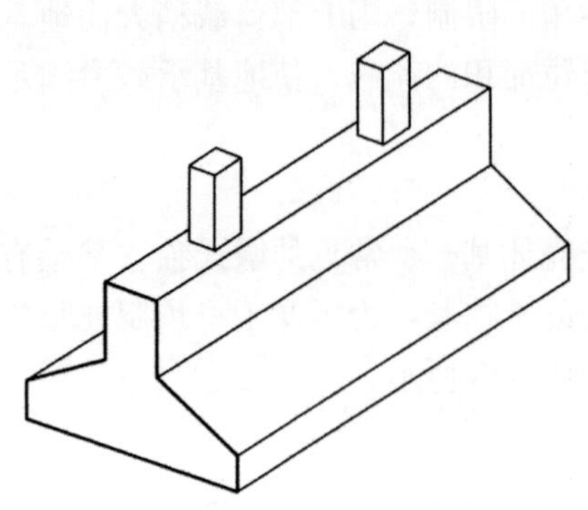

图 10-4 柱下条形基础

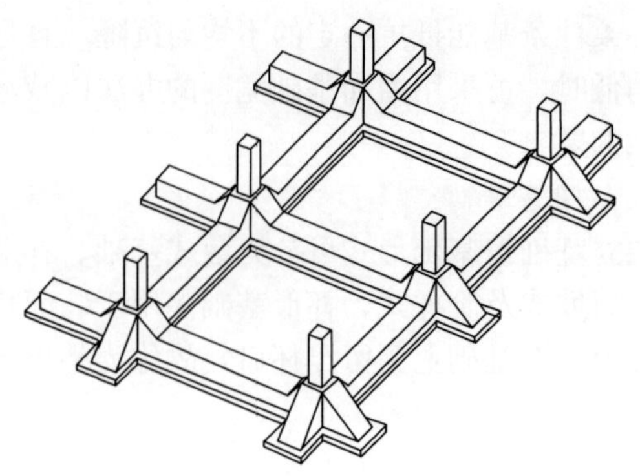

图 10-5 柱下十字交叉基础

当上部荷载较大，地基承载力低或者地基土层不均，采用独立柱基时地基承载力及沉降不能满足要求，而增加基底面积及埋深又受到条件限制时，宜采用柱下条形基础，这样既减小了基底单位面积的荷载，又加强了基础的刚度和整体性，且使调整不均匀的能力得以提高。当采用柱下条形基础仍不能满足要求时，可采用十字交叉基础，使基底面积和整体刚度进一步增加，而且调整不均匀沉降的能力进一步提高。

(2) 筏板基础。当采用十字交叉基础也不能满足地基承载力及容许变形要求时，可将基础建成一钢筋混凝土大板，使基底面积与底层面积相等甚至更大，即成为筏板基础。若在基础纵横向加肋梁，以加强底板刚度，减薄底板厚度，即为肋梁式筏板基础；无肋梁时即为平板式筏板基础。平板式筏板基础实际是一厚度达 1～3m 的钢筋混凝土平板，施工方便，建造快，但混凝土用量大，国外高层建筑的基础采用平板式筏基的较多。

(3) 箱形基础。由钢筋混凝土顶板、底板以及外墙、纵横内隔墙组成的空间整体结构基础，称为箱形基础。

箱形基础的整体刚度远大于上述各种基础，一般不会产生不均匀沉降，只能产生整体倾斜，当地基不均匀或基底压力不均时，它有很好的调整能力，甚至可跨越地基中不大的洞穴。若地基土软硬不均，则面积不太大、平面形状较简单的重型建筑物，以及对不均匀沉降要求严格的建筑物，适宜采用箱形基础。

由于箱形基础的内部空间大，可减少大量的回填土，卸除了基底以上原有土层的自重，此时，相当于减小了基底附加压力，这对减小地基沉降及提高地基的稳定性非常有利。在地基承载力不高，地基为非均质时，对高层建筑物或者高耸建筑物以及有多层地下室的建筑物，多采用箱形基础。

10.3.3 按基础的特殊作用及特殊施工方法

(1) 地下连续墙基础。既承受上部结构荷载作为基础使用，又承受侧向土压力、水压力的连续墙状结构称为地下连续墙，需配备专用机械才能完成施工。利用专门成槽机械钻（挖或冲）进，使用膨润土泥浆护壁，在土中开出窄长的深槽，于其中安放钢筋笼（网）后，以导管法浇灌水下混凝土，便形成一个单元墙段。顺序完成的墙段以特定的方式连接组成一道完整的现浇地下连续墙。地下连续墙的设计厚度一般为 450～800mm，它具有挡土、防渗兼作主体承重结构等多种功能，能在沉井作业，板桩支护等方法难以实施的环境中进行无噪声、无振动施工，能通过各种地层进入基岩，深度可达 50m 以上而不必采取降低地下水的措施，因此可在密集建筑群中施工。尤其是用于二层以上地下室的建筑物，可配合“逆筑法”施工（从地面逐层向下修筑建筑物地下部分的一种施工技术），而更显出其独特的作用。这些明显优点使地下连续墙成为一种多功能的新的地下结构形式和施工技术，开始取代某些传统的深基础结构和深基坑施工方法而日益受到广泛的重视。

(2) 沉井基础。即采用沉井方法施工，施工完毕后以沉井作为基础使用。沉井是一个用混凝土或钢筋混凝土等制成的井筒结构物。施工时，先就地制作第一节井筒，然后用适当的方法在井筒内挖土，使沉井在自重作用下克服土的阻力而下沉。随着沉井的下沉，逐步加高井筒，沉到设计标高后，在其下端浇筑混凝土封底，如沉井作为地下结构物使用，则再在其上端建筑上部结构，如只作为建筑物基础使用的沉井，常用低强度混凝土或砂石填充井筒。沉井在下沉过程中，井筒就是施工期间的围护结构。在各个施工阶段和使用期间，沉井各部分可能受到土压力、水压力和浮力、摩阻力和底面反力以及沉井自重等的作用。沉井的构造和计算应充分满足各个阶段的要求。

(3) 桩基础。即采用钻、冲、挖、锤击、静压等不同施工方法形成的各种灌注桩及预制桩基础。

随着近代科学技术的发展，桩的种类和桩基形式、施工工艺和设备以及桩基理论和设计方法，都有了很大的演进。桩基已成为在土质不良地区修建各种建筑物，特别是高层建筑、重型厂房和具有特殊要求的构筑物所广泛采用的基础形式。

对下列情况，可考虑选用桩基础方案：

1) 不允许地基有过大沉降和不均匀沉降的高层建筑或其他重要的建筑物；

2) 重型工业厂房和荷载过大的建筑物，如仓库、料仓等；

3) 对烟囱、输电塔等高耸结构物，宜采用桩基以承受较大的上拔力和水平力，或用以防止结构物的倾斜；

4) 对精密或大型的设备基础，需要减小基础振幅，减弱基础振动对结构的影响，或应控制基础沉降和沉降速率时可以选用；

5) 软弱地基或某些特殊性土上的各类永久性建筑物，或以桩基作为地震区结构抗震措施时可以选用。

当地基上部软弱而下部不太深处埋藏有坚实地层时，最宜采用桩基。如果软弱土层很厚，桩端达不到良好地层，则应考虑桩基的沉降等问题；通过较好土层而将荷载传到下卧软弱层，则反而使桩基沉降增加。总之，桩基设计也应注意满足地基承载力和变形这两项基本要求。在工程实践中，由于设计或施工方面的原因，致使桩基不合要求，甚至酿成重大事故者已非罕见。因此，做好地基勘察、慎重选择方案、精心设计施工，也是桩基工程必须遵循的准则。

10.3.4　按基础的埋置深度

(1) 浅基础。即采用较简便的施工方法及常规的基坑开挖排水措施即可施工的基础，基底埋深一般不大于 5m。一般的独立基础、条形基础及较多的连续基础均属浅基础。

(2) 深基础。基底埋深一般大于 5m，或者采用特殊方法才能施工的基础，如地下连续墙、沉井、桩基均属深基础。

§10.4 地基基础与上部结构共同工作的概念

10.4.1 地基、基础与上部结构的关系

1. 常规考虑方法

在建筑结构的设计计算中，通常把上部结构、基础和地基三者分开考虑，视为彼此相互独立的结构单元进行静力平衡分析计算。不考虑上部结构的刚度，只计算作用在基础顶面的荷载，也不考虑基础的刚度，基底反力简化为直线分布，并反向施加于地基，当作柔性荷载验算地基承载力和进行地基沉降计算。

2. 常规方法评价

(1) 上述常规方法，对于单层排架结构类的上部柔性结构且地基土质较好的独立基础，可以得到满意的结果。

(2) 对于软弱地基上单层砖石砌体承重结构、条形基础，按常规方法计算与实际差别较大。

(3) 对于钢筋混凝土排架结构类的敏感性结构下的条形基础，上述常规计算结果与实际不同。

(4) 对于高层建筑剪力墙结构下箱形基础置于一般土质天然地基的工程，常规计算方法也不能令人满意。

3. 合理的分析计算方法

(1) 地基、基础与上部结构三者相互连接成整体，共同承担荷载而产生相应的变形。

(2) 三者都按各自的刚度，对相互的变形产生制约作用，因而制约整个体系的内力、基底反力和结构变形及地基沉降发生变化。

(3) 三者之间同时满足静力平衡和变形协调两个条件。

(4) 需要建立正确反映结构刚度影响的理论。

(5) 需要研究合理反映土的变形特性的地基计算模型及其参数。

(6) 上述合理的方法无疑是相当复杂的，已越来越受到重视和接受，并已在地基上梁与板的分析和高层建筑箱形基础内力计算等方面部分地应用。

总之，了解地基、基础与上部结构共同工作的概念，有助于掌握各类基础的性能，更好地设计地基基础方案。

10.4.2 基础刚度的影响

建筑物基础的内力、基底反力大小与分布以及地基沉降量，除了与地基的特性密切相关外，还受基础本身与上部结构刚度大小所制约。首先研究基础本身刚度的影响。

1. 柔性基础

(1) 柔性基础可随地基的变形而任意弯曲。例如，土工聚合物上填土可视为柔性基础。

(2) 柔性基础的基底反力分布，与作用在基础上的荷载分布相同，如图 10－6 (a) 所示。

(3) 均布荷载下柔性基础的基底沉降量，中部大，边缘小，如图 10－6 (b) 所示。要使沉降均匀，应使边缘荷载增大。

(4) 柔性基础缺乏刚度，无力调整基底的不均匀沉降，不可能使传至基底的荷载改变原

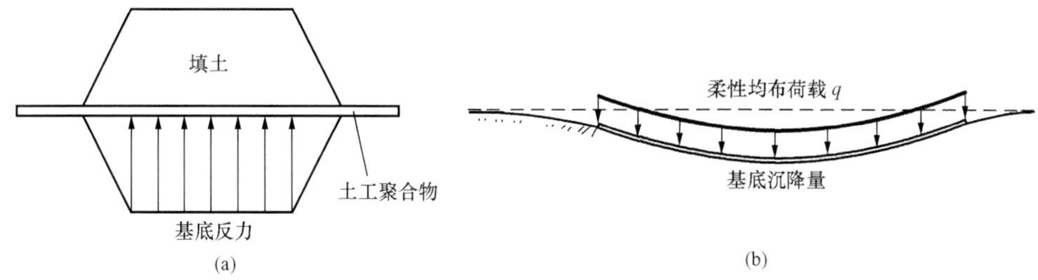

图 10-6　柔性基础

来的分布情况。

2. 刚性基础

(1) 刚性基础具有极大的抗弯刚度，在荷载作用下基础不产生挠曲。例如，沉井基础可视为刚性基础。

(2) 刚性基础基底平面沉降后仍保持平面，中心荷载作用下均匀下沉，基底保持水平。偏心荷载作用下，沉降后基底为一倾斜平面。

(3) 刚性基础底面积和埋深较大，上部中心荷载不大时基底反力呈马鞍形分布，如图 10-7 (a) 所示。

(4) 随着上部荷载增大，邻近基底边缘的塑性区逐渐扩大，基底应力重新分布。所增大的上部荷载依靠基底中部反力增大来平衡。因此，基底反力图由马鞍形逐渐变成抛物线形，如图 10-7 (b) 所示。

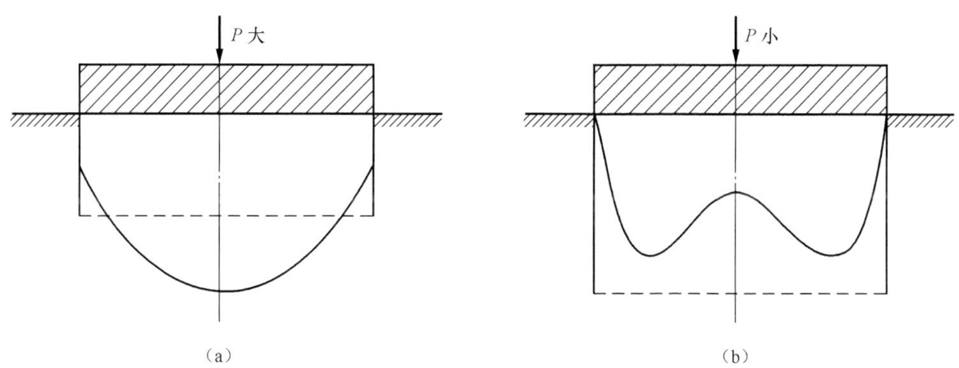

图 10-7　刚性基础

(5) 刚性基础基底反力分布与荷载分布情况无关，仅与荷载大小与作用点位置相关。例如，荷载合力偏心很大时，离合力作用点近的基底边缘反力很大，而远离的基底边缘反力为零，甚至基底可能与地基脱开。

10.4.3　地基软硬的影响

1. 软土地基

在淤泥或淤泥质土一类软土地基中，当基础的相对刚度较大时，基底反力分布可按直线计算。中心荷载作用下，基底反力均匀分布；偏心荷载作用下，基底反力梯形分布，如图 10-8 所示。

2. 软硬悬殊地基

实际建筑工程常遇到各种软硬相差悬殊的地基，如基槽中存在古水井、古河沟、坟墓、

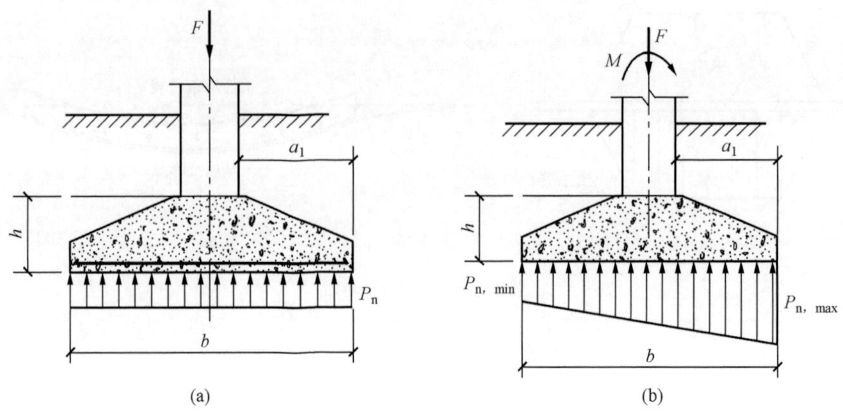

图 10－8　软土地基上反力分布

(a) 中心荷载作用；(b) 偏心荷载作用

暗塘以及防空洞、旧基础等情况。对基础梁的挠曲和内力的影响很大。例如，条形基础下，地基的中部软、两边硬，则加剧条基的挠曲程度，如图 10－9（a）所示；若相反，地基中部硬、两边软，如图 10－9（b）所示，则可能使条基的正向挠曲变为反向挠曲。

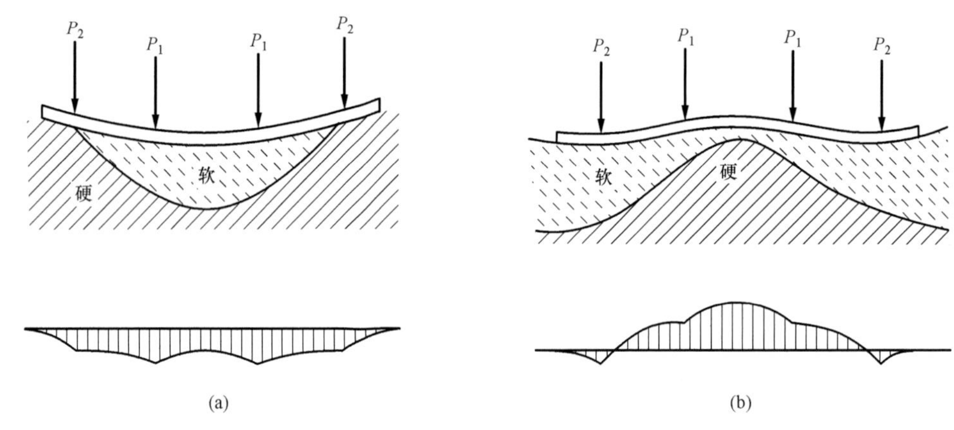

图 10－9　地基软硬悬殊对基础受力的影响

(a) $P_1 \approx P_2$；(b) $P_1 \approx P_2$

3. 坚硬地基

坚硬地基包括岩石、密实卵石坚硬黏性土地基，上置抗弯刚度很小的基础。当基础上作用集中荷载时，仅传递到荷载附近的地基中，远离荷载的地基不受力。若为相对柔性的基础，在远离集中荷载作用点处基底反力不仅为零，且可能与地基悬空，如图 10－10 所示。

4. 荷载大小的影响

（1）有利的影响。①地基中部坚硬，两侧软弱，上部荷载大小不同，$P_1 < P_2$，地基坚硬处荷载 P_2 大，地基软弱处荷载 P_1 小，对基础受力有利，如图 10－11（a）所示；②地基中部软弱，两侧坚硬，上部荷载不等，$P_1 > P_2$。P_1 荷载大，作用在地基坚硬处；P_2 荷载小，作用在地基软弱处，这样比 $P_1 = P_2$ 情况对基础受力有利，如图 10－11（b）所示。

（2）不利的影响。①地基中部坚硬，两侧软弱，上部荷载相等，这样对基础受力不利，

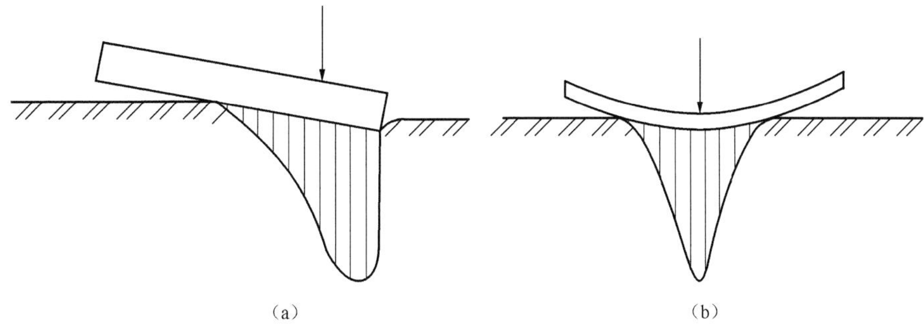

图 10－10　坚硬地基上薄板基础集中荷载的反力分布

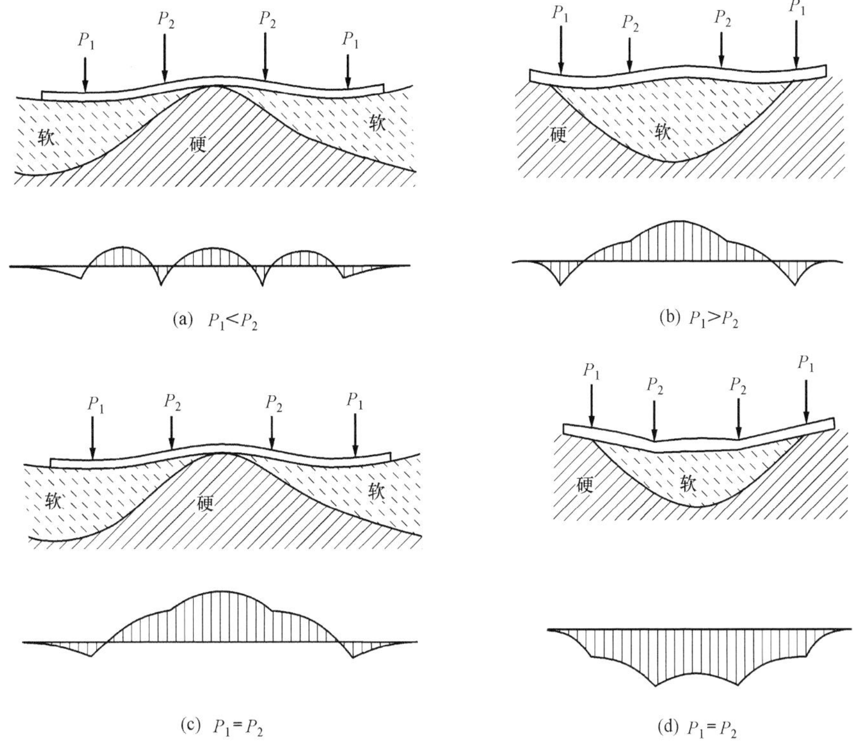

图 10－11　地基软硬悬殊对基础受力的影响

如图 10－11（c）所示。②地基中部软弱，两侧坚硬，上部荷载大小相等，这种情况对基础受力也不利，如图 10－11（d）所示。

10.4.4　上部结构刚度的影响

上部结构刚度不同，在地基变形时将产生不同的影响。同时，上部结构刚度大小不同，对基础受力状况也产生不同的影响。

1. 上部结构完全柔性

（1）完全柔性结构实例。以屋架、柱、基础为承重体系的木结构和土堤、土坝一类填土工程，可认为是完全柔性结构，钢筋混凝土排架结构也可视为柔性结构。

（2）柔性结构的含义。上部柔性结构的变形与地基的变形一致。地基的变形对上部结构

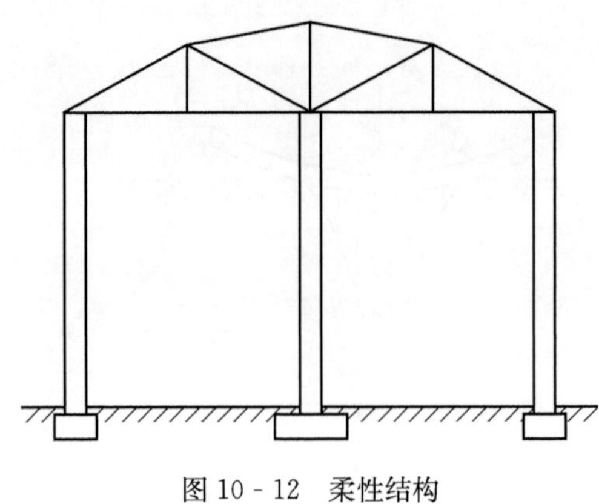
图 10 - 12 柔性结构

不产生附加应力，上部结构没有调整地基不均匀变形的能力，对基础的挠曲没有制约作用，即上部结构不参与地基、基础的共同工作，如图 10 - 12 所示。

(3) 柔性结构特点。在木结构柱顶荷载作用下，独立基础发生沉降差，不会引起主体结构的次应力，传递给基础的柱荷载也不会因此而发生变化。

通常静定结构与非软弱地基变形之间，不存在彼此制约的关系，也可视为柔性结构类。

2. 上部结构绝对刚性

(1) 绝对刚性结构实例。烟囱、水塔、高炉一类高耸结构，置于整体大厚度的钢筋混凝土独立基础上，整个体系为绝对刚性，如图 10 - 13 所示。

(2) 刚性结构的含义。在中心荷载作用下，均匀地基的沉降量相同，基础不发生挠曲。刚性上部结构具有调整地基应力、使沉降均匀的作用。

(3) 刚性结构特点。一般体型简单、荷载均匀、长高比很小、采用剪力墙结构的高层建筑，配置相应的箱形基础，可按刚性结构设计计算。大量实验研究表明：高层建筑、箱形基础和地基三者共同工作效果十分显著，如图 10 - 14 所示。

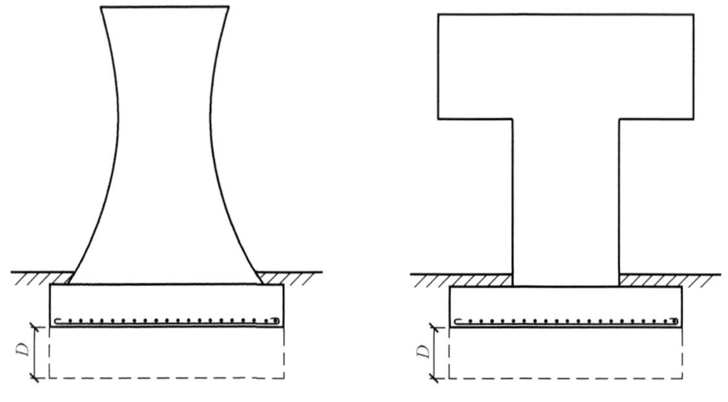

图 10 - 13 绝对刚性上部结构

1) 上部结构刚度对地基变形的制约。当高层建筑施工不久，建筑物高度 H 与长度 L 之比，$H/L<0.25$ 时，地基的变形纵、横两向均为中部大、两端小，成下凹曲形，如图 10 - 14 (a) 所示。因为此时上部结构的刚度较小，对地基变形尚未起到制约作用。

当楼层升高后，地基中部与两端的沉降差异反而减小，这是由于上部结构的刚度增大，自动地将上部均匀荷载和自重向沉降小的部位传递，使地基变形的曲率减小，甚至趋近于零，见图 10 - 14 (b)。

2) 上部结构刚度对箱基弯曲和内力的制约。当高层建筑施工初期，$H/L\leqslant0.25$ 时，楼身不高，即上部结构刚度较小时，箱基底板与顶板中部的钢筋拉应力 σ，随楼身升高而增大，最后达到最大值 σ_{max}。

当楼层继续升高后，$H/L>0.25$，上部结构刚度不断增大，箱基底板钢筋拉应力反而逐渐减小，在建筑物完工时达到最小值 σ_{min}。

3. 上部结构为敏感性结构

(1) 敏感性上部结构的实例。低层砖石砌体承重结构和单层钢筋混凝土框架结构，对地

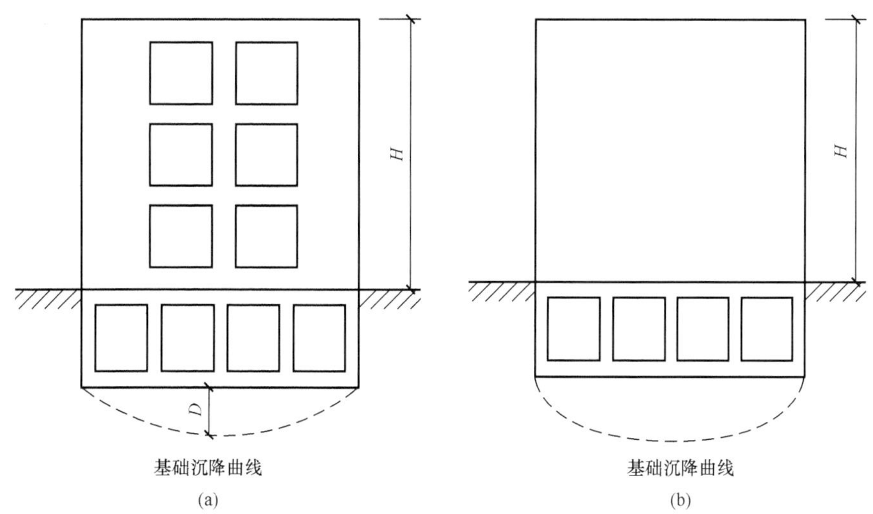

图 10－14　上部结构与地基基础共同作用
(a) $H/L<0.25$；(b) $H/L>0.25$

基不均匀沉降反应灵敏，均为敏感性结构。

(2) 敏感性结构的特点。由于砖石材料为刚性材料，抗拉强度低，当地基局部倾斜较大时，墙体将发生裂缝。

(3) 框架结构产生不均匀沉降问题。框架结构构件之间的刚性联结，使在调整地基不均匀沉降的同时，也引起上部结构的次应力。在横向为三柱独立基础的情况下，往往使中柱荷载减小，向边柱转移；同时，两侧的独立基础向外转动，引起梁柱挠曲，发生次应力。严重时将导致结构的损坏。

综上所述，关于地基、基础与上部结构共同工作的问题，是目前引起全世界工程师广泛兴趣的新课题，值得大家深入地进行实验研究，并在工程实践中应用和总结经验。

思　考　题

10－1　《建筑地基基础设计规范》是如何划分地基基础设计等级的？

10－2　地基基础设计时，所采用的荷载效应按哪些规定执行？

10－3　基础工程设计的基本原则是什么？

10－4　黄土的主要特征有哪些？如何划分黄土的湿陷等级？

10－5　何谓冻土地基，其工程地质特征是什么？

10－6　特殊地质条件地基有哪些类型地基，各具有什么特点，设计和施工时应分别注意哪些问题？

10－7　何谓刚性基础？它与柔性基础有何不同？

10－8　何谓浅基础，确定因素是什么？

10－9　何谓地基基础与上部结构共同工作？研究此问题有何实际意义？

10－10　设计实践中，设计者如何运用基于相互作用分析的“概念设计”方法对上部结构、基础的设计结果进行合理的调整？请举例说明。

第 11 章　刚性基础与扩展基础

本章提要

刚性基础与扩展基础是常见的两种浅基础类型。刚性基础也称无筋扩展基础，通常是由砖、块石、毛石、素混凝土、三合土和灰土等材料建造的，这些材料具有抗压强度高而抗拉、抗剪强度低的特点；扩展基础的底面向外扩展，基础外伸的宽度大于基础高度，基础材料承受拉应力，常见的扩展基础指柱下钢筋混凝土独立基础和墙下钢筋混凝土条形基础。

本章主要学习基础埋置深度选择、地基承载力的确定、基础底面尺寸的确定以及刚性基础和扩展基础的设计计算。

§11.1　概　　述

浅基础是一个承上启下的结构物，其上为上部结构，其下为支承基础的土层，即地基。上部结构的荷载通过基础传递到地基。浅基础除受到来自上部结构的荷载作用外，同时还受到地基反力的作用，其截面内力（弯矩、剪力、扭矩等）是这两种荷载共同作用的结果。

浅基础是相对深基础而言的，二者的差别主要在施工方法及设计原则上。浅基础的埋深通常不大，一般只需采用普通基坑开挖、敞坑排水的施工方法建造，施工条件和工艺都比较简单；深基础（包括桩、墩、沉井、地下连续墙等）都要采用特殊的施工方法和施工机具建造，施工条件比较困难，工艺比较复杂。正因为浅基础的埋深不大，浅基础设计时，只考虑基础底面以下土的承载能力，不考虑基础底面以上土的抗剪强度对地基承载力的作用，还忽略了基础侧面与土之间的摩擦阻力；而深基础则要考虑侧壁与土之间的摩擦阻力对基础的有利作用，深基础承载力的确定和设计方法也就不同。但是，浅基础和深基础的区别很难用一个固定的埋置深度来区别。

根据浅基础的建造材料不同，其结构设计的内容也有所不同。由砖、石、素混凝土等材料建造的刚性基础，因其截面抗压强度高而抗拉、抗剪强度低，在进行设计时采用控制基础宽高比的方法使基础主要承受压应力，并保证基础内产生的拉应力和剪应力都不超过材料强度的设计值。由混凝土材料建造的扩展基础，其截面的抗拉、抗剪强度较高，基础的形状布置也比较灵活，截面设计验算的内容主要包括基础底面尺寸、截面高度和截面配筋等。钢筋混凝土扩展基础的基底面积通常根据地基承载力和对沉降及不均匀沉降的要求确定，基础高度由混凝土的抗剪切条件确定，而基础的受力钢筋配筋量则由基础验算截面的抗弯能力确定。

地基基础设计必须根据上部结构条件（建筑物的用途和安全等级、建筑布置、上部结构类型等）和工程地质条件（建筑场地、地基岩土和气候条件等），结合考虑其他方面的要求（工期、施工条件、造价和节约资源等），合理选择地基基础方案，因地制宜，精心设计，以确保建筑物和构筑物的安全和正常使用。天然地基上的浅基础，结构比较简单，最为经济，如能满足要求，宜优先选用。天然地基上的浅基础设计的原则和方法，基本上适用于人工地基上的浅基础，只是选用人工地基上的浅基础方案时，尚需对选择的地基处理方法进行设计，并处理好人工地基与浅基础之间的连接与相互影响。

天然地基上浅基础设计的内容和一般步骤为：

（1）充分掌握拟建场地的工程地质条件和地质勘察资料。例如：不良地质现象和地震层的存在及其危害性，地基土层分布的均匀性和软弱下卧层的位置和厚度，各层土的类别及其工程特性指标等。

（2）在研究地基勘察资料的基础上，结合上部结构的类型，荷载的性质、大小和分布，建筑布置和使用要求以及拟建基础对原有建筑设施或环境的影响，并充分了解当地建筑经验、施工条件、材料供应、保护环境、先进技术的推广应用等其他有关情况，综合考虑选择基础类型和平面布置方案。

（3）选择地基持力层和基础埋置深度。

（4）确定地基承载力。

（5）按地基承载力（包括持力层和软弱下卧层）确定基础底面尺寸。

（6）进行必要的地基稳定性和变形验算，使地基的稳定性得到充分保证，并使地基的沉降不致引起结构损坏、建筑倾斜与开裂，或影响其正常使用和外观。

（7）进行基础的结构设计，按基础结构布置进行结构的内力分析、强度计算，并满足构造设计要求，以保证基础具有足够的强度、刚度和耐久性。

（8）绘制基础施工图，并提出必要的技术说明。

上述各方面内容密切关联、相互制约，很难一次考虑周详。因此，地基基础设计工作往往需反复多次才能取得满意的结果。设计人员可根据具体工程情况，采用优化设计工作，以提高设计质量。

地基土压力或地基反力在用于不同的计算目的时其取值应有所区别，在确定基础底面尺寸或计算基础沉降时，应考虑设计地面以下基础及其上覆土重力的作用，而在进行基础截面设计（基础高度的确定、基础截面配筋）中，应采用不计基础与上覆土重力作用时的地基净反力计算。

基底反力的分布假设是基础内力计算的前提，应根据基础形式和地基条件等正确确定。对墙下条形基础和柱下独立基础，地基反力通常采用直线分布。对柱下条形基础和筏板基础等，当地基持力层土质均匀，上部结构刚度较好，各柱距相差不大，柱荷载分布较均匀时，地基反力可认为符合直线分布，基础梁的内力可按简化的直线分布法计算。当不满足上述条件时，宜按弹性地基梁法计算。

在目前工程设计中，通常把上部结构与地基基础分离开来进行计算，即视上部结构底端为固定支座或固定铰支座，不考虑荷载作用下各墙柱端部的相对位移，并按此进行内力分析，这种分析与设计方法称为常规设计法。实际上地基、基础和上部结构之间是互相影响、互相制约的，基础内力和地基变形除与基础刚度、地基土性质等有关外，还与上部结构的荷载和刚度有关。它们在荷载作用下一般满足变形协调条件，即原来互相连接或接触的部位，在各部分荷载、位移和刚度的综合影响下，一般仍然保持连接或接触，如墙柱底端的位移与该处基础的变位及地基表面的沉降三者相一致。这种考虑上部结构与地基基础相互影响并满足变形协调条件的设计方法称为共同作用设计方法，它是今后地基基础设计的发展方向。共同作用设计方法已取得许多成果，但尚未推广使用于工程设计中，对重要工程可用其理论指导分析和设计，而一般的工程中使用的还是常规设计法，故本章主要介绍浅基础的常规设计法。

§11.2 基础埋置深度的选择

基础之所以要选择一定的埋置深度，主要是为了防止基础长期暴露在外，受到日晒雨淋及人来车往的破坏。基础埋置深度是指基础底面至地面（一般指设计地面）的距离。为了保护基础不受人类和生物活动的影响，基础的埋深不小于0.5m。

选择基础埋置深度也就是选择合适的地基持力层。基础埋置深度的大小对于建筑物的安全和正常使用、基础施工技术措施、施工工期和工程造价影响很大。因此合理确定基础埋置深度是一个十分重要的问题。设计时必须综合考虑建筑物自身条件（如使用条件、结构形式、荷载的大小和性质等）以及所处的环境（如水文地质条件、气候条件、相邻建筑的影响等），寻找一个技术上可靠、经济上合理的埋置深度。下面具体介绍选择基础埋深时应考虑的几个因素。

11.2.1 工程地质和水文地质条件

不同的建筑场地，土质固然不同，就是同一地点，因深度不同土质也会有变化。因此，场地的工程地质和水文地质状况往往就可以决定基础的埋置深度。一般当上层土的承载力能满足要求时，就应选择上层土作为持力层。若其下有软弱土层时，则应验算软弱下卧层的承载力是否满足要求。对于在基础延伸方向土性不均匀的地基，有时可以根据持力层的变化，将基础分成若干段。各段采用不同的埋置深度，以减少基础的不均匀沉降。

当上层土的承载力低而下层土的承载力高时，应将基础埋置在下层承载力高的土层上；但如果上层松软土层很厚，基础需要深埋时，必须考虑施工是否方便、是否经济，并应与其他如加固上层土或用短桩基础等方案综合比较分析后再确定。

当基础埋置在易风化的软质岩层上时，施工时应在基坑挖好后立即铺筑垫层，以免岩层表面暴露后被风化软化。

当有地下水存在时，基础底面应尽量埋置在地下水位以上，以免地下水对基坑开挖施工质量产生影响。若基础底面必须埋置在地下水位以下时，应考虑施工时的基坑排水、坑壁支撑等措施，以及地下水有否侵蚀性等因素，并采取相应的措施，防止地基土在施工时受到扰动。

如果在持力层下埋藏有承压含水层时，选择基础埋深必须考虑承压水的作用。以免在开挖基坑时坑底土被承压水冲破，从而引起突涌或流砂现象。因此，必须控制基坑开挖的深度，使承压含水层顶部的静水压力 u 与坑底土的总覆盖压力 σ 的比值 $u/\sigma<1$；对于宽基坑，宜取 $u/\sigma<0.7$。如图 11-1所示，$u=\gamma_w h$，γ_w 为水的重度，h 可按预估的最高承压水位确定；$\sigma=\gamma_1 z_1+\gamma_2 z_2$，$\gamma_1$ 及 γ_2 分别为各层土的重度，对于水位

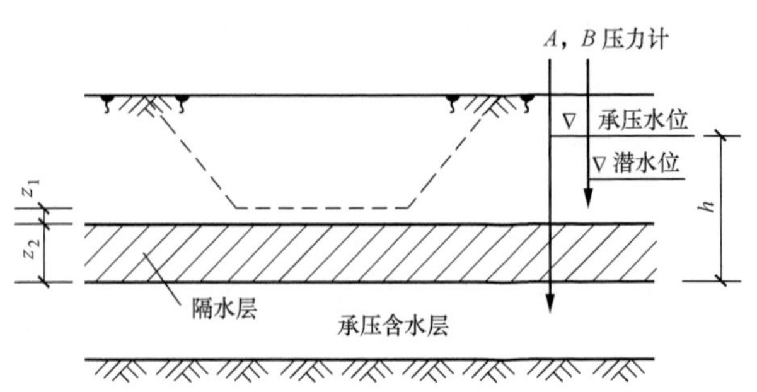

图 11-1 基坑下埋藏有承压含水层的情况

以下的土取饱和重度。

11.2.2　建筑物的用途类型及荷载大小性质的影响

如果有地下室、设备基础或地下设施时，基础埋深要求局部或全部加深。为了保护基础不致露出地面，构造要求基础顶面离室外设计地面不得小于 100mm。

对不均匀沉降较敏感的建筑物，例如层数不多而平面形状又较复杂的框架结构，应将基础埋置在较坚实的土层上。

因地基持力层倾斜或建筑物使用上的要求，基础埋深有不同时，基础可做成台阶形，由浅到深逐步过渡。台阶宽高比例为 1∶2。

当管道与基础相交时，基础埋深应低于管道。在基础上预留的孔洞应有足够的间隙（100～150mm），以备基础沉降时不致压坏管道。

对某一土层而言，当上部结构荷载较小时，可能是较好的持力层，而当上部结构的荷载较大时，对地基的承载力要求高，则可能不宜作为持力层，这时就必须另选较好的持力层或对地基进行人工处理。荷载的性质对基础埋深的影响同样明显，对于承受较大水平荷载的基础，常将埋深加大以保证有足够的稳定性。对承受上拔力的基础，如输电塔基础和某些设备基础，需要有足够的埋深以提供足够的抗拔承载力。对于承受动荷载的基础，则不宜选择饱和疏松的粉细砂层作为持力层，以免土层由于振动液化而失去承载能力，造成基础失稳。在地震区，也不宜将可液化的砂层和粉性土层作为持力层。

11.2.3　相邻基础埋深的影响

在城市房屋密集的地方，往往新旧建筑物紧靠在一起，为了保证在新建建筑物施工期间相邻的原有建筑物的安全和正常使用，新建建筑物的基础埋深不宜深于相邻原有建筑物的基础埋深。有的新建建筑物荷载很大，楼层又高，而基础埋深又一定要超过原有建筑物的基础埋深，此时，为了避免新建建筑物对原有建筑物的影响，设计时应考虑与原有基础保持有一定的净距。其距离应根据荷载大小和土质条件而定，一般取相邻两基础底面高差的 1～2 倍，如图 11-2 所示。若上述要求不能满足，也可以采用其他措施，如分段施工，设临时加固支撑，板桩、水泥搅拌桩挡墙或地下连续墙等施工措施，或加固原有建筑物地基等。

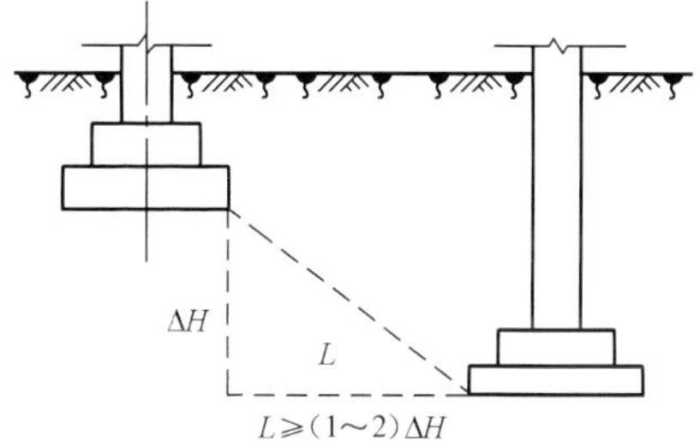

图 11-2　埋深不同的相邻基础

11.2.4　季节性冻土的影响

在寒冷地区，应该考虑季节性冰冻对地基土的冻胀影响。当土层温度降至 0℃时，土孔隙中的水分开始冻结，体积增大，形成冰晶体，未冻结区水分的迁移使得冰晶体进一步增大，形成冻胀。如果冻胀产生的上抬力大于作用在基底的竖向力，会引起建筑物开裂甚至破坏。为了保证建筑物不受地基土季节性冻胀的影响，当地基土为可冻胀土时，基础底面应埋置在冻结深度线以下。

《建筑地基基础设计规范》根据土的类别，含水量大小和地下水位高低，将地基土分为不冻胀、弱冻胀、冻胀、强冻胀和特强冻胀五类。对于不冻胀地基，基础的埋深可不考虑冻胀深度的影响；对于弱冻胀、冻胀和强冻胀土的基础最小埋深，可按式（11-1）计算。

$$d_{min} = z_0 \psi_t - d_{fr} \tag{11-1}$$

式中 d_{min}——基础最小埋深；

z_0——标准冻深，采用在地表无积雪和草皮等覆盖条件下多年实测最大冻深的平均值；

ψ_t——采暖对冻深的影响系数，当室内地面直接建在土上时，可按表 11-1 确定；对在采暖期间室内平均温度小于 10℃的建筑物，取为 1.0；不采暖的建筑物取 1.1；

d_{fr}——基础下允许残留冻土层的厚度。

表 11-1 采暖对冻深的影响系数 ψ_t 值

室内外地面高差（mm）	外墙中段	外墙角段
≤300	0.70	0.85
≥750	1.00	1.00

注 1. 外墙角段是指从外墙阴角顶点起两边各 4m 范围以内的外墙，其余部分为中段。

2. 采暖建筑物中的不采暖房间（门斗、过道和楼梯间等），其外墙基础处的采暖对冻深的影响系数值，取与外墙角段相同值。

满足基础最小埋深是防止冻害的一个基本要求，在冻胀较大的地基上，还应根据情况采取相应的防冻措施。

除此之外，在确定基础埋深时还应考虑施工技术条件，如施工设备、排水设备支撑要求、经济性等方面的影响。

综上所述，确定基础埋深时必须综合考虑工程地质和水文地质条件，建筑物的用途类型及荷载大小性质的影响，相邻基础埋深的影响，季节性冻土的影响和施工技术条件等因素。对某一具体工程来说，往往是其中一二种因素起决定性作用，所以设计时应该从实际出发，抓住主要因素，确定合理的埋置深度。

§11.3 地 基 承 载 力

11.3.1 地基承载力的验算

一、持力层承载力验算

前面已经介绍了持力层承载力特征值的计算问题，在确定持力层承载力特征值后，就可根据不同的外荷载，进行地基承载力验算。

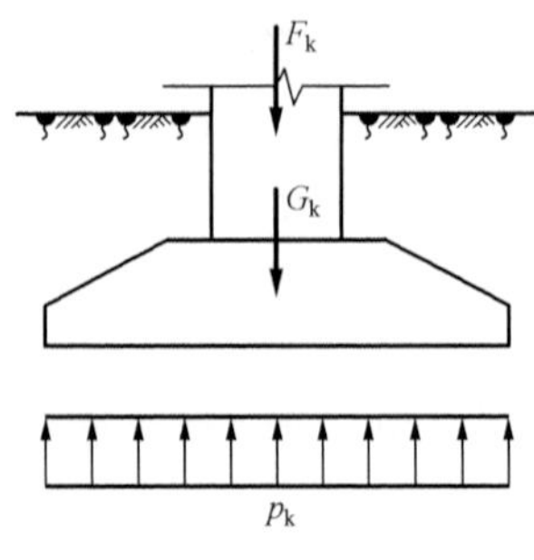

图 11-3 轴心荷载作用下的基础

1. 轴心荷载作用

当基础上仅有竖向荷载作用，且荷载通过基础底面形心时，基础承受轴心荷载作用，假定基底反力呈直线均匀分布，如图 11-3 所示，则持力层地基承载力验算必须满足式（11-2）：

$$p_k = \frac{F_k + G_k}{A} \leqslant f_a \tag{11-2}$$

$$G_k = \gamma_G A d$$

式中 p_k——相应于荷载效应标准组合时，基础底面处的平均压力值，kN；

f_a——修正后的地基承载力特征值，kN；

F_k——相应于荷载效应标准组合时，上部结构传至基础顶面的竖向力值，kN；

G_k——基础自重和基础上的土重，kN；

d——基底埋深；

γ_G——基础与台阶上土的平均重度，kN/m^3，可近似按 $20kN/m^3$ 计算；

A——基础底面面积，m^2。

把 $G_k=\gamma_G Ad$ 代入式（11-2），式（11-2）可改写为

$$\frac{F_k}{A}+\gamma_G d\leqslant f_a \tag{11-3}$$

2. 偏心荷载作用

当传到基础顶面的荷载除轴心荷载 F_k 外，还有弯矩 M 或水平力 Q 作用时，基底反力将呈梯形分布，如图 11-4 所示，基底最大和最小压力可按下式计算：

$$p_{k,\min}^{k,\max}=\frac{F_k+G_k}{lb}\pm\frac{M_x}{W_x}\pm\frac{M_y}{W_y} \tag{11-4}$$

或

$$p_{k,\min}^{k,\max}=\frac{F_k+G_k}{lb}\left(1\pm\frac{6e_y}{b}\pm\frac{6e_x}{l}\right) \tag{11-5}$$

$$W_x=\frac{lb^2}{6};W_y=\frac{bl^2}{6}$$

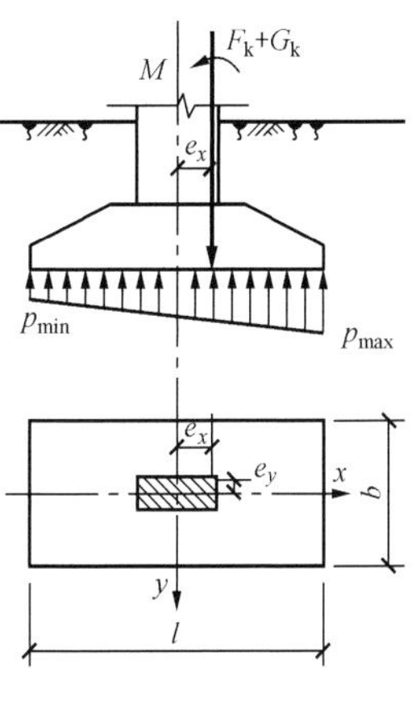

图 11-4　偏心荷载作用的基础

$$e_x=\frac{M_y}{F_k+G_k};e_y=\frac{M_x}{F_k+G_k}$$

式中　l——矩形基础底面的长边边长，m；

b——矩形基础底面的短边边长，m；

W_x，W_y——基础底面对 x 轴和 y 轴的截面模量，m^3；

e_x，e_y——荷载对 y 轴和 x 轴的偏心距，m。

若 $e_y=0$，即 $W_x=0$，则式（11-4）和式（11-5）分别变为

$$p_{k,\min}^{k,\max}=\frac{F_k+G_k}{lb}\pm\frac{M_y}{W_y} \tag{11-6}$$

或

$$p_{k,\min}^{k,\max}=\frac{F_k+G_k}{lb}\left(1\pm\frac{6e_x}{l}\right) \tag{11-7}$$

偏心荷载作用下的地基承载力验算公式如下：

$$p_{k,\max}\leqslant 1.2f_a \tag{11-8}$$

二、软弱下卧层承载力验算

土层大多数是成层的，土层的强度通常随深度而增加，而外荷载引起的附加应力则随深度而减小，因此，只要基底面持力层承载力满足设计要求就可以。但也有不少情况，持力层不厚，在持力层以下受力层范围内存在软土层（即称软弱下卧层），软弱下卧层的承载力比持力层承载力小得多，这时，只满足持力层的要求是不够的，还须验算软弱下卧层的强度。要求传递到软弱下卧层顶面处的附加应力和土的自重应力之和不超过软弱下卧层的承载力特征值，即

$$\sigma_z+\sigma_{cz}\leqslant f_{az} \tag{11-9}$$

式中　σ_z——相应于荷载效应标准组合时，软弱下卧层顶面处的附加应力值，kPa；

σ_{cz}——软弱下卧层顶面处土的自重应力值，kPa；

f_{az}——软弱下卧层顶面处经深度修正后的地基承载力特征值，kPa。

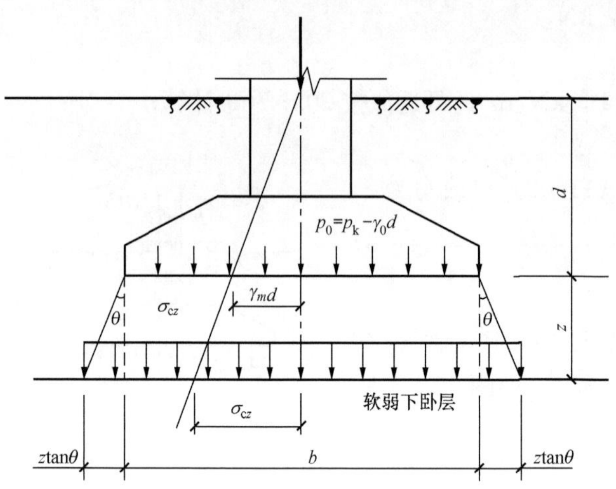

图 11 - 5 软弱下卧层顶面附件应力计算

当上层土与软弱下卧层的压缩模量比值大于或等于 3 时，可用均匀的半无限直线变形体理论计算软弱下卧层顶面处的附加应力。但在实际应用中还是按照简单的应力扩散原理进行计算，如图 11 - 5 所示，作用在基底面处的附加压力 $p_0=p-\sigma_c$ 以扩散角 θ 向下传递，均匀地分布在下卧层上。根据扩散后作用在下卧层顶面处的合力与扩散前在基底处的合力相等的条件，即

$$P_0 A=\sigma_z A'$$

式中 A——基础底面积，m^2；

A'——基础底面积以扩散角 θ 扩散到下卧层顶面处的面积，m^2。

从而可求得软弱下卧层顶面处附加应力 σ_z 的计算公式为

$$\sigma_z=\frac{p_0 A}{A'} \tag{11 - 10}$$

对于矩形基础，有

$$\sigma_z=\frac{(p-\sigma_c)bl}{(b+2z\tan\theta)(l+2z\tan\theta)} \tag{11 - 11}$$

对于条形基础，有

$$\sigma_z=\frac{(p-\sigma_c)b}{b+2z\tan\theta} \tag{11 - 12}$$

式中 b，l——基础的宽度和长度，若为条形基础，l 取 1m，长度方向应力不扩散，m；

σ_c——基础底面处土的自重应力，kPa；

z——基础底面到软弱下卧层顶面的距离，m；

θ——压力扩散角，可按表 11 - 2 采用。

表 11 - 2 **压 力 扩 散 角 θ**

E_{s1}/E_{s2}	$z\geqslant 0.25b$	$z\geqslant 0.5b$	E_{s1}/E_{s2}	$z\geqslant 0.25b$	$z\geqslant 0.5b$
3	6°	23°	10	20°	30°
5	10°	25°			

注 1. E_{s1}为上层土压缩模量；E_{s2}为下层土压缩模量。

2. $z<0.25b$ 时取 $\theta=0°$，必要时宜由试验确定；$z\geqslant 0.5b$ 时 θ 值不变。

11.3.2 基础底面尺寸的确定

前面已介绍了地基承载力的确定及验算方法，但是，在一般情况下，基础底面尺寸事先并不知道，需要在确定基础类型和埋置深度后根据持力层的承载力来设计基础底面尺寸。

1. 轴心荷载作用下的基础底面尺寸确定

根据地基承载力验算式（11 - 2），经过变换得

$$A \geqslant \frac{F_k}{f_a - \gamma_G d} \tag{11-13}$$

对于条形基础，可沿基础长方向取单位长度 1m 进行计算，荷载也同样按单位长度计算，则条形基础宽度为

$$b \geqslant \frac{F_k}{f_a - \gamma_G d} \tag{11-14}$$

在利用式（11 - 13）和式（11 - 14）计算时，由于基础尺寸还没有确定，可先按未经宽度修正的承载力设计值进行计算，初步确定基础底面尺寸，根据第一次计算得到的基础底面尺寸，再对地基承载力进行修正，直至设计出最佳的基础底面尺寸。

2. 偏心荷载作用下的基础底面尺寸确定

偏心荷载作用下的基础底面尺寸确定不能用公式直接写出，通常的计算方法如下：

（1）按轴心荷载作用条件，利用式（11 - 13）初步估算所需的基础底面积 A；

（2）根据偏心距的大小，将基础的底面积增大 10%～30%，并以适当的比例确定基础底面的长度 l 和宽度 b；

（3）按式（11 - 4）或按式（11 - 5）计算基底最大压力和最小压力，并使其满足式（11 - 2）和式（11 - 8）的要求。

这一计算过程可能要经过几次试算方能最后确定合适的基础底面尺寸。

【例 11 - 1】　某一个建筑物，柱截面为 350mm×400mm，作用在柱底的荷载为：F_k＝700kN，M_k＝80kN·m，V_k＝15kN。土层为黏性土，γ＝17.5kN/m，e＝0.70，I_L＝0.78，f_{ak}＝226kPa，基础底面埋深 1.3m，其他参数如图 11 - 6 所示。试根据持力层地基承载力确定基础底面尺寸。

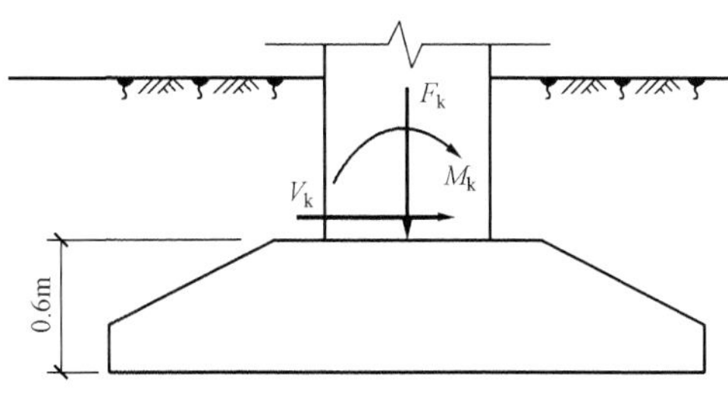

图 11 - 6　黏性土

解　（1）先求地基承载力特征值。

根据 e＝0.70，I_L＝0.78，查表 8 - 8，得 η_b＝0.3，η_d＝1.6，则 f_a（先不考虑对基础宽度进行修正）为

$$\begin{aligned} f_a &= f_{ak} + \eta_d \gamma_0 (d - 0.5) \\ &= 226 + 1.6 \times 17.5 \times (1.3 - 0.5) \\ &= 248.4\text{kPa} \end{aligned}$$

（2）初步选择基底尺寸。

$$A_0 = \frac{F_k}{f_a - \gamma_G d} = \frac{700}{248.4 - 20 \times 1.3} = 3.15\text{m}^2$$

由于偏心不大，基础底面积按 20%增大，即

$$A = 1.2 \times 3.15 = 3.78\text{m}^2$$

初步选择基础底面积 $A = b \times l = 1.6 \times 2.5 = 4.0\text{m}^2$，因 b＜3m，故不需再对 f_a 进行修正。

（3）验算持力层地基承载力。

基础和回填土重

$$G_k = \gamma_G d A = 20 \times 1.3 \times 4 = 104\text{kN}$$

偏心距

$$e=\frac{\sum M}{F_k+G_k}=\frac{80+15\times0.6}{700+104}=0.11\text{m}<\frac{b}{6}$$

基底平均压力

$$p_k=\frac{F_k+G_k}{A}=\frac{700+104}{4}=201\text{kPa}<f_a(\text{满足})$$

基底最大压力

$$p_{k,\max}=\frac{F_k+G_k}{A}+\frac{\sum M}{W}=\frac{700+104}{4}+\frac{80+15\times0.6}{1.6\times\frac{2.5^2}{6}}$$

$$=254.4\text{kPa}<1.2f_a(\text{满足})$$

所以，持力层地基承载力满足。

§11.4 刚性基础与扩展基础的设计计算

11.4.1 刚性基础设计计算

刚性基础也称无筋扩展基础。通常是由砖、块石、毛石、素混凝土、三合土和灰土等材料建造的，这些材料具有抗压强度高而抗拉、抗剪强度低的特点，所以，在进行刚性基础设计时必须使基础主要承受压应力，并保证基础内产生的拉应力和剪应力都不超过材料强度的设计值。具体设计中主要通过对基础的外伸宽度与基础高度的比值进行验算来实现。同时，其基础宽度还应满足地基承载力的要求。

一、构造要求

根据建造材料的不同，刚性基础又可分为砖基础、毛石浆砌基础、石灰三合土基础、灰土基础、混凝土和毛石混凝土基础等。在设计刚性基础时应按其材料特点满足相应的构造要求。

（1）砖基础。砖基础采用的砖强度等级应不低于 MU10，砂浆强度等级应不低于 MU5，在地下水位以下或地基土潮湿时应采用水泥砂浆砌筑。基础底面以下一般先做 100mm 厚的混凝土垫层，混凝土强度等级为 C10 或 C7.5。

（2）毛石浆砌基础。毛石基础采用的材料为未加工或仅稍作修整的未风化的硬质岩石，每级高度一般不小于 20cm。当毛石形状不规则时，其高度应不小于 15cm。砌浆不低于 M5。

（3）石灰三合土基础。石灰三合土基础由石灰、砂和骨料（矿渣、碎砖或碎石）加适量的水充分搅拌均匀后，铺在基槽内分层夯实而成。三合土的配合比（体积比）为 1∶2∶4 或 1∶3∶6，在基槽内每层虚铺 22～25cm，夯实至 15cm。

（4）灰土基础。灰土基础由熟化后的石灰和黏土按比例拌和并夯实而成。常用的配合比（体积比）有 3∶7 和 2∶8，铺在基槽内分层夯实，每层虚铺 22～25cm，夯实至 15cm。其最小干密度要求为：粉土 15.5kN/m^3，粉质黏土 15.0kN/m^3，黏土 14.5kN/m^3。

（5）混凝土和毛石混凝土基础。混凝土基础一般用 C15 以上的素混凝土做成。毛石混凝土基础是在混凝土基础中埋入 25%～30%（体积比）的毛石形成，且用于砌筑的石块直径不宜大于 30cm。

二、刚性基础设计计算步骤

（1）初步选定基础高度 H_0。混凝土基础的高度 H_0 不宜小于 20cm，一般为 30cm。对于石灰三合土基础和灰土基础，基础高度 H_0 应为 15cm 的倍数。砖基础的高度应符合砖的模数。

（2）基础宽度 b 的确定。先根据地基承载力条件初步确定基础宽度。再按下列公式进一步验算基础的宽度：

$$b \leqslant b_0 + 2H_0 \tan\alpha \tag{11-15}$$

式中　b——基础底面宽度；

b_0——基础顶面的砌体宽度，如图 11－7 所示；

H_0——基础高度；

$\tan\alpha$——基础台阶宽高比的允许值，α 称为刚性角，$\tan\alpha = (b_2/H_0)$ 可按第 10 章表 10－3选用；

b_2——基础台阶宽度。

如验算符合要求，则可采用原先选定的基础宽度和高度，否则应调整基础高度重新验算，直至满足要求为止。

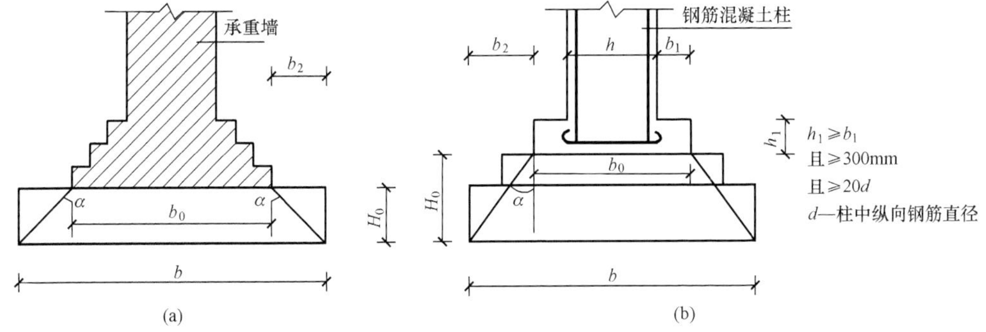

图 11－7　无筋扩展基础构造示意

（3）当无筋扩展基础由不同材料叠合而成时，应对接触部分作抗压验算。

（4）对混凝土基础，当基础底面平均压力超过 300kPa 时，尚应对台阶高度变化处的断面进行抗剪验算，验算公式如下：

$$V_s \leqslant 0.366 f_t A \tag{11-16}$$

式中　V_s——相应于荷载效应基本组合时，地基土平均净反力产生的沿墙（柱）边缘或变阶处单位长度的剪力设计值；

f_t——混凝土轴心抗拉强度设计值；

A——沿墙（柱）边缘或变阶处单位长度面积。

【例 11－2】　某承重砖墙混凝土基础的埋深为 1.5m，如图 11－8 所示，上部结构传来的轴向压力 $F_k = 200\text{kN/m}$。持力层为粉质黏土，其天然重度 $\gamma = 17.5\text{kN/m}^3$，承载力特征值 $f_a = 178\text{kPa}$，地下水位在基础底面以下，试设计此基础。

解　（1）初步确定基础宽度。

$$b \geqslant \frac{F_k}{f_a - \gamma_G d} = \frac{200}{178 - 20 \times 1.5} = 1.35\text{m}$$

初步选定基础宽度为 1.40m。

（2）基础剖面布置。

初步选定基础高度 $H_0 = 0.3\text{m}$。大放脚采用标准砖砌筑，每皮宽度 $b_1 = 60\text{mm}$，$h_1 = 120\text{mm}$，共砌 5 皮，大放脚底面宽度 $b_0 = 240 + 2 \times 5 \times 60 = 840\text{mm}$，如图 11－8 所示。

(3) 按台阶的宽高比要求验算基础的宽度。

基础采用C10素混凝土砌筑，而基底的平均压力为

$$p_k = \frac{F_k + G_k}{A} = \frac{200 + 20 \times 1.4 \times 1.5}{1.4 \times 1.0} = 172.8\text{kPa}$$

查表10-3得台阶的允许宽高比 $\tan\alpha = b_2/H_0 = 1.0$，于是

$$b \leqslant b_0 + 2H_0 \tan\alpha = 0.84 + 2 \times 0.3 \times 1.0 = 1.44\text{m}$$

取基础宽度为1.4m，满足设计要求。

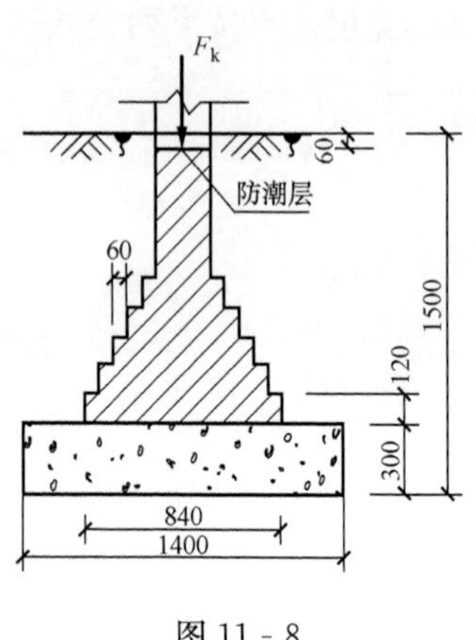

图11-8

11.4.2 扩展基础设计计算

扩展基础的底面向外扩展，基础外伸的宽度大于基础高度，基础材料承受拉应力，因此扩展基础必须采用钢筋混凝土材料。常见的扩展基础指柱下钢筋混凝土独立基础和墙下钢筋混凝土条形基础。墙下钢筋混凝土条形基础的内力计算一般可按平面应变问题处理，在长度方向可取单位长度计算。截面设计验算的内容主要包括基础底面宽度 b 和基础的高度 h 及基础底板配筋等。基底宽度应根据地基承载力要求确定，基础高度由混凝土的抗剪切条件确定，基础底板的受力钢筋配筋则由基础验算截面的抗弯能力确定。在确定基础底面尺寸或计算基础沉降时，应考虑设计地面以下基础及其上覆土重力的作用，而在进行基础截面设计（基础高度的确定、基础底板配筋）中，应采用不计基础与上覆土重力作用时的地基净反力进行计算。

一、构造要求

(1) 锥形基础的边缘高度不宜小于200mm，阶梯形基础的每阶高度宜为300～500mm。

(2) 垫层的厚度不宜小于70mm，垫层混凝土强度等级应为C10。

(3) 扩展基础底板受力钢筋的最小直径不宜小于10mm；间距不宜大于200mm，也不宜小于100mm。墙下钢筋混凝土条形基础纵向分布钢筋的直径不小于8mm，间距不大于300mm；每延米分布钢筋的面积应不小于受力钢筋面积的1/10。当有垫层时钢筋保护层的厚度不小于40mm，无垫层时不小于70mm。

(4) 混凝土强度等级不应低于C20。

(5) 当柱下钢筋混凝土独立基础的边长和墙下钢筋混凝土条形基础的宽度大于或等于2.5m时，底板受力钢筋的长度可取边长或宽度的0.9倍，并宜交错布置。

(6) 钢筋混凝土条形基础底板在 T 形及十字形交接处，底板横向受力钢筋仅沿一个主要受力方向通长布置，另一个方向的横向受力钢筋可布置到主要受力方向底板宽度1/4处。在拐角处底板横向受力钢筋应沿两个方向布置。

二、扩展基础的设计计算步骤

（一）墙下钢筋混凝土条形基础设计计算

1. 中心荷载作用

墙下钢筋混凝土条形基础在均布线荷载 F(kN/m) 作用下的受力分析可简化为如图11-9所示的模型。它的受力情况如同一受 p_j 作用的倒置悬臂梁。p_j 是指由上部结构荷载 F 在基底产生的净反力（不包括基础自重和基础台阶上回填土重所引起的反力），若取沿墙长度方向 l=1m 的基础板分析，则

$$p_j = \frac{F}{bl} = \frac{F}{b} \qquad (11-17)$$

式中　p_j——地基净反力，kPa；

F——上部结构传至基础顶面的荷载，kN/m；

b——墙下钢筋混凝土条形基础宽度，m。

在 p_j 作用下，将在基础底板内产生弯矩 M 和剪力 V，其值在图 11 - 9 中 Ⅰ—Ⅰ 截面（悬臂板根部）最大。

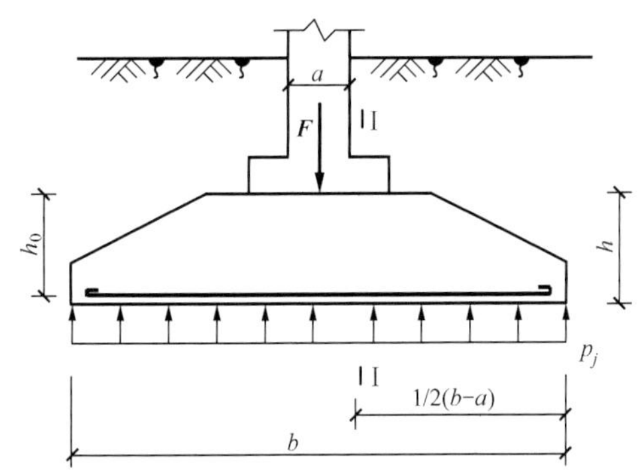

图 11 - 9　墙下条形基础受中心荷载作用

$$V_{\mathrm{I}} = \frac{1}{2} p_j (b-a) \qquad (11-18)$$

$$M_{\mathrm{I}} = \frac{1}{8} p_j (b-a)^2 \qquad (11-19)$$

式中　V_{I}——基础底板根部的剪力值，kN/m；

M_{I}——基础底板根部的弯矩值，kN·m；

a——砖墙厚。

为了防止因 V、M 作用而使基础底板发生冲切破坏和弯曲破坏，基础底板应有足够的厚度和配筋。

基础底板由于基础内不配箍筋和弯筋，故基础底板厚度应满足混凝土的抗剪切条件

$$V_{\mathrm{I}} \leqslant 0.07 f_c h_0 \qquad (11-20)$$

或

$$h_0 \geqslant \frac{V}{0.07 f_c} \qquad (11-21)$$

式中　f_c——混凝土轴心抗压强度设计值，kPa；

h_0——基础底板有效高度，m。

基础底板配筋按下式计算

$$A_s = \frac{M_{\mathrm{I}}}{0.9 h_0 f_y} \qquad (11-22)$$

式中　A_s——每米长基础底板受力钢筋截面积；

f_y——钢筋抗拉强度设计值。

2. 偏心荷载作用

先计算基底净反力的偏心距 e_{j0}

$$e_{j0} = \frac{M}{F} \left(一般要求\ e_{j0} \leqslant \frac{b}{6} \right) \qquad (11-23)$$

基础边缘处的最大和最小净反力为

$$p_{j,\min}^{j,\max} = \frac{F}{bl} \left(1 \pm \frac{6e_{j0}}{b} \right) \qquad (11-24)$$

图 11 - 10 中悬臂根部截面 Ⅰ—Ⅰ 处的净反力为

$$p_{j\mathrm{I}} = p_{j,\min} + \frac{b+a}{2b} (p_{j,\max} - p_{j,\min}) \qquad (11-25)$$

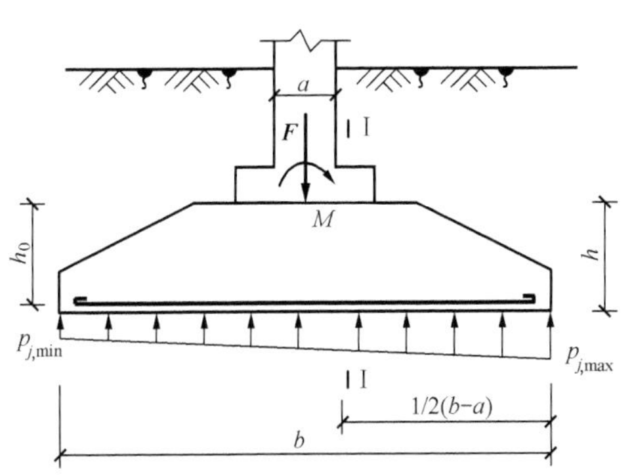

图 11 - 10　墙下条形基础受偏心荷载作用

基础的高度和配筋计算仍按式（11-21）和式（11-22）进行；不过，在计算剪力V和弯矩M时应将式（11-18）和式（11-19）中的p_j改为（$p_{j,\max}+p_{j\mathrm{I}}$）/2。这样计算，当$p_{j,\max}/p_{j,\min}$值很大时，计算的$M$值略偏小。

（二）柱下钢筋混凝土独立基础设计计算

与墙下条形基础一样，在进行柱下独立基础的设计时，一般先由地基承载能力确定基础的底面尺寸，然后再进行基础截面的设计验算。基础截面设计验算的主要内容包括基础截面的抗冲切验算和纵、横方向的抗弯验算，并由此确定基础的高度和底板纵、横方向的配筋量。

1. 基础截面的抗冲切验算

柱下独立基础的受冲切承载力应按下列公式验算：

$$p_j A_l \leqslant 0.7\beta_{hp} f_t a_m h_0 \tag{11-26}$$

$$a_m = (a_t + a_b)/2 \tag{11-27}$$

式中　β_{hp}——受冲切承载力截面高度影响系数，当h不大于800mm时，β_{hp}取1.0；当h大于等于2000mm时，β_{hp}取0.9，其间按线性内插法取用。

f_t——混凝土轴心抗拉强度设计值，kPa。

h_0——基础冲切破坏锥体的有效高度，m。

a_m——冲切破坏锥体最不利一侧计算长度，m。

a_t——冲切破坏锥体最不利一侧斜截面的上边长，m，当计算柱与基础交接处的受冲切承载力时，取柱宽；当计算基础变阶处的受冲切承载力时，取上阶宽。

a_b——冲切破坏锥体最不利一侧斜截面在基础底面积范围内的下边长，m，当冲切破坏锥体的底面落在基础底面以内，见图11-11（a）、（b），计算柱与基础交接处的受冲切承载力时，取柱宽加两倍基础有效高度；当计算基础变阶处的受冲切承载力时，取上阶宽加两倍该处的基础有效高度。

p_j——扣除基础自重及其上土重后相应于作用的基本组合时的地基土单位面积净反力，kPa，对偏心受压基础可取基础边缘处最大地基土单位面积净反力。

A_l——冲切验算时取用的部分基底面积，m^2，见图11-11（a）、（b）中的阴影面积ABCDEF。

F_l——相应于作用的基本组合时作用在A_l上的地基土净反力设计值，kPa。

2. 基础内力计算和配筋

当台阶的宽高比不大于2.5及偏心距不大于$b/6$（b为基础宽度）时，柱下单独基础在纵向和横向两个方向的任意截面Ⅰ—Ⅰ和Ⅱ—Ⅱ的弯矩可按下式计算：

$$\left.\begin{aligned} M_{\mathrm{I}} &= \frac{1}{12}a_{\mathrm{I}}^2(2l+l')\left(p_{j,\max}+p_{j\mathrm{I}}-\frac{2G}{A}\right)+(p_{j,\max}-p_{j\mathrm{I}})l \\ M_{\mathrm{II}} &= \frac{1}{48}(l-l')^2(2b+b')\left(p_{j,\max}+p_{j,\min}-\frac{2G}{A}\right) \end{aligned}\right\} \tag{11-29}$$

式中，l'、b'和$p_{j\mathrm{I}}$的意义如图11-11所示。

柱下单独基础的底板应在两个方向配置受力钢筋，设计控制截面是柱边或阶梯形基础的变阶处，将此时对应的l'、b'和$p_{j\mathrm{I}}$值代入式（11-29），即可求出相应的控制截面弯矩值M_{I}和M_{II}（kN·m）。底板长边方向和短边方向的受力钢筋面积$A_{s\mathrm{I}}$和$A_{s\mathrm{II}}$（m^2）分别为

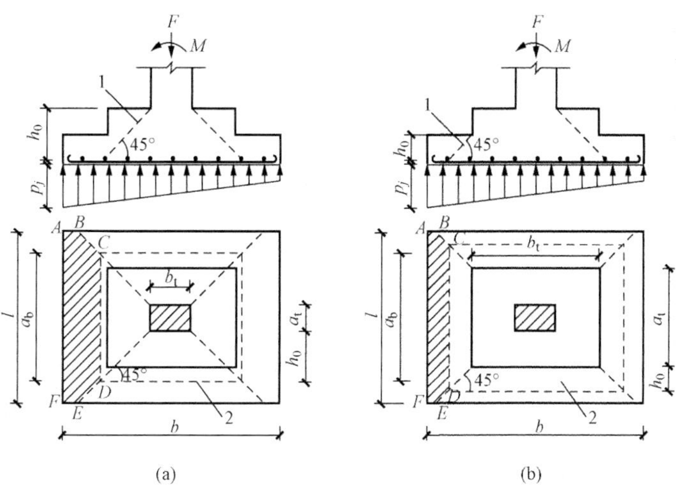

图 11 - 11　计算阶形基础的受冲切承载力截面位置

(a) 柱与基础交接处；(b) 基础变阶处

1—冲切破坏锥体最不利一侧的斜截面；2—冲切破坏锥体的底面线

$$\left.\begin{aligned} A_{s\text{I}} &= \frac{M_{\text{I}}}{0.9 f_y h_0} \\ A_{s\text{II}} &= \frac{M_{\text{II}}}{0.9 f_y (h_0 - d)} \end{aligned}\right\} \tag{11-30}$$

式中：d 为钢筋直径；h_0、d 均以 mm 计，其余符号同前。

【例 11 - 3】　某柱下锥形基础的地面尺寸为 2200mm×3000mm，上部结构柱荷载 N=750kN，M=110kN·m，柱截面尺寸为 400mm×400mm，基础采用 C20 级混凝土和 HPB300 钢筋。试确定基础高度并进行基础配筋。

解　(1) 设计基本数据：根据构造要求，可在基础下设置 100mm 厚的混凝土垫层，强度等级为 C10。

假设基础高度为 h=500mm，则基础有效高度 h_0=0.5−0.04=0.46m。从规范中可查得 C20 级混凝土 $f_t=1.1\times10^3$kPa，HPB300 钢筋 f_y=300MPa。

(2) 基底净反力计算。

$$p_{\min}^{\max} = \frac{N}{A} \pm \frac{M}{W} = \frac{750}{3.0\times2.2} \pm \frac{110}{\frac{1}{6}\times2.2\times3.0^2} = \frac{150.0}{80.3}\text{kPa}$$

(3) 基础高度验算。

基础短边长度 l=2.2m，柱截面的宽度和高度 $l_c=b_c=0.4$m

$l>l_c+2h_0=0.4+2\times0.46=1.32$m，于是

$$A_1 = \left(\frac{b}{2}-\frac{b_c}{2}-h_0\right)l-\left(\frac{l}{2}-\frac{l_c}{2}-h_0\right)^2$$

$$= \left(\frac{3.0}{2}-\frac{0.4}{2}-0.46\right)\times2.2-\left(\frac{2.2}{2}-\frac{0.4}{2}-0.46\right)^2 = 1.65\text{m}^2$$

$$A_2 = h_0(l_c+h_0) = 0.46\times(0.4+0.46) = 0.40\text{m}^2$$

$$p_{\max}A_1 = 150.0\times1.65 = 247.5\text{kN}$$

$$0.6f_tA_2 = 0.6\times1.1\times10^3\times0.40 = 264.0\text{kN}$$

满足 $p_{max}A_1 \leqslant 0.6f_tA_2$ 条件，证明选用基础高度 $h=500$mm，合适。

(4) 内力计算与配筋。

设计控制截面在柱边处，此时相应的 l'，b'和 p_{I} 值为

$$l' = 0.4\text{m}, b' = 0.4, a_1 = \frac{3.0-0.4}{2} = 1.3\text{m}$$

$$p_{\text{I}} = 80.3+(150.0-80.3)\times\frac{3.0-1.3}{3.0} = 119.8\text{kPa}$$

长边方向
$$M_{\text{I}} = \frac{1}{12}a_1^2(2l+l')(p_{max}+p_{\text{I}})$$
$$= \frac{1}{12}\times 1.3^2\times(2\times 2.2+0.4)\times(150.0+119.8) = 182.4\text{kN}\cdot\text{m}$$

短边方向
$$M_{\text{II}} = \frac{1}{48}(l-l')^2(2b+b')(p_{max}+p_{min})$$
$$= \frac{1}{48}\times(2.2-0.4)^2\times(2\times 3.0+0.4)\times(150.0+80.3) = 99.5\text{kN}\cdot\text{m}$$

长边方向配筋
$$A_{s\text{I}} = \frac{182.4}{0.9\times 460\times 300}\times 10^6 = 1469\text{mm}^2$$

选用 8ф16@300（$A_{s\text{I}}=1608\text{mm}^2$）

短边方向配筋
$$A_{s\text{II}} = \frac{99.5}{0.9\times(460-16)\times 300}\times 10^6 = 830\text{mm}^2$$

选用 11ф10@200（$A_{s\text{II}}=863.5\text{mm}^2$）

基础的配筋布置如图 11 - 12 所示。

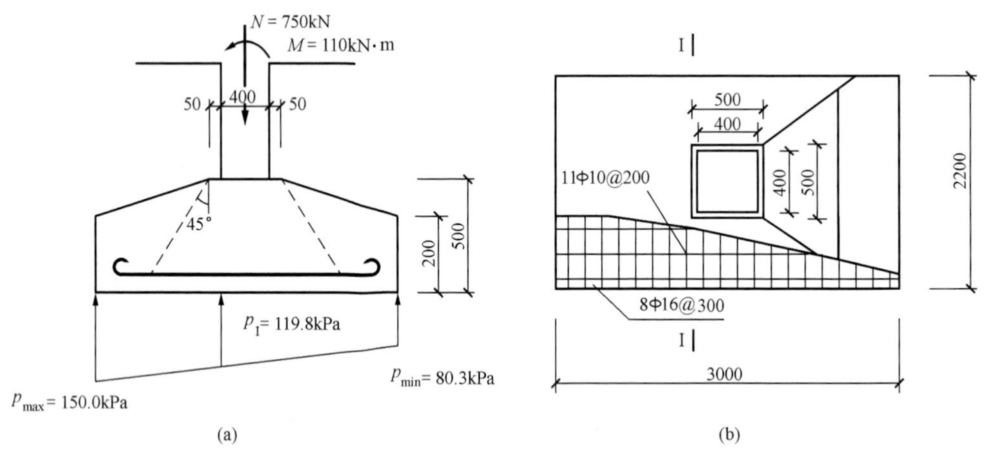

图 11 - 12 柱下独立基础的计算与配筋

(a) 基础剖面与受力；(b) 基础配筋

思 考 题

11 - 1 影响基础埋深的主要因素有哪些？

11 - 2 天然地基上浅基础的设计包括哪些内容？

11 - 3 什么是地基承载力？确定地基承载力的方法有哪些？怎样采用《建筑地基基础

设计规范》法确定地基承载力？

11 - 4　地基承载力验算包括哪些内容？为什么要验算下卧软弱层的强度？

11 - 5　无筋扩展基础和扩展基础有什么区别？

11 - 6　如何进行无筋扩展基础的设计？

习　　题

11 - 1　有一长条形基础，宽 4m，埋深 3m，测得地基土的各种物性指标平均值为：$\gamma=17\text{kN/m}^3$，$w=25\%$，$\gamma_s=27\text{kN/m}^3$。已知各力学指标的标准值为：$c=10\text{kPa}$，$\varphi=12°$，载荷板试验测得地基承载力特征值 $f_{ak}=118.8\text{kPa}$。试按《建筑地基基础设计规范》中两种方法计算地基承载力特征值。

11 - 2　某中砂土的重度为 $\gamma_0=18.0\text{kN/m}^3$，地基承载力特征值为 $f_k=280\text{kPa}$，试设计一方形截面柱的基础，作用在基础顶面的轴心荷载为 $F=1.05\text{MN}$，基础埋深为 1.0m，试确定方形基础底面边长。

11 - 3　某承重墙厚 240mm，作用于地面标高处的轴心荷载设计值为 180kN/m，基础埋深 1.0m，地基承载力设计值为 220kPa，如图 11 - 13 所示，试设计：

(1) 确定墙下条形基础的底面宽度；

(2) 按砖基础设计，并分别按“二皮一收”和“二皮一收与一皮一收”砌法绘制基础剖面图。

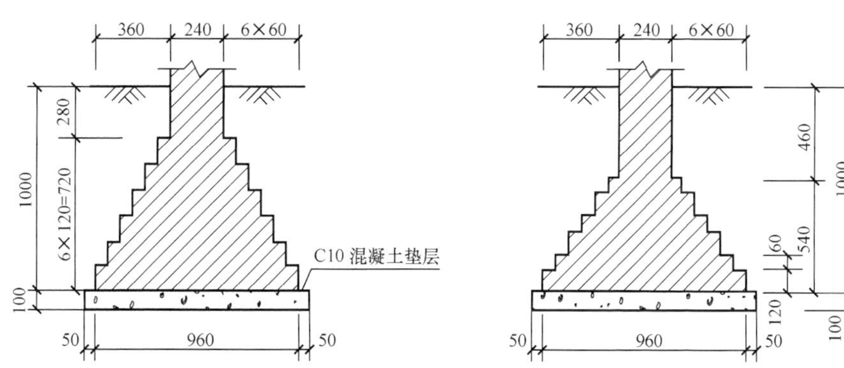

图 11 - 13　习题 11 - 3 图

11 - 4　某厂房采用钢筋混凝土条形基础，墙厚 240mm，上部结构传至基础顶部的轴心荷载 $N=300\text{kN/m}$，弯矩 $M=28.0\text{kN}\cdot\text{m/m}$。假设条形基础底面宽度根据地基承载力条件确定为 2.0m，试设计此基础高度，并进行底板配筋。

(答案：11 - 1：由物理指标计算得 159.6kPa；由力学指标和承载力公式计算得 158.8kPa。11 - 2：1.9m。11 - 3：基础宽度 0.9m，砖基础两种砌法剖面如图 11 - 13 所示。11 - 4：基础高度取 350mm，基础边缘高度取 200mm；选配受力钢筋Φ 16@170，沿垂直于砖墙方向布置。在砖墙长度方向配置Φ 8@250 的分布钢筋)

注册岩土工程师考试题选

11-1　钢筋混凝土墙下条形基础，基础剖面及土层分布如图 11-14 所示。每延米长度基础底面处相应于正常使用极限状态下荷载效应的标准组合的平均压力值为 250kN，土和基础的加权平均重度取 20kN/m^3，地基压力扩散角取 $\theta=12°$。

试问，基础底面处土层修正后的天然地基承载力特征值 f_a(kPa)，应与下列哪项数值最接近？(　　)

A. 160　　B. 169　　C. 173　　D. 190

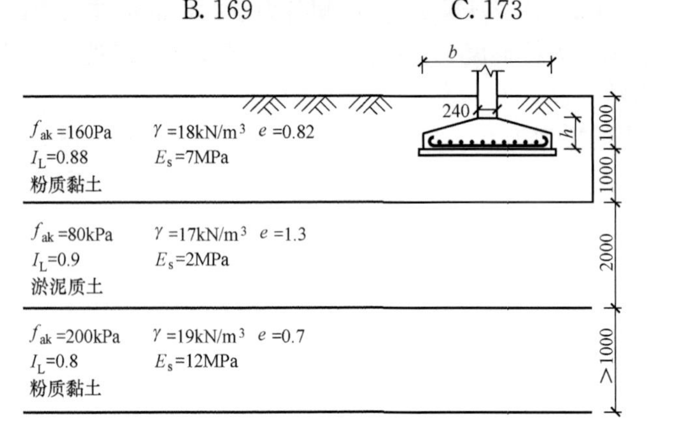

图 11-14

11-2　条件同 11-1 题，按地基承载力确定的条形基础宽度 b(mm)，最小不应小于下列哪项数值？(　　)

A. 1800　　B. 2500　　C. 3100　　D. 3800

11-3　某柱下扩展锥形基础，柱截面尺寸为 0.4m×0.5m，基础尺寸、埋深及地基条件见图 11-15。基础及其上土的加权平均重度取 20kN/m^3。

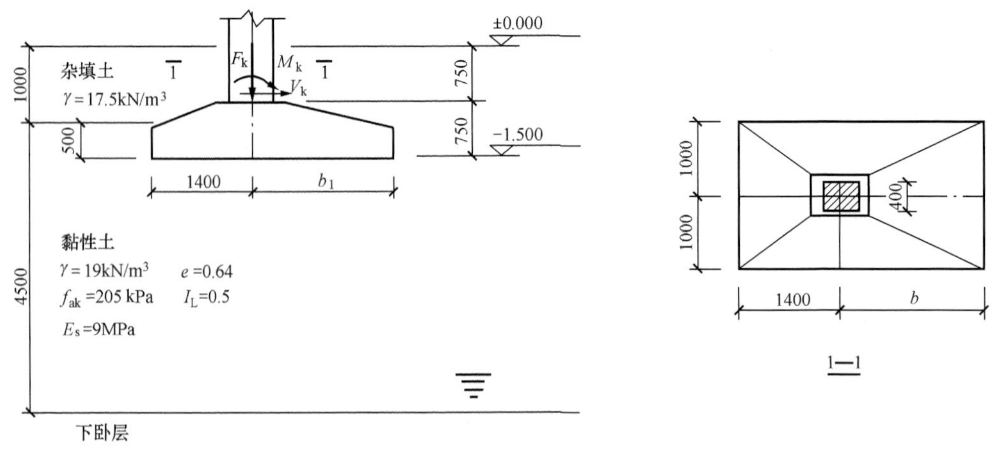

图 11-15

荷载效应标准组合时，柱底竖向力 $F_k=1100\text{kN}$，力矩 $M_k=141\text{kN}\cdot\text{m}$，水平力 $V_k=$

32kN。为使基底压力在该组合下均匀分布，试问，基础尺寸 b_1(m)，应与下列哪项数值最接近？(　　)

A. 1.4　　B. 1.5　　C. 1.6　　D. 1.7

11 - 4　条件同 11 - 3 题，假设 b_1 为 1.4，试问，基础底面处土层修正后的天然地基承载力特征值 f_a(kPa)，最接近于下列哪项数值？(　　)

A. 223　　B. 234　　C. 238　　D. 248

11 - 5　条件同 11 - 3 题，假定黏性土层的下卧层为淤泥质土，其压缩模量 E_s = 3MPa。假定基础只受轴心荷载作用，且 b_1 = 1.4；相应于荷载效应标准组合时，柱底的竖向力 F_k = 1120kN。试问，荷载效应标准组合时，软弱下卧层顶面处的附加压力值 P_z(kPa)，最接近于下列哪项数值？(　　)

A. 28　　B. 34　　C. 40　　D. 46

(答案：11 - 1：B；11 - 2：B；11 - 3：D；11 - 4：B；11 - 5：B)

第12章　柱下条形基础、筏形基础和箱形基础

本章提要

连续基础因整体性好、刚度大、抵抗地基土不均匀能力较强，是目前多层和高层建筑中常用的基础形式。连续基础一般可看成是地基上的受弯构件——梁或板。它们的挠曲特征、基底反力和截面内力分布都与地基、基础及其上部结构的相对刚度特征有关。因此，应该从三者相互作用的观点出发，采用适当的方法进行地基上梁或板的分析与设计。本章讨论了常用的三种线弹性地基模型、弹性地基上梁的受力分析、柱下条形基础设计计算、筏形基础与箱形基础设计内容。

本章重点为弹性地基上梁的受力分析，柱下条形基础设计计算，以及筏形基础、箱形基础所有内容。

§12.1　概　　述

随着社会经济的发展和大规模现代化建设的推进，我们需要在各个地区、各种地质条件的地基上建设规模大、层数多、结构复杂的现代建筑物。柱下条形基础、筏板基础和箱形基础以其较优良的结构特点，适合作为现代建筑物的基础。我国已建成的大量高层建筑中，很多都是采用这类基础。

柱下条形基础、筏板基础和箱形基础统称为连续基础。连续基础具有如下的特点：

(1) 具有较大的基础底面积，能承受较大的建筑物荷载，易于满足地基承载力的要求；

(2) 连续基础的连续性可以大大加强建筑物的整体刚度，有利于减少不均匀沉降及提高建筑物的抗震性能；

(3) 对于箱形基础和设置了地下室的筏板基础，可以有效地提高地基承载力，并能以挖去的土重补偿建筑物的部分或全部重量。

连续基础一般可看成是地基上的受弯构件——梁或板。它们的挠曲特征、基底反力和截面内力分布都与地基、基础及其上部结构的相对刚度特征有关。因此，应该从三者相互作用的观点出发，采用适当的方法进行地基上梁或板的分析与设计。但是这类基础，尤其是箱形基础，技术要求和造价较高，施工中需要处理深基坑开挖所碰到的许多问题，因此，需要根据具体条件通过技术经济分析比较才能正确选用。

§12.2　线性弹性地基模型

地基模型也称土的本构关系，是研究土体的受力状态下土体内应力及应变的关系。由于土体形态的复杂性，要用一个普遍都能适用的数学模型来描述土的性状是非常困难的。随着人们认识的发展，曾经提出过不少地基基础模型，力图模拟地基与基础相互作用时，能准确反映主要力学性状，但不管哪一种模型都难以反映地基基础工作性状的全貌，都具有一定的

局限性。下面只介绍目前较为常用的属于线性变形体的弹性地基模型。

12.2.1　弹性半空间地基模型

弹性半空间地基模型是将地基视为均质的线性变形半空间体，并利用弹性力学公式求解地基中的附加应力或位移。此时，地基上任意点的沉降与整个基底反力以及邻近荷载的分布有关。

根据布辛奈斯克（Boussinesq）解，在弹性半空间表面上作用一个竖向集中力 P 时，半空间表面上离竖向集中力作用点距离为 r 处的地基表面沉降 s 为

$$s = w(x,y) = \frac{P(1-\mu^2)}{\pi E r} \tag{12-1}$$

式中　E——地基土的弹性模量；

μ——地基土的泊松比。

当竖向分布荷载 $p(x,y)$ 作用于表面某区域 Ω 时（见图 12-1），任意点处表面沉降可沿 Ω 积分，为

$$w(x,y) = \frac{(1-\mu^2)}{\pi E}\iint_{\Omega} \frac{p(\xi,\eta)\mathrm{d}\xi\mathrm{d}\eta}{\sqrt{(x-\xi)^2+(y-\eta)^2}} \tag{12-2}$$

对于均布矩形荷载 P_0 作用下矩形面积中心点的沉降，可以按式（12-2）推出。

$$w(x,y) = \frac{2(1-2\mu)}{\pi E}\left[l\ln\frac{b+\sqrt{l^2+b^2}}{l} + b\ln\frac{l+\sqrt{l^2+b^2}}{b}\right]p_0 \tag{12-3}$$

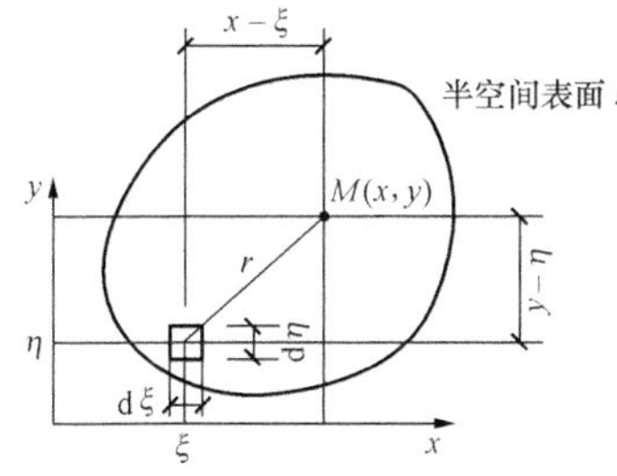

图 12-1　局部荷载作用下的表面位移

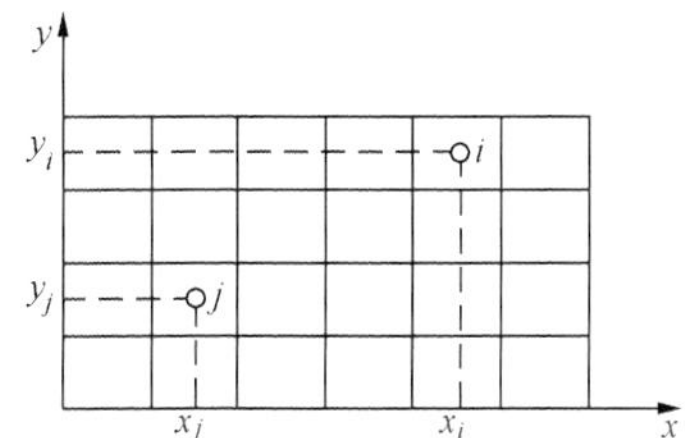

图 12-2　基底面积网格划分

引入地基柔度矩阵和刚度矩阵的概念。把整个地基上荷载面积划分成 m 个矩形网格（见图 12-2），任一网格 j 的面积为 F_j，F_j 的大小比较均匀。

在任意网格 j 的中点作用着集中荷载，整个面积反力向量为

$$\{R\} = \{R_1 R_2 \cdots R_i \cdots R_j \cdots R_m\}^T$$

网格 j 中点的竖向位移 w_j，竖向位移向量为

$$\{w\} = \{w_1 w_2 \cdots w_i \cdots w_j \cdots w_m\}^T$$

$\{w\}$与$\{R\}$的关系为

$$\{w\} = [f]\{R\} \tag{12-4}$$

或

$$[k]\{w\} = \{R\} \tag{12-5}$$

$$[k] = [f]^{-1}$$

式中　$[f]$——地基柔度矩阵；

$[k]$——地基刚度矩阵，是地基柔度矩阵的逆阵。

式（12-4）可具体写为

$$\begin{Bmatrix} w_1 \\ w_2 \\ \vdots \\ w_i \\ \vdots \\ w_j \\ \vdots \\ w_m \end{Bmatrix} = \begin{bmatrix} f_{11} & f_{12} & \cdots & f_{1i} & \cdots & f_{1j} & \cdots & f_{1m} \\ f_{21} & f_{22} & \cdots & f_{2i} & \cdots & f_{2j} & \cdots & f_{2m} \\ \cdots & \cdots & \cdots & \cdots & \cdots & \cdots & \cdots & \cdots \\ f_{i1} & f_{i2} & \cdots & f_{ii} & \cdots & f_{ij} & \cdots & f_{im} \\ \cdots & & \cdots & \cdots & \cdots & \cdots & \cdots & \\ f_{j1} & f_{j2} & \cdots & f_{ji} & \cdots & f_{jj} & \cdots & f_{jm} \\ \cdots & & \cdots & \cdots & \cdots & \cdots & \cdots & \\ f_{m1} & f_{m2} & \cdots & f_{mi} & \cdots & f_{mj} & \cdots & f_{mm} \end{bmatrix} \begin{Bmatrix} R_1 \\ R_2 \\ \vdots \\ R_i \\ \vdots \\ R_j \\ \vdots \\ R_m \end{Bmatrix} \tag{12-6}$$

式中 f_{ij}——柔度矩阵的柔度系数，在网格 j 处作用单位竖向集中力，而在网格 i 处中点引起的竖向位移。

地基模型和节点分布位置不同，则计算方法不同，因此 $[f]$ 和 $[k]$ 反映了不同的地基模型在外力作用下界面的位移特征。

地基柔度矩阵 $[f]$ 的各元素计算：f_{ii} 可按作用于 i 网格上的均布荷载 $P_0=1/F_j$ 以式 (12 - 3) 计算，而对 $f_{ij}(i\neq j)$ 则可近似按作用于 j 点上的单位集中基底压力 $P_j=1$ 以式 (12 - 1) 计算。

式 (12 - 5) 可具体写为

$$\begin{bmatrix} k_{11} & k_{12} & \cdots & k_{1i} & \cdots & k_{1j} & \cdots & k_{1m} \\ k_{11} & k_{22} & \cdots & k_{2i} & \cdots & k_{2j} & \cdots & k_{2m} \\ \cdots & & \cdots & \cdots & \cdots & \cdots & \cdots & \\ k_{i1} & k_{i2} & \cdots & k_{ii} & \cdots & k_{ij} & \cdots & k_{im} \\ \cdots & & \cdots & \cdots & \cdots & \cdots & \cdots & \\ k_{j1} & k_{j2} & \cdots & k_{ji} & \cdots & k_{jj} & \cdots & k_{jm} \\ \cdots & & \cdots & \cdots & \cdots & \cdots & \cdots & \\ k_{m1} & k_{m2} & \cdots & k_{mi} & \cdots & k_{mj} & \cdots & k_{mm} \end{bmatrix} \begin{Bmatrix} w_1 \\ w_2 \\ \vdots \\ w_i \\ \vdots \\ w_j \\ \vdots \\ w_m \end{Bmatrix} = \begin{Bmatrix} R_1 \\ R_2 \\ \vdots \\ R_i \\ \vdots \\ R_j \\ \vdots \\ R_m \end{Bmatrix} \tag{12-7}$$

弹性半空间地基模型考虑应力扩散作用，比文克勒模型合理一些，但该模型的应力扩散往往超过了地基的实际情况，所以计算得到的变形和沉降较实测结果大。另外它没有考虑地基的分层特性、非均质性以及土体应力—应变的非线性等重要因素。

12.2.2 文克勒地基模型

1867 年由捷克工程师 E. 文克勒（E. Winkler）提出：假设地基上任一点所受的压力 p 与该点的地基沉降 w 成正比，而与其他点上的压力无关，即

$$p(x,y)=k\cdot w(x,y) \tag{12-8}$$

式中 k——比例常数（简称为基床系数），kN/m^3；

$p(x,y)$——作用在地基上的压力，kPa；

$w(x,y)$——地基沉降，m。

文克勒地基上某点的沉降只与该点上作用的压力有关，与其他点的压力无关，所以实质上就是把地基看成是无数分割开的土柱组成的体系。进一步用弹簧代替小柱，则又变成一群不相连的弹簧体系了，这就是著名的文克勒地基模型，如图 12 - 3 所示。

文克勒地基模型忽略了地基中的剪应力，这是与实际情况不符的，因为只有剪应力的存在，地基中的附加应力才能向旁扩散，使基底以外的地表发生沉降。这种模型适用于抗剪强度很低的软土或厚度不大的薄压缩层地基中。

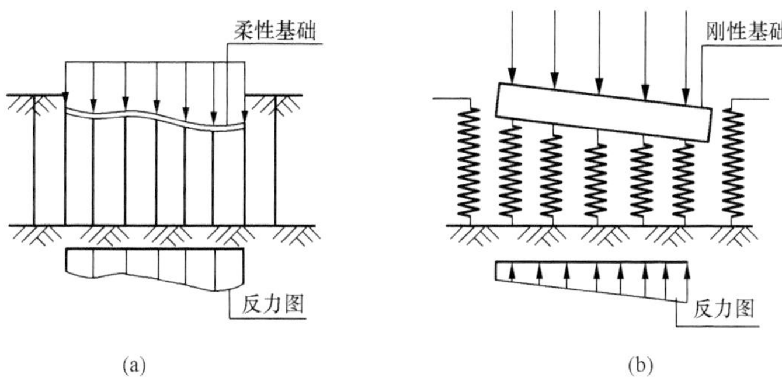

图 12 - 3　文克勒地基模型示意图

（a）柔性基础弹簧模型；（b）刚性基础弹簧模型

12.2.3　有限压缩层地基模型

分层地基模型是我国地基规范中用以计算地基沉降的分层总和法，地基沉降等于压缩层范围内各计算分层在完全侧限条件下的压缩量之和，如图 12 - 4 所示。

地基柔度矩阵［f］的各元素计算公式为

$$f_{ij}=\sum_{k=1}^{N_i}\frac{\sigma_{zijk}H_{ik}}{E_{sik}} \qquad (12-9)$$

式中　N_i——按分层总和法分层厚度的要求在 i 节点下划分的土层数；

σ_{zijk}——j 节点处小矩形面积 F_j 上作用竖向均布荷载 $p_j=1/F_j$ 时，按弹性理论解，在 i 节点下 k 地层中点处产生的竖向应力，可用角点法或近似积分法计算；

H_{ik}——i 节点下第 k 层土层的厚度；

E_{sik}——i 节点下第层土层的压缩模量。

这一模型较好地反映了地基土扩散应力和变形的能力，可以考虑地基土的分层特点。实践应用结果表明，其计算结果更符合工程实际，因而在我国建筑工程中被广泛地应用。

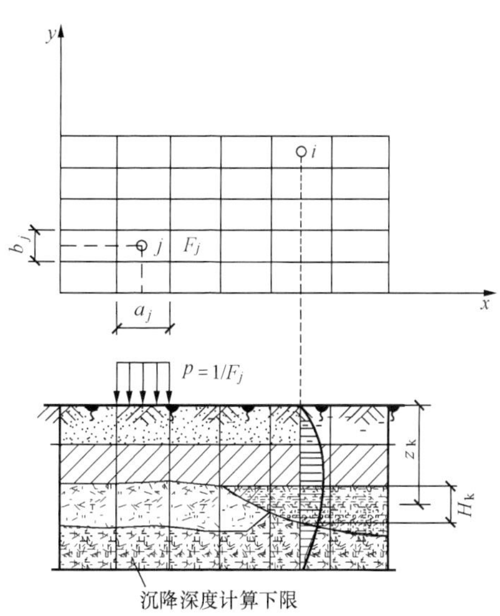

图 12 - 4　有限压缩层地基模型

§12.3　弹性地基上梁的分析

12.3.1　文克勒地基上梁计算的基本原理

放置在文克勒地基上的梁，受到分布荷载 q(kN/m) 和基底反力 p(kN/m^2) 的作用发生挠曲，如图 12 - 5 所示。在弹性地基梁的计算中，通常取单位长度上的压力计算，即 $\bar{p}=p\times b$，b(单位：m) 为基础梁的宽度，$\bar{p}$ 的量纲为 kN/m。这时，文克勒假定可改写为

$$\bar{p}=k_s\cdot s \qquad (12-10)$$

式中：$k_s=kb$，量纲为 kN/m^2。

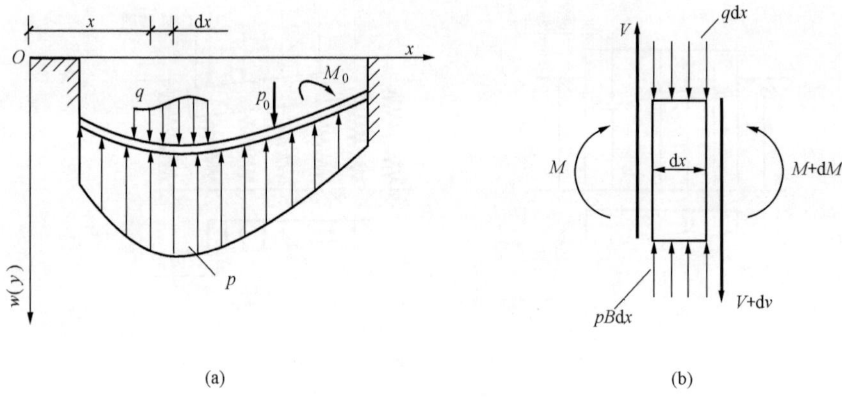

图 12-5 文克勒地基上梁的分析简图

(a) 分析简图；(b) 截面受力分析

从梁上截取微元 dx，由竖向静力平衡条件，

$$V-(V+\mathrm{d}V)+\bar{p}\mathrm{d}x-q\mathrm{d}x=0$$

$$\frac{\mathrm{d}V}{\mathrm{d}x}=\bar{p}-q$$

已知梁的挠曲线微分方程为

$$E_cI\frac{\mathrm{d}^2w}{\mathrm{d}x^2}=-M \tag{12-11}$$

或

$$E_cI\frac{\mathrm{d}^4w}{\mathrm{d}x^4}=-\frac{\mathrm{d}^2M}{\mathrm{d}x^2} \tag{12-12}$$

式中 E_c——梁材料的弹性模量，kN/m^2；

w——梁的挠度，即 z 方向的位移，m；

I——梁截面惯性矩，m^4。

由于$\frac{\mathrm{d}^2M}{\mathrm{d}x^2}=\frac{\mathrm{d}V}{\mathrm{d}x}$，即可改写式（12-12）为

$$E_cI\frac{\mathrm{d}^4w}{\mathrm{d}x^4}=q-\bar{p} \tag{12-13}$$

梁的挠曲应与地基变形相协调，即梁的挠度 w 等于地基相应点的变形 s。引入文克勒假设 $\bar{p}=k_sw$，即可得文克勒地基上梁挠曲微分方程

$$E_cI\frac{\mathrm{d}^4w}{\mathrm{d}x^4}=q-k_s\cdot w \tag{12-14}$$

如果假设 $q=0$，代入式（12-4），整理后得

$$\frac{\mathrm{d}^4w}{\mathrm{d}x^4}+4\lambda^4w=0 \tag{12-15}$$

式中

$$\lambda=\sqrt{\frac{k_s}{4E_cI}} \tag{12-16}$$

它是反映梁挠曲刚度和地基刚度之比的系数，量纲为 m^{-1}，故其倒数 $1/\lambda$ 称为特征长度。

式（12-15）称为文克勒地基梁挠曲微分方程，这是四阶常系数线性常微分方程，其通解为

$$w=\mathrm{e}^{\lambda x}(C_1\cos\lambda x+C_2\sin\lambda x)-\mathrm{e}^{-\lambda x}(C_3\cos\lambda x+C_4\sin\lambda x) \tag{12-17}$$

式中　C_1，C_2，C_3，C_4——待定系数，根据荷载及边界条件确定。

λx——无量纲数。当 $x=l$（基础梁长），λx 反映梁对地基相对刚度。同一地基，l 越长即 λl 值越大，表示梁的柔性越大，故称 λl 为柔度指数。

为了解微分方程（12－17），确定待定系数，特别需要对边界条件进行分析，以便找出针对不同情况的解。

12.3.2　文克勒地基上无限长梁的解

无限长梁是指在梁上任一点施加荷载时，沿梁长方向上各点的挠度随着离开加荷点距离的增加而减小，当梁的无载荷端离载荷作用点无限远时，此无载荷端（即两端点）的挠度为零，则此地基梁称为无限长梁。实际上当梁端与加荷点距离足够大，其柔度指数 $\lambda x>\pi$ 时就可视为无限长梁。

令梁上作用着集中力，以作用点为坐标原点，如图 12－6 所示，当 $x\to\infty$时，则 $w\to 0$，由式（12－17）可得 $C_1=C_2=0$，即

$$w = e^{\lambda x}(C_3\cos\lambda x + C_4\sin\lambda x) \tag{12-18}$$

考虑梁的连续性、荷载及地基反力对称于原点，即当 $x=0$ 时，该点挠曲曲线的切线是水平的，故有

$$\theta = \left(\frac{dw}{dx}\right)_{x=0} = 0 \tag{12-19}$$

式中　θ——梁截面的转角。

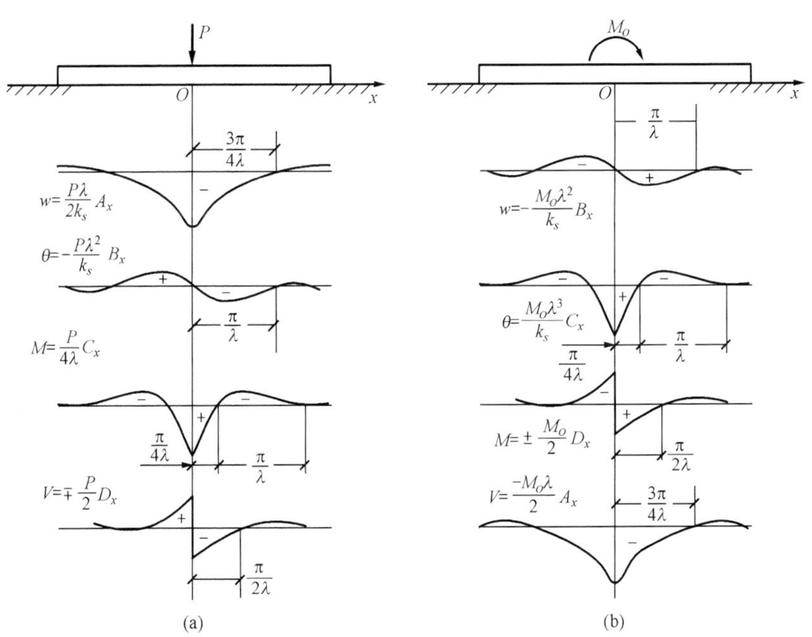

图 12－6　文克勒地基上无限长梁的挠度和内力

（a）集中力作用；（b）集中力偶作用

将式（12－18）代入式（12－19）中可得

$$-(C_3 - C_4) = 0 \tag{12-20}$$

$$C_3 = C_4 = C \tag{12-21}$$

故
$$w = Ce^{-\lambda x}(\cos\lambda x + \sin\lambda x) \tag{12-22}$$

根据对称性，在 $x=0$ 处梁断面的剪应力为

$$V = \frac{dM}{dx} = \frac{d}{dx}\left(-E_c I \frac{d^2 w}{dx^2}\right)$$
$$= -E_c I \frac{d^3 w}{dx^3} = -\frac{P}{2}D_x \tag{12-23}$$

对式（12 - 22）求三阶导数，再回代入式（12 - 23）得

$$C = \frac{P\lambda}{2k_s} \tag{12-24}$$

将式（12 - 24）代入式（12 - 22）中，得梁的挠曲方程

$$w = \frac{P\lambda}{2k_s}e^{-\lambda x}(\cos\lambda x + \sin\lambda x) \tag{12-25}$$

再将式（12 - 25）分别对 x 取一阶、二阶和三阶导数，就可求得 $x \geqslant 0$ 梁截面的转角 $\theta = \frac{dw}{dx}$，弯矩 $M = -E_c I \frac{d^2 w}{dx^2}$ 和剪力 $V = -E_c I\left(\frac{d^3 w}{dx^3}\right)$。将所得公式集中如下：

$$\left.\begin{aligned}
&\text{挠度} && w = \frac{P\lambda}{2k_s}A_x \\
&\text{转角} && \theta = \frac{dw}{dx} = \frac{-P\lambda^2}{k_s}B_x \\
&\text{弯矩} && M = -E_c I \frac{d^2 w}{dx^2} = \frac{P}{4\lambda}C_x \\
&\text{剪力} && V = \frac{dM}{dx} = -\frac{P}{2}D_x \\
&\text{单位梁长地基反力} && \bar{p} = k_s w = \frac{P\lambda}{2}A_x \\
&\text{地基反力强度} && p = \frac{\bar{p}}{b} = \frac{k_s w}{b} = \frac{P\lambda}{2b}A_x
\end{aligned}\right\} \tag{12-26}$$

式中

$$\left.\begin{aligned}
A_x &= e^{-\lambda x}(\cos\lambda x + \sin\lambda x) \\
B_x &= e^{-\lambda x}\sin\lambda x \\
C_x &= e^{-\lambda x}(\cos\lambda x - \sin\lambda x) \\
D_x &= e^{-\lambda x}\cos\lambda x
\end{aligned}\right\} \tag{12-27}$$

将 A_x，B_x，C_x，D_x，E_x，F_x 制成表格，见表 12 - 1。

表 12 - 1　　A_x，B_x，C_x，D_x，E_x，F_x 函数表

λ_x	A_x	B_x	C_x	D_x	E_x	F_x
0	1	0	1	1	∞	−∞
0.02	0.999 61	0.019 60	0.960 40	0.980 00	382 156	−382 105
0.04	0.998 44	0.038 42	0.921 60	0.960 02	48 802.6	−48 776.6
0.06	0.996 54	0.056 47	0.883 60	0.940 07	14 851.3	−14 738.0
0.08	0.993 93	0.073 77	0.846 39	0.920 16	6354.30	−6340.76
0.10	0.990 65	0.090 33	0.809 98	0.900 32	3321.06	−3310.01

续表

λ_x	A_x	B_x	C_x	D_x	E_x	F_x
0.12	0.986 72	0.106 18	0.774 37	0.880 54	1962.18	−1952.78
0.14	0.982 17	0.121 31	0.739 54	0.860 85	1261.70	−1253.48
0.16	0.977 02	0.135 76	0.705 50	0.841 26	863.174	−855.840
0.18	0.971 31	0.149 54	0.672 24	0.821 78	619.176	−612.524
0.20	0.965 07	0.162 66	0.639 75	0.802 41	461.078	−454.971
0.22	0.958 31	0.175 13	0.608 04	0.783 18	353.904	−348.240
0.24	0.951 06	0.186 98	0.577 10	0.764 08	278.526	−273.229
0.26	0.943 36	0.198 22	0.546 91	0.745 14	223.862	−218.874
0.28	0.935 22	0.208 87	0.517 48	0.726 35	183.183	−178.457
0.30	0.926 66	0.218 93	0.488 80	0.707 73	152.233	−147.733
0.35	0.903 60	0.241 64	0.420 33	0.661 96	101.318	−97.264 6
0.40	0.878 44	0.261 03	0.356 37	0.617 40	71.791 5	−68.062 8
0.45	0.851 50	0.277 35	0.296 80	0.574 15	53.371 1	−49.887 1
0.50	0.823 07	0.290 79	0.241 49	0.532 28	41.214 2	−37.918 5
0.55	0.793 43	0.301 56	0.190 30	0.491 86	32.824 3	−29.675 4
0.60	0.762 84	0.309 88	0.143 07	0.452 95	26.820 1	−23.786 5
0.65	0.731 53	0.315 94	0.099 66	0.415 59	22.392 2	−19.449 6
0.70	0.699 72	0.319 91	0.059 90	0.379 81	19.043 5	−16.172 4
0.75	0.667 61	0.321 98	0.023 64	0.345 63	16.456 2	−13.640 9
$\pi/4$	0.644 79	0.322 40	0	0.322 40	14.967 2	−12.183 4
0.80	0.635 38	0.322 33	−0.009 28	0.313 05	14.420 2	−11.647 7
0.85	0.603 20	0.321 11	−0.039 02	0.282 09	12.792 4	−10.051 8
0.90	0.571 20	0.318 48	−0.065 74	0.252 73	11.472 9	−8.754 91
0.95	0.539 54	0.314 58	0.089 62	0.224 96	10.390 5	−7.687 05
1.00	0.508 33	0.309 56	−0.110 79	0.198 77	9.493 05	−6.797 24
1.05	0.477 66	0.303 54	−0.129 43	0.174 12	8.742 07	−6.047 80
1.10	0.447 65	0.296 66	−0.145 67	0.150 99	8.108 50	−5.410 38
1.15	0.418 36	0.289 01	−0.159 67	0.129 34	7.570 13	−4.863 35
1.20	0.389 86	0.280 72	−0.171 58	0.109 14	7.109 76	−4.390 02
1.25	0.362 23	0.271 89	−0.181 55	0.090 34	6.713 90	−3.977 35
1.30	0.335 50	0.262 60	−0.189 70	0.072 90	6.371 86	−3.615 00
1.35	0.309 72	0.252 95	−0.196 17	0.056 78	6.075 08	−3.294 77
1.40	0.284 92	0.243 01	−0.201 10	0.041 91	5.816 64	−3.010 03
1.45	0.261 13	0.232 86	−0.204 59	0.028 27	5.590 88	−2.755 41

续表

λ_x	A_x	B_x	C_x	D_x	E_x	F_x
1.50	0.238 35	0.222 57	−0.206 79	0.015 78	5.393 17	−2.526 52
1.55	0.216 62	0.212 20	−0.207 79	0.004 41	5.219 65	−2.319 74
$\pi/2$	0.207 88	0.207 88	−0.207 88	0	5.153 82	−2.239 53
1.60	0.195 92	0.201 81	−0.207 71	−0.005 90	5.067 11	−2.132 10
1.65	0.176 25	0.191 44	−0.206 64	−0.015 20	4.932 83	−1.961 09
1.70	0.157 62	0.181 16	−0.204 70	−0.023 54	4.814 54	−1.804 64
1.75	0.140 02	0.170 99	−0.201 97	−0.030 97	4.710 26	−1.660 98
1.80	0.123 42	0.160 98	−0.198 53	−0.037 56	4.618 34	−1.528 65
1.85	0.107 82	0.151 15	−0.194 48	−0.043 33	4.537 32	−1.406 38
1.90	0.093 18	0.141 54	−0.189 89	−0.048 35	4.465 96	−1.293 12
1.95	0.079 50	0.132 17	−0.184 83	−0.052 67	4.403 14	−1.187 95
2.00	0.066 74	0.123 06	−0.179 38	−0.056 32	4.347 92	−1.090 08
2.05	0.054 88	0.114 23	−0.173 59	−0.059 36	4.299 46	−0.998 85
2.10	0.043 88	0.105 71	−0.167 53	−0.061 82	4.257 00	−0.913 68
2.15	0.033 73	0.097 49	−0.161 24	−0.063 76	4.219 88	−0.834 07
2.20	0.024 38	0.089 58	−0.154 79	−0.065 21	4.187 51	−0.759 59
2.25	0.015 80	0.082 00	−0.148 21	−0.066 21	4.159 36	−0.689 87
2.30	0.007 96	0.074 76	−0.141 56	−0.066 80	4.134 95	−0.624 57
2.35	−0.000 81	0.067 85	−0.134 87	−0.067 02	4.113 87	−0.563 40
$3\pi/4$	0	0.067 02	−0.134 04	−0.067 02	4.111 47	−0.556 10
2.40	−0.005 62	0.061 28	−0.128 17	−0.066 89	4.095 73	−0.506 11
2.45	−0.011 43	0.055 03	−0.121 50	−0.066 47	4.080 19	−0.452 48
2.50	−0.016 63	0.049 13	−0.114 89	−0.065 76	4.066 92	−0.402 29
2.55	−0.021 27	0.043 54	−0.108 36	−0.064 81	4.055 68	−0.355 37
2.60	−0.025 36	0.038 29	−0.101 93	−0.063 64	4.046 18	−0.311 56
2.65	−0.028 94	0.033 35	−0.095 63	−0.062 28	4.038 21	−0.270 70
2.70	−0.032 04	0.028 72	−0.089 48	−0.060 76	4.031 57	−0.232 64
2.75	−0.031 69	0.024 40	−0.083 48	−0.059 09	4.026 08	−0.197 27
2.80	−0.036 93	0.020 37	−0.077 67	−0.057 30	4.021 57	−0.164 45
2.85	−0.038 77	0.016 63	−0.072 03	−0.055 40	4.017 90	−0.134 08
2.90	−0.040 26	0.013 16	−0.066 59	−0.053 43	4.014 95	−0.106 03
2.95	−0.041 42	0.009 97	−0.061 34	−0.051 38	4.012 59	−0.080 20
3.00	−0.042 26	0.007 03	−0.056 31	−0.049 26	4.010 74	−0.056 50
3.10	−0.043 14	0.001 87	−0.046 88	−0.045 01	4.008 19	−0.015 05
π	−0.043 21	0	−0.043 21	−0.043 21	4.007 48	0

续表

λ_x	A_x	B_x	C_x	D_x	E_x	F_x
3.20	−0.043 07	−0.002 38	−0.038 31	−0.040 69	4.006 75	0.019 10
3.40	−0.040 79	−0.008 53	−0.023 74	−0.032 27	4.005 63	0.068 40
3.60	−0.036 59	−0.012 09	−0.012 41	−0.024 50	4.005 33	0.096 93
3.80	−0.031 38	−0.013 69	−0.004 00	−0.017 69	4.005 01	0.109 69
4.00	−0.025 83	−0.013 86	−0.001 89	−0.011 97	4.004 42	0.111 05
4.20	−0.020 42	−0.013 07	0.005 72	−0.007 35	4.003 64	0.104 68
4.40	−0.015 46	−0.011 68	0.007 91	−0.003 77	4.002 79	0.093 54
4.60	−0.011 12	−0.009 99	0.008 86	−0.001 13	4.002 00	0.079 96
3π/2	−0.008 98	−0.008 98	0.008 98	0	4.001 61	0.071 90
4.80	−0.007 48	−0.008 20	0.008 92	0.000 72	4.001 34	0.065 61
5.00	−0.004 55	−0.006 46	0.008 37	0.001 91	4.000 85	0.051 70
5.50	0.000 01	−0.002 88	0.005 78	0.002 90	4.000 20	0.023 07
6.00	0.001 69	−0.000 69	0.003 07	0.002 38	4.000 03	0.005 54
2π	0.001 87	0	0.001 87	0.001 87	4.000 01	0
6.50	0.001 79	0.000 32	0.001 14	0.001 47	4.000 01	−0.002 59
7.00	0.001 29	0.000 60	0.000 09	0.000 69	4.000 01	−0.004 79
9π/4	0.001 20	0.000 60	0	0.000 60	4.000 01	−0.004 82
7.50	0.000 71	0.000 52	−0.000 33	0.000 19	4.000 01	−0.004 15
5π/2	0.000 39	0.000 39	−0.000 39	0	4.000 01	−0.003 11
8.00	0.000 28	0.000 33	−0.000 38	−0.000 05	4.000 01	−0.002 66

集中力 P 作用下无限长梁的挠度、弯矩、剪力与基底反力分布如图 12 - 6（a）所示。

同理可求出集中力偶 M_o 作用下无限长梁的挠度、转角、弯矩和剪力，如图 12 - 6（b）所示，并可表示为

$$w=\frac{M_o\lambda^2}{k_s}B_x,\theta=\frac{M_o\lambda^3}{k_s}C_x,M=\pm\frac{M_o}{2}D_x,V=\frac{-M_o\lambda}{2}A_x \tag{12 - 28}$$

式（12 - 28）中的 A_x，B_x，C_x，D_x 与式（12 - 27）相同。

对于其他类型的荷载，也可按上述方法求解。对于受多种荷载作用的无限长梁，可分别求解，然后用叠加原理求和。

12.3.3　文克勒地基上半无限长梁的解

半无限长梁是指梁的一端在荷载作用下产生挠曲和位移，随着离开荷载作用点的距离加大，挠曲和位移减小，直至无限远端，挠曲和位移为零，成为一无荷载端。半无限长梁的柔度指数 $\lambda l>\pi$。

当无限长梁的边界条件为：当 $x=\infty$ 时，$w\rightarrow 0$；$x=0$ 时，$M=M_0$，$V=-P$，如图

12－7所示。根据各荷载条件，同理可求出相应的梁的位移、内力和反力以及其中所包含的系数。

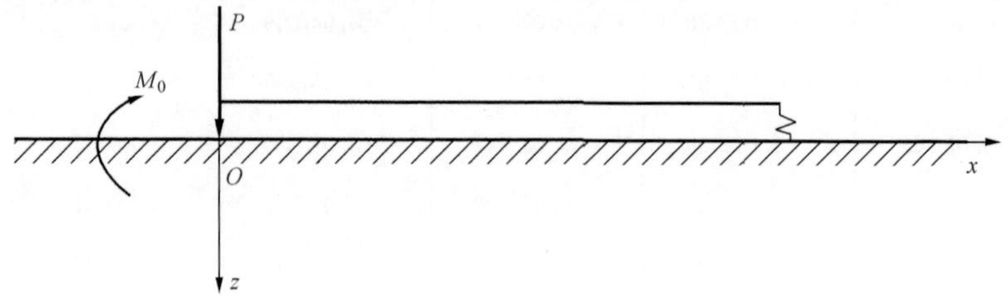

图 12－7 梁端有集中荷载的半无限长梁

12.3.4 文克勒地基上有限长梁的解

若梁不是很长，荷载对梁两端的影响尚未消失，即梁端的挠曲或位移不能忽略，这种梁称为有限长梁。当梁长满足荷载作用点距两端距离都有 $x<\pi/\lambda$ 时，属于有限长梁范围。有限长梁的长度下限是梁长 $l\leqslant\pi/4\lambda$。无限长梁和有限长梁并不完全是用一个绝对的尺度来划分，而要以荷载在梁端引起的影响是否可以忽略来判断。当梁长 $l\geqslant2\pi/\lambda$，集中荷载作用位置距梁的两端都有 $x\geqslant\pi/\lambda$ 时，属于无限长梁；当梁长 $l\geqslant\pi/\lambda$，集中荷载作用于梁端，距另一端有 $x\geqslant\pi/\lambda$ 时，属于半无限长梁；当梁长 $\pi/4\lambda<l<2\pi/\lambda$，集中荷载作用位置距两端都有 $x<\pi/\lambda$ 时，属于有限长梁；当梁长 $x\leqslant\pi/4\lambda$，属于刚性梁，与集中荷载的作用位置无关。有限长梁求解内力、位移的方法是利用无限长梁与半无限长梁的解答，运用叠加法原理求解的（见表 12－2）。有限长梁的计算，可按如下方法进行，如图 12－8 所示。

（1）将梁 1 两端无限延伸，就成了无限长梁 2，按无限长梁方法解梁的内力和位移，并求得在原来梁 1 的两端 A，B 处产生的内力 M_A，V_A 及 M_B，V_B。

（2）将梁 1 两端无限延长，但在 A，B 处分别加上反向的 M_A，P_A（即 V_A），与 M_B，P_B（即 V_B），恰好抵消两侧梁长对中间段 AB 的影响，如图 12－8 所示梁 3。

表 12－2　　无限长梁与半无限长梁的计算式

	无限长梁		半无限长梁	
	受集中力 P	受力偶 M_o	梁端受力偶 M_o	梁端受集中力 P
	P	M_O	M_O	P
w	$\frac{P\lambda}{2k_s}A_x$	$\pm\frac{M_O\lambda^2}{k_s}B_x$	$-\frac{2M_O\lambda^2}{k_s}C_x$	$\frac{2P\lambda}{k_s}D_x$
θ	$\pm\frac{P\lambda^2}{k_s}B_x$	$\pm\frac{M_O\lambda^3}{k_s}C_x$	$\frac{4M_O\lambda^3}{k_s}D_x$	$-\frac{2P\lambda^2}{k_s}A_x$
M	$\frac{P}{4\lambda}C_x$	$\pm\frac{M_O}{2}D_x$	M_OA_x	$-\frac{P}{\lambda}B_x$
V	$\mp\frac{P}{2}D_x$	$-\frac{M_O\lambda}{2}A_x$	$-2M_O\lambda B_x$	$-PC_x$

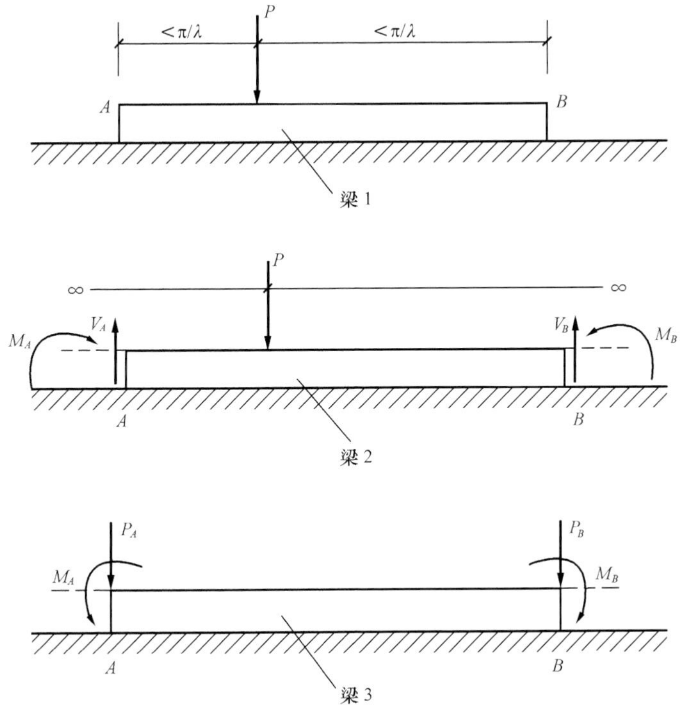

图 12 - 8　有限长梁内力、位移计算

(3) 将梁 2 与梁 3 计算结果叠加就得到有限长梁 AB 在荷载 P 作用下的内力和位移。

【例 12 - 1】　按文克勒理论计算地基梁，如图 12 - 9 所示，已知梁长 40.0m，宽 1.0m，高 0.6m，梁的弹性模量 $E=2.1x10^7\text{kN/m}^2$，作用力 $P_0=1500\text{kN}$。试求当地基基床系数 $k=2.0\times10^3\text{kN/m}^3$ 及 $k=5.0\times10^3\text{kN/m}^3$ 时梁的内力。

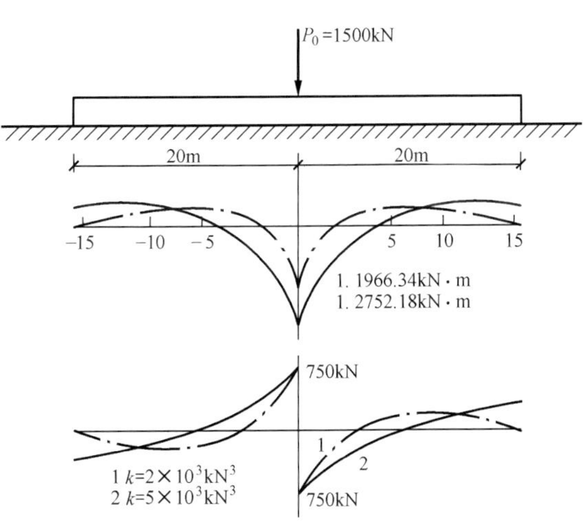

图 12 - 9　［例 12 - 1］文克勒地基上梁计算

解　(1) 当 $k=2.0\times10^3\text{kN/m}^3$，梁 $I=0.018\text{m}^4$

$$\lambda=\sqrt[4]{\frac{Bk}{4EI}}=\sqrt[4]{\frac{1.0\times2.0\times10^3}{4\times2.1\times10^7\times0.018}}$$

$$=0.190\,7$$

$\lambda l=0.190\,7\times40=7.628>\pi$，按无限长梁计算。得

$$M=\frac{P_0}{4\lambda}C_x=\frac{1500}{4\times0.190\,7}C_x=1966.34C_x$$

$$V=\frac{-P_0}{2}D_x=-750D_x$$

计算结果详见表 12 - 3。

表 12-3

X(m)	λX	C_x	D_x	M(kN·m)	V(kN)
0	0	1	1	1966.34	−750
2.5	0.476 8	0.266 7	0.551 6	524.35	−413.66
5.0	0.953 6	−0.091	0.221 3	−179.35	−167.29
7.5	1.430 3	−0.203 4	0.033 5	−399.92	25.12
10.0	1.907 1	−0.189 2	−0.049 0	−372.04	36.76
12.5	2.383 9	−0.130 3	−0.067 0	−256.27	50.23
15	2.860 7	0.070 9	−0.055 0	−139.33	41.24
17.5	3.337 4	−0.074	−0.034 9	−54.93	26.14
20	3.814 2	0.003 5	−0.017 3	−6.90	12.94

（2）当 $k=5.0\times10^3\text{kN/m}^3$ 时，$\lambda=0.134\ 9$　$\lambda l=5.396>\pi$，应按半无限长梁计算，本处作为练习，按有限长梁计算。首先求 A、B 两点的附加力：

$l=40\text{m}$，$\lambda l=5.396$，$A_l=-0.009\ 2$，$C_l=0.063\ 03$，$D_l=0.002\ 69$，$E_l=4.000\ 41$，$F_l=0.028\ 79$

$$M_a=M_b=\frac{P_0}{4\lambda}C_l=\frac{1500}{4\times0.134\ 9}\times0.063\ 03=175.630\text{kN}\cdot\text{m}$$

解出　　　　$P_A=P_B=86.9\text{kN},M_A=-M_B=-671.6\text{kN}\cdot\text{m}$

然后按基础梁上作用 P_0、P_A、P_B、M_A、M_B 时内力计算。

按对称于 O 点计算

对梁左半段，$x=0$ 处距梁端 20m，即 $\lambda x=2.698$，$C_{20}=-0.089\ 85$，$D_{20}=-0.060\ 9$，$A_{20}=-0.031\ 92$

P_0、P_A、P_B、M_A、M_B 单独作用时：

$$M_{0P_0}=\frac{P_0}{4\lambda}C_0=\frac{P_0}{4\lambda}\times1=2781\text{kN}\cdot\text{m}$$

$$V_{0P_0}=-\frac{P_0}{2}D_0=-\frac{P_0}{2}\times1=-750\text{kN}$$

$$M_{0P_A}=\frac{P_A}{4\lambda}C_{20}=-\frac{-86.9}{4\times0.134\ 9}\times0.089\ 5=-14.41\text{kN}\cdot\text{m}$$

$$V_{0P_A}=-\frac{P_A}{2}D_{20}=-43.5\times(-0.060\ 86)=2.64\text{kN}$$

$$M_{0M_A}=\frac{M_A}{2}D_{20}=\frac{-671.6}{2}\times(-0.060\ 86)=-20.43\text{kN}\cdot\text{m}$$

$$V_{0M_A}=\frac{-M_A\lambda}{2}A_{20}=\frac{-671.6}{2}\times0.134\ 9\times(-0.319\ 2)=1.44\text{kN}$$

其余根据对称性确定。

叠加得

$$M_0=M_{0P_A}+M_{0M_A}+M_{0P_B}+M_{0M_B}+M_{0P_0}$$

$$= 14.41 - 20.43 - 14.41 + 20.43 + 2781 = 2752.18\text{kN}\cdot\text{m}$$

$$V_0 = V_{0P_A} + V_{0P_B} + V_{0M_A} + V_{0M_B} + V_{0P_0}$$

$$= 2.64 - 2.64 + 1.44 - 1.44 - 750 = -750\text{kN}$$

同理可得

$x=5\text{m}$，$M_5=265.27\text{kN}\cdot\text{m}$，$V_5=-282.93\text{kN}$

$x=10\text{m}$，$M_{10}=-391.23\text{kN}\cdot\text{m}$，$V_{10}=-15.66\text{kN}$

$x=15\text{m}$，$M_{15}=-208.13\text{kN}\cdot\text{m}$，$V_{15}=62.23\text{kN}$

弯矩及剪力图如图 12 - 9 所示。

§12.4　柱下条形基础

柱下条形基础是常用于软弱地基上框架或排架结构的一种基础类型。它具有刚度大、调整不均匀沉降能力强的优点。一般情况下，柱下应首先考虑设置独立基础。但当上部结构传给柱基的荷载较大，而地基土承载力较低时，则需增大基础底面积；若受相邻建筑物或已有的地下构筑设施的限制，独立基础的底面积不能再扩展，此时可采用柱下钢筋混凝土条形基础。又如，当各柱荷载差异过大或地基土强度不均，若采用柱下独立基础，则可能引起各基础间较大的沉降差。为防止过大的不均匀沉降，减小地基变形，则应加大基础整体刚度，此时也应采用柱下钢筋混凝土条形基础。

12.4.1　柱下钢筋混凝土条形基础的构造要求

柱下条形基础的横剖面一般为倒 T 形截面，基础底板挑出部分为翼板，其余部分称肋梁（见图 12 - 10）。为了具有较大的抗弯刚度以便调整不均匀沉降，肋梁高度不宜太小，一般为柱距的 1/8～1/4，并应满足受剪承载力计算的要求。一般肋梁沿纵向取等截面，梁每侧比柱至少宽出 50mm。当柱垂直于肋梁轴线方向的截面边长大于 400mm 时，可仅在柱位处将肋部加宽（见图 12 - 11）。翼板厚度不应小于 200mm。当翼板厚度为 200～250mm 时，宜用等厚度翼板；当翼板厚度大于 250mm 时，宜用变厚度翼板，其坡度小于或等于 1∶3。

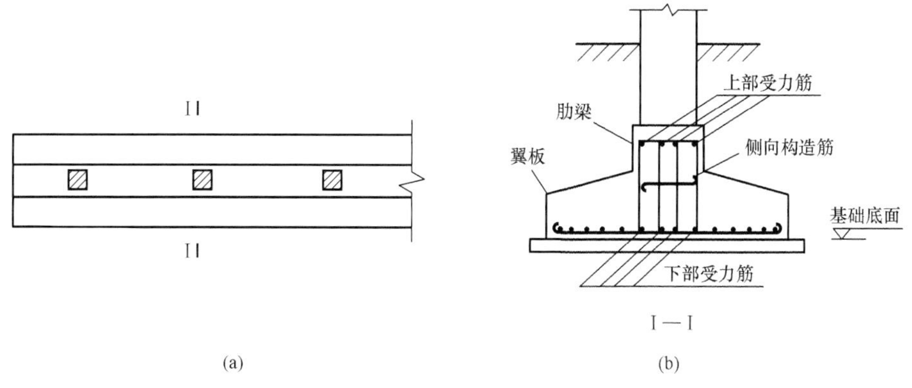

图 12 - 10　柱下条形基础
(a) 平面图；(b) 横剖面图

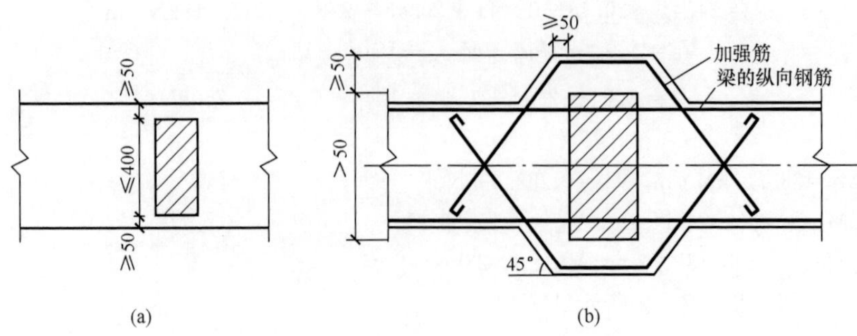

图 12 - 11 现浇柱与肋梁的平面连接和构造配筋

柱下条形基础的混凝土强度等级不应低于 C20。

12.4.2 柱下钢筋混凝土条形基础的内力计算

柱下钢筋混凝土条形基础由于梁长度方向的尺寸与其截面高度相比较大，可以看成地基上的受弯构件，它的挠曲特性、基底反力和截面反力相互关联，并且与地基、基础以及上部结构的相对刚度特性有关。因此，应该从地基、基础以及上部结构三者相互作用的观点出发，选择适当的方法进行设计计算。

条形基础内力计算方法主要有简化计算法、弹性地基梁法。弹性地基梁法在本章第 3 节中已经介绍，以下只介绍简化计算方法。

简化计算方法有倒梁法和剪力平衡法（静定分析方法）。

1. 倒梁法

基本假定：基础梁与地基土相比具有足够刚度，基础的弯曲挠度不致改变地基压力分布；地基压力分布呈直线分布。

倒梁法认为上部结构是刚性的，各柱之间没有沉降差异，因而可把柱脚视为条形基础的铰支座，支座间不存在相对的竖向位移。这种计算模型，只考虑出现于柱间的局部弯曲，而略去基础全长发生的整体弯曲，因而所得的柱位处截面的正弯矩与柱间最大负弯矩绝对值，比其他方法均衡，所得基础不利截面的弯矩最小。

《建筑地基基础设计规范》规定，若地基较均匀，上部结构刚度较好，荷载分布较均匀，且条形基础梁的高度大于 1/6 柱距时，地基反力可按直线分布，条形基础梁的内力可按连续梁计算；此时边跨跨中弯矩及第一支座的弯矩值宜乘以 1.2 的系数。否则，宜按弹性地基梁方法求解内力。

内力计算：

(1) 根据柱传至梁上的荷载，按偏心受压［见图 12 - 12 (a)］计算，基础梁边缘处最大和最小地基净反力：

$$\begin{matrix} p_{\max} \\ p_{\min} \end{matrix} = \frac{\sum F_i}{bl} \pm \frac{\sum M_i}{W} \tag{12 - 29}$$

式中 $\sum F_i$——上部结构作用在基础梁上的竖向荷载设计值总和（不包括基础及回填土重力），kN；

$\sum M_i$——外荷载对基底形心弯矩设计值的总和，kN·m；

b、l——条基的宽度和长度，m；

W——基础底面的抵抗矩，m^3。

(2) 将柱底视为不动铰支座，以地基净反力为荷载，按多跨连续梁方法求得梁的内力[见图 12-12 (b)]。

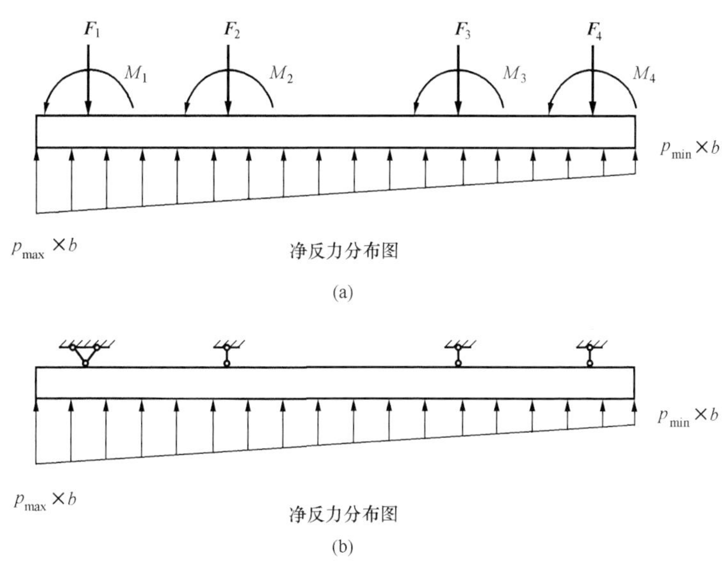

图 12-12　用倒梁法计算地基梁简图

(a) 基底反力分布；(b) 按连续梁求内力

(3) 倒梁法求得的支座反力可能会不等于原先用于基底净反力的竖向柱荷载。如下述例题中的 C 支座的反力 (1660kN) 比原来的竖向柱荷载 (1754kN) 减少了 94kN。这即可理解为上部结构的整体刚度对基础整体弯曲的抑制作用，使柱荷载的分布均匀化；也反映了倒梁法计算所得的支座反力与基底反力不平衡的这一主要缺点。对此，实践中可采用所谓“基底反力局部调整法”，即可将支座处的不平衡力均匀分布在本支座两侧各 1/3 跨度范围内，从而将地基反力调整为台阶状，再按倒梁计算出内力后叠加。

2. 剪力平衡法（静定分析方法）

假定地基反力按直线分布，其值仍按式 (12-29) 计算。求出净反力分布后，基础上所有的作用力都已确定，可按静力平衡条件（剪力平衡）计算出任意截面 i 上的弯矩 M_i 和剪力 V_i。

剪力平衡法未考虑地基基础与上部结构的相互作用，因而在荷载和直线分布的基底反力作用下产生整体弯曲。与其他方法比较，这样计算所得的基础不利截面上弯矩绝对值一般较大。但此法只适用于上部为柔性结构且自身刚度较大的条形基础以及联合基础。

【例 12-2】　试确定图 12-13 (a) 所示条形基础的底面尺寸，并用简化计算方法分析内力。已知：基础埋深 $d=1.5$m，地基承载力特征值 $f_a=120$kPa，其余数据如图所示。

解　1. 确定基础底面尺寸

各柱竖向力的合力，距图中 A 点的距离 x 为

$$x=\frac{960\times 14.7+1754\times 10.2+1740\times 4.2}{960+1754+1740+554}=7.85\text{m}$$

考虑构造需要，基础伸出 A 点外 $x_1=0.5$m，如果要求竖向力合力与基底形心重合，则基础必须伸出图中 D 点之外 x_2：

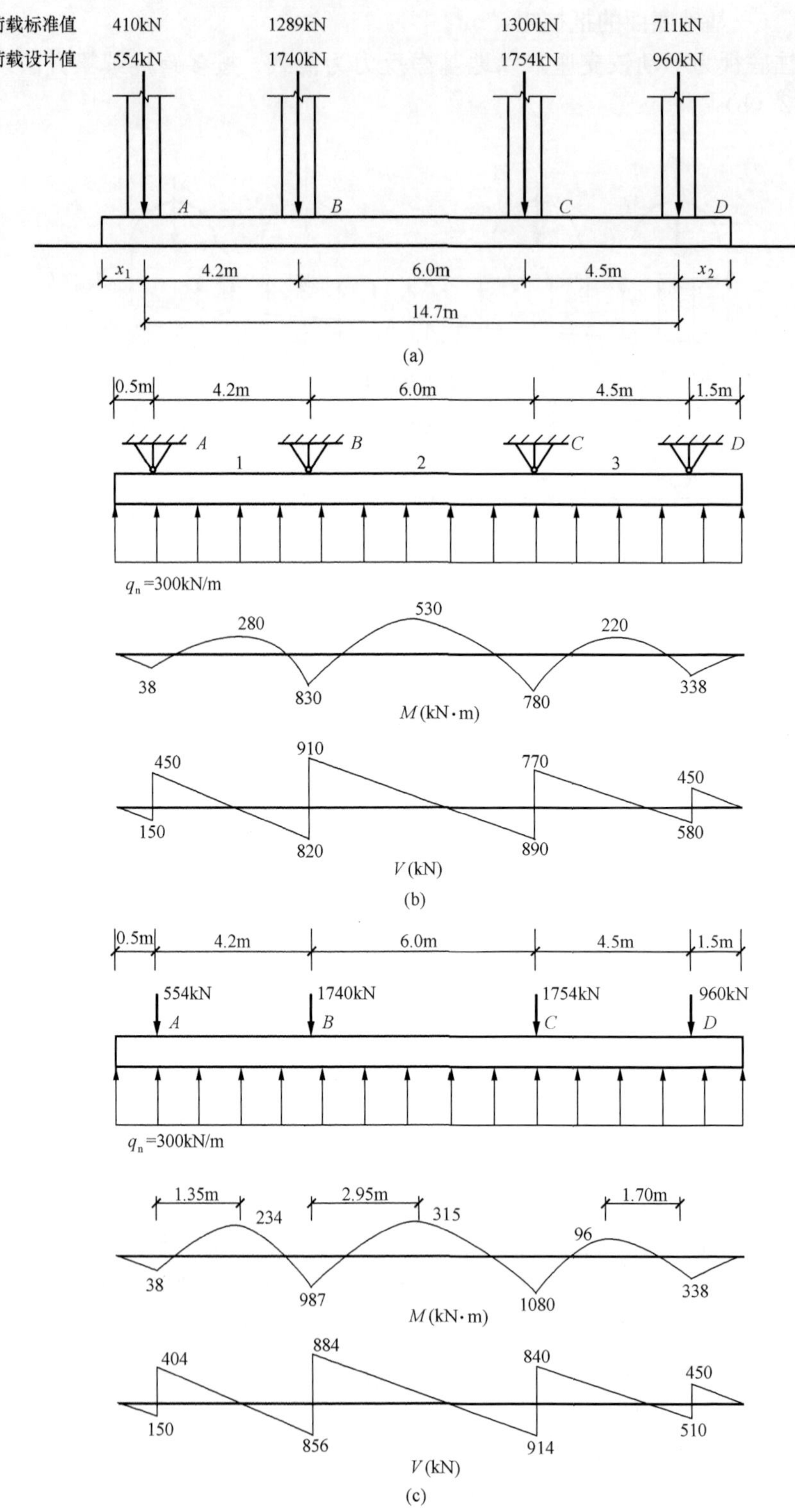

图 12 - 13 ［例 12 - 2］图

（a）条形基础示意图；（b）倒梁法计算；（c）剪力平衡法计算

$$x_2 = 2\times(7.85+0.5)-(14.7+0.5) = 1.5\text{m}\ (\text{等于边距的 }1/3)$$

基础总长度　$l = 14.7+0.5+1.5 = 16.7\text{m}$

基础底板宽度 b：

$$b \geqslant \frac{1}{l}\cdot\frac{\sum F_k}{f_a-\gamma_G d} = \frac{410+1289+1300+711}{16.7\times(120-20\times1.5)} = 2.47\text{m}$$

取 b=2.5m 设计。

2. 内力分析

（1）倒梁法。

因为荷载的合力通过基底形心，所以地基反力是均布的，沿基础每米长度上的净反力值 $q_n=(960+1754+1740+554)/16.7=300\text{kN/m}$

以柱底 A、B、C、D 为支座，按弯矩分配法分析三跨连续梁，其弯矩 M 和剪力 V 值如图 12-13（b）所示。

（2）剪力平衡法。

按静力平衡条件计算内力：

$$M_A=\frac{1}{2}\times300\times0.5^2=38\text{kN}\cdot\text{m}$$

$$V_{A左}=300\times0.5=150\text{kN}$$

$$V_{A右}=150-554=-404\text{kN}$$

AB 跨内最大负弯矩的截面至 A 点的距离 $a_1=\frac{554}{300}-0.5=1.35\text{m}$，则

$$M_1=\frac{1}{2}\times300\times(0.5+1.35)^2-554\times1.35=-234\text{kN}\cdot\text{m}$$

$$M_B=\frac{1}{2}\times300\times(0.5+4.2)^2-554\times4.2=987\text{kN}\cdot\text{m}$$

$$V_{B左}=300\times(0.5+4.2)-554=856\text{kN}$$

$$V_{B右}=856-1740=-884\text{kN}$$

其余各截面的 M、V 均按此计算，结果如图 12-13（c）所示。

比较两种方法的计算结果，按剪力平衡法算出的支座弯矩较大，按倒梁法算得得跨中弯矩较大。

§12.5　筏形基础设计

筏形基础有平板式、梁板式两种类型（见图 12-14）。确定基础平面尺寸应根据地基土的承载力、上部结构的布置以及荷载分布等因素确定。

12.5.1　构造要求

筏形基础的混凝土强度等级不应低于 C30，当有地下室时应采用防水混凝土，防水混凝土的防渗等级应根据地下水的最大水头与防渗混凝土厚度的比值，按现行《地下工程防水技术规范》选用，但不得小于 0.6MPa。必要时宜设架空排水层。

筏形基础的板厚应按受冲切和受剪承载力确定。当筏形基础的厚度大于 2000mm 时，宜在板厚中间部位设置直径不小于 12mm、间距不大于 300mm 的双向钢筋网。

平板式筏基的最小板厚不宜小于 400mm，当柱荷载较大时，可将柱下筏板局部加厚或

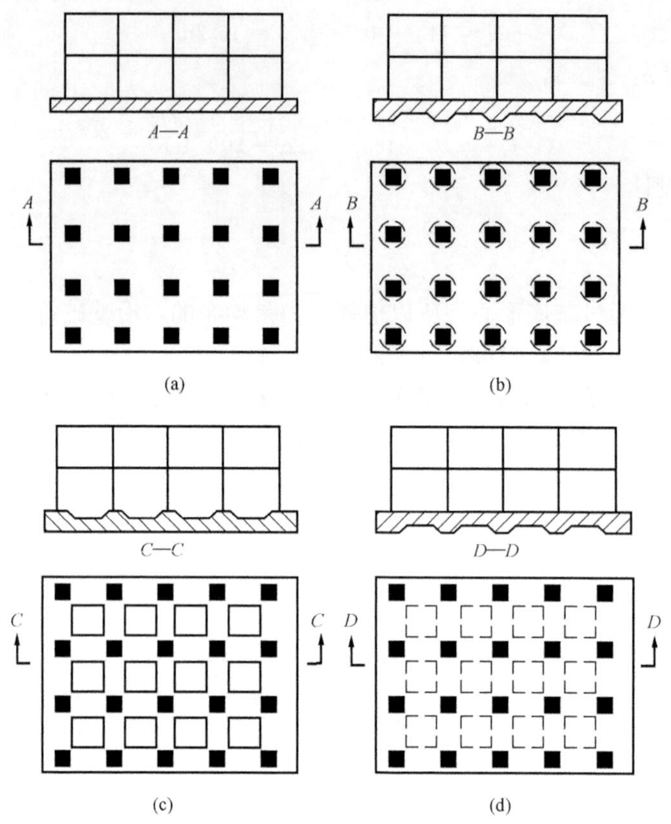

图 12 - 14 筏形基础的种类

(a)、(b) 平板式；(c)、(d) 梁板式

增设柱墩，也可采用设置抗冲切箍筋来提高受冲切承载能力。

考虑到整体弯曲的影响，筏基的配筋除应满足计算要求外，对梁板式筏基，纵横方向的支座钢筋应有 1/3～1/2 贯通全跨，且配筋率不应小于 0.15%；跨中钢筋应按计算配筋全部贯通。对平板式筏基，柱下板带和跨中板带的底部钢筋应有 1/3～1/2 贯通全跨，且配筋率不应小于 0.15%；顶部钢筋按计算配筋全部贯通。

对 12 层以上建筑的梁板式筏形基础，其底板厚度与最大双向板格的短边净跨之比不应小于 1/4，且板厚不应小于 400mm。

采用筏形基础的地下室，地下室钢筋混凝土外墙厚度不应小于 250mm，内墙厚度不应小于 200mm。墙的截面设计除了应满足计算承载力要求外，还应考虑变形、抗裂及防渗等要求。墙体内应设置双面钢筋，竖向和水平钢筋的直径不应小于 12mm，间距不应大于 300mm。

地下室底层柱、剪力墙与梁板式筏形基础的基础梁连接时，要求：柱、墙的边缘至基础梁边缘的距离不应小于 50mm [见图 12 - 15 (a)]；当交叉基础梁的宽度小于柱截面的边长时，交叉基础梁连接处应设置八字角，角柱与八字角之间的净距不应小于 50mm [见图 12 - 15 (b)]；单向基础梁与柱的连接、基础梁与剪力墙的连接分别采用如图 12 - 15 (c) 和图 12 - 15 (d) 所示构造要求。

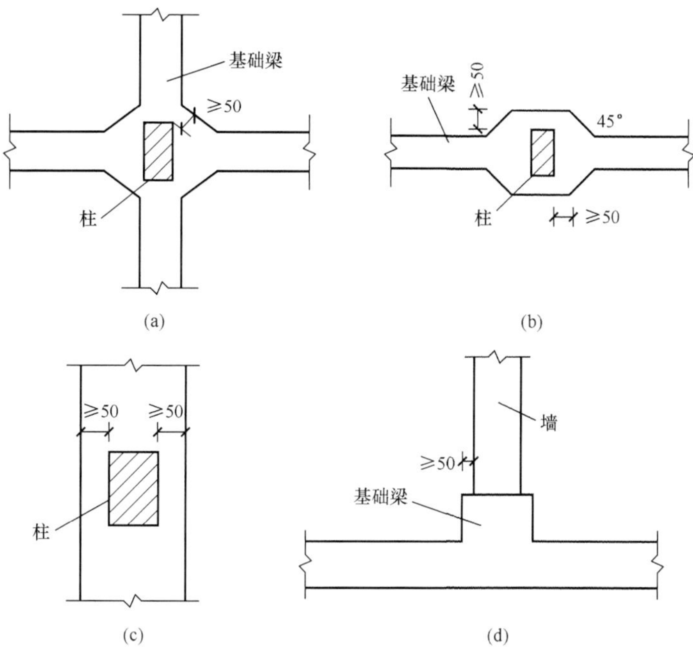

图 12 - 15　地下室底层柱或剪力墙与基础梁连接的构造要求

筏板与地下室外墙的接缝、地下室外墙沿高度处的水平接缝应严格按施工缝要求施工，必要时可设通长止水带。

12.5.2　筏形基础的结构和内力计算

确定筏形基础底面形状和尺寸时首先应考虑使上部结构荷载的合力点接近基础底面的形心。如果荷载不对称，宜调整筏板的外伸长度，但伸出长度从轴线算起横向不宜大于 1500mm，纵向不宜大于 1000mm，且同时宜将肋梁挑至筏板边缘。无外伸肋梁的筏板，其伸出长度宜适当减小。如上述调整措施不能完全达到目的，对上肋式、地面架空的布置形式，还可采取调整筏上填土（或其他荷载）等措施以改变合力点位置。

对单栋建筑物，在地基土比较均匀的条件下，在荷载效应准永久组合下的偏心距 e 宜符合下式要求：

$$e \leqslant 0.1W/A \tag{12-30}$$

式中　W——与偏心距方向一致的基础底面边缘的抵抗矩；

A——基础底面积。

一、简化计算方法——倒楼盖法

倒楼盖法如同倒梁法，是将筏形基础看作为一个放置在地基上的楼盖，柱、墙视为该楼盖的支座，地基净反力视为作用在该楼盖上的外荷载，按混凝土结构中的单向或双向梁板的肋梁楼盖、无梁楼盖方法进行计算。按倒楼盖法简化计算时，一般只计算局部弯曲，并假定基底反力为直线分布（或平面分布）进行计算；如果地基地质比较均匀，上部结构和基础的刚度足够大，这种假设才认为是合理的。对柱下梁板式筏形基础，如果框架柱网在两个方向的尺寸比小于 2，且柱网内无小基础梁时，筏板按双向多跨连续板，肋梁按多跨连续梁计算内力，若柱网内设有小基础梁，把底板分割成长短边比大于 2 的矩形格板时，筏板按单向板计算，主、次肋梁仍按多跨连续梁计算内力。对柱下平板式筏形基础，可效仿无梁楼盖计算方法，分别截取柱下板带与柱间板带进行计算。

《建筑地基基础设计规范》规定，当地基地质均匀，上部结构刚度较好，梁板式筏形基础的高跨比或平板式筏形基础的厚跨比不小于 1/6，且相邻柱荷载及柱间距的变化不超过 20%时，筏形基础可仅考虑局部弯曲作用。筏形基础的内力，可按基底反力直线分布（或平面分布）进行计算，计算时基底反力应扣除底板自重及其上填土的自重。当不满足上述要求时，筏形基础的内力应按弹性地基上梁板方法进行分析计算。

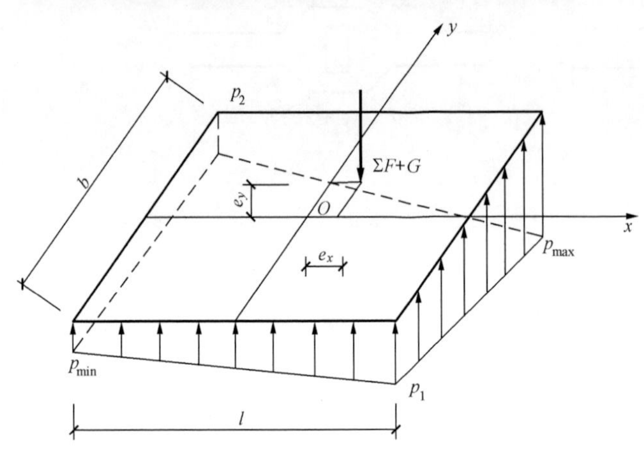

图 12 - 16　基底反力简化计算

对于矩形筏形基础，基底反力可按下列偏心受压公式进行简化（见图 12 - 16）：

$$\begin{matrix} p_{max}, p_1 \\ p_{min}, p_2 \end{matrix} = \frac{\sum F + G}{lb}\left(1 \pm \frac{6e_x}{l} \pm \frac{6e_y}{b}\right) \tag{12 - 31}$$

$$G = 20dlb$$

$$e_x = \frac{M_y}{\sum F + G} \tag{12 - 32}$$

$$e_y = \frac{M_x}{\sum F + G} \tag{12 - 33}$$

式中　p_{max}、p_{min}、p_1、p_2——基底四个角的基底压力值，kPa；

$\sum F$——筏板上的总竖向荷载设计值，kN；

G——基础及其上土的重力，kN；

l、b——筏板底面长与宽，m；

d——筏板的埋置深度，m；

e_x、e_y——上部结构荷载在 x、y 方向对基底形心的偏心距（x、y 轴通过基底形心）；

M_x、M_y——竖向荷载设计值的合力点对 x、y 轴的力矩，kN·m。

确定筏基底面积时同样要求符合下式要求：

$$p_k \leqslant f_a \tag{12 - 34}$$

$$p_{k,max} \leqslant 1.2 f_a \tag{12 - 35}$$

式中　p_k——相当于荷载效应标准组合时，基础底面处的平均压力值；

$p_{k,max}$——相当于荷载效应标准组合时，基础底面边缘的最大压力值；

f_a——修正后的地基承载力特征值。

二、梁板式筏形基础

（1）抗冲切承载力计算

$$F_l \leqslant 0.7\beta_{hp} f_t u_m h_0 \tag{12 - 36}$$

式中　F_l——作用在图 12-17 中阴影部分面积上的地基土平均净反力设计值；

u_m——距基础梁边 $h_0/2$ 处冲切临界截面的周长；

β_{hp}——受冲切承载力截面高度影响系数，当 h 不大于 800mm 时，β_{hp} 取 1.0；当 h 大于等于 2000mm 时，β_{hp} 取 0.9；其间按线性内插法取用。

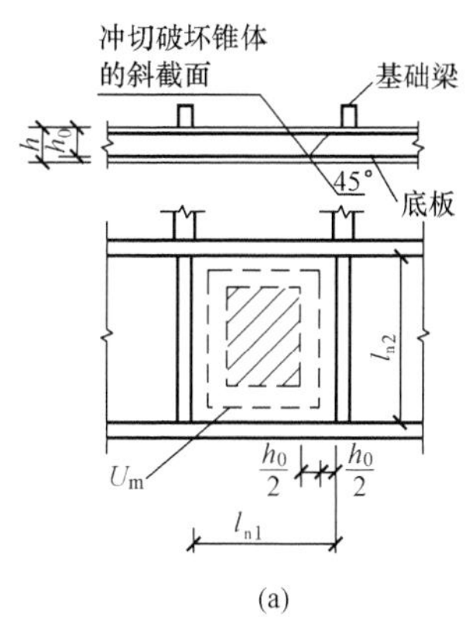

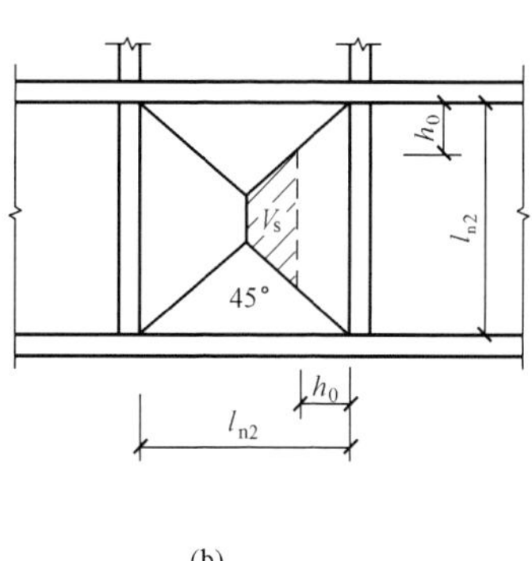

图 12-17　基底反力简化计算

(a) 抗冲切承载力示意图；(b) 抗剪承载力示意图

当底板区格为矩形双向板时，底板受冲切所需的厚度 h_0 按下式计算：

$$h_0=\frac{(l_{n1}+l_{n2})-\sqrt{(l_{n1}+l_{n2})^2-\frac{4pl_{n1}l_{n2}}{p+0.7\beta_{hp}f_t}}}{4} \tag{12-37}$$

式中　l_{n1}、l_{n2}——计算板格的短边和长边的净长度；

p——相应于荷载效应基本组合的地基土平均净反力设计值。

(2) 剪切承载力计算

$$V_s\leqslant 0.7\beta_{hs}f_t(l_{n2}-h_0)h_0 \tag{12-38}$$

$$\beta_{hs}=(800/h_0)^{1/4} \tag{12-39}$$

式中　V_s——距梁边缘 h_0 处，作用在图中阴影部分面积上的地基土平均净反力设计值；

β_{hs}——受剪切承载力截面高度影响系数，板的有效高度 h_0 小于 800mm 时，h_0 取 800mm；h_0 大于 2000mm 时，h_0 取 2000mm。

三、弹性地基板法

当地基比较复杂，上部结构刚度较差或柱荷载及柱距变化较大时，筏基内力宜按弹性地基板法进行分析。对于平板式筏基，可用有限差分法或有限单元法进行分析；对于梁板式筏基，则宜划分肋梁单元和薄板单元，而以有限单元法进行分析。

§12.6　箱　形　基　础

箱形基础是指由底板、顶板、外墙和相当数量的纵横内隔墙构成的单层或多层箱形钢筋混凝土结构，用以作为整个建筑物或建筑物主体部分的基础。所以它是一种具有很大底面积、埋深和整体刚度的基础，与一般基础相比，有以下几个主要的特点：

(1) 有很大的刚度，能有效地扩散上部结构传给地基的荷载，同时又能较好地抵抗由于局部地层土质不均匀或受力不均匀所引起的地基不均匀变形，减少沉降对上部结构的影响。

(2) 基础的宽度和埋深大，增加地基的稳定性，提高承载力。

(3) 进行了大面积深开挖。由于挖除了大量地基土，抵消上部结构传来的部分附加压力，发挥补偿性基础的作用，从而减小地基的沉降量。

(4) 与地下室结合，充分利用建筑物的地下空间。

12.6.1 构造要求

箱形基础的平面布置与尺寸，应根据地基土的性质、建筑平面布置以及荷载分布等因素确定。平面形状力求简单、对称。通过形状布置，尽量使基底平面形心与结构竖向永久荷载重心重合。

箱形基础承受上部结构的巨大荷载，抵抗地基反力和变形，必须保证有足够的整体刚度。其值不宜小于箱形基础长度（不包括底板悬挑部分）的 1/20，并不宜小于 3m。墙体水平截面总面积（扣除洞口部分）不宜小于箱形基础外墙外包尺寸的水平投影面积的 1/10。对基础平面长宽比不大于 4 的箱形基础，其纵横水平截面面积不得小于箱基外墙外包尺寸水平投影面积的 1/18，顶板与底板应有足够的厚度。

箱基顶板与底板要满足整体与局部抗弯刚度要求。顶板要具有传递上部结构的剪力至地下室墙体的承载能力。其厚度根据跨度及荷载大小确定，要满足抗弯、斜截面抗剪与抗冲切的要求。一般底板厚度不应小于 300mm，外墙厚度不应小于 250mm，内墙厚度不应小于 200mm。顶板、底板厚度应满足受剪承载力验算的要求，底板尚应满足受冲切承载力的要求。

箱基的埋置深度应根据建筑物对地基承载力、基础倾覆及滑移稳定性、建筑物整体倾斜以及抗震设防烈度等的要求确定，一般可取与箱基的高度相等，在抗震设防区不宜小于建筑物高度的 1/15。高层建筑同一结构单元内的箱形基础埋深应一致，且不得局部采用箱形基础。

墙体内应设置双面钢筋，竖向和水平钢筋的直径不应小于 10mm，间距不应大于 200mm。除上部为剪力墙外，内、外墙的墙顶处宜配置两根直径不小于 20mm 的通长构造钢筋。

门洞宜设在柱间居中部位，洞边至上层柱中心的水平距离不宜小于 1.2m，洞口上过梁的高度不宜小于层高的 1/5，洞口面积不宜大于柱距与箱形基础全高乘积的 1/6。墙体洞口四周应设置加强钢筋。

箱基的混凝土强度等级不应低于 C20，抗渗等级不应小于 0.6MPa。重要建筑宜采用刚性防水并设置架空隔水层。

12.6.2 简化计算

当箱基上部框架结构层数不多，刚度不太大时，可不考虑上部结构刚度的影响，只考虑基底反力及上部结构荷载对箱基的作用，这样可使内力分析工作简化，是一种实用的简化计算方法。

箱形基础的内力分析实质上是一个求解地基、基础与上部结构相互作用的课题。由于箱基本身是一个复杂的空间体系，要严格分析仍有不少困难，因此，目前采用的分析方法是根据上部结构整体刚度的强弱选择不同的简化计算方法。

可将箱基视为弹性地基上的巨大刚性整体基础，该基础由足够的纵横隔墙将顶板、底板连成整体，其整体弯曲可按如同一空盒式的梁来计算顶板、底板的内力，局部弯曲可按前面介绍的方法计算内力。

具体计算步骤如下：

（1）首先验算地基强度。此时应考虑上部结构荷载及箱基自重。

（2）将底板均匀划分成正方形或矩形区格，整个基底的反力呈鞍形分布，各区格的平均反力值由地基反力系数求得。

（3）以求得的地基反力作为底板荷载，可将箱基墙板作为底板的支点，按连续板求算底板内力。若板的支座两边弯矩不相等时，应以偏于安全的弯矩值作为配筋依据。

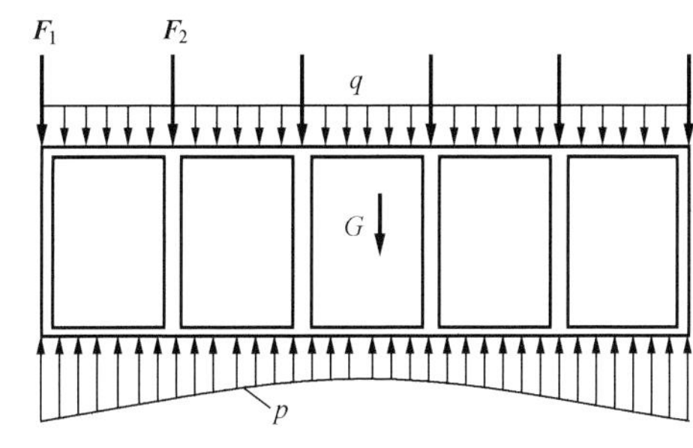

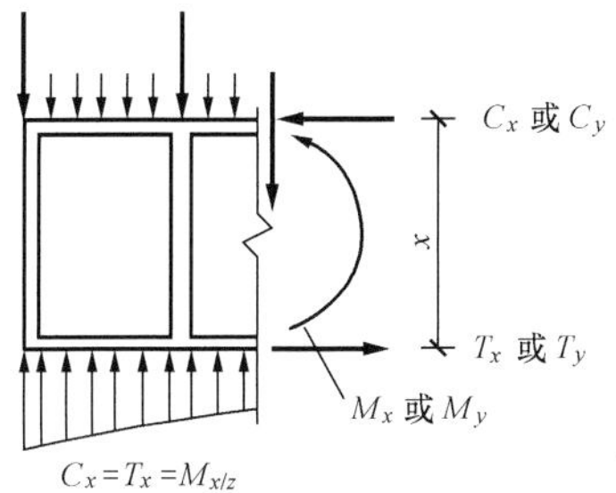

图 12 - 18　箱基整体弯曲时在顶板和底板内引起的轴向力

（4）在地基反力及外荷载作用下，如同一空盒式梁的箱基将产生双向弯曲应力。为了避免对板作复杂的双向受弯计算，分析顶、底板整体弯曲时，简化为在 x，y 两方向分别进行单向受弯计算，即先将基础视为沿长度方向的梁，用静定分析法算出任一截面上的总弯矩 M_x 和总剪力 Q_x，且假定 M_x、Q_x 在截面横向为均布。再将基础视为沿宽度方向的梁，算出 M_y、Q_y。弯矩 M_x、M_y 会在两个方向使顶、底板分别处于轴向受压和轴向受拉状态，而剪力 Q_x、Q_y 则分别由箱基的横向和纵向墙承担，以上即箱基的整体受弯计算（见图 12 - 18）。

注意：上述计算是将荷载及地基反力在纵横方向重复使用，算得的整体弯曲应力必然被夸大，况且也没有考虑与箱基不可截然分离的上部结构的分担作用（实际上上部结构与箱基的共同工作状态不应该完全忽略），为了减少因设计造成的浪费，依上部结构相对刚度的大小，可将以上方法算得的整体弯曲弯矩进行折减。

（5）根据整体弯曲的弯矩 M_x、M_y，按下式即可算出顶板和底板的轴向压力 C 和轴向拉力 T：

x—x 轴向：
$$T_x=C_x=\frac{M_x}{BH}$$

y—y 轴向：
$$T_y=C_y=\frac{M_y}{BH}$$

式中　T_x、T_y——x、y 轴向底板每米的拉力，kN/m；

C_x、C_y——x、y 轴向顶板每米的压力，kN/m；

M_x，M_y——整体弯曲时 x，y 方向的弯矩，kN/m；

B——底板宽度，m；

H——箱基的计算高度，即顶板与底板的中距，m。

(6) 因顶板、底板架空支承在箱基内外墙上，且直接承受着分布载荷，所以顶板、底板作为受弯构件产生局部弯曲应力。顶板、底板应按前述的局部受弯方法进行计算，且底板计算所得的局部弯曲产生的弯矩应乘以 0.8 的系数。

12.6.3 地基计算

和一般基础一样，作为箱形基础的地基，必须满足承载力极限状态和正常使用极限状态的要求，即

$$p \leqslant f \tag{12-40}$$

$$p_{\max} \leqslant 1.2f \tag{12-41}$$

$$s \leqslant [s] \tag{12-42}$$

考虑到箱形基础面积大、埋置深、刚度好等特点，在地基计算中，要注意如下的补充要求：

(1) 在承载力的验算中除了要满足式 (12-40)、式 (12-41) 的要求外，对于非地震区的高层箱形基础和筏形基础，尚应满足：

$$p_{\min} \geqslant 0 \tag{12-43}$$

同时应注意到由于基础的埋深大，基础底面往往在地下水位以下，所以在 p，$p_{\max}$，$p_{\min}$ 中都要扣除水的浮托力 $\gamma_W h$。γ_W 为水的容重，h 为地下水到基底的距离。

另外，对于高层建筑，由于承受较大的水平荷载作用（风荷载或地震作用），除了满足上述承载力极限状态要求外，还必须满足建筑物抗倾覆和抗滑移稳定性的要求。为保证抗倾覆和抗滑移的稳定，地震区天然土质地基上的箱形基础，埋深不宜小于建筑物高度的 1/15。

(2) 在用式 (12-42) 进行地基变形验算时，要注意到箱形基础的如下特点：

1) 埋置深度大，开挖基坑时挖除的土方量多，有效减小上部结构传来的附加压力。与此同时，基坑开挖、暴露的时间长，地基土有充分的时间回弹，因此回弹再压缩量往往占总沉降量中相当大的比例，不能忽略。因此沉降计算要采用适合于深基坑、大开挖，考虑地基土回弹再压缩的沉降计算方法。

在用该法计算中，沉降计算经验系数 ψ 的选择，目前对于箱形基础尚未积累足够的资料可供普遍使用，应结合地区的经验确定。

2) 箱形基础具有很大的刚度，与其上高层结构相结合形成牢固的整体，挠曲变形量不大。即使在软土地基上，纵向挠曲一般也仅 0.02%～0.03%。但对整体倾斜则很敏感，特别是横向倾斜。根据分析，整体倾斜达 0.4%～0.5%就可明显感觉到，达 0.6%就可能造成结构物的损害。因而容许变形量以倾斜角控制，即在非地震区，要求：

$$\theta \leqslant \frac{b}{100H} \tag{12-44}$$

其中

$$\theta = \tan\frac{s_A - s_B}{b}$$

式中 θ——基础横向整体倾斜的计算值；

s_A，s_B——基础横向两端点沉降量，m；

b——建筑物基础宽度，m；

H——建筑物高度，m。

在地震区：

$$\theta < \left|\frac{1}{150} \sim \frac{1}{200}\right|\frac{b}{H} \tag{12-45}$$

对于地震烈度大于或等于 8 度，中软或软弱场地土上的建筑，可用上限(1/200)；地震烈度在 8 度以下，中硬及坚硬场地土的建筑可采用下限(1/150)。

思 考 题

12-1 连续基础通常包括哪些基础？连续基础又具有什么特点？

12-2 简述文克勒地基上梁计算的基本原理。

12-3 在什么情况下适宜采用柱下钢筋混凝土条形基础？有何构造要求？

12-4 如何进行柱下钢筋混凝土条形基础的简化计算？

12-5 简述筏板基础的适用条件、特点及种类。

12-6 箱形基础有何特点？在什么情况下适宜采用箱基？

12-7 对箱基的顶板、底板进行内力分析时，什么情况下主要考虑局部弯曲？什么情况下应同时考虑局部弯曲及整体弯曲作用？

习 题

12-1 某条形基础底宽为 1.5m，埋深为 1.5m，地基为粉质黏土，内摩擦角标准值为 23°，黏聚力标准值为 10kPa，重度为 $18kN/m^3$。试确定地基承载力特征值。

12-2 已知某承重墙作用在条形基础顶面的轴心荷载标准值 $F_k=180kN/m$，基础埋深 $d=0.5m$，地基承载力特征值 $f_{ak}=176kPa$，试确定条形基础的最小底面宽度。

12-3 某场地土层分布如图 12-19 所示，作用于条形基础顶面的荷载标准值 $F_k=300kN/m$，弯矩 $M_k=35kN\cdot m/m$，取基础埋置深度 $d=0.8m$，底宽 $b=2.0m$，试按承载力要求验算所选基础底面尺寸是否合适。

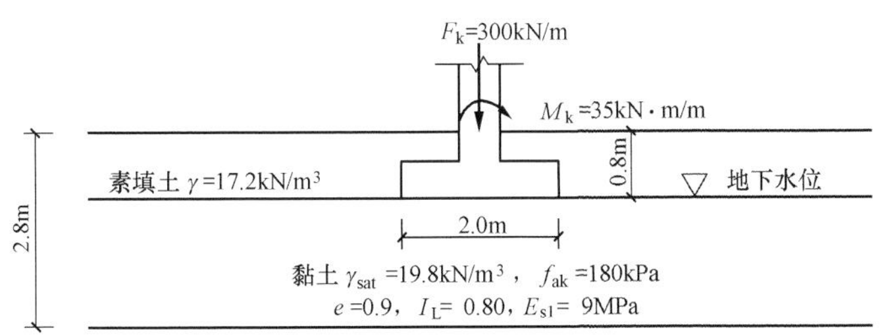

图 12-19 习题 12-3 图

12-4 按文克勒理论计算地基梁。如图 12-20 所示，承受集中荷载的钢筋混凝土条形基础的抗弯刚度 $EI=2\times10^6kN\cdot m^2$，梁长 $l=10m$，底面宽度 $b=2m$，基床系数 $k=4199kN/m^3$，试计算基础中点 C 的挠度、弯矩和基底净反力。

12-5 按倒梁法计算柱下条形基础，荷载和柱距如图 12-21 所示。边柱荷载 $P_1=1252kN$，内柱荷载 $P=1838kN$。柱距 6m，共 9 跨，悬臂 1.1m，基础长度 $L=56.2m$。

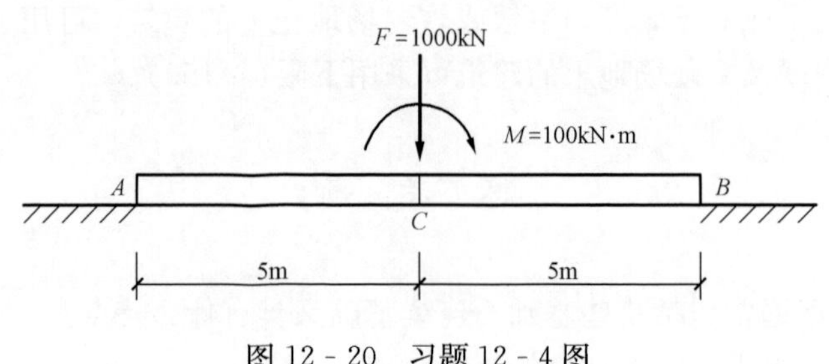

图 12-20 习题 12-4 图

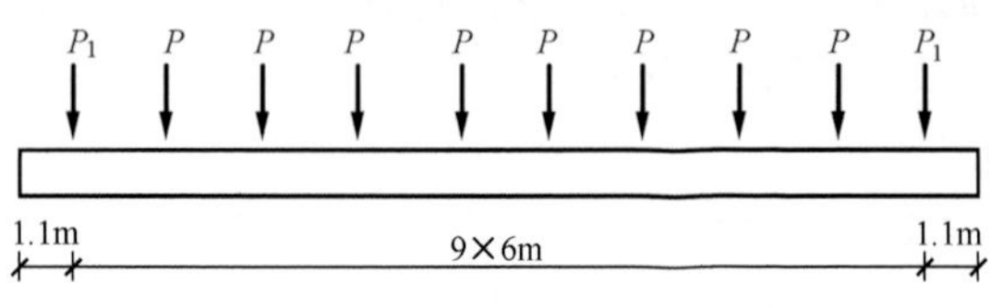

图 12-21 习题 12-5 图

12-6 筏形基础平面尺寸为 16.5m×21.5m，厚 0.8m，柱距和柱荷载如图 12-22 所示，持力层土的地基承载力设计值 f=90kPa，试验算持力层强度并计算基础内力。（提示：用刚性条板法将筏形基础 y 轴方向从跨中到跨中划分三条板带，分别计算其内力）

（答案：12-1：f_a=169.8kPa；12-2：b=1.08m；12-3：不满足；12-4：13.4mm，1232.7kN·m，56.3kPa；12-6：持力层强度 50.02kN/m²）

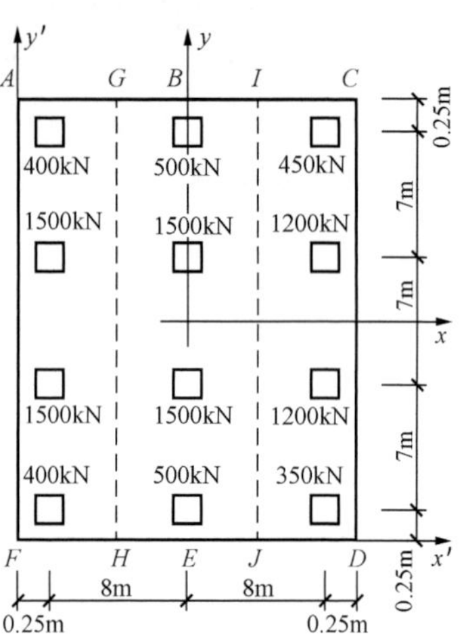

图 12-22 习题 12-6 图

注册岩土工程师考试题选

某 17 层建筑的梁板式筏形基础，如图 12-23 所示，采用 C35 级混凝土，f_t=1.57N/mm²；筏板基础底面处相应于荷载效应基本组合的地基土平均净反力设计值 p_j=320kPa。（提示：设计时取钢筋保护层厚度 a=50mm。）

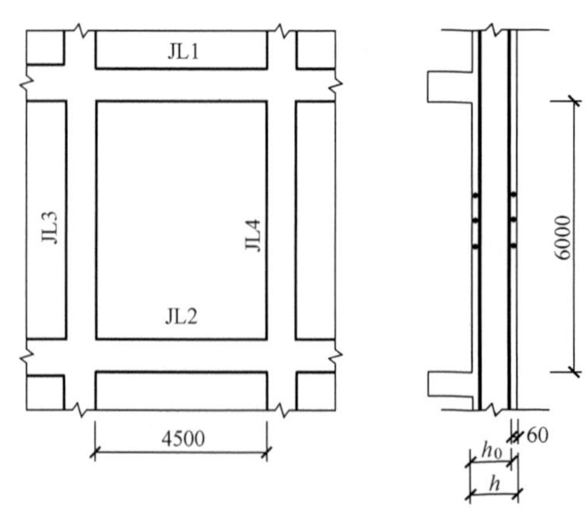

图 12-23 题选 12-1～题选 12-6 图

12-1 试问，设计时初步估算得到的筏板厚度 h（mm），应与下列哪项数值最为接近？（答案：400）

A. 320　　B. 360

C. 380　　D. 400

12-2 假定：筏板厚度取 450mm。试问，对图示区格内的筏板作冲切承载力验算时，作用在冲切面上的最大冲切力设计值 F_l(kN)，应与下列哪项数值最为接近？（计算结果：5870）

A. 5440　　B. 6080　　C. 6820　　D. 7560

12－3　筏板厚度同题 12－2。试问，底板的受冲切承载力设计值（kN），应与下列哪项数值最为接近？（计算结果：9495）

A. 6500　　B. 8335　　C. 7420　　D. 9110

12－4　筏板厚度同题 12－2。试问，进行筏板斜截面受剪切承载力计算时，平行于 JL4 的剪切面上（一侧）的最大剪力设计值 V_s(kN)，应与下列哪项数值最为接近？（计算结果：1900）

A. 1750　　B. 1910　　C. 2360　　D. 3780

12－5　筏板厚度同题 12－2。试问，平行于 JL4 的最大剪力作用面上（一侧）的斜截面受剪承载力设计值 V(kN)，应与下列哪项数值最为接近？（计算结果：2520）

A. 2237　　B. 2750　　C. 3010　　D. 3250

12－6　假定筏板厚度为 880mm，采用 HRB335 级钢筋（f_y＝300N/mm²）；已计算出每米宽区格板的长跨支座及跨中的弯矩设计值，均为 M＝280kN·m。试问，筏板在长跨方向的底部配筋，采用下列哪项才最为合理？

A. Φ12@200 通长筋＋Φ12@200 支座短筋

B. Φ12@100 通长筋

C. Φ12@200 通长筋＋Φ14@200 支座短筋

D. Φ14@100 通长筋

（答案：12－1：D；12－2：B；12－3：D；12－4：B；12－5：B；12－6：C）

第13章 桩 基 础

本章提要

桩基础是深基础设计中的重要内容，本章内容主要包括桩基础分类、桩基础承载力计算理论及其桩基础设计方法三个方面。学完本章后应掌握桩基础分类方法、桩基础承载力计算理论与方法及其桩基础的设计技术等内容。

§13.1 概 述

13.1.1 桩基础的适用范围

当建筑场地浅层地基土质不良，不能满足建筑物对地基承载力、变形和稳定性的要求，也不宜采用地基处理等措施时，可利用深部较为坚实的土层或岩层作为地基持力层，即采用深基础方案。深基础主要有桩基础、沉井基础、墩基础和地下连续墙等几种形式，其中以桩基础的历史最为悠久，其应用也十分广泛。近年来，随着技术的发展，桩的种类和形式、施工机具、施工工艺以及桩基设计理论和设计方法等，都在高速发展。目前，我国桩基础的桩身混凝土强度可达C80以上，最大直径已超过5m，最大入土深度已达107m。一般来说，下列情况可考虑采用桩基础方案：

(1) 天然地基承载力和变形不能满足建筑物要求；

(2) 天然地基承载力虽能基本满足要求，但沉降量过大或对沉降有严格限制的建筑物；

(3) 需以桩承受较大的水平力或上拔力的情况，如桥梁、码头、烟筒、输电塔等建筑物；

(4) 地基土有可能被水流冲刷的桥梁基础；

(5) 在地震区，以桩基作为地震区结构抗震措施或者穿越可液化地层；

(6) 重型设备、需要减弱其振动影响的动力机器基础，或以桩基作为地震区建筑物的抗震措施；

(7) 当施工水位或者地下水位较高时，采用桩基可以减小施工困难并避免水下施工；

(8) 需穿越水体和软弱土层的港湾与海洋构筑物基础，如栈桥、码头、海上采油平台等。

因此，在考虑桩基础适用性时，必须根据上部结构特征与使用要求，认真分析研究建筑物建设地点的工程地质和水文资料，考虑不同桩基类型特点和施工环境条件，通过经济、技术等多方面比较选择优化的设计方案。

13.1.2 桩基础的特点

桩基础是由桩和承台两部分组成，它是通过承台把若干根桩的顶部连接成整体，共同承受动静荷载的一种深基础，如图13-1所示。桩基础的作用是将承台以上结构物传来的外力通过承台，由桩传递到较深的地基持力层中去。通常将群桩基础中的桩称为基桩。

桩基础是一种古老的基础形式，早在新石器时代，人类远祖就已经在湖泊和沼泽地带打木桩来支承房屋。我国汉朝时期已用木桩来修桥，宋代石器桩基技术已经比较成熟，到了明清更加完善，广泛应用在了房屋、塔、桥梁和水利等各类土木工程中。

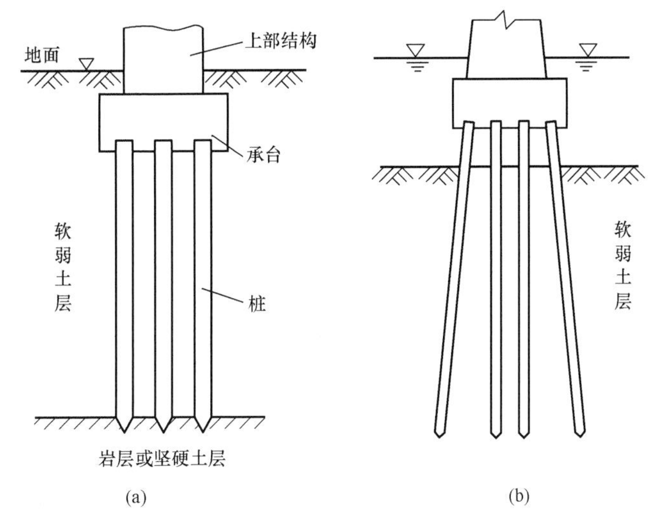

图13-1　桩基础示意图
(a) 低桩承台基础；(b) 高桩承台基础

随着科学技术的发展，桩的材料、种类、施工工艺，桩基形式，桩基设计计算理论和方法，桩的原型试验和检测方法等各方面都有了很大的发展。由于具有承载力高、稳定性好、沉降均匀等优点。桩基础已成为在土质不良地区修建各种建筑物所普遍采用的基础形式，在高层建筑、桥梁、港口和近海结构等工程中得到广泛应用。

与浅基础对比，桩基础承载力高，稳定性好，沉降量小而均匀，能承受一定的水平荷载，又有一定的抗震能力。

与其他深基础相比，桩基础具有以下优点：

(1) 可节省材料和开挖基坑的土石方量。

(2) 可免去深基坑施工中经常遇到的防水、防漏和坑壁支护等复杂问题。

(3) 施工方法灵活，既可采用预制桩，又可以采用现场灌注桩。

(4) 通过改变桩长可以适应持力层面起伏不平的变化。

(5) 既能承受压力，又能承受拉力、弯矩，易于适用不同的工作方式。

但是桩基础的造价较高，施工较复杂；桩基础施工时有震动及噪声，影响环境；桩基础工作机理比较复杂，其设计方法相对不完善。

§13.2　桩及桩基础的分类

桩和桩基础可按如下几个方法进行分类。

13.2.1　按荷载传递方式分类

桩基按其性状和竖向受力情况，可分为摩擦型桩和端承型桩两大类。

1. 摩擦型桩

摩擦型桩分为摩擦桩和端承摩擦桩。摩擦桩是指在极限状态下，桩顶荷载由桩侧阻力承受，桩端阻力可以忽略不计，如图13-2 (a) 所示。端承摩擦桩是指在极限承载力下，桩顶荷载主要由桩侧阻力承受；桩端阻力占少量比例。例如置于软塑状态黏性土中的长桩，桩端土为可塑状态的黏土，如图13-2 (b) 所示。

2. 端承型桩

端承型桩又分为端承桩和摩擦端承桩。端承桩是指在极限承载力状态下，桩顶荷载基本由桩端阻力承受。当桩端进入微风化或中等风化岩石时为端承桩，此时桩侧阻力忽略不计，如图 13-2（c）所示。

摩擦端承桩是指桩顶竖向荷载主要由桩端阻力承受，桩侧摩擦力所占的比例较小，但也不能忽略不计，如图 13-2（d）所示。

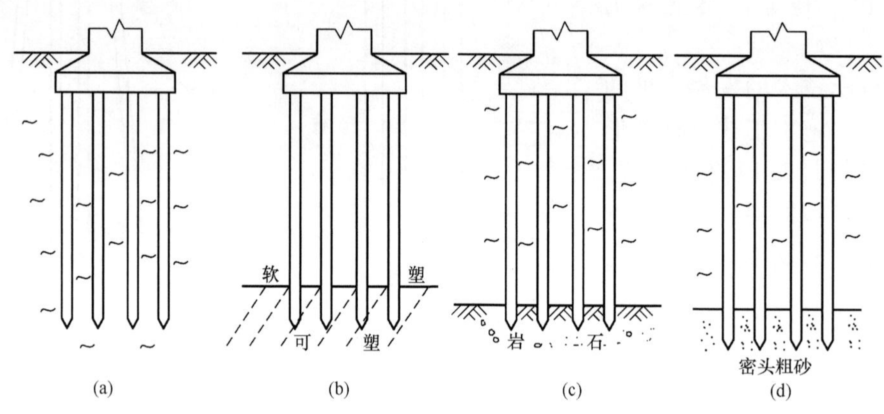

图 13-2 按桩荷载传递方式分类

（a）摩擦桩；（b）端承摩擦桩；（c）端承桩；（d）摩擦端承桩

13.2.2 按桩的使用功能分类

桩基按其使用功能分为下面五种类型：

1. 竖向抗压桩

竖向抗压桩是指承受竖向荷载的桩基础，如建筑桩基础多为竖向抗压桩。这是使用最广泛、用量最大的一种桩。它组成的桩基础是为了提高地基承载力和减少地基沉降量。

2. 竖向抗拔桩

竖向抗拔桩是指承受竖向抗拔力的桩基础，如山顶的高压输电塔的桩基础受大风荷载时为抗拔桩，又如桩的静荷载试验中用作支承反力梁的桩为抗拔桩，另外还有抗浮桩等。

3. 水平受荷桩

水平受荷桩是指主要承受水平荷载的桩。例如，深基坑的护坡桩或边坡抗滑桩承受水平方向土推力作用，为水平受荷桩。

4. 斜桩与交叉桩

当荷载作用方向与竖直方向夹角（δ）在 $5°<\delta\leqslant15°$时，竖直桩不足以承受荷载的水平分力，宜采用斜桩；当 $\delta>15°$时一般采用交叉桩，以便提高承受水平荷载的能力。港口工程中的高桩码头多采用交叉桩承受水平荷载。海洋石油建筑工程中的固定式平台等，受风浪、冰块等方向不定的水平力作用，常采用多向斜桩。

5. 复合受荷桩

这种桩基础同时承受竖向荷载与水平荷载，如桥墩基础等。

13.2.3 按桩的材料分类

1. 木桩

木桩是一种古老的桩基形式。常用挺直的杉木或松木做成，桩径一般为 140～360mm，桩长 4～10m。木桩的桩顶应加设铁箍，以保护桩顶不被打裂。桩尖削成棱锥形，常加铁桩靴。

木桩制造简单，重量轻，运输和沉桩方便，但是木桩承载力低，在干湿交替的环境中极易腐烂，现在一般很少使用，只在盛产木材地区修筑或抢修桥梁以及建造施工便桥时采用。

2. CFG 桩

CFG 桩是以水泥、粉煤灰和碎石按一定比例加工制作的桩基础。适用于处理黏性土、粉土、沙土和桩端具有相对硬土层、承载力标准值不低于 70kPa 的淤泥质土、非嵌固结人工填土等地基；近年来在高层建筑物地基承载力不足时，经常应用 CFG 桩基础。桩顶应设置褥垫层，其厚度宜取 100～300mm，水泥粉煤灰碎石桩与桩间土构成了复合地基，共同承担上部荷载。当桩径、桩距大时褥垫层厚度宜取高值。褥垫层材料宜用粗砂、中砂、级配砂石，碎石的最大粒径不宜大于 30mm。

3. 钢筋混凝土桩

钢筋混凝土桩是目前工程上应用最广泛的桩型。钢筋混凝土桩应用较广，可用于承压、抗拔、抗弯，可采用工厂预制或者现场预制后打入，现场成孔灌注混凝土等方法成桩。预制桩还可分为预应力桩和非预应力桩。使用高强水泥和钢筋制作的预应力桩具有很高的桩身强度。

混凝土预制桩的横截面有方、圆等各种形状，普通实心方桩的截面边长一般为 300～500mm。混凝土预制桩可以在工厂生产，也可在现场预制。现场预制桩的长度一般在 25～30m 以内，工厂预制桩的分节长度一般不超过 12m，沉桩时在现场连接到所需长度。分节预制桩的接头质量应保证满足桩身承受轴力、弯矩和剪力的要求，连接方法有焊接接桩、法兰接桩和硫磷胶泥锚接桩三种。前两种接桩方法可用于各种土层，硫磷胶泥锚接桩适用于软土层。

混凝土预制桩的配筋主要受起吊、运输、吊立和沉桩等各阶段的应力控制，因而用钢量较大。为减少混凝土预制桩的钢筋用量，提高桩的承载力和抗裂性，可采用预应力混凝土桩。

预应力混凝土管桩（见图 13 - 3）采用先张法预应力工艺和离心成型法制作。经高压蒸气养护生产的为预应力高强混凝土管桩（代号为 PHC 桩），其桩身离心混凝土强度等级不低于 C80；未经高压蒸气养护生产的为预应力混凝土管桩（代号为 PC 桩），其桩身离心混凝土强度等级为 C60～C80。建筑工程中常用的 PHC、PC 管桩的外径为 300～600mm，分节长度为 7～13m，沉桩时桩节处通过焊接端头板接长。桩的下端设置十字形桩尖（见图 13 - 4）、圆锥形桩尖或开口形桩尖。

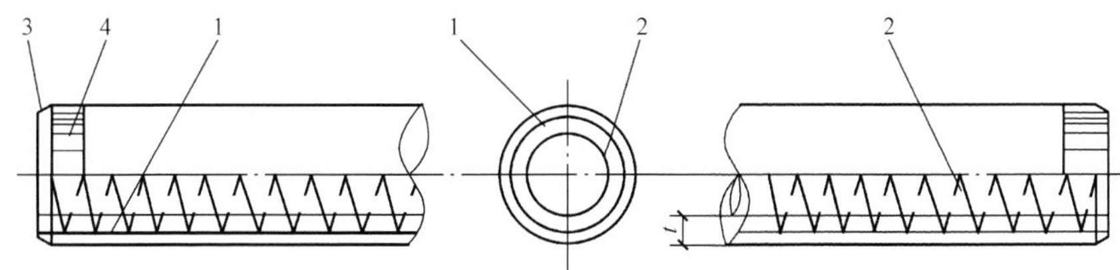

图 13 - 3 预应力混凝土管桩

1—预应力钢筋；2—螺旋箍筋；3—端头板；4—钢套箍

t—壁厚

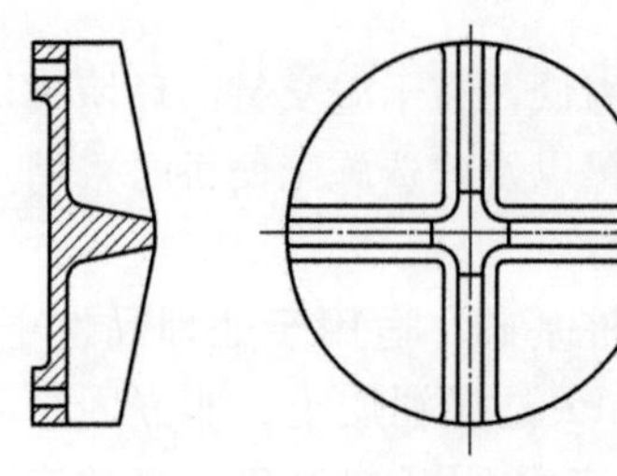

图 13-4　预应力混凝土管桩的封口十字刃钢桩尖

4. 钢桩

工程常用的钢桩有 H 形钢桩以及下端开口或闭口的钢管桩等。H 形钢桩的横截面大都呈正方形，截面尺寸为 200mm×200mm～360mm×410mm，翼缘和腹板的厚度为 9～26mm。H 形钢桩贯入各种土层的能力强，对桩周土的扰动也较小。H 形钢桩的横截面面积较小，所以能提供的端部承载力不高。钢管桩的直径一般为 400～3000mm，壁厚为 6～50mm，国内工程中常用的为 400～1200mm，壁厚为 9～20mm。端部开口的钢管桩易于打入（沉桩困难时，可在管内取土以助沉降），但端部承载力较闭口的钢管桩小。

钢桩的穿透能力强、自重轻、锤击沉桩的效果好、承载能力高，无论起吊、运输或是沉桩、接桩都很方便。但钢桩的耗钢量大、成本高、抗腐蚀性能较差，须做表面防腐蚀处理，目前我国只在少数重要工程中使用。

5. 组合材料桩

这种桩种类很多，并且不断有新类型出现。例如在做抗滑桩时，在混凝土中加入大型工字钢承受水平荷载；在用深层搅拌法制作的水泥墙中内插入 H 形钢，形成地下连续墙。最近我国研究人员在水泥土中插入高强钢筋混凝土桩作为劲芯，所形成的桩基承载力高于一般灌注桩。

13.2.4　按施工方法分类

1. 预制桩

按不同的沉桩方式可分为以下几种。

（1）锤击法。锤击桩是通过桩锤将桩打入地基中。这种施工方法适用于地基土为松散的碎石土、砂土、粉土以及可塑黏性土的情况。但是锤击法沉桩伴有噪声、振动和地层扰动等问题，在城市建设中应考虑其对环境的影响。

（2）振动法。振动法沉桩是将大功率的振动打桩机安装在桩顶，一方面利用振动以减小土对桩的阻力，另一方面用向下的振动力使桩沉入土中。这种施工方法适用于可塑状的黏性土和砂土，对受振动时土的抗剪强度有较大降低的砂土地基和自重不大的钢桩，沉桩效果更好。

（3）静力压桩法。静压法沉桩是借助桩架自重及桩架上的压重，通过液压或滑轮组提供的静反力将预制桩压入土中的桩。它适用于较匀质的可塑状黏性土地基，对于沙土及其他较坚硬土层，由于压桩阻力大而不宜采用。静力压桩在施工过程中具有无噪声、无振动、无冲击力，施工应力小、桩顶不易损坏和沉桩精度较高等特点，但较长桩分节压入时，如果接头较多会影响压桩的效率。

2. 灌注桩

灌注桩是在现场地基中钻挖桩孔，然后在孔内安放钢筋笼，再浇灌混凝土而成。灌注桩适用于各种类型的地基土，可以做成大直径和扩底桩以提高桩的承载力。与混凝土预制桩比较，灌注桩一般只根据使用期间可能出现的内力配置钢筋，用钢量较省；当持力层顶面起伏不平时，桩长可在施工过程中根据要求在某一范围内取定。但在成孔成桩过程中，应采取相应的措施和方法保证灌注桩桩身的成形和混凝土质量，这是保证灌注桩承载力的关键所在。

灌注桩按成孔方式的不同，大体可归纳为钻、挖孔灌注桩，沉管灌注桩和爆扩桩几大类。

（1）钻、挖孔灌注桩。钻孔桩是指用钻（冲）孔机具在土中钻进，边破碎土体边出土渣而成孔，然后在孔中安放钢筋笼，最后浇灌混凝土。

常用回转机具成孔桩径为600mm或650mm的钻孔灌注桩，其桩长10～30m；桩径在1.2m以下的钻（冲）孔灌注桩在钻进时直接采用泥浆保护孔壁，清孔（排走孔底沉渣）后，在水下浇灌混凝土。桩径在1500～3000mm的钻（冲）孔桩一般用钢套筒护壁，所用钻机具有回旋钻进、冲击、磨头磨碎岩石和扩大桩底等多种功能，钻进速度快，深度可达80m，能克服流砂、消除孤石等障碍物，并能进入微风化硬质岩石。其最大优点在于能进入岩层，刚度大，因此承载力高而桩身变形很小。

挖孔桩可采用人工或机械在地基中挖掘成孔，然后安放钢筋笼，灌注混凝土而成。

挖孔桩的优点是可直接观察地层情况，孔底易清除干净，设备简单，噪声小，场区各桩可同时施工，桩径大，适应性强，又比较经济。缺点是：桩孔内空间狭小，劳动条件差，可能遇到流砂、塌孔、有害气体、缺氧、触电和上面掉下重物等危险而造成伤亡事故，在松砂层（尤其是地下水位下的松砂层）、极软弱土层、地下水涌水量多且难以抽水的地层中难以施工或无法施工。

（2）沉管灌注桩。沉管灌注桩是指采用锤击或振动的方法把带有钢筋混凝土的桩尖或带有活瓣式桩尖的钢套管沉入土层中成孔，然后在套管内放置钢筋笼，并边灌注混凝土边拔套管而形成的灌注桩；也可将钢套管打入土中挤土成孔后向套管中灌注混凝土并拔出套管成桩。它适用于黏性土、砂性土、砂土地基。由于采用了套管，可以避免钻孔灌注桩施工中可能产生的流砂、坍孔的危害和由泥浆护壁所带来的排渣等弊病。但桩的直径较小，常用的尺寸在600mm以下，桩长常在20m以内。在软黏土中，由于沉管的挤压作用对邻桩有挤压影响，且挤压时产生的孔隙水压力易使拔管时出现混凝土桩缩颈现象。

（3）爆扩灌注桩。爆扩灌注桩是指就地成孔后，在孔底放入炸药包并灌注适量混凝土后，用炸药爆炸扩大孔底，再安放钢筋笼，灌注桩身混凝土而成的桩。爆扩桩的桩身直径一般为200～350mm，扩大头直径一般取桩身直径的2～3倍，桩长一般为4～6m，最深不超过10m。这种桩的适应性强，除软土的新填土外，其他各种地层均可用。最适宜在黏土中成型并支承在坚硬密实土层上的情况。

我国常用灌注桩的适用范围见表13-1。

13.2.5 按成桩方法分类

根据成桩方法对桩周土层的影响，桩可分为非挤土桩、挤土桩和部分挤土桩三类。

1. 非挤土桩

成桩过程对桩周围的土无挤压作用的桩称为非挤土桩。主要包括干作业法钻（挖）孔灌注桩、泥浆护壁法钻（挖）孔灌注桩、套管护壁法钻（挖）孔灌注桩等。此类桩在成桩过程中，将与桩体积相同的土挖出，因而桩周围的土受到较轻的扰动，但有应力松弛现象。

2. 挤土桩

成桩过程中，桩孔中的土未取出，全部挤压到桩的四周称为挤土桩。实心的预制桩、下端封闭的管桩、木桩以及沉管灌注桩等打入桩，在锤击、振动贯入或压入过程中，都将桩位处的土大量排挤开，因而使桩周土层受到严重扰动，土的原状结构遭到破坏，土的工程性质有很大变化。黏性土由于重塑作用而降低了抗剪强度（过一段时间可恢复部分强度）；而非密实的无黏性土则由于振动挤密而使抗剪强度提高。

表 13-1 常用灌注桩的适用范围

成孔方法		适用范围
泥浆护壁成孔	冲抓 冲击 600～1500mm 回转站 400～3000mm	碎石类土、砂类土、粉土、黏性土及风化岩。冲击成孔，进入中等风化和微风化岩层的速度比回转钻快，深度可达 50m
	潜水钻 450～3000mm	黏性土、淤泥、淤泥质土及砂土，深度可达 80m
孔下作业	螺旋钻 300～1500mm	地下水位以上的黏性土、粉土、砂类土及人工填土，深度可达 30m
	钻孔扩底，底部直径可达 1200mm	地下水位以上的坚硬、硬塑的黏性土及中密以上的砂类土，深度在 15m 内
	机动洛阳铲 270～500mm	地下水位以上的黏性土，黄土及人工填土，深度在 20m 内
	人工挖孔 800～3500mm	地下水位以下的黏性土，黄土及人工填土，深度在 25m 内
沉管成孔	锤击 320～800mm	硬塑黏性土、粉土、砂类土，直径 600mm 以上的可达强风化岩，深度可达 20～30m
	振动 300～500mm	可塑性黏土、中细砂，深度可达 20m
爆扩成孔，底部直径可达 800mm		地下水位以上的黏性土、填土、黄土

3. 部分挤土桩

成桩过程对周围土产生部分挤压作用的桩称为部分挤土桩。主要包括长螺旋压灌灌注桩、冲孔灌注桩、钻孔挤扩灌注桩、预钻孔打入（静压）预制桩、打入（静压）式敞口钢管桩、敞口预应力混凝土空心桩和 H 形钢桩。此类桩在成桩过程中，桩周围的土受到相对较少的扰动，土的原状结构和工程性质的变化不明显。

13.2.6 按桩径大小与形状分类

桩依据其承载性能、使用功能和施工方法可分为四类：

1. 小直径桩

一般桩径 $d\leqslant 250$mm 的桩称为小直径桩。其主要特点是由于桩径小，沉桩的施工机械、施工场地与施工方法都比较简单，小桩适用于中小型工程和基础加固。

2. 中等直径桩

一般桩径为 250mm$<d<$800mm 的桩均称为中等直径桩。中等直径桩的承载力较高，因此，在建筑物中大量使用。

3. 大直径桩

一般桩径 $d\geqslant 800$mm 的桩称为大直径桩。其特点是桩径大，而且桩端还可扩大，因此单桩承载力高。通常用于桥梁、重型设备基础，并可实现一柱一桩的优良结构形式。

4. 非等直径桩

上述三种桩桩身直径相等，目前又有一种非等直径桩应用于工程中，也就是变截面桩。沿桩身每隔一定间距增加一个盘，最终沿桩的轴向增加多个盘，盘的直径约为桩身直径的 2～3 倍，由此其承载力递增较大，且使桩间土均匀承载。

§13.3　桩的承载力

13.3.1　单桩轴向荷载的传递机理和特点

桩的承载力是桩与土共同作用的结果，因此了解单桩在轴向荷载下桩土间的传力途径、单桩承载力的构成特点以及单桩受力破坏形态等基本概念，将对正确确定单桩承载力有指导意义。

一、桩身轴力和截面位移

桩在轴向压力荷载作用下，桩顶将发生轴向位移，它为桩身弹性压缩和桩底以下土层压缩之和。置于土中的桩与其侧面土是紧密接触的，当桩相对于土向下位移时就产生土对桩向上作用的桩侧摩阻力。桩顶荷载沿桩身向下传递的过程中，要不断地克服这种摩阻力，桩身轴向力随深度逐渐减小，传至桩底的轴向力也即桩底支承反力，它等于桩顶荷载减去全部桩侧摩阻力。桩顶荷载是桩通过桩侧摩阻力和桩底阻力传递给土体。因此，单桩轴向荷载的传递过程就是桩侧阻力与桩端阻力的发挥过程。桩顶荷载通过发挥出来的侧阻力传递到桩周土层中去，从而使桩身轴力与桩身压缩变形随深度递减［见图 13-5（e）、（c）］。一般来说，靠近桩身上部土层的侧阻力先于下部土层发挥，侧阻力先于端阻力发挥。

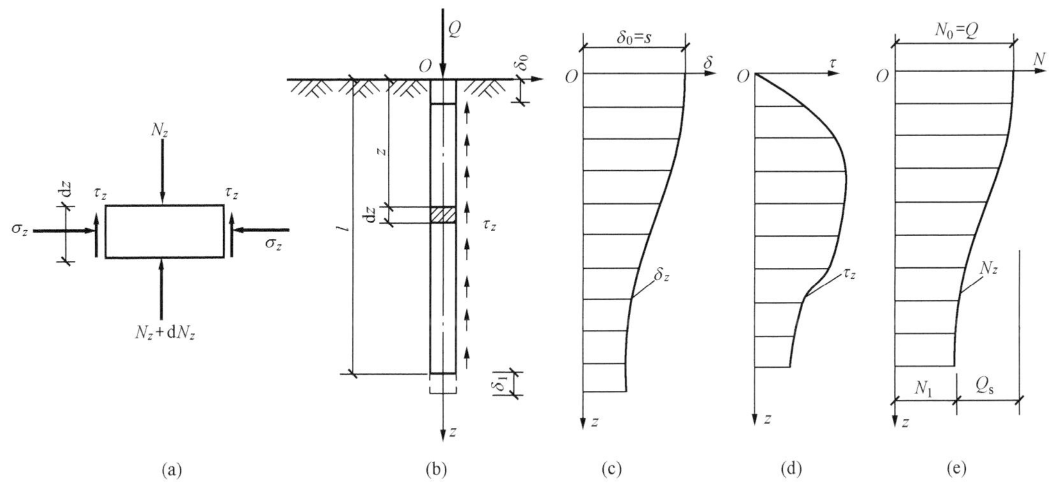

图 13-5　单桩轴向荷载传递

（a）微桩段的作用力；（b）轴向受压的单桩；（c）截面位移曲线；（d）摩阻力分布曲线；（e）轴力分布曲线

图 13-5（a）表示长度为 dz 的竖直单桩在桩顶轴向力 $N_0=Q$ 作用下，在桩身任一深度 z 处横截面上所引起的轴力 N_z 将使截面下桩身压缩、桩端下沉 δ_1，致使该截面向下位移了 δ_z，从作用于深度 z 处、周长为 u_p、厚度为 dz 的微小桩段上力的平衡条件

$$N_z-\tau_z\cdot u_p\cdot dz-(N_z+dN_z)=0 \tag{13-1}$$

可得桩侧摩阻力 τ_z 与桩身轴力 N_z 的关系

$$\tau_z=-\frac{1}{u_p}\cdot\frac{dN_z}{dz} \tag{13-2}$$

τ_z 也就是桩侧单位面积上的荷载传递量。由于桩顶轴力 Q 沿桩身向下通过桩侧摩阻力逐步

传递给桩周土，因此轴力 N_z 就相应地随深度而递减，所以式（13－2）右端带负号。桩底的轴力 N_l 即桩端总阻力 $Q_p=N_l$，而桩侧总阻力 $Q_s=Q-Q_p$。

根据桩身 dz 长度的压缩变形 δ_z 与桩身轴力 N_z 之间的关系 $\mathrm{d}\delta_z=-N_z\dfrac{\mathrm{d}z}{A_pE_p}$，可得

$$N_z=-A_pE_p\frac{\mathrm{d}\delta_z}{\mathrm{d}z} \tag{13-3}$$

式中：A_p 和 E_p 为桩身横截面面积和弹性模量。

将式（13－3）代入式（13－2）得

$$\tau_z=\frac{A_pE_p}{u_p}\frac{\mathrm{d}^2\delta_z}{\mathrm{d}z^2} \tag{13-4}$$

式（13－4）是单桩轴向荷载传递的基本微分方程。它表明桩侧摩阻力 τ 是桩截面对桩周土的相对位移 δ 的函数 $[\tau=f(\delta)]$，其大小制约着土对桩侧表面向上作用的正摩阻力 τ 的发挥程度。

由图 13－5（a）可知，任一深度 z 处的桩身轴力 N_z 应为桩顶荷载 $N_0=Q$ 与 z 深度范围内的桩侧总阻力之差：

$$N_z=Q-\int_0^z u_p\tau_z\mathrm{d}z \tag{13-5}$$

桩身截面位移 δ_z 则为桩顶位移 $\delta_0=s$ 与 z 深度范围内的桩身压缩量之差：

$$\delta_z=s-\frac{1}{A_pE_p}\int_0^z N_z\cdot\mathrm{d}z \tag{13-6}$$

上述两式中如取 $z=l$，则式（13－5）变为桩底轴力 N_l（即桩端总阻力 Q_p）表达式，式（13－6）则变为桩端位移 δ_l（即桩的刚体位移）表达式。

单桩静载荷试验时，除了测定桩顶荷载 Q 作用下的桩顶沉降 s 外，如还通过沿桩身若干截面预先埋设的应力或位移量测元件（钢筋应力计、应变片、应变杆等）获得桩身轴力 N_z 分布图，便可利用式（13－2）及式（13－6）作出摩阻力 τ_z 和截面位移 δ_z 分布图［见图 13－5（e），（d），（c）］。

二、影响荷载分布的因素

在任何情况下，桩的长径比 l/d（桩长与桩径之比）对荷载传递都有较大的影响。根据 l/d 的大小，桩可分为短桩（$l/d<10$）、中长桩（$l/d>10$）、长桩（$l/d>40$）和超长桩（$l/d>100$）。

通过线弹性理论分析，得到影响单桩荷载传递的因素主要有：

1. 桩顶的应力水平

当桩顶的应力水平较低时，桩上部侧土阻力得到逐渐发挥，当桩顶应力水平增高时桩侧土摩阻力自上而下发挥，而且桩端阻力随着桩身轴力传递到桩端土而慢慢发挥。桩顶应力水平继续增高时，桩端阻力的发挥度一般随着桩端土位移的增大而增大。

2. 桩身混凝土与桩侧土的刚度比 E_p/E_s

E_p/E_s 越大，桩端阻力所分担的荷载比例越大；但当 E_p/E_s 超过 1000 后，对桩端阻力分担荷载比的影响不大，而对于 $E_p/E_s\leqslant 10$ 的中长桩，其桩端阻力分担的荷载接近于零；这说明对于砂桩、碎石桩、灰土桩等低刚度桩组成的基础，应按复合地基工作原理进行设计。

3. 桩端土与桩侧土的刚度比 E_b/E_s

当 $E_b/E_s=0$ 时，荷载全部由桩侧摩阻力承担，属纯摩擦桩。在均匀土层中的纯摩擦桩，摩阻力接近于均匀分布。

当 $E_b/E_s=1$ 时，属均匀土层的端承摩擦桩，其荷载传递曲线和桩侧摩阻力分布与纯摩擦桩相近。

当 $E_b/E_s=\infty$时且为短桩时，为纯端承桩。当为中长桩时，桩身荷载上段随深度减小，下段沿深度基本不变。即桩侧摩阻力上段可得到发挥，下段由于桩土相对位移很小（桩端无位移）而无法发挥出来。桩端由于土的刚度大，可分担 60%以上荷载，属摩擦端承桩。

4. 桩的长径比 l/d

随着 l/d 的增大，传递到桩端的荷载逐渐减小，桩身下部侧阻力的发挥值相应降低。在均匀土层中的长桩，其桩端阻力分担的荷载比趋于零；对于超长桩，不论桩端土的刚度多大，其桩端阻力分担的荷载都小到可略而不计，即桩端土的性质对荷载传递不再有任何影响，且上述各影响因素均失去实际意义。可见，长径比很大的桩都属于摩擦桩，在设计这样的桩时，试图采用扩大桩端直径来提高承载力，实际上是徒劳无益的。

5. 桩端扩大头直径与桩身直径之比 D/d

D/d 越大，桩端阻力分担的荷载比越大。对于均匀土层中的中长桩，当 $D/d=3$ 时，桩端阻力分担的荷载比将由等直径桩（$D/d=1$）的约 5%增至约 35%。

6. 桩侧表面粗糙度

一般桩侧表面越粗糙，桩侧阻力发挥度越高，桩侧表面越光滑，则桩侧阻力发挥度越低，所以打桩施工方式是影响单桩荷载传递的重要因素。

钻孔桩由于钻孔使桩侧土应力松弛，同时由于泥浆护壁使桩侧表面光滑而减少了界面摩擦力，所以普通钻孔灌注桩的侧阻发挥程度不高，如果对钻孔桩的桩土界面实行注浆，实质上是提高了其界面粗糙度，同时也相对扩大了桩径，从而提高了侧阻力。

预应力管桩等挤土桩由于打桩挤土对软土桩土界面的土层有扰动，从而在短期内降低了桩侧摩阻力，当然长期休止后，随着软土的触变恢复，桩侧摩阻力会慢慢提高。

13.3.2 桩侧摩阻力和桩端阻力

桩基在竖向荷载作用下，桩身混凝土产生压缩，桩侧土抵抗向下位移而在桩土界面产生向上的摩擦阻力称为桩侧摩阻力，简称为侧阻，定义为正摩阻力。

桩侧摩阻力 τ 与桩—土界面相对位移 δ 的函数关系，可用图 13-6 中曲线 OCD 表示，并且常常简化为折线 OAB。OA 段表示桩—土界面相对位移 δ 小于某一限值 δ_u 时，摩阻力 τ 随 δ 线性增大；AB 段则表示一旦桩—土界面相对滑移超过某一限值，摩阻力 τ 将保持极限值 τ_u 不变。按照传统经验，桩侧摩阻力达到极限值 τ_u 所需的桩—土相对滑移极限值 δ_u 基本只与土的类别有关、而与桩径大小无关。根据试验资料，黏性土滑移极限

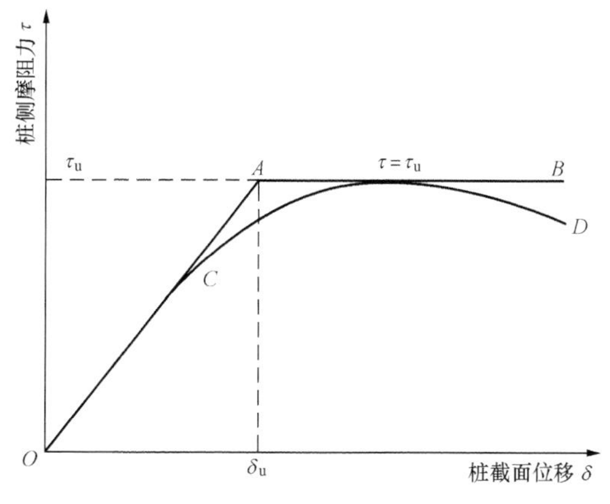

图 13-6 τ-σ 曲线

值为 4～6mm，砂类土滑移极限值 6～10mm；极限摩阻力 τ_u 可表达为式（13 - 7）。

$$\tau_u = c_a + \sigma_x \tan\varphi_a \tag{13 - 7}$$

其中，c_a 和 φ_a 分别为桩侧表面与土之间的附着力和摩擦角；σ_x 为深度 z 处作用于桩侧表面的法向压力，它与桩侧土的竖向有效应力 σ'_v 成正比例，即

$$\sigma_x = K_s \sigma'_v \tag{13 - 8}$$

式中：K_s 为桩侧土的侧压力系数，对挤土桩 $K_0 < K_s < K_p$；对非挤土桩，因桩孔中土被清除，而使 $K_a < K_s < K_0$。k_a、k_0、k_p 分别为主动、静止和被动土压力系数。

以式（13 - 7）、式（13 - 8）的有效应力法计算深度 z 处的单位极限侧阻时，如取 $\sigma'_v = r'z$，则侧阻将随深度线性增大。然而砂土中的模型桩试验表明，当桩入土深达某一临界深度后，侧阻就不随深度增加了，这个现象称为侧阻的深度效应。它表明邻近桩周的竖向有效应力不等于覆盖厚度的压应力，而是线性增加到临界深度（z_c）时达到一个限值（σ'_{vc}），所以桩周土中竖向自重应力 σ'_v 的理想化分布如图 13 - 7（a）所示。

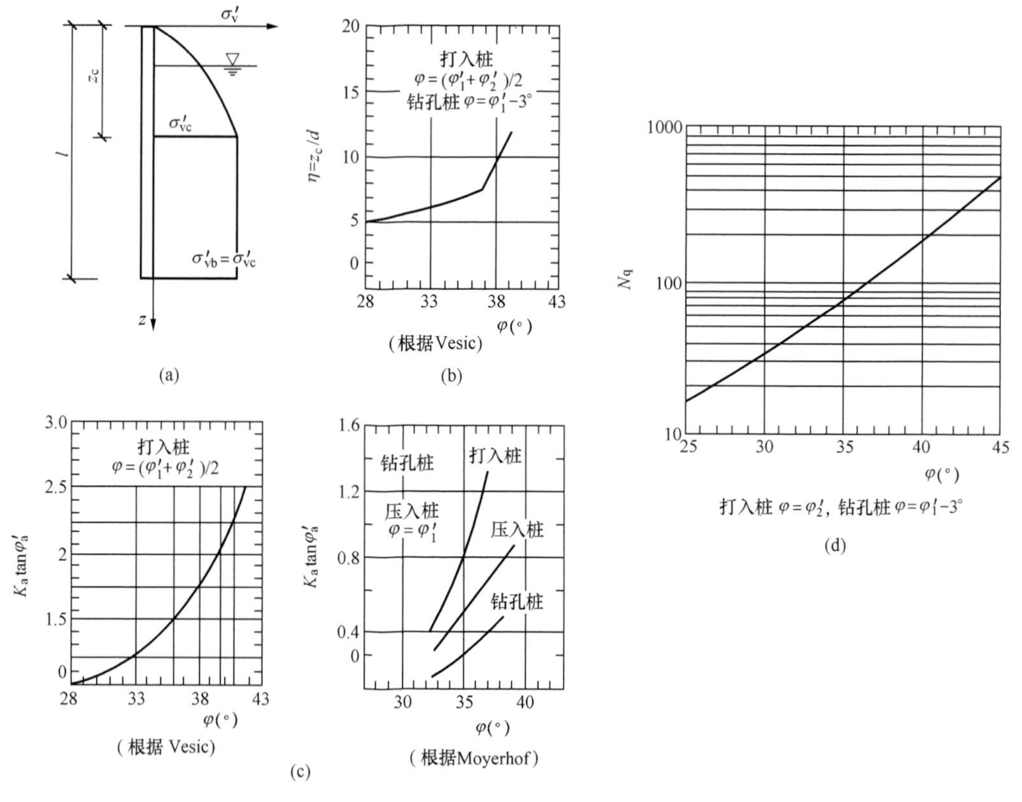

图 13 - 7 单桩承载力计算用图

（a）σ'_v 的理想分布；（b）无黏性土中桩的 η 值；（c）无黏性土中的 $K_a \tan\varphi'_a$ 值；（d）圆形基础承载力系数 N_q 值

综上理论研究与实验分析，可知桩侧极限摩阻力与所在的深度、土的类别和性质、成桩方法等诸多因素有关。

桩端阻力（简称端阻）与土的性质、桩端位移、覆盖层厚度、桩径、桩底作用力、时间以及桩端进入持力层的深度等因素有关。其中最主要的影响因素是桩端持力层的性质。桩端

持力层的受压刚度和抗剪强度越大，桩端阻力就越大。

桩端阻力的发挥不仅滞后于桩侧摩阻力，而且其充分发挥所需要的桩底位移值比桩侧摩阻力到达极限所需要的桩身截面位移值大得多。试验表明，桩底极限位移与桩径的比值，对砂类土为 0.08～0.1，一般黏性土约为 0.25，硬黏土约为 0.1。因此，在工作状态下，单桩桩端阻力的安全储备一般都大于桩侧阻力的安全储备。

另外，试验表明，与桩侧阻力的深度效应类似，当桩端入土深度小于某一临界深度时，极限桩端阻力随深度线性增加，当大于某深度后桩端阻力大小则保持不变，且桩侧阻力与桩端阻力的临界深度之比约为 0.3～1.0。

桩端阻力是指桩顶荷载通过桩身和桩侧土传递到桩端土所承受的力。极限桩端阻力在量值上等于单桩竖向极限承载力减去桩的极限侧阻力。

按土体极限承载力理论方法用于计算桩端阻力的极限平衡理论公式有很多，但可统一表达为

$$q_{pu}=\frac{1}{2}brN_r+cN_c+qN_q \tag{13-9}$$

式中 c——土的黏聚力，kPa；

r——桩端平面以下或桩端平面以上土的重度，地下水位以下取有效重度，kN/m^3；

b——桩端宽度（直径），mm；

q——桩底标高处土中的竖向应力，$q=\gamma l$，kPa；

N_r，N_c，N_q——条形基础无量纲的承载力因数，仅与土的内摩擦角 φ 有关。

桩端阻力与浅基础一样，同样主要取决于桩端土的类型和性质。一般而言，粗粒土承载力高于细粒土的；密实土的承载力高于松散土的。桩的极限端阻力标准值可以查阅规范选取。

对于水下施工的灌注桩，由于桩底沉渣不易清理，一般端阻力比干作业灌注桩要小。

13.3.3 单桩竖向承载力

一、单桩竖向荷载作用下的破坏形式

在竖向压力作用下，单桩的破坏模式主要取决于桩周土的抗剪强度、桩端支承情况、桩的尺寸与类型等因素，可分为如图 13-8 所示的三种。

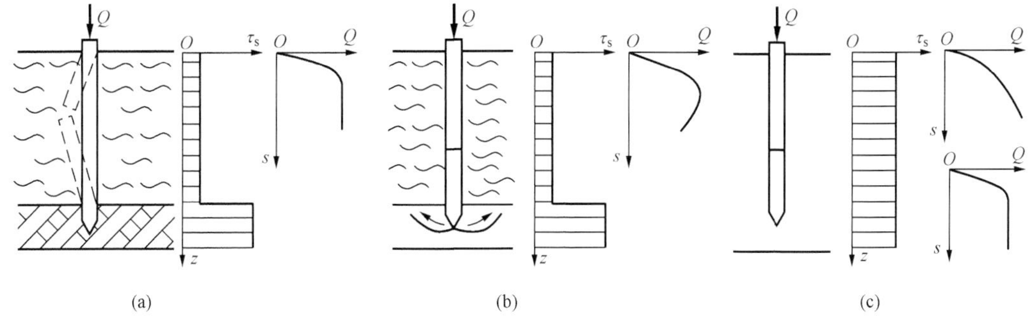

图 13-8 竖向压力作用下单桩的破坏形式

(a) 屈曲破坏；(b) 整体剪切破坏；(c) 刺入破坏

1. 屈曲破坏

如图 13 - 8（a）所示，当桩底支承在坚硬的土层或岩层上，且桩周土层极为软弱时，桩身无约束或无侧向抵抗力。桩在竖向压力作用下，就如同一细长压杆可发生侧向失稳，出现屈曲破坏，荷载—沉降（CF-s）曲线为“急剧破坏”的陡降型，沉降量很小，此时其承载力取决于桩身的材料强度。穿越深厚淤泥质土层中的小直径端承桩或嵌岩桩等多发生此种破坏。

2. 整体剪切破坏

对于桩身强度足够且长度不大的桩，当其穿过抗剪强度较低的土层，而达到强度较高的土层时，在竖向压力作用下，由于桩底上部土层不能阻止滑动土楔的形成，桩底土体可形成滑动面而出现整体剪切破坏，如图 13 - 8（b）所示。此时桩的沉降量较小，桩侧摩阻力难以充分发挥，竖向压力主要由桩端阻力承受，Q-s 曲线也为陡降型，可求得确定的极限荷载。桩的承载力主要取决于桩端土的支承力。一般打入式短桩、钻扩短桩等均发生此种破坏。

3. 刺入破坏

当桩的入土深度较大或桩周土层抗剪强度较均匀时，在竖向压力作用下，桩将出现刺入破坏，如图 13 - 8（c）所示。此时桩顶竖向压力主要由桩侧摩阻力承受，桩端阻力很小，桩的沉降量较大。一般情况下，当桩周土质较软弱时，Q-s 曲线为“渐进破坏”的缓变型，无明显拐点，极限荷载难以判断，桩的承载力主要取决于上部结构所能要求的极限沉降 s。

当桩周土的抗剪强度较高时，CF-s 曲线可能为陡降型，有明显拐点，桩的承载力主要取决于桩周土的强度。常规设置的钻孔灌注桩，其破坏多属于此种类型。

二、单桩竖向极限承载力的概念

由于桩的承载力条件不同，桩的承载力可分为竖向承载力及水平承载力两种，其中竖向承载力又包括竖向抗压承载力和抗拔承载力。

单桩竖向极限承载力是指单桩在竖向荷载作用下，不丧失稳定性，不产生过大变形时，单桩所能承受的最大荷载。因此单桩的竖向极限承载力表示单桩承受竖向荷载的能力，它主要取决于土对桩的支持力及桩身材料的强度。

三、单桩竖向极限承载力标准值

单桩竖向承载力标准值是用以表示设计过程中相应的桩基所采用的单桩竖向极限承载力的基本代表值。该代表值用统计方法加以处理，是具有一定概率的最大荷载值。

单桩竖向极限荷载标准值的确定，为以后群桩基础的基桩竖向承载力设计值的确定打下了基础。

四、按土对桩的支承力确定单桩竖向极限承载力

按土对桩的支承力确定单桩承载力的方法主要有现场的静载荷实验法、经验参数法、原位测试成果的经验方法及静力分析计算法等。其中，静载荷实验确定单桩竖向承载力可靠性最好。下面介绍两种方法：静载荷实验方法和经验参数法。

1. 静载荷试验

挤土桩在设置后须隔一段时间才开始载荷试验。这是由于打桩时土中产生的孔隙水压力有待消散，且土体因打桩扰动而降低的强度也有待随时间而部分恢复。所需的间歇时间：预制桩在砂类土中不得少于 7 天，粉土和黏性土不得少于 15 天，饱和软黏土不得少于 25 天。

灌注桩应在桩身混凝土达到设计强度后才能进行。

在同一条件下，进行静载荷试验的桩数不宜少于总桩数的1%，且不应少于3根。

试验装置主要包括加荷稳压部分、提供反力部分和沉降观测部分。静荷载一般由安装在桩顶的油压千斤顶提供。千斤顶的反力可通过锚桩承担［见图13-9（a)］，或借压重平台上的重物来平衡［见图13-9（b)］。量测桩顶沉降的仪表主要有百分表或电子位移计等。根据试验记录，可绘制各种试验曲线，如荷载—桩顶沉降（Q-s）曲线［见图13-10（a)］和沉降—时间（对数）(s-lg$t$）曲线［见图13-10（b)］，并由这些曲线的特征判断桩的极限承载力。

关于单桩竖向静载荷试验的方法、终止加载条件以单桩竖向极限承载力的确定详见《建筑地基基础设计规范》(GB 50007—2002）附录Q。

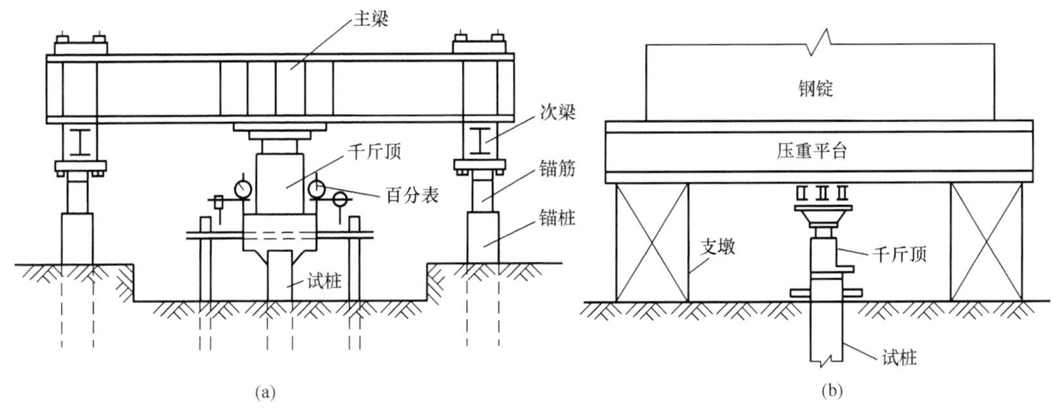

图13-9 单桩静载荷试验的加荷装置

(a）锚桩横梁反力装置；(b）压重平台反力装置

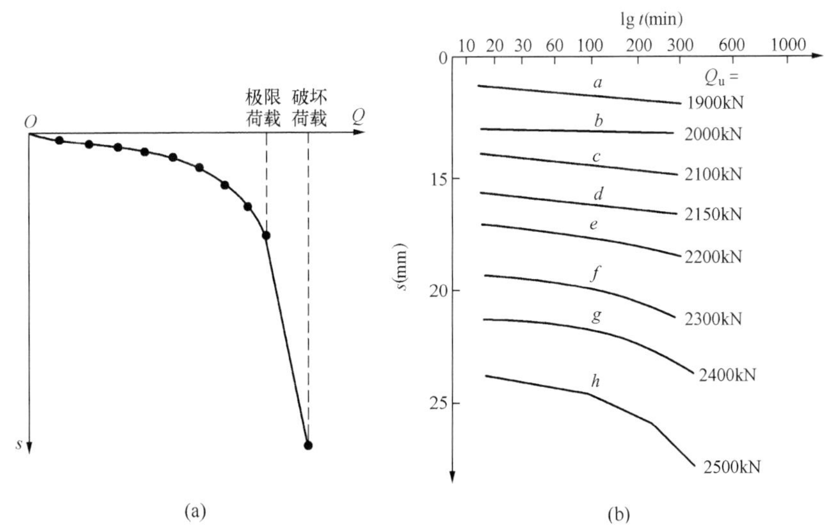

图13-10 单桩静载荷试验曲线

(a）单桩 Q-s 曲线；(b）单桩 s-lg$t$ 曲线

单桩竖向静载荷试验的极限承载力必须进行统计分析，计算出各试验桩极限承载力的平均值。当满足其极差不超过平均值的30%时，可取其平均值为单桩竖向极限承载力 Q_u；当极差超过平均值的30%时，应增加试桩数并分析离差过大的原因，结合工程具体情况确定极限承载力 Q_u。对桩数为3根及3根以下的柱下桩台，则取最小值为单桩竖向极限承载力 Q_u。

将单桩竖向极限承载力标准值除以安全系数 $K(K=2)$，作为单桩竖向承载力特征值 R_a。

2. 确定单桩竖向承载力特征值的规范经验公式

一般情况下土对桩的支承作用由两部分组成：一部分是桩尖处土的端阻力；另一部分是桩侧四周土的摩阻力。单桩的竖向荷载是通过桩端阻力和桩侧摩阻力来平衡的。

《桩基规范》在大量经验及资料积累的基础上，针对不同的常用桩型，推荐了单桩竖向极限承载力标准值的估算经验参数公式。对一般的预制桩及中小直径灌注桩，有

$$Q_{uk}=Q_{sk}+Q_{pk}=u\sum q_{sik}l_i+q_{pk}A_p \tag{13-10}$$

式中 Q_{uk}——单桩竖向承载力标准值，kN；

Q_{sk}——单桩总极限侧阻力标准值，kN；

Q_{pk}——单桩总极限端阻力标准值，kN；

q_{sik}——桩侧第 i 层土的极限侧阻力标准值，kPa，当地无经验时，可参照表13-2取值；

q_{pk}——桩端持力层极限端阻力标准值，kPa，当地无经验时，可参照表13-4取值；

A_p——桩底横截面面积，m^2；

u——桩身周边长度，m；

l_i——第 i 层岩土的厚度，m。

表13-2 桩的极限侧阻力标准值 q_{sik} kPa

土的名称	土的状态	混凝土预制桩	水下钻（冲）孔桩	沉管灌注桩	干作业钻孔桩
填土		20～28	18～26	15～22	18～26
淤泥		11～17	10～16	9～13	10～16
淤泥质土		20～28	18～26	15～22	18～26
黏性土	$I_l>1$	21～36	20～34	16～28	20～34
	$0.75<I_l\leqslant1$	36～50	34～48	28～40	34～48
	$0.50<I_l\leqslant0.75$	50～66	48～64	40～52	48～62
	$0.25<I_l\leqslant0.5$	66～82	64～78	52～63	62～76
	$0<I_l\leqslant0.25$	82～91	78～88	63～72	76～86
	$I_l\leqslant0$	94～101	88～98	72～80	86～96
红黏土	$0.7<a_w\leqslant1$	13～32	12～30	10～25	12～30
	$0.5<a_w\leqslant0.7$	32～74	30～70	25～68	30～70
粉土	$e>0.9$	22～44	22～40	16～32	20～40
	$0.75\leqslant e\leqslant0.9$	42～64	40～60	32～50	40～60
	$e<0.75$	64～85	60～80	50～67	60～80

续表

土的名称	土的状态	混凝土预制桩	水下钻（冲）孔桩	沉管灌注桩	干作业钻孔桩
粉细砂	稍密	22～42	22～40	16～32	20～40
	中密	42～63	40～60	32～50	40～60
	密实	63～85	60～80	50～67	60～80
中砂	中密	54～74	50～72	42～58	50～70
	密实	74～95	72～90	58～75	70～90
粗砂	中密	74～95	74～95	57～75	70～90
	密实	95～116	95～116	75～92	90～110
砾砂	中密、密实	116～138	116～135	92～110	110～130

注　1. 对于尚未完成自重固结的填土和以生活垃圾为主的杂填土，不计其侧阻力；

2. a_w 为含水率 $a_w = w/w_l$；

3. 对于预制桩，根据土层埋深 h，将 q_{tk}乘以表 13 - 3 修正系数。

表 13 - 3

土层埋深 h(m)	≤5	10	20	30
修正系数	0.8	1.0	1.1	1.2

【例 13 - 1】　某预制桩截面尺寸为 450mm×450mm，桩长 16m（从地面起算），依次穿越：①厚度 $h_1=4$m，液性指数 $I_l=0.75$ 的黏土层；②厚度 $h_2=5$m，孔隙比 $e=0.805$ 的粉土层；③厚度 $h_3=4$m，中密的粉细砂层。进入密实的中砂层 3m，假定承台埋深 1.5m。试确定该预制桩的竖向承载力特征值。

解　由表 13 - 2 查得桩的极限侧阻力标准值 q_{sik}为

黏土层：$q_{s1k}=55$kPa

粉土层：$q_{s2k}=46\sim66$kPa，取 $q_{s2k}=56$kPa

粉细砂层：$q_{s3k}=48\sim66$kPa，取 $q_{s3k}=57$kPa

中砂层：$q_{s4k}=74\sim95$kPa，取 $q_{s4k}=85$kPa

桩的入土深度 16－1.5＝14.5m，由表 13 - 4 查得桩的极限端阻力标准值 $q_{pk}=5000\sim7000$kPa，取 $q_{pk}=6300$kPa

单桩竖向极限承载力标准值为

$$Q_{uk} = Q_{sk} + Q_{pk} = \mu\sum q_{sik} l_i + q_{pk} A_p$$
$$= 4 \times 0.45 \times (55 \times 2.5 + 56 \times 5 + 85 \times 3.0) + 0.45 \times 0.45 \times 6300 = 2486.25\text{kN}$$

该预制桩的竖向承载力特征值为

$$R_a = \frac{1}{K} Q_{uk} = \frac{2486.25}{2} = 1243.125\text{kN}$$

13.3.4　单桩水平承载力

建筑工程中的桩基础大多以承受竖向荷载为主，但在风荷载、地震荷载、机械制动荷载或土压力、水压力等作用下，也将承受一定的水平荷载。尤其是桥梁工程中的桩基，除了满足桩基的竖向承载力要求之外，还必须对桩基的水平承载力进行验算。

表 13-4　　桩的极限端阻力标准值 q_{pk}　　kPa

土名称	土的状态（桩型）	预制桩入土深度(m)				水下钻(冲)孔桩入土深度(m)			
		$h≤9$	$9<h≤16$	$16<h≤30$	$h>30$	5	10	15	$h>30$
黏性土	$0.75<I_l≤1$	210~840	630~1300	1100~1700	1300~1900	100~150	150~250	250~300	300~450
	$0.5<I_l≤0.75$	840~1700	1500~2100	1900~2500	2300~3200	200~300	350~450	450~550	550~750
	$0.25<I_l≤0.5$	1500~2300	2300~3000	2700~3600	3600~4400	400~500	700~800	800~900	900~1000
	$0<I_l≤0.25$	2500~3800	3800~5100	5100~5900	5900~6800	750~850	1000~1200	1200~1400	1400~1600
粉土	$0.75<e≤0.9$	840~1700	1300~2100	1900~2700	2500~3400	250~350	300~500	450~650	650~850
	$e≤0.75$	1500~2300	2100~3000	2700~3600	3600~4400	550~800	650~900	750~1000	850~1000
粉砂	稍密	800~1600	1500~2100	1900~2500	2100~3000	200~400	350~500	450~600	600~700
	中密、密实	1400~2200	2100~3000	3000~3800	3800~4600	400~500	700~800	800~900	900~1100
细砂	中密、密实	2500~3800	3600~4800	4400~5700	5300~6500	550~650	900~1000	1000~1200	1200~1500
中砂		3600~5160	5100~6300	6300~7200	7000~8000	850~950	1300~1400	1600~1700	1700~1900
粗砂		5700~7400	7400~8400	8400~9500	9500~10300	1400~1500	2000~2200	2300~2400	2300~2500
砾砂	中密、密实	6300~10 500				1500~2500			
角砾、圆砾		7400~11 600				1800~2800			
碎石卵石		8400~12 700				2000~3000			

续表

土名称	土的状态	沉管灌注桩入土深度(m) 5	10	15	>15	干作业钻孔桩入土深度(m) 5	10	15
黏性土	$0.75 < I_l \leq 1$	400~600	500~750	750~1000	1000~1400	200~400	400~700	700~950
	$0.5 < I_l \leq 0.75$	670~1100	1200~1500	1500~1800	1800~2000	420~630	740~950	950~1200
	$0.25 < I_l \leq 0.5$	1300~2200	2300~2700	2700~3000	3000~3500	850~1100	1500~1700	1700~1900
	$0 < I_l \leq 0.25$	2500~2900	3500~3900	4000~4500	4200~5000	1600~1800	2200~2400	2600~2800
粉土	$0.75 < e \leq 0.9$	1200~1600	1600~1800	1800~2100	2100~2600	600~1000	1000~1400	1400~1600
	$e \leq 0.75$	1800~2200	3000~3400	3500~3900	4000~4900	1200~1400	1900~2100	2200~2400
粉砂	稍密	800~1300	1300~1800	1800~2000	2000~2400	500~900	1000~1400	1500~1700
	中密、密实	1300~1700	1800~2400	2400~2800	2800~3600	850~1000	1500~1700	1700~1900
细砂	中密、密实	1800~2200	3000~3400	3500~3900	4000~4900	1200~1400	1900~2100	2200~2400
中砂		2800~3200	4400~5000	5200~5500	5500~7000	1800~2000	2800~3000	3300~3500
粗砂		4500~5000	6700~7200	7700~8200	8400~9000	2900~3200	4200~4600	4900~5200
砾砂	中密、密实	5000~8400				3200~5300		
角砾、圆砾		5900~9200						
碎石卵石		6700~10 000						

1. 单桩水平承载力的影响因素

桩在水平荷载作用下发生位移，会使桩周土发生变形而产生抗力。当水平荷载较低时，这一抗力主要是由靠近地面部分的土提供的，土的变形也主要是弹性压缩变形。随着荷载的加大，桩的变形也加大，表层土将逐步发生塑性屈服，从而使水平荷载向更深土层传递。当变形增大到桩所不能允许的程度，或者桩周土失去稳定时，就达到了桩的水平极限承载能力。

单桩水平承载力，也如竖向抗压承载力一样，应满足如下三个要求：

(1) 桩周土不会丧失稳定；

(2) 桩身不会发生断裂破坏；

(3) 建筑物不会因桩顶水平位移过大而影响其正常使用。

显然能否满足要求直接决定于桩周土的土质条件、桩的入土深度、桩的截面刚度、桩的材料强度以及建筑物的性质等因素。土质越好，桩入土深度越深，土的抗力越大，桩的水平承载力也就越高。抗弯性能差的桩，如低配筋率的灌注桩，常因桩身断裂而破坏；而抗弯性能好的桩，如钢筋混凝土桩和钢桩，承载力往往受周围土体的性质所控制。为保证建筑物能正常使用，按工程经验，应控制桩顶水平位移不大于 10mm，而对水平位移敏感的建筑物，则不大于 6mm。

另外一些影响桩水平承载力的因素还有桩顶的嵌固条件和群桩中各桩的相互影响。当有刚性承台约束时，桩顶不能转动，只能平移，在同样的水平荷载下，它使承台的水平位移减小，而使桩顶的弯矩加大。图13 - 11表示不同类型的桩在有无桩顶嵌固条件下变形与破坏性状的示意图。群桩的影响表现为：水平荷载使各桩发生水平位移，前排桩的位移所留下的空隙使后排桩的抗力减小；当桩数较多且桩距较小时，这种影响尤为显著。

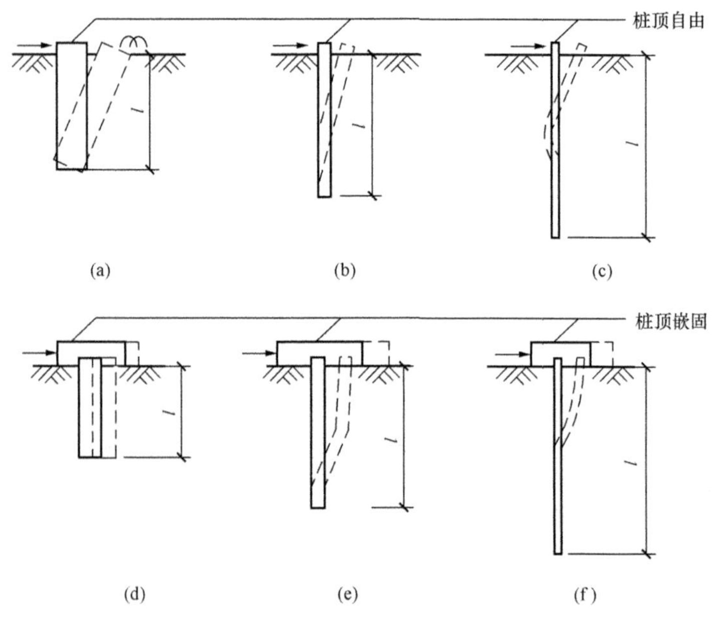

图 13 - 11 水平荷载作用下桩变形与破坏性状

(a)、(d) 刚性桩；(b)、(e) 半刚性桩；(c)、(f) 柔性桩

此外，当桩基承台周围的土未经扰动或者回填土经过夯实密实时，可计入周围土对于承台的水平抗力，减少作用于桩上的水平荷载。

2. 单桩水平承载力的确定

单桩的水平承载力取决于桩的材料强度、截面刚度、入土深度、桩侧土质条件、桩顶水平位移允许值和桩顶嵌固情况等因素。目前确定单桩水平承载力的方式有两种：一种是通过水平静载荷试验，一种是通过理论计算。两者中前者更为可靠。

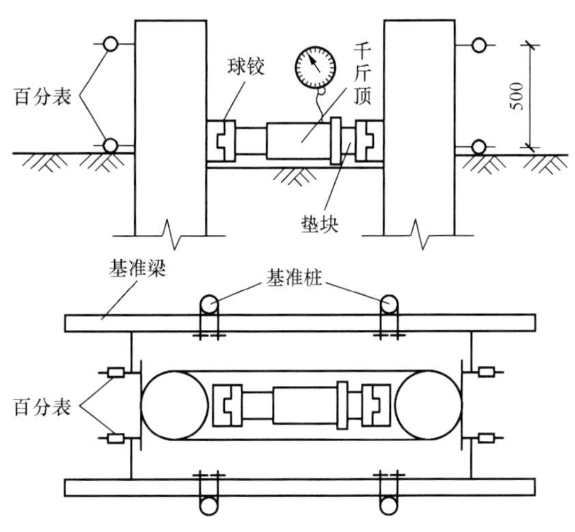

图 13-12 单桩静力水平荷载试验装置

对于受水平荷载较大的一级建筑桩基，单桩水平承载力设计值，应通过单桩静力水平荷载试验确定。图 13-12 为试验的示意图。首先，可在现场制作两根相同的试桩，两桩间水平放置加载用的千斤顶。加载法常用循环加卸载法，以便与桩基所承载的瞬时、反复的水平荷载情况一致；对于受长期水平荷载的桩基，也可采用慢速加载法进行试验。

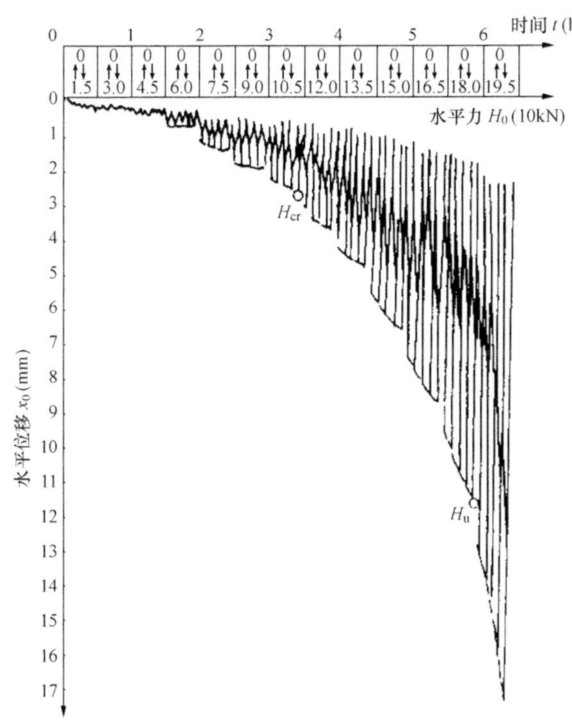

图 13-13 水平载荷试验曲线

实验前首先取单桩预估水平极限承载力的 1/15～1/10 作为每级的加载增量。每级荷载施加后，保持荷载 4min 测量水平位移，然后卸载到零，停 2min 测量残余水平位移，至此完成一个加卸载循环，如此循环 5 次便完成了一级荷载的试验观测。然后再进行下一级荷载的试验，如此循环共约进行 10～15 级荷载的试验。试验不得中途停顿，直至桩身折断或者水平位移超过 30～40mm 时，可终止试验。

根据水平荷载试验，绘制水平荷载—时间—位移（H_0-t-x_0）曲线，取该曲线明显陡降的前一级荷载为极限荷载 H_u（kN)，如图 13-13 所示。

极限水平承载力除以安全系数 2.0，可作为单桩水平承载力特征值。对于钢筋混凝土预制桩、钢桩、桩身全截面配筋率不小于 0.65%的灌注桩，也可以根据静载试验结果取地面处水平位移为 10mm（对水平位移敏感的建筑物取水平位移 6mm）所对应的荷载作为单桩水平承载力特征值。

13.3.5 单桩抗拔承载力

一、单桩抗拔承载力标准值

（1）一级建筑物应通过现场单桩上拔静载荷试验确定。

（2）对于二、三级建筑物可用当地经验或按下式计算：

$$U_{\mathrm{k}} = \sum \lambda_i q_{\mathrm{sik}} u_i l_i \tag{13-11}$$

式中 U_{k}——基桩抗拔极限承载力标准值，kN。

u_i——破坏表面周长，m；对于等直径桩，取 $u=\pi d$，对于扩底桩，自桩底起算的长度 $l_i \leqslant 5d$ 时，$u_i=\pi d$，其余 $u_i=\pi d$。

q_{sik}——桩侧表面第 i 层土的抗压极限侧阻力标准值，kPa，查表 13-2。

λ_i——抗拔系数：砂=0.50～0.70；黏性土、粉土 λ_i=0.70～0.80；桩的长径比 $l/d<20$ 时，λ_i 取小值。

二、单桩抗拔承载力设计值

经验公式如下：

$$T_{\mathrm{d}} = \frac{1}{K} u_{\mathrm{p}} \sum \lambda_i q_{\mathrm{s}i} l_i + 0.9W \tag{13-12}$$

式中 T_{d}——单桩抗拔承载力设计值，kN；

K——安全系数，一般取 $K=2\sim3$；

λ_i——抗拔与抗压极限侧阻力之比值；

$q_{\mathrm{s}i}$——桩周土摩擦力标准值，kPa，查表 13-5；

W——桩身有效自重，扣除水的浮力，kN。

表 13-5　　预制桩桩端土（岩）承载力标准值 $q_{\mathrm{s}i}$

土的名称	土 的 状 态	沉管灌注桩入土深度（m）		
		5	10	15
黏性土	$0.5<I_l\leqslant0.75$	400～600	700～900	900～11 000
	$0.25<I_l\leqslant0.5$	800～1000	1400～1600	1600～1800
	$0<I_l\leqslant0.25$	1500～1700	2100～2300	2500～27 000
粉土	$e<0.7$	1100～1600	1300～1800	1500～2000
粉砂	中密、密实	800～1000	1400～1600	1600～1800
细砂		1100～1300	1800～2000	2100～2300
中砂		1700～1900	2600～2800	3100～3300
粗砂		2700～3000	4000～4300	4600～4900
砾砂	中密、密实		3000～5000	
角砾、圆砾			3500～5500	
碎石卵石			4000～6000	
软质岩石	微风化		5000～7500	

三、桩身材料验算

除按上述方法确定单桩承载力外，还应根据国家标准《混凝土结构设计规范》规定，对桩身材料进行强度验算。将桩身混凝土的抗压强度与钢筋的抗压强度分别计算进行叠加，同时考虑桩的长细比与压杆稳定问题。桩身材料强度按式（13-13）进行验算。

$$\gamma_0 N \leqslant \phi(\psi_{\mathrm{c}} f_{\mathrm{c}} A + f'_{\mathrm{y}} A'_{\mathrm{s}}) \tag{13-13}$$

式中　γ_0——建筑桩基重要性系数，对于一、二、三级建筑桩基，分别取 $\gamma_0=1.1$，1.0，0.9；对于柱下单桩的一级建筑桩基取 1.2；

N——桩的轴向力设计值，即单桩竖向承载力设计值，kN；

ϕ——构件稳定系数，取决于桩的长细比，即桩的计算长度与截面边长之比，$\phi\leqslant 1$；

f_c——混凝土轴心抗压强度设计值，按混凝土强度等级取值，N/mm²；

A——桩的横截面面积，mm²；

f'_y——钢筋抗压强度设计值，根据钢筋的种类与等级取值，N/mm²；

A'_s——桩的全部纵向钢筋截面面积，按桩的纵向受力主筋计算，mm²；

ψ_c——基桩施工工艺系数。对混凝土预制桩，$\psi_c=1.0$；对干作业非挤土灌注桩，$\psi_c=0.9$；对泥浆护壁和套管护壁非挤土灌注桩、部分挤土灌注桩、挤土灌注桩，$\psi_c=0.8$。

§13.4　群桩基础的计算

当建筑物上部荷载远大于单桩竖向承载力时，通常由多根桩组成群桩，共同承受上部荷载。本节主要讨论的内容是群桩的受力情况与承载力计算，与单桩有何区别和共同点。

13.4.1　竖向荷载下的群桩效应

一、群桩效应

图 13-14（a）为单桩受力情况，桩顶轴向荷载 N，由桩端阻力与桩周摩擦力共同承受。图 13-14（b）为群桩受力情况，每根桩的荷载 N，由桩端阻力与桩周摩擦力共同承受。因桩的间距小，桩间摩擦力无法充分发挥作用，因此，在桩端产生应力叠加，即

$$R_n < nR \tag{13-14}$$

式中　R_n——群桩竖向承载力设计值，kN；

n——群桩中的桩数；

R——单桩竖向承载力设计值，kN。

R_n 与 nR 之比值称为群桩效应系数，以 η 表示，即

$$\eta=\frac{R_n}{nR} \tag{13-15}$$

实践结果表明：群桩效应系数与桩距、桩数、桩径、桩的入土深度、桩的排列承台宽度及桩间土的性质等因素有关，其中以桩距为主要因素。

二、桩承台效应

传统的桩基设计中，承台只起分配上部荷载至各桩，并将桩联合成整体共同承担上部荷载的联系作用，这种考虑仅仅在承台与地基土脱空条件下是合理的。而承台与地基土脱空的情况只有在下列几种特殊情况下才会出现，即承台下面存在可液化土、湿陷性黄土、高灵敏性软土、欠固结土、新填土、地震诱发的震陷、区域水位大幅度下降等。除此之外，一般情况下承台均与基础接触，其作用相当于一个筏板基础。

由摩擦型桩组成的低承台群桩基础，当其承受竖向荷载而沉降时，承台底必产生土反力，从而分担了一部分荷载，使桩基承载力随之提高。根据试验与工程实测资料，低承台底面处土所分担的荷载，一般在 0～35%。

三、摩擦型群桩基础

1. 承台底面脱地的情况（非复合桩基）

先假设承台底面脱地的群桩基础中各桩均匀受荷［见图 13 - 14（b)］。如同独立单桩［见图 13 - 14（a)］那样，桩顶荷载（Q）主要通过桩侧摩擦阻力引起的附加压力按某一扩散角（α），沿桩长向下扩散分布在桩周土中。各桩在桩端平面土的附加压力分布的最大直径为 $D=d+2l\tan\alpha$。当桩距 $s<d$ 时，群桩桩端平面上的应力因各邻桩桩周扩散应力的相互重叠而增大，如图13 - 14（b）中虚线所示）。所以，摩擦型群桩的沉降大于独立单桩，对非条形承台下，按常用桩距布桩的群桩，桩数越多则群桩与独立单桩的沉降量之比越大。原因在于以下两个方面。

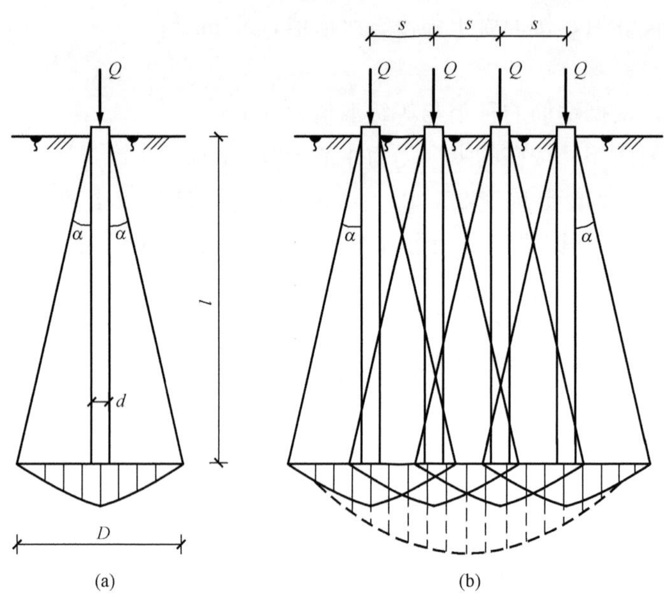

图 13 - 14 端承摩擦桩应力传布

（a）单桩；（b）群桩

一是地基土性质的影响。对打入较疏松的砂类土和粉土（摩擦性土）中的挤土群桩，其桩间土被明显挤密，致使桩侧和桩端阻力都因此提高；同类土中的非挤土桩群在受荷沉降过程中，桩间土会随之增密，桩侧法向应力增大，使桩侧摩阻力有所提高。

二是桩距 s 的影响。前面两项影响都是针对常用桩距（$s=3d\sim4d$）而言的；如果桩距过小（$s<3d$），则桩长范围内和桩端平面上的土中应力重叠严重。桩长范围内的重叠使桩间土明显压缩下移，导致桩—土界面相对滑移减少，从而降低桩侧阻力的发挥。桩端平面上的重叠则导致桩端底面外侧竖向压力的增大，再加上邻桩的靠近，其结果都使桩底持力层的侧向挤出受阻，从而提高桩端阻力。此外，桩距的缩短还会加大各桩桩顶荷载配额的差异。反之，如果桩距很大（$s>d$，一般大于 $6d$），以上各项影响都将趋于消失，而各桩的工作性状就接近于独立单桩了。所以说，桩距是影响摩擦型群桩基础群桩效应的主导因素。

2. 承台底面接地的情况

承台底面接地的桩基，除了呈现承台脱地情况下的各种群桩效应外，还通过承台底面土反力分担上部结构荷载，使承台兼有浅基础的作用，称为复合桩基（见图 13 - 15）。它的单桩，因其承载力含有承台底土阻力的贡献在内，特称为复合单桩，以区别于承载力仅由桩侧和桩端阻力两个分量组成的非复合单桩。

承台底分担荷载的作用是随着群桩相对于基土向下位移幅度的加大而增强的。为了保证台底接地并提供足够的土反力，主要应依靠桩端贯入持力层促使群桩整体下沉才能实现。当然，柱身受荷压缩引起的桩—土相对滑移，也会使承台底反力有所增加，但其作用所占比例有限。

刚性承台底面土反力呈马鞍形分布。如以群桩外围包络线为界，将承台底面积分为内外两区（见图 13-15），则内区反力比外区小且比较均匀，桩距增大时内外区反力差明显降低。承台底分担的荷载总值增加时，反力的塑性重分布不显著而保持反力图式基本不变。利用承台底反力分布的上述特征，可以通过加大外区与内区的面积比（A_{ce}/A_{ci}）来提高承台分担荷载的份额。

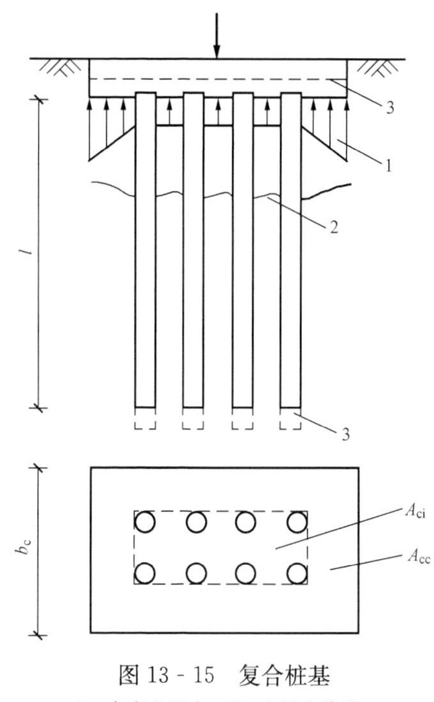

图 13-15　复合桩基
1—台底土反力；2—上层土位移；
3—桩端贯入、桩基整体下沉

四、端承型群桩基础

端承型桩基的桩底持力层刚硬，桩端贯入变形较小，由桩身压缩引起的桩顶沉降也不大，因而承台底面土反力很小。这样，如图 13-16 所示，桩顶荷载基本上集中通过桩端传给柱底持力层，并近似地按某一压力扩散角向下扩散，且在距桩底某深度处之下产生应力重叠，但不足以引起坚实持力层明显的附加变形。因此，端承型群桩基础中各桩的工作性状接近于独立单桩，群桩基础承载力等于各单桩承载力之和，群桩效应系数 $\eta=1$。

13.4.2　桩的负摩擦阻力

一、产生负摩擦阻力的条件

在桩顶竖向荷载作用下，当桩相对于桩侧土体向下发生位移时，土对桩产生的向上作用的摩阻力，称为正摩阻力［见图 13-5（b）］。但是，当桩侧土体因某种原因而下沉，且其下沉量大于桩的沉降，即桩侧土体相对于桩向下发生位移时，土对桩产生的向下作用的摩阻力，称为负摩阻力［见图 13-17（a）］。负摩阻力的存在增大了桩身荷载和桩基的沉降。通常在下列几种情况下易产生负摩阻力作用：①位于桩周欠固结的软黏土或新填土在重力作用下产生固结；②大面积堆载使桩周土层压密；③由于地下水位全面降低，如长期抽取地下水，致使有效应力增加，因而引起大面积沉降；④自重湿陷性黄土浸水后产生湿陷；⑤地面因打桩时孔隙水压力剧增而隆起，然后孔压消散而固结下沉等。

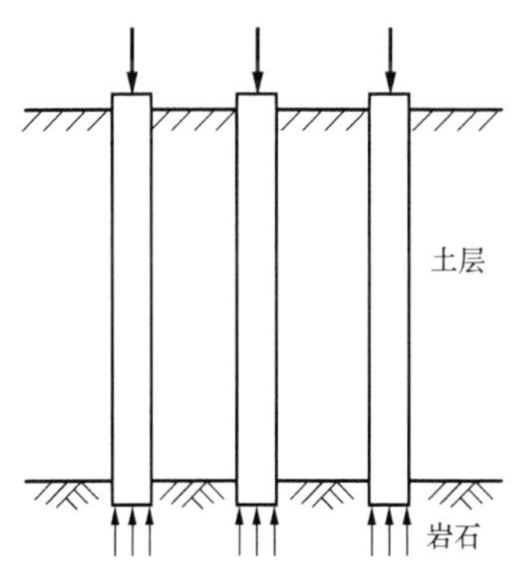

图 13-16　端承型群桩基础

桩侧负摩阻力问题，实质上和正摩阻力一样，只要得知土与桩之间的相对位移以及负摩阻力与相对位移之间的关系，就可以了解桩侧负摩阻力的分布和桩身轴力与截面位移了。

图 13-17（a）表示一根承受竖向荷载的桩，桩身穿过正在固结中的土层而达到坚实土层。在图 13-17（b）中，曲线 1 表示土层不同深度的位移，曲线 2 为桩的截面位移曲线，曲线 1 和曲线 2 之间的位移差（图中画上横线部分）为桩土之间的相对位移，曲线 1 和曲线 2 的交点（O_1 点）为桩土之间不产生相对位移的截面位置，称为中性点。图 13-17（c）、

(d) 分别为桩侧摩阻力和桩身轴力曲线，其中 F_n 为负摩阻力的累计值，又称为下拉荷载；F_p 为中性点以下正摩阻力的累计值。中性点是摩阻力、桩土之间的相对位移和桩身轴力沿桩身变化的特征点。

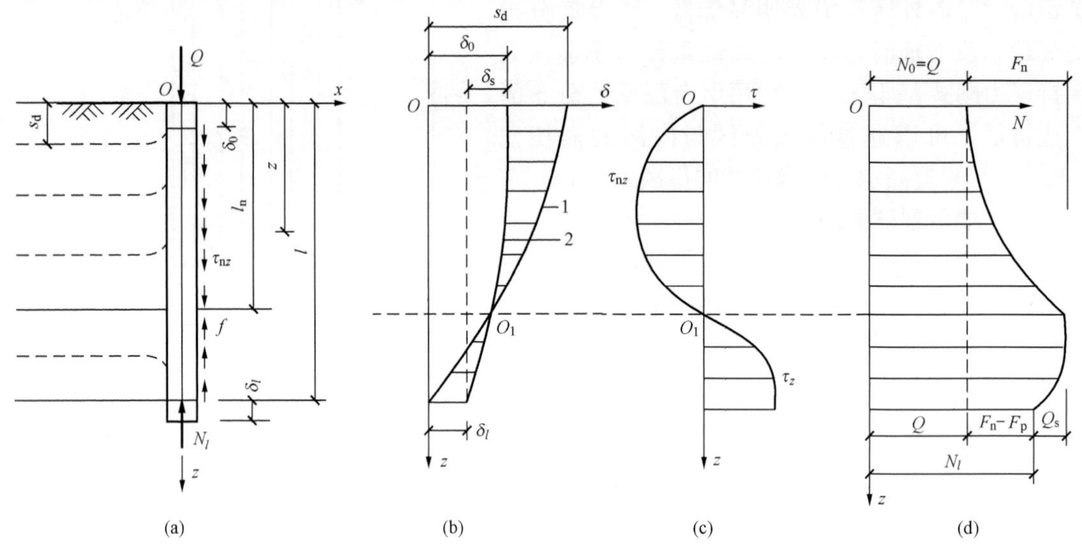

图 13-17　单桩在产生负摩阻力时的荷载传递

(a) 单桩；(b) 位移曲线；(c) 桩侧摩阻力分布曲线；(d) 桩身轴力分布曲线

1—土层竖向位移曲线；2—桩的截面位移曲线

从图 13-17 中易知，在中性点 O_1 点之上，土层产生相对于桩身的向下位移，出现负摩阻力 τ_{nz}，桩身轴力随深度递增；在中性点 O_1 点之下的土层相对向上位移，因而在桩侧产生正摩阻力 τ_z，桩身轴力随深度递减。在中性点处桩身轴力达到最大值 ($Q+F_n$)，而桩端总阻力则等于 $Q+(F_n-F_p)$。可见，桩侧负摩阻力的发生，将使桩侧土的部分重力和地面荷载通过负摩阻力传递给桩，因此，桩的负摩阻力非但不能成为桩承载力的一部分，反而相当于是施加于桩上的外荷载，这就必然导致桩的承载力相对降低、桩基沉降加大。

二、负摩阻力的计算

(一) 单桩负摩阻力的计算

1. 中性点位置

要确定桩身负摩阻力的大小，须先确定中性点的位置和负摩阻力的大小。中性点的位置取决于桩与桩侧土的相对位移，原则上是根据桩沉降量与桩周土沉降量相等的深度来确定。但影响中性点位置的因素较多，与桩周土的性质和外界条件（堆载、降水、浸水等）变化有关。一般来说，桩周欠固结土层越厚、欠固结程度越大，桩底持力层越硬，中性点位置越深；如果在桩顶荷载作用下的桩自身沉降已经完成，以后是因外界条件变化桩周土层产生的固结，则中性点位置较深，且堆载强度或地下水降低幅度和范围越大，中性点位置越深。此外，中性点的位置在初期会有所变化，它随桩沉降的增加而向上移动，当沉降趋于稳定，中性点才稳定在某一固定的深度 l_n 处。因此，要精确计算中性点的位置是比较困难的。一般多采用近似的估算方法或依据一定的试验结果得出的经验值。工程实测表明，在可压缩土层 l_0 的范围内，中性点的稳定深度 l_n 是随桩端持力层的强度和刚度的增大而增加的，其深度

比 l_n/l_0 可按表 13 - 6 的经验值取用。

表 13 - 6　　中性点深度 l_n

持力层性质	黏性土、粉土	中密以上砂	砾石、卵石	基岩
中性点深度比 l_n/l_0	0.5～0.6	0.7～0.8	0.9	1.0

2. 负摩阻力强度

负摩阻力 τ_n 的大小受控于桩周土层和桩端土的强度与变形性质、地面堆载的大小与范围、地下水位降低的幅度与范围、柱的类型与成桩工艺、桩顶荷载施加时间与发生负摩阻力时间之间的关系等因素。因此，准确计算负摩阻力大小是非常困难的。现有的负摩阻力计算方法都是近似的和经验性的，目前较常用的有以下两种。

（1）对软土和中等强度黏土，可按太沙基建议的方法，取

$$\tau_n = q_u/2 = c_u \tag{13 - 16}$$

式中：q_u 为土的无侧限抗压强度；c_u 为土的不排水抗剪强度，可采用十字板现场测定。

（2）根据产生负摩阻力的土层中点的竖向有效覆盖压力 σ'_{vi}，按式（13 - 17）计算：

$$q_{si}^n = K_i \tan\varphi' \sigma'_{vi} = \beta \sigma'_{vi} \tag{13 - 17}$$

式中　q_{si}^n——第 i 层土桩侧负摩阻力强度，kPa；

σ'_{vi}——桩周第 i 层土平均竖向有效覆盖应力，kPa；

K_i——桩周第 i 层土的侧压力系数，可近似取静止土压力系数值 K_{0i}；

φ'——桩周第 i 层土的有效内摩擦角；

β——桩周土负摩阻力系数，与土的类别和状态有关。对粗粒土，β 随土的密度和粒径的增大而提高：对细粒土，则随土的塑性指数、孔隙比和饱和度的增大而降低。β 值可按表 13 - 7 取值。

表 13 - 7　　负摩阻力系数 β

土　类	β	土　类	β
饱和软土	0.15～0.25	砂土	0.35～0.50
黏性土、粉土	0.25～0.40	自重湿陷性黄土	0.20～0.35

注　1. 在同一类土中，对于打入桩或沉管灌注桩，取表中最大值，对于钻（冲）挖孔灌注桩，取表中最小值；
2. 填土按其组成取表中同类土的较大值；
3. 当 q_{si}^n 的计算值大于正摩阻力时，取正摩阻力值。

土中有效覆盖应力 σ'_{vi} 是指由原地面上堆土等均布荷载和地层的有效重度所产生的竖向应力，即地面荷载与地层的自重压力之和。当地面堆载增加或者地下水位降低，则土中有效应力增加。土中有效覆盖压力也随之增加，因此当地下水位降低时

$$\sigma'_{vi} = \gamma_m z_i \tag{13 - 18}$$

当地面有均布荷载时

$$\sigma'_{vi} = z_i + \gamma_m z_i p i \tag{13 - 19}$$

$$\gamma_m = (\gamma_1 l_1 + \gamma_2 l_2 + \cdots + \gamma_i l_i)/(l_1 + l_2 + \cdots + l_i)$$

式中　γ_m——第 i 层土层底以上桩周土的加权平均重度，kN/m^3；其中地下水位下的重度取有效重度；

z_i——自地面起算的第 i 层土中点深度，m；

p——地面均布荷载，kPa（见图 13 - 18）。

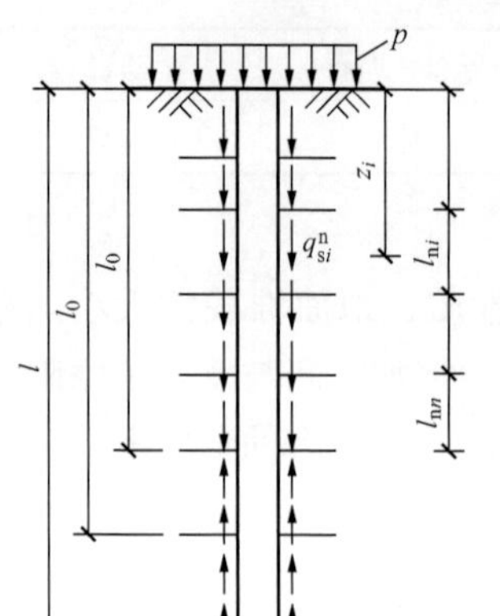

图 13 - 18 下拉荷载计算图示

（3）对于砂类土，也可按式（13 - 20）估算负摩阻力强度：

$$q_{si}^n = \frac{N_i}{5} + 3 \tag{13 - 20}$$

式中 N_i——桩周第 i 层土经钻杆长度修正的平均标准贯入试验锤击数。

3. 下拉荷载的计算

下拉荷载 F_n 为中性点深度 l_n 范围内负摩阻力的累计值，可按式（13 - 21）计算：

$$F_n = u_p \sum_{i=1}^{n} l_{ni} q_{si}^n \tag{13 - 21}$$

式中 u_p——桩截面周长，m；

l_{ni}——中性点以上桩周第 i 层土中点深度，m。

【例 13 - 2】 某单桩桩径 d=0.5m，桩长 20m，采用螺旋钻施工。自桩顶（地面）向下图层参数为：①水力冲填砂，厚度 5m，γ=18kN/m^3；②软黏土，厚度 12m，$W_L \geqslant 50\%$，γ=18.5kN/m^3，地下水位面在该层土上层面下 3m 处；③密实沙土，较厚，$N>20$。试求该桩的下拉荷载。

解 桩在三层土中的入土深度分别为：5m，12m，3m。根据桩端土层性质，确定中性点的位置。

桩端为密实砂土，标准贯入试验锤击数 $N>20$，查表 13 - 6，取 l_n/l_0=0.72，则中性点以上的桩长为：$l_n = 0.72 \times l = 0.72 \times 20 = 14.4$m

查表 13 - 7，桩在①和②层土中的负摩阻力系数分别为 β_{n1}=0.35 和 β_{n2}=0.15。地面至深度 5m 处的上覆土压力平均值为

$$\sigma_1' = 0 + \frac{18 \times 5}{2} = 45\text{kPa}$$

5～14.4m 处上覆土压力的平均值为

$$\sigma_2' = 18 \times 5 + \frac{18.5 \times 3 + (18.5 - 10) \times (14.4 - 5 - 3)}{2} = 144.95\text{kPa}$$

单桩负摩阻力标准值为

$$q_{s1}^n = \beta_{n1} \sigma_1' = 0.35 \times 45 = 15.8\text{kPa}$$

$$q_{s2}^n = \beta_{n2} \sigma_2' = 0.15 \times 144.95 = 21.7\text{kPa}$$

桩周长 $u = \pi d = 1.57$m，下拉荷载为

$$F_n = u \sum_{i=1}^{n} q_{si}^n l_i = 1.57 \times (15.8 \times 5 + 21.7 \times 9.4) = 444.3\text{kN}$$

（二）群桩负摩阻力的计算

对于桩距较小的群桩，群桩所产生的负摩阻力因群桩效应而降低，即小于相应的单桩值，这是由于负摩阻力是由桩周土体的沉降引起。若桩群中各桩表面单位面积所分担的土体重量小于单桩的负摩阻力极限值，将会导致群桩的负摩阻力降低，即显示群桩效应。这种群桩效应可按等效圆法计算，即假设独立单桩单位长度的负摩阻力 q_s^n 由相应长度范围内半径 r_e 形成的土体重量与之等效（见图 13 - 19），则有

$$\pi d\tau_{n} = \left(\pi r_{e}^{2} - \frac{\pi}{4}d^{2}\right)\gamma'_{m} \tag{13-22}$$

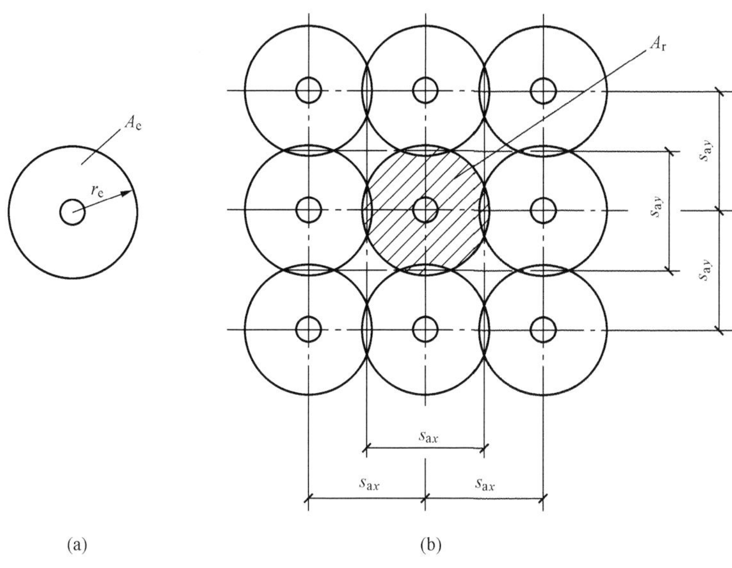

图 13-19　负摩阻力群桩效应的等效圆法

解得

$$\gamma_{e} = \sqrt{\frac{dq_{s}^{n}}{\gamma'_{m}} + \frac{d^{2}}{4}} \tag{13-23}$$

式中　r_e——等效圆半径，m；

d——桩身直径，m；

q_s^n——中性点以上单桩的平均极限负摩阻力，kN；

γ'_m——中性点以上桩周土体加权平均有效重度，kN/m^3。

以群桩中各桩中心为圆心，以 r_c 为半径做圆，由各圆的相交点作矩形（见图 13-19）（或以二排桩之间的中点作纵横向中心线形成以各桩为重心的矩形），矩形面积 $A_r = s_{ax} \cdot s_{ay}$ 与圆面积 $A_e = \pi r_e^2$ 之比，即负摩阻力的群桩效应系数。

$$\eta_{n} = \frac{A_{r}}{A_{e}} = s_{ax} \cdot s_{ay} \Big/ \left[\pi d\left(\frac{q_{s}^{n}}{\gamma'_{m}} + \frac{d}{4}\right)\right] \tag{13-24}$$

式中：s_{ax}，s_{ay} 分别为纵横向桩的中心距，m。当按式（13-24）计算群桩基础的 $\eta_n > 1$ 时，取 $\eta_n = 1$。

群桩中任一单桩的极限负摩阻力为

$$q_{g}^{n} = \eta_{n} q_{s}^{n} \tag{13-25}$$

式中　q_s^n——单桩的极限负摩阻力，kN，可按式（13-17）计算：

因此，群桩中任一单桩的下拉荷载 Q_g^n 可按下式计算：

$$Q_{g}^{n} = \eta_{n} \cdot u_{p} \sum_{i=1}^{n} q_{si}^{n} l_{ni} \tag{13-26}$$

式中　u_p——桩截面周长，m；

n——中性点以上土层数；

l_{ni}——中性点以上各土层的厚度，m。

13.4.3 桩基的沉降计算

尽管桩基础与天然地基上的浅基础比较，沉降量可大为减少，但随着建筑物的规模和尺寸的增加以及对于沉降变形要求的提高，很多情况下，桩基础也需要进行沉降计算。《建筑地基基础设计规范》规定，对于桩基，需要进行沉降验算的有：地基基础设计等级为甲级的建筑物桩基；体型复杂，荷载不均匀或桩端以下存在软弱土层的，设计等级为乙级的建筑物桩基；摩擦型桩基（包括摩擦桩和端承摩擦桩）。可见对多数桩基应进行沉降验算。

与浅基础沉降计算一样，桩基最终沉降计算应采用荷载效应的准永久组合。计算方法是基于土的单向压缩、均质各向同性和弹性假设的分层总和法。

目前在工程中应用比较广泛的桩基沉降的分层总和计算方法主要有两大类：一类是假想实体深基础法；另一类是明德林应力计算法。

下面介绍假想实体深基础法在桩基沉降计算中的应用。

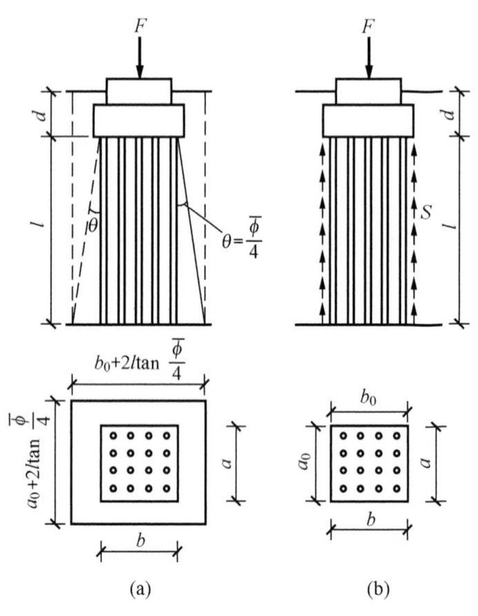

图 13-20 实体深基础的底面积

(a) 考虑扩散作用；(b) 不考虑扩散作用

这类方法的本质是将桩端平面作为弹性体的表面，用布辛内斯克解计算桩端以下各点的附加应力，再用与浅基础沉降计算一样的单向压缩分层总和法计算沉降。所谓假想实体深基础，就是将在桩端以上的一定范围的承台、桩及桩周土当成一实体深基础，也就是说不计从地面到桩端平面间的压缩变形。这类方法适用于桩距 $s \leqslant 6d$ 的情况。

关于如何将上部附加荷载施加到桩端平面，有两种假设。一是荷载沿桩群外侧扩散，二是扣除桩群四周的摩阻力。前者的作用面积大一些，后者的附加压力可能小一些。

1. 荷载扩散法

这种计算的示意图如图 13-20（a）所示。扩散角取为桩所穿过各土层内摩擦角的加权平均值的 1/4。在桩端平面处的附加压力 p_0 可用式（13-27）计算

$$p_0 = \frac{F + G_T}{\left(b_0 + 2l \times \tan\frac{\bar{\phi}}{4}\right)\left(a_0 + 2l \times \tan\frac{\bar{\phi}}{4}\right)} - p_c \tag{13-27}$$

式中 F——对应于荷载效应准永久值组合时作用在桩基承台顶面的竖向力，kN；

G_T——在扩散后面积上，从桩端平面到设计地面间的承台、桩和土的总重量，可按 20kN/m^3 计算，地下水位以下应扣除浮力，kN；

a_0，b_0——群桩的外缘矩形面积的长边和短边的长度，m；

$\bar{\phi}$——桩所穿过土层的内摩擦角加权平均值；

l——桩的入土深度，m；

p_c——桩端平面上地基土的自重压力［$(l+d)$ 深度］，kPa，地下水位以下应扣除浮力。

有时可忽略桩身长度 l 部分桩土混合体的总重量与同体积原地基土间总重量之差，则可用式（13－28）近似计算。

$$p_0=\frac{F+G-p_{c0}\times a\times b}{\left(b_0+2l\times\tan\frac{\bar{\phi}}{4}\right)\left(a_0+2l\times\tan\frac{\bar{\phi}}{4}\right)} \tag{13-28}$$

式中 G——承台和承台上土的自重，可按 $20kN/m^3$ 计算，地下水位以下部分扣除浮力，kN；

p_{c0}——承台底面高程处地基土的自重压力，地下水位以下扣除浮力，kPa；

a，b——承台的长度和宽度，m。

在计算出桩端平面的附加压力 p_0 以后，则可按扩散以后的面积进行分层总和法沉降计算。

$$s=\psi_p\sum_{i=1}^{n}\frac{p_ih_i}{E_{si}} \tag{13-29}$$

式中 s——桩基最终计算沉降量，mm；

n——计算分层数；

E_{si}——第 i 层土在自重应力至自重应力加上附加应力作用段的压缩模量，MPa；

h_i——桩端平面下第 i 个分层的厚度，m；

p_i——桩端平面下第 i 个分层土的竖向附加应力平均值，kPa；

ψ_p——桩基沉降计算经验系数，可按不同地区当地工程实测资料统计对比确定，在不具备条件下，可参考表 13－8 取值。

表 13－8　　桩基沉降计算经验系数 ψ_p

$\overline{E}_s$（MPa）	$\overline{E}_s<15$	$15\leqslant\overline{E}_s<30$	$30\leqslant\overline{E}_s<40$
ψ_p	0.5	0.4	0.3

注　$\overline{E}_s$ 为变形计算深度范围内压缩模量的当量值，按下式计算：

$$\overline{E}_s=\frac{\sum A_i}{\sum\frac{A_i}{E_{si}}}$$

式中　A_i——第 i 层土附加应力系数沿土厚度的积分值。

2. 扣除桩群侧壁摩阻力法

另一种假设实体深基础沉降计算法为扣除桩群的侧壁摩阻力，见图 13－20（b），这时桩端平面的附加应力 p_0 通过式（13－30）计算。

$$p_0=\frac{F+G-2(a_0+b_0)\sum q_{sia}h_i}{a_0b_0} \tag{13-30}$$

式中 h_i——桩身所穿越第 i 层土的土层厚度，m；

q_{sia}——桩身穿越的第 i 层土侧阻力特征值，可按表 13－3 的 q_{pk} 值除以 2，kPa。

式（13－30）是一个近似的计算式，在计算承台底的附加压力时，没有扣除承台以上地基土自重，这里可认为这一差别被 l 段混合体的重量与原地基土重量之差所抵消。

再计算最终沉降，仍按式（13－29）或者平均附加应力系数法。

§13.5 桩基础的设计

13.5.1 桩的平面布置原则

1. 布桩原则

桩的平面布置方法有对称式、梅花式、行列式和环状排列。为使桩基在其承受较大弯矩的方向上有较大的抵抗矩，也可采用不等距排列，此时，对柱下单独桩基和整片式的桩基，宜采用外密内疏的布置方式。为了使桩基中各桩受力比较均匀，群桩横截面的重心应与竖向永久荷载合力点重合。布置桩位时，桩的间距（中心距）一般采用 3～4 倍桩径。间距太大会增加承台的体积和用料，太小则将使桩基（摩擦型桩）的沉降量增加，且给施工造成困难。桩的最小中心距应符合表 13 - 9 的规定。在确定桩的间距时尚应考虑施工工艺中挤土等效应对邻近桩的影响，因此，对于大面积桩群，尤其是挤土桩，桩的最小中心距宜按表列值适当加大。扩底灌注桩除应符合表 13 - 9 的要求外，尚应满足表 13 - 10 的规定。

表 13 - 9　　桩的最小中心距

土类与成桩工艺		排数不小于 3 排且桩数不小于 9 根的摩擦型桩基	其他情况
非挤土和小量挤土灌注桩		3.0d	2.5d
挤土灌注桩	穿越非饱和土	3.5d	3.0d
	穿越饱和土	4.0d	3.5d
挤土预制桩		3.0d	3.0d
打入式敞口管桩和 H 形钢桩		3.5d	3.0d

表 13 - 10　　灌注桩扩底端最小中心距

成桩方法	最小中心距（m）
钻、挖孔灌注桩	1.5d_b 或者 d_b+1（当 $d_b>2$ 时）
沉管扩底灌注桩	2.0d_b

注　d_b 为扩大端设计直径。

2. 布桩方法

工程实践中，桩群的常用平面布置形式为：柱下桩基多采用对称多边形，墙下桩基采用梅花式或行列式，筏形或箱形基础下宜尽量沿柱网、肋梁或隔墙的轴线设置，如图 13 - 21 所示。

13.5.2 桩承台的设计

承台的作用是将各桩连成一整体，把上部结构传来的荷载转换、调整、分配到各桩。桩基承台可分为柱下独立承台、柱下或墙下条形承台（梁式承台）以及筏形承台和箱形承台等。各种承台均应按国家现行《混凝土结构设计规范》进行受弯、受冲切、受剪切和局部承压承载力计算。

承台设计包括选择承台的材料及其强度等级、几何形状及其尺寸，进行承台结构承载力的计算，并使其构造满足一定的要求。

一、构造要求

承台的最小宽度不应小于 500mm，为满足桩顶嵌固及抗冲切的需要，边桩中心至承台边缘的距离不宜小于桩的直径或边长，且桩的外边缘至承台边缘的距离不小于 150mm。对

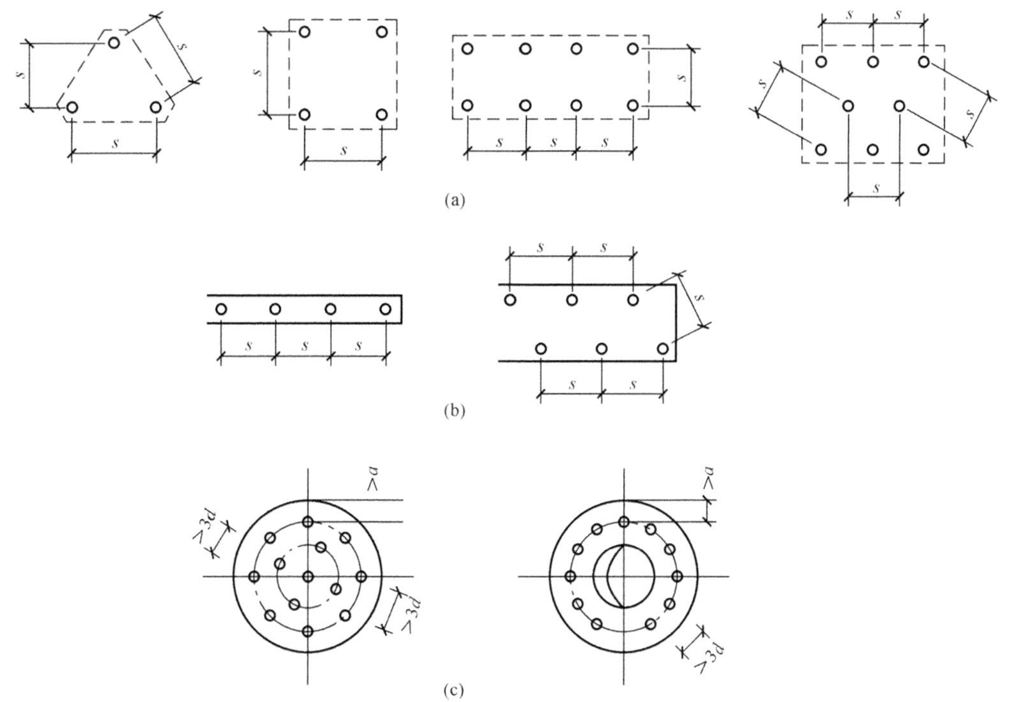

图 13-21 桩的常用布置形式
(a) 柱下桩基；(b) 墙下桩基；(c) 圆（环）形桩基

于墙下条形承台，考虑到墙体与条形承台的相互作用可增强结构的整体刚度，并不至于产生桩顶对承台的冲切破坏，桩的外边缘至承台边缘的距离不小于 75mm。

为满足承台的基本刚度、桩与承台的连接等构造需要，条形承台和柱下独立桩基承台的最小厚度为 300mm，最小埋深为 500mm。

筏板、箱形承台板的厚度应满足整体刚度、施工条件及防水要求。对于桩布置于墙下或基础梁下的情况，承台板厚度不宜小于 250mm，且板厚与计算区段最小跨度之比不宜小于 1/20。

承台混凝土强度等级不应低于 C20，纵向钢筋的混凝土保护层厚度不应小于 70mm，当有混凝土垫层时，不应小于 40mm。

承台的配筋，对于矩形承台，钢筋应按双向均匀通长布置［见图 13-22（a）］，钢筋直径不宜小于 10mm，间距不宜大于 200mm；对于三桩承台，钢筋应按三向板带均匀布置，且最里面的三根钢筋围成的三角形应在柱截面范围内［见图 13-22（b）］。

承台梁的主筋除满足计算要求外，尚应符合国家现行《混凝土结构设计规范》关于最小配筋率的规定，主筋直径不应小于 12mm，架立筋不宜小于 10mm，箍筋直径不宜小于 6mm［见图 13-22（c）］。

筏形承台板和箱形承台顶、底板的配筋，与筏基和箱基的要求相同。

桩顶嵌入承台的长度，对于大直径桩，不宜小于 100mm；对于中等直径桩不宜小于 50mm。混凝土桩的桩顶主筋应伸入承台内，其锚固长度不宜小于钢筋直径（HPB235 级钢筋）的 30 倍和钢筋直径（HRB335 级钢筋和 HRB400 级钢筋）的 35 倍，对于抗拔桩基不应小于钢筋直径的 40 倍。预应力混凝土桩可采用钢筋与桩头钢板焊接的连接方法。钢桩可采

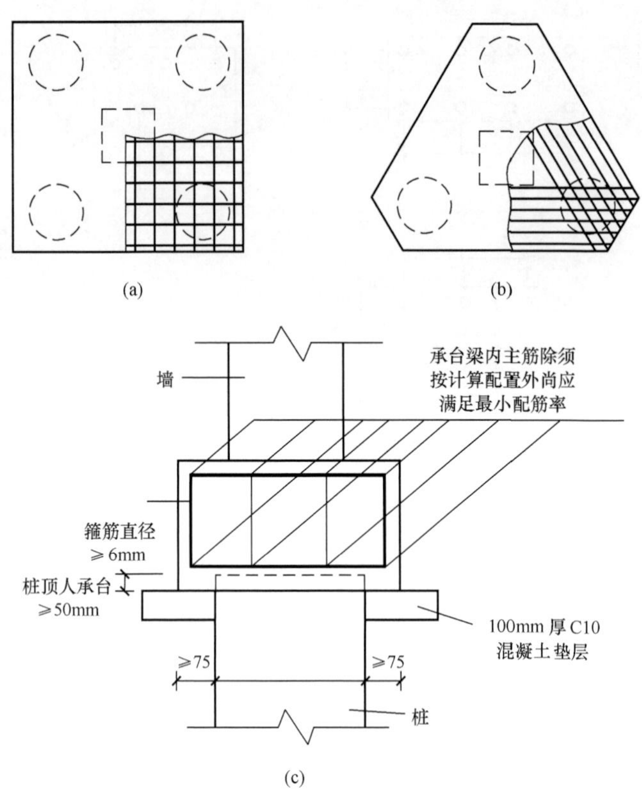

图 13-22 承台配筋示意

(a) 矩形承台配筋；(b) 三桩承台配筋；(c) 承台梁配筋

用在桩头加焊锅型板或钢筋的连接方法。

当柱截面周边位于桩的钢筋笼以内，柱下端已设置两个方向与柱可靠连接的具有足够抗弯刚度的连系梁，以及在桩顶以下 $4/a$ 范围内无软弱土层存在时，可采用单桩支承单柱的桩基形式，此时，柱下端与桩连接处可不设置承台。但宜在桩顶设置钢筋网，或在桩顶将桩的纵向受力钢筋水平向内弯至柱边并加构造环向钢筋连接，并应采取其他有效的构造措施。

承台之间的连接，对于单桩承台，宜在两个互相垂直的方向上设置连系梁；对于两桩承台，宜在其短向设置连系梁；有抗震要求的柱下独立承台，宜在两个主轴方向设置连系梁。连系梁顶面宜与承台位于同一标高，连系梁的宽度不应小于 250mm，梁的高度可取承台中心距的 1/15～1/10。连系梁的主筋应按计算要求确定。当为构造要求时，连系梁的截面尺寸和受拉钢筋的面积，可取所连接柱的最大轴力的 10%，按轴心受压或受拉进行截面设计。连系梁内上下纵向钢筋直径不应小于 12mm 且不应少于 2 根，并应按受拉要求锚入承台，箍筋直径不宜小于 8mm，间距不宜大于 300mm。

在承台及地下室周围的回填土，应满足填土密实性的要求。

二、柱下桩基础独立承台

（一）受弯计算

1. 柱下多桩矩形承台

根据承台模型试验资料，柱下多桩矩形承台在配筋不足情况下将产生弯曲破坏，其破坏特征呈梁式破坏。所谓梁式破坏，是指挠曲裂缝在平行于柱边两个方向交替出现，承台在两个方向交替呈梁式承担荷载［见图 13-23 (a)］，最大弯矩产生在平行于柱边两个方向的屈服线处。利用极限平衡原理可导得两个方向的承台正截面弯矩计算公式。

柱下多桩矩形承台弯矩的计算截面应取在柱边和承台高度变化处或台阶边缘［见图 13-23 (b)］，并按下式计算。

$$M_x = \sum N_i y_i \quad (13-31)$$

$$M_y = \sum N_i x_i \quad (13-32)$$

式中 M_x、M_y——垂直于 y 轴和 x 轴方向计算截面处的弯矩设计值，kN·m；

x_i、y_i——垂直于 y 轴和 x 轴方向自桩轴线到相应计算截面的距离，m；

N_i——扣除承台和其上填土自重后相应于荷载效应基本组合时的第 i 桩竖向力设计值，kN。

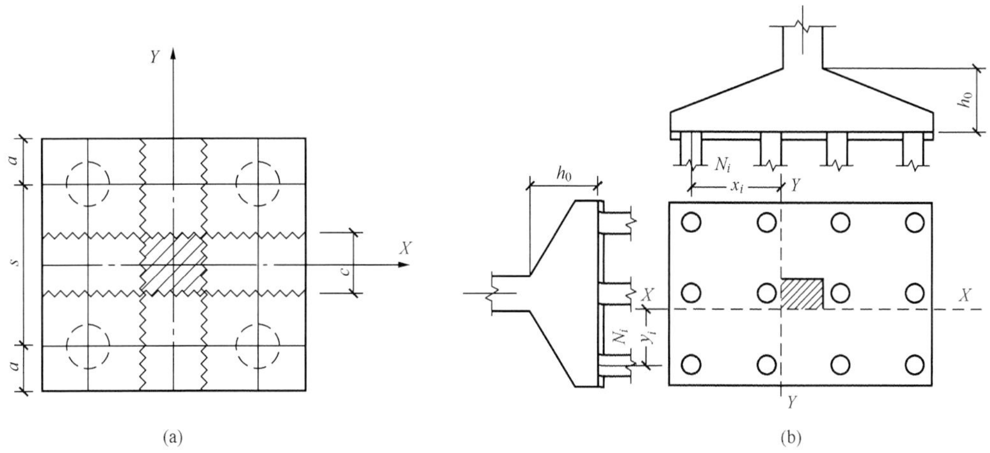

图 13-23 矩形承台

(a) 四桩承台破坏模式；(b) 承台弯矩计算示意

根据计算的柱边截面和截面高度变化处的弯矩，分别计算同一方向各截面配筋量后，取各向的最大值按双向均布配置［见图 13-22 (a)］。

2. 柱下三桩三角形承台

柱下三桩承台分等边和等腰两种形式，其受弯破坏模式有所不同（见图 13-24），后者呈明显的梁式破坏特征。

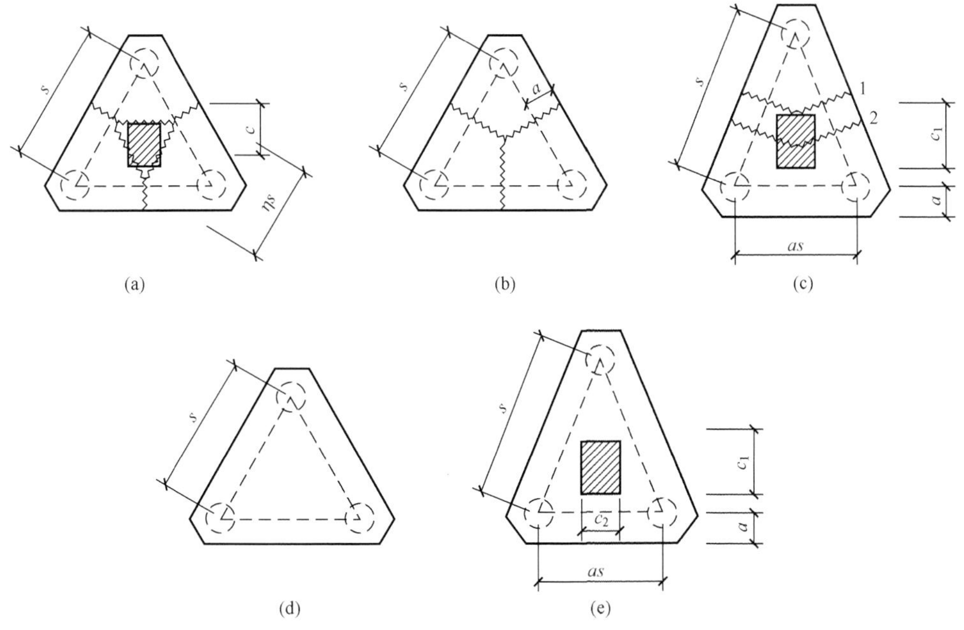

图 13-24 三桩三角形承台

(a) ～ (c) 承台破坏模式；(d)、(e) 承台弯矩计算示意

(1) 等边三桩承台。

取图 13 - 24 (a)、(b) 两种破坏模式所确定的弯矩平均值作为设计值。

$$M=\frac{N_{max}}{3}\left(s-\frac{\sqrt{3}}{4}c\right) \tag{13-33}$$

式中 M——由承台形心至承台边缘距离范围内板带的弯矩设计值，kN·m；

N_{max}——扣除承台和其上填土自重后的三桩中相应于荷载效应基本组合时的最大单桩竖向力设计值，kN；

s——桩距，m [见图 13 - 24 (d)]；

c——方柱边长，m，圆柱时 $c=0.866d$ (d 为圆柱直径)。

(2) 等腰三桩承台 [见图 13 - 24 (e)]，承台弯矩按下式计算。

$$M_1=\frac{N_{max}}{3}\left(s-\frac{0.75}{\sqrt{4-\alpha^2}}c_1\right) \tag{13-34}$$

$$M_2=\frac{N_{max}}{3}\left(\alpha s-\frac{0.75}{\sqrt{4-\alpha^2}}c_2\right) \tag{13-35}$$

式中 M_1，M_2——由承台形心到承台两腰和底边的距离范围内板带的弯矩设计值，kN·m；

s——长向桩距，m；

α——短向桩距与长向桩距之比，当 α 小于 0.5 时，应按变截面的二桩承台设计；

c_1，c_2——垂直于、平行于承台底边的柱截面边长，m。

(二) 受冲切计算

当桩基承台的有效高度不足时，承台将产生冲切破坏。承台冲切破坏的方式有两种，一种是柱对承台的冲切，另一种是角桩对承台的冲切。冲切破坏锥体斜面与承台底面的夹角大于或等于 45°，柱边冲切破坏锥体的顶面在柱与承台交界处或承台变阶处，底面在桩顶平面处（见图 13 - 25）；而角桩冲切破坏锥体的顶面在角桩内边缘处，底面在承台上方（见图 13 - 26）。

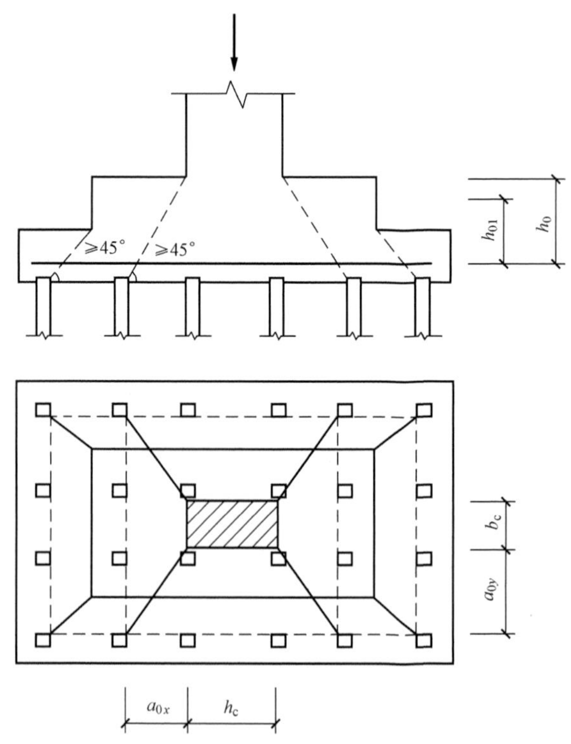

图 13 - 25 柱对承台冲切计算示意

1. 柱对承台冲切的承载力计算

柱对承台冲切的承载力，可按下式计算：

$$F_l=2[\beta_{0x}(b_c+a_{0y})+\beta_{0y}(h_c+a_{0x})]\beta_{hp}f_t h_0 \tag{13-36}$$

$$F_l=F-\sum N_i \tag{13-37}$$

$$\beta_{0x}=\frac{0.84}{\lambda_{0x}+0.2} \tag{13-38}$$

$$\beta_{0y}=\frac{0.84}{\lambda_{0y}+0.2} \tag{13-39}$$

式中 F_l——扣除承台及其上填土自重，作用在冲切破坏锥体上相应于荷载效应基本组合的冲切力设计值，冲切破坏锥体应采用自柱边或承台变阶处至相应桩顶边缘连线构成的锥体，锥体与承台底面的夹角不小于45°，kN。

β_{hp}——受冲切承载力截面高度影响系数，当 h 不大于800mm时，β_{hp} 取1.0，当 h 大于等于2000mm时，β_{hp} 取0.9，其间按线性内插法取用。

f_t——承台混凝土轴心抗拉强度设计值，kPa。

h_0——冲切破坏锥体的有效高度，m。

β_{0x}，β_{0y}——冲切系数。

λ_{11}，λ_{12}——冲跨比，$\lambda_{0x}=a_{0x}/h_0$，$\lambda_{0y}=a_{0y}/h_0$，a_{0x}、a_{0y} 为柱边或变阶处至桩边的水平距离；当 $a_{0x}(a_{0y})<0.25h_0$ 时，取 $a_{0x}(a_{0y})=0.25h_0$；当 $a_{0x}(a_{0y})>h_0$ 时，取 $a_{0x}(a_{0y})=h_0$。

F——柱根部轴力设计值，kN。

$\sum N_i$——冲切破坏锥体范围内各桩的净反力设计值之和，kN。

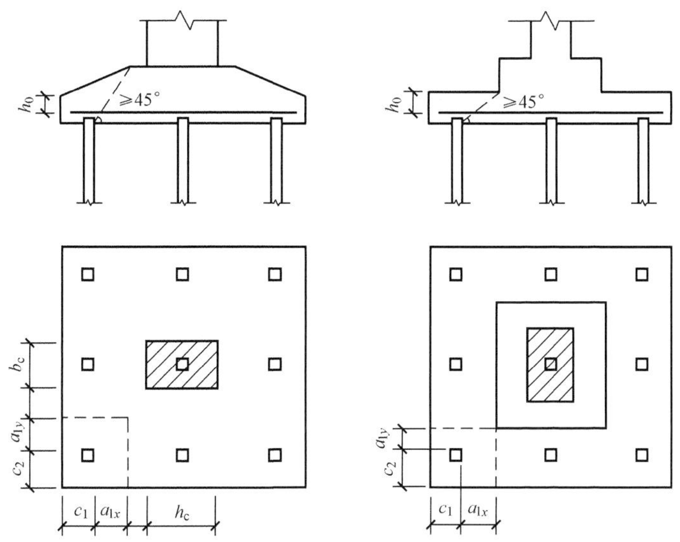

图13-26 矩形承台角桩冲切计算示意

对中、低压缩性土上的承台，当承台与地基土之间没有脱空现象时，可根据地区经验适当减小柱下桩基独立承台受冲切计算的承台厚度。

2. 角桩对承台冲切的承载力计算

(1) 多桩矩形承台受角桩冲切的承载力应按下式计算：

$$N_l=\left[\beta_{1x}\left(c_2+\frac{a_{1y}}{2}\right)+\beta_{1y}\left(c_2+\frac{a_{1x}}{2}\right)\right]\beta_{hp}f_t h_0 \tag{13-40}$$

$$\beta_{1x}=\frac{0.56}{\lambda_{1x}+0.2} \tag{13-41}$$

$$\beta_{1y}=\frac{0.56}{\lambda_{1y}+0.2} \tag{13-42}$$

式中 N_l——扣除承台和其上填土自重后角桩桩顶相应于荷载效应基本组合时的竖向力设计值，kN；

β_{1x}，β_{1y}——角桩冲切系数；

λ_{1x}，λ_{1y}——角桩冲跨比，其值满足 $\lambda_{1x}=a_{1k}/h_0$，$\lambda_{1y}=a_{1y}/h_0$；

c_1，c_2——从角桩内边缘至承台外边缘的距离，m；

a_{1x}，a_{1y}——从承台底角桩内边缘引45°冲切线与承台顶面或承台变阶处相交点至角桩内边缘的水平距离（见图13-26），m；

h_0——承台外边缘的有效高度，m。

（2）三桩三角形承台受角桩冲切的承载力应按下式计算：

1）底部角桩：

$$N_l=\beta_{11}(2c_1+a_{11})\tan\frac{\theta_1}{2}\beta_{hp}f_t h_0 \tag{13-43}$$

$$\beta_{11}=\frac{0.56}{\lambda_{11}+0.2} \tag{13-44}$$

2）顶部角桩：

$$N_l=\beta_{12}(2c_1+a_{12})\tan\frac{\theta_2}{2}\beta_{hp}f_t h_0 \tag{13-45}$$

$$\beta_{12}=\frac{0.56}{\lambda_{12}+0.2} \tag{13-46}$$

式中 λ_{11}，λ_{12}——角桩冲跨比，$\lambda_{11}=a_{11}/h_0$，$\lambda_{12}=a_{12}/h_0$；

a_{11}，a_{12}——从承台底角桩内边缘向相邻承台边引45°冲切线与承台顶面相交点至角桩内边缘的水平距离（见图13-27），m；当柱位于该45°线以内时，则取柱边与桩内边缘连线为冲切锥体的锥线。对圆柱和圆桩，计算时可将圆形截面换算成正方形截面。

（三）受剪切计算

桩基承台的抗剪计算，在小剪跨比的条件下具有深梁的特征。

柱下桩基独立承台应分别对柱边和桩边、变截面和桩边连线形成的斜截面进行受剪计算（见图13-28）。当柱边外有多排桩形成多个剪切斜截面时，还应对每个斜截面进行验算。

斜截面受剪承载力可按下列公式计算：

$$V\leqslant\beta_{hs}\beta f_t b_0 h_0 \tag{13-47}$$

$$\beta=\frac{1.75}{\lambda+1.0} \tag{13-48}$$

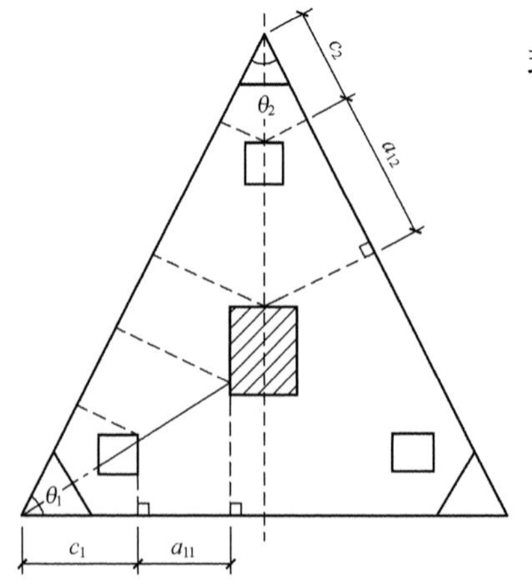

图13-27 三角形承台角桩冲切计算示意

式中 V——扣除承台及其上填土自重后相应于荷载效应基本组合时斜截面剪力设计值，kN。

β_{hs}——受剪切承载力截面高度影响系数，$\beta_{hs}=(800/h_0)^{1/4}$，当$h_0$小于800mm时；$h_0$取800mm；当$h_0$大于2000mm时，$h_0$取2000mm。

β——剪切系数。

λ——计算截面的剪跨比，$\lambda_x=a_x/h_0$，$\lambda_y=a_y/h_0$。此处，a_x，a_y为柱边或变阶处至x，y方向计算一排桩的桩边的水平距离。当$\lambda<0.25$时，取$\lambda=0.25$；当$\lambda>3$时，取$\lambda=3$。

b_0——承台计算截面处的计算宽度，m。

h_0——计算宽度处的承台有效高度，m。

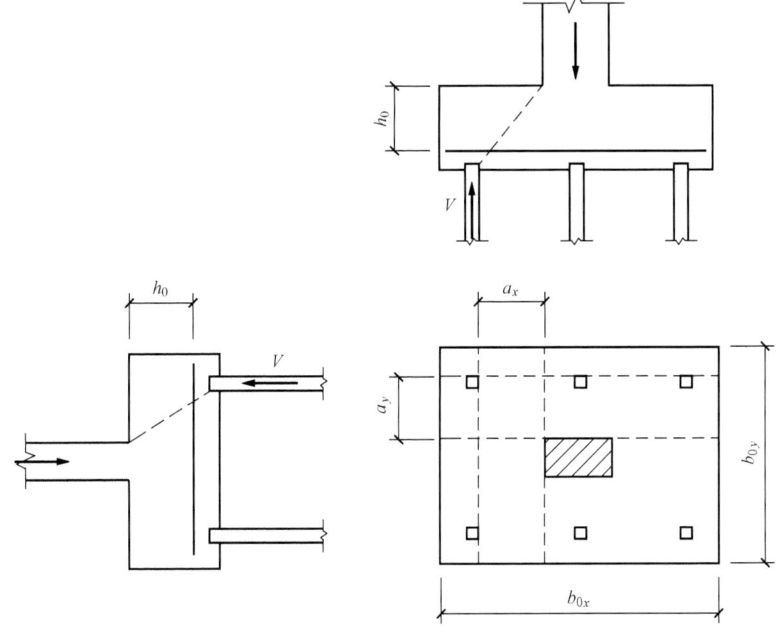

图 13-28　承台斜截面受剪计算示意

阶梯形承台变阶处及锥形承台的计算宽度 b_0 按以下方法确定：

（1）对于阶梯形承台应分别在变阶处（A_1-A_1，B_1-B_1）及柱边处（A_2-A_2，B_2-B_2）进行斜截面受剪计算（见图 13-29）。计算变阶处截面 A_1-A_1，B_1-B_1 的斜截面受剪承载力时，其截面有效高度均为 h_{01}，截面计算宽度分别为 b_{y1} 和 b_{x1}。计算柱截面 A_2-A_2，B_2-B_2 处的斜截面受剪承载力时，其截面有效高度均为 $h_{01}+h_{02}$，截面计算宽度按下式计算。

$$b_{y0}=\frac{b_{y1}\cdot h_{01}+b_{y2}\cdot h_{02}}{h_{01}+h_{02}} \tag{13-49}$$

$$b_{x0}=\frac{b_{x1}\cdot h_{01}+b_{x2}\cdot h_{02}}{h_{01}+h_{02}} \tag{13-50}$$

（2）对于锥形承台应对 A—A 及 B—B 两个截面进行受剪承载力计算（见图 13-30），截面有效高度均为 h_0，截面的计算宽度按下式计算。

$$b_{y0}=\left[1-0.5\frac{h_1}{h_0}\left(1-\frac{b_{y2}}{b_{y1}}\right)\right]b_{y1} \tag{13-51}$$

$$b_{x0}=\left[1-0.5\frac{h_1}{h_0}\left(1-\frac{b_{x2}}{b_{x1}}\right)\right]b_{x1} \tag{13-52}$$

（四）局部受压计算

当承台的混凝土强度等级低于柱或桩的混凝土强度等级时，还应验算柱下或桩上承台的局部受压承载力。

当进行承台的抗震验算时，应根据现行《建筑抗震设计规范》的规定对承台受剪切承载力进行抗震调整。

13.5.3　桩基础设计的一般步骤

桩基设计应符合安全、合理和经济的要求。对桩和承台来说，应有足够的强度、刚度和耐久性；对地基（主要是桩端持力层）来说，要有足够的承载力和不产生过量的变形。考虑到桩基相应于地基破坏的极限承载力很高，因此，大多数桩基的首要问题在于控制沉降量，即桩基设计应按桩基变形控制设计。

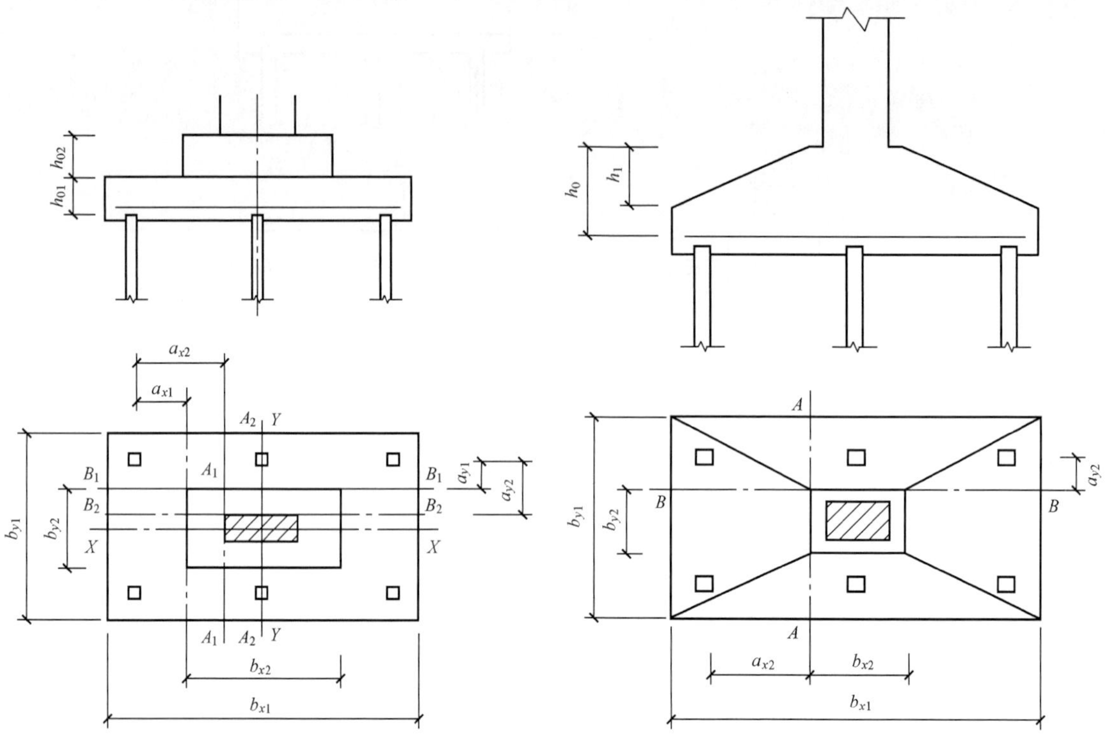

图 13-29 阶梯形承台斜截面受剪计算示意

图 13-30 锥形承台受剪计算示意

一、必要的资料准备

桩基设计前必须具备的资料主要有建筑物类型及其规模、岩土工程勘察报告、施工机具和技术条件、环境条件、检测条件，以及当地桩基工程经验等，其中，岩土工程勘察资料是桩基设计的主要依据。因此，设计前应根据建筑物的特点和有关要求，进行岩土工程勘察和场地施工条件等资料的搜集工作，在提出工程地质勘察任务书时，应说明拟议中的桩基方案。桩基岩土工程勘察应符合现行国家标准《岩土工程勘察规范》的基本要求。

二、选定桩型，确定单桩竖向及水平承载力

1. 桩的类型、截面和桩长的选择

桩类和桩型的选择是桩基设计中的重要环节，应根据结构类型及层数、荷载情况、地层条件和施工能力等，合理地选择桩的类别（预制桩或灌注桩）、桩的截面尺寸和长度、桩端持力层，并确定桩的承载性状（端承型或摩擦型）。

场地的地层条件、各类型桩的成桩工艺和适用范围，是桩类选择应考虑的主要因素。当土中存在大孤石、废金属以及花岗岩残积层中未风化的石英时，预制桩将难以穿越；当土层分布很不均匀时，混凝土预制桩的预制长度较难掌握；在场地土层分布比较均匀的条件下，采用质量易于保证的预应力高强混凝土管桩比较合理。对于软土地区的桩基，应考虑桩周土自重固结、蠕变、大面积堆载及施工中挤土对桩基的影响；在层厚较大的高灵敏度流塑黏性土中（如我国东南沿海的淤泥和淤泥质土），不宜采用大片密集有挤土效应的桩基，否则，这类土的结构破坏严重，致使土体强度明显降低，如果加上相邻各桩的相互影响，这类桩基的沉降和不均匀沉降都将显著增加，这时宜采用承载力高而桩数较少的桩基。同一结构单元宜避免采用不同类型的桩。

桩的截面尺寸选择应考虑的主要因素是成桩工艺和结构的荷载情况。从楼层数和荷载大小来看（如为工业厂房可将荷载折算为相应的楼层数），10 层以下的建筑桩基，可考虑采用直径 500mm 左右的灌注桩和边长为 400mm 的预制桩；10～20 层可采用直径 800～1000mm 的灌注桩和边长 450～500mm 的预制桩；20～30 层可采用直径 1000～1200mm 的钻（冲、挖）孔灌注桩和边长或直径等于或大于 500mm 的预制桩；30～40 层可采用直径大于 1200mm 的钻（冲、挖）孔灌注桩和直径 500～550mm 的预应力混凝土管桩和大直径钢管桩。楼层更高的高层建筑所采用的挖孔灌注桩直径可达 5m 左右。

桩的设计长度，主要取决于桩端持力层的选择。通常，坚实土（岩）层（可用触探试验或其他指标来鉴别）最适宜作为桩端持力层。对于 10 层以下的建筑，如在桩端可达的深度内无坚实土层时，也可选择中等强度的土层作为桩端持力层。

桩端进入坚实土层的深度，应根据地质条件、荷载及施工工艺确定，一般宜为 1～3 倍桩径；其中，对黏性土、粉土不宜小于 2 倍桩径，砂类土不宜小于 1.5 倍桩径，碎石类土不宜小于 1 倍桩径。对薄持力层且其下存在软弱下卧层时，为避免桩端阻力因受“软卧层效应”的影响而明显降低，桩端以下坚实土层的厚度不宜小于 4 倍桩径。当硬持力层较厚且施工条件许可时，为充分发挥桩的承载力，桩端全断面进入持力层的深度宜尽可能达到该土层桩端阻力的临界深度；其中，砂与碎石类土为 3～10 倍桩径，粉土、黏性土为 2～6 倍桩径。对于穿越软弱土层而支承在倾斜岩层面上的桩，当风化岩层厚度小于 2 倍桩径时，桩端应进入新鲜或微风化基岩，端承桩嵌入微风化或中等风化岩体的最小深度，不宜小于 0.5m，以确保桩端与岩体接触。同一基础的邻桩桩底高差，对于非嵌岩桩，不宜超过相邻桩的中心距；对于摩擦型桩，在相同土层中不宜超过桩长的 1/10。

嵌岩桩或端承桩桩端以下 3 倍桩径范围内应无软弱夹层、断裂破碎带、洞穴和空隙分布，这对于荷载很大的一柱一桩（大直径灌注桩）基础尤为重要。由于岩层表面往往崎岖不平，且常有隐伏的沟槽，特别在可溶性的碳酸岩类（如石灰岩）分布区，溶槽、石芽密布，此时桩端极有可能坐落在岩面隆起的斜面上而易产生滑动。因此，为确保桩端和岩体的稳定，在桩端应力扩散范围内应无岩体临空面，例如沟、槽、洞穴的侧面或倾斜、陡立的岩面。实践证明，作为基础施工图设计依据的详细勘察阶段的工作精度，较难满足这类桩的设计和施工要求。所以，在桩基方案选定之后，还应根据桩位进行专门的桩基勘察，或施工时在桩孔下方钻取岩芯（“超前钻”），以便针对各桩的持力层选择埋入深度。对于高层或重型建筑物，采用大直径桩通常是有利的，但在碳酸岩类岩石地基，当岩溶很发育、洞穴顶板厚度不大时，为满足桩底下有 3 倍桩径厚度的持力层的要求及有利于荷载的扩散，宜采用直径较小的桩和条形或筏板承台。

当土层比较均匀、坚实土层层面比较平坦时，桩的施工长度常与设计桩长比较接近；但当场地土层复杂，或者桩端持力层层面起伏不平时，桩的施工长度则常与设计桩长不一致。因此，在勘察工作中，应尽可能仔细地探明可作为持力层的地层层面标高，以避免浪费和便于施工。为保证桩的施工长度满足设计桩长的要求，打入桩的入土深度应按桩端设计标高和最后贯入度（经试打确定）两方面控制。最后贯入度是指打桩结束以前每次锤击的沉入量，通常以最后每阵（10 击）的平均贯入量表示。一般要求最后二三阵的平均贯入量为 10～30mm/阵（锤重、桩长者取大值，质量为 7t 以上的单动蒸汽锤、柴油锤可增至 30～50mm/阵）；振动沉桩者，可用 1min 作为一阵。例如，采用 100kN 振动力打入边长为 400mm 的桩，要求最后二阵的贯入度（即沉入速度）为 20～60mm/min。

对于打入可塑或硬塑黏性土中的摩擦型桩，其承载力主要由桩侧摩阻力提供，沉桩深度宜按桩端设计标高控制，同时以最后贯入度作参考，并尽可能使同一承台或同一地段内各桩的桩端实际标高大致相同。而打到基岩面或坚实土层的端承型桩，其承载力主要由桩端阻力提供，沉桩深度宜按最后贯入度控制，同时以桩端设计标高作参考，并要求各桩的贯入度比较接近。大直径的钻（冲、挖）孔桩则以取出的岩屑（可分辨出风化程度）为主，结合钻进速度等来确定施工桩长。

2. 确定单桩竖向及水平承载力

桩的类型和几何尺寸确定之后，应初步确定承台底面标高。承台埋深的选择一般主要考虑结构要求和方便施工等因素。季节性冻土上的承台埋深，应考虑地基土的冻胀性的影响，并应考虑是否需要采取相应的防冻害措施。膨胀土上的承台，其埋深选择与此类似。

初定出承台底面标高后，便可按前述方法计算单桩竖向及水平承载力了。

三、桩的平面布置及承载力验算

（一）桩的根数和布置

1. 桩的根数

初步估算桩数时，先按式（13－10）确定单桩承载力特征值 R_a 后，可估算桩数如下。

当桩基为轴心受压时，桩数 n 应满足下式的要求：

$$n \geqslant \frac{F_k + G_k}{R_a} \tag{13-53}$$

式中 F_k——相应于荷载效应标准组合时，作用于桩基承台顶面的竖向力标准值，kN；

G_k——桩基承台及承台上土自重标准值，kN。

偏心受压时，对于偏心距固定的桩基，如果桩的布置使得群桩横截面的重心与荷载合力作用点重合，则仍可按式（13－53）估算桩数，否则，桩的数量应在按式（13－53）确定的数基础上增加 10%～20%。所选的桩数是否合适，尚待各桩受力验算后确定。如有必要，还要通过桩基软弱下卧层承载力和桩基沉降验算才能最终确定。

承受水平荷载的桩基，在确定桩数时，还应满足对桩的水平承载力的要求。此时，可以取各单桩水平承载力之和，作为桩基的水平承载力。这样做通常是偏于安全的。

2. 桩在平面上的布置

经验证明，桩的布置合理与否，对发挥桩的承载力，减小建筑物的沉降，特别是不均匀沉降是至关重要的。因此，桩在平面上的布置应遵循一定的原则。

此外，还应注意：在有门洞的墙下布桩时，应将桩设置在门洞的两侧。梁式或板式承台下的群桩，布桩时应多布设在柱、墙下，减少梁和板跨中的桩数，以使梁、板中的弯矩尽量减小。

为了节省承台用料和减少承台施工的工作量，在可能情况下，墙下应尽量采用单排桩基，柱下的桩数也应尽量减少。一般地说，桩数较少而桩长较大的摩擦型桩基，无论在承台的设计和施工方面，还是在提高群桩的承载力以及从减小桩基沉降量方面，都比桩数多而桩长小的桩基优越；如果由于单桩承载力不足而造成桩数过多、布桩不够合理时，宜重新选择桩的类型及几何尺寸。

（二）桩基承载力验算

1. 桩顶荷载计算

以承受竖向力为主的群桩基础的单桩（包括复合单桩）桩顶荷载效应可按下列公式计算（见图13-31）。

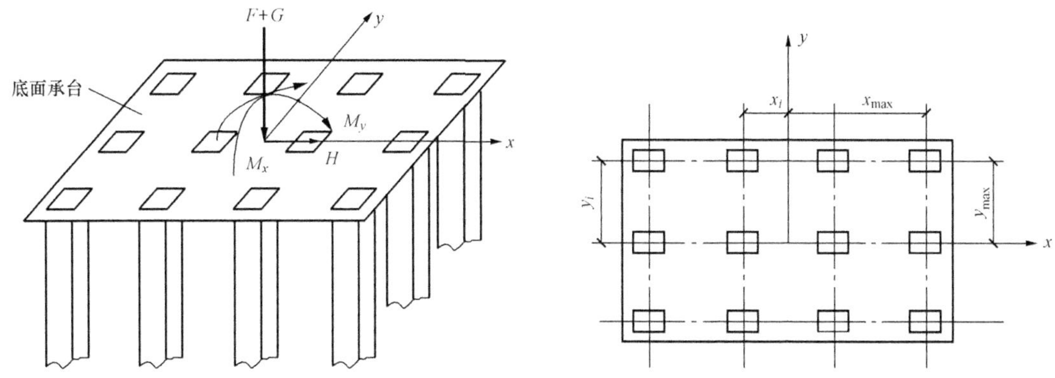

图13-31 桩顶荷载的计算简图

轴心竖向力作用下

$$Q_k = \frac{F_k + G_k}{n} \tag{13-54}$$

偏心竖向力作用下

$$Q_{ik} = \frac{F_k + G_k}{n} \pm \frac{M_{xk} y_i}{\sum y_i^2} \pm \frac{M_{yk} x_i}{\sum x_i^2} \tag{13-55}$$

水平力作用下

$$H_{ik} = \frac{H_k}{n} \tag{13-56}$$

式中 F_k——相应于荷载效应标准组合时，作用于桩基承台顶面的竖向力标准值，kN；

G_k——桩基承台自重及承台上土自重标准值，kN；

Q_k——相应于荷载效应标准组合轴心竖向力作用下任一单桩的竖向力标准值，kN；

n——桩基中的桩数；

Q_{ik}——相应于荷载效应标准组合偏心竖向力作用下第 i 根桩的竖向力标准值，kN；

M_{xk}，M_{yk}——相应于荷载效应标准组合作用于承台底面通过桩群形心的 x，y 轴的力矩标准值 kN·m；

x_i，y_i——第 i 根桩到通过桩群形心的 y，x 轴线的距离，m；

H_k——相应于荷载效应标准组合时，作用于承台底面的水平力标准值，kN；

H_{ik}——相应于荷载效应标准组合时，作用于任一单桩的水平力标准值，kN。

式（13-55）是以下列假设为前提的：①承台是刚性的；②各桩刚度（$K_j = Q_{jk}/s_j$；s_j 为 Q_{jk} 作用下的桩顶沉降）相同；③x，y 是桩基平面的惯性主轴。

烟囱、水塔、电视塔等高耸结构物桩基常采用圆形或环形刚性承台，其单桩宜布置在直径不等的同心圆圆周上，同一圆周上的桩距相等［见图 13 - 21（c）］。对这类桩基，只要取对称轴为坐标轴，则式（13 - 55）依然适用。对位于 8 度和 8 度以上抗震设防区和其他受较大水平荷载的高大建筑物低承台桩基，在计算各单桩的桩顶荷载和桩身内力时，可考虑承台（以及地下墙体）与单桩的相互作用和土的弹性抗力作用。

2. 单桩承载力验算

承受轴心竖向力作用的桩基，相应于荷载效应标准组合时作用于单桩的竖向力 Q_k 应符合式（13 - 57）的要求：

$$Q_k < R_a \tag{13 - 57}$$

承受偏心竖向力作用的桩基，除应满足式（13 - 57）的要求外，相应于荷载效应标准组合时作用于单桩的最大竖向力 $Q_{k,max}$ 尚应满足式（13 - 58）的要求：

$$Q_{k,max} \leqslant 1.2R_a \tag{13 - 58}$$

承受水平力作用的桩基，相应于荷载效应标准组合时作用于单桩的水平力 H_{ik} 应符合式（13 - 59）的要求：

$$H_{ik} \leqslant R_{Ha} \tag{13 - 59}$$

上述三式中，R_a 和 R_{Ha} 分别为单桩竖向承载力特征值和水平承载力特征值。抗震设防区的桩基应按现行 GB 50011—2010《建筑抗震设计规范》有关规范执行。根据地震震害调查结果，不论桩周土的类别如何，单桩的竖向受震承载力均可提高 25%。因此，对于抗震设防区必须进行抗震验算的桩基，可按下列公式验算单桩的竖向承载力。

轴心竖向力作用下

$$Q_k \leqslant 1.25R_a \tag{13 - 60}$$

偏心竖向力作用下，除应满足式（13 - 60）的要求外，尚应满足：

$$Q_{jk,max} \leqslant 1.5R_a \tag{13 - 61}$$

（三）桩基软弱下卧层承载力验算

当桩基的持力层下存在软弱下卧层，尤其是当桩基的平面尺寸较大、桩基持力层的厚度相对较薄时，应考虑桩端平面下受力层范围内的软弱下卧层发生强度破坏的可能性。对于桩距 $s \leqslant 6d$ 的非端承群桩基础，以及 $s > 6d$ 但各单桩桩端冲剪锥体扩散线在硬持力层中相交重叠的非端承群桩基础，桩基下方有限厚度持力层的冲剪破坏，一般可按整体冲剪破坏考虑。此时，桩基软弱下卧层承载力验算常将桩与桩间土的整体视作实体深基础，实体深基础的底面位于桩端平面处，实体深基础底面的基底附加压力 p_0 可按规范给出的公式计算，但作用于桩基承台顶面的竖向力应按荷载效应标准组合计算。与浅基础的软弱下卧层验算类似，桩端群持力层中的冲剪破坏面与竖直线的夹角为 θ，其验算方法按浅基础的软弱下卧层验算进行。

（四）桩基沉降验算

一般来说，对地基基础设计等级为甲级的建筑物桩基，体型复杂、荷载不均匀或桩端以下存在软弱土层的设计等级为乙级的建筑物桩基，以及摩擦型桩基，应进行沉降验算。对于地基基础设计等级为丙级的建筑物、群桩效应不明显的建筑物桩基，可根据单桩静载荷试验的变形及当地工程经验估算建筑物的沉降量，也可不进行沉降验算。而对于嵌岩桩，对沉降无特殊要求的条形基础下不超过两排桩的桩基，吊车工作级别为 A5 及 A5 以下的单层工业厂房桩基（桩端下为密实土层），可不进行沉降验算。当有可靠地区经验时，对地质条件不复杂、荷载均匀、对沉降无特殊要求的端承型桩基也可不进行沉降验算。

对于应进行沉降验算的建筑物桩基，其沉降不得超过建筑物的允许沉降值。

（五）桩基负摩阻力验算

桩周土沉降可能引起桩侧负摩阻力时，应根据工程具体情况考虑负摩阻力对桩基承载力和沉降的影响。在考虑桩侧负摩阻力的桩基承载力验算中，单桩竖向承载力特征值 R_a 只计中性点以下部分的侧阻力和端阻力。

1. 摩擦型桩基

（1）取桩身计算中性点以上侧阻力为零，按式（13－62）验算单桩承载力：

$$Q_{jk} \leqslant R_a \tag{13-62}$$

（2）当土层不均匀或建筑物对不均匀沉降较敏感时，尚应将负摩阻力引起的下拉荷载 Q_g^n 计入附加荷载验算桩基沉降。

2. 端承型桩基

端承型桩基除应满足式（13－62）的要求外，尚应考虑负摩阻力引起的下拉荷载 Q_g^n，按式（13－63）验算单桩承载力：

$$Q_{ik} + Q_g^n \leqslant R_a \tag{13-63}$$

（六）桩身结构设计

桩身混凝土强度应满足桩的承载力设计要求。计算中应按桩的类型和成桩工艺的不同将混凝土的轴心抗压强度设计值乘以工作条件系数 ψ_c，桩身强度应符合式（13－64）的要求：

桩轴心受压时

$$Q \leqslant A_p f_c \psi_c \tag{13-64}$$

式中　f_c——混凝土轴心抗压强度设计值，kPa，按现行《混凝土结构设计规范》取值；

Q——相应于荷载效应基本组合时的单桩竖向力设计值，kN；

A_p——桩身横截面面积，m^2；

ψ_c——工作条件系数，预制桩取 0.75，灌注桩取 0.6～0.7（水下灌注桩或长桩时用低值）。

桩的主筋应经计算确定。打入式预制桩的最小配筋率不宜小于 0.8%，静压预制桩的最小配筋率不宜小于 0.6%，灌注桩最小配筋率不宜小于 0.2%～0.65%（小直径桩取大值）。

配筋长度：

（1）受水平荷载和弯矩较大的桩，配筋长度应通过计算确定。

（2）桩基承台下存在淤泥、淤泥质土或液化土层时，配筋长度应穿过淤泥、淤泥质土层或液化土层。

（3）坡地岸边的桩、8 度及 8 度以上地震区的桩、抗拔桩、嵌岩端承桩应延长配筋。

（4）桩径大于 600mm 的钻孔灌注桩，构造钢筋的长度不宜小于桩长的 2/3。

通过上述计算及验算后，便可根据上部结构的柱网、隔墙及有关方面的要求等进行承台及地梁的平面布置，绘制桩基施工图。

【例 13－3】　如图 13－32 所示，柱的矩形截面边长 b_c＝450mm，h_c＝600mm；相应于荷载效应标准组合时作用于柱底（柱底标高为－0.5m）的荷载为：F_k＝3040kN，M_k（作用于长边方向）＝160kN·m，H_k＝140kN；拟采用混凝土预制桩基础，桩的方形截面边长 b_p＝400mm，桩长 15m。已确定单桩竖向承载力特征值 R_a＝540kN，单桩水平承载力特征值 R_{Ha}≈60kN，承台混凝土强度等级取 C20，配置 HRB335 级钢筋，试设计该桩基础。

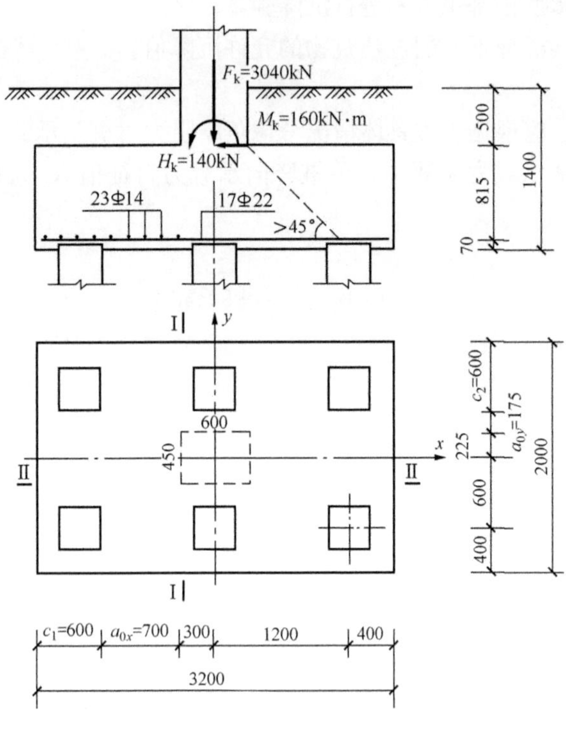

图 13 - 32 ［例 13 - 3］图

解 对 C20 混凝土取 $f_t=1100\text{kPa}$；对 HRB335 级钢筋取 $f_y=300\text{N/mm}^2$。

（1）桩的类型和尺寸已定，桩身结构设计从略。

（2）初选桩的根数。

$$n>\frac{F_k}{R_a}=\frac{3040}{540}=5.6\text{ 根，暂取 6 根。}$$

（3）初选承台尺寸。

桩距，按表 13 - 9，桩距 $s=3.0b_p=3.0\times0.4=1.2\text{m}$

承台长边：$a=2\times(0.4+1.2)=3.2\text{m}$

承台短边：$b=2\times(0.4+0.6)=2.0\text{m}$

暂取承台埋深为 1.4m，承台高度 h 为 0.9m，桩顶深入承台 50mm，钢筋保护层取 70mm，则承台有效高度为

$$h_0=0.9-0.07=0.830\text{m}=830\text{mm}$$

（4）计算桩顶荷载。

取承台及其上土的平均重度 $\gamma_G=20\text{kN/m}^3$

桩顶平均竖向力：

$$Q_k=\frac{F_k+G_k}{n}=\frac{3040+20\times3.2\times2.0\times1.4}{6}=536.5\text{kN}<R_a=540\text{kN}$$

$$Q_{k\min}^{k\max}=Q_k\pm\frac{(M_k+hH_k)x_{\max}}{\sum x_i^2}=536.5\pm\frac{(160+140\times0.9)\times1.2}{4\times1.2^2}$$

$$=536.9\pm59.6=\begin{cases}596.1\text{kN}<1.2R_a=648\text{kN}\\476.9\text{kN}>0\end{cases}$$

满足式（13 - 57）和式（13 - 58）的要求。

单桩水平力设计值：

$H_{1k}=H_k/n=140/6=23.3\text{kN}<R_{Ha}\approx60\text{kN}$，满足要求。

相应于荷载效应基本组合时作用于柱底的荷载设计值为：

$$F=1.35F_k=1.35\times3040=4104\text{kN}$$

$$M=1.35M_k=1.35\times160=216\text{kN}\cdot\text{m}$$

$$H=1.35H_k=1.35\times140=189\text{kN}$$

扣除承台和其上填土自重后的桩顶竖向力设计值：

$$N=\frac{F}{n}=\frac{4104}{6}=684\text{kN}$$

$$N_{\min}^{\max}=N\pm\frac{(M\pm Hh)x_{\max}}{\sum x_i^2}=684\pm\frac{(216+189\times0.9)\times1.2}{4\times1.2^2}=684\pm80.4=\begin{cases}764.4\text{kN}\\603.6\text{kN}\end{cases}$$

（5）承台受冲切承载力验算（如图 13 - 32 所示）。

1）柱边冲切，按式（13 - 36）～式（13 - 42）计算。

冲切力 $F_l=F-\sum N_i=4104-0=4104\text{kN}$

受冲切承载力截面高度影响系数 β_{hp} 计算

$$\beta_{hp}=1-\frac{1-0.9}{2000-800}\times(900-800)=0.992$$

冲跨比 λ 与系数 α 的计算

$$\lambda_{0x}=\frac{a_{0x}}{h_0}=\frac{0.7}{0.830}=0.843<1.0$$

$$\beta_{0x}=\frac{0.84}{\lambda_{0x}+0.2}=\frac{0.84}{0.843+0.2}=0.805$$

$$\lambda_{0y}=\frac{a_{0y}}{h_0}=\frac{0.175}{0.830}=0.210>0.20$$

$$\beta_{0y}=\frac{0.84}{\lambda_{0y}+0.2}=\frac{0.84}{0.210+0.2}=2.049$$

$$\begin{aligned}&2[\beta_{0x}(b_c+a_{0y})+\beta_{0y}(h_c+a_{0x})]\beta_{hp}f_th_0\\&=2\times[0.805(0.450+0.175)+2.049\times(0.600+0.7)]\times0.993\times1100\times0.830\\&=5736\text{kN}>F_l=4104\text{kN}\end{aligned}$$

满足要求

2）角桩向上冲切，$c_1=c_2=0.6\text{m}$，$a_{1x}=a_{0x}$，$\lambda_{1x}=\lambda_{0x}$，$a_{1y}=a_{0y}$，$\lambda_{1y}=\lambda_{0y}$

$$\beta_{1x}=\frac{0.56}{\lambda_{1x}+0.2}=\frac{0.56}{0.843+0.2}=0.537$$

$$\beta_{1y}=\frac{0.56}{\lambda_{1y}+0.2}=\frac{0.56}{0.210+0.2}=1.366$$

$$\begin{aligned}&[\beta_{1x}(c_2+a_{1y}/2)+\beta_{1y}(c_1+a_{1x}/2)]\beta_{hp}f_th_0\\&=[0.537\times(0.6+0.175/2)+1.366\times(0.600+0/72)]\times0.993\times1100\times0.830\\&=1509.7\text{kN}>N_{\max}=764.4\text{kN}\end{aligned}$$

满足要求

（6）承台受剪切承载力计算。

按式（13-47）～式（13-48）计算，剪跨比与以上冲跨比相同。

受剪切承载力截面高度影响系数 β_{hs} 计算

$$\beta_{hs}=\left(\frac{800}{h_0}\right)^{1/4}=\left(\frac{800}{830}\right)^{1/4}=0.991$$

对Ⅰ—Ⅰ斜截面

$$\lambda_x=\lambda_{0x}=0.843\quad（介于 0.3\sim3 之间）$$

剪切系数 $\beta=\dfrac{1.75}{\lambda+1.0}=\dfrac{1.75}{0.843+1.0}=0.950$

$$\beta_{hs}\beta f_tb_0h_0=0.991\times0.950\times1100\times2.0\times0.830=1719.1\text{kN}>2N_{\max}=2\times764.4=1528.8\text{kN}$$

满足要求

对Ⅱ—Ⅱ斜截面

$\lambda_y=\lambda_{0y}=0.21<0.3$，取 $\lambda_y=0.3$

剪切系数 $\beta=\dfrac{1.75}{\lambda+1.0}=\dfrac{1.75}{0.3+1.0}=1.346$

$$\beta_{hs}\beta f_tb_0h_0=0.991\times1.346\times1100\times3.2\times0.830=3897.1\text{kN}>3\text{N}=3\times684=2052\text{kN}$$

满足要求

（7）承台受弯承载力计算。

按式（13－31）～式（13－32）计算

$$M_x=\sum N_i y_i=3\times 684\times 0.375=769.5\text{kN}\cdot\text{m}$$

$$A_s=\frac{M_x}{0.9f_y h_0}=\frac{769.5\times 10^6}{0.9\times 300\times 830}=3433.7\text{mm}^2$$

选用 2⌀14，$A_s=3540\text{mm}^2$，沿平行于 y 轴方向均匀布置。

$$M_y=\sum N_i x_i=2\times 764.4\times 0.9=1375.9\text{kN}\cdot\text{m}$$

$$A_s=\frac{M_y}{0.9f_y h_0}=\frac{1375.9\times 10^6}{0.9\times 300\times 830}=6139.7\text{mm}^2$$

选用 17⌀22，$A_s=6462\text{mm}^2$，沿平行 x 轴方向均匀布置。

13.5.4 挤扩支盘桩

1. 基本原理

挤扩支盘桩是在完成钻孔之后，向孔内下入专用的液压挤扩支盘成型机，通过地面液压站控制该机的弓压臂的扩张和收缩，按承载能力要求和地层土质条件，在桩身不同部位挤压出对称分布的扩大支腔或圆锥盘状的扩大腔后，放入钢筋笼，灌注混凝土，形成由桩身、分支、分承力盘和桩根共同承载的桩型。由于分支和承力盘增大了桩身承载面积，同时挤扩设备对周围土体有一定的挤密作用，因此挤扩支盘桩可较大幅度提高单桩承载力。

挤扩支盘桩从 1992 年开始在建筑工程中使用，至今已在全国多个省市的多项工程中采用，在提高桩基承载力、减小沉降、降低工程造价等方面取得了显著的效果，而且设计、施工、检验、验收都已制定了规程，应用前景较为广阔。

2. 适用范围

挤扩支盘桩可作为一般工业与民用建筑及高耸构筑物的桩基；可在黏性土、粉土、砂土层、强风化岩、残积土中挤扩成支盘，也可在卵砾石层的上层面挤扩成盘。对于黏性土、粉土或砂土交互分层的地基，选用支盘桩是比较合适的。支盘桩的桩身直径为 300～600mm（长螺旋钻机成直孔情况）及 400～800mm（泥浆护壁成直孔情况），支盘直径与桩身直径之比为 1.8～2.5，桩长最大可达 30～50m。

在下列地层情况下不能采用支盘桩：①淤泥及淤泥质黏土层深厚，并在桩长范围内无适合挤扩支盘的土层；②沿海浅岩地层，即地表下软土层较浅，且其以下紧接为岩层，或虽然两者之间夹有硬土层，但其厚度小，无法挤扩支盘；③由于承压水而无法成直孔时。

3. 分支和分承力盘的设置原则

所谓分支是指通过挤扩支盘成型机向桩身直孔外侧沿桩径辐射状地进行二维挤压而形成一定宽度的腔体，腔内灌注混凝土后形成桩受力结构的一部分，称为分支或盘。支的宽度、高度和长度（即扩大直径部分）取决于挤扩支盘成型机的构造。所谓分承力盘，是指在同一桩身断面上，经过若干个挤扩过程，挤扩出 16 个以上单个分支腔体形成近似的圆锥盘桩腔体，腔内灌注混凝土后形成桩受力结构的一部分，称为分承力盘。形成承力盘腔所需的单个分支数取决于挤扩支盘成型机弓压臂的宽度。承力盘实质上即是通常表述的扩大头，图 13－33所示为支盘桩的构造示意图。

分承力盘应设置在可塑～硬塑状态的黏性土、中密～密实状态的砂土、中密～密实状态的粉土中，底承力盘也可设置在中密～密实状态的卵砾石层、强风化岩或残积土层的上层面上。设置承力盘的硬土层厚度宜大于 $3d$（d 为桩身直径），且各承力盘下 $2d$ 深度范围内不应有软弱下卧层。

分支形式有单支型、一字（双支）型、十字（四支）型、米字（八支）型及其他类型。分支可以增大竖向承载力，在桩身上部较硬土层中设分支可以增加对水平荷载的抗力。分支设置时选择地层的原则基本上与分承力盘相同。但设置分支的硬土层厚度宜大于 $2d$，且各分支下 d 深度范围内不允许有软弱下卧层。

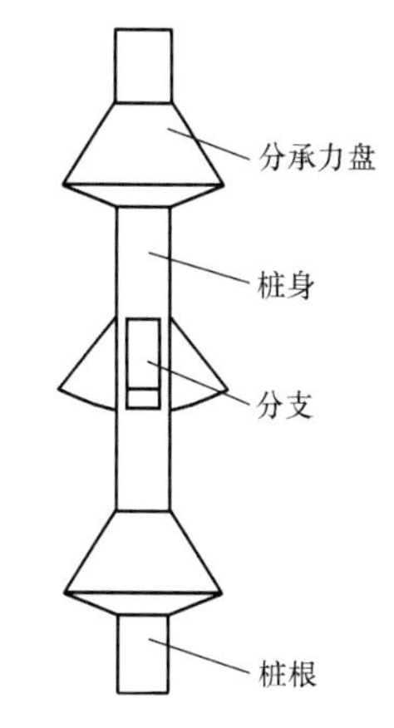

图 13 - 33 支盘桩的构造示意图

当设置两个以上承力盘或分支时，合理的盘间距的确定是设计挤扩支盘桩的一个重要因素。根据大量的室内模型试验成果以及大量工程桩的工程实践，承力盘之间或承力盘与分支之间的最小间距，对砂土不小于 $3D$，对粉土不小于 $2.5D$，对黏性土不小于 $2D$，分支之间的最小间距不宜小于 $1.5D$（D 为支、盘直径）。

13.5.5 多节挤扩灌注桩

1. 多节挤扩灌注桩的构造

多节挤扩灌注桩身由主桩和多个扩径体组成，如图 13 - 34 所示。扩径体包括分岔和承力盘。

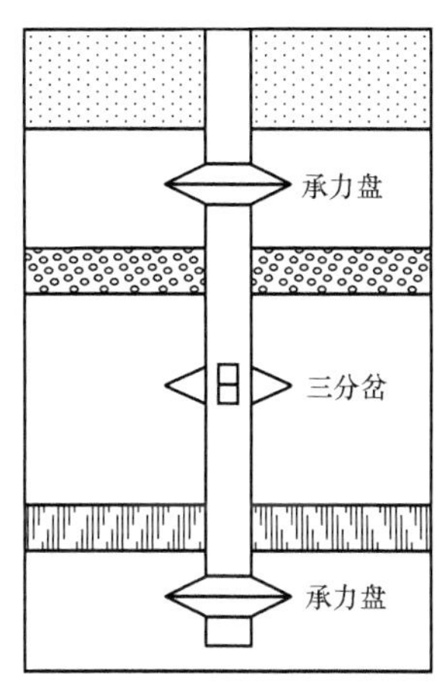

图 13 - 34 挤扩支盘桩构造示意图

所谓分岔，是指通过专用挤扩装置向桩身直径外侧沿桩径辐射状地进行三维挤压而形成一定宽度的腔体，在向腔内灌注混凝土后所形成的桩受力结构的一部分。图 13 - 34 的中部位置就是一个三分岔。通常一个挤扩过程可挤扩出 3 个岔腔。岔的宽度、高度和长度（即扩大直径部分）取决于挤扩装置的构造。

所谓承力盘，是指在同一桩身断面上，经过 7 次或更多次的挤扩，挤压出由 21 个或更多的单个分岔腔体所形成的近似圆锥盘状的腔体，向腔内灌注混凝土后所形成的桩受力结构的一部分。图 13 - 34 中上部和下部的两个扩径体都是承力盘。形成承力盘的必要条件是相邻单岔腔体要挤压重叠搭接。

多节挤扩灌注桩是一个庞大的家族，其扩径体有多种形式，根据承载力的需要和地层的土质情况，可以组合成多种桩型。如：多节 3 分岔桩、多节 $3n$ 分岔桩（n 为挤扩次数）、多节承力盘桩及多节 3 分岔（或 $3n$ 岔）与承力盘组合的桩。分岔可以增加桩的整体刚度，可作为承受竖向承载力的补充，可增加桩对水平荷载的抗力（设置在桩身上部较硬的土层中）。在某些地层中挤扩形成承力盘空腔时，可能由于挤扩的次数较多而引起塌孔，若改为设置分岔，挤扩次数大为减少而更能保证承力腔体较好地成形，不坍塌。

多节挤扩灌注桩的适用范围及分岔和承力盘的设置原则与挤扩支盘桩基本相同。

2. 多节挤扩灌注桩的施工工艺

多节挤扩灌注桩是在钻、冲成孔后，向孔内下入专用的挤扩装置，通过地面液压站控制该装置的弓压臂的扩张和收缩，按承载能力要求和地层土质条件，在桩身不同部位挤压出3岔分布或$3n$岔分布的扩大岔腔或近似的圆锥盘桩的承力盘后，放入钢筋笼，灌注混凝土，形成由桩身、扩径体共同承载的桩型。

多节挤扩灌注桩的成桩工艺分为四种：

（1）泥浆护壁成孔工艺。当地下水位较高时，通常利用孔内地层中的黏性土原土造浆以泥浆护壁成孔，根据地质情况选择持力层设置扩径体，按扩径体设计深度，下入全液压挤扩成型机。操作液压工作站将弓压臂（承力板）挤出，收回，反复转角，经多次挤压成盘，再由上至下或由下至上充分挤扩成多个扩径体的作业，然后安放钢筋笼、清孔、灌注混凝土成桩。

（2）干作业成孔工艺。当地下水位较深时，水位以上可以采用螺旋钻机进行干作业成孔，然后下入挤扩支盘机，按设计扩径体位置和尺寸进行挤扩作业，处理虚土，下钢筋笼，灌注混凝土成桩。这种工艺进度快。

（3）水泥注浆护壁成孔工艺。在干作业成孔时，如果桩身砂土层很厚，孔壁易坍塌，成盘作业无法进行。这时必须采用灌注水泥浆工艺，稳住孔壁后，方能挤扩成盘。

（4）重锤冲捣成孔工艺。浅层软土分布区，上部荷载不大的多层建筑物。利用浅部可塑黏性土层为依托，通过插入孔内的外套管加入建筑废料（破碎砖瓦、混凝土碎片、碎石、小石块等），在管内用重锤冲捣将废料挤入孔壁，到设计厚度以后，放入支盘挤扩机，按设计扩径体位置和尺寸再挤扩成盘，下钢筋笼、灌注混凝土成桩。此工艺可以大量节约材料和投资，常用于不受噪声和振动限制的地区。

各种工艺的核心，都是必须把扩径体成型作业中的盘腔做好，这是控制扩径体质量和形状的重要因素。

3. 挤扩装置

挤扩装置由机头、连接器、电脑液压站控制系统及车载系统等组成。机头由双单向液压油缸装置、三岔挤扩弓压臂、液压定位装置、液压旋转装置、压力传感器、角度传感器、位移传感器装置等组成，如图13-35所示。连接器包括油管、钢丝绳和自动解力装置，起到柔性连接传递的作用。

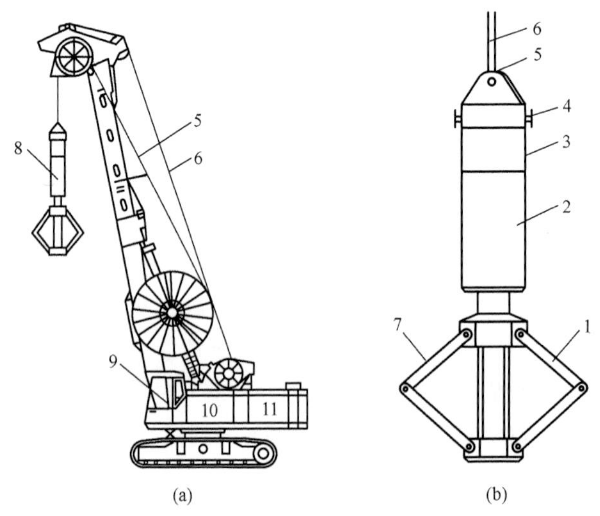

图13-35 挤扩桩施工装置

（a）车载系统；（b）挤扩装置

1—三岔挤扩弓压臂；2—双单向液压油缸；3—旋转装置；4—定位装置；5—油管；6—钢丝绳；7—液压传感器；8—挤扩装置；9—控制系统；10—泵站；11—履带吊

实际上多节挤扩支盘桩的承载机理与常规桩基础不完全相同，它可以看作是多支点摩擦端承桩。它的承载力Q_u实际上是由三部分组成：桩侧摩阻力Q_s、扩径体阻力Q_b、桩底端阻力Q_p，即

$$Q_u = Q_s + Q_b + Q_p \qquad (13-65)$$

这三种阻力之间又存在相互影响：其中扩径体阻力包含着摩擦和端承两种因素；靠近扩径体上方的桩身摩阻力可能发挥不充分；部分摩阻力通过

桩身向下扩散对扩径体和桩端阻力也有一定影响等。因此，挤扩支盘桩的承载力机理相当复杂。

4. 多节扩孔灌注桩的试验数据分析

印度从20世纪50年代开始在膨胀土和黑棉土中采用多节扩孔桩。20世纪60年代印度桩基础设计和施工实用规范（IS：2911，Part1，1964）中还列入了2节扩孔桩的设计、施工规范。

Subhash Chandra等在黑棉土中对3根试桩进行了静载荷试验，3根试桩分别为：直孔桩（桩长3.66m，桩径254mm）、扩底桩（桩身直径254mm，扩大头直径635mm，桩长3.66m）和2节扩孔桩（桩身直径245mm，扩大头直径635mm，扩大头间距1.2m，桩长3.66m）。试验得出3根试桩的极限承载力分别为220kN、430kN和650kN，三者的比例几乎为1∶2∶3。

D. Mohan等在伦敦黏土中进行了桩基的静载荷试验，测得桩身直径为0.61m、扩孔直径为1.52m、扩孔间距为2.28m、桩长为7.32m的3节扩孔桩的承载力可与桩身直径为1.52m、桩长为8.52m的直孔桩相等，而前者的混凝土用量仅为后者的24.5%。

二十世纪六七十年代，苏联的不少地区也对多节扩孔灌注桩进行了研究。在北乌拉尔地区的硬和半硬粉质黏土中，采用了2节和3节的扩孔桩，其承载力可达到800kN，而相应地直孔桩的承载力只有200～220kN。前者的混凝土用量比后者增加了27%，承载力却增长了3倍。

在顿河罗斯托夫地区进行了直孔桩、扩底桩和2节扩孔桩的对比试验。试验的土质情况是：地表以下5m内是湿陷性黄土，5～8m是黄土性粉质黏土（弱湿陷性），8～15m是密实的粉质黏土（非湿陷性）。试验中还进行了浸水试验，试验结果见表13-11。

表13-11　顿河罗斯托夫地区试桩结果

桩号	桩的类型	桩身直径（m）	扩大头直径（m）	桩长（m）	扩大头位置（m）	桩的承载力（kN）	
						天然含水量下	浸湿后
14	直孔桩	0.5	—	6.0	—	350	215
14-a	直孔桩	0.5	—	9.0	—	490	370
7	扩底桩	0.5	1.2	6.0	5.5	800	580
3	扩底桩	0.5	1.2	9.0	8.75	1280	850
9	2节扩孔桩	0.5	1.2	9.0	5.5/8.75	2000	1350

由表13-11可以看出：扩底桩的承载能力比等直径桩提高了1.3～1.8倍，2节扩孔桩（扩大头间距是扩大头直径的2.7倍）的承载能力比直孔桩提高了3.1倍，9号2节扩孔桩的承载能力是扩大头位置相同的两根扩底桩（3号和7号桩）的承载力之和。

B. Л. Смелянскuй（1979）归纳总结多个试验场地的试桩结果后得出，当桩长时8m，桩身直径为0.5～0.8m，扩大头直径为1～1.7m，2节扩孔桩（扩大头间距不小于扩大头直径的2倍）相对于1个扩大头的扩孔桩而言，增加1个扩大头，承载力可增加30%～35%，而体积仅增加8%。

5. 多节挤扩灌注桩的荷载传递

多节挤扩灌注桩是由多段侧阻力和多层端阻力共同承载的桩型，其荷载的传递机理与等直径桩、单一扩大头的钻孔扩底桩有很大区别。与多节扩孔灌注桩相比，二者在荷载传递机理上有相近之处，所以有关多节扩孔桩的荷载传递的论述可供借鉴，但是二者也有显著的差别。多节扩孔灌注桩的扩大头腔是用扩孔工具钻削而成的。这种变截面桩由于成盘时未对土体进行挤压，盘的上下端土体由于“挖扩”而变得松动或产生应力释放，其力学性质要比原状土体差，土的强度也有所下降。而多节挤扩灌注桩的承力空腔是用挤扩装置在设计位置均匀转角、多次挤扩而成。挤扩结果，使扩径体上下端土体得到了压密，减少了压缩量，提高了土体内摩擦角和压缩模量，其物理力学性质必然优于原状土。在承力时，由于扩径体周边土体预先受到压密，类似于“预应力”作用，减少了土体承载后的压缩量，抗压承载力及抗拔承载力都成倍地提高。

单桩竖向抗压极限承载力标准值 Q_{uk} 可按式（13 - 66）估算：

$$Q_{uk}=Q_{sk}+Q_{Bk}+Q_{pk}=u\sum q_{sik}l_i+\eta\sum q_{Bik}A_{pD}+q_{pk}A_p \tag{13 - 66}$$

$$A_p=\frac{\pi}{4}d^2 \tag{13 - 67}$$

$$A_{pD}=\frac{\pi}{4}(D^2-d^2) \tag{13 - 68}$$

式中 Q_{Bk}——单桩总极限盘端阻力标准值，kN；

Q_{pk}——单桩总极限桩端阻力标准值，kN；

Q_{uk}——单桩竖向抗压极限承载力标准值，kN；

Q_{sk}——单桩总极限侧阻力标准值，kN；

q_{Bik}——单桩第 i 个盘的持力土层极限盘端阻力标准值，kN，如无当地经验值时，可按本规程表 13 - 3 取值；

q_{pk}——极限端阻力标准值，kN，如无当地经验值时，可按表 13 - 3 取值；

q_{sik}——单桩第 i 层土的极限侧阻力标准值，kN，如无当地经验值时，可按表 13 - 2 取值；

η——总盘端阻力调整系数，单个和 2 个承力盘时 $\eta=1.00$，3 个及 3 个以上承力盘时 $\eta=0.93$；

u——桩身周长，m；

l_i——桩穿过第 i 层土的厚度，m；

A_p——桩端设计截面面积，m^2；

A_{pD}——在水平投影面上的承力盘（扣除桩身设计截面面积）设计截面面积；

D——承力盘设计直径，m；

d——桩身设计直径，m。

有关多节挤扩灌注桩的承载性能及受力机理的研究，目前仍处在完善阶段，国内外的报道都比较少，魏章和、李光茂、贺德新等通过挤扩支盘桩的静载荷试验研究得出以下结论：①DX 桩能较大幅度提高单桩承载力，试验中比相同直径和桩长的直孔桩的单桩承载力提高一倍以上，而其工程造价仅增加 30%，是一种值得推广应用的桩型。②在比较均匀的地层中，多节挤扩灌注桩各承力盘端阻力的发挥具有明显时间和顺序效应。总体趋势是上盘比下盘承载力发挥得早，荷载分担得多。因此在设计时，应考虑地质条件及极限荷载作用下各承力盘的受力情况，合理设置承力盘数量和盘间距，能够充分发挥桩周地基土对荷载的分担作用。③DX 桩中设置承力盘影响桩侧阻力的发挥，与同桩径、同桩长的钻孔灌注桩相比，多节挤扩灌注桩的桩侧阻力要小些。本次试验测得结果为其 69%。④多节挤扩灌注桩的破坏模式是在极限荷载下各承力盘端阻力先后达到极限状态而破坏，表现在桩顶上为破坏迅速发生。⑤多节挤扩灌注桩承载力提高是在于承力盘端阻力发挥显著，故施工时，保证挤扩承力盘的质量是关键。

思 考 题

13－1 桩按承载性状可以分为哪几类？什么是端承摩擦桩？什么是摩擦端承桩？它们在受力情况上有何区别？

13－2 什么是桩的负摩阻力？负摩阻力产生的条件是什么？

13－3 桩承台分为哪几类？什么叫做高桩承台？什么叫做低桩承台？

习 题

13－1 某钢筋混凝土桩基的桩位布置如图 13－36 所示。已知柱荷载为：$N=2600\text{kN}$，$M=600\text{kN}\cdot\text{m}$。承台的平面尺寸为 3.0m×3.0m，承台埋深 2m。计算群桩中单桩的平均受力和最大受力。

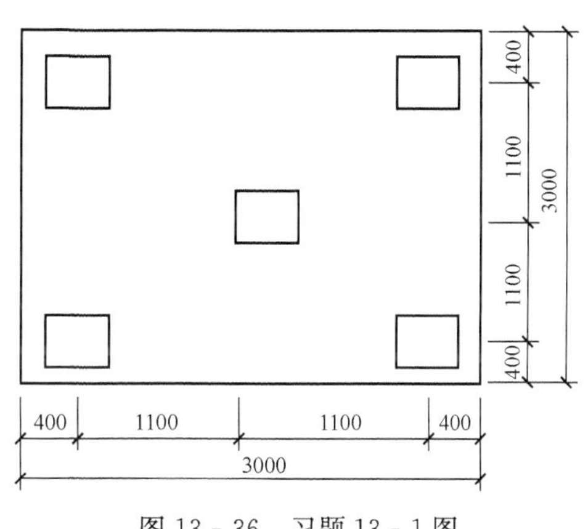

图 13－36 习题 13－1 图

13－2 群桩基础，桩径 $d=0.6\text{m}$，桩的换算埋深 $\alpha h\geqslant4.0$，单桩水平承载力特征值 $R_{ha}=50\text{kN}$（位移控制）沿水平荷载方向布桩排数 $n_1=3$，每排桩数 $n_2=4$ 根，距径比 $S_a/d=3$，承台底位于地面上 50mm，试按 GB 50007—2002《建筑地基基础设计规范》计算群桩中复合基桩水平承载力特征值。

13－3 某工程双桥静探资料见表 13－12，拟采用第 3 层粉砂为持力层，采用混凝土方桩，桩断面尺寸为 400mm×400mm，桩长 $l=13\text{m}$，承台埋深为 2.0m，桩端进入粉砂层 2.0m，试按《建筑地基基础设计规范》计算单桩竖向极限承载力标准值。

表 13－12

层序列	土名	层底深度	探头平均侧阻力 f_{si}（kPa）	探头阻力 q_c（kPa）
1	填土	1.5		
2	淤泥质黏土	13	12	600
3	饱和粉砂	20	110	12 000

13－4 某端承型单桩基础，桩入土深度 12m，桩径 $d=0.8\text{m}$，桩顶荷载 $Q_0=500\text{kN}$，由于地表进行大面积堆载而产生负摩阻力，负摩阻力平均值 $q_s^n=20\text{kPa}$。中性点位于桩顶下 6m，试求桩身最大轴力。

13－5 某一穿过自重失陷性黄土端承于含卵石的极密砂层的高承台桩，有关土性参数及深度值见表 13-13。当地基严重浸水时，试按《建筑地基基础设计规范》计算负摩阻力产生的下拉荷载 Q_g^n 值（计算时取 $\xi_n=0.3$，$\eta_n=1.0$，饱和度为 80%时的平均重度为 18kN/m³，桩周长 $u=1.884$m，下拉荷载累计至砂层顶面）。

表 13-13

	底层深度	层　厚	自重湿陷性系数 δ_{zs}	桩侧正摩阻力（kPa）
	2	2	0.003	15
	5	3	0.065	30
	7	2	0.003	40
	10	3	0.075	50
	13	3		80

13-6　桩顶为自由端的钢管桩，桩径 $d=0.6$m，桩入土深度 $h=10$m，地基土水平抗力系数的比例系数 $m=10\text{MN/m}^4$，桩身抗弯刚度 $EI=1.7\times10^5\text{kN}\cdot\text{m}^2$，桩水平变形系数 $\alpha=0.59\text{m}^{-1}$，桩顶容许水平位移 $x_{0a}=10$mm，试按《建筑地基基础设计规范》计算单桩水平承载力特征值。

13-7　某建筑物扩底抗拔灌注桩桩径 $d=1.0$m，桩长 12m，扩底直径 $D=1.8$m，扩底段高度 $h_c=1.2$m，桩周土性参数如图 13-37 所示，试按《建筑地基基础设计规范》计算桩基的抗拔极限承载力标准值（抗拔系数：粉质黏土 $\lambda=0.7$，沙土 $\lambda=0.5$）。

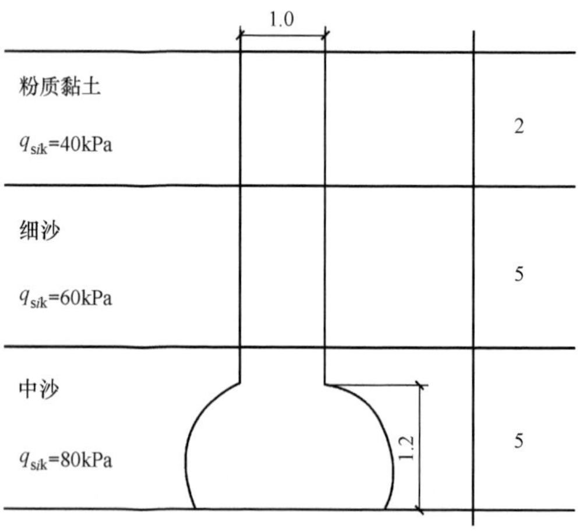

图 13-37　习题 13-7 图

13-8　某桩基工程的桩型平面布置、剖面和地层分布，土层及桩基设计参数如图 13-38所示，承台底面以下存在高灵敏度淤泥质黏土，其地基土极限承载力标准值 $q_{ck}=90$kPa，试按《建筑地基基础设计规范》非端承桩桩基计算复合基桩竖向承载力特征值。(其中填土层 $\gamma=18\text{kN/m}^3$；淤泥质黏土 $\gamma=17\text{kN/m}^3$，$q_{aik}=30$kPa；粉砂层 $\gamma=19\text{kN/m}^3$，$q_{aik}=80$kPa，$q_{pk}=5000$kPa)

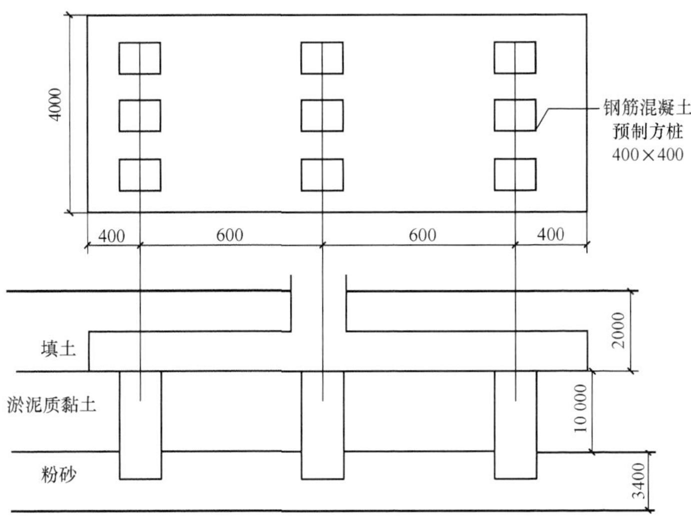

图 13-38 习题 13-8 图

（答案：13-1：728.4kN；13-2：65.25kN；13-3：1715.41kN；13-4：801.44kN；13-5：508.7kN；13-6：107.9kN；13-7：2003.3kN；13-8：742.4kN）

注册岩土工程师考试题选

有一等边三桩承台基础，采用沉管灌注桩，桩径为 426mm，有效桩长为 24m。有关地基各土层分布情况、桩端阻力特征值 q_{pa}、桩侧阻力特征值 q_{sia} 及桩的布置、承台尺寸等如图 13-39 (a)、(b) 所示。

13-1 按《建筑地基基础设计规范》的规定，在初步设计时，估算该桩基础的单桩竖向承载力特征值 R_a (kN)，并指出其值最接近于下列何项数值？（　　）

A. 361　　B. 645　　C. 665　　D. 950

13-2 假定钢筋混凝土柱传至承台顶面处的标准组合值为竖向力 $F_k=1400$kN，力矩 $M_k=160$kN·m，水平力 $H_k=45$kN；承台自重及承台上土自重标准值 $G_k=87.34$kN。在上述一组力的作用下，试问，桩 1 桩顶竖向力 Q_k (kN) 最接近于下列何项数值？（　　）

A. 590　　B. 610　　C. 620　　D. 640

13-3 假定由柱传至承台的荷载效应由永久荷载效应控制，承台自重和承台上的土重 $G_k=87.34$kN；在标准组合偏心竖向力作用下，最大单桩（桩 1）竖向力 $Q_{1k}=610$kN。试问，由承台形心到承台边缘（两腰）距离范围内板带的弯矩设计值 M_1 (kN·m)，最接近于下列何项数值？（　　）

A. 276　　B. 336　　C. 374　　D. 392

13-4 已知 $c_2=939$mm，$a_{12}=467$mm，$h_0=890$mm，角跨冲跨比 $\lambda_{12}=a_{12}/h_0=0.525$，承台采用混凝土强度等级 C25。试问，承台受桩 1 冲切的承载力 (kN)，最接近于下列何项数值？（　　）

A. 740　　B. 810　　C. 850　　D. 1166

13-5 已知 $b_0=2427$mm，$h_0=890$mm，剪跨比 $\lambda_x=a_x/h_0=0.087$；承台采用混凝土强

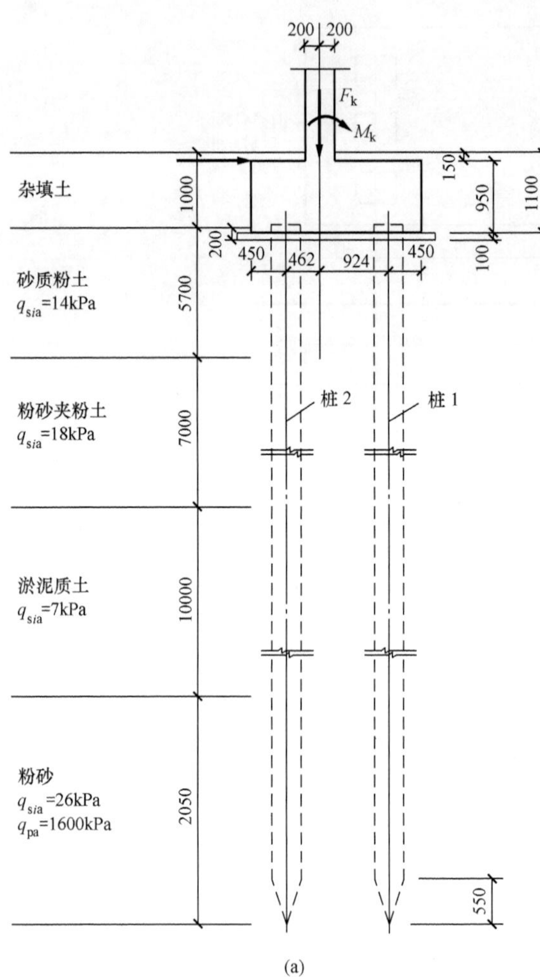

(a)

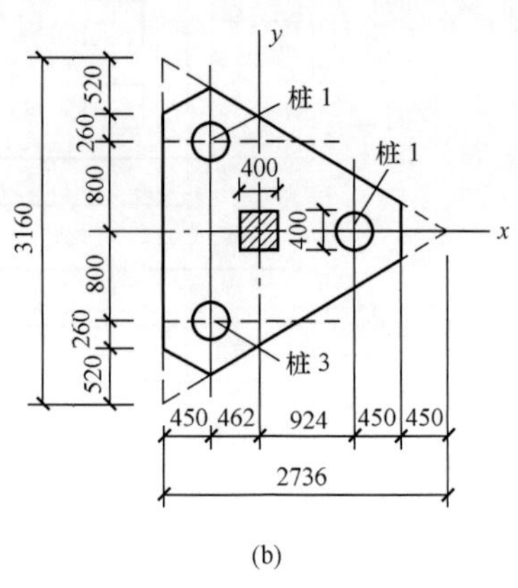

(b)

图 13 - 39

度等级 C25。试问，承台对底部角桩（桩 2）形成的斜截面受剪承载力（kN），最接近于下列何项数值？（　　）

A. 2990　　B. 3460　　C. 3600　　D. 4140

（答案：13 - 1：B；13 - 2：D；13 - 3：C；13 - 4：D；13 - 5：C）

第14章 沉 井 基 础

本章提要

本章介绍沉井的类型与构造、沉井的施工、沉井的设计与计算。学完本章后应该掌握沉井的施工与设计方法，了解地下连续墙的类型和施工方法。

§14.1 概 述

沉井是一种在地面上制作，通过取出井内土体的方法使之沉到地下某一深度的井体结构。用一个事先筑好的可充当桥梁墩台或结构物基础的井筒状结构物，一边进行井内挖土，一边靠井筒的自重克服井壁摩阻力后不断下沉到设计标高，经过混凝土封底并填塞井孔，最后浇筑沉井顶盖。

沉井下沉过程中，在取土作业时排除井内积水，称为排水下沉；在取土作业时不排除井内积水，称为不排水下沉。干式沉井是指使用时井内无水的沉井。

沉井基础的优点是埋置深度可以很大，整体性强，稳定性好，有较大的承载面积，能承受较大的垂直荷载和水平荷载；沉井既是基础，又是施工时的挡土和挡水围堰结构物，施工工艺简单。同时，沉井施工时对邻近建筑物影响小且内部空间可以充分利用。沉井的缺点是施工工期较长，对粉细砂类土层在井内抽水易发生流砂现象，造成沉井倾斜；若沉井在下沉过程中遇到大孤石、树干等大的障碍物或井底岩层倾斜过大，均会给施工带来一定的困难。

沉井基础可用于桥梁墩台基础、取水构筑物、污水泵站、地下工业厂房、大型设备基础、地下仓库、人防隐蔽所、盾构拼装井、船坞、矿用竖井，以及地下车道及车站等大型深埋基础和地下构筑物的围壁等。

沉井基础在已建的桥梁基础工程得到了普遍应用，如南京长江大桥、武汉长江大桥、江阴长江大桥、湘江大桥等均采用了沉井基础设计方案。南京长江大桥用的一个沉井，平面尺寸 18.26m×22.42m，需要下沉到水下 70 多米深处；江阴长江大桥使用的矩形沉井，长69m，宽 51m，井壁厚 2.0m，下沉深度达 58m，体积为 21 万 m^3，穿过了很厚的流沙地层，沉井承担大桥主缆 64×10^4kN 的拉力，目前位居世界第一。此外，宝山钢铁厂取水泵房、胜利油田在大陆架上的筑岛围堰工程、上海黄浦江隧道的引道工程也都采用了沉井施工并获得了成功。

§14.2 沉井的构造和分类

14.2.1 沉井的基本构造

常用的钢筋混凝土沉井主要由井壁、刃脚、隔墙、井孔、凹槽、射水管组、封底和盖板等部分组成，如图 14－1 所示。这些组成部分的主要作用分述如下：

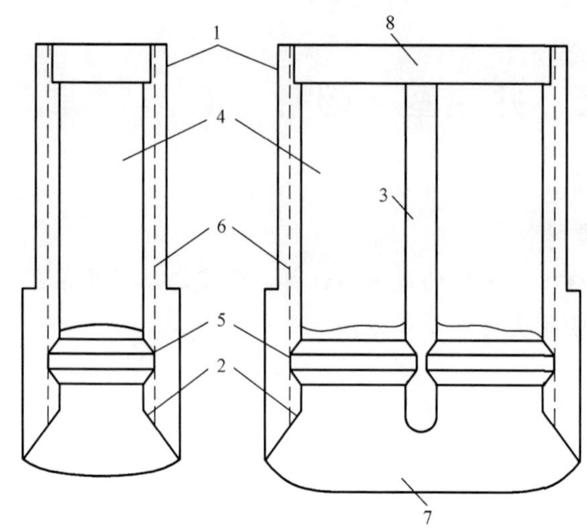

图 14-1 沉井构造示意图

1—井壁；2—刃脚；3—隔墙；4—井孔；5—凹槽；6—射水管；7—封底；8—盖板

1. 井壁

井壁是沉井的主体部分。在沉井下沉过程中，井壁是挡土和挡水的围堰，承受四周的土压力和水压力，在沉井施工完毕后，井壁就成为永久性结构或基础承受荷载，因此井壁应具有足够的强度。

同时井壁又需要有足够的自重，以克服在下沉过程中井筒外壁与土的摩擦阻力和刃脚踏面底部土的阻力，使沉井能在自重作用下缓慢下沉。

依据沉井承载大小的要求，井壁必须具有足够的强度和一定的厚度，并在井壁内配置竖向及水平方向受力钢筋，以满足井壁的承载强度要求。设计时通常先假定井壁厚度，再进行强度验算，井壁的厚度应根据下沉和使用过程中的强度和重量要求，考虑可能的辅助下沉措施及施工条件等综合选定，一般为 0.8～1.5m，钢筋混凝土薄壁沉井的井壁厚度可不受此限制，井壁混凝土强度等级不低于 C15。

2. 刃脚

刃脚位于沉井井壁的最下端，在沉井下沉过程中起切土下沉的作用。刃脚是沉井受力最集中的地方，必须具有足够的强度，以免产生挠曲或破坏。刃脚最底部为一水平面，称为踏面，踏面的宽度应根据所遇上层土的软硬程度以及井壁重量和厚度等确定，通常取 150～400mm。当土层坚硬时，刃脚踏面需用钢板或角钢加以保护。刃脚内侧的倾斜面与水平面的夹角通常为 45°～60°。

刃脚的高度随井壁厚度和封底混凝土厚度的变化而变化，且不得小于封底混凝土的厚度。刃脚高度通常大于 1m，在软土地基上有时可达 2.5m 以上。

3. 凹槽

凹槽设在刃脚内侧上方，其作用是使沉井的封底混凝土与井壁更好地连接在一起，以便将封底混凝土底面下的基底反力更好地传递给井壁，凹槽高约 1m，深度一般为 15～30cm。对于井孔全部填充混凝土的实心沉井可不设置凹槽。

4. 隔墙

设置内隔墙的目的是为了增加下沉时沉井的整体刚度，减小井壁的路径以改善井壁的受力条件，由于沉井被分割成多个取土井后挖土和下沉都较为均衡，这样有利于施工中沉井的纠偏。内隔墙的底面一般比井壁刃脚踏面高出 0.5m，以免土顶住内隔墙妨碍下沉，如人工挖土，在隔墙下端应设置过人孔，便于工作人员在井孔间往来。隔墙的厚度一般为 0.5～1.2m。

5. 井孔

井孔是挖土、排土的工作场所和通道。井孔尺寸应满足挖土机具自由升降的施工需要，直径不宜小于 3m。井孔布置应对称于沉井中心轴，便于对称挖土使沉井均匀下沉。

6. 射水管

当沉井下沉深度大，预计下沉可能遇到困难时，可在井壁中预埋射水管组。射水管应均匀布置，这样有利于控制水压和水量来调整沉井下沉方向。射水管的作用是利用射水管压入的高压水（一般水压不小于600kPa），将井壁外侧四周的土冲松，以减小外侧摩阻力和端部阻力，使沉井平稳、较快速地下沉到设计标高。如采用泥浆润滑套施工方法时，在井壁上应有预埋的压射泥浆管路。

7. 封底和盖板

沉井下沉至设计标高并进行清基后，便可浇筑封底混凝土。若为水下浇筑封底混凝土，当混凝土达到设计强度后，方可从井孔抽干水，然后再在井孔中填满混凝土。如井孔中不填料或仅填砂砾等散料，还须在沉井顶部修筑钢筋混凝土盖板。

由于封底混凝土底面承受地基土和水的反力，要求封底混凝土具有一定的厚度，该厚度可由应力验算决定。封底混凝土顶面应高出刃脚根部0.5m以上，而且要浇筑到凹槽上端。封底混凝土的强度对于岩石地基采用C15，对于一般地基采用C20。盖板厚度一般为1.5～2.0m。井孔中充填的混凝土强度应不低于C10。

14.2.2 沉井的分类

沉井的分类方法很多，分类的目的是为了掌握沉井的不同特点，以便设计时根据现场具体条件合理选择沉井的类型，一般可按照以下几个方面进行沉井的分类。

1. 按沉井用途分类

（1）基坑支护工程。包括：软弱地基的深基础施工，顶管工程的临时工作井、接受井等，施工过程中可使用沉井挡土技术。

（2）基础类。桥梁工程中的桥墩可做成各种形状的沉井，井内浇筑钢筋混凝土材料；一些高层建筑物的地下室也可以做成沉井基础。

（3）构筑物类。当工业建筑中的构筑物埋置较深时，可做成沉井，沉井下沉到位封底后，即成为工业工艺流程中的一座构筑物，如给排水工程中的集水井、水泵房、废水池、矿山工程中的竖井等。

2. 按下沉方式分类

按下沉方式可分为一般沉井和浮运沉井。一般沉井是指在基础设计的位置上就地制作，然后挖土靠沉井自重下沉到预定位置。基础在水中，需要先在水中筑岛，再在岛上就地制作沉井下沉。

浮运沉井是指在深水区域筑岛有困难或不经济，或有碍正常通航，当河流的流速不大时，可以采用岸边制作沉井再浮运到预定地点就位下沉的方法，这类沉井称为浮运沉井或浮式沉井。有薄壁（钢筋混凝土、钢、钢丝网水泥）浮式沉井和装有气筒的浮式沉井两种形式。

3. 按所用材料分类

按所用材料分类为砖石沉井、素混凝土沉井、钢筋混凝土沉井和钢沉井。

（1）砖石沉井。适用于深度浅的小型沉井或临时性沉井，例如房屋纠偏工作井，即采用砖砌沉井，深度为4～5m。

（2）素混凝土沉井。适用于中小型永久工程，特点是抗压强度高，抗拉强度低，因此这种沉井宜做成圆形，适用于沉井下沉深度不大的软土层中。

(3) 钢筋混凝土沉井。适用于大中型工程，这种沉井的抗压和抗拉能力较好，下沉深度可以很大（达数十米以上）。可根据工程需要，做成各种形状、各种规格的沉井，应用十分广泛。当下沉深度不是很大时，井壁上部可采用混凝土，下部（刃脚）用钢筋混凝土，这种沉井在桥梁工程中得到较广泛的应用。当沉井平面尺寸较大时，可做成钢筋混凝土薄壁结构，然后采用泥浆套或空气幕等施工辅助措施就地下沉或浮运下沉。此外，钢筋混凝土沉井的井壁和隔墙可分段（块）预制，工地拼接，做成装配式沉井。

(4) 钢沉井。用钢材制作沉井井壁外壳，井壁内挖土，填充混凝土。这种沉井强度高，刚度大，重量较轻，易于拼装，常用于做浮运沉井，修建深水基础，但用钢量较大，成本较高。

4. 按平面几何形状分类

沉井按平面几何形状分类包含有圆形、圆端形和矩形等（见图 14 - 2）。根据井孔的布置方式，又有单孔、双孔和多孔等。

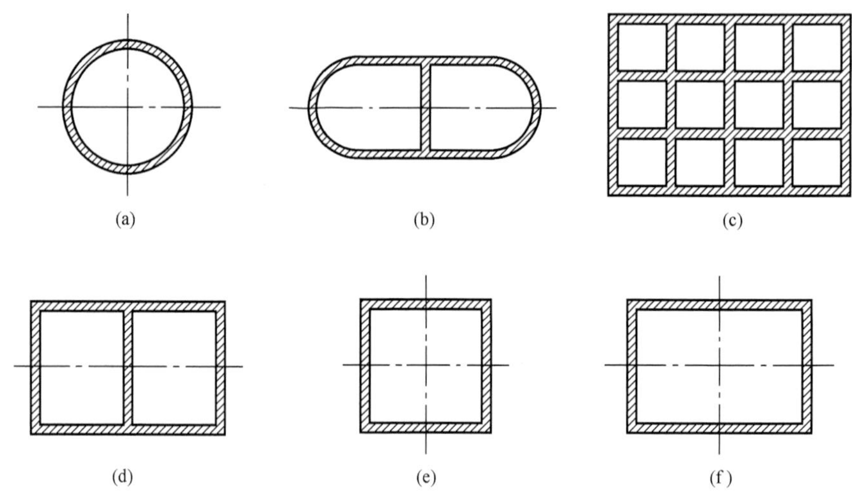

图 14 - 2 沉井的平面形状

(1) 圆形沉井。圆形沉井在下沉过程中易控制方向，使用抓泥斗挖土，要比其他类型的沉井更能保证其刃脚均匀地支撑在土层上。在加压力作用下，当侧压力均布时，井壁只受轴向力，侧向力非均布时，稍受挠曲；对水流方向正交或斜交均有利，如图 14 - 2 (a) 所示。

(2) 矩形沉井。矩形沉井制作简单，常能配合墩（台）或其他结构物的底部平面形状。四角一般做成圆角，以减少井壁摩阻力和取土清孔的困难。矩形沉井在侧压力作用下，井壁受较大的挠曲力矩；在流水中阻水系数较大，冲刷较严重。如图 14 - 2 (c) ～ (f) 所示。

(3) 圆端形沉井。圆端形沉井在控制下沉、受力条件、阻水冲刷均较矩形有利［见图 14 - 2 (b)］，但是圆端形沉井制作较复杂。

对平面尺寸较大的沉井，为了增大整体刚度和稳定性，在沉井内要设置内隔墙，使沉井由单孔变成双孔或多孔，如图 14 - 2 (b) ～ (d) 所示。

5. 按沉井的剖面形状分类

按沉井的竖向剖面形状分类可分为外壁竖直式、外壁台阶式和外壁倾斜式等类型，如图

14－3所示。

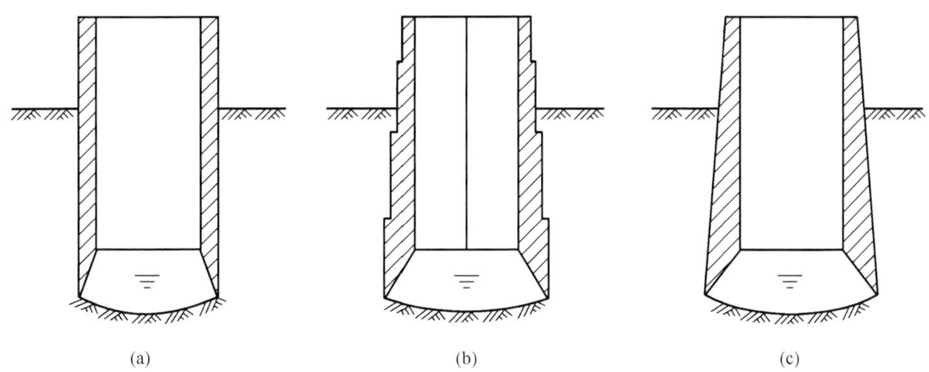

图14－3 沉井的竖向剖面形状
(a) 外壁竖直无台阶式；(b) 外壁台阶式；(c) 外壁倾斜式

(1) 外壁竖直无台阶式沉井。在竖直方向为上下等截面的形状，即平面尺寸不随深度变化，如图14－3(a) 所示。这种沉井在下沉过程中不易倾斜，且下沉过程中对周围土的扰动较小，井壁接长较简单，模板可以反复使用。缺点是井壁与土的侧壁摩阻力较大，尤其当沉井平面尺寸较小，下沉深度较大而土又较密实时，其上部可能被土层夹住，使其下部悬空，容易造成井壁拉裂。因此，外壁竖直式沉井适用于土质较松软，沉井下沉深度不大的情况。

(2) 外壁台阶式沉井。井壁的平面尺寸随深度呈台阶状加大，如图14－3(b) 所示。由于沉井往往下部承受的土压力和水压力均较上部大，为了合理利用材料，可将沉井的井壁随深度做成台阶形，下部井壁厚度大，上部厚度小。不仅使沉井下部刚度相应提高，而且井壁所受到的摩阻力也可以减小，有利于挖土下沉。台阶式井壁的台阶宽度约为100～200mm。适用于土质较密实，沉井下沉深度大，要求在不太增加沉井本身重量的情况下沉至设计标高的情况。

(3) 外壁倾斜式沉井。外壁面带有斜坡，坡度一般为1/50～1/20，如图14－3(c) 所示。外壁倾斜式沉井可以减少土与井壁的摩阻力，但这种沉井存在下沉过程中容易倾斜，施工制作较复杂且消耗模板多等问题，故较少使用。

§14.3 沉 井 施 工

沉井施工方法通常有旱地施工、水中筑岛及浮运沉井三种。在旱地施工时，沉井可就地制作、挖土下沉、封底、充填井孔以及浇筑顶板。在这种情况下，一般较容易施工，其主要工序如下（见图14－4）。

14.3.1 平整场地

一般情况下若地面比较平整，只需将地面杂物清掉就可在其上制作沉井。若为了减小沉井的下沉深度也可在基础位置处挖一浅坑，在坑底制作沉井下沉，坑底应高出地下水面0.5～1.0m。如土质松软，应平整夯实或换土夯实。通常情况下，应在平整场地上铺上不小于0.5m厚的砂或砂砾层。

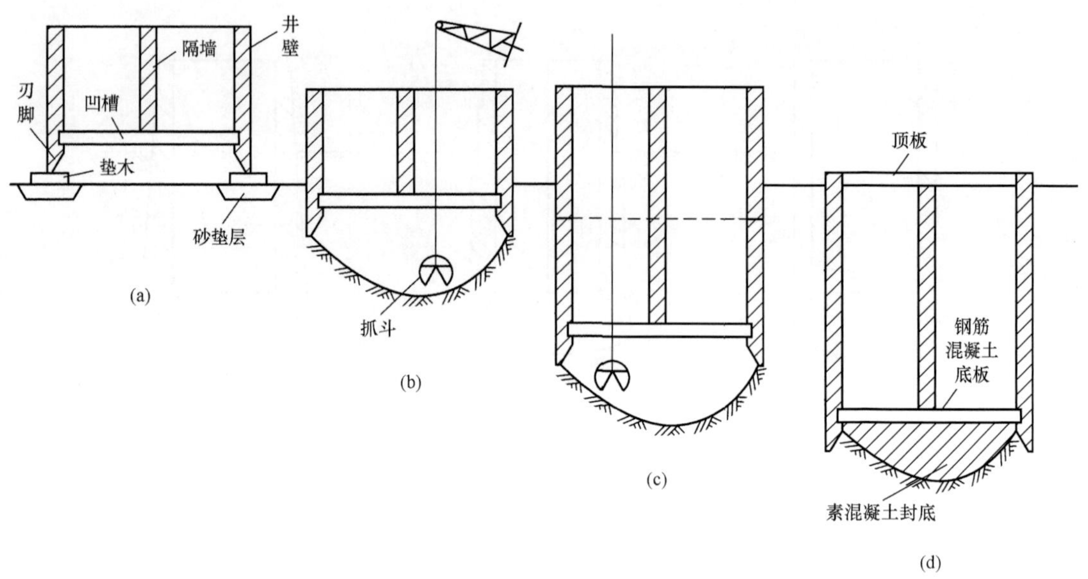

图 14-4　沉井施工顺序图

(a) 浇筑井壁；(b) 抽垫木、挖土下沉；(c) 沉井接高下沉；(d) 封底

14.3.2　沉井制作

在沉井工程制作过程中，常用的模板有三种，即木模、钢模及滑模。待承垫木或素混凝土垫层铺设好后，在刃脚位置处放上刃脚角钢，竖立内模，绑扎钢筋，立外模，最后浇灌第一节沉井混凝土，如图 14-5 所示。模板和支撑应有较大的刚度，以免发生挠曲变形。外模板应平滑以利下沉。钢模较木模刚度大，周转次数多，并易于安装。在内模（井孔）支立完毕，外模尚未扣合时进行钢筋绑扎。先将制作好的焊有锚固筋的刃脚踏面摆放在刃脚画线位置，进行焊接后绑扎刃脚筋、内壁纵横筋、外壁纵横筋。为加快进度，可在钢筋棚将墙体钢筋组成大片，用吊机移动定位焊接组成整体。所浇筑的混凝土应由集中拌和站供应。混凝土沿井壁四周对称浇筑，避免混凝土面高低相差悬殊，产生不均匀下沉造成裂缝。采用插入式振捣器进行振捣。每节沉井的混凝土都应分层、均匀、连续浇筑。浇筑高度较高时应设缓降器，缓降器下的工作高度不得大于 1.0m。

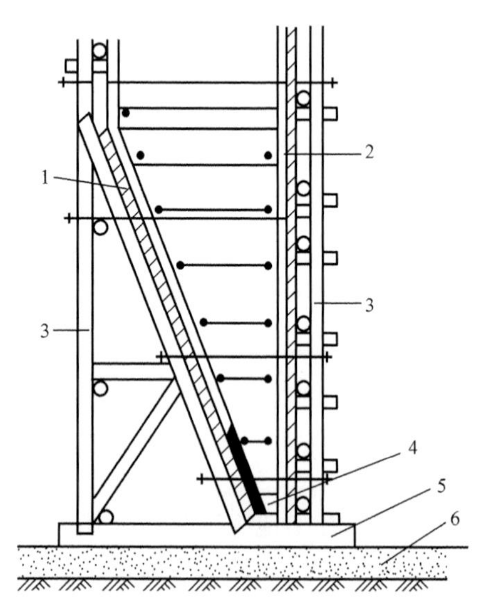

图 14-5　沉井刃脚立模

1—内模；2—外模；3—立柱；4—角钢；5—垫木；6—砂垫层

当混凝土强度达到 2.5MPa 以上时，拆除直立的侧面模板。拆除时应先内后外。混凝土强度达 70%（或达设计要求）后，拆除隔墙底面、刃脚斜面的支撑与模板。拆模顺序为：井孔模板→外侧模板→隔墙支撑及模板→刃脚斜面支撑及模板。拆除隔墙及刃脚下的支撑应对称依次进行，宜从隔墙中部向两边拆除。

14.3.3 沉井下沉

1. 挖土下沉第一节沉井

沉井下沉施工可分为排水下沉和不排水下沉。当沉井穿过的土层较稳定，不会因排水而产生大量流砂时，可采用排水下沉。土的挖除可采用人工挖土或机械除土。排水下沉常用人工挖土，它适用于土层渗水量不大且排水时不会产生涌土或流砂的情况。人工挖土可使沉井均匀下沉并清除井下障碍物，但应采取措施，保证施工安全。排水下沉时，有时也用机械除土。不排水下沉一般都采用机械除土，可用抓土斗或水力吸泥机，如土质较硬，水力吸泥机需配以水枪射水将土冲松。由于吸泥机是将水和土一起吸出井外，因此需要经常向井内加水维持井内水位高出井外水位 1～2m，以免发生涌土或流砂现象。用抓斗抓泥可以避免吸泥机吸砂时出现的翻砂现象，但抓斗无法达到刃脚下和隔墙下的死角，其施工效率也会随深度的增加而降低。

正常下沉时，应从中间向刃脚处均匀对称除土。对于排水除土下沉的底节沉井，设计支承位置处的土应在分层除土后最后同时挖除。由数个井室（隔墙）组成的沉井，应控制各井室之间除土面的高差，并避免内隔墙底部在下沉时受到下面土层的顶托，以减少沉井的倾斜。

2. 接高第二节沉井

第一节沉井下沉至顶面距地面还有 1～2m 时，应停止挖土，保持第一节沉井位置竖直。第二节沉井的竖向中轴线应与第一节重合，顶面凿毛，然后立模均匀对称地浇筑混凝土。接高沉井的模板，不许直接支承在地面上，而应固定在已浇筑好的前一节沉井上；并应预防沉井接高后模板及支撑与地面接触，以免沉井因自重增加而下沉，造成新浇筑的混凝土由于拉力而出现裂缝。待混凝土强度达到设计要求后可进行拆模。

3. 逐节下沉及接高

第二节沉井拆模后，按上述方法继续挖土下沉、接高沉井。随着多次挖土下沉与接高，沉井入土深度越来越大。

4. 加设井顶围堰

当沉井顶面需要下沉至水面或岛面下一定深度时，需在井顶加筑围堰挡水挡土。井顶围堰是临时性的，可用各种材料建成，与沉井的连接应采用合理的结构形式，以避免围堰因变形不协调或突变而造成严重漏水现象。

5. 地基检验和处理

当沉井沉至离规定标高尚差 2m 左右时，须用调平与下沉同时进行的方法使沉井下沉到位，然后进行基底检验。检验内容包括地基土质是否和设计相符，是否平整，并对地基进行必要的处理。如果是排水下沉的沉井，可以直接进行检查，不排水下沉的沉井由潜水工人进行检查或钻取土样鉴定。

14.3.4 沉井封底

当沉井下沉至设计标高要求范围内，且地基经检验及处理符合要求后，应立即进行封底。对于排水下沉的沉井，当沉井穿越的土层透水性低，井底涌水量小，且无流砂现象时，沉井应采用干封底，即按普通混凝土浇筑方法进行封底。因为干封底能节约混凝土等大量材料，确保封底混凝土的强度和密实性，并能加快工程进度。当沉井采用不排水下沉，或虽采用排水下沉，但干封底有困难时，可用导管法灌注水下混凝土。若灌注面积较大，可用多根导管，以先周围后中间、先低后高的顺序进行灌注，使混凝土保持大致相同的标高。各根导管的有效扩散半径应互相搭接，并能盖满井底全部范围。为使混凝土能顺利从导管底端流出并摊开，导管底部管内混凝土柱的压力应超过管外水柱的压力，超过的压力值（也称超压力）取决于导管的扩散半径。

水上施工沉井有两种方法。如果水的流速不大，水深在 3m 或 4m 以内，可用水中筑岛的方法（见图 14－6）；如果水深较大，筑岛法很不经济，且施工也困难，可改用浮运法施工（见图 14－7），沉井在岸边做成，利用在岸边铺成的滑道滑入水中，然后用绳索引到设计墩位。

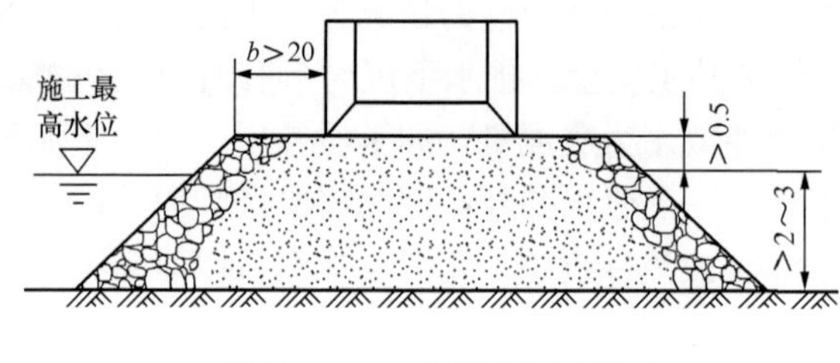

图 14－6 水上筑岛下沉沉井

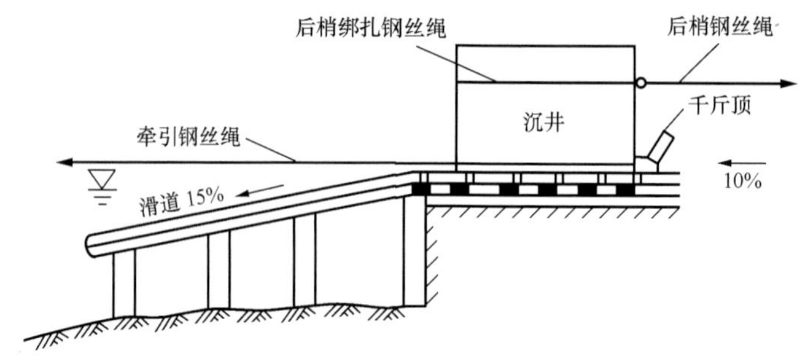

图 14－7 浮运沉井下水

如果预计沉井下沉困难，应采取措施尽量降低井壁侧面摩阻力。方法有：将沉井井壁设计成阶梯形；在井壁内埋设高压射水管组，利用高压水流冲松井壁附近的土，且水流沿井壁上升而润滑井壁，使沉井摩阻力减小；也可采用壁外喷射高压空气或触变泥浆，这也需要在井壁中预埋管道。

14.3.5 沉井施工中的问题及处理措施

沉井在下沉过程中，常会发生各种问题，必须事先预防，当问题发生时要及时进行处理。现将经常遇到的问题简述如下：

1. 井壁摩阻力异常

沉井设计时，一般情况下，在井内不停挖土的同时依靠沉井自重，沉井就能顺利下沉到位。但随下沉深度的增加，土层与井壁摩擦力增大，沉井可能出现下沉停止的现象。此时，可采用增加沉井的重量或降低井壁与土层之间摩阻力的方法来解决；例如当沉井为分节下沉时，可接高沉井或在沉井顶部加压；水力机械施工时可用水枪冲击刃脚下的土层，减少其正面阻力；不排水下沉时，可由井内排水以减少浮力（但不得出现流砂）；用高压水冲射外壁并在沉井制作好后，将井壁外表面抹光或涂油等方法也可有效降低摩阻力。如果在沉井设计计算中已能预见到摩阻力过大时，可在设计中采用泥浆润滑、壁后压气等施工措施来解决。

在沉井下沉到接近设计标高而因土层较弱、沉井自重下沉而不能稳定时，或因为井壁与土层之间的摩擦力过小，即使停止挖土，也不能阻止沉井自沉时，为避免沉井超沉，可即时向井内注水增加沉井的上浮力，使沉井稳定下来，再采用水下封底的方法，使沉井下沉到位。

2. 流砂问题

由于工程地质条件的不同，在粉、细砂层下沉沉井时，经常会遇到流砂现象，对施工影响很大。有时因设计和施工单位事先未采取适当的措施，在沉井下沉过程中（一般沉井下沉到地面下 3m 左右），由于井内大量抽水，流砂将随地下水大量涌入井内。此时，井内的涌砂由井外的砂土来补充，一般在出现此现象后，井内土面将始终保持一定的标高，随挖随涌，而井外地面却出现大量坍塌现象。沉井周围地面坍塌范围将达到沉井下沉深度，井边地面沉降深度可达 1.0m 以上。

防止发生流砂现象的主要措施有：①向井内灌水，采用水下挖土；②井点降水：降水后，井内土体基本上没有水，挖土时砂土不受动水力作用，从根本上排除流砂产生的条件；③地基处理：在条件允许时，通过地基处理（如注浆加固等），改变土体可能产生流砂的特性。

3. 沉井突沉

沉井在淤泥质黏土层中下沉时，可能发生突然下沉，下沉量一次可达 3m 以上。在发生突沉之前，往往是一开始正常下沉停止，然后发生突然下沉，此种现象称为沉井突沉。

产生突沉的原因，一方面是由于淤泥质黏土具有触变性，摩擦力变化范围很大，这是造成沉井突沉的内因；另一方面，施工时在井内挖土不注意，掏挖锅底太深，是造成沉井突沉的外因。

一般防止突沉的具体措施是控制均匀挖土，在刃脚处挖土不宜过深。此外，在设计时可增大刃脚踏面宽度，并设置一定数量的下框架梁，承受一部分土的反力。

4. 沉井偏斜

沉井的偏斜包括倾斜和移位两种。产生偏斜的原因很多，主要包括沉井在下沉过程中，由于土质不均匀或出现个别障碍物，以及施工时要求不严等。如：砂垫层铺设不均匀；抽除承垫木或凿除刃脚下混凝土垫层不对称，以及刃脚附近砂石回填不密实或灌筑混凝土时下料不对称等，造成沉井下沉前就出现了倾斜；在下沉挖土时，由于挖土不对称、不均匀，未从中间开始先挖，刃脚掏空过多等因素，引起沉井突然下沉；抽水后井内造成涌砂，引起井外地面坍塌；井外弃土堆得太高、太近造成偏压等原因使沉井产生倾斜。

通常可采用除土、压重、顶部施加水平力或刃脚下支垫等方法纠正偏斜，空气幕下沉也可采用单侧压气纠偏。若沉井倾斜，可在高侧集中除土、加重物或用高压射水冲松土层，低侧回填砂石，必要时在井顶施加水平力扶正。若中心偏移，则先除土，使井底中心向设计中心倾斜，然后在对侧除土，使井底恢复竖直，如此反复至沉井逐步移近设计中心。当刃脚遇障碍物时，须先清除再下沉。如遇树根、大孤石等障碍物时，可人工排除。若不排水施工，可由潜水工进行水下切割或爆破。

§14.4 沉井的设计与计算

沉井在施工时，其作用相当于围护结构，在最终封底与填充后又成为深基础或地下构筑物的组成部分。因此，在各个不同阶段，从制作、下沉直到建成使用，沉井各部位的传力体系、所承受的外力及作用情况都在不断变化。所以，沉井结构设计与计算应从施工到使用的各个阶段分别依次进行，以保证沉井结构能满足施工、运行等各个阶段的强度、刚度和稳定性的要求。

沉井施工阶段的计算内容和计算方法与施工方法密切关联，对于各种不同的施工方案，施工阶段设计与计算的内容也不相同。例如，沉井下沉可采用排水下沉干封底或采用不排水下沉水下封底，二者的计算方法就有所不同。同样的沉井，采用排水取土下沉干封底时，井壁所受到的水、土压力等荷载比不排水取土下沉时要大。当沉井采用触变泥浆润滑套助沉时，土壤对井壁的摩阻力将大大减小。

由于沉井在下沉阶段是无底无盖的筒体结构，在计算沉井井壁时，一般是在竖向截取单位高度的一段，按平面框架结构进行计算。如果沉井平面尺寸较大，选用单孔平面框架难以满足强度和刚度要求时，在工艺构造条件允许情况下，可在沉井内部增设纵横隔墙和多个框架，使沉井结构经过平面传力再做竖向计算。沉井在使用阶段的计算，是指沉井已封底、填充或加盖，做好了内部隔墙及上部结构等，其受力体系与施工阶段完全不同，应作为整体深基础或地下构筑物进行计算。也就是说，沉井的设计与计算包括两方面内容：一是沉井作为整体基础的计算，二是沉井在施工过程中的结构强度计算。进行沉井计算时应掌握下列资料：

(1) 各项设计水位和施工水位以及冲刷高程；

(2) 河床高程和工程地质情况，土的重度、内摩擦角、承载力和对井壁的摩擦力，沉井通过的土层有无障碍物；

(3) 上部结构和墩（台）的情况，沉井基础的设计荷载。

14.4.1 沉井结构设计的内容和步骤

1. 初步确定沉井的平面尺寸、形状

根据水文、地质资料及工艺使用要求和施工条件，确定沉井的平面形状、尺寸、埋深，布置结构体系，制订施工方案。

2. 确定截面尺寸

(1) 计算外荷载并绘出水、土压力计算图形；

(2) 根据结构布置，估算封底混凝土厚度；

(3) 初步确定沉井井壁厚度及其他一些部位构件的截面尺寸。

3. 施工阶段强度计算

(1) 井壁平面框架内力计算及配筋；

(2) 刃脚部分计算及配筋；

(3) 井壁竖向计算及配筋；

(4) 竖向框架的内力计算及配筋；

(5) 框架底梁防突沉的强度验算；

(6) 计算沉井封底混凝土的厚度。

4. 沉井使用阶段（包括承受动荷载）的强度计算

(1) 以封闭框架（水平和垂直）来计算井壁的竖筋和水平筋的用量以及各部位的强度计算；

(2) 钢筋混凝土底板的内力计算和配筋；

(3) 钢筋混凝土顶板的内力计算和配筋；

(4) 用沉井作顶管工作井时，井壁要承受顶管推进的反力，应进行顶管后背的计算；

(5) 地基强度及变形（沉降）的计算；

(6) 沉井抗浮、抗滑移及抗倾覆和稳定性验算等。

14.4.2 沉井尺寸的设计

1. 沉井顶面标高

沉井顶面的设计标高，除了应符合工艺、使用要求外，由于在终沉后，尚需进行封底及内部充填、安装及上部建筑作业。故用于水中或岸边构筑物的井顶设计标高应高于施工期间最高水位并加浪高 0.5m 以上；用于人工筑岛或陆地制作的沉井，宜高于岛面或地面 0.3m 以上，以防止地面水流入井内。

2. 沉井刃脚路面标高

在确定沉井刃脚踏面设计标高，即沉井的埋置深度时，应注意以下几点：

(1) 位于地下或水中的空腹式构筑物，应按使用净空要求确定沉井刃脚踏面设计标高。

(2) 根据抗冲刷计算，沉井的刃脚应埋置在冲刷线以下足够深度，并且满足抗倾覆、抗滑移稳定性要求。

(3) 根据地基承载力及沉降计算，应选择较好的持力层。

沉井顶面标高与刃脚踏面标高之差即为沉井的高度。沉井高度如果较高，为了便于施工，可分节制作，每节的高度可依据沉井全部高度、地基土质情况及施工条件而定，一般不超过 5.0m，若在松软土质中下沉，为了防止沉井过高、过重给制模、筑岛及抽垫木下沉带来困难，底节沉井还不应大于沉井宽度的 0.8 倍。

3. 沉井平面形状和尺寸

沉井基础的平面形状常与上部建筑底面的形状相适应。沉井基础的平面尺寸决定于上部结构底面的尺寸和地基土的允许承载力。沉井顶面尺寸为上部建筑物底部尺寸加襟边宽度，襟边宽度不宜小于 0.2m，也不宜小于沉井全高度的 1/50。浮运沉井的襟边宽度不宜小于 0.5m，如施工中沉井顶面需修筑围堰，设立模板，襟边还需加大。

沉井在平面上的内部净空尺寸除应满足使用要求外，还应考虑沉井下沉的施工允许竖向偏斜和水平位移，而且两项偏差可能同时存在。因此，按施工需要扩大沉井的平面尺寸，对于空腹式构筑物，应扩大内部净空尺寸；用于填充实体式基础可扩大外沿预留襟边的尺寸。

14.4.3 沉井作为整体基础的计算

根据设计的沉井基础的尺寸及其其他技术数据，按各种最不利荷载组合，分别验算基底应力、横向抗力、墩（台）顶面水平位移和稳定性等。

沉井作为整体深基础的计算，按照埋置深度和受力情况可以采用两种不同的计算方法。当沉井埋置深度在地面或最大冲刷线以下小于或等于 5.0m 时，可以不考虑基础侧面土的横向抗力影响，按照浅基础设计计算的规定，验算地基强度、沉井的稳定性和沉降量，使其符合允许值的要求。

当沉井埋置深度大于 5.0m 时，由于埋置在土体内较深，不能忽略沉井周围土体对沉井的约束作用，因此在验算地基应力、变形和稳定性时，需要考虑基础侧面土体弹性抗力的影响。

其计算方法的基本假定如下：

(1) 地基土视为弹性变形介质，水平方向地基系数随深度成正比例增加；

(2) 不考虑基础和土之间的黏聚力和摩阻力；

(3) 沉井基础的刚度与土的刚度之比可以认为是无限大。

基于以上假定条件，沉井基础在横向外力作用下只能发生转动而无挠曲变形，与桩基础中的 $ah \leqslant 2.5$ 情况相一致，所以，可将其视为“刚性桩”来计算基础内力和土抗力等数值。根据沉井底部地基条件的不同分以下两种情况讨论。

1. 土质地基上沉井基础的计算

当沉井放置在非岩石地基上，考虑沉井基础受到水平力 H 及偏心竖向力 N 的共同作用，如图 14 - 8 (a) 所示。为了讨论问题方便，将上述外力转变为中心竖向荷载 N 和水平力 H 的共同作用，如图 14 - 8 (b) 所示，此时，竖向荷载 N 和水平力 H 的大小不发生改变，但转变后的水平力距离基底的作用高度由原来的 l 变为 λ，则

$$\lambda = \frac{\sum M}{H} = \frac{Ne + Hl}{H} \tag{14 - 1}$$

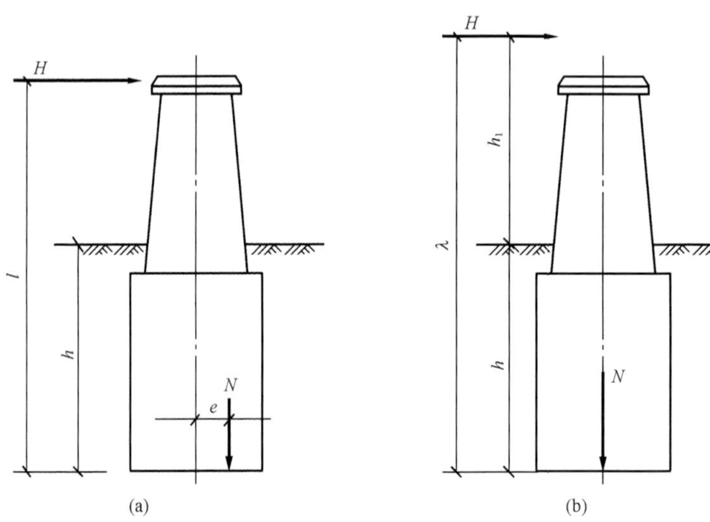

图 14 - 8 沉井的荷载作用

先分析沉井在水平力 H 作用下的情况。由于水平力 H 的作用，沉井将围绕位于地面下 Z_0 深度处的 A 点转动 ω 角，如图 14 - 9 所示，地面下深度 Z 处沉井所产生的水平位移 Δx 和土的横向抗力 σ_{zx} 分别为

$$\Delta x = (z_0 - z)\tan\omega \tag{14 - 2}$$

$$\sigma_{zx} = \Delta x \cdot C_Z = C_Z(z_0 - z)\tan\omega \tag{14 - 3}$$

式中 z_0——转动中心 A 点离地面的距离；

C_Z——深度 Z 处水平向的地基系数，$C_Z = mz$，kN/m³，m 为地基土水平抗力系数的比例系数，kN/m⁴。

将 C_Z 值代入式 (14 - 3) 得

$$\sigma_{zx} = mz(z_0 - z)\tan\omega \tag{14 - 4}$$

从式 (14 - 4) 可见，土的横向抗力 σ_{zx} 沿深度为二次抛物线变化，图 14 - 9 示意绘出了

土的横向抗力 σ_{zx} 的分布图。

关于沉井基础底面处在水平力作用下产生的压应力，考虑到该水平面上的竖向地基系数 C_0 固定不变，所以底面的压应力图形与基础竖向位移图相似，可由竖向位移确定，故

$$\sigma_{d/2} = C_0\delta_1 = C_0 \frac{d}{2}\tan\omega \quad (14-5)$$

$$C_0 = m_0 h$$

式中 C_0——竖向地基系数，不得小于 $10m_0$；

m_0——基底处地基土的比例系数，kN/m^4；

d——基底宽度或直径。

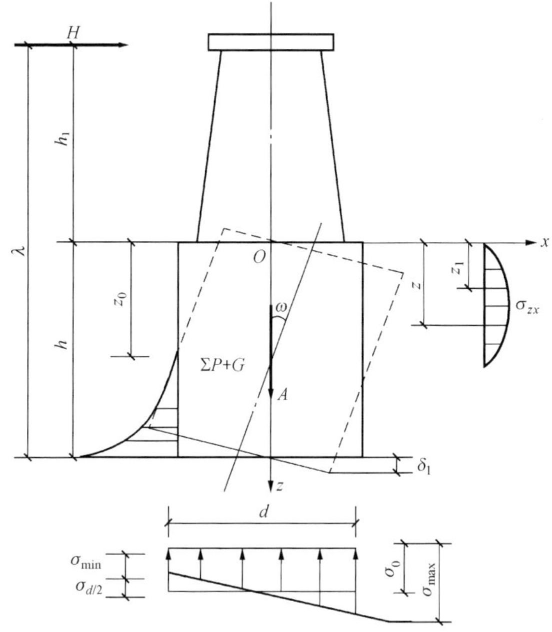

图 14 - 9 水平和竖直荷载作用下的应力分布

在上述确定地基横向抗力的计算公式中，出现两个未知数 Z_0 和 ω，要求解其数值，可建立两个平衡方程式，即

$$\sum X=0: \quad H-\int_0^h \sigma_{zx} b_1 \mathrm{d}z = H - b_1 \mathrm{m}\tan\omega\int_0^h z(z_0-z)=0 \quad (14-6)$$

$$\sum M_0=0: \quad Hh_1+\int_0^h \sigma_{zx} b_1 z\mathrm{d}z - \sigma_{d/2}W = 0 \quad (14-7)$$

式中 b_1——基础计算宽度，按“m”法计算；

W——基底的截面模量。

对上两式进行联立求解，可得

$$z_0 = \frac{\beta b_1 h^2(4\lambda-h)+6dW}{2\beta b_1 h(3\lambda-h)} \quad (14-8)$$

$$\tan\omega = \frac{12\beta H(2h+3h_1)}{mh(\beta b_1 h^3+18Wd)} \quad (14-9)$$

或

$$\tan\omega = \frac{6H}{Amh} \quad (14-10)$$

$$A = \frac{\beta b_1 h^3+18Wd}{2\beta(3\lambda-h)} \quad (14-11)$$

$$\beta = \frac{C_h}{C_0} = \frac{mh}{C_0}$$

式中：β 为深度 h 处沉井侧面的水平向地基系数 C_h 与沉井底面的竖向地基系数 C_0 的比值；m 按桩基础中有关规定选用。

将式（14 - 8）、式（14 - 9）代入式（14 - 4）和式（14 - 5）可得水平力 H 作用下的地基侧向和竖向抗力分别为

$$\sigma_{zx} = \frac{6H}{Ah}z(z_0-z) \quad (14-12)$$

$$\sigma_{d/2} = \frac{3Hd}{A\beta} \quad (14-13)$$

应力分布图如图 14 - 10 所示。

当有中心竖向荷载 N 及水平力 H 共同作用时，则基底边缘处的竖向总压应力为

$$\sigma_{\min}^{\max}=\frac{N}{A_0}\pm\frac{3Hd}{A\beta} \tag{14-14}$$

式中 A_0——基础底面积，m^2。

由图 14 - 10 可见，离地面或最大冲刷线以下深度 z 处基础截面上的弯矩可按式（14 - 15）计算。

$$\begin{aligned}M_z&=H(\lambda-h+z)-\int_0^z\sigma_{zx}b_1(z-z_1)\mathrm{d}z_1\\&=H(\lambda-h+z)-\frac{Hb_1z^3}{2hA}(2z_0-z)\end{aligned} \tag{14-15}$$

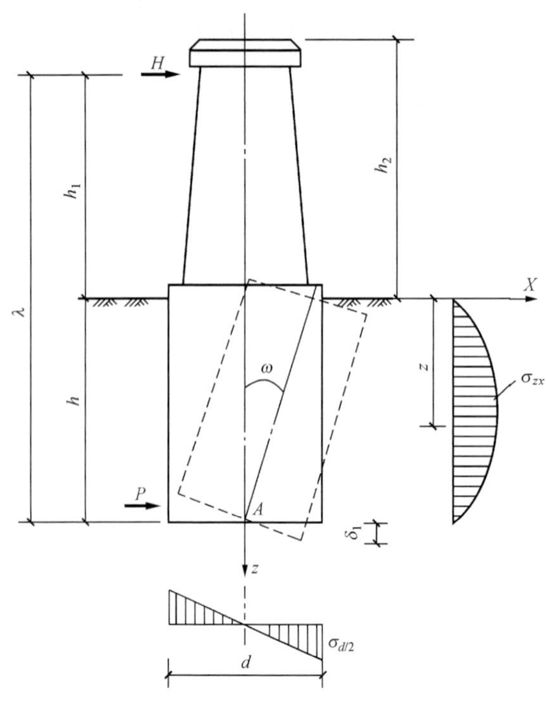

图 14 - 10 水平力作用下的应力分布

2. 基底嵌入岩石内的沉井基础的计算

若基底嵌入基岩内，在水平力和竖向中心荷载 N 的作用下，可以认为基底不产生水平位移，则基础的旋转中心 A 与基底中心点相重合，即 $Z_0=h$ 为一已知值，如图 14 - 10 所示。为了保证基底不发生水平位移，在基底嵌入处会存在一水平阻力 P，由于该力对基底中心轴的力臂很小，一般可以忽略该力对 A 点的力矩。

当基础只有水平力 H 作用时，地面下 z 深度处产生的水平位移 Δx 和土的横向抗力 σ_{zx} 分别为

$$\Delta x=(h-z)\tan\omega \tag{14-16}$$

$$\sigma_{zx}=C_z\Delta x=mz(h-z)\tan\omega \tag{14-17}$$

基底边缘处的竖向应力

$$\sigma_{d/2}=C_0\delta_1=C_0\frac{d}{2}\tan\omega=\frac{mhd}{2\beta}\tan\omega \tag{14-18}$$

式中 C_0——岩石地基竖向抗力系数。

上述土的抗力 σ_{zx}、$\sigma_{d/2}$ 计算公式中只有一个未知数 ω，故只需建立一个弯矩平衡方程即可解出 ω 值。对 A 点取矩

$$\sum M_A=0:\quad H(h+h_1)-\int_0^h\sigma_{zx}b_1(h-z)\mathrm{d}z-\sigma_{d/2}W=0 \tag{14-19}$$

解式（14 - 19）得

$$\tan\omega=\frac{H}{mhD} \tag{14-20}$$

式中

$$D=\frac{\beta b_1h^3+6Wd}{12\beta\lambda} \tag{14-21}$$

将 $\tan\omega$ 代入式（14 - 17）和式（14 - 18）中可得土的横向抗力和竖向抗力

$$\sigma_{zx}=(h-z)z\frac{H}{Dh} \tag{14-22}$$

$$\sigma_{d/2}=\frac{Hd}{2\beta D} \tag{14-23}$$

考虑中心竖向荷载和水平荷载的共同作用的基底边缘处的竖向总压应力为

$$\sigma_{\min}^{\max} = \frac{N}{A_0} \pm \frac{Hd}{2\beta D} \tag{14-24}$$

根据$\sum X=0$，可以求出嵌入处未知的水平阻力 P

$$P = \int_0^h b_1 \sigma_{zx} \mathrm{d}z - H = H\left(\frac{b_1 h^2}{6D} - 1\right) \tag{14-25}$$

地面以下 z 深度处基础截面上的弯矩为

$$M_z = H(\lambda - h + z) - \frac{Hb_1 z^3}{12Dh}(2h - z) \tag{14-26}$$

3. 墩（台）顶面的水平位移

沉井基础在水平力和力矩共同作用下，墩（台）顶面会产生水平位移 δ，它由三部分组成：地面处的水平位移 $z_0\tan\omega$，地面到墩（台）顶范围 h_2 内的水平位移 $h_2\tan\omega$，在 h_2 范围内墩身弹性挠曲变形引起的墩（台）顶水平位移 δ_0，即有

$$\delta = (z_0 + h_2)\tan\omega + \delta_0 \tag{14-27}$$

考虑到沉井转角一般均很小，令 $\tan\omega=\omega$ 不会产生多大的误差。另一方面，由于基础的实际刚度并非无穷大，而刚度对墩（台）顶的水平位移有一定的影响。故需考虑实际刚度对地面处水平位移的影响及地面处转角的影响，用系数 K_1 及 K_2 表示。K_1、K_2 是 ah 和 $\frac{\lambda}{h}$ 的函数，其值可按表 14-1 查用。因此，式（14-27）可写成

$$\delta = (z_0 K_1 + h_2 K_2)\omega + \delta_0 \tag{14-28}$$

对于支撑在岩石地基上的墩（台）顶面水平位移则为

$$\delta = (hK_1 + h_2 K_2)\omega + \delta_0 \tag{14-29}$$

表 14-1　　系数 K_1、K_2 值

ah	系数	λ/h				
		1	2	3	5	∞
1.6	K_1	1.0	1.0	1.0	1.0	1.0
	K_2	1.0	1.1	1.1	1.1	1.1
1.8	K_1	1.0	1.1	1.1	1.1	1.1
	K_2	1.1	1.2	1.2	1.2	1.3
2.0	K_1	1.1	1.1	1.1	1.1	1.2
	K_2	1.2	1.3	1.4	1.4	1.4
2.2	K_1	1.1	1.2	1.2	1.2	1.2
	K_2	1.2	1.5	1.6	1.6	1.7
2.4	K_1	1.1	1.2	1.3	1.3	1.3
	K_2	1.3	1.8	1.9	1.9	2.0
2.6	K_1	1.2	1.3	1.4	1.4	1.4
	K_2	1.4	1.9	2.1	2.2	2.3

注　如果 $ah<1.6$ 时，$K_1=K_2=1.0$。其中 $a=\sqrt[5]{\frac{mb_1}{EI}}$。

4. 验算

沉井作为整体深基础一般需要进行下列三种验算：基底压力验算、横向抗力验算、墩

（台）顶水平位移验算。

(1) 基底压力验算。

由前述式（14-14）和式（14-24）所计算出来的沉井底部最大竖向压力不应超过沉井底面处土的容许压应力 $[\sigma]_h$，满足

$$\sigma_{max} \leqslant [\sigma]_h \tag{14-30}$$

(2) 横向抗力验算。

由前述式（14-12）和式（14-22）计算出的土的横向抗力值 σ_{zx} 不应超过沉井周围土的极限抗力值，否则不能完全考虑基础侧面土体的弹性抗力，可采用如下方法验算。

当沉井基础在外力作用下产生水平位移时，在地面以下深度 z 处基础一侧产生的土压力假定达到主动土压力强度 p_a，同时假定被挤压一侧土体受到被动土压力强度 p_p 的作用，所以侧向土的极限抗力可以土压力表达，则侧向土的抗力需要满足如下条件：

$$\sigma_{zx} \leqslant p_p - p_a \tag{14-31}$$

由朗肯土压力理论可知

$$p_p = \gamma z \tan^2\left(45° + \frac{\varphi}{2}\right) + 2c\tan\left(45° + \frac{\varphi}{2}\right) \tag{14-32}$$

$$p_a = \gamma z \tan^2\left(45° - \frac{\varphi}{2}\right) - 2c\tan\left(45° - \frac{\varphi}{2}\right) \tag{14-33}$$

代入式（14-31）整理得

$$\sigma_{zx} \leqslant \frac{4}{\cos\varphi}(\gamma z \tan\varphi + c) \tag{14-34}$$

式中 γ——土的重度，N/m^3；

φ——土的内摩擦角，度；

c——土的黏聚力，kPa。

考虑到桥梁结构性质和荷载情况，根据试验结果知道出现最大横向抗力的位置大致在 $z=h/3$ 和 $z=h$ 处，将考虑的这些值代入式（14-34）中，则土的横向抗力需满足下列条件

$$\sigma_{\frac{h}{3}x} \leqslant \eta_1 \eta_2 \frac{4}{\cos\varphi}\left(\gamma \frac{h}{3} \tan\varphi + c\right) \tag{14-35}$$

$$\sigma_{hx} \leqslant \eta_1 \eta_2 \frac{4}{\cos\varphi}(\gamma h \tan\varphi + c) \tag{14-36}$$

式中 $\sigma_{\frac{h}{3}x}$——相应于 $z=h/3$ 深度处的土横向抗力；

σ_{hx}——相应于 $z=h$ 深度处的土横向抗力；

h——沉井基础的埋置深度；

η_1——取决于上部结构形式的系数，一般取 $\eta_1=1.0$，对于拱桥 $\eta_1=0.7$；

η_2——考虑恒载对基础底面重心所产生的弯矩 M_g 在总弯矩 M 中所占百分比的系数，即 $\eta_2=1-0.8\frac{M_g}{M}$。

(3) 墩（台）顶水平位移验算。

桥梁墩（台）设计时，除应考虑基础沉降外，往往还需要检验由于地基变形和墩（台）身的弹性水平变形所产生的墩（台）顶面的水平位移。现行规范中规定：墩（台）顶面的水平位移 δ 应符合下列要求：

$$\delta \leqslant 0.5\sqrt{L} \tag{14-37}$$

式中：L 为相邻跨中最小跨的跨度，以 m 计，当跨度 $L<25$m 时，按照 25m 计算。而 δ 单位为 cm。

14.4.4 沉井在施工过程中的结构强度计算

沉井从制作、拆垫木、挖土下沉直到竣工后开通运营的各个阶段，其各部位均受到不同外力的作用。因此，沉井结构强度必须满足各阶段最不利情况的要求。计算时应根据各部分在施工过程中的最不利受力情况，给出相应的计算图示，然后计算截面应力，进行必要的配筋，保证井体结构在施工各个阶段中的强度和稳定均满足要求。下面分别介绍沉井在不同阶段的计算和验算内容。

一、沉井下沉验算

沉井一般需要靠其本身的自重下沉，为了使沉井在自重作用下能够顺利下沉，沉井的重力（在不排水挖土下沉对应扣除浮力）应大于土对井壁的摩阻力，将两者之比称为下沉系数

$$K=\frac{G}{T}\geqslant 1.05 \tag{14-38}$$

$$T=\sum_{i=1}^{n}\tau_i h_i u_i$$

式中 K——下沉系数，应根据土的类别及施工条件选取，一般不大于 1.25；

G——沉井自重，kN；

T——土对井壁的总摩阻力；

h_i、u_i——沉井穿过第 i 层土层的厚度和该段沉井外围周长，m；

τ_i——土对井壁单位面积的摩阻力，其值应根据试验确定，如缺乏资料，可参考表 14-2取值；

n——土层数。

表 14-2　　土与井壁间的摩阻力

土的名称	土与井壁间的摩阻力（kPa）	土的名称	土与井壁间的摩阻力（kPa）
黏性土	25～50	砂砾石	15～20
砂类土	12～25	软土	10～12
砂卵石	18～30		

注　采用泥浆润滑套时摩阻力为 3～5kPa。

当不能满足式（14-38）要求时，可选择采取下列措施直到满足为止：①加大井壁厚度或调整取土井孔尺寸；②如为不排水挖土下沉，在地质条件许可井下沉到一定深度后可采用排水挖土下沉；③沉井顶部增加附加荷载或高压射水助沉；④也可以采用如前所述的泥浆润滑套或壁后空气幕等措施。

二、第一节（底节）沉井的验算

1. 第一节（底节）沉井的竖向挠曲验算

第一节沉井在抽取垫木和挖土下沉过程中，沉井可按承受自重而产生挠曲的梁计算井壁产生的竖向挠曲应力。如挠曲应力超过了沉井材料的容许限值，就应该增加第一节沉井的高度或在壁内设置横向钢筋，以防止沉井发生竖向开裂。

验算时所采用的第一节沉井的支撑点的位置与沉井的施工方法有关，现分别阐述如下：

（1）排水挖土下沉。由于沉井是排水挖土下沉，所以不论在抽出刃脚下垫木还是在整个

挖土下沉过程中，都能很好地控制沉井的支撑点。为了使井体挠曲尽可能小些，支点之间的距离可以控制使得支点处于最有利的位置。对矩形及圆端形沉井而言，支点一般取在使支点截面和跨中截面处的正负弯矩大致相等的位置。当沉井长宽比大于1.5，支点设在长边上，支点间距可采用0.7l，l为沉井长边的长度，以此验算沉井井壁顶部和下部的弯曲抗拉强度，防止开裂。圆形沉井四个支点则可布置在两个相互垂直线上的端点处。

(2) 不排水挖土下沉。由于井孔中有水，挖土可能不均匀，支点设置也很难人为控制，沉井下沉过程中可能会出现最不利的支撑情况。对于矩形及圆端形沉井应按两种最不利情况分别进行验算：一种情况是可能遇到大孤石，恰好沉井支点在长边的中点上，使沉井成为一悬臂梁，在支点处沉井顶部可能产生竖向开裂；另一种情况是沉井支点在四个角上，或看作支承于短边的两端点，使沉井受力如同两端支承的简支梁，跨中弯矩最大，可能使沉井下部出现竖向开裂。因此，这两种情况均应对长边跨中附近最小截面上下缘进行验算。对于圆形沉井，可按支承于一条直径上的两个支点这种不利情况进行验算。

2. 第一节沉井内隔墙验算

如果底节沉井内隔墙跨度较大，应按浇筑第二节沉井混凝土内隔墙的荷载验算第一节内隔墙的抗拉强度。

内隔墙的最不利受力情况是下部土已经挖空，第二节沉井的内隔墙已浇筑，但尚未凝固，这时，内隔墙成为两端支承在井壁上的梁，除了承受本身重量和上部第二节沉井内隔墙的重量还要承受没有拆卸的内隔墙上模板的重量。如验算结果可能使内隔墙下部产生竖向开裂，应采取措施，可布置水平向钢筋；为了节省钢筋，也可在第一节沉井下沉后浇筑第二节沉井前在内隔墙底部回填砂石并夯实，使荷载传至填土上。

三、沉井刃脚受力计算

沉井在下沉过程中，刃脚受力比较复杂。刃脚切入土中时受到向外弯曲的应力，挖空刃脚下的土时，刃脚又受到外部土、水压力的作用而向内弯曲；从结构上来分析，可认为刃脚把一部分力通过本身作为悬臂梁的作用传到刃脚根部，另一部分由本身作为一个水平的闭合框架作用所负担。因此，可以把刃脚看成在平面上是一个闭合框架，在竖向是一个固定在井壁上的悬臂梁，分别验算其水平方向和竖向的强度。作用在外壁刃脚上的水平外力的分配系数，可根据悬臂及水平框架两者的变位关系及其他一些假定得到。

刃脚悬臂作用的分配系数为

$$\alpha=\frac{0.1L_1^4}{h_k^4+0.05L_2^4}\quad(\alpha\leqslant 1.0) \tag{14-39}$$

刃脚框架作用的分配系数为

$$\beta=\frac{h_k^4}{h_k^4+0.05L_2^4} \tag{14-40}$$

式中 L_1——支承于隔墙间的井壁最大计算跨度；

L_2——支承于隔墙间的井壁最小计算跨度；

h_k——刃脚斜面部分的高度。

作用于刃脚上的水平外力按上面两个分配系数分配，只适用于内隔墙底面高出刃脚底面不超过0.5m，或大于0.5m而有垂直支托的情况。否则，全部水平力应由悬臂作用承担，$\alpha=1.0$，此时，刃脚不再起水平框架作用，但仍应按照构造要求布置水平钢筋，使能承受一定的正、负弯矩。

外力经过上面的分配以后，就可以将刃脚受力情况按横、竖两个方向来分别计算。

（一）刃脚竖向受力分析

刃脚竖向受力情况一般截取单位宽度井壁来分析，把刃脚视为固定在井壁上的悬臂梁，梁的跨度即为刃脚高度。通过内力分析有下述两种情况：

1. 刃脚向外挠曲的内力计算

当沉井开始下沉时，刃脚已切入土中一定深度，由于沉井自重的作用，在刃脚斜面上便产生了土的抵抗力，它使刃脚向外挠曲。这种最不利情况是刃脚斜面上土的抵抗力最大，而井壁外的土压力和水压力最小时，具体应根据沉井的构造、土层情况以及施工条件分析确定。一般近似认为在沉井下沉施工过程中，刃脚内侧切入土中深度约为1.0m，上节沉井均已接上，且沉井上部露出地面或水面约一节沉井高度时较符合需要的条件，为最不利情况，以此来计算刃脚的向外挠曲弯矩。

刃脚高度范围内的外力有：刃脚外侧的主动土压力和水压力 P_{e+w}，沉井自重 q，刃脚自重 g，土对刃脚外侧的摩阻力 T_1，刃脚下土的抵抗力 R。其计算图如图14-11所示。

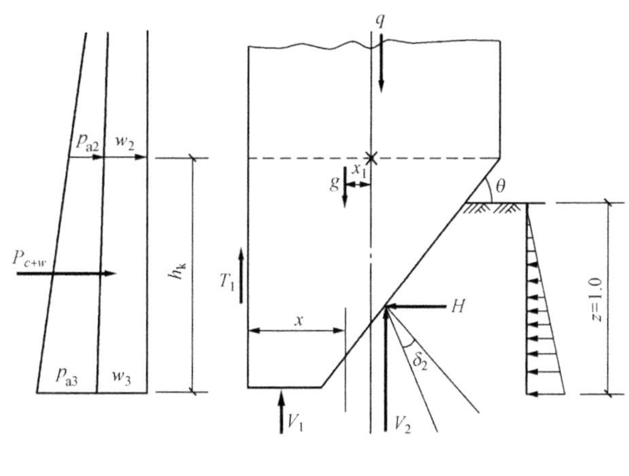

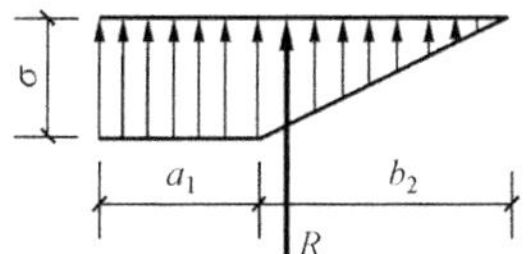

图14-11 沉井刃脚向外挠曲的受力情况

（1）作用在刃脚外侧单位宽度上的土压力及水压力的合力为

$$P_{c+w} = \frac{1}{2}(p_{e2+w2} + p_{e3+w3})h_k \tag{14-41}$$

式中 p_{e2+w2}——作用在刃脚根部的土压力和水压力强度之和；

p_{e3+w3}——作用在刃脚底部的土压力和水压力强度之和；

h_k——刃脚高度。

合力 p_{e+w} 的作用点（距离刃脚根部的距离）为

$$t = \frac{h_k}{3} \cdot \frac{p_{e2+w2} + 2p_{e3+w3}}{p_{e2+w2} + p_{e3+w3}} \tag{14-42}$$

地面下 h_i 深度处刃脚承受的主动土压力 p_{ai} 可按朗肯土压力公式计算，即

$$p_{ai} = \gamma_i h_i \tan^2\left(45° - \frac{\varphi}{2}\right) \tag{14-43}$$

式中 γ_i——高度 h_i 范围内土的加权平均重度，在水位以下应采用浮重度；

h_i——计算位置至地面的距离。

水压力 w_i 的计算公式为 $w_i = \gamma_w h_{wi}$，其中 γ_w 为水的重度，h_{wi} 为计算位置至水面的距离。

水压力是应根据施工情况和土质条件计算的，可参考刃脚向内挠曲验算的有关说明，为了避免计算所得的土和水压力值偏大而使验算方法偏于不安全，一般设计规范均规定了由式

(14 - 41) 算得的刃脚外侧土压力和水压力值不得大于静水压力值的 70%，否则按静水压力值的 70%计算。

(2) 作用在刃脚外侧单位宽度上的摩阻力 T_1 可按式 (14 - 44) 和式 (14 - 45) 计算，并取其中较小者。

$$T_1 = \tau h_k \tag{14 - 44}$$

$$T_1 = 0.5E_a \tag{14 - 45}$$

式中 τ——土与井壁间单位面积上的摩阻力，由表 14 - 2 查得；

h_k——刃脚高度；

E_a——刃脚外侧总的主动土压力，即 $E_a=\dfrac{1}{2}h_k\ (p_{a3}+p_{a2})$。

(3) 刃脚下土的抵抗力的计算。

刃脚下竖向反力（取单位宽度）可按式 (14 - 46) 计算

$$R = q - T' \tag{14 - 46}$$

式中 q——沿井壁周长单位宽度上沉井的自重，在水下部分应考虑浮力；

T'——沉井入土部分单位宽度上的摩阻力。

为了求竖向反力 R 的作用点，将 R 分为 V_1、V_2 两部分，然后根据图 14 - 10 求得。图中刃脚踏面宽度为 a_1，踏面下的反力假定为均匀分布，其合力用 V_1 表示。假定刃脚斜面与水平面成 θ 角，斜面与土间的外摩擦角为 δ_2。故作用在斜面上土反力的合力与斜面的垂直方向呈 δ_2 角，斜面上反力呈三角形分布，在地面处为 0，将合力分解成竖直力 V_2 及水平力 H 时，它们的应力图形也是呈三角形分布。因此

$$R = V_1 + V_2 \tag{14 - 47}$$

合力 R 的作用点距井壁外侧的距离为

$$x = \frac{1}{R}\left[V_1\frac{a_1}{2} + V_2\left(a_1 + \frac{b_2}{2}\right)\right] \tag{14 - 48}$$

式中 b_2——刃脚内侧入土斜面在水平面上的投影长度。

根据力的平衡条件，从图 14 - 11 可知

$$V_1 = a_1\sigma = a_1\frac{R}{a_1 + \dfrac{b_2}{2}} = \frac{2a_1}{2a_1 + b_2}R \tag{14 - 49}$$

$$V_2 = \frac{b_2}{2a_1 + b_2}R \tag{14 - 50}$$

$$H = V_2\tan(\theta - \delta_2) \tag{14 - 51}$$

式中 δ_2——土与刃脚斜面间的外摩擦角，一般定为 30°，刃脚斜面上水平反力 H 作用点离刃脚底面 1/3m。

(4) 单位宽度的刃脚自重 g 为

$$g = \frac{\lambda + a_1}{2}h_k \cdot \gamma_k \tag{14 - 52}$$

式中 λ——井壁厚度；

γ_k——钢筋混凝土刃脚的重度，不排水挖土施工时应采用浮重度。

刃脚自重 g 的作用点至刃脚根部中心轴的距离为

$$x_1 = \frac{\lambda^2 + a_1\lambda - 2a_1^2}{6(\lambda + a_1)} \tag{14 - 53}$$

求出以上各力的数值、方向和作用点以后，再算出各力对刃脚根部中心轴的弯矩总和 M_0、竖向力 N_0 及剪力 Q，其算式为

$$M_0 = M_R + M_H + M_{e+w} + M_T + M_g \tag{14-54}$$

$$N_0 = R + T_1 + g \tag{14-55}$$

$$Q = P_{e+w} + H \tag{14-56}$$

式中：M_R、M_H、M_{e+w}、M_T、M_g 分别为反力 R、横向力 H、土压力和水压力 P_{e+w}、刃脚底部的外侧摩阻力 T_1 以及刃脚自重 g 对刃脚根部中心轴的弯矩；其中作用在刃脚部分的各水平力均应按规定考虑分配系数 a。上述各式数值的正负号视具体情况而定。

根据 M_0、N_0 及 Q 值就可验算刃脚根部应力并计算出刃脚内侧所需的竖向钢筋用量。一般刃脚钢筋截面积不宜少于刃脚根部截面积的 0.1%，刃脚的竖直钢筋应伸入根部以上 $0.5L_1$（L_1 为支承于隔墙间的井壁最大计算跨度）。

2. *刃脚向内挠曲的内力计算*

计算刃脚向内挠曲的最不利情况是沉井已经下沉至设计标高，刃脚踏面下的土已被全部挖空而尚未浇筑封底混凝土，这时，将刃脚作为根部固定在井壁的悬臂梁，计算最大的向内弯矩。

作用在刃脚上的力有刃脚外侧的土压力、水压力、摩阻力以及刃脚本身的重力。以上各力的计算方法同前。但计算水压力时应注意根据施工实际情况，现行的实际规范考虑到一般的情况及从安全出发要求不排水挖土下沉的沉井，井壁外侧的水压力值以 100%计算；井内水压力值以 50%计算，或按施工可能出现的水头差计算。若为排水挖土下沉的沉井，对不透水性土，可按静水压力的 70%计算，在透水性土中，可按静水压力的 100%计算。

计算所得各水平外力均应按规定考虑分配系数。

根据外力值计算出对刃脚根部中心轴的弯矩 M_0、竖向力 N_0 以及剪力 Q 后，以此求出刃脚外壁的钢筋用量。同样，刃脚钢筋截面积不宜少于刃脚根部截面积的 0.1%。刃脚的竖直钢筋应伸入根部以上 $0.5L_1$。

（二）*刃脚水平钢筋计算*

与计算刃脚向内挠曲相同，刃脚水平受力最不利的情况是沉井已下沉至设计标高，刃脚下的土已被挖空，尚未浇筑封底混凝土的时候，此时，刃脚受到最大的水平剪力。由于刃脚有悬臂作用及水平闭合框架的作用，当刃脚作为悬臂考虑时，刃脚所受水平力乘以分配系数 a；而作用于框架的水平力乘以分配系数 β 后，其值作为水平框架的外力，由此求出框架的弯矩及轴向力值，再计算框架所需的水平钢筋用量。

四、沉井井壁受力计算

1. *施工阶段的井壁竖向抗拉计算*

施工阶段的井壁竖向抗拉计算，是指沉井在下沉过程中，刃脚下的土已被全部挖空，当下部土层比上部土层软的情况下，沉井上部会被摩擦力较大的上部土体夹住，这时下部沉井呈悬挂状态，井壁就有在自重作用下被拉断的可能，因而应验算井壁的竖向拉应力。拉应力的大小与井壁摩阻力分布有关，在无法准确判断可能夹住沉井的土层时，可近似假定摩阻力沿沉井高度成倒三角形分布，如图 14－12 所示。在地面处摩阻力最大，在刃脚底面处为零。

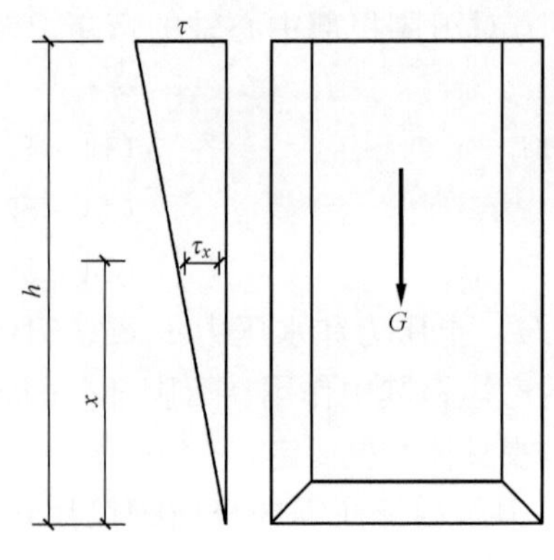

图 14 - 12 井壁摩阻力分布

沉井自重为 G，h 为沉井的入土深度，U 为井壁的周长，τ 为地面处井壁上的摩阻力，τ_x 为距刃脚底 x 处的摩阻力。由于

$$G=\frac{1}{2}\tau hU,\quad \tau=\frac{2G}{hU}$$

$$\tau_x=\frac{\tau}{h}x=\frac{2Gx}{h^2U} \tag{14 - 57}$$

离刃脚底 x 处井壁的拉力为 S_x，其值为

$$S_x=\frac{Gx}{h}-\frac{\tau_x}{2}xU=\frac{Gx}{h}-\frac{Gx^2}{h^2} \tag{14 - 58}$$

为求得最大拉应力，令 $\frac{\mathrm{d}S_x}{\mathrm{d}x}=0$

$$\frac{\mathrm{d}S_x}{\mathrm{d}x}=\frac{G}{h}-\frac{2Gx}{h^2}=0$$

则

$$x=\frac{1}{2}h$$

代入式（14 - 58）中，有

$$S_{\max}=\frac{G}{h}\cdot\frac{h}{2}-\frac{G}{h^2}\cdot\left(\frac{h}{2}\right)^2=\frac{G}{4} \tag{14 - 59}$$

可见，对于等截面的沉井，当下沉到设计标高时，井壁出现最大拉应力数值等于沉井自重的 1/4，可能拉断的位置在沉井高度 1/2 处。

除沉井被障碍物卡住的情况，需按照障碍物的位置作相应的假定进行计算外，均可用式（14 - 59）计算出拉应力进行验算。当最大拉应力大于井壁圬工材料的容许值时，应布置必要的竖向受力钢筋。对每节井壁接缝处的竖直拉力的验算，可假定该处混凝土不承受拉应力，全部由接缝处钢筋承受。钢筋的允许应力应小于 0.75 钢筋标准强度，并需验算钢筋的锚固长度。

2. 井壁横向受力计算

沉井下沉过程中，井壁始终受到水平向的土压力和水压力作用，因而应验算井壁材料的强度。验算时，从井壁水平向截取一段作为水平框架来考虑，然后计算该框架的受力情况（计算方法与刃脚框架计算相同）。因为水平向的土压力和水压力沿深度增加，所以井壁截取位置应在刃脚根部，如图 14 - 13所示。

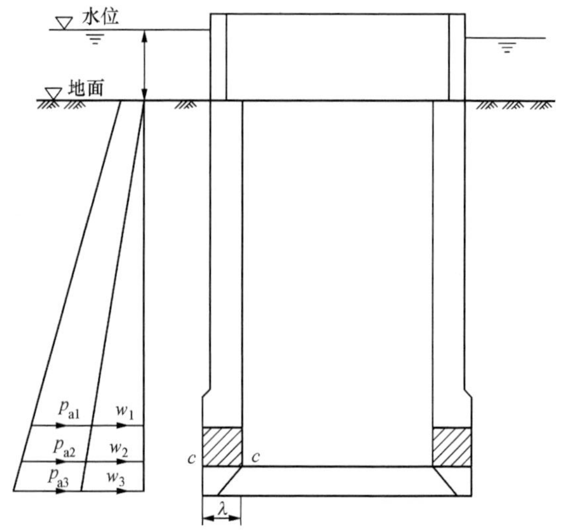

图 14 - 13 井壁框架承受的外力

沉井的最不利下沉情况是下沉至设计标高，刃脚下土已被全部挖空而尚未封底，此时在 C- C 断面以上截取一段高为井壁厚 λ 的井壁作为水平框架。其上作用的水平荷载，除了作用于该段井壁范围内的土压力和水压力以外，还有刃脚作为悬臂作用传来的水平剪力，数值等于刃脚向内挠曲时受到的水平外力乘以分配系数 a。

对于分节浇筑的沉井，整个沉井高度范围内的井壁厚度可能不同，此时需要依据井壁厚度变化分成数段。因此，除了应验算靠近刃脚根部以上处的井壁材料强度外，还需要验算沉井井壁各厚度变化段最下端处的单位高度的井壁作为水平框架的材料强度，并以此来控制该段全高的设计。这些水平框架所承受的水平力为该水平框架高度范围内的土压力和水压力，并不需要乘以分配系数 β。

对于采用泥浆润滑套施工的沉井，若台阶以上泥浆压力大于土压力与水压力之和，则井壁压力需按泥浆压力计算。

五、混凝土封底和盖板的计算

沉井封底混凝土和盖板的计算主要是计算封底和盖板的厚度，对于全部填充混凝土的沉井不需要进行该项计算。

1. 封底混凝土厚度的计算

沉井封底混凝土的厚度应根据沉井基底承受的反力情况而定。作用于封底混凝土上的竖向反力可分为两种情况：一种是沉井水下封底后，在施工抽水时封底混凝土承受地下水和地基土向上的反力；另一种是空心沉井在使用阶段，封底混凝土需承受沉井基础全部最不利荷载组合所产生的基底反力，如沉井井孔内填砂或有水时，可扣除其重量。

封底混凝土的厚度，可按照下列两种情况计算，并取其大者作为控制厚度。

（1）封底混凝土视为支承在凹槽或隔墙底面和刃脚上的底板，按周边支承的双向板（矩形或圆端形沉井）或圆板（圆形沉井）计算。底板与井壁的连接一般按简支承来考虑，当底板与井壁有可靠的整体连接时（如有井壁内预留的钢筋连接等），也可按照弹性固定考虑。

封底混凝土的厚度视周边的支承情况，可按下列公式计算：

周边为简支的矩形封底板，板中心弯矩 $M=\beta_0 q_0 B^2$，板厚度

$$h_t=\sqrt{\frac{6\beta_0 q_0 B^2}{[\sigma_{WL}]}} \tag{14-60}$$

周边为固定支承的矩形封底板，支承处弯矩 $M=\alpha_0 q_0 B^2$，板厚度

$$h_t=\sqrt{\frac{6\alpha_0 q_0 B^2}{[\sigma_{WL}]}} \tag{14-61}$$

周边为简支的圆形封底板，板中心弯矩 $M=\frac{1}{16}q_0 R^2\,(3+\mu)$，板厚度

$$h_t=\sqrt{\frac{3q_0 R^2(3+\mu)}{8[\sigma_{WL}]}} \tag{14-62}$$

周边为固定支承的圆形封底板，支承处弯矩 $M=\frac{1}{8}q_0 R^2$，板厚度

$$h_t=\sqrt{\frac{6q_0 R^2}{8[\sigma_{WL}]}} \tag{14-63}$$

式中 h_t——封底混凝土底板的厚度，m；

$[\sigma_{WL}]$——封底混凝土允许弯拉应力，kN/m^2；

μ——泊松比，混凝土取为 0.15；

q_0——基底单位面积均布压力，kN/m^2；

α_0，β_0——双向板的应力计算系数，见表 14-3；

R——圆形沉井的半径，m；

B——矩形沉井的宽度，m；

L——矩形沉井的长度，m。

表 14-3 双向板的应力计算系数 α_0，β_0

L/B	1.0	1.2	1.4	1.6	1.8	2.0	
α_0	0.051	0.064	0.072	0.078	0.081	0.083	$L/B>2.0$时，极限值为0.083
β_0	0.037	0.053	0.068	0.079	0.089	0.097	$L/B>2.0$时，极限值为0.125

(2) 封底混凝土按受剪计算。即计算封底混凝土承受基底反力后是否有沿井孔范围内局边剪断的可能性。若剪应力超过其抗剪强度则应加大封底混凝土的抗剪面积。

2. 钢筋混凝土盖板的计算

对于空心沉井或井孔中填以砂砾石的沉井，必须在井顶筑钢筋混凝土盖板，用以支承墩（台）身的全部荷载。盖板厚度一般是预先拟定的，只需配筋计算，计算时考虑盖板作为承受最不利组合传来的均布荷载的双向板，然后以此计算结果来进行配筋计算。

如墩身全部位于井孔内，还应验算盖板的剪应力和井壁支承压力。如墩身较大，部分支承在井壁上则不需进行盖板的剪力验算，只需进行井壁的压应力验算。

此外，沉井还应按照各个时期可能出现的地下水位验算抗浮稳定。如果采用浮运沉井的施工方法，还应对沉井在浮运过程中的稳定性及露出水面的最小高度进行验算，以确保沉井在浮运施工过程中的安全。

14.4.5 沉井的计算实例

【例 14-1】 一矩形沉井，采用排水法施工，有上部结构，依靠加载下沉，单格小型矩形沉井。地质资料及矩形沉井的截面尺寸见图 14-14。沉井外壁 6.7m×6.7m，内壁 6.0m×6.0m，结构总高度 H=10m。沉井高出地面 0.5m，上部壁厚 t_1=0.35m，高度H_1=5.0m；下部壁厚 t_2=0.70m，高度 H_2=5.0m。最高水位使用阶段位于设计地面下 0.5m，施工阶段位于设计地面下 2.5m。采用两次制作，一次下沉。第一节的制作高度为 5m。

刃脚踏面宽度 a=0.3m，刃脚高度 h_l=0.6m，刃脚斜面高度在水平面上的投影宽度 b=0.4m，底板厚度 h=0.6m。

沉井材料：C25 混凝土，热轧钢筋。

试进行下沉计算和抗浮验算。

解 1. 下沉计算

(1) 井壁自重。下部沉井净空 6−0.35×2=5.3m，井壁体积为

$$V=(6.7^2-6^2)\times 5+(6.7^2-5.3^2)\times 5-\left(\frac{1}{2}\times 0.4\times 0.6\times 5.3\right)\times 4=125.906\text{m}^3$$

井壁自重标准值为

$$G_k=25\times 125.906=3147.65\text{kN}$$

(2) 摩阻力计算。多层土的加权平均单位摩阻力为

$$f_k=\frac{14\times 0.5+19\times 2+22\times 2.5+17\times 4.5}{0.5+2+2.5+4.5}=18.58\text{kPa}$$

沉井外壁为直壁，根据规程，井壁外侧摩阻力分布为：自地面向下 5m 范围内呈三角形分布，由 0 增加到 18.58kPa；其下 4.5m 深度内呈矩形均匀分布。

井壁总摩阻力为

厚度	指标 土层	重度 γ (kN/m³)	黏聚力 c (kPa)	内摩擦角 φ	单位摩阻力 (kPa)	极限承载力 (kPa)
h_1=500mm	填土	$\gamma_1=18$			$f_{k1}=14$	
h_2=2000mm	褐黄色黏性土	$\gamma_2=18$	$c_2=18.5$	$\varphi_2=19°$	$f_{k2}=19$	$R_2=180$
h_3=2500mm	灰黄色黏性土	$\gamma_3=18.8$	$c_3=15$	$\varphi_3=17°$	$f_{k3}=22$	$R_3=180$
h_4=4500mm	淤泥质粉质黏土	$\gamma_4=18.5$	$c_4=11$	$\varphi_4=20°$	$f_{k4}=17$	$R_4=130$

500mm 2000mm 2500mm 95 000mm −9.50m

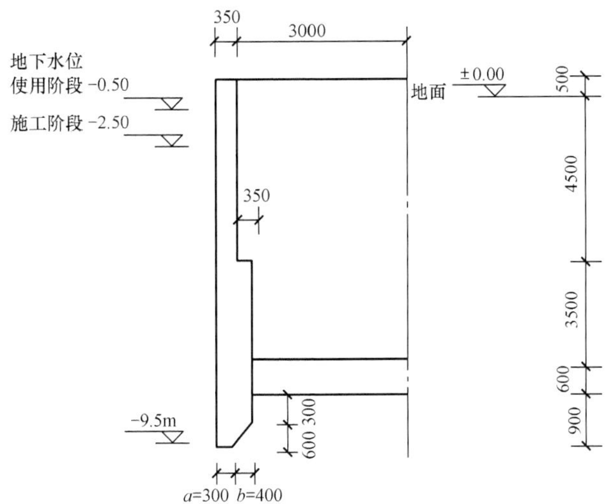

图 14 - 14 矩形沉井结构简图

$$F_{fk}=\left(\frac{1}{2}\times 18.58\times 5+18.58\times 4.5\right)\times 2\times(6.7+6.7)=3485.6\text{kN}$$

(3) 下沉系数计算。由于沉井采用排水施工下沉，浮力 $F_{fw,k}=0$，下沉系数为

$$k_{st}=\frac{G_k-F_{fw,k}}{F_{fk}}=\frac{3147.65-0}{3485.6}=0.903<1.05$$

不满足要求。需要加载下沉，取 $k_{st}=1.05$，则施工阶段需加荷载为

$$W=k_{st}F_{fk}+F_{fw,k}-G_k=1.05\times 3485.6+0-3147.65=512.23\text{kN}$$

取施工时所加荷载 $W=515\text{kN}$，此时

$$k_{st}=\frac{515+3147.65-0}{3485.6}=1.051>1.05$$，满足要求。

注意：若计算的下沉系数大于 1.5 时，则需进行下沉稳定验算。

2. 抗浮验算

沉井上部有建筑，此处认为能满足使用阶段的抗浮要求，不再进行使用阶段抗浮验算。

施工阶段，在沉井底板浇筑完成后，加载撤除，上部建筑未建时，应进行施工阶段的抗浮验算。地下水位取施工阶段的最高地下水位。

(1) 施工阶段沉井自重

$$G=G_k+25\times 5.3\times 5.3\times 0.6=3569.0\text{kN}$$

(2) 施工阶段沉井浮力为

$$F_{fw,k}^{b}=10\times\left[6.7^2\times(10-3)-5.3^2\times 0.3-\frac{0.6}{3}\times(5.3^2+6.1^2+5.3\times 6.1)\right]$$
$$=2862.84\text{kN}$$

注意：计算浮力的排水体积时，不包括封底混凝土的体积。

(3) 抗浮系数

$k_{fw}=\dfrac{G}{F_{fw,k}^{b}}=\dfrac{3569.0}{2862.84}=1.247>1.0$，满足抗浮要求。

【例 14-2】 某公路桥墩基础，上部构造为等跨等截面悬链线板肋式圬工拱桥，下部结构为重力式墩及圆端形沉井基础。基础平面及剖面尺寸如图 14-15 所示，采用浮运法施工

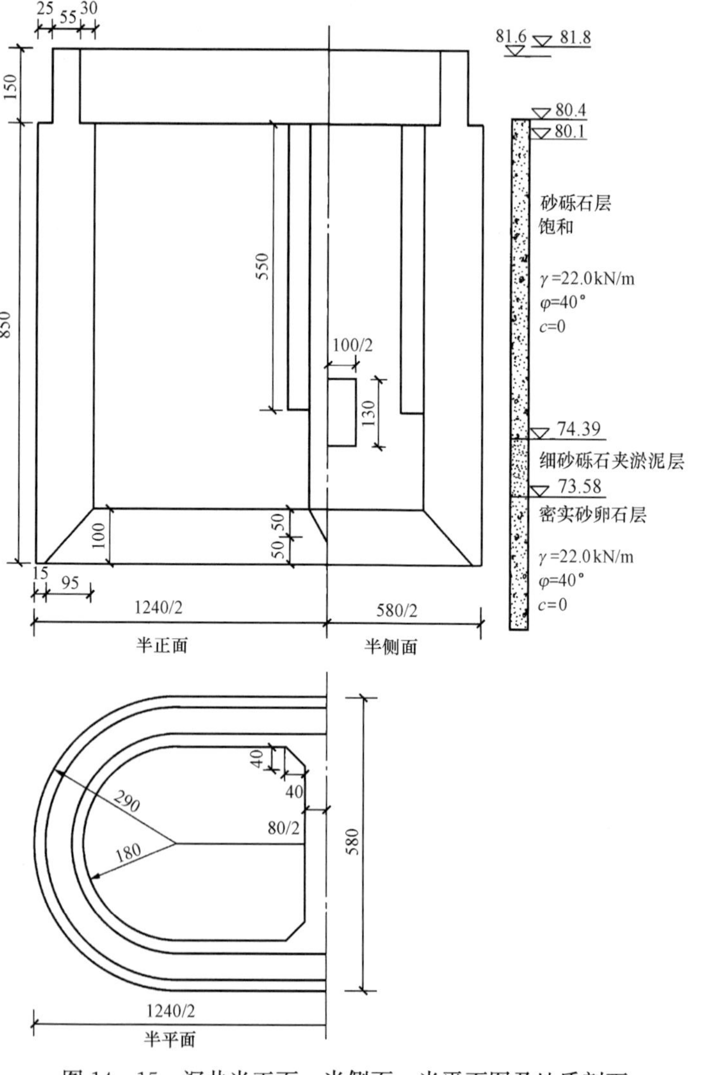

图 14-15 沉井半正面、半侧面、半平面图及地质剖面

(标高单位：m；尺寸单位：cm)

(浮运方法及浮运稳定性计算从略)。

设计资料:

土质及水位情况如图 14-15 所示,传给沉井的恒载及活载见表 14-4。

最低水位标高 81.80m,潮水位 86.56m,河床标高 80.40m,最大冲刷线标高 76.77m。

沉井混凝土等级为 C25,HRB335 号钢筋。按 JTG D63-2007《公路桥涵地基与基础设计规范》设计计算如下。

1. 沉井高度及各部分尺寸

(1) 沉井高度 H。

沉井顶面在最低水位下 0.2m,标高为 81.60m。

按水文计算,最大冲刷深度 $H_m = 80.40 - 76.77 = 3.63$m,大中桥基础埋深应≥2.0m,故

$$H = (81.6 - 80.4) + 3.63 + 2.0 = 6.83\text{m}$$

但沉井底较近于细砂砾石夹淤泥层。

按土质条件,井底应进入密实的砂卵石层,并考虑 2.0m 的安全度,则

$$H = 81.6 - 71.58 = 10.02\text{m}$$

按地基承载力,沉井底面位于密实的砂卵石层为宜。

根据以上分析,拟取沉井高度 $H=10$m,井顶标高 81.60m,井底标高 71.60m。因潮水位高,第一节(底节)沉井高度不宜太小,故取 8.50m,第二节高 1.5m,第一节井顶标高 80.10m。

(2) 沉井平面尺寸。

考虑到桥墩形式,采用两端半圆形中间为矩形的沉井。圆端外半径 2.9m,矩形长边 6.6m,宽 5.8m,第一节井壁厚 $t=1.1$m,第二节厚度为 0.55m。隔墙厚度 $\delta=0.8$m。其他尺寸如图 14-16 所示。

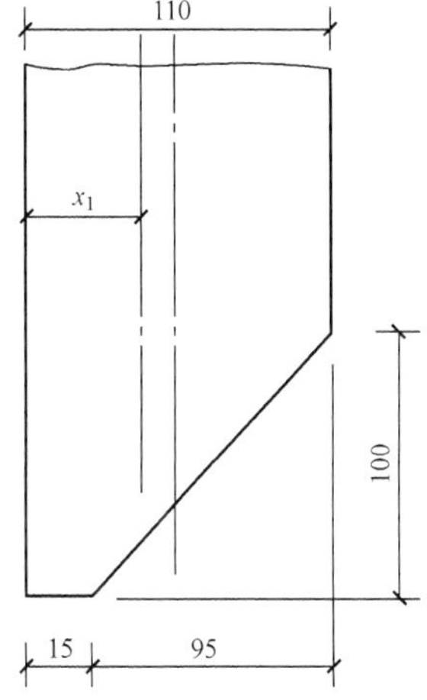

图 14-16 沉井平面尺寸
(单位:cm)

刃脚踏面宽度 $a=0.15$m,刃脚高 $h_k=1.0$m(见图14-16),内侧倾角:$\tan\theta=\dfrac{1.0}{1.0-0.15}=1.052$,$\theta=46°28'>45°$。

2. 荷载计算

沉井自重计算见表 14-4,各力汇总见表 14-5。

表 14-4　　沉井自重计算汇总

沉井部位	容重 γ (kN/m³)	体积 V (m³)	重力 Q (kN)	形心至井壁外侧的距离 (m)
刃脚	25.00	18.18	454.50	
第一节沉井井壁	24.50	230.72	5652.64	
底节沉井隔墙	24.50	24.22	593.39	
第二节沉井井壁	24.50	23.20	568.40	0.372
钢筋混凝土盖板	24.50	62.36	1527.82	
井孔填砂卵石	20.00	150.62	3012.40	
封底混凝土	24.50	126.26	3030.24	
沉井总重			14 839.39	

表 14-5 **各 力 汇 总 表**

力的名称	力值（kN）	对沉井底面形心轴的力臂（m）	弯矩（kN·m）
二孔上部结构恒载及墩身 一孔活载（竖向力）	P_1=25 691.00 P_g=650.00	1.15	747.50
由制动力产生的竖向力 沉井总重 沉井浮力	P_T=32.40 G=14 839.39 G=−6355.23	1.15	37.26
合计	$\sum P$=34 857.62		784.76
一孔活载（水平力）	H_g=815.10	18.806	−15 328.77
制动力	H_T=75.00	18.806	−1410.45
合计	$\sum H$=890.10		−16 739.22

注 1. 低水位时沉井浮力 G=（549.96+3.141 6×2.65²×1.5+6.6×5.3×1.5）×10.0=6355.23kN。

2. 上表仅列出了单孔荷载作用情况，双孔荷载时$\sum M$=−15 954.46kN·m。

3. 沉井作为整体深基础的验算

（1）基底应力验算。

沉井井底埋深 $h=76.77-71.60=5.17\text{m}$

井宽 $d=5.8\text{m}$

井底面积 $A_0=3.141\,6\times2.9^2+6.6\times5.8=64.7\text{m}^2$

井底抵抗矩 $W=\dfrac{\pi d^3}{32}+\dfrac{1}{6}a^2b=56.12\text{m}^3$

竖向荷载 $N=\sum P=34\,857.62\text{kN}$

水平荷载 $\sum H=890.10\text{kN}$

弯矩 $\sum M=15\,954.46\text{kN}\cdot\text{m}$

又 $h<10\text{m}$，故取 $C_0=10m_0$。

即

$$\beta=C_h/C_0=mh/10m_0=0.5$$
$$b_1=(1-0.1a/b)(b+1)=12.77\text{m}$$
$$\lambda=M/H=17.92\text{m}$$

故

$$A=\frac{b_1\beta h^3+18dW}{2\beta(3\lambda-h)}=\frac{12.77\times0.5\times5.17^3+18\times5.8\times56.12}{2\times0.5\times(3\times17.92-5.17)}=138.45\text{m}^2$$

$$\sigma_{\min}^{\max}=\frac{N}{A_0}\pm\frac{2Hd}{A\beta}=\frac{34\,857.62}{64.70}\pm\frac{3\times890.10\times5.8}{138.45\times0.5}=\begin{cases}762.48\\315.02\end{cases}\text{kPa}$$

井底地基土为中等密实砂、卵石类土层，可取［σ_0］=600kPa，$K_1=4$，$K_2=6$，土容重 $\gamma_1=\gamma_2=112.00\text{kN/m}^3$（考虑浮力后的近似值），并考虑附加组合，承载力提高 25%，故基底土容许承载力为

$$\begin{aligned}[\sigma]&=1.25\times\{[\sigma_0]+K_1\gamma_1(b-2)+K_2\gamma_2(h-3)\}\\&=1.25\times\{600+4\times12.0\times(5.8-2)+6\times12.0\times(5.07-3)\}\\&=1164.30\text{kPa}>762.48\text{kPa}\end{aligned}$$

均满足要求。

(2) 基础侧向水平压力验算。

将以上计算式参数代入式(14-8)得井身转动中心 A 离地面的距离:

$$z_0=\frac{0.5\times12.77\times5.17^2\times(4\times17.92-5.17)+6\times5.8\times56.12}{2\times0.5\times12.77\times5.17\times(3\times17.92-5.17)}=4.15\text{m}$$

根据式(14-12)可得基础侧向水平压力:

$$\sigma_{\frac{h}{3}x}=\frac{6\times890.10}{137.42\times5.17}\times\frac{5.17}{3}\times\left(4.15-\frac{5.17}{3}\right)=31.48\text{kPa}$$

$$\sigma_{hx}=\frac{6\times890.10\times5.17}{137.42\times5.17}\times(4.15-5.17)=-39.64\text{kPa}$$

若取土体抗剪强度指标 $\varphi=40°$,$c=0$;系数 $\eta_1=0.7$,$\eta_2=1.0$,则根据式(14-34)可得土体极限横向抗力为

1) $z=\dfrac{h}{3}$ 时:

$$[\sigma_{zx}]=0.7\times1.0\times\frac{4}{\cos40°}\left(\frac{12.00\times5.17}{3}\tan40°\right)=63.44\text{kPa}>31.48\text{kPa}$$

2) $z=h$ 时:

$$[\sigma_{zx}]=0.7\times1.0\times\frac{4}{\cos40°}(12.00\times5.17\times\tan40°)=190.32\text{kPa}>38.17\text{kPa}$$

均满足要求,因此计算时可以考虑沉井侧面土的弹性抗力。

4. 沉井在施工过程中的强度验算

(1) 沉井自重下沉验算。

沉井自重 G=刃脚重+底节沉井重+底节隔墙重+顶节沉井重

=454.50+5652.64+593.39+568.40=7268.93kN

沉井浮力 G'=(18.18+230.72+24.22+23.22)×10.00=2963.40kN

土与井壁间单位摩阻力强度

$$T_m=\frac{20.0\times1.9+12.0\times0.8+18.0\times6.0}{8.7}=17.89\text{kN/m}^2$$

总摩阻力

$$T=[(3.14\times5.3+2\times6.6)\times0.2+(3.14\times5.8+2\times6.6)\times8.5]\times17.89$$
$$=4883.26\text{kN}$$

排水下沉时 $G>T$;不排水下沉时,预估井底围堰重(高出潮水位)600kN,则 $(7268.93+600-2963.40)/4883.26=1.01$,即 $\dfrac{G}{T}=1.01$,沉井自重稍大于摩阻力,在施工中,下沉如有困难,可采取部分排水方法,也可采取加压重或其他措施。

(2) 刃脚受力验算。

1) 刃脚向外挠曲。

经试算分析,最不利位置为刃脚下沉到标高 80.4−8.7+4.35=76.05m 处,刃脚切入土中 1m,第二节沉井已接上,如图 14-17 所示。其悬臂作用分配系数为

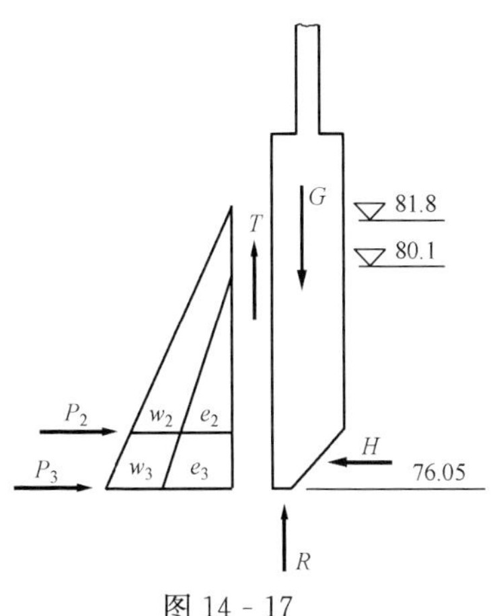

图 14-17

$$a=\frac{0.1L_1^4}{h_k^4+0.05L_2^4}=\frac{0.1\times4.7^4}{1.0^4+0.05\times4.7^4}=1.92>1.0$$

取 $a=1.0$。刃脚侧土为砂卵石层，$c=18.00\text{kPa}$，$\varphi=40°$，计算如下：

①作用于刃脚的力（按低水位取单位宽度计算）。

$$\omega_2=(81.8-77.05)\times10=47.50\text{kN/m}$$

$$\omega_3=(81.8-76.05)\times10=57.50\text{kN/m}$$

$$e_2=12.0\times(80.4-77.05)\times\tan^2(45°-40°/2)=8.70\text{kN/m}$$

$$e_2=12.0\times(80.4-76.05)\times\tan^2(45°-40°/2)=11.30\text{kN/m}$$

若从安全考虑，刃脚外侧水压力取50％，则

$$P_{e2+w2}=47.50\times0.5+8.7=32.45\text{kN/m}$$

$$P_{e3+w3}=57.50\times0.5+11.3=40.05\text{kN/m}$$

$$P_{e+w}=\frac{1}{2}(P_{e2+w2}+P_{e3+w3})h_k=\frac{1}{2}\times(32.45+40.05)\times1.0=36.25\text{kN}$$

若以静水压力的70％计算，则

$$0.7\gamma_w hh_k=0.7\times10.0\times5.25\times1=36.75\text{kN}>P_{e+w}$$

故取 $P_{e+w}=36.25\text{kN}$。

刃脚摩阻力 $T_1=0.5E=0.5\times$（8.7+11.3）/2×1m=5.00kN

或 $T_1=\tau h_k\times1=18.00\text{kN}$

因此取刃脚摩阻力为5.00kN（取小值）。

单位宽度沉井自重（不计沉井浮力及隔墙自重）

$$G_1=\frac{0.15+1.10}{2}\times1.0\times1.0\times25+7.5\times1.1\times1.0\times24.50+0.825\times24.5$$

$$=237.96\text{kN}$$

刃脚踏面竖向力为

$$R_V=237.96-11.30\times\frac{1}{2}\times4.35\times0.5=225.67\text{kN}$$

刃脚斜面横向力（取 $\delta=\varphi=40°$）

$$R_H=\frac{bR_V}{2a+b}\tan(\theta-\delta_2)=\frac{225.67\times0.95}{2\times0.15+0.95}\tan(46°28'-40°)=19.38\text{kN}$$

井壁自重 q 的作用点至刃脚根部中心轴距离为

$$x_1=\frac{\lambda^2+a\lambda-2a^2}{6(\lambda+a)}=\frac{1.1^2+0.15\times1.1-2\times0.15^2}{6\times(1.1+0.15)}=0.178\text{m}$$

刃脚踏面下反力合力 $R_{V1}=\frac{2a}{2a+b}R_V=\frac{0.15\times2}{0.15\times2+0.95}R_V=0.24R_V$

刃脚斜面上反力合力 $R_{V2}=R_V-0.24R_V=0.76R_V$

R_V 的作用点距离井壁外侧为

$$x=\frac{1}{R_V}\left[R_{V1}\frac{a}{2}+R_{V2}\left(a+\frac{b}{3}\right)\right]$$

$$=\frac{1}{R_V}\left[0.24R_V\times\frac{0.15}{2}+0.76R_V\left(0.15+\frac{0.95}{3}\right)\right]=0.38\text{m}$$

②各力对刃脚根部界面中心的弯矩（见图14-18）。

水平水压力及土压力引起的弯矩

$$M_T=5.00\times1.1/2=2.75\text{kN}\cdot\text{m}$$

反力 R_V 引起的弯矩 $M_{R_V}=225.67\times$（1.1/2－0.38）＝38.36kN·m

刃脚斜面水平反力引起的弯矩

$$M_{R_H} = 19.38 \times (1-0.33) = 12.98\text{kN} \cdot \text{m}$$

刃脚自重引起的弯矩

$$M_g = 0.625 \times 1 \times 25.00 \times 0.178 = 2.78\text{kN} \cdot \text{m}$$

故总弯矩为

$$M_0 = \sum M = 12.98 + 38.36 + 2.75 - 18.73 - 2.78 = 32.58\text{kN} \cdot \text{m}$$

③刃脚根部处的应力验算。

刃脚根部轴力 $N_0 = 225.67 - 0.625 \times 25.00 = 210.04\text{kN}$，面积 $A = 1.1\text{m}^2$，抵抗弯矩 $W = 0.2\text{m}^3$，故 $\sigma_0 = \dfrac{N_0}{A} \pm \dfrac{M_0}{W} = \dfrac{210.04}{1.1} \pm \dfrac{32.58}{0.2} = \begin{cases} 353.85 \\ 28.05 \end{cases}\text{kPa}$。

因水平剪力较小，验算时未予考虑。压应力小于 $f_{cd} = 11\,500\text{kPa}$，按受力条件不设钢筋，可按构造要求设置。

2）刃脚向内挠曲（见图 14－19）。

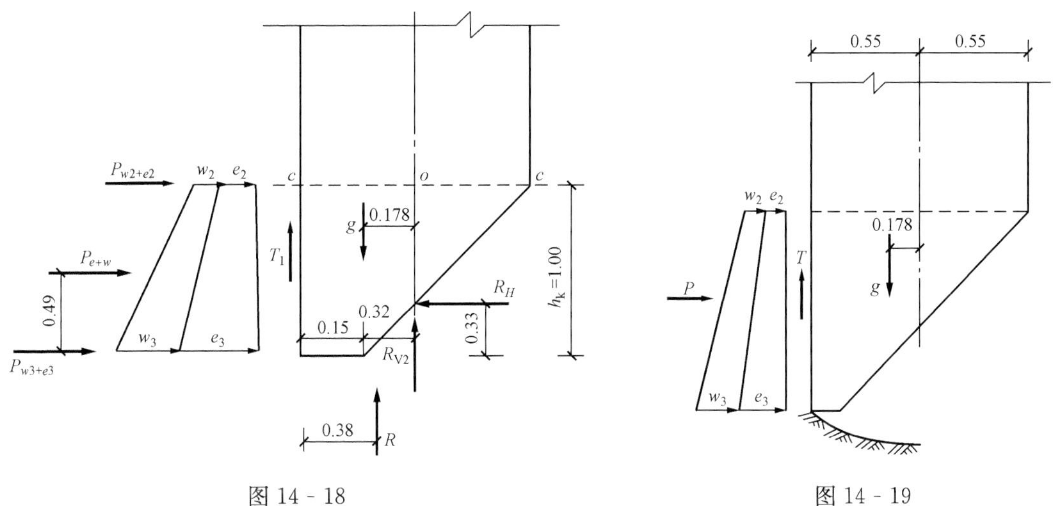

图 14－18　　图 14－19

①作用于刃脚的力。目前求得作用于刃脚外侧的土、水压力（按潮水位计算）为：$w_2 = 138.60\text{kN/m}$，$w_3 = 148.60\text{kN/m}$，$e_2 = 20.10\text{kN/m}$，$e_3 = 22.60\text{kN/m}$，故总土、水压力为 $P_{e+w} = 164.95\text{kN}$。

P_{e+w}力对刃脚根部形心轴的弯矩为

$$M_{e+w} = 164.95 \times \frac{1}{3} \times \frac{2 \times (148.60 + 22.60) + 138.60 + 20.10}{148.60 + 22.60 + 138.60 + 20.10} = 83.52\text{kN} \cdot \text{m}$$

此时刃脚摩阻力为 $T_1 = 10.68\text{kN}$（$\tau h_k = 20.00\text{kN} > 10.68\text{kN}$），其产生的弯矩为

$$M_T = -10.68 \times 0.55 = -5.87\text{kN} \cdot \text{m}$$

刃脚自重引起的弯矩为　$M_g = 0.625 \times 1 \times 25.00 \times 0.178 = 2.78\text{kN} \cdot \text{m}$

所有各力的刃脚根部的弯矩 M，轴向力 N 及剪力 Q 为

$$M = M_{e+w} + M_T + M_g = 83.52 - 5.87 + 2.78 = 80.43\text{kN} \cdot \text{m}$$

$$N = T_1 - g = 10.68 - 15.63 = -4.95\text{kN}$$

$$Q = P = 164.95\text{kN}$$

②刃脚根部截面应力验算弯曲应力。

$$\sigma = \frac{N}{A} \pm \frac{M}{W} = \frac{-4.95}{1.1} \pm \frac{80.43}{0.20} = \begin{cases} -406.65\text{kPa} < f_{td} = 1230\text{kPa} \\ 397.65\text{kPa} < f_{cd} = 11\,500\text{kPa} \end{cases}$$

剪应力 $\sigma_j = \dfrac{164.95}{1.1} = 149.96\text{kPa} < f_{cd} = 11\,500\text{kPa}$

计算结果表明，刃脚外侧也仅需按构造要求配筋。

(3) 刃脚框架计算。

由于 $a=1.0$，刃脚作为水平框架承受的水平力很小，故不需验算，可按构造配置钢筋。如需验算，则与井壁水平框架计算方法相同，此处略。

5. 井壁受力验算

(1) 沉井井壁竖向验算。

井壁竖向拉力为

$$S_{max} = \frac{1}{4}(Q_1 + Q_2 + Q_3 + Q_4) = 1817.23\text{kN(未考虑浮力)}$$

井壁受拉面积为

$$A_1 = \frac{3.1416}{4} \times (5.8^2 - 3.6^2 + 6.6 \times 5.8 - 2.9 \times 3.6 \times 2) = 33.64\text{m}^2$$

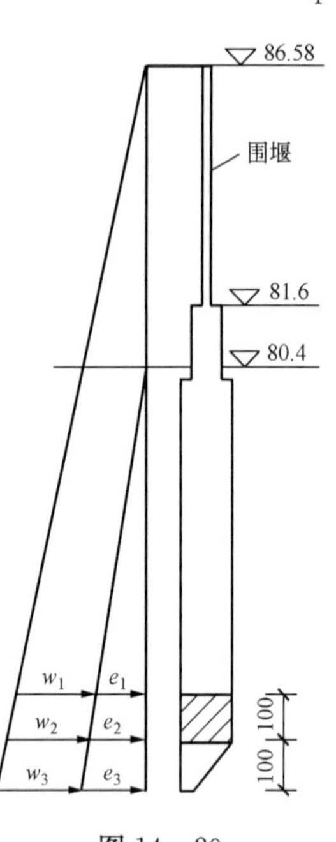

图 14 - 20

混凝土所受到的拉应力为

$$\sigma_h = \frac{S_{max}}{A_1} = \frac{1817.23}{33.64} = 54.02\text{kPa} < f_{td} = 1230\text{kPa}$$

井壁内可按构造布置竖向钢筋，实际上根据土质情况井壁不可能产生大的拉应力。

(2) 井壁横向受力计算。

沉井沉至设计标高时，刃脚根部以上一段井壁承受的外力最大，它不仅承受本身范围内的水平力，还承受刃脚作为悬臂传来的剪力，故处于最不利状态。

考虑潮水位时，单位宽度井壁上的水压力（见图 14 - 20）为

$$w_1 = 127.60\text{kN/m}^2$$

$$w_2 = 138.60\text{kN/m}^2$$

$$w_3 = 148.60\text{kN/m}^2$$

单位宽度井壁上的土压力为

$$e_1 = 17.19\text{kPa}$$

$$e_2 = 20.10\text{kPa}$$

$$e_3 = 22.60\text{kPa}$$

刃脚及刃脚根部以上 1.1m 井壁范围的外力

$$P = 0.5 \times (17.19 + 22.60 \times 1.0 + 127.60 + 148.6 \times 1) \times 2.1 = 331.79\text{kN/m}(a = 1)$$

沉井各部分所受内力可按一般结构力学方法求得（计算从略），井壁最不利受力位置在隔墙处，其弯矩 $M_1 = -774.30\text{kN}\cdot\text{m}$，轴向力 $N_2 = 779.71\text{kN}$。按纯混凝土的应力验算，则 $\sigma_{min}^{max} = \dfrac{N_2}{A} \pm \dfrac{M_1}{W} = \dfrac{779.71}{1.1 \times 1.1} \pm \dfrac{744.30}{1.1^3/6} = \begin{cases} 3999.61 < 11\,500 \\ -2710.83 > 1230 \end{cases}\text{kPa}$。必须配置钢筋，根据有关规定计算可得，受拉钢筋总面积为 $A_g = 31.06 \times 10^{-4}\text{m}^2$，若取 922，$A_g = 34.21 \times 10^{-4}\text{m}^2$，受压钢筋不需设置，按构造布置 9⌀11，$A_g' = 5.46 \times 10^{-4}\text{m}^2$。

底节沉井竖向挠曲、封底混凝土及盖板验算从略。

§ 14.5　地下连续墙深基础简介

14.5.1　地下连续墙的概念、特点及其应用

1. 地下连续墙的概念

地下连续墙（简称地下墙）是在地面所选定的位置处采用专门的成槽机械，沿着开挖工程的周边，在泥浆护壁的情况下开挖一条狭长的深槽，形成一个单元槽段后，在槽内下放预先制作好的钢筋笼，采用导管法现浇混凝土，完成一个单元的墙段；各单元墙段之间采用特定的接头方式连接，形成一条地下连续墙壁。它是近代发展起来的一种新的基础形式，其施工程序如图 14－21 所示。

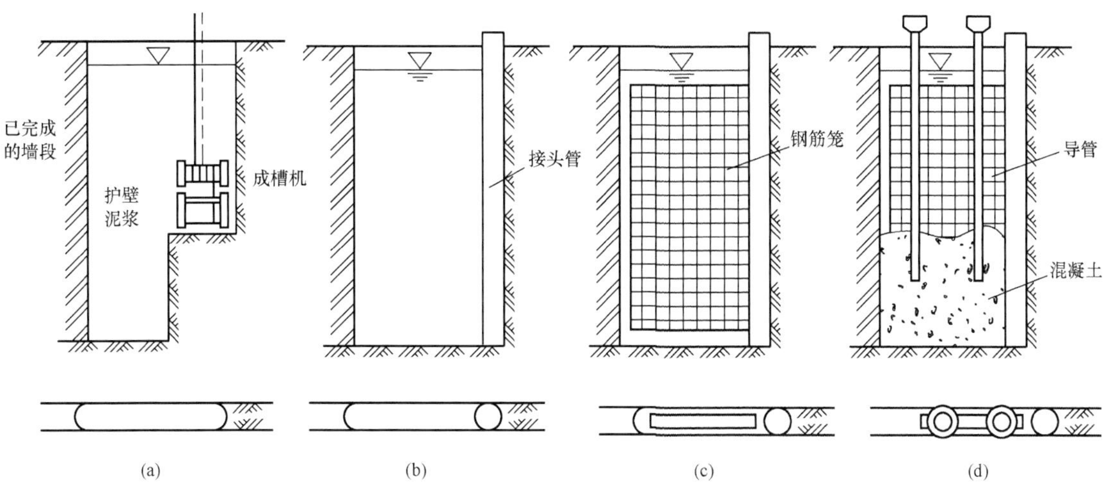

图 14－21　地下连续墙施工程序示意图

(a) 成槽；(b) 放入接头管；(c) 放入钢筋笼；(d) 浇筑混凝土

2. 地下连续墙的特点

(1) 地下连续墙的优点。地下连续墙适用于各种复杂的地质条件，尤其适用于软土地基中的施工；施工中噪声小、振动小，可大大减小施工引起的公害，而且对邻近建筑物几乎没有影响。地下连续墙施工速度快，可建造的深度深。地下连续墙具有结构刚度大，整体性、防渗性和耐久性好的特点；还具有用途多样化的优点，既能够在施工期间承担挡土、挡水、防渗和隔震墙的作用，又能够作为建筑物地下结构的一部分，因而可以节省造价。

(2) 地下连续墙的缺点。地下连续墙的施工技术和工艺比较复杂，需要特殊的成墙设备，每平方米墙面的成本相对比较昂贵；施工过程中产生的废泥浆又是一污染源，需要特别加以处理。

3. 地下连续墙的应用

地下连续墙被广泛应用于市政工程中的各种地下工程、房屋基础、竖井、船坞船闸、码头堤坝等。近 30 年来地下连续墙技术在我国有了较快的发展和应用。归纳起来地下连续墙在工程中的应用主要有以下四种类型：

（1）作为地下工程基坑的挡土墙、防渗墙，它是施工用的临时结构；

（2）在开挖期作为基坑施工的挡土防渗结构，以后与主体结构侧墙以某种形式结合，作为主体结构侧墙的一部分；

（3）在开挖期作为挡土和防渗结构，以后单独作为主体结构侧墙使用；

（4）作为建筑物的承重基础、地下防渗墙、隔震墙等。

14.5.2 地下连续墙的类型

地下连续墙按照填筑材料可以分成土质墙、混凝土墙、钢筋混凝土墙以及现浇和预制混凝土组合墙等类型；按照施工方式可以分成现浇式和预制式两种；按成墙方式可分为桩式、壁板式和桩壁组合式三种。

目前在我国应用较多的是现浇的钢筋混凝土壁板式地下连续墙，多用于防渗挡土结构，并常作为主体结构的一部分，这时按其支护结构方式又可分为下列四种。

1. 自立式地下墙挡土结构

在开挖修建墙体的过程中，不需设置锚杆或支撑系统。但其应用范围受到基坑开挖深度的限制，最大的自立高度与墙体厚度、土质条件以及地下水位有关。例如，对于软土地层采用600mm厚的地下连续墙，其自立高度的界限控制在4～5m为宜。这种挡土结构一般在基坑开挖深度较小的情况下使用。在开挖深度较大又难以采用支撑或锚杆支护的工程，可以考虑采用T形或I形墙体断面以提高墙体自立高度。

2. 锚定式地下墙挡土结构

一般锚定方式采用斜拉锚杆，如图14-22所示，锚杆的层数和位置取决于墙体的支点、墙后滑动棱体的条件及地质情况。在软弱土层或地下水位较高时，也可在地下墙顶附近设置拉杆和锚定块体。

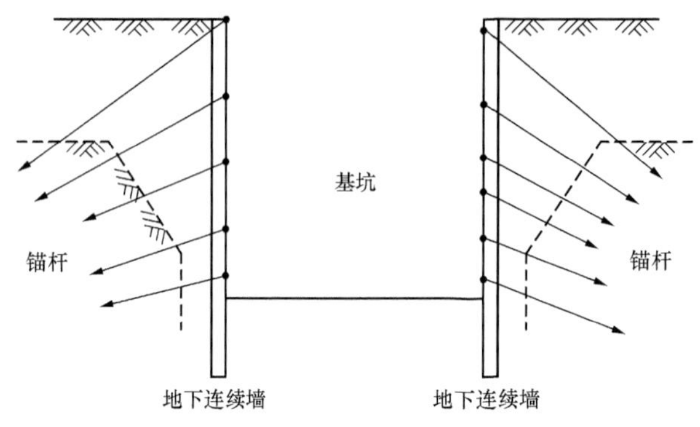

图14-22 斜拉式锚杆地下连续墙示意图

3. 支撑式地下墙挡土结构

这种类型在工程上得到广泛应用。与钢板桩挡土的支撑类似，常采用型钢、实腹梁、钢管等构件作支撑；有时也采用主体结构的钢筋混凝土梁兼作施工支撑结构。当基坑开挖较深时，需要采用多层支撑方式。

4. 逆筑法地下墙挡土结构

逆筑法地下墙挡土结构常用于较深的多层地下室施工。逆筑法是利用地下主体结构梁板体系作为挡土结构的支撑结构，逐层进行开挖，逐层进行梁、板、柱体系的施工，形成地下墙挡土结构的一种方法。与此同时，以柱式承重基础承受上部结构重量，在基坑开挖过程中，可以同时进行上部结构的施工。

结合具体工程情况，上述各种类型支护结构可灵活地加以组合应用。

14.5.3 地下连续墙的施工

现浇钢筋混凝土壁板式连续墙的主要施工程序有：修筑导墙→泥浆制备与处理→深槽挖掘→钢筋笼制备与吊装→浇筑混凝土。

1. 修筑导墙

在开挖槽段之前，必须沿着地下墙的墙面线开挖导沟，修筑导墙。导墙是临时结构，主要作用是：开挖地下连续墙槽沟的导向作用，作为施工的基准；在槽沟表面起到挡土的作用，防止槽口发生坍塌；承受施工设备如挖槽机等的荷载；此外能够在其中存储泥浆。

导墙可以现浇也可以预制，常用的钢筋混凝土导墙断面，如图 14 - 23 所示。导墙埋深 1～2m，墙顶宜高出地面 0.1～0.2m，内墙面应垂直并与地下连续墙的轴线平行，内外导墙墙面的间距应为地下连续墙设计厚度加施工余量，一般施工余量为 40～60mm。

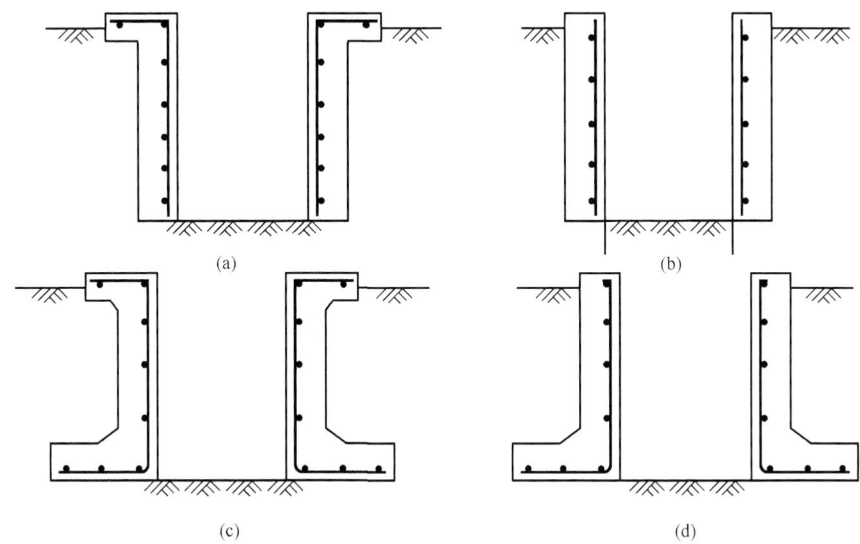

图 14 - 23 导墙的几种断面形式

2. 制备泥浆

地下连续墙施工的基本特点是利用泥浆护壁进行成槽，因此泥浆制备是地下连续墙施工中的重要环节。施工过程中，泥浆的主要作用除了护壁以外，还有携渣、冷却钻具和切土润滑等作用。护壁泥浆的主要成分是膨润土、掺和物和水，它必须具备所要求的性能。泥浆的质量对地下连续墙施工的效率和成败具有重要意义，其性能指标应通过实验确定，不同的地质条件对泥浆的性能要求也不同，在一般软土层中成槽时，可按表 14 - 6 采用。

施工期间槽内泥浆面必须高出地下水位。在施工过程中，泥浆会与地下水、砂、土、混凝土接触，膨润土等掺和成分有所损耗，因为混入土渣等都会使泥浆质量恶化，需要随时根据泥浆质量变化对泥浆加以处理或废弃。处理后的泥浆经检验合格后方可重复使用。

3. 槽段开挖

槽段开挖是地下连续墙施工中的关键工序，工期约占整个工期的一半左右。槽段开挖需使用专门的挖槽机来完成。挖槽机械的选用应根据不同的地质条件、施工环境、地下连续墙的结构尺寸及质量要求等。目前国内外常用的挖槽机械按工作原理可以分成抓斗式、冲击式和回转式三大类。

表 14-6 **新拌制泥浆和循环泥浆的性能**

项　目	指　标		测定方法
	新拌制泥浆	循环泥浆	
黏度	19～21s	19～25s	500mL/700mL 漏斗法
比重	<1.05	<1.20	泥浆比重计
失水量	<10mL/10min	<20mL/30min	失水量计
pH 值	8～9	<11	pH 试纸
泥皮	<1mm		失水量计
静切力	1～2Pa		静切力计
稳定性	100%		500mL 量筒

挖槽时以单元槽段为单位逐个进行挖掘，单元槽段的长度除考虑设计要求和结构特点外，还应考虑地质情况、地面荷载、起重能力、混凝土供应能力及泥浆池容量等因素。施工时发生槽壁坍塌是严重的事故，当挖槽过程中出现如泥浆大量漏失，泥浆内有大量泡沫上冒或出现异常扰动，排土量超过设计断面的土方量，导墙及附近地面出现裂缝、沉陷等槽壁坍塌迹象时，应首先将成槽机械提到地面，然后迅速查清槽壁坍塌原因，采取抢救措施，以控制事态发展。

4. 钢筋笼的制作与吊装

钢筋笼的尺寸应根据单元槽段、接头形式及现场起重能力确定，在横断面上应和设计槽段轮廓之间有一定的余量。考虑钢筋笼在制作后需起吊、拎直，在放入槽内时还可能和槽壁或接头构件发生摩擦，除配置受力钢筋以外，还可设纵向钢筋桁架及主筋平面的斜向拉条，以确保钢筋笼具有足够的刚度。为保证钢筋笼的制作精度和分节接头处搭接钢筋的密合，应尽量在制作台上装配成型，同时应预留插放灌注混凝土的导管位置。

5. 混凝土浇筑和接头的处理

地下连续墙混凝土的浇筑采用导管法。对于长度超过 4m 的槽段宜用双导管同时浇筑，其间距根据混凝土和易性及其浇筑有效半径确定，一般为 2～3.5m，最大为 4.5m。每个槽段混凝土浇筑速度一般为每小时上升 3～4m。

在浇筑混凝土之前应考虑槽段墙体之间以及墙体与内部结构之间的接头处理方式，前者称为墙段接头，后者称为墙面接头。墙面接头和墙段接头有多种方式，可依据工程要求和技术条件选用。

常用的墙段接头方式有以下两种：

（1）接头管接头。接头管接头是目前应用最为普遍的墙段接头形式，具体的施工程序和构造如图 14-24 所示。

（2）接头箱接头。这种接头形式可以使地下连续墙形成整体，接头的刚度较好，而且具有抗剪能力。施工程序与构造如图 14-25 所示。

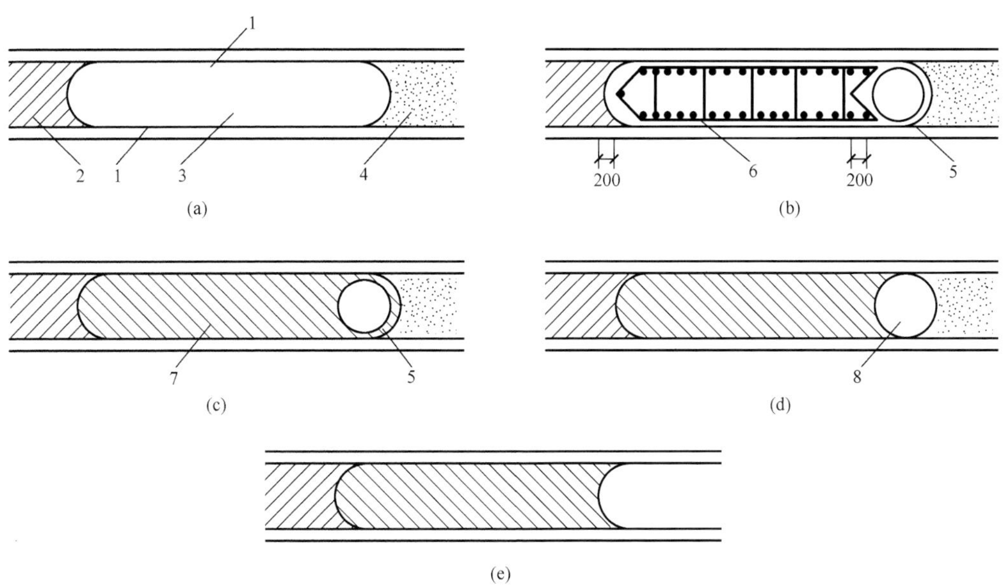

图 14 - 24 接头管接头的施工程序示意图

(a) 开挖槽段；(b) 吊放接头管和钢筋笼；(c) 浇筑混凝土；(d) 拔出接头管；(e) 形成接头

1—导墙；2—已浇筑混凝土的单元槽段；3—开挖的槽段；4—未开挖的槽段；

5—接头管；6—钢筋笼；7—正浇筑混凝土的单元槽段；

8—接头管已拔出后的孔洞

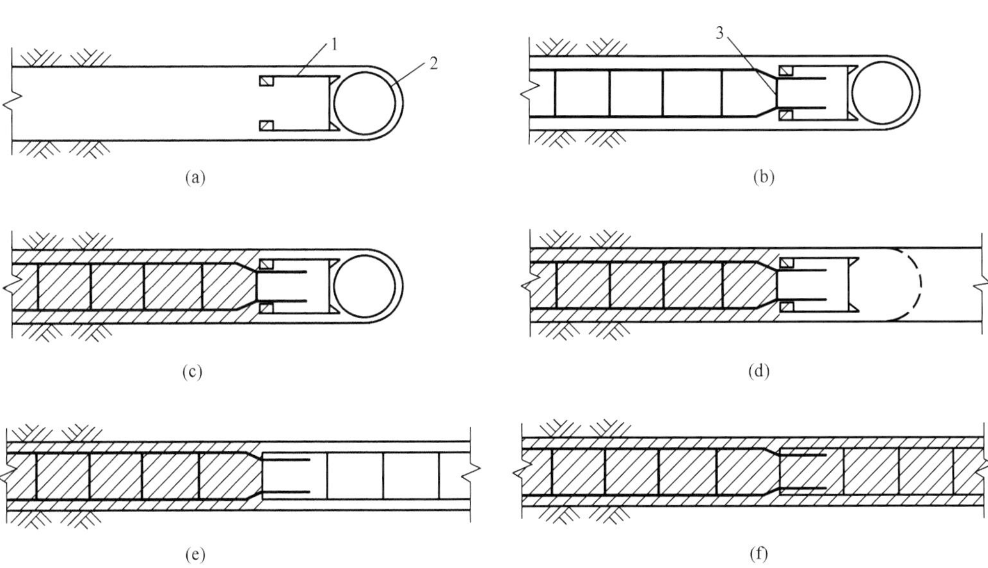

图 14 - 25 接头箱接头的施工程序示意图

(a) 插入接头箱；(b) 吊放钢筋笼；(c) 浇筑混凝土；(d) 吊出接头管，开挖后一段槽段；

(e) 吊放后一段的钢筋笼；(f) 浇筑后一段的混凝土形成整体接头

1—接头箱；2—接头管；3—焊接在钢筋笼上的钢板

思 考 题

14 - 1 沉井基础与桩基础的荷载传递有何区别？

14 - 2 沉井基础的优缺点是什么？

14 - 3 沉箱基础与沉井基础的区别是什么？

14 - 4 钢筋混凝土沉井通常由哪几部分组成？它们的作用是什么？

14 - 5 沉井基础基底应力验算的基本假定是什么？

14 - 6 沉井结构设计的内容和步骤是什么？

14 - 7 试述地下连续墙的分类。

14 - 8 地下连续墙有哪些特点？

习 题

14 - 1 圆形沉井如图 14 - 26 所示，直径 $D=70\text{m}$，底板浇筑后，沉井的自重 $G=670\ 000\text{kN}$，在黏性土中下沉，井壁与土壤之间单位面积的摩擦力为 20kN/m^2，沉井入土深度 $h_0=27\text{m}$，沉井下沉到设计标高后，即进行封底，封底时的地下水静水头 $H=24.5\text{m}$。试计算沉井的抗浮安全系数（考虑井壁摩擦力）。

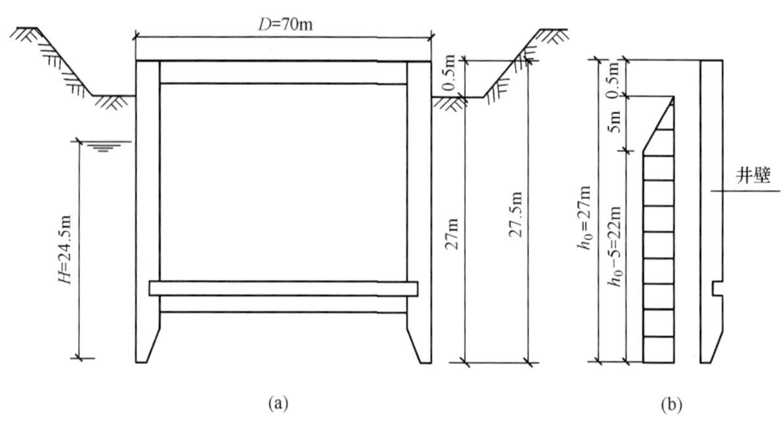

图 14 - 26 习题 14 - 1 图

14 - 2 水下方一直径为 8m 的圆形沉井基础，基底上作用竖直荷载为 35 050kN（已扣除浮力 4020kN），水平力为 865kN，弯矩为 10 810kN · m（均为考虑主要荷载组合情况）。沉井埋深 10m，土质为中等密实的砂砾石，饱和重度为 21.5kN/m^3，内摩擦角 $\varphi=36°$，黏聚力 $c=0$。试对该沉井进行基底压力和横向土抗力的验算。

14 - 3 某桥墩矩形沉井基础如图 14 - 27 所示。已知作用在基底中心的荷载 $N=21\ 000\text{kN}$，$H=150\text{kN}$，$M=2400\text{kN}\cdot\text{m}$。沉井平面尺寸：$\alpha=10\text{m}$，$b=5\text{m}$，沉井入土深度 $h=12\text{m}$。试问：若已知基底熟土层承载力 $f=450\text{kPa}$，试按浅基础及深基础两种方法分别验算其强度是否满足。如果已知沉井侧面黏性土的黏聚力 $c=15\text{kPa}$，$\varphi=20°$，试验算地基的横向抗力是否满足。

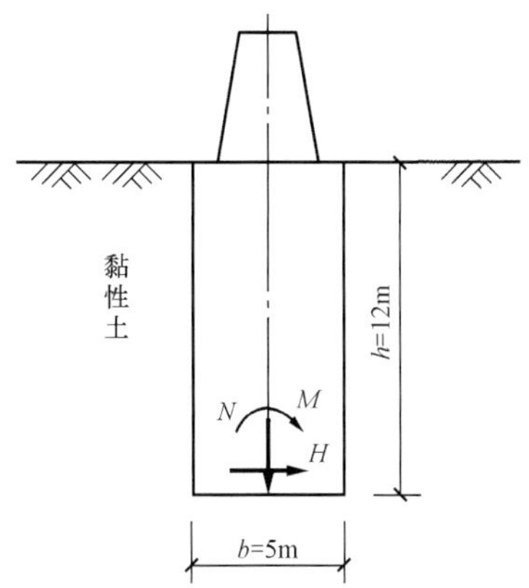

图14-27 习题14-3图

（答案：14-1：$K=\frac{G+T_{\mathrm{f}}}{F}=\frac{670\ 000+107\ 702}{942\ 392.5}=0.83<1.05$，不满足，需采取其他措施。14-2：基底压力分别为772kPa和623kPa，横向抗力分别为28kPa和-41kPa。14-3：按浅基础：$p=420$kPa，$p_{\max}=478$kPa；按深基础：$\sigma_{\max}=427$kPa。横向抗力验算：当$z=h/3$时，$\sigma_{\frac{h}{3}x}=4.56\text{kPa}<[\sigma_{\frac{h}{3}x}]=175$kPa；当$z=h$时，$\sigma_{hx}=-9.11\text{kPa}<[\sigma_{hx}]=399$kPa。均满足设计要求）

注册岩土工程师考试题选

桥梁基础当采用长方形沉井时，为保持其下沉的稳定性，对沉井长边与短边之比有一定的要求，问下列四种长短比值中哪一种比值最好？

A. 3倍　　B. 2.5倍　　C. 2倍　　D. 1.5倍

（答案：D）

第15章 基坑工程

本章提要

本章介绍了基坑工程的概念和特点，支护结构类型与适用条件。重点阐述了排桩支护结构、土钉支护结构设计与计算方法，以及基坑的稳定性分析，主要包括坑底抗隆起稳定性分析和基坑抗渗流稳定性分析；最后介绍了基坑降排水设计方法与基坑施工的现场监测。

§15.1 概述

15.1.1 基坑工程的概念及特点

在建造高层建筑或地下工程时，往往需要进行较深的土方开挖，这个由地面向下开挖的地下空间称为基坑。从地表面开挖基坑，最简单的方法是放坡开挖。这种方法既经济又方便，在空旷的场地条件下优先采用。如果由于场地条件限制，在基槽平面以外没有安全放坡的足够空间，或者为了保障基坑周围的建筑物以及地下管线不受损坏，并确保满足无水条件下施工，需要设置挡土和截水的结构，这种结构称为支护结构。为了保障基坑施工、地下主体结构的安全和周围环境不受损害而采取的支护结构、降水和土方开挖与回填，包括勘察、设计、施工和检测等，称为基坑工程。

基坑工程是一项综合性的岩土工程，既涉及土力学中典型的强度、稳定和变形问题，又涉及土与支护结构共同作用以及工程、水文地质等问题，同时还与计算方法、测试技术、施工设备与技术等密切相关。因此，基坑工程具有如下几个特点：

(1) 一般情况下基坑支护体系都是临时结构，安全储备相对较小，具有较大的风险性。基坑工程施工过程中应进行监测，并应备有应急措施，在施工过程中一旦出现险情，需要及时抢救。

(2) 具有很强的区域性，其主要由场地的工程水文地质条件和岩土的工程性质以及周边环境条件的差异性所决定。如软黏土地基、黄土地基等工程地质和水文地质条件差异性很大。因此，基坑工程的设计和施工，必须因地制宜，切忌生搬硬套。

(3) 基坑工程具有很强的个案性。基坑工程的支护体系设计与施工和土方开挖不仅与工程水文地质条件有关，还与基坑相邻建筑物和地下管线的位置、抵御变形的能力、重要性以及周围场地条件等有关。有时保护相邻建筑物和市政设施的安全是基坑工程设计与施工的关键。这些因素决定了基坑工程具有很强的个案性。

(4) 它是一项综合性很强的系统工程，不仅涉及结构、岩土、工程地质及环境等多门学科，而且与勘察、设计、施工、检测等工作环环相扣，紧密相连。

(5) 具有较强的时空效应，基坑的深度和平面形状对基坑支护体系的稳定性和变形有较大影响。在基坑支护体系设计中要注意基坑工程的空间效应。在软黏土和复杂体型基坑工程中尤为突出。

(6) 具有环境效应，对周边环境会产生较大影响。基坑开挖、降水势必引起周边场地土的应力和地下水位发生改变，使土体产生变形，对相邻建筑物和地下管线等产生影响，严重者将危及它们的安全和正常使用。大量土方运输也将对交通和环境卫生产生影响。

基坑工程包括了支护体系的设置和土方开挖两个方面。土方开挖的施工组织是否合理对支护体系是否成功产生重要影响。不合理的土方开挖方式、步骤和速度都有可能导致主体结构桩基础变位，支护结构变形过大，甚至引起支护体系失稳而导致破坏。同时，基坑开挖必然引起支护土体中的地下水位和应力场的变化，导致周围土体的变形，对相邻建筑物、构筑物和地下管线产生不利影响，严重时可能危及其安全和正常使用。

一般的基坑支护结构大多是临时结构，若投资太大容易造成浪费，但支护结构不安全又势必会造成工程事故。因此，如何安全、合理地选择合适的支护结构并根据基坑工程的特点进行科学地设计是基坑工程要解决的主要内容。以下简单介绍当前基坑工程中常见的支护结构类型及适用条件。

15.1.2　基坑支护结构形式及适用范围

支护结构最早采用木桩，现在常用钢筋混凝土桩、钢板桩、地下连续墙以及采用通过地基处理方法采用水泥土挡墙、土钉墙等。钢筋混凝土桩的设置方法有钻孔灌注桩、人工挖孔桩、沉管灌注桩和预制桩等。基坑工程常用的支护结构形式及其适用条件如下：

1. 放坡开挖及简易支护

放坡开挖是指选择合理的坡度而未采用任何支护结构进行的开挖。适用于地基土质较好，开挖深度不大以及施工现场有足够放坡场所的工程。放坡开挖施工简便、费用低，但挖土及回填土方量大。有时为了增加边坡稳定性和减少土方量，常采用简易支护，如图 15-1 所示。

2. 悬臂式支护结构

从广义的角度上讲，一切没有支撑和锚杆的支护结构均可归属为悬臂式支护结构，如图 15-2 所示，但本书仅指没有内撑和锚拉的板桩墙、排桩墙和地下连续墙支护结构。悬臂式支护结构常采用钢筋混凝土排桩、钢板桩、钢筋混凝土板桩、地下连续墙等形式。悬臂式支护结构依靠其入土深度和抗弯刚度来维持坑壁稳定和结构的安全。悬臂式支护结构对开挖深度十分敏感，容易产生较大的变形，有可能对相邻建筑物产生不良的影响。这种结构适用于土质较好、开挖深度较浅的基坑工程。

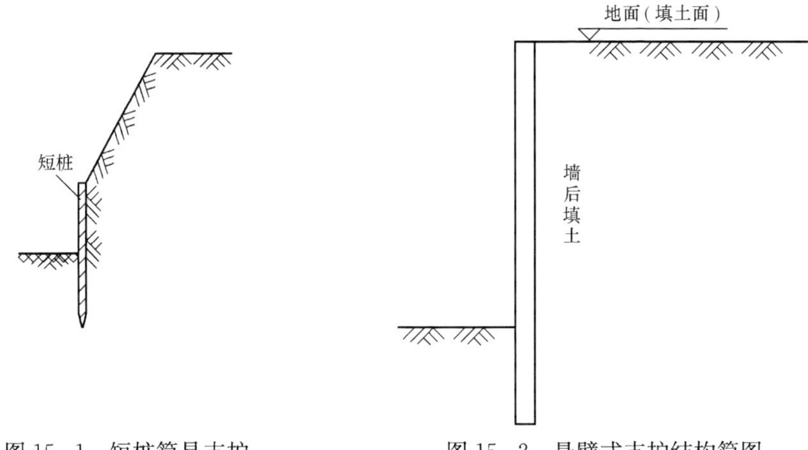

图 15-1　短桩简易支护　　图 15-2　悬臂式支护结构简图

3. 内撑式支护结构

内撑式支护结构由挡土结构和支撑结构两部分组成。挡土结构常采用密排钢筋混凝土桩和地下连续墙。支撑结构有水平支撑和斜支撑两种，根据开挖深度不同，可采用单层或多层水平支撑，如图 15-3 所示。内支撑常采用钢筋混凝土、钢管（或型钢）做成。钢筋混凝土支撑的优点是刚度大、变形小，而钢支撑的优点是材料可回收，且施加预应力较方便。

内撑式支护结构适合各种地基土层，但设置的内支撑会占用一定的施工空间。

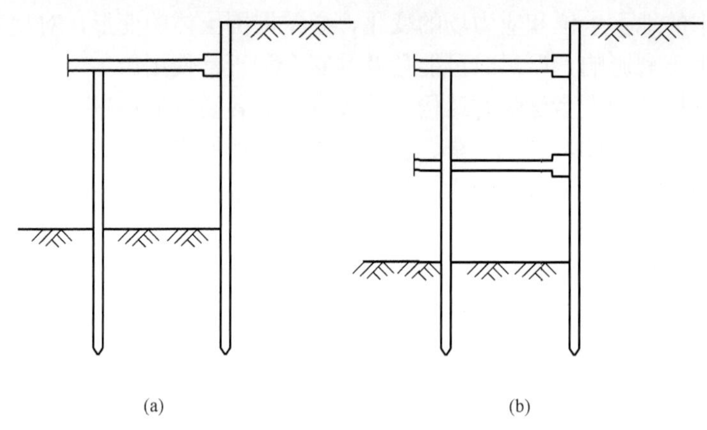

图 15-3　内撑式支护结构简图

(a) 单层水平支撑；(b) 多层水平支撑

4. 重力式支护结构

水泥土重力式支护结构通常由水泥搅拌桩组成，有时也采用高压喷射注浆法形成。水泥土搅拌桩支护结构是利用水泥、石灰等材料作为固化剂，通过深层搅拌机械将固化剂和土强行搅拌，形成连续搭接的水泥土桩加固体挡墙，如图 15-4 所示。当基坑开挖深度较大时，水泥土常采用格构体系，水泥土与其包围的天然土体形成了重力式挡土墙，可以维持土体的稳定。水泥土搅拌桩支护结构不透水，不设支撑，基坑能在敞开的条件下开挖，使用的材料仅为水泥，因此，用具较好的经济效益。不足之处在于：首先是位移相对较大，尤其在基坑长度大时更为明显，为此可采取中间加墩、起拱等措施限制过大的位移；其次是厚度较大，只有在红线位置和周围环境允许时才能采用，而且在水泥土搅拌桩施工时要注意防止影响周围环境。该结构适用于较浅的、基坑周边场地开阔的、对变形控制要求不高的基坑工程。

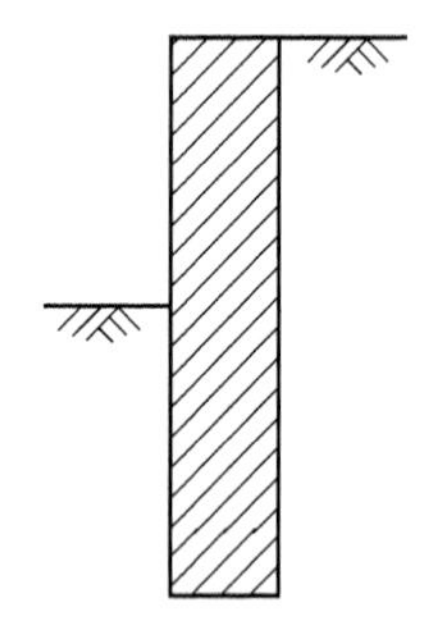

图 15-4　水泥土重力式支护结构简图

5. 拉锚式支护结构

拉锚式支护结构由挡土结构和锚固部分组成。挡土结构除了采用与内撑式支护结构相同的结构形式外，还可采用钢板桩。锚固结构通常有地面拉锚［见图 15-5（a)］和土层锚杆［见图 15-5（b)］两种。地面拉锚需要有足够的场地设置锚桩或其他锚固装置。土层锚杆因需要土层提供较大的锚固力，不宜用于软黏土地层中。

6. 地下连续墙

地下连续墙刚度大，止水效果好，是支护结构中较好的支护形式，适用于地质条件复

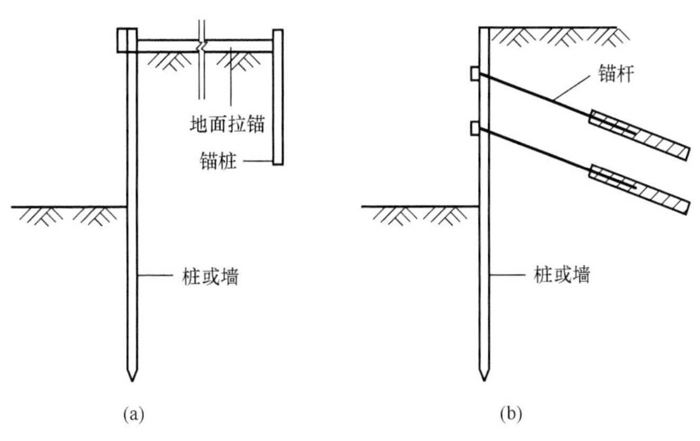

图 15-5　拉锚式支护结构简图
(a) 地面拉锚式；(b) 土层拉锚式

杂，基坑深度较大，周边环境要求较高的基坑，不足之处在于造价较高，施工要求专用设备。详见本书第 14 章内容。

7. 土钉墙支护结构

土钉墙支护结构是由被加固的原位土体、布置较密的土钉和喷射于坡面上的混凝土面层组成（见图 15-6）。通过土钉、土体和喷射混凝土面层的共同工作，形成复合土体。利用复合土体的自稳达到支护目的。土钉一般是通过钻孔、插筋、注浆来设置的，一般称砂浆锚杆，但也可以直接打入角钢、粗钢筋形成土钉。土钉墙支护结构适合地下水位以上的黏性土、砂土和碎石土等地层，不适合于淤泥或淤泥质土层，支护深度一般不超过 18m。

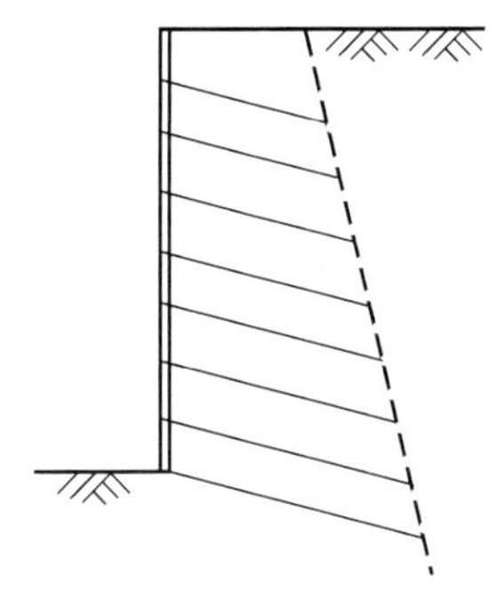

图 15-6　土钉墙支护结构简图

8. 其他支护结构

其他支护结构形式有双排桩支护结构、SMW 支护结构以及各种组合支护结构。

双排桩支护结构通常由钢筋混凝土前排桩和后排桩以及盖系梁或板组成，如图 15-7 所示。其支护深度比单排悬臂式结构要大，且变形相对较小。

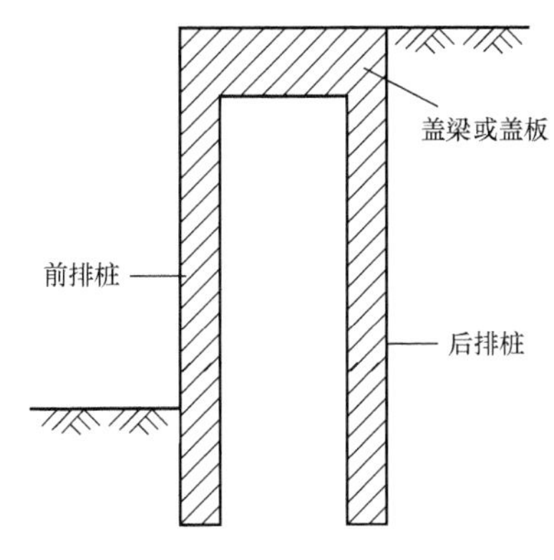

图 15-7　双排桩支护结构

SMW 支护结构，是劲性水泥土连续搅拌桩支护结构的简称。它是在水泥土搅拌桩中插入型钢或其他芯材形成的同时具有承载力和防渗两种功能的支护结构。具有占用场地小，施工速度快，耗用水泥、钢材少，造价低等优点。适合应用水泥土搅拌桩的场合都可使用，特别适合于以黏土和粉细砂为主的松软地层；挡水防渗性能好，不必另设挡水帷幕。

基坑支护形式的合理选择，是基坑支护设计的首要工作，应根据地质条件，周边环境的要求及不同支护形式的特点、造价等综合确定。一般当地质条件较好，周边环境要求较宽松时，可以采用柔性支护，如土钉墙等；当周边环境要求高时，应采用较刚性的支护形式，以控制水平位移，如排桩或地下连续墙等。同样，对于支撑的形式，当周边环境要求较高地质条件较差时，采用锚杆容易造成周边土体的扰动并影响周边环境的安全，应采用内支撑形式较好；当地质条件特别差，基坑深度较深，周边环境要求较高时，可采用地下连续墙加逆作法这种最强的支护形式。基坑支护最重要的是要保证周边环境的安全。

15.1.3 基坑工程支护设计要求和内容

基坑支护作为一个结构体系，需要满足稳定和变形的要求，即通常规范所说的两种极限状态的要求，即承载能力极限状态和正常使用极限状态。所谓承载能力极限状态，对基坑支护来说就是支护结构破坏、倾倒、滑动或周边环境的破坏，出现较大范围的失稳。一般的设计要求是不允许支护结构出现这种极限状态的。而正常使用极限状态则是指支护结构的变形或是由于开挖引起周边土体产生的变形过大，影响正常使用，但未造成结构的失稳。

因此，基坑支护设计相对于承载力极限状态要有足够的安全系数，不致使支护产生失稳，而在保证不出现失稳的条件下，还要控制位移量，不致影响周边建筑物的安全使用。因而，作为设计的计算理论，不但要能计算支护结构的稳定问题，还应计算其变形，并根据周边环境条件，控制变形在一定的范围内。

基坑支护设计的内容有：①基坑内建筑场地勘察和基坑周边环境勘察。基坑内建筑场地勘察可利用建筑物设计提供的勘察报告，必要时进行少量补勘。②支护体系方案技术经济比较和选型。基坑支护工程应根据工程和环境条件提出几种可行的支护方案，通过比较，选出技术经济指标最佳的方案。③支护结构的强度、稳定和变形以及基坑内外土体的稳定性验算。基坑支护结构均应进行极限承载力状态的计算，计算内容包括支护结构和构件的受压、受弯、受剪承载力计算和土体稳定性计算。对于重要基坑工程尚应验算支护结构和周围土体的变形。④基坑降水和止水帷幕设计以及支护墙的抗渗设计。包括基坑开挖与地下水变化引起的基坑内外土体的变形验算（如抗渗稳定性验算、坑底突涌稳定性验算等）及其对基础桩邻近建筑物和周边环境的影响评价。⑤基坑开挖施工方案和施工监测设计。

15.1.4 支护结构上的荷载

作用在支护结构上的荷载有：土压力，水压力，基坑影响区范围内建筑物、结构物，施工荷载，地震荷载，吊车及场地堆载等引起的侧向压力等。其中最主要的荷载是土压力和水压力。其计算方法有水土分算法和水土合算法两种。对于砂性土和粉土，可按水土分算法，即分别计算土压力和水压力，然后叠加；对黏性土可根据现场情况和工程经验，按水土分算或水土合算法进行，水土合算法是采用土的饱和重度计算总的水土压力。

支护结构上的土压力远比刚性挡土墙的土压力复杂，由于支护结构上土压力的大小和分布与支护结构本身的刚度和变形、施工方法、土的性质等因素有关，要精确确定几乎是不可能的。目前，在我国，支护结构上的土压力一般经简化后仍按库伦土压力理论或朗肯土压力理论计算，但若要对作用于墙上真实的土压力大小、分布及影响因素做深入了解，特别是对大型工程或采用新型支护形式，则应考虑进行墙的变形条件的分析计算。

我国工程界常采用三角形分布土压力模式和经验的矩形土压力模式。当墙体位移比较大时，一般采用三角形土压力模式；否则采用矩形土压力模式。

§ 15.2　悬臂式支护结构

一般对于深度小于 5～6m 的基坑支护结构系统，可根据施工单位当地经验解决，但当基坑深度大于 6m 时，就必须对支护结构进行设计计算。

支护结构设计时，一般应具备以下资料：

（1）场地土的工程地质勘查资料，包括各土层的物理力学性质指标；

（2）拟建建筑物的基础工程施工图，包括室内外标高、实际开挖深度；

（3）场地区域内外的道路、交通车辆、地面堆载、地下管线、地下埋藏物等的情况；

（4）临近建筑物及构筑物的结构、基础情况；

（5）支护结构的施工条件、机具设备等。

15.2.1　悬臂式支护结构计算

若基坑深度较深或对开挖引起的变形控制较严，则可采用排桩支护结构，排桩可采用钻孔灌注桩、人工挖孔桩、预制钢筋混凝土板桩和钢板桩等。桩的排列方式通常有柱列式［见图 15-8（a）］、连续式［见图 15-8（b）～（d）］和组合式［见图 15-8（e）～（f）］。排桩支护结构除受力桩外，有时还包括冠梁、腰梁和桩间护壁构造等构件，必要时还可设置一道或多道支撑或锚杆。排桩支护结构适合于开挖深度在 6～10m 的基坑。

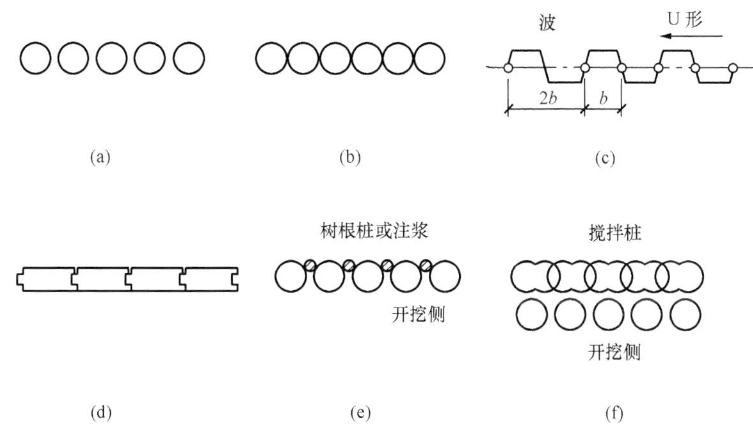

图 15-8　桩的排列方式

悬臂式排桩的设计计算常采用极限平衡法和布鲁姆（Blum，H.）简化计算法。

1. 极限平衡法

对于悬臂式支护结构，常采用三角形分布土压力模式，计算简图如图 15-9 所示。当单位宽度桩两侧所受的净土压力平衡时，桩（墙）处于稳定状态，相应的桩（墙）入土深度即为其保证稳定所需的最小入土深度，可根据静力平衡条件求出。具体计算步骤如下：

（1）计算桩（墙）底端后侧主动土压力 e_{a3} 及前侧被动土压力 e_{p3}，然后求出第一个土压力为零的点 O 距基坑底面的距离 u；

（2）计算 O 点以上土压力合力 $\sum E$，求出 $\sum E$ 作用点至 O 点的距离 y；

（3）计算桩（墙）底端前侧主动土压力 e_{a2} 和后侧被动土压力 e_{p2}；

（4）计算 O 点处桩（墙）前侧主动土压力 e_{a1} 及后侧被动土压力 e_{p1}；

(5) 根据作用在支护结构上的全部水平作用力平衡条件（$\sum X=0$）和绕桩（墙）底端力矩平衡条件（$\sum M=0$）可得

$$\sum E+[(e_{p3}-e_{a3})+(e_{p2}-e_{a2})]\frac{z}{2}-(e_{p3}-e_{a3})\frac{t}{2}=0 \tag{15-1}$$

$$\sum(t+y)E+[(e_{p3}-e_{a3})+(e_{p2}-e_{a2})]\frac{z}{2}\cdot\frac{z}{3}-(e_{p3}-e_{a3})\frac{t}{2}\cdot\frac{t}{3}=0 \tag{15-2}$$

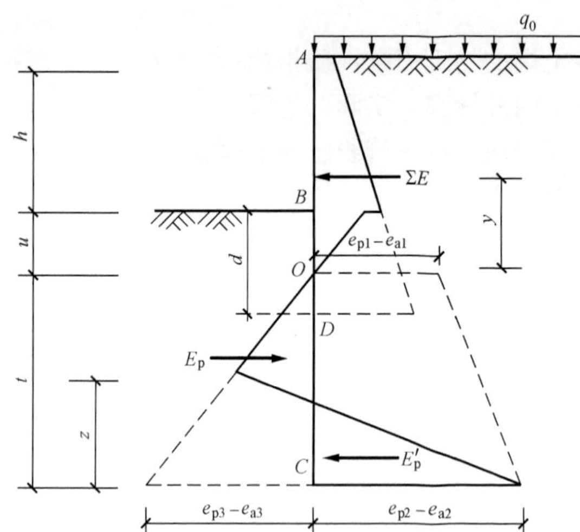

图 15-9 悬臂式桩（墙）极限平衡法计算

上两式中，只有 z 和 t 两个未知数，将 e_{a2}、e_{p2}、e_{a3}、e_{p3} 计算公式代入并消去 z，可得一个关于 t 的方程式，求解该方程，即可求出 O 点以下桩的入土深度，即有效嵌固深度 t。为安全起见，实际嵌入基坑底面以下的入土深度为

$$t_c=u+(1.1\sim1.2)t \tag{15-3}$$

(6) 计算桩（墙）最大弯矩 M_{max}。根据最大弯矩点剪力为零，求出最大弯矩点 D 距基坑底的距离 d，再根据 D 点以上所有力对 D 点取矩，可求得最大弯矩 M_{max}。

2. 布鲁姆简化计算法

布鲁姆法的计算简图如图 15-10 所示。桩底部后侧出现的被动土压力以一个集中力 E_p'代替。由桩底部 C 点的力矩平衡条件$\sum M=0$，有

$$(h+u+t-h_a)\sum E-\frac{t}{3}E_p=0 \tag{15-4}$$

因 $E_p=\frac{1}{2}\gamma(K_p-K_a)t^2$，代入式（15-4）可得

$$t^3-\frac{6\sum E}{\gamma(K_p-K_a)}t-\frac{6(h+u-h_a)\sum E}{\gamma(K_p-K_a)}=0 \tag{15-5}$$

式中 t——桩的有效嵌固深度；m；

E——桩后侧 AO 段作用于桩墙上净土压力、水压力，kN/m；

K_a——主动土压力系数；

K_p——被动土压力系数；

γ——土体重度，kN/m^3；

h——基坑开挖深度，m；

h_a——$\sum E$ 作用点距地面距离，m；

u——土压力零点 O 距基坑底面的距离，m。

由式（15-5），经试算可求出桩（墙）的有效嵌固深度 t。为了保证桩（墙）的稳定，基坑底面以下的最小插入深度 t_c 应为

$$t_c=u+(1.1\sim1.4)t \tag{15-6}$$

最大弯矩应在剪力为零（即$\sum Q=0$）处，于是有

$$\sum E-\frac{1}{2}\gamma(K_p-K_a)x_m^2=0 \tag{15-7}$$

由此可求得最大弯矩点距土压力为零点 O 的距离 x_m 为

$$x_m=\sqrt{\frac{2\sum E}{\gamma(K_p-K_a)}} \tag{15-8}$$

而此处的最大弯矩为

$$M_{max}=(h+u+x_m-h_a)\sum E-\frac{1}{6}\gamma(K_p-K_a)x_m^3 \tag{15-9}$$

15.2.2 单支点支护结构计算

当基坑开挖深度较大时，可以在围护结构周围顶部附近设置一单撑（拉锚）形成单支点支护结构。对于单支点支护结构因在顶端附近设有一拉锚或支撑，可认为在支点处无水平移动而简化成一简支支撑，随着支锚点位置及嵌入深度的变化，单支点支护结构的位移和土压力分布均有所变化。这是因为单支点支护结构在土压力作用下，随着埋入深度的不同，其支护桩（墙）将发生不同的变形，而桩（墙）的变形又反过来影响土压力的分布。因此，单支点支护结构的计算可根据桩（墙）的入土深度不同而采用不同的计算方法。

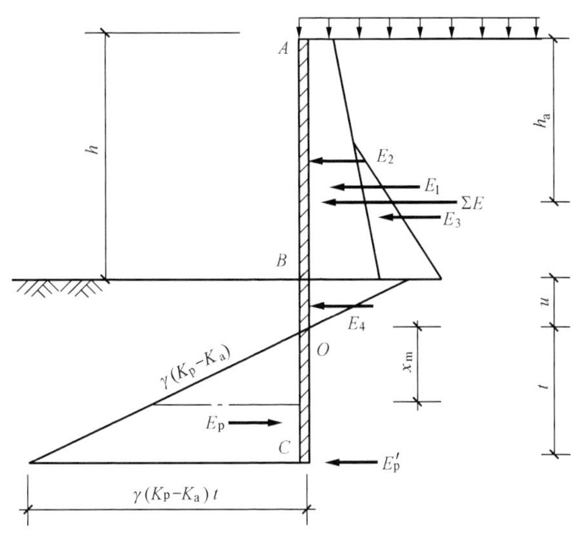

图 15-10 悬臂式桩（墙）布鲁姆法计算

1. 平衡法（自由端法）

平衡法适用于底端自由支承的单支点支护结构，当支护桩（墙）入土深度较浅时，也即非嵌固的情况下，由于桩（墙）后土压力作用而形成极限平衡，桩（墙）体处于极限平衡状态。此时桩（墙）可看作在支点铰支而下端自由的结构（见图 15-11），在此情况下，支护结构底端有可能向基坑内移动，产生“踢脚”。

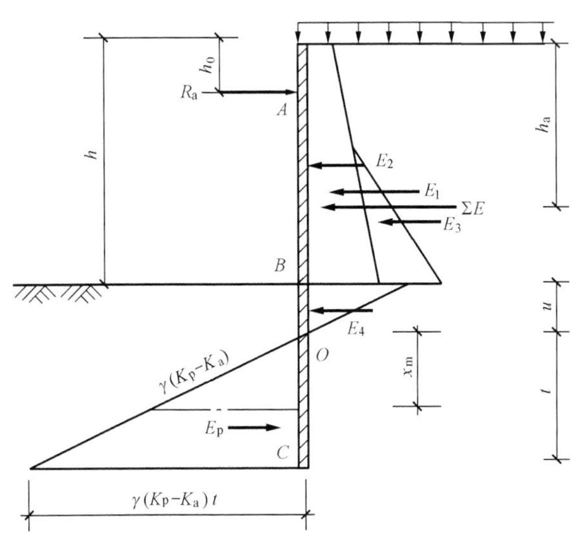

图 15-11 单支点桩（墙）计算简图

取 1 延米支护长度分析，对于排桩则以每根桩的控制宽度作为分析单元。

桩（墙）的有效嵌固深度 t，根据对支点 A 的力矩平衡条件（$\sum M_A=0$）求得

$$\sum E(h_a-h_0)-E_p\left(h-h_0+u+\frac{2}{3}t\right)=0 \tag{15-10}$$

由上式经试算可求出 t。桩墙在基坑底以下的最小插入深度 t_c 仍可按式（15-3）确定。支点 A 处的水平力 R_a 根据水平力平衡条件求出：

$$R_a=\sum E-E_p \tag{15-11}$$

根据最大弯矩截面的剪力等于零，可求得最大弯矩截面距土压力零点的距

离 x_m：

$$x_m = \sqrt{\frac{2(\sum E - R_a)}{\gamma(K_p - K_a)}} \tag{15 - 12}$$

由此可求出最大弯矩：

$$M_{max} = \sum E(h - h_a + u + x_m) - R_a(h - h_0 + u + x_m) - \frac{1}{6}\gamma(K_p - K_a)x_m^3 \tag{15 - 13}$$

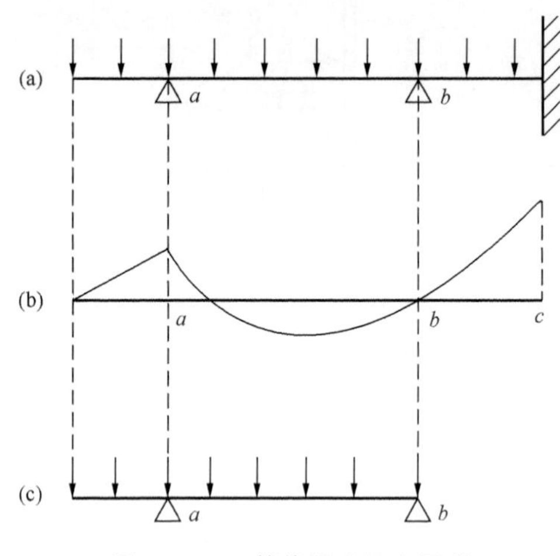

图 15 - 12　等值梁法基本原理

2. 等值梁法

当支护桩（墙）入土深度较深时，桩（墙）的底端向后倾斜，墙后出现被动土压力，支护桩在土中处于弹性嵌固状态，相当于上端简支而下端嵌固的超静定梁。工程上常采用等值梁法来计算。

等值梁法的基本原理如图 15 - 12 所示。一根一端固定另一端简支的梁［见图 15 - 12 (a)］，弯矩的反弯点在 b 点，该点弯矩为零［见图 15 - 12 (b)］。如果在 b 点切开，并规定 b 点为左端梁的简支点，这样在 ab 段内的弯矩保持不变，由此，简支梁 ab 称为图 15 - 12 (a) 中 ac 梁 ab 段的等值梁。

等值梁法应用于单支点桩（墙）计算，计算简图如图 15 - 13 所示，其计算步骤如下：

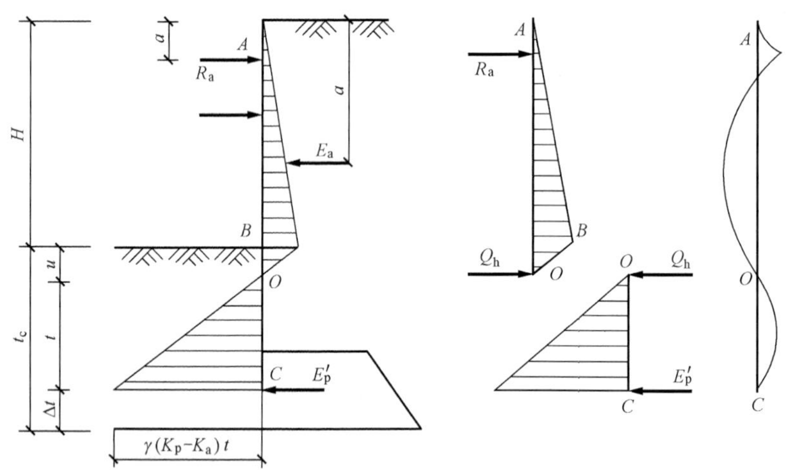

图 15 - 13　等值梁法计算简图

首先，确定正负弯矩反弯点的位置。实测结果表明净土压力为零点的位置与弯矩零点位置很接近，因此可假定反弯点就在净土压力为零点处，即为图 15 - 13 中点的 O 点。它距基坑底面的距离 u 根据作用于墙前后侧土压力为零的条件求出。

由等值梁 AO 根据平衡方程计算支点反力 R_a 和 O 点剪力 Q_h：

$$R_a = \frac{\sum E(h - h_a + u)}{h - h_0 + u} \tag{15 - 14}$$

$$Q_h=\frac{\sum E(h_a-h_0)}{h-h_0+u} \tag{15-15}$$

取桩下段 OC 为隔离体，取 $\sum M_c=0$，可求出有效嵌固深度 t：

$$t=\sqrt{\frac{6Q_h}{\gamma(K_p-K_a)}} \tag{15-16}$$

而桩（墙）在基坑底以下的最小插入深度 t_c 仍按式（15-3）确定。

由等值梁 AO 求算最大弯矩 M_{max}。由于作用于桩（墙）上的力均已求得，M_{max} 可以很方便地求出。

15.2.3 多支点支护结构计算

当基坑深度较大时，为了减少支护桩的弯矩可以设置多层支撑，支撑层数及位置则根据土层分布及性质、基坑深度、支护结构刚度和材料强度以及施工要求等因素确定。

目前对多支点支护结构的计算方法通常采用等值梁法（连续梁法）、支撑荷载 1/2 分担法、弹性支点法以及有限单元法等。以下对其中主要的几种方法予以简单介绍。

1. 等值梁法

多支撑支护结构可当作刚性支承（支座无位移）的连续梁，如图 15-14 所示，应按以下各施工阶段的情况分别计算。

(1) 在设置支撑 A 以前的开挖阶段［见图 15-14 (a)］，可将挡墙作为一端嵌固在土中的悬臂桩。

(2) 在设置支撑 B 以前的开挖阶段［见图 15-14 (b)］，挡墙是两个支点的静定梁，两个支点分别是 A 及净土压力为零的一点。

(3) 在设置支撑 C 以前的开挖阶段［见图 15-14 (c)］，挡墙是具有三个支点的连续梁，三个支点分别为 A、B 及净土压力零点。

(4) 在浇筑底板以前的开挖阶段［见图 15-14 (d)］，挡墙是具有四个支点的三跨连续梁。

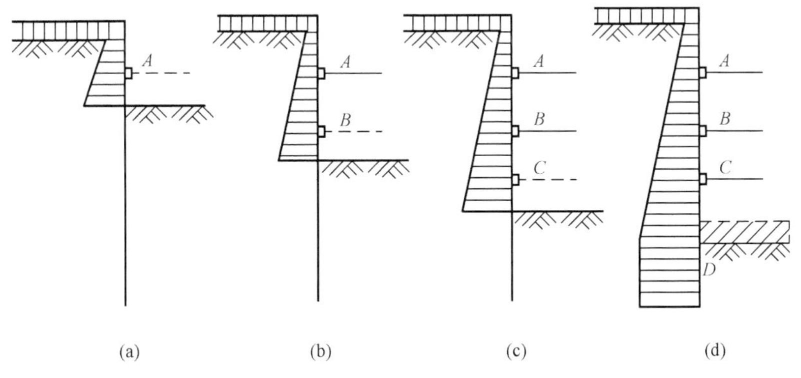

图 15-14 各施工阶段的计算简图

以上各施工阶段，挡墙在土内的下端支点，取土压力零点，即地面以下的主动土压力与被动土压力平衡之点。但是对第 2 阶段以后的情况，也有其他一些假定，常见的有：

1) 最下一层支撑以下，主动土压力弯矩和被动土压力弯矩平衡之点，即为零弯矩点；

2) 开挖工作面以下，其深度相当于开挖高度 20%左右的一点；

3) 上端固定的半无限长弹性支承梁的第一个不动点；

4）对于最终开挖阶段，其连续梁在土内的理论支点取基坑底面以下 0.6t 处（t 为基坑底面以下墙的入土深度）。

2. 支撑荷载 1/2 分担法

支撑荷载 1/2 分担法是等值梁法的一种简化计算方法，它假定中间支撑承受上下各半跨的土压力，各力对最上层支撑点取力矩，得最小入土深度 z_0。对多支点的支护结构，若支护墙后的主动土压力分布采用太沙基和佩克假定的图式，则支撑或拉锚的内力及其支护墙的弯矩，可按以下经验法计算。

（1）每道支撑或拉锚所受的力是相应于相邻两个半跨的土压力荷载值；

（2）假设土压力强度用 q 表示，对于按连续梁计算，最大支座弯矩（三跨以上）为 $M=ql^2/10$ 最大跨中弯矩为 $M=ql^2/20$。

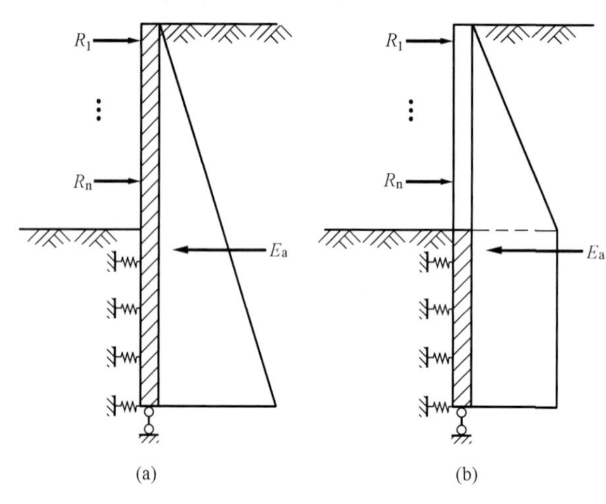

图 15-15　弹性支点法计算简图

（a）三角形土压力模式；（b）矩形土压力模式

3. 弹性支点法

弹性支点法，工程界又称为弹性抗力法、地基反力法。该法将桩作为弹性地基梁，支点假定成弹簧，其计算方法如下：

（1）墙后的荷载既可直接按朗肯主动土压力理论计算，即三角形分布土压力模式，如图 15-15（a）所示，也可按矩形分布的经验土压力模式计算，如图 15-15（b）所示。后者在我国基坑支护结构设计中被广泛采用。

（2）基坑开挖面以下的支护结构受到的土体抗力用弹簧模拟：

$$\sigma_x = k_s y \qquad (15-17)$$

式中　k_s——地基土的水平基床系数，kN/m³；

y——土体的水平变形，m。

（3）支锚点按刚度系数为 k_z 的弹簧进行模拟。以“m”法为例，基坑支护结构的基本挠曲微分方程为

$$EI\frac{d^4y}{dz^4}+m\cdot z\cdot b\cdot y-e_a\cdot b_s=0 \qquad (15-18)$$

式中　EI——支护结构的抗弯刚度，kN·m²；

y——支护结构的水平挠曲变形，m；

z——竖向坐标，m；

b——支护结构宽度，m；

e_a——主动侧土压力强度，kPa；

m——地基土的水平抗力系数 k_s 的比例系数，kN/m⁴；

b_s——主动侧荷载宽度，m；排桩取桩间距，地下连续墙取单位宽度。

求解式（15-18）即可得到支护结构的内力和变形，通常可用杆系有限元法求解。先将支护结构进行离散，支护结构采用梁单元，支撑或锚杆用弹性支撑单元，外荷载为支护结构

后侧的主动土压力和水压力。其中水压力既可单独计算，即采用水土分算模式，又可与土压力一起算，即水土合算模式，但需注意的是水土分算和水土合算时所采用的土体抗剪强度指标不同。

§15.3 土钉墙支护结构

15.3.1 概述

土钉是置于原位土体中以较密间距排列的细长杆件，如钢筋或钢管等，通过外裹水泥砂浆或水泥净浆体，即注浆钉，在坡面上喷射钢筋网混凝土面层形成土钉墙或称为土钉支护。土钉墙支护是用于基坑开挖和边坡稳定的一种挡土技术，由于经济、可靠且施工速度简便，已得到了广泛的应用。在基坑工程中，土钉支护是继桩、墙、撑、锚支护之后又一项较为成熟的支护技术。

土体的抗剪强度较低，抗拉强度几乎可以忽略，但原位土体一般具有一定的结构整体性。土钉支护结构是在土体内放置一定长度和密度的土钉，土钉与土共同作用，形成了能大大提高原状土强度和刚度的复合土体。土钉与土的相互作用，还能改变土坡的变形与破坏形态，显著提高了土坡的整体稳定性。

实验研究表明：①土钉在使用阶段主要承受拉力，土钉的弯剪作用对支护结构承载能力的提高甚小；②土钉的拉力沿其长度呈中间大两头小的形式分布，并且土钉靠近面层的端部拉力与土钉中最大拉力的比值随着往下开挖而降低；③极限平衡分析法能较好地估计土钉支护破坏时的承载能力。

土钉支护适用于地下水位以上或经人工降水后的人工填土，黏性土和弱胶结砂土的基坑支护或边坡加固。一般要求基坑深度不大于12m，当土钉支护与有限放坡、预应力锚杆联合使用时，深度可增加。土钉支护结构不宜用于含水丰富的粉细砂层、砂砾卵石和淤泥质土，不得用于没有自稳能力的淤泥和饱和软弱土层。

土钉支护设计应满足强度、稳定性、变形和耐久性等方面的要求。设计必须自始至终与施工及现场监测相结合，施工中出现的情况以及检测数据，应做到及时反馈，修改设计并指导下一步施工。土钉支护设计内容包括：土钉支护结构参数的确定、土钉拉力设计以及土钉墙内外部稳定性分析等内容。

15.3.2 土钉支护结构参数的确定

土钉支护结构参数包括土钉的长度、孔径、间距、倾角以及支护面层厚度等。

(1) 土钉长度。土钉内力沿支护高度相差较大，一般为中部大，上部和底部较小。因此，中部土钉起的作用大。但顶部土钉对限制支护结构水平位移非常重要，而底部土钉对抵抗基底滑动、倾覆或失稳有重要作用，另外当支护结构临近极限状态时，底部土钉的作用会明显加强。如此将上下土钉取成等长，或顶部土钉稍长，底部土钉稍短是合适的。

土钉长度设计可参照王步云建议的经验公式：

$$L = mH + S_0 \tag{15-19}$$

式中 m——经验值，一般可取0.7～1.2；

S_0——止浆器长度，一般为0.8～1.5m；

H——边坡的垂直高度。

(2) 土钉孔径及间距。土钉孔径 d_h 可根据钻孔机械选定，国外对钻孔注浆型土钉一般取土钉孔径为 76～150mm，国内一般取 70～200mm。

土钉间距的大小直接影响土体的整体作用效果，目前尚不能给出有足够理论依据的定量指标。土钉的水平间距和垂直间距一般宜为 1.2～2.0m。垂直间距依据土层及计算确定，且与开挖深度相对应。上下插筋交错排列，遇到局部软弱土层间距可小于 1.0m。王步云等建议按 6～8d_h 选定水平间距和垂直间距，且应满足式 (15-20) 的要求。

$$S_x S_y \leqslant k_1 d_h L \tag{15-20}$$

式中　S_x、S_y——土钉的水平间距和垂直间距；

k_1——注浆系数，一次压力注浆，取 1.5～2.5。

(3) 土钉筋材尺寸与注浆材料。土钉中采用的筋材有钢筋、角钢、钢管等，其常用尺寸如下：①当采用钢筋时，一般直径为 18～32mm，Ⅱ级以上螺纹钢筋；②当采用角钢时，一般为 L5×50×50 角钢；③当采用钢管时，一般为 ϕ50 钢管。

注浆材料多用水泥砂浆或素水泥浆。水泥采用不低于 425＃的普通硅酸盐水泥，水灰比 1∶0.40～1∶0.50。

(4) 土钉倾角。土钉与水平线的倾角称为土钉倾角，一般在 0°～20°之间，其值取决于注浆钻孔工艺与土体分层特点等多种因素。研究表明，倾角越小，支护的变形越小，但注浆质量较难控制；倾角越大，支护的变形越大，但有利于土钉插入下层较好土层，注浆质量也易于保证。

(5) 支护面层。临时性土钉支护的面层通常用 50～150mm 厚的钢筋网喷射混凝土，混凝土强度等级不低于 C20。钢筋网常用直径 6～8mm Ⅰ级钢筋焊成 150～300mm 方格网片；永久性土钉墙支护面层厚度为 150～250mm，可设两层钢筋网，分两层喷涂施工。

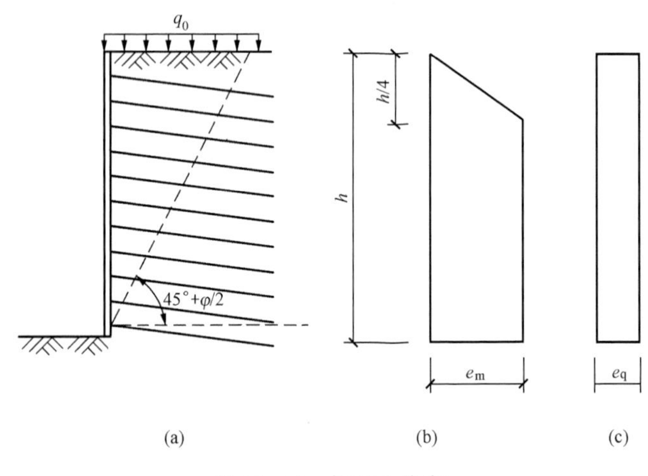

图 15-16　侧压力分布

15.3.3　土钉抗力设计

假定土钉为受拉工作，不考虑其抗弯刚度。土钉设计内力可按图 15-16 所示的侧压力分布图式算出。

1. 土钉所受的侧压力

$$e = e_m + e_q \tag{15-21}$$

式中　e——土钉长度中点所处深度位置上的侧压力，kPa；

e_q——地表均布荷载引起的侧压力，kPa；

e_m——土钉长度中点所处深度位置上土钉土体自重引起的侧压力，kPa。

对砂土和粉土：$$e_m = 0.55K_a\gamma h$$

对一般黏性土：　$0.2\gamma h \leqslant e_m = (1 - 2c/\sqrt{K_a}\gamma h)K_a\gamma h \leqslant 0.55K_a\gamma h$

式中　c——土的抗剪强度指标。

2. 土钉抗拔力计算

在土体自重和地表均布荷载作用下，土钉所受最大拉力或设计内力 N 可由下式求出。

$$N = \frac{1}{\cos\theta} e S_v S_h \tag{15 - 22}$$

式中　θ——土钉倾角，度；

S_v——土钉垂直间距，m；

S_h——土钉水平间距，m。

(1) 土钉中钢筋抗拉强度验算。此时土钉在拉应力作用下不发生屈服破坏，故各层土钉在设计内力作用下应满足下列强度条件：

$$F_{s,d} N \leqslant 1.1\pi d^2 f_{yk}/4 \tag{15 - 23}$$

式中　$F_{s,d}$——土钉的局部稳定性安全系数，取 1.2～1.4，基坑深度较大时取较大值；

N——土钉设计拉力，kN，由式（15 - 22）确定；

d——土钉钢筋直径，m；

f_{yk}——钢筋抗拉强度标准值，kN/m²。

(2) 土钉抗拔出验算。为防止土钉从破裂面内侧稳定土体中拔出，此时各排土钉的长度 l 宜满足要求：

$$l \geqslant l_1 + F_{s,d} N/\pi d_0 \tau \tag{15 - 24}$$

式中　l_1——破裂线内土钉长度（见图 15 - 17），m；

d_0——土钉孔径，m；

τ——土钉与土体之间的界面黏结强度，kPa；由试验确定，无实测资料时，可按表 15 - 1 取用。

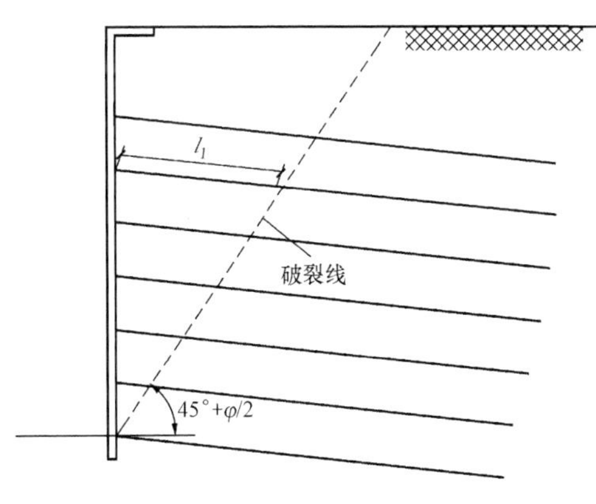

图 15 - 17　土钉长度的确定

表 15 - 1　界面黏结强度标准值

土 层 种 类		τ (kPa)
素 填 土		30～60
黏性土	软 塑	15～30
	可 塑	30～50
	硬 塑	50～70
	坚 硬	70～90
粉 土		50～100
砂 土	松 散	70～90
	稍 密	90～120
	中 密	120～160
	密 实	160～200

注　表中数据作为低压注浆时的极限黏结强度标准值。

15.3.4 土钉墙支护内部稳定分析

土钉支护的内部稳定性分析采用圆弧破裂面条分法。如图 15 - 18，在土条 i 上作用有土体自重 W_i，地表荷载 Q_i，土钉抗拉力 R_k。其中 R_k 取以下较小者：

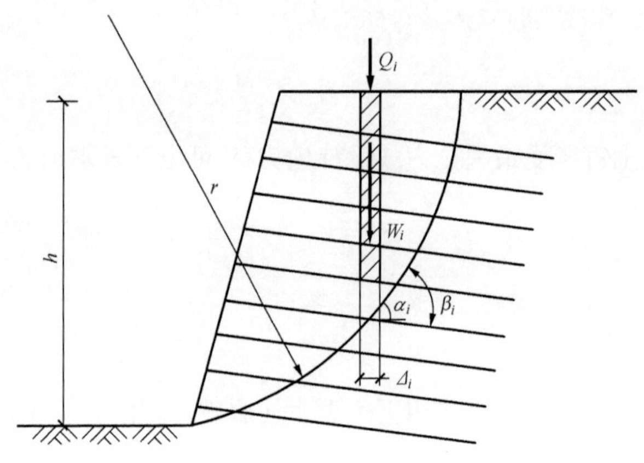

图 15-18 内部稳定性分析计算简图

(1) 按土钉钢筋强度，得

$$R_k = 1.1\pi d^2 f_{yk}/4 \quad (15-25)$$

(2) 按破坏面外土钉体抗拔出能力，知

$$R_k = \pi d_0 l_a \tau \quad (15-26)$$

式中 l_a——破坏面外土钉锚固长度。

(3) 按破坏面内土钉体抗拔出能力，有

$$R_k = \pi d_0 (l - l_a)\tau + R_1 \quad (15-27)$$

式中 R_1——土钉端部与混凝土面层连接处的极限抗拔力。

土钉支护内部稳定性安全系数为

$$F_s = \frac{\sum\left[(W_i + Q_i)\cos\alpha_i \tan\varphi_j + \left(\frac{R_k}{S_{hk}}\right)\sin\beta_k \tan\varphi_j + c_j(\Delta_i/\cos\alpha_i) + \left(\frac{R_k}{S_{hk}}\right)\cos\beta_k\right]}{\sum[(W_i + Q_i)\sin\alpha_i]} \quad (15-28)$$

式中 α_i——土条 i 底面中点切线与水平面之间的夹角，度；

Δ_i——土条 i 的宽度，m；

φ_j——土条 i 底面所处第 j 层土的内摩擦角，度；

c_j——土条 i 底面所处第 j 层土的黏聚力，kPa；

R_k——破坏面上第 k 排土钉的最大抗力，按式 (15-26) ～式 (15-28) 中小者取用；

β_k——第 k 排土钉轴线与该处破坏面切线之间的夹角，度；

S_{hk}——第 k 排土钉的水平间距，m；

F_s——内部稳定安全系数，$H \leqslant 6$m 时，$F_s \geqslant 1.2$；$H = 6 \sim 12$m，$F_s \geqslant 1.3$；$H \geqslant 12$m，$F_s \geqslant 1.4$。

15.3.5 土钉墙外部稳定性分析

土钉与原位土体组成复合土体，形成类似重力式挡墙的土钉墙，其外部整体稳定性分析包括抗滑动稳定、抗倾覆稳定及基坑隆起分析等三方面，计算分析简图如图 15-19 所示。

1. 抗滑动稳定性验算

抗滑动安全系数 K_h 应满足

$$K_h = \frac{F_t}{E_{ax}} \geqslant 1.2 \quad (15-29)$$

式中 E_{ax}——作用于土钉墙后主动土压力水平分量，kN；

F_t——土钉墙底面上产生的抗滑力，由下式给出。

$$F_t = (W + q_0 B)\tan\varphi + cB \quad (15-30)$$

式中 W——墙体自重，kN；

B——土钉墙计算宽度，m，通常可按下式确定。

$$B = (11/12)L\cos\alpha \quad (15-31)$$

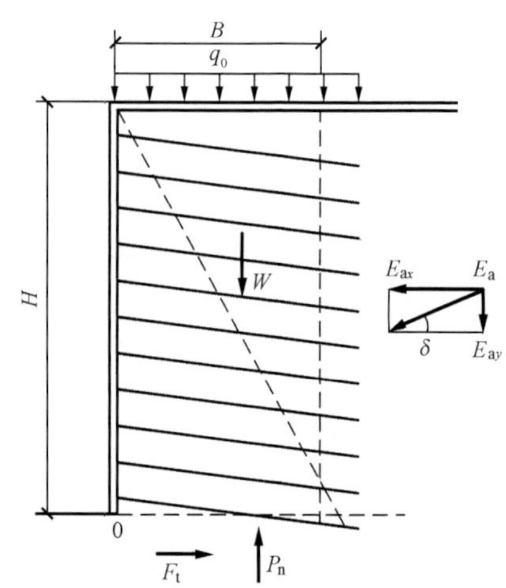

图 15-19 土钉墙外部稳定性分析简图

式中 α——土钉与水平面之间的夹角。

2. 按倾覆稳定性验算

抗倾覆安全系数 K_q 应满足

$$K_q = \frac{M_R}{M_S} = \frac{\frac{1}{2}B(W + q_0 B) + E_{ay}B}{E_{ay}z_{Ea}} \geqslant 1.3 \tag{15-32}$$

式中 E_{ay}——作用于土钉墙后主动土压力垂直分量，kN；

z_{Ea}——土钉墙后主动土压力作用点离墙底的垂直距离，m。

§15.4 基坑稳定性分析

15.4.1 概述

基坑稳定性分析是基坑支护设计重要内容之一，其目的在于验算支护结构的设计是否稳定与合理。分析内容包括支护结构整体稳定性、坑底抗隆起稳定性和基坑抗渗流稳定性等验算。分析方法主要有工程地质对比法和力学分析法，两种方法相互补充和验证。对具体工程问题，应结合实际工程地质条件进行综合分析。

15.4.2 基坑整体稳定性分析

在本书上篇土力学内容中，已介绍了简单条分法、简化毕肖普法等多种边坡稳定分析方法。基坑支护结构的整体稳定性分析，可参照边坡稳定性分析章节内容，此处不再赘述，本节将主要讨论坑底抗隆起稳定性和基坑抗渗流稳定性。

15.4.3 坑底抗隆起稳定性分析

在软弱地基开挖时，若支护结构后的土体自重和地面超载等的作用下，当土柱重量超过基坑地面地基承载力时，地基将会发生破坏，产生坑壁土流动、坑顶下陷，坑底隆起等现象，常用的方法有地基稳定性演算法和地基强度验算法，在此仅以地基稳定验算法为例加以介绍坑底抗隆起稳定性分析。

如图 15-20 所示，假设土体重量为 W（包括地面载荷），在自重和地面载荷的作用下，土体下的软土地基沿圆柱面 BC 发生破坏并产生滑动，此时，失去稳定的地基上的土体将绕圆柱面中心轴 O 转动，其转动力矩为

$$M_0 = W\frac{x}{2} = (q + \gamma h)x\frac{x}{2} = (q + \gamma h)\frac{x^2}{2} \tag{15-33}$$

抵抗滑动的力矩为

$$M_r = x\int_0^{\pi} \tau(xd\theta) \tag{15-34}$$

当土质均匀时，

$$M_r = \pi\tau x^2 \tag{15-35}$$

要保证基坑不发生隆起，必须满足：

$$K = \frac{M_r}{M_0} \geqslant 1.2 \tag{15-36}$$

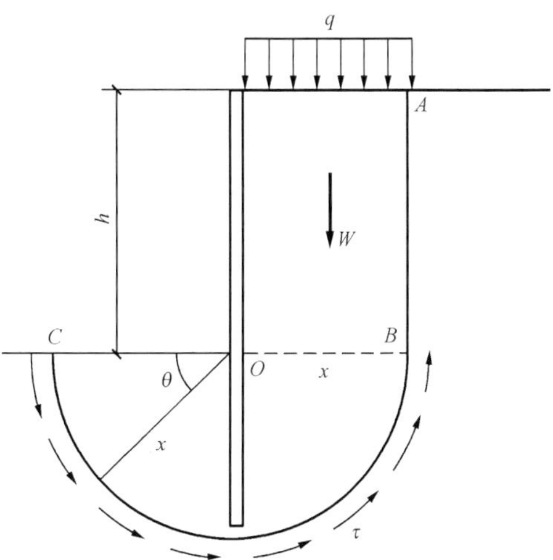

图 15-20 土体滑移计算示意图

上面坑底抗隆起验算中，既没有考虑土体与支护结构之间的摩擦力，也没有考虑 AB 曲面上土的抗剪强度对土体下滑的阻力，所以，计算结果偏于安全。

15.4.4 基坑抗渗流稳定性分析

基坑渗流稳定性验算包括坑底抗流砂稳定性验算和抗承压水稳定性验算。

1. 坑底抗流砂稳定性

如图 15 - 17 所示，在含有饱和粉土和粉细砂层的土层中，由于在基坑内边沟排水，使得基坑内外产生水头差，基坑底的土处于浸没在水中状态，其有效重量为浮重度 γ'，当向上的渗透力达到能够抵消土的浮重度 γ' 时，就会出现流砂现象，抗流砂验算应满足下列条件。

$$\gamma' \geqslant F_s j \tag{15 - 37}$$

由于基坑支护大多是临时结构，为简化计算，可近似地取最短路径，即紧贴桩（墙）位置的路线，以求得最大渗透力 $j=i\gamma_w \approx \dfrac{\Delta h}{\Delta h+2D}\gamma_w$，故条件式为

$$\gamma' \geqslant F_s \frac{\Delta h}{\Delta h+2D}\gamma_w \text{ 或 } D \geqslant \frac{F_s \Delta h \gamma_w - \gamma' \Delta h}{2\gamma'} \tag{15 - 38}$$

如果不计水流经基坑以上 Δh 范围内土层的水头损失，则可简化为

$$D \geqslant \frac{F_s \Delta h \gamma_w}{2\gamma'} \text{ 或 } \frac{2\gamma' D}{\Delta h \gamma_w} \geqslant F_s \tag{15 - 39}$$

式中 D——基坑底支护结构的嵌入深度，m；

γ'——基坑底以下土的有效重度，kN/m^3；

γ_w——水的重度，$10kN/m^3$；

Δh——基坑内外水头差，m；

F_s——验算流砂的安全系数；可取 1.5～2.0。

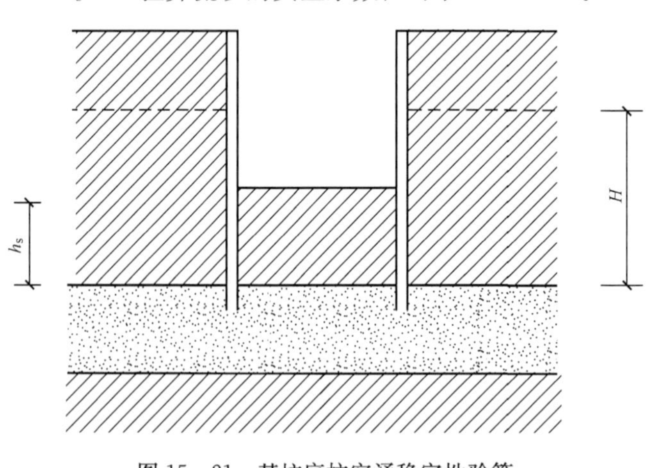

图 15 - 21 基坑底抗突涌稳定性验算

2. 基坑底土突涌稳定性

如果在基底下的不透水层较薄，而且在不透水层下面存在有较大水压的滞水层或承压水层时，当上覆土重不足以抵挡下部的水压时，基坑底土体将会发生突涌破坏。因此，在设计坑底下有承压水的基坑时，应进行突涌稳定性验算。根据压力平衡概念（见图 15 - 21），基坑底土突涌稳定性应满足：

$$K_{TY} = \frac{\gamma h_s}{\gamma H} \geqslant 1.1 \sim 1.3 \tag{15 - 40}$$

式中 h_s——不透水层厚度，m。

H——承压水高于含水层顶板的高度，m。

若基坑底土抗突涌稳定性不满足要求，可采用隔水挡墙隔断滞水层、加固基坑底部地基等处理措施。

§15.5 基坑工程地下水控制

15.5.1 概述

一般来说，在进行基坑开挖时，应保持基坑处于干燥状态，特别是在深基坑施工时，若地下水位较高，则必须采取有效措施对地下水进行控制，从而避免引起流砂、管涌及边坡失稳等现象。基坑工程常采用的地下水控制方法有：在基坑外设置降水井，降低地下水位；或在基坑周围设置止水帷幕，隔离部分浅地下水，在基坑内降水。

如果基坑工程长时间大量持续降水，势必造成基坑周围的地面沉降，因此，应注意基坑降水对环境带来的影响。

15.5.2 基坑止水

基坑止水即隔离地下水，通常采用地下连续墙及喷射注浆（旋喷）、深层搅拌或注浆形成具有一定强度和抗渗性能的截水墙或底板，从而阻止地下水流入基坑的方法，包括竖向隔水和水平封底隔水。

设置竖向止水帷幕，防止地下通过透水层向坑内渗流，当坑内降水时，由于止水帷幕的隔水作用，使坑外的地下水位在短时间内不至于受太大的影响，从而防止因降水引起基坑周围地表的沉降。竖向止水帷幕的设置应穿过透水层进入不透水层或弱透水层，真正起到隔水封闭作用。当坑底下土体中存在承压水时，可在坑底设置水平向的止水帷幕，既可阻止地下水绕墙底向坑内渗流，又可防止承压水向上作用的水压力使基坑底面以下的土层发生突涌破坏。一般的做法是在承压水层中设置减压井以降低承压水头。当承压水头高、水量大时，一般采用水平止水帷幕与减压井配合使用。

常用的止水帷幕方法有深层水泥搅拌法和高压喷射注浆法。

深层搅拌法是目前最常用的一种止水帷幕施工方法。在支护桩（墙）外侧用深层搅拌法形成连续的水泥搅拌桩（墙）的止水帷幕体，可设置成单排或双排。深层搅拌桩（墙）止水帷幕适用于软土地区，有效深度可达 15m 左右；在硬土层中成桩困难，一般不适用。

高压喷射注浆法是用 10～20MPa 的压力水泥浆液切割破碎的搅拌土体，形成高压喷射注浆水泥土止水帷幕，适用于砂类土、粉土及黏性土等土层，对含较多大粒径的块石、砾石的地基，效果较差。

竖向止水帷幕设计时，应注意使其深度进入黏性土层 1～2m，以阻止地下水透过透水层喷射注浆水泥土止水帷幕的宽度，一般采用单排桩，施工时，应注意桩间距的搭接，避免漏水事故。

15.5.3 基坑降水

降低地下水位的常用方法有集水明排和降水井。降水井包括电渗井点、轻型井点、喷射井点、管井、渗井等。

1. 集水明排法

集水明排法是在基坑内设置排水沟和集水井，用抽水设备将基坑中的水从集水井排出，达到疏干基坑内积水的目的。

集水明排法可单独采用，也可以与其他方法结合使用，单独采用时，一般降水深度不宜大于 5m，否则在坑底容易产生软化、泥化，坡角出现流砂、管涌、边坡塌陷、地面沉降等工程问题。与其他方法结合使用时，其主要作用是收集基坑中和坑壁局部渗出的地下水和地面水。

(1) 排水系统的布置。

①排水沟和集水井应设置在基础轮廓线以外。当基础较深且地下水位较高时，可设置多层明沟，分层排出上层土中的地下水。

②排水沟边缘层离开坡脚不少于 0.3m，一般沟底宽度 0.3m，坡度为 1%～5%。

③集水井宜设在基坑四角或每隔 30～40m 设置一个。集水井的直径一般为 0.7～1.0m，深 1.0m，井壁可砌干砖、水泥管或其他临时支护，井底反滤层铺 0.3m 厚的碎石或卵石。

④挖土面、排水沟底、集水井底三者之间均应保持一定的高度差。排水沟底低于挖土面 0.3～0.5m，集水井底低于排水沟底 1.0m。

⑤随着基坑的开挖，排水沟、集水井随之分级设置与加深。

(2) 水泵的选用。基坑排水设备有离心泵、潜水泵、污水泵等，一般多用污水泵。水泵的选型应根据涌水量、基坑深度（排水扬程）而定，所选用的水泵排水量应比基坑总涌水量大约 1.5～2.0 倍。

(3) 明排降水的适用范围。集水明排法设备简单，造价低，适用于细粒土，如黏质粉土、粉土等。当地基土为粉砂、细砂、中砂等土层时，往往会因为抽水而引起流砂现象，造成基坑破坏，一般不采用明排降水。如果降水深度小于 1.0m 时，可采用补充技术措施，如加密集水井距离，增加渗水沟和埋置引水管等。

2. 轻型井点法

轻型井点又称真空井点，是直接用真空泵抽吸地下水，适用于渗透系数在 0.1～20.0m/d 的土层，对于渗透系数在 2～20.0m/d 的土层更为有效。轻型井点系统包括总管、支管、阀门、井点管和抽水设备，如图 15-22 所示。启动抽水设备后，在管路系统中形成真空，并由砂滤层将真空传递到井点周围一定范围的含水层中，在压差作用下含水层中的水通过砂滤层，经过滤水管被吸入井点系统中抽走，并使得井点附近的地下水位降低，经过一定时间后，在一定范围内形成一个降水漏斗曲线。

若要求降水深度较深，如大于 6m，可采用两级或多级井点降水。

井点管为直径 38～110mm 的金属管，长 5～8m，由整根或分节组成。

滤水管的直径同井点管，也为金属管，一般长度在 1.0～1.5m 之间，管壁打有渗水孔。渗水孔直径为 12～18mm，呈梅花状排列，孔隙率不得小于 15%。孔壁设有两层滤网，管壁与滤网间采用金属丝绕成螺旋形隔开，网外部用金属丝箍紧。

集水总管为内径 100～127mm 的金属管，一组的长度为 50～80m，分节组成，每节 4m 长。每一组集水总管与 40～60 个井点管用软管连接。

3. 喷射井点法

喷射井点是将喷射器安置在井管内，利用高压水或高压气为动力进行抽水的井点装置。主要适用于深基坑和水量不大的弱透水地基中。

喷射井点一般有喷水和喷气两种，井点系统由喷射器、高压水泵和管路组成。

喷射器结构形式有外接式和同心式两种（见图 15-23），其工作原理是利用高速喷射液体的动能工作，由离心泵供给高压水流入喷嘴后高速喷出，经混合室造成此处压力降低，形成负压和真空，则井内的水在大气压力作用下，由吸气管压入吸水室，吸入水和高速射流在

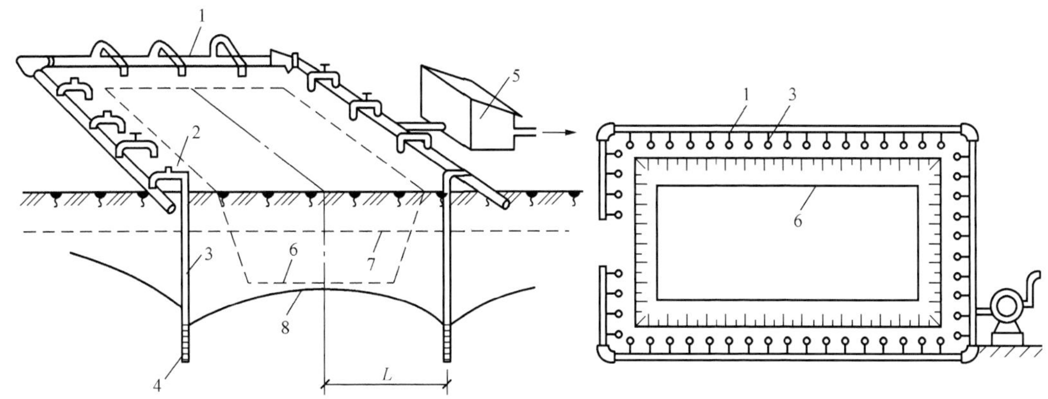

图15-22 轻型井点法降水原理

1—集水总管；2—连接管；3—井点管；4—滤管；
5—水泵房；6—基坑；7—原有地下水位线；8—降水后地下水位线

混合室中相互混合，射流将本身的动能的一部分传给被吸入的水，使吸入水流的动能增加，混合水流入扩散室，由于扩散室截面扩大，流速下降，大部分动能转为压力，将水由扩散室送至高处。

喷射井点法管路系统布置和井点管的埋设与轻型井点基本相同。

4. 管井井点法

管井井点法的井管由两部分组成，即井壁管和滤水管。井壁管可用直径200～300mm的铸铁管、无砂混凝土管、塑料管。滤水管可用钢筋焊接骨架，外包滤网（孔眼为1～2mm），长2～3m；也可用实管打花孔，外缠铅丝做成；或者用无砂混凝土管。

首先根据总涌水量验算单根井管极限涌水量确定井的数量。然后，将已确定的管井数量沿基坑外围均匀设置管井。钻孔可用泥浆护壁套管法，也可用螺旋钻，但孔径应大于管井外径150～250mm。将钻孔底部泥浆掏净，下沉管井，用集水总管将管井连接起来并在孔壁与管井之间填3～15mm砾石作为过滤层。吸水管用直径50～100mm胶皮管或钢管，其底端应在设计降水位的最低水位以下。

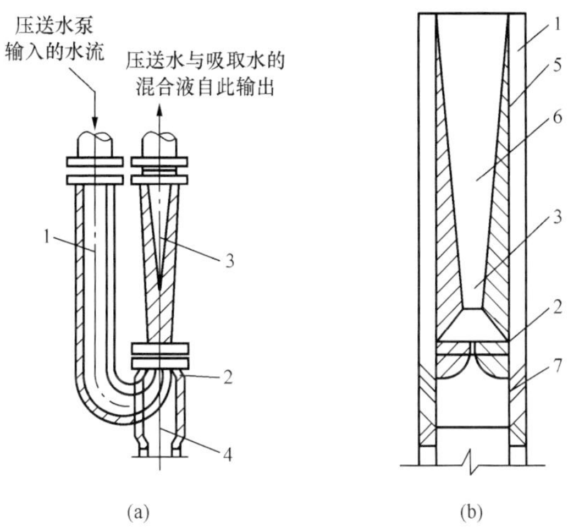

图15-23 喷射井点原理图

(a) 外接式；(b) 同心式（喷嘴直径6.5mm）

1—输水导管（也可为同心式）；2—喷嘴；3—混合室（喉管）；
4—吸入管；5—内管；6—扩散室；7—工作水流

5. 深井泵井点法

深井泵井点由深井泵（或深井潜水泵）和井管滤网组成。

井孔钻孔可用钻孔机或水冲法。孔的直径应大于井管直径200mm，孔深应考虑到抽水期内沉淀物可能的厚度而适当加深。

井管放置应垂直，井管滤网应放置在含水层适当的范围内。井管内径应大于水泵外径

50mm，孔壁与井管之间填大于滤网孔径的填充料。

需要注意的是潜水泵的电缆要可靠，深井泵的电机宜带有阻尼装置，在换泵时应注意清洗滤井。

对基坑周围环境复杂的地区，在选择降水方法时，一般中粗砂以上粒径的土用水下开挖或堵截法；中砂和细砂颗粒的土用井点法和管井法；淤泥或黏土用真空法或电渗法。降水方法必须经过充分调查，并注意含水层埋藏条件及其水位或水压，含水层的透水性（渗透系数）及富水性，地下水的排泄能力，场地周围地下水的利用情况，场地条件（周围建筑物及道路情况、地下水管线埋设情况）等。

当因降水危及基坑及周边环境安全时，宜采用截水或回灌方法等技术措施，以保证基坑的施工安全。

§15.6 基坑施工的检验与现场监测

15.6.1 基坑开挖的检验

在基坑的施工过程中，应对基坑开挖进行检验，检验内容包括核对基坑的平面尺寸、坑底标高等是否符合设计文件；核对基坑的土质和地下水情况与勘察报告是否相符；对基坑开挖时出现的古墓、古井、洞穴、防空掩体和地下埋藏物等，应查明其范围、深度和性状；当基坑底面土质不均匀时，宜进行轻型动力触探。

若现场检验结果与勘察报告有较大出入时，应进行补充勘察，修正勘察成果，并对设计和施工提出建议。

当基坑底面低于地下水位时，可采用排水降水措施，但必须设置排水管道，不允许在地面浸流、回流，也不允许直接排入城市下水管网中。降水过程中，应严格加强降水机具设备的维护和检查，保证不间断地抽水。同时应设置降水观察井，对降水的效果进行观察，并且要严密监测邻近建筑物可能产生的沉降和水平位移。降水停机前，必须对所有完成的地下建筑物进行抗浮托验算。对于无抗浮托措施的箱形基础、筏形基础，应核算其停止降水后的抗浮托安全度，才可拆除降水设备。否则，必须采取有效措施，以策安全。降水完毕后，应根据工程结构特点和土方回填进度，陆续关闭和逐根拔除井点管。拔除后的井孔应立即用砂土回填密实，予以封闭。

采用支护结构的基坑开挖工程，则应符合国家施工及验收有关的标准或设计文件，才可进行基坑开挖，按合理的顺序分层开挖土方。当采用机械开挖基坑时，为了不扰动坑底土的原状结构，应保留 200～300mm 土层，然后由人工挖至设计标高处。基坑开挖完成后，应立即进行基础施工，防止曝晒和雨水浸泡造成地基土的破坏。

深基坑开挖施工中，应在地面和基坑内布置排水系统，以防止雨水对边坡、坑壁冲刷而造成坍方和雨水浸泡造成坑底地基土破坏。

15.6.2 基坑施工的现场监测

在基坑施工过程中，尤其是深基坑开挖，基坑外土体的应力状态改变引起土体变形，即使采取支护措施，一定数量的变形总是难以避免的，因此，基坑施工过程中应对基坑支护结构、基坑周围土体和相邻建筑物进行综合的、系统的监测，从而对工程情况全面了解，及时发现可能出现的问题，确保工程顺利进行。

基坑施工的监测，包括下列内容，可根据实际需要选定。

（1）监测基坑邻近地段的地下水情况，是否有管边渗漏、冒水、冲刷、流砂、管涌等现象；

（2）监测基坑邻近建筑物、道路、管线等设施的沉降、倾斜、裂缝、水平位移等；

（3）监测基坑边坡土体的垂直和水平位移；

（4）监测支护结构的应力和变形，有无松动、裂缝和位移等现象；

（5）监测基坑底部的隆起。

深基坑施工监测，应从开挖前的初始情况开始，直至地下结构施工完成、坑壁回填后终止，还应注意下列事项。

（1）分步开挖时，每步开挖均应有完整的观测数据；

（2）进行降排水疏干作业时，降排水前后均应有完整的观测数据；

（3）经受雨雪、冻融、地震后，应加强观测；

（4）在位移、变形基本稳定期间，可减少观测次数，但急剧变动时，应增加观测次数；

（5）若基坑周边的地面开裂，邻近建筑物出现变形，支护结构出现异常时，应增加观测次数。

思　考　题

15-1　简述基坑支护结构的类型及适用条件。

15-2　基坑支护设计有哪些内容？

15-3　土钉墙支护结构与传统的重力式挡土墙有何异同？

15-4　支护结构的稳定性验算包括哪些内容？

15-5　目前基坑工程设计与施工中尚存在哪些问题？

习　　题

15-1　某悬臂支护结构如图15-24所示，砂土的$\gamma=18\text{kN/m}^3$，$c=0$，$\varphi=30°$，试验算支护结构抗倾覆稳定系数。

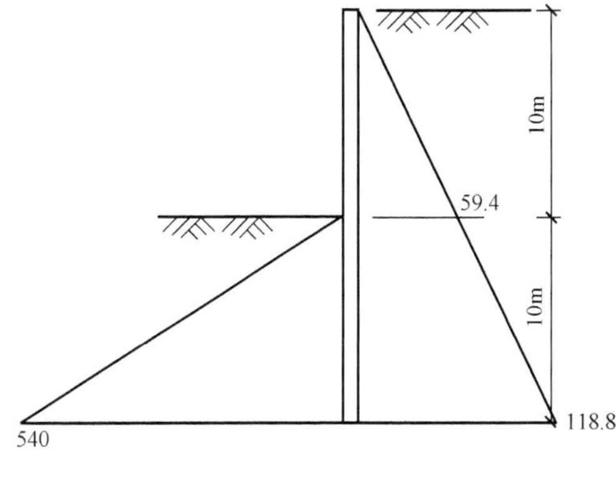

图15-24　习题15-1图

15-2　某基坑采用单层锚杆间隔支护结构，锚杆于地表面以下1.01m，倾角15°，如图15-25所示，已知$E_{a1}=47.25\text{kN/m}$，$E_{a2}=35.8\text{kN/m}$，$E_{a3}=75.4\text{kN/m}$，$E_{a4}=25.55\text{kN/m}$，试计算锚杆拉力、支护结构嵌固深度（$K_P=3.26$，$K_a=0.31$）。

（答案：15-1：1.25；15-2：104.3kN/m，4.08m）

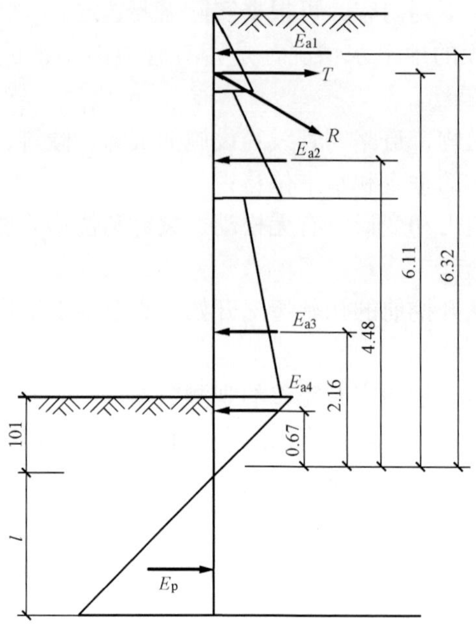

图 15 - 25 习题 15 - 2 图（尺寸单位：mm）

注册岩土工程师考试题选

15 - 1 基坑剖面如图 15 - 26 所示，板桩两侧均为砂土，$\gamma=19\text{kN/m}^3$，$c=0$，$\varphi=30°$，基坑开挖深度为 1.8m，如果抗倾覆安全系数 $K=1.3$，试按抗倾覆计算悬臂式板桩的最小入土深度。

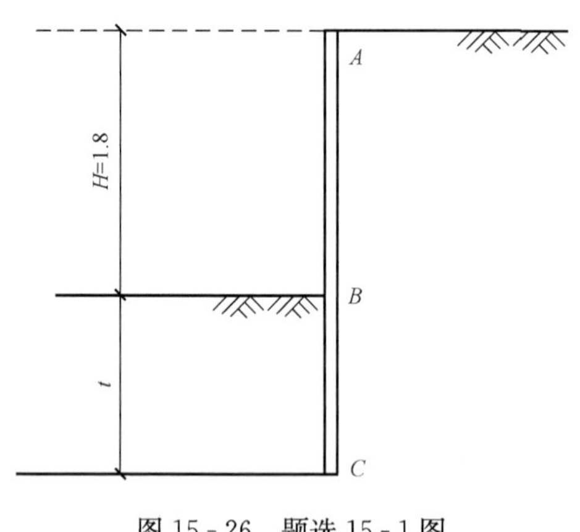

图 15 - 26 题选 15 - 1 图

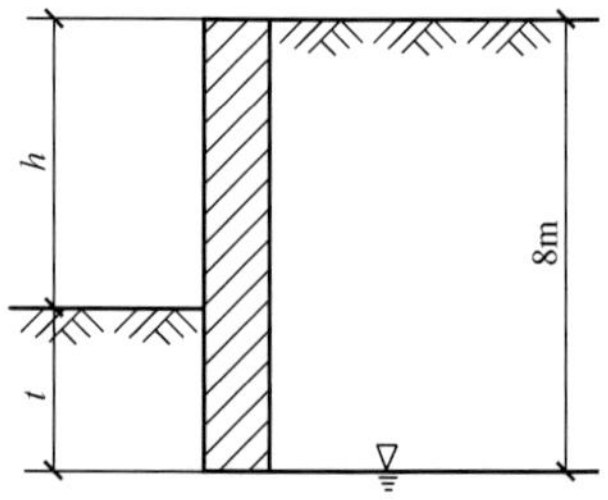

图 15 - 27 题选 15 - 2 图

15 - 2 在饱和软黏土地基中开挖条形基坑，采用 8m 长的板桩支护，地下水位已降至板桩底部，坑边地面无荷载，如图 15 - 27 所示，地基土重度为 $\gamma=19\text{kN/m}^3$，通过十字板现场测试得地基土的抗剪强度为 30kPa，按 GB 50007—2002《建筑地基基础设计规范》规定，为满足基坑抗隆起稳定性要求，试求基坑最大开挖深度。

（答案：15 - 1：2m；15 - 2：3.32m）

第16章 特殊土地基

本章提要

我国地域辽阔，从沿海到内陆，从山区到平原，广泛分布着各种各样的土类。某些土类，由于生成过程中不同的地理环境、气候条件、地质成因、历史过程和次生变化等原因，使他们具有一些特殊的成分、结构和性质。当用作为建筑物的地基时如果不注意这些特殊性就可能引起事故。通常把这些具有特殊工程地质的土类称为特殊土。各种天然形成的特殊土的地理分布存在着一定的规律，表现出一定的区域性，故又有区域性特殊土之称。特殊土地基是指湿陷性土、膨胀土、红黏土、多年冻土等地基，山区地基以及地震地基等，由于不同的原始沉积条件、地理环境、气候条件、物质成分等原因，使它们具有不同于一般地基的特征，分布也存在一定的规律，表现出明显的区域性。

区域性特殊土主要表现为地基的不均匀性和场地的不稳定性两方面，工程地质条件更为复杂，如岩溶、土洞及土岩组合地基等，对构筑物更具有直接和潜在的危险，为保证各类构筑物的安全和正常使用，应根据其工程特点和要求，因地制宜，综合治理。

本章主要介绍湿陷性黄土、膨胀土、软土、红黏土、冻土及盐渍土等几种特殊土地基特性。

§16.1 湿陷性黄土地基

世界各大洲的湿陷性黄土主要分布在中纬度干旱和半干旱地区的大陆内部、温带荒漠和半荒漠地区的外缘，也有分布于第四纪冰川地区的外缘。我国湿陷性黄土分布也很广，面积约38万平方公里，占我国黄土分布总面积的60%左右，主要分布在黄河中游，即河南西部、山西南部，陕西和甘肃的大部分，尤其是宁夏、青海、河北的部分地区，此外，新疆维吾尔自治区、山东、辽宁等省也有局部分布。

16.1.1 湿陷性黄土的湿陷机理与主要物理性质指标

当地气候干燥，土中水分不断蒸发，水中所含的碳酸钙、硫酸钙等盐类就在土粒表面上析出，沉淀下来，形成胶结物；此外，还有由于黄土颗粒间的分子引力和由薄膜水和毛细水所形成的水膜联结。所有这些胶结就使得颗粒之间具有抵抗移动的能力，阻止土的骨架在其上覆土自重压力的作用下可能发生压密，从而形成肉眼可见的大孔结构。此外，植物残留的根孔也能形成大孔。由于这些大孔的存在，也曾称为大孔土和多孔土，并使其处于欠固结状态，黄土被水浸湿后，水分子楔入颗粒之间，破坏联结薄膜，并逐渐溶解盐类，同时水膜变厚，土的抗剪强度显著降低，在土自重力或土的自重应力和附加应力的作用下，土的结构逐步破坏，颗粒向大孔中滑动，骨架挤紧，从而发生湿陷。

影响湿陷性黄土的主要物理性质指标为天然孔隙比和天然含水量。当其他条件相同时，黄土的天然孔隙比越大，则湿陷性越强；否则反之。经验表明：西安地区的黄土，如孔隙比$e<0.8$，则一般不具湿陷或湿陷性很小，兰州地区的黄土，如$e<0.8$，则湿陷性一般不明

显。黄土的湿陷性随其天然含水量的增加而减弱；当含水量相同时，黄土的湿陷量将随浸湿程度的增加而增大。

在给定的天然孔隙比和天然含水量情况下，黄土的湿陷量将随压力的增加而增大，但压力增加到某一个定值以后，沉陷量却又随着压力的增加而减少。

16.1.2　湿陷性黄土地基的岩石工程评价

1. 黄土湿陷性的判定

(1) 黄土的自重湿陷性应按室内压缩试验测定的不同深度的土样在饱和土自重压力下的自重湿陷系数 δ_{zs} 判定。

①当自重湿陷系数 δ_{zs} 值等于或大于 0.015 时，定义为自重湿陷性黄土。

②自重湿陷系数 δ_{zs} 可按下式计算：

$$\delta_{zs}=\frac{h_0-h_z}{h_0} \tag{16-1}$$

式中　h_z——保持天然的湿度和结构的土样，加压至土的饱和自重压力时，下沉稳定后的高度，cm；

h_0——土样的原始高度，cm。

(2) 黄土的湿陷性应按室内压缩试验在一定压力下测定的湿陷系数 δ_s 值判定，并应符合下列规定。

①当湿陷系数 δ_s 值小于 0.015 时，应定为非湿陷性黄土；当湿陷系数值 δ_s 等于或大于 0.015 时，应定为湿陷性黄土。

②湿陷性系数 δ_s 值应按下式计算：

$$\delta_s=\frac{h_0-h_p}{h_0} \tag{16-2}$$

式中　h_p——保持天然的湿度和结构的土样，加压至一定压力时，下沉稳定后的高度，cm；

h_0——土样的原始高度，cm。

③测定湿陷系数的压力应自基础底面算起，10m 以内的土层应用 200kPa，10m 以下至非湿陷性土层顶面，应用其上覆土的饱和自重压力（当大于 300kPa 时，仍应用 300kPa)。

当基底压力大于 300kPa 时，宜按实际压力测定的湿陷系数值判定黄土湿陷性。

2. 场地湿陷类型

(1) 自重湿陷量的计算。自重湿陷量 Δ_{zs} 的计算见式 (16-3)

$$\Delta_{zs}=\beta_0\sum_{i=1}^{n}\delta_{zsi}h_i \tag{16-3}$$

式中　δ_{zsi}——第 i 层土自重压力下的自重湿陷系数；

h_i——第 i 层土的厚度，cm；

β_0——因土质地区而异的修正系数；对陇西地区可取 1.5，对陇东陕北地区可取 1.2，对关中地区可取 0.9，对其他地区可取 0.5。

计算自重湿陷量 Δ_{zs} 的累计，应自天然地面算起，但当挖、填方的厚度和面积较大时应自设计地面算起，至其下全部湿陷性黄土层的底面为止，其中自重湿陷系数 δ_{zs} 小于 0.015 的土层不应累计。

(2) 场地湿陷类型的判定。

①当实测或计算自重湿陷量小于或等于 7cm 时，应定为非自重湿陷性黄土场地。

②当实测或计算自重湿陷量大于 7cm 时，应定为自重湿陷性黄土场地。

3. 地基湿陷等级判定

（1）地基总湿陷量的计算。湿陷性黄土地基受水浸湿，至下沉稳定为止的总湿陷量 Δ_s 应按下式计算：

$$\Delta_{zs} = \sum_{i=1}^{n} \beta \delta_{si} h_i \quad (16-4)$$

式中 δ_{si}——第 i 层土的湿陷系数；

h_i——第 i 层土的厚度，cm；

β——考虑地基土的侧向挤出和浸水几率等因素的修正系数，基底下 5m（或压缩层）深度内可取 1.5，基底下 5～10m 深度内可取 1.0，基底下 10m 深度以下至非自重湿陷性土层顶，在自重湿陷性黄土场地可按本地的 β_0 值取用。

总湿陷量应自基础底面（基底标高不定时，自地面下 1.5m）算起，在非自重湿陷黄土场地，累计至基底下 10m（或压缩层）深度止；在自重湿陷黄土场地，累计至非湿陷性土层顶面止。其中湿陷系数 δ_s（10m 深度以下为 δ_{zs}）小于 0.015 的土层不累计。

（2）湿陷黄土地基等级。湿陷黄土地基等级根据基底下各土层累计的总湿陷量和计算自重湿陷量的大小等因素，按表 16 - 1 确定。

表 16 - 1　湿陷性黄土地基的湿陷等级

湿陷类型		非自重湿陷性场地	自重湿陷性场地	
计算自重湿陷量（cm）		$\Delta_{zs}<7$	$7<\Delta_{zs}<35$	$\Delta_{zs}>35$
总湿陷量 Δ_s（cm）	$\Delta_s<30$	Ⅰ（轻微）	Ⅱ（中等）	—
	$30<\Delta_s<70$	Ⅱ（中等）	* Ⅱ（中等）或Ⅲ（严重）	Ⅲ（严重）
	$\Delta_s>70$	Ⅱ（中等）	Ⅲ（严重）	Ⅳ（很严重）

* 表示当总湿陷量 $\Delta_s>60$，计算自重湿陷量 $\Delta_{zs}>30$cm 时，可判为Ⅲ级，其他可判为Ⅱ级。

4. 湿陷性黄土地基处理和设计措施

当地基的湿陷变形、压缩变形或承载力不能满足设计要求时，应针对不同土质条件建筑类别采取处理措施。

（1）地基处理。地基处理的目的在于破坏湿陷性黄土的大孔结构，以便全部或部分消除地基湿陷性。处理方法一般可分为两大类：

一是全部消除地基湿陷性，如挤密土桩、石灰桩、化学灌浆、预浸水等方法；

二是部分消除地基湿陷性，加重锤夯实法、强夯法（该法也可用于全部消除湿陷性）和灰土垫层。桩基础在黄土中的应用近年来日益增多。采用桩基础应穿透湿陷性黄土层，对非自重湿陷性黄土场地，桩端应支撑在压缩性较低的非湿陷性土层中；对自重湿陷性黄土场地，桩端应支撑在可靠的受力层中。

（2）防水措施。防水措施是防止或减少建筑物和管道地基受水浸湿而引起湿陷以保证建筑物和管道安全使用的重要措施。其主要内容有：做好总体的平面和竖向设计；保证整个场地排水畅通；做好防洪设施；保证水池类构筑物或管道与建筑物的间距符合防护距离的规定；保证管网和水池类构筑物的工程质量，防止漏水；做好屋面雨水的排除和室内地面防水措施。对于单体建筑物，其防水措施主要包括检漏管沟、防水地坪、散水和室外场地平整等。

（3）结构措施。结构措施是使建筑物能适应或减少因地基局部浸水所引起的差异沉降而不至于遭受严重破坏，并能继续保持整体稳定性和正常使用。

主要的结构措施包括：①选择适应不均匀沉降的结构类型和适宜的基础类型，建筑体型力求简单。②加强建筑物的整体刚度。对砖石承重的多层房屋控制长高比，设置沉降缝减少沉降差增设横墙、增设钢筋混凝土圈梁、增大基础刚度等。③局部加强构件和砌体强度。④构件应有足够的支撑面积。⑤预留适应沉降的净空。

在上述工程措施中，地基处理是三种工程措施中的主要措施，防水和结构措施要根据地基划分程度的不同而选用。如果地基已经彻底处理了，湿陷性全部消除，其他措施就可不必考虑。若地基处理仅消除了部分湿陷量，则为了保证建筑物的安全和正常使用，还应采取必要的防水和结构措施。

§16.2 膨胀土地基

膨胀土地基是指黏粒成分主要由强亲水性矿物组成，同时具有显著的吸水膨胀和失水收缩两种变形特征的黏性土。其黏粒成分主要是以蒙托石或以伊利石为主，并在北美、北非、南亚、澳洲、中国黄河流域及其以南地区均有不同程度的分布。

膨胀土一般强度较高，压缩性低，容易被误认为是良好的天然地基。实际上，由于它具有较强烈的膨胀和收缩变形性质，往往威胁建筑物和构筑物的安全，尤其对低层轻型房屋、路基、边坡的破坏作用更甚。膨胀土地基上的建筑物如果开裂，则不易修复。

我国自1973年开始，对这种特殊土进行了大量的试验研究，形成了较系统的理论，较丰富的工程经验，与1987年颁布了GBJ 112—1987《膨胀土地区建筑技术规范》，使勘察、设计、施工等方面的工作有章可循，对保证建筑物的安全和正常使用有重要作用。

16.2.1 膨胀土的一般特征

1. 分布特征

膨胀土多分布于二级或二级以上的河谷阶地、山前和盆地边缘及丘陵地带，一般地形坡度平缓，无明显的天然陡坎。分布在盆地边缘与丘陵地带的膨胀土地区有云南蒙自、鸡街，广西宁明，河北邯郸，河南平顶山，湖北襄樊等地，而且所含矿物成分以蒙托石为主，胀缩性较大；分布在河流阶地或平原地带的膨胀土地区有安徽合肥、山东临沂、四川成都、江苏、广东等地，且多含有伊利石矿物。在丘陵、盆地边缘地带，膨胀土常分布于地表，而在平原地带的膨胀土常被第四纪冲积层所覆盖。

2. 物理性质特征

膨胀土的黏性含量很高。粒径小于0.002mm的胶体颗粒含量往往超过20%，塑性指数大于17，且多在22～35；天然含水量与塑限接近，液性指数常小于零，呈坚硬或硬塑状态；膨胀土的颜色有灰白、黄、黄褐、红褐等几种，并在土中常含有钙质或铁锰质结核。

3. 裂隙特征

膨胀土的裂隙发育，有竖向、斜交和水平裂隙三种。常呈现光滑和带有擦痕的裂隙面，显示出土块间相对运动的痕迹，裂隙中多被灰绿、灰白色黏土所填充，裂隙宽度为上宽下窄，且旱季开裂，雨季闭合，呈季节性变化。

在膨胀土地基上建筑物常见的裂缝如图16-1所示，一般有三种情况。①山墙上对称或不对称的倒八字形缝，这是因为山墙两侧下沉量较中部大的缘故；②外纵墙外倾并出现水平缝；③胀缩交替变形引起的交叉缝等。

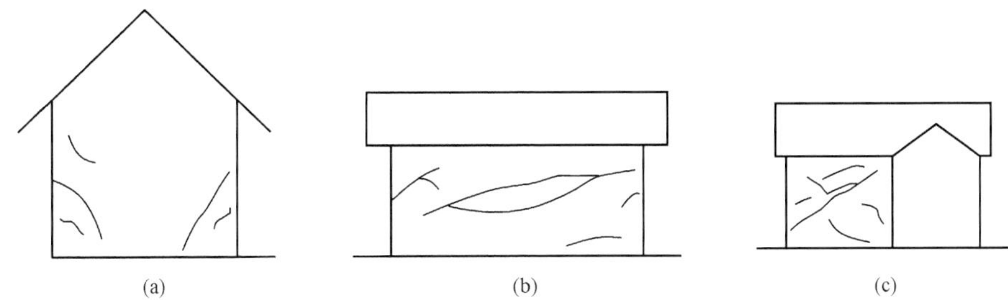

图16-1 膨胀土地基上低矮房屋墙的裂缝

(a) 山墙对称斜裂缝；(b) 外纵墙水平裂缝；(c) 墙面交叉裂缝

16.2.2 膨胀土地基的勘察与评价

1. 地基勘察要求

膨胀土地基勘察，除应满足一般工程勘察要求外，还需着重查明下列内容。

(1) 查明膨胀土的地质时代、成因和胀缩性能，对于重要的和有特殊要求的建筑场地，必要时应进行现场浸水载荷试验，进一步确定地基土的性能及其承载力。

(2) 查明场地内有无浅层滑坡、地裂、冲沟和隐状岩溶等不良地质现象。

(3) 调查地表水排泄、积聚情况，植被影响，地下水类型和埋藏条件，多年水位和变化幅度。

(4) 调查当地多年的气象资料，包括降水量和蒸发量、雨季和干旱持续时间、气温和地温等情况，并了解其变化特点。

(5) 注意了解当地建设经验，分析建筑物（群）损坏的原因，考察成功的工程措施。

2. 膨胀土的工程特性指标——自由膨胀率

将人工制备的烘干样浸泡于水中，经充分吸水膨胀稳定后所增加的体积与原体积之比，称为自由膨胀率，按下式计算。

$$\delta_{ef}=\frac{V_w-V_0}{V_0} \tag{16-5}$$

式中 δ_{ef}——自由膨胀率；

V_w——土样在水中膨胀稳定后的体积；

V_0——土样的原有体积。

3. 膨胀土地基的评价

(1) 膨胀土的判别。当具有如前所述膨胀土的一般特征且自由膨胀率 $\delta_{ef}\geqslant 40\%$ 的土，应判定为膨胀土。

(2) 膨胀潜势。由于自由膨胀率能综合反映亲水性矿物成分、颗粒组成、膨胀特征及其危害程度，因此可用自由膨胀率评价膨胀土膨胀性能的强弱，见表16-2。

4. 膨胀土地基的胀缩等级

根据建筑物地基的胀缩变形对低层砖混房屋的影响程度，对膨胀土地基评价时，其胀缩

等级按分级变形量 S_c 的大小进行划分，见表 16 - 3。

表 16 - 2 膨胀土的膨胀潜势分类

自由膨胀率（%）	膨胀潜势
弱	$40\leqslant\delta_{ef}<65$
中	$65\leqslant\delta_{ef}<90$
强	$\delta_{ef}\geqslant90$

表 16 - 3 膨胀土地基的胀缩等级

级 别	地基分级变形量 S_c（mm）
Ⅰ	$15\leqslant S_c<35$
Ⅱ	$35\leqslant S_c<70$
Ⅲ	$S_c\geqslant70$

16.2.3 膨胀土地基的工程措施

1. 建筑设计措施

（1）场址选择。应选择地面排水畅通或易于排水处理，地形条件比较简单，土质均匀的地段。尽量避开地裂、溶沟发育、地下水位变化大以及存在浅层滑坡可能的地段。

（2）总平面布置。竖向设计宜保持自然地形，避免大开大挖，造成含水量变化大的情况出现。做好排水、防水工作，对排水沟、截水沟应确保沟壁的稳定，并对沟进行必要的防水处理。根据气候条件、膨胀土等级和当地经验，合理进行绿化设计，宜种植吸水量和蒸发量小的树木、花草。

（3）单体建筑设计。建筑物体型应力求简单，并控制其长高比，必要时可采用沉降缝分隔措施隔开。屋面排水宜采用外排水，雨水管不应布置在沉降缝处，在雨水量较大的地区，应采用雨水明沟或管道进行排水。做好室外散水和室内地面的设计，根据胀缩等级和对室内地面的使用要求，必要时可增设石灰焦砟隔热层、碎石缓冲层，对Ⅲ级膨胀土地基和使用要求特别严格的地面，可采取混凝土配筋地面或架空地面。此外，对现浇混凝土散水或室内地面，分格缝不宜超过 3m，散水或地面与墙体之间设变形缝，并以柔性防水材料嵌缝。

2. 结构设计措施

（1）上部结构。应选用整体性好，对地基不均匀胀缩变形适应性较强的结构，宜采用砖拱结构、无砂大孔混凝土砌块或无筋中型砌块等对变形敏感的结构。对砖混结构房屋，可适当设置圈梁和构造柱，并注意加强较宽的门窗洞口部位和底层窗台砌体的刚度，提高其抗变形能力。对外廊式房屋宜采用悬挑外廊的结构形式。

（2）基础设计。同一工程的建筑物应采用同类型的基础形式。对排架结构可采用独立柱基础，将围护墙、山墙及内隔墙砌在基础梁上，基础梁下应预留 100～150mm 的空隙并进行防水处理。对桩基础，其桩端应伸入非膨胀土层下一定长度。选择合适的基础埋深，往往是减小或消除地基胀缩变形的有效途径，一般情况下埋深不小于 1m，可根据地基胀缩等级和大气影响强烈深度等因素按变形确定，对坡地场地，还需考虑基础的稳定性。

（3）地基处理。应根据土的胀缩等级、材料供给和施工工艺等情况确定处理方法，一般可采用灰土、砂石等非膨胀土进行换土处理。对平坦场地上Ⅰ、Ⅱ级膨胀土地基，常采用砂、碎石垫层处理方法，垫层厚度不小于 300mm，宽度应大于基底宽度，并宜采用与垫层材料相同的土进行回填，同时做好防水处理。

3. 施工措施

膨胀土地基的施工，应根据设计要求、场地条件和施工季节，认真制订施工方案，采取措施，防止因施工造成地基土含水量发生大的变化，以减小土的胀缩变形。

做好施工总平面设计，设置必要的挡土墙、护坡、防洪沟及排水沟等，确保场区排水畅通，边坡稳定。施工用的蓄水池、洗料场、淋灰池及搅拌站应布置在离建筑物10m以外的地方，防止施工用水流入基坑。

基坑开挖过程中，应注意坑壁稳定，可采取支护、喷浆、锚固等措施，以防坑壁坍塌。基坑开挖接近基底设计标高时，宜在其上部预留150～300mm厚的土层，待下一工序开始前再挖除。当基坑验槽后，应及时做混凝土垫层或用1∶3水泥砂浆喷、抹坑底。基础施工完毕后，应及时分层回填夯实，并做好散水。要求选用非膨胀土、弱膨胀土或掺有石灰等材料的土作为回填土料，其含水量宜控制在塑限含水量的1.1～1.2倍范围内，填土干重度不应小于15.5kN/m^3。

§16.3 软 土 地 基

软土一般是指在静水或缓慢流水环境中，由生物化学作用形成的以饱和黏土为主并含有机质的近代沉积物。当孔隙比$e \geqslant 1.5$时称为淤泥，$1.0 \leqslant e < 1.5$时称为淤泥质土。工程上把淤泥和淤泥质土统称为软土。淤泥类土是近代的在滨海、湖泊、沼泽、河湾、废河道等地区沉积的未经固结的软弱土层，其成分以粉粒、黏粒为主；淤泥的黏粒含量可达30%～70%，黏粒以伊利石为主，有机质含量较高。淤泥类土具有松散的蜂窝状结构，层理发育，具有薄层状构造，含粉砂夹层或泥炭透镜体。

我国沿海地区和内陆平原或山区都广泛地分布着海相、三角洲相、湖相和河相沉积的饱和软土。其厚度由数米至数十米不等。软土厚度较大的地区，由于表层经受长期气候的影响，使含水量减小，在收缩固结作用下，表面形成所谓的“硬壳”。这一处于地下水位以上的非饱和“硬壳”层厚度通常是0～5m，承载力较下层软土高，压缩性也较小。

软土的这种特定的物质成分和结构特点，决定其具有以下的工程特性。

1. 高含水量和大孔隙比

软土的天然含水量总是大于液限，根据统计，软土的天然含水量一般为50%～70%。山区地段软土的含水量变化幅度更大，有时可达70%，甚至高达200%；天然孔隙比在1～2之间，最大可达3～4；软土的饱和度一般大于90%。

2. 渗透性低

软土的透水性很低，且垂直方向和水平方向的渗透系数差别较大，一般垂直方向的渗透系数小，其值在10^{-9}～10^{-4}cm/s，水平方向渗透系数为10^{-5}～10^{-4}cm/s。因此软土的固结时间长，同时，在加载初期，地基中常出现较高的孔隙水压力，影响地基的强度。

3. 压缩性高

软土具有高压缩性，软土的压缩系数a_{1-2}一般在0.5～2.0MPa^{-1}之间，最大可达4.5MPa^{-1}，它随着土的液限和天然含水量的增大而增高。

4. 抗剪强度低

软土的抗剪强度很低，并与加载速度及排水固结条件密切相关。在不排水剪切时，软土的内摩擦角接近于零，抗剪强度主要由内聚力决定，而且内聚力值一般小于20kPa。经排水固结后，软土的抗剪强度便能提高，但由于其透水性差，当应力改变时，孔隙水渗出过程相当缓慢，因此抗剪强度的增长也很缓慢。

工程中选择剪切试验方法时，应根据地基应力状态、加荷速率和排水条件来选择，对排水条件较差、加载速率较快的地基，宜采用不排水剪。当地基在荷载作用下有可能达到一定程度的固结时，可采用固结不排水剪。当有条件计算出地基中的孔隙水压力分布时，则可用有效应力法，以确定有效抗剪强度指标。

5. 触变性

软土是絮凝结构，具有触变性。当其结构未被破坏时，具有一定的结构强度，但一经扰动，土的结构强度便被破坏。软土中含亲水性矿物（如蒙脱石）多时，结构性强，其触变性较显著。黏性土触变性常用灵敏度 s 来表示，软土的灵敏度一般在 3～4，个别情况达 8～9。

6. 蠕变性

软土的蠕变性比较明显，说明在长期恒定应力作用下，软土将产生缓慢的剪切变形，并导致抗剪强度的衰减；在固结沉降完成以后，软土还可能继续产生次固结沉降。

§16.4 红黏土地基

红黏土是指露出地表的石灰岩、白云岩等碳酸盐类岩石，在湿热气候条件下经长期风化、淋滤和红土化作用形成的一种以红色为主的高塑性黏土。它常覆盖于基岩上，呈棕红或褐红、褐黄色。我国红黏土多属于第四纪残积物，也有少数原地红黏土经间隙性水流搬运再次沉积于低洼地区，当搬运沉积后仍能保持红黏土基本特征，且液限大于 45%者称为次生红黏土。

红黏土是一种物理力学性质独特的高塑性黏土，其化学成分以 SiO_2、Fe_2O_3、Al_2O_3 为主，矿物成分以高岭石或伊利石为主。主要分布于我国黄河、秦岭以南、青藏高原以东地区。集中分布在北纬 30°以南的桂、黔、滇、川东、湘西等省区。在北纬 30°与 35°之间也有零星分布，如鲁南、陕南、鄂西等地。

16.4.1 红黏土的工程性质和特征

(1) 主要物理力学性质：含有较多黏粒（I_p＝20：50），孔隙比较大（e＝1.1～1.7）。常处于饱和状态（S_r＞85%），天然含水量（30%～60%）与塑限接近，液性指数小（－0.1～0.4），说明红黏土以含结合水为主。因此，尽管红黏土的含水量高，却常处于坚硬或硬塑状态，具有较高的强度和较低的压缩性。

(2) 红黏土的胀缩性：有些地区的红黏土受水浸湿后体积膨胀，干燥失水后体积收缩。

(3) 红黏土的分布特征：红黏土的厚度与下卧基岩面关系密切，常因岩石表面石芽、溶沟的存在导致红黏土的厚度变化很大。因此，对红黏土地基的不均匀性应给予足够重视。

(4) 含水量变化特征：含水量有沿土层深度增大的规律，上部土层常呈坚硬或硬塑状态，接近基岩面附近常呈可塑状态，而基岩凹部溶槽内红黏土呈现软塑或流塑状态。

(5) 岩溶、土洞较发育，这是由于地表水和地下水运动引起的冲蚀和潜蚀作用造成的结果。在工程勘察中，需认真探测隐藏的岩溶、土洞，以便对场地的稳定性作出评价。

16.4.2 红黏土地基设计要点

(1) 在红黏土地基上建造建筑物应充分考虑红黏土上硬下软的湿度状态竖向分布特征，基础尽量浅埋。对三级建筑物，当满足持力层承载力时即可以认为已满足下卧层承载力的要求。若土层下部有软弱下卧层存在，在设计时，应注意验算地基变形值如沉降量、沉降差等，确定它们是否合乎要求。确定合适的持力层，尽量利用浅层坚硬、硬塑状态的红黏土作为地基的持力层。

(2) 控制地基的不均匀沉降。当土层厚度变化大，或土层中存在软弱下卧层、石芽、土洞时，应采取必要的措施，如换土、填洞、加强基础和上部结构刚度等，使不均匀沉降控制在允许范围内。

(3) 控制红黏土地基的胀缩变形。当红黏土具有明显的胀缩特性时，可参照膨胀土地基采取相应的设计、施工措施，以保证建筑物的正常使用。

(4) 在红黏土分布的斜坡地带，施工中必须注意斜坡和坑壁的崩滑现象。由于红黏土具有胀缩特征，在反复干、湿的条件下会产生裂隙，雨水等沿裂隙渗入，以致坑壁容易崩塌，斜坡也容易出现滑坡，应当予以重视。

§16.5 冻土地基及盐渍土地基

16.5.1 冻土和冻土地基

1. 冻土的类别

冻土分为三类：

(1) 季节性冻土：指地壳表层冬季冻结而在夏季又全部融化的土（岩）。我国华北、东北与西北大部分地区为此类冻土。在基础埋深设计中，应考虑当地冻土深度。

(2) 隔年冻土：指冬季冻结，而翌年夏季并不融化的那部分冻土。

(3) 多年冻土：指持续冻结时间在 2 年或 2 年以上的土（岩）。这种冻土通常很厚，常年不融化，具有特殊的性质。当温度条件改变时，其物理力学性质随之改变，并产生冻胀、溶陷、热融滑塌现象。

2. 多年冻土的分布

年平均气温低于－2℃，冻期长达 7 个月以上的严寒地区有多年冻土分布。主要集中在东北大、小兴安岭北部，青藏高原，以及天山、阿尔泰山等地区，总面积约为 215 万 km^2，约占我国面积的 22%。

3. 冻土的分区与形态

(1) 按平均分布特征分区。①零星冻土区：冻土面积仅占 5%～30%；②岛状冻土区：冻土面积占 40%～60%；③断续冻土区：冻土面积占 70%～80%；④整体冻土区：冻土面积大于 90%，厚度达 30m 以上。

(2) 竖向形态。①衔接的冻土：季节性冻层深度到达多年冻土顶面，如青藏高原的多年冻土属于此类；②不衔接的冻土：季节性冻层深度较浅，达不到多年冻土层顶面。两者之间存在一层未冻结的融土层。东北地区的部分多年冻土属于此类。

4. 多年冻土发展趋势

(1) 发展的冻土，即冻土层每年散热多于吸热，则每年冻土厚度逐渐增大。

(2) 退化的冻土，即冻土层每年吸热多于散热，则多年冻土层逐渐融化变薄，以致消失。如清除地表草皮等覆盖，可加速多年冻土退化。

5. 冻土的物理力学性质

土中水分因温度降低而结冰或由于温度升高而融化，土的工程性质都将受到不利的影响。土冻结时，由于水分结冰膨胀，土的体积随之增大，地基隆起，称为冻胀；融化时，土体积缩小，地基沉降，称为融沉。冻胀和融沉都会给建筑物带来危害。因此，冻胀和融沉是冻土变形特性的两个重要方面。

（1）冻胀性。冻土作为建筑物地基，若长期处于稳定冻结状态时，具有较高的强度和较小的压缩性或不具压缩性。但在冻结过程中，却表现出明显的冻胀性，对地基和建筑物很不利，冻结过程中，土与基础粘在一起，基础可能因土的冻胀而被抬起、开裂和变形，冻胀越明显，对建筑物危害越大。所以，土的冻胀程度是评价冻土地基的主要标准之一。土的冻胀程度一般用冻胀率（也称冻胀量或冻胀系数）来表示，它是冻结后土体膨胀的体积与未冻结土体体积的百分比率，其值越大，则土的冻胀性越强。实践证明，土的冻胀程度除与气温条件有关外，还与土的粒度成分、冻前土的含水量和地下水有关。在同样条件下，粗粒土比细粒土冻胀程度小；冻前土的含水量越小则土的冻胀程度越小；无地下水补给条件的比有地下水补给条件的土的冻胀程度小，一般认为冻结期间地下水位低于冻结深度的距离小于 1.5m（细砂、粉砂）或 2m（黏性土）。

（2）融沉性。与冻胀性相反，冻土在融化后强度大为降低，压缩性急剧增大，土的强度比冻结前更差，因为土在冻结过程中，还伴随着下部未冻结土层中的水分向冻结土层迁移再冻结，因此，实际土中含水量增大了，使融化后土质更差。土的融沉性也主要与土粒粗细及含水量多少有关，一般土粒越粗，含水量越小，融沉性越小；反之即越大。对于季节性冻土，冻胀作用的危害是主要的；对于多年冻土，融沉作用的危害是主要的。在多年冻土地区常见到一些特殊的不良地质现象，如地下冰、热融滑坍、冰锥、冰丘等，在勘察时应充分查明，以便采取相应措施。

16.5.2 建筑物冻害的防治措施

为防止建筑物发生冻害，可采取下列防治措施。

1. 换填法

该法用粗砂、砾石等不冻胀材料填筑在基础地下。换算深度：对不采暖建筑为当地冻深的 80%，采暖建筑为 60%，宽度由基础每边外伸 15～20cm。

2. 物理化学法

（1）人工盐渍化改良土：土中加入 NaCl，$CaCl_2$ 和 KCl 等，以降低冰点的温度，减轻冻害。

（2）用憎水物质改良土：如土中加柴油等化学表面活性剂，以减少地基的含水率。

（3）使土颗粒聚集或分散改良土：如用顺丁烯聚合物，使土粒聚集，降低冻胀。

3. 保温法

该法是在建筑物基础底部或四周设隔热层，增大热阻，推迟土的冻结，提高土温，降低冻深。

4. 排水隔热法

此法在建筑物周围设排水沟，防止雨水渗入地基，同时在基础的两侧与底部填砂石料，并设排水管将渗入之水排除。

5. 结构措施

常用的结构措施有：①采用深基础：埋于当地冻深以下。②采用锚固式基础，包括深桩基础与扩大基础。③回避性措施，包括架空法、埋入法、隔离法。

16.5.3 盐渍土和盐渍土地基

盐渍土是指易溶盐含量大于0.5%，且具有吸湿、松胀等特性的土。由于可溶性盐遇水溶解，可能导致土体产生湿陷、膨胀以及有害的毛细水上升，使建筑物遭受破坏。盐渍土按含盐性质可分为氯盐渍土、亚氯盐渍土、硫酸盐渍土、亚硫酸盐渍土、碱性盐渍土等。按含盐量可分为弱盐渍土、中盐渍土、强盐渍土和超盐渍土。

盐渍土一般分布在地势比较低且地下水位较高的地段，如内陆洼地、盐湖及河流两岸的洼地、低阶地、牛扼湖及三角洲洼地、山间洼地等地段。盐渍土的厚度一般不大，平原及滨海地区通常分布在地表以下2～4m，内陆盆地的盐渍土厚度有的可达几十米，如柴达木盆地中盐湖区，盐渍土厚度达30m以上。盐渍土在我国分布面积较广，新疆、青海、甘肃、内蒙古、宁夏等省（自治区）分布较多，山西、辽宁、吉林、黑龙江、河北、河南、山东、江苏等省也有分布。

盐渍土也是由三相体组成，但与常规不同，其固体部分除土颗粒外，还有较稳定的难溶盐和不稳定的可溶盐。土中的液体常为盐溶液。在温度变化和有足够的水浸入的条件下，盐渍土中的结晶易溶盐将会被溶解变成液体，气体孔隙也被填充。此时，盐渍土的三相体转变成二相体。在盐渍土三相体转变成二相体的过程中，通常伴随土的结构破坏和土体的变形（通常是溶陷的），相反，当自然条件变化时，盐渍土的二相体也会转化为三相体，此时土体也会产生体积变化（通常是膨胀）。因此，盐渍土的相态的变化对工程带来严重的危害。

随着我国广大西北地区的开发和建设，对盐渍土地基工程提出了更高的要求。另一方面，由于盐渍土本身与一般土不同，甚至与冻土、膨胀土和湿陷性黄土相比，还更特殊和复杂。它除了具有溶陷性外，还具有盐胀性和腐蚀性，给工程带来许多危害，造成巨大的经济损失。

思 考 题

16-1 试述膨胀土的特征和影响膨胀土胀缩变形的主要因素。膨胀土对哪些房屋的危害最大?

16-2 膨胀土地基的变形形态有哪些?在设计中如何区别地基的变形形态?怎样计算膨胀土地基的变形形态?

16-3 红黏土地基设计时应考虑哪些措施?

16-4 什么是湿陷性黄土?试述湿陷性黄土的工程特征。

16-5 如何判别黄土地基的湿陷程度?怎样区分自重和非自重湿陷性场地?如何划分湿陷性黄土地基的等级?

16-6 对湿陷性黄土地基而言，在防水和结构方面可采取哪些措施?可用哪些地基处理方法?

注册岩土工程师题选

16-1 以下土中最容易发生冻胀现象的土是（ ）。

A. 碎石土　B. 砂土　C. 粉土　D. 黏土

16 - 2　淤泥质土是指符合哪种指标的土？（　　）

A. $w>w_p$，$e\leqslant 1.5$　　B. $w>w_L$，$1.0\leqslant e<1.5$

C. $w>w_L$，$e\geqslant 1.5$　　D. $w>w_p$，$1.0\leqslant e<1.5$

16 - 3　黄土湿陷最主要的原因是因其存在什么结构？（　　）

A. 絮状结构　　B. 单粒结构　　C. 蜂窝结构　　D. 多孔结构

16 - 4　下列哪一因素不是影响膨胀土胀缩变形的内在因素？（　　）

A. 矿物成分　　B. 微观结构　　C. 黏粒含量　　D. 地形地貌

16 - 5　多年冻土是指在自然界维持冻结状态大于等于下列哪一年限的土？（　　）

A. 5 年　　B. 2 年　　C. 3 年　　D. 4 年

（答案：16 - 1：C；16 - 2：B；16 - 3：D；16 - 4：D；16 - 5：C）

第17章 地 基 处 理

本 章 提 要

地基土，特别是软弱地基土和特殊地基土常面临的问题有强度及稳定性问题、变形问题、渗漏问题以及液化问题，从而影响工程的质量和施工进度。如何妥善解决地基土中可能出现的这些危险隐患，是进行地基处理的最终目的。可供选择的地基处理方法很多，对于具体工程而言，需要综合考虑水文地质条件、上部结构特征、材料来源、施工工期、机械设备状况及经济指标等诸多因素后进行慎重抉择。

地基处理方法按照处理深浅可分为浅层处理和深层处理两种，其基本原理，无非是置换、夯实、挤密、胶结、加筋和热学等内容，值得注意的是，对于单一处理方法而言可能具有多重功效。本章重点为地基处理的定义、目的以及处理方法的分类；各种地基处理方法的加固机理、适用范围、设计计算和施工方法；复合地基理论的理念和设计方法。

§17.1 概 述

17.1.1 地基处理的定义、目的和意义

所谓地基处理是指天然地基很软弱，不能满足地基承载力和变形的设计要求，而需要经过人工处理后再建造基础的过程，也称为地基加固。

我国地域辽阔，从沿海到内地，由山区到平原，分布着多种多样的地基土，其抗剪强度、压缩性以及透水性等，因土的种类不同而有很大差别。各种地基土中，不少为软弱土和不良土，主要包括：软黏土、人工填土（包括素填土、杂填土和冲填土）、饱和粉细砂（包括部分轻亚黏土）、湿陷性黄土、有机质土和泥炭土、膨胀土、多年冻土、岩溶、土洞和山区地基等。而我国新建设的工程越来越多地遇到不良地基，同时地基问题的处理恰当与否，又关系到整个工程质量、投资和进度。因此，地基处理的要求也就越来越迫切和广泛。

软土地基处理的目的是利用换填、夯实、挤密、排水、胶结、加筋和热学等方法对地基土进行加固，用以改良地基土的工程特性，主要包括：①提高地基的抗剪切强度；②降低地基的压缩性；③改善地基的透水特性；④改善动力特性；⑤改善特殊土的不良地基特性。

17.1.2 地基处理方法的分类

软土地基处理的基本方法主要有置换、夯实、挤密、排水、胶结、加筋和冷热处理等方法。常用地基处理方法的原理、作用及适用范围如下。

一、换填垫层法

其基本原理是挖除浅层软弱土或不良土，分层碾压或夯实土，按回填的材料可分为砂（或砂石）垫层、碎石垫层、粉煤灰垫层、干矸垫层、土（灰土、二灰）垫层等。换填垫层法可提高持力层的承载力，减少沉降量，消除或部分消除土的湿陷性和胀缩性，防止土的冻胀作用和改善土的抗液化性。常用机械碾压、平板振动进行施工。

该方法常用于基坑面积宽大和开挖土方量较大的回填土方工程，一般适用于处理浅层软弱土层（淤泥质土、松散素填土、杂填土、浜填土以及已完成自重固结的冲填土等）与低洼区域的填筑。一般处理深度为 2～3m。

二、强夯法

其基本原理是利用强大的夯击能，在地基中产生强烈的冲击波和动应力，迫使深层土液化和动力固结，使土体密实，用以提高地基承载力和减小沉降，消除土的湿陷性、胀缩性和液化性。

该方法施工速度快，施工质量容易保证，经处理后土性较为均匀，造价低，可处理大面积场地。适用于处理碎石土、素填土、杂填土、砂土、低饱和的粉土与黏性土及湿陷性黄土。

三、排水固结法

其基本原理是软土地基在附加荷载的作用下，逐渐排出孔隙水，使孔隙比减小，产生固结变形。在这个过程中，随着土体超静孔隙水压力的逐渐消散，土的有效应力增加，地基抗剪强度相应增加，并使沉降提前完成或提高沉降速率。

排水固结法主要由排水和加压两个系统组成。排水可以利用天然土层本身的透水性，也可设置砂井、袋装砂井和塑料排水板之类的竖向排水体。加压主要是地面堆载法、真空预压法和井点降水法。为加固软弱的黏土，在一定条件下，采用电渗排水井点也是合理而有效的。该方法适用于处理厚度较大的饱和软土和冲填土地基，但对于厚度较大的泥炭层要慎重对待。

四、桩土复合地基法

其原理是以砂、碎石、等材料置换软土，与未加固部分形成复合地基，达到提高地基强度的目的。常见的种类有：

1. 碎石桩法

利用一种单向或双向振动的冲头，边喷高压水流边下沉成孔，然后边填入碎石边振实，形成碎石桩。桩体和原来的黏性土构成复合地基，以提高地基承载力和减小沉降。

该方法适用于处理砂土、粉土、粉质黏土、素填土和杂填土等地基。对于处理不排水抗剪强度不小于 20kPa 的饱和黏性土和饱和黄土地基，应在施工前通过现场试验确定其适用性。

2. 石灰桩法

在软弱地基中用机械成孔，填入作为固化剂的生石灰并压实形成桩体，利用生石灰的吸水、膨胀、放热作用以及土与石灰的物理化学作用，改善桩体周围土体的物理力学性质，同时桩与土形成复合地基，达到地基加固的目的。该方法适用于处理素填土、杂填土、饱和黏性土、淤泥质土等地基。

3. 水泥粉煤灰碎石桩（CFG 桩）

在碎石桩基础上加进一些石屑、粉煤灰和少量水泥，加水拌和，用振动沉管打桩机或其他成桩机具制成的具有一定黏结强度的桩。桩和桩间土通过褥垫层形成复合地基。适用于填土、饱和及非饱和黏性土、砂土、粉土等地基。该方法适用于处理黏性土、粉土、砂土和已自重固结的素填土等地基。

五、土工合成材料加筋法

加筋法的原理是通过在土层中埋设强度较大的土工聚合物、拉筋、受力杆件等提高地基承载力、减小沉降或维持建筑物稳定。

土工合成材料是岩土工程领域中的一种新型建筑材料，是用于土工技术和土木工程，以聚合物为原料的具有渗透性的材料名词的总称。它是将由煤、石油、天然气等原材料制成的高分子聚合物通过纺丝和后处理制成纤维，再加工制成各种类型的产品，置于土体内部、表面或各层土体之间，发挥加强或保护土体的作用。利用土工合成材料的高强度、韧性等力学性能，扩散土中应力，增大土体的抗拉强度，改善土体或构成加筋土以及各种复合土工结构。土工合成材料的功能是多方面的，主要包括排水作用、反滤作用、隔离作用和加筋作用。该方法适用处理砂土、黏性土和软土等地基。

六、化学加固法

其基本原理是利用水泥浆液、黏土浆液或其他化学浆液，通过灌浆压入、高压喷射或机械搅拌，使浆液与土颗粒胶结起来，以改善地基土的物理和力学性质。

1. 注浆法

通过注入水泥浆液或化学浆液的措施，使土颗粒胶结，用以提高地基承载力，减少沉降，增加稳定性，防止渗漏。该方法适用于处理岩基、砂土、粉土、淤泥质黏土、粉质黏土、黏土和一般人工填土等地基，也可加固暗浜和在托换工程中使用。

2. 高压喷射注浆法

将带有特殊喷嘴的注浆管，通过钻孔置入要处理土层的预定深度，然后将水泥浆液以高压冲切土体，在喷射浆液的同时，以一定速度旋转、提升，形成水泥土圆柱体；若喷嘴提升而不旋转，则形成墙状固结体。可以提高地基承载力，减少沉降，防止砂土液化、管涌和基坑隆起。该方法适用于处理淤泥、淤泥质土、粉土、黄土、砂土、人工填土等地基，也可对既有建筑物进行加固。

3. 水泥土搅拌法

利用水泥浆液或水泥粉作为固化剂的主剂，通过深层搅拌机械，在地基深处就地将软土和固化剂（水泥或石灰的浆液或粉体）强制搅拌，形成柱状水泥土体。该方法适用于处理淤泥、淤泥质土、粉土、黏性土饱和黄土等地基。

七、托换技术

托换技术是为提高既有建筑物的地基承载力或纠正基础由于严重不均匀沉降所导致的建筑物倾斜、开裂而采取的地基基础处理、加固、改造、补强技术的总称。

托换技术一般包括补救性托换及预防性托换、侧向托换和维持性托换。

因已有建筑物的原有基础不符合要求，而需要增加该基础的深度或原基础加宽的托换，称为补救性托换；由于邻近要修筑较深的新建筑物基础，因而需要将已有建筑物的基础加深或扩大者，称为预防性托换；在平行于已有建筑物基础旁，修筑比较深的板桩墙、树根桩或地下连续墙等方法者，称为侧向托换；有时，在建筑物基础下，设计时预先设置好顶升的措施，以适应预估地基沉降的需要，称为维持性托换。

八、其他方法

如：冻结法和热加固法，前者是通过人工冷却，使地基温度低到孔隙水的冰点以下，从而具有理想的截水性能和较高的承载力，适用于软黏土或饱和的砂土地层中的临时措施。后者是通过渗入压缩的热空气和燃烧物，并依靠热传导，而将细颗粒土加热到100℃以上，则土的强度就会增加，压缩性随之降低，适用于非饱和黏性土、粉土和湿陷性黄土。

§17.2 复合地基理论

17.2.1 基本概念

1. 复合地基定义

复合地基是指天然地基在地基处理过程中部分土体得到增强或被置换，或在天然地基中设置加筋材料，加固区是由基体（天然地基土体或被改良的天然地基土体）和增强体两部分组成的人工地基。值得注意的是，复合地基与桩基可能都是采用桩的形式处理地基，故两者有其相似之处，但复合地基属于地基范畴，而桩基属于基础范畴，所以两者又有其本质区别。竖向增强体复合地基中桩体与基础往往不是直接相连的，它们之间通过垫层（碎石或砂石垫层）来过渡；而桩基中桩体与基础直接相连，两者形成一个整体。因此，它们的受力特性也存在着明显差异。即复合地基的主要受力层在加固体内，而桩基的主要受力层是在桩尖以下一定范围内。由于复合地基的理论的最基本假定为桩与桩周土的协调变形。因此，从理论上讲，复合地基中也不存在类似桩基中的群桩效应。

2. 复合地基分类

根据地基中增强体的方向可分为水平向增强体复合地基和竖向增强体复合地基。水平向增强体复合地基主要包括由各种加筋材料，如土工聚合物、金属材料格栅等形成的复合地基。竖向增强体复合地基通常称为桩体复合地基。

在桩体复合地基中，桩的作用是主要的，而地基处理中桩的类型较多，性能变化较大。为此，复合地基的类型按桩的类型进行划分较妥。然而，桩又可根据成桩所采用的材料以及成桩后桩体的强度（或刚度）来进行分类。

桩体如按成桩所采用的材料可分为：①散体土类桩，如碎石桩、砂桩等；②水泥土类桩，如水泥土搅拌桩、旋喷桩等；③混凝土类桩，树根桩、CFG 桩等。

桩体如按成桩后的桩体的强度（或刚度）可分为：①柔性桩，散体土类桩属于此类桩；②半刚性桩，水泥土类桩；③刚性桩，混凝土类桩。

半刚性桩中水泥掺入量的大小将直接影响桩体的强度。当掺入量较小时，桩体的特性类似柔性桩；而当掺入量较大时，又类似于刚性桩，为此，它具有双重特性。

由柔性桩和桩间土所组成的复合地基可称为柔性桩复合地基，其他依次为半刚性桩复合地基、刚性桩复合地基。

17.2.2 复合地基承载力计算

1. 竖向增强体复合地基承载力计算

复合地基的极限承载力 p_{cf} 可用下式表示

$$p_{cf} = k_1\lambda_1 m p_{pf} + k_2\lambda_2(1-m)p_{sf} \tag{17-1}$$

式中 p_{pf}——单桩极限承载力，kPa；

p_{sf}——天然地基极限承载力，kPa；

k_1——反映复合地基中桩体实际极限承载力与单桩极限承载力不同的修正系数；

k_2——反映复合地基中桩间土实际极限承载力与天然地基承载力不同的修正系数；

λ_1——复合地基破坏时，桩体发挥其极限强度的比例，也称为桩体极限强度发挥度；

λ_2——复合地基破坏时，桩间土发挥其极限强度的比例，也称为桩间土极限强度发挥度；

m——复合地基置换率。

对黏结材料桩，桩体极限承载力可采用类似摩擦桩极限承载力计算式计算，其表达式为

$$p_{pf} = (\sum fS_a L_i + A_p R)/A_p \tag{17-2}$$

式中 f——桩周摩阻力极限值；

S_a——桩身周边长度；

A_p——桩身截面面积；

R——桩端土极限承载力；

L_i——按土层划分的各段桩长，对柔性桩，桩长大于有效桩长时，计算桩长应取有效桩长值。

按式（17-2）计算桩体极限承载力外，尚需计算桩身材料强度允许的单桩极限承载力，即

$$p_{pf} = q \tag{17-3}$$

式中 q——桩体极限抗压强度。

由式（17-2）和式（17-3）计算所得的二者中取较小值为黏结材料桩的极限承载力。

2. 水平向增强体复合地基承载力计算

水平向增强体复合地基主要包括在地基中铺设各种加筋材料，如土工织物、土工格栅等形成的复合地基。复合地基工作性状与加筋体长度、强度，加筋层数，以及加筋体与土体间的黏聚力和摩擦系数等因素有关。水平向增强体复合地基破坏形式有多种，影响因素也很多。到目前为止，水平向增强体复合地基的计算理论尚不成熟。这里只介绍 Florkiewicz（1990年）承载力公式。

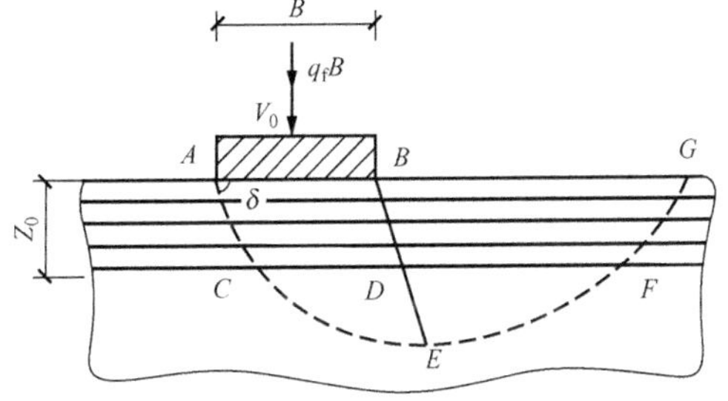

图 17-1 水平向增强体复合地基上的条形基础

图 17-1 表示一水平向增强体复合地基上的条形基础。刚性条形基础宽度为 B，下卧层为厚度为 Z_0 的加筋复合土层，其似黏聚力为 C_r，内摩擦角为 φ_0；复合土层下的天然土层黏聚力为 c，内摩擦角为 φ。Florkiewicz 认为基础的极限荷载 $q_f B$ 是无加筋体（$C_r=0$）的双层土体系的常规承载力 $q_0 B$ 和由加筋引起的承载力提高值 $\Delta q_f B$ 之和，即

$$q_f = q_0 + \Delta q_f \tag{17-4}$$

复合地基中各点的似黏聚力值 C_r 取决于所考虑的方向，其表达式（Schlosser 和 Long，1974 年）为

$$C_r = \sigma_0 \frac{\sin\delta\cos(\delta - \varphi_0)}{\cos\varphi_0} \tag{17-5}$$

式中 δ——考虑的方向与加筋体方向的倾斜角；

φ_0——加筋体材料的纵向抗拉强度。

当加筋复合土层中加筋体沿滑移面 AC 断裂时，地基破坏。此时，刚性基础竖直向下速

度为 v_0，加筋体沿 AC 面断裂引起的能量消散率增量为

$$D = AC \cdot C_r \cdot V_0 \frac{\cos\varphi_0}{\sin(\delta-\varphi_0)} = \sigma_0 V_0 Z_0 c\tan(\delta-\varphi_0) \tag{17-6}$$

于是承载力的提高值可表示为

$$\Delta q_f = \frac{D}{V_0 B} = \frac{Z_0}{B}\sigma_0 c\tan(\delta-\varphi_0) \tag{17-7}$$

上述分析中忽略了 $ABCD$ 和 $BGFD$ 区中由于加筋体存在（$C_r \neq 0$）能量消耗率增量的增加。式中 δ 值可根据 Prandtl 的破坏模式确定。

17.2.3 复合地基沉降计算

在各类复合地基沉降实用计算方法中，通常把沉降量分为两部分，即加固区土体压缩量 s_1 和加固区下卧层土体压缩量 s_2，而复合地基总沉降 s 表达式为

$$s = s_1 + s_2 \tag{17-8}$$

s_1 的计算方法一般有以下三种：

（1）复合模量法。将复合地基加固区中增强体和基体两部分视为一复合土体，采用复合压缩模量 E_{cs} 来评价复合土体的压缩性。采用分层总和法计算 s_1，表达式为

$$s_1 = \sum_{i=1}^{n} \frac{\Delta p_i}{E_{csi}} H_i \tag{17-9}$$

$$E_{cs} = mE_p + (1-m)E_s \tag{17-10}$$

式中 Δp_i——第 i 层复合土上附加应力增量；

H_i——第 i 层复合土层的厚度。

m——复合地基面积置换率；

E_p——桩体压缩模量；

E_s——土体压缩模量。

E_{csi} 值可通过面积加权法计算或弹性理论表达式计算，也可通过室内试验测定。面积加权表达式为式（17－10）。

（2）应力修正法。在该法中，根据桩间土承担的荷载 p_s，按照桩间土的压缩模量 E_s，忽略增强体的存在，采用分层总和法计算加固区土层的压缩量 s_1。

$$s_1 = \sum_{i=1}^{n} \frac{\Delta p_{si}}{E_{si}} H_1 = \mu_s \sum_{i=1}^{n} \frac{\Delta p_i}{E_s} H_1 = \mu_s s_{ls} \tag{17-11}$$

$$\mu_s = \frac{1}{1+m(n-1)}$$

式中 μ_s——应力修正系数；

n——桩土应力比；

Δp_i——未加固地基（天然地基）在荷载 p 作用下第 i 层土上的附加应力增量；

Δp_{si}——复合地基中第 i 层桩间土上的附加应力增量；

s_{ls}——未加固地基在荷载 p 作用下相应厚度内的压缩量。

（3）桩身压缩量法。设桩端刺入下卧层的沉降变形量为 Δ，则相应加固区土层的压缩量 s_1 的计算公式为

$$s_1 = s_p + \Delta \tag{17-12}$$

在荷载作用下，桩身压缩量为

$$s_p = \frac{(\mu_p p - p_{bo})}{2E_p} l \tag{17-13}$$

$$\mu_p = \frac{n}{1+m(n-1)}$$

式中 μ_p——应力集中系数；

l——桩身长度，即等于加固区厚度 h；

E_p——桩身材料变形模量；

p_{bo}——桩底端承力密度。

复合地基加固区下卧层土层压缩量 s_2 通常采用分层总和法计算。在分层总和法计算中，作用在下卧层土体上的荷载或土体中附加应力是难以精确计算的。目前在工程应用上，常采用下述三种方法计算。

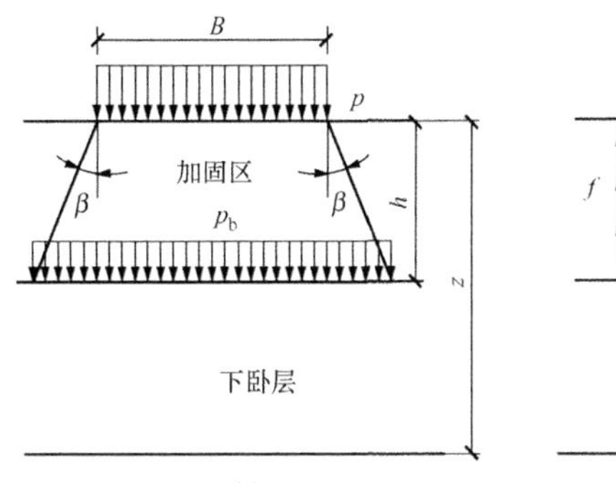

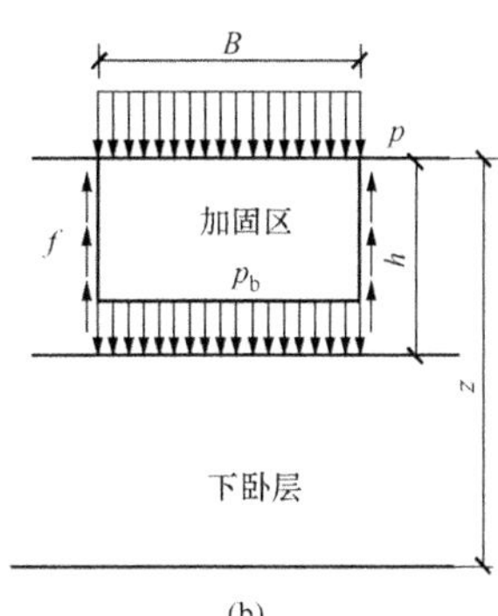

图 17 - 2 下卧层附加应力计算
(a) 应力扩散法；(b) 等效实体法

(1) 应力扩散法。应力扩散法计算加固区下卧层上附加应力示意图如图 17 - 2 (a) 所示。复合地基上荷载密度为 p，作用宽度为 B，长度为 D，加固区厚度为 h，压力扩散角为 β，则作用在下卧层上的 p_b 为

$$p_b = \frac{DBp}{(B+2h\tan\beta)(D+2h\tan\beta)} \tag{17-14}$$

对条形基础，仅考虑宽度方向扩散，则上式可改写为

$$p_b = \frac{Bp}{B+2h\tan\beta} \tag{17-15}$$

采用应力扩散法计算关键是压力扩散角的合理选用。

(2) 等效实体法。等效实体法计算加固区下卧层上附加应力示意图如图 17 - 2 (b) 所示。复合地基上荷载密度为 p，作用面长度为 D，宽度为 B，加固区厚度为 h，f 为等效实体侧摩阻力密度，则作用在下卧层上的附加应力 p_b 为

$$p_b = \frac{BDp-(2B+2D)hf}{BD} \tag{17-16}$$

对于条形基础，上式可改写为

$$p_b = p - \frac{2hf}{B} \tag{17-17}$$

等效实体法计算关键是侧摩阻力的计算。

(3) 改进 Geddes 法。黄绍铭等（1991 年）建议采用下述方法计算下卧层土层中应力。复合地基总荷载为 p，桩体承担 p_p，桩间土承担 $p_s = p - p_p$。桩间土承担的荷载 p_s 在地基所产生的竖向应力 σ_{z,p_s}，其计算方法和天然地基中应力计算方法相同。桩体承担的荷载 p_p 在地基中所产生的竖向应力采用 Geddes 法计算。然后叠加两部分应力得到地基中总的竖向应力。

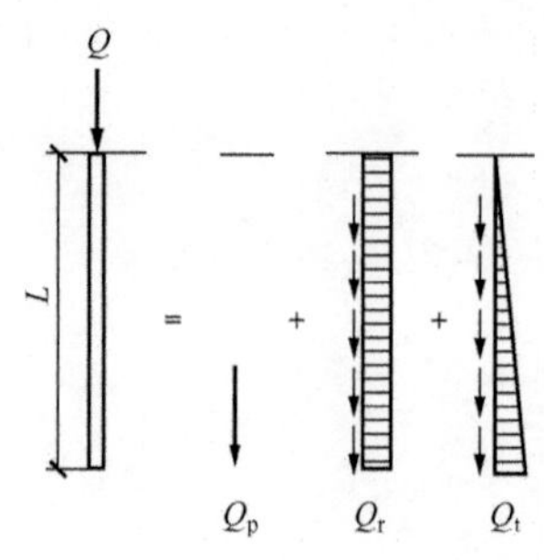

图 17-3　单桩荷载的组合

S. D. Geddes（1996）年将长度为 L 的单桩在荷载 Q 作用下对地基土产生的作用力，可近似地视作如图 17-3 所示的桩端集中力 Q_p，桩侧均匀分布的摩阻力 Q_r 和桩侧随深度线性增长的分布摩阻力 Q_t 等三种形式荷载的组合。S. D. Geddes 根据弹性理论半无限体中作用一集中力的 Mindlin 应力解积分，导出了单桩的上述三种形式荷载在地基中产生的应力计算公式。地基中的竖向应力 $\sigma_{z,Q}$ 可按下式计算

$$\sigma_{z,Q} = \sigma_{z,Q_p} + \sigma_{z,Q_r} + \sigma_{z,Q_t} = Q_p K_p / L^2 + Q_r K_r / L^2 + Q_t K_t / L^2 \tag{17-18}$$

式中　K_p、K_r 和 K_t——竖向应力系数。

对于由 n 根桩组成的桩群，地基中竖向应力可对这 n 根桩逐根采用式（17-18）计算后叠加求得。由桩体荷载 p_P 和桩间土荷载 p_s 共同产生的地基中竖向应力表达式为

$$\sigma_z = \sum_{i=1}^{n} (\sigma_{z,Q_p^i} + \sigma_{z,Q_r^i} + \sigma_{z,Q_t^i}) + \sigma_{z,P_s} \tag{17-19}$$

§17.3　换填垫层法

当软弱土地基的承载力和变形满足不了建筑物的要求，而软弱土层的厚度又不很大时将基础底面以下处理范围内的软弱土层部分或全部挖去，然后分层换填强度较大的砂（碎石、素土、灰土、高炉干碎、粉煤灰）或其他性能稳定、无侵蚀性的材料，并压（夯、振）实至要求的密实度为止，这种地基处理的方法称为换填垫层法。该方法还用于低洼地域筑高（平整场地）和堆填筑高（道路路基）。

机械碾压、重锤夯实、平板振动可根据压（夯、振）实垫层的不同机具分别使用，这些施工方法不但可处理分层回填土，又可加固地基表层土。

按回填材料不同，垫层可分为砂垫层、砂石垫层、碎石垫层、素土垫层、灰土垫层、二灰垫层、干碎垫层和粉煤灰垫层等。

JGJ79—2002《建筑地基处理技术规范》中规定：换填法适用于淤泥、淤泥质土、湿陷性黄土、素填土、杂填土地基及暗沟与暗塘等的浅层处理。

虽然不同材料的垫层，其应力分布稍有差异，但从试验结果分析来看其极限承载力还是比较接近的；通过沉降观测资料发现，不同材料垫层的特点基本相似，故可将各种材料的垫层设计都近似地按砂垫层的计算方法进行计算。但对湿陷性黄土、膨胀土、季节性冻土等某些特殊土采用换土垫层处理时，因其主要处理目的是为了消除地基土的湿陷性、膨胀性和冻胀性，所以在设计时需考虑的解决问题的关键也应有所不同。

17.3.1　压实原理

当黏性土的土样含水量较小时，其粒间引力较大，在一定的外部压实功能作用下，若还不能有效地克服引力而使土粒相对移动，这时压实效果就比较差。当增大土样含水量时，结合水膜逐渐增厚，减小了引力，土粒在相同压实功能条件下易于移动而挤密，所以压实效果较好。但当土样含水量增大到一定程度后，孔隙中就出现了自由水，结合水膜的扩大作用就不大了，因而引力的减小就显著，此时自由水填充在孔隙中，从而产生了阻止土粒移动的作

用，所以压实效果又趋下降，因而设计时要选择一个最优含水量，这就是土的压实机理。

在工程实践中，对垫层的碾压质量的检验，要求能获得填土的最大干密度 ρ_{dmax}，其最大干密度可用室内击实试验确定。在标准的击实试验的条件下，对于不同含水量的土样，可得到不同的干密度 ρ_d，从而绘制出干密度 ρ_d 和制备含水量 w 的关系曲线，在曲线上 ρ_d 的峰值，即为最大干密度 ρ_{dmax}，与之相应的制备含水量为最优含水量 w_{op}。

垫层的作用主要有：

(1) 提高地基承载力。浅基础的地基承载力与持力层的抗剪强度有关，如果以抗剪强度较高的砂或其他填筑材料代替软弱的土，可提高地基的承载力，避免地基破坏。

(2) 减少沉降量。一般地基浅层部分沉降量在总沉降量中所占的比例是比较大的。以条形基础为例，在相当于基础宽度的深度范围内的沉降量约占总沉降量 50%左右。如以密实砂或其他填筑材料代替上部软弱土层，就可以减少这部分的沉降量。由于砂垫层或其他垫层对应力的扩散作用，使作用在下卧层土上的压力较小，这样也会相应减少下卧层土的沉降量。

(3) 加速软弱土层的排水固结。建筑物的不透水基础直接与软弱土层相接触时，在荷载的作用下，软弱土层地基中的水被迫绕基础两侧排出，因而使基底下的软弱土不易固结，形成较大的孔隙水压力，还可能导致由于地基强度降低而产生塑性破坏的危险。砂垫层和砂石垫层等垫层材料透水性大，软弱土层受压后，垫层可作为良好的排水面，可以使基础下面的孔隙水压力迅速消散，加速垫层下软弱土层的固结和提高其强度，避免地基土塑性破坏。

(4) 防止冻胀。因为粗颗粒的垫层材料孔隙大，不易产生毛细管现象，因此可以防止寒冷地区土中结冰所造成的冻胀。这时，砂垫层的底面应满足当地冻结深度的要求。

(5) 消除膨胀土的胀缩作用。在膨胀土地基上可选用砂、碎石、块石、煤砟、二灰或灰土等材料作为垫层以消除胀缩作用，但垫层厚度应依据变形计算确定，一般不少于 0.3m，且垫层宽度应大于基础宽度，而基础的两侧宜用与垫层相同的材料回填。

17.3.2 垫层设计

对垫层的设计，即要求有足够的厚度以置换可能被剪切破坏的软弱土层，又要求有足够大宽度以防止砂垫层向两侧挤出。

1. 垫层厚度的确定

垫层厚度 z 应根据垫层底部下卧土层的承载力确定，并符合下式要求：

$$p_z + p_{cz} \leqslant f_{az} \tag{17-20}$$

式中 p_z——垫层底面处的附加应力设计值，kPa；

p_{cz}——垫层底面处土的自重压力值，kPa；

f_{az}——经深度修正后垫层底面处土层的地基承载力特征值，kPa。

垫层底面处的附加压力值 p_z 可按压力扩散角进行简化计算。

对条形基础：

$$p_z = \frac{b(p - p_c)}{b + 2z \cdot \tan\theta} \tag{17-21}$$

对矩形基础：

$$p_z = \frac{b \cdot l(p - p_c)}{(b + 2z \cdot \tan\theta)(l + 2z \cdot \tan\theta)} \tag{17-22}$$

式中 b——矩形基础或条形基础底面的宽度，m；

l——矩形基础底面的长度，m；

p——基础底面压力的设计值，kPa；

p_c——基础底面处土的自重压力值，kPa；

z——基础底面下垫层的厚度，m；

θ——垫层的压力扩散角，度，可按表 17 - 1 采用。

具体计算时，一般可根据垫层的承载力确定出基础宽度，再根据下卧土层的承载力确定出垫层的厚度。可先假设一个垫层的厚度，然后按式（17 - 20）进行验算，直至满足要求为止。

表 17 - 1 **压力扩散角 θ** （°）

换填材料 / z/b	中砂、粗砂、砾砂、圆砾、角砾、卵石、碎石、矿砟	粉质黏土和粉煤灰	灰土
0.25	20	6	28
≥0.50	30	23	

注 1. 当 $z/b<0.25$ 时，除灰土仍取 $\theta=28°$外，其余材料均取 $\theta=0°$；

2. 当 $0.25<z/b<0.5$ 时，θ 值可内插求得。

2. 垫层宽度的确定

垫层的底面宽度应以满足基础底面应力扩散和防止垫层向两侧挤出为原则进行设计。关于宽度计算，目前还缺乏可靠的方法，一般可按下式计算或根据当地经验确定。

$$b' \geqslant b + 2z\tan\theta \tag{17 - 23}$$

式中 b'——垫层底面宽度，m；

θ——垫层的压力扩散角，度，可按表 17 - 1 采用；当 $z/b<0.25$ 时，仍按 $z/b=0.25$ 取值。

垫层顶面每边宜比基础底面大 0.3m，或从垫层底面两侧向上按当地开挖基坑经验的要求放坡，整片垫层的宽度可根据施工的要求适当加宽。

3. 垫层承载力的确定

垫层的承载力宜通过现场试验确定，并应验算下卧层的承载力。

4. 沉降计算

对于重要的建筑或垫层下存在软弱下卧层的建筑，还应进行地基变形计算。建筑物基础沉降等于垫层自身的变形量 s_1 与下卧土层的变形量 s_2 之和。

对超出原地面标高的垫层或换填材料的密度高于天然土层密度的垫层，宜早换填并考虑其附加的荷载对建造的建筑物及邻近建筑物的影响。

17.3.3 垫层施工

1. 机械碾压法

机械碾压法是采用各种压实机械来压实地基土。此法常用于基坑底面积宽大、开挖土方量较大的工程。

工程实践中，对垫层碾压质量的检验，要求获得填土最大干密度。其关键在于施工时控制每层的铺设厚度和最优含水量，其最大干密度和最优含水量宜采用击实试验确定。所有施工参数（如施工机械、铺填厚度、碾压遍数与填土含水量等）都必须由工地试验确定。在施工现场相应的压实功能下，由于现场条件终究与室内试验不同，因而对现场应以压实系数 λ_c 与施工含水量进行控制。

2. 重锤夯实法

重锤夯实法是用起重机将夯锤提升到某一高度，然后自由落锤，不断重复夯击以加固地基。重锤夯实法一般适用于地下水位距地表 0.8m 以上稍湿的黏性土、砂土、湿陷性黄土、杂填土和分层填土。

重锤夯实法的主要设备为起重机械、夯锤、钢丝绳和吊钩等。当直接用钢丝绳悬吊夯锤时，吊车的起重能力一般应大于锤重的三倍。采用脱钩夯锤时，起重能力应大于夯锤重量的1.5 倍。夯锤宜采用圆台形，锤重宜大于 2t，锤底面单位静压力宜为 15～20kPa。夯锤落距宜大于 4m。

3. 平板振动法

平板振动法是使用振动压实机来处理无黏性土或黏粒含量少、透水性较好的松散杂填土地基的一种方法。

振动压实的效果与填土成分、振动时间等因素有关，一般振动时间越长，效果越好，但振动时间超过某一值后，振动引起的下沉基本稳定，再继续振动就不能起到进一步压实的作用。为此，需要施工前进行试振，得出稳定下沉量和时间的关系。对主要由炉矸、碎砖、瓦块组成的建筑垃圾，振动时间约在 1min 以上；对含炉灰等细粒填土，振动时间约为 3～5min，有效振实深度为 1.2～1.5m。

振实范围应从基础边缘放出 0.6m 左右，先振基槽两边，后振中间，其振动的标准是以振动机原地振实不再继续下沉为合格，并辅以轻便触探试验检验其均匀性及影响深度。振实后地基承载力宜通过现场载荷试验确定。一般经振实的杂填土地基承载力可达 100～120kPa。

4. 垫层材料选择

（1）砂石：应选用级配良好的中粗砂，含泥量不超过 3%，并应除去树皮、草皮等杂质。若用细砂，应掺入 30%～50%的碎石，碎石最大粒径不宜大于 50mm。

（2）黏土（均质土）：土料中有机质含量不得超过 5%，也不得含有冻土或膨胀土。当含有碎石时，其粒径不宜大于 50mm。

（3）灰土：体积比宜为 2∶8 或 3∶7。土料宜用黏性土及塑性指数大于 4 的粉土，不得含有松软杂质，并应过筛，其颗粒不得大于 15mm。石灰宜用新鲜的消石灰，其颗粒不得大于 5mm。

（4）素土：素土土料中有机质含量不得超过 5%，亦不得含有冻土或膨胀土，不得夹有砖、瓦和石块等渗水材料，碎石粒径不得大于 50mm。

（5）粉煤灰：可分为湿排灰和调湿灰。可用于道路、堆场和中小型建筑、构筑物换填垫层。粉煤灰垫层上宜覆土 30～50cm。

（6）干矸：干矸垫层材料可根据工程的具体条件选用分级干矸、混合干矸或原状干矸。小面积垫层一般用 8～40mm 与 40～60mm 的分级干矸，或 0～60mm 的混合干矸；大面积铺垫时，可采用混合干矸或原状干矸，原状干矸最大粒径不大于 200mm 或不大于碾压分层虚铺厚度的 2/3。

用于垫层的干矸技术条件应符合下列规定：稳定性合格，松散密度不小于 $1.1\times10^3 kg/m^3$，泥土与有机质含量不大于 5%。对于一般场地平整，干矸质量可不受上述指标限制。

§17.4 排 水 固 结 法

排水固结法是对天然地基先在地基中设置砂井（袋装砂井或塑料排水带）等竖向排水

体，然后利用建筑物本身重量分级逐渐加载，或在建筑物建造前在场地先行加载预压，使土体中的孔隙水排出，逐渐固结，地基发生沉降，同时强度逐步提高的方法。该法常用于解决软黏土地基的沉降和稳定问题，可使地基的沉降在加载预压期间基本完成或大部分完成，使建筑物在使用期间不致产生过大的沉降和沉降差。同时，可增加地基土的抗剪强度，从而提高地基的承载力和稳定性。

排水固结法是由排水系统和加压系统两个主要部分组成。根据加压和排水两个系统的不同，派生出多种固结加固地基的方法，如图 17-4 所示。

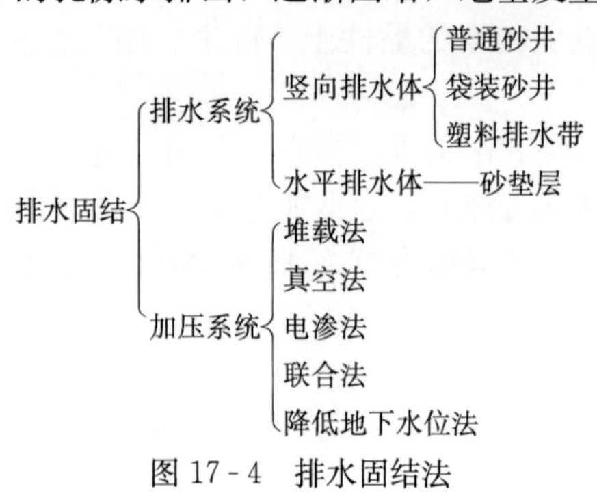

图 17-4 排水固结法

17.4.1 加固机理

1. 堆载预压加固机理

预压法是在建筑物建造以前，在建筑场地进行加载预压，使地基的固结沉降基本完成并提高地基土强度的方法。

在饱和软土地基上施加荷载后，孔隙水被缓慢排出，孔隙体积随之逐渐减少，地基发生固结变形。同时随着超静水压力逐渐消散，有效应力逐渐提高，地基土强度就逐渐增长。

在荷载作用下，土层的固结过程就是超静孔隙水压力（简称孔隙水压力）消散和有效应力增加的过程。如地基内某点的总应力增量为 $\Delta\sigma$，有效应力增量为 $\Delta\sigma'$，孔隙水压力增量为 Δu，则三者满足以下关系：

$$\Delta\sigma' = \Delta\sigma - \Delta u \tag{17-24}$$

用填土等外加荷载对地基进行预压，是通过增加总应力 $\Delta\sigma$ 并使孔隙水压力 Δu 消散而增加有效应力 $\Delta\sigma'$的方法。堆载预压是在地基中形成超静水压力的条件下排水固结，称为正压固结。

地基土层的排水固结效果与它的排水边界有关。根据固结理论，在达到同一固结度时，固结所需的时间与排水距离的长短平方成正比。软黏土层越厚，一维固结所需的时间越长。如果淤泥质土层厚度大于 10～20m，要达到较大固结度（U>80%），所需的时间要几年至几十年之久。为了加速固结，最有效的方法是在天然土层中增加排水途径，缩短排水距离，在天然地基中设置竖向排水体。这时土层中的孔隙水主要通过砂井排出，部分从竖向排出。所以砂井（袋装砂井或塑料排水带）的作用就是增加排水条件。为此，缩短了预压工程的预压期，在短期内达到较好的固结效果，使沉降提前完成；加速地基土强度的增长，使地基承载力提高的速率始终大于施工荷载的速率，以保证地基的稳定性。

2. 真空预压加固机理

真空预压法是在需要加固的软土地基表面先铺设砂垫层，然后埋设垂直排水管道，再用不透气的封闭膜使其与大气隔绝，薄膜四周埋入土中，通过砂垫层内埋设的吸水管道，用真空装置进行抽气，使其形成真空，增加地基的有效应力。

当抽真空时，先后在地基表面砂垫层及竖向排水管道内逐步形成负压，使土体内部与排水管道、垫层之间形成压差。在此压差作用下，土体中的孔隙水不断由排水管道排出，从而使土体固结。

真空预压的原理主要反映在以下几个方面：

（1）薄膜上面承受等于薄膜内外压差的荷载。

（2）地下水位降低，相应增加附加应力。

（3）封闭气泡排出，土的渗透性加大。

真空预压是通过覆盖于地面的密封膜下抽真空，使膜内外形成气压差，使黏土层产生固结压力。即是在总应力不变的情况下，通过减小孔隙水压力来增加有效应力的方法。真空预压和降水预压是在负超静水压力下排水固结，称为负压固结。

17.4.2 设计与计算

排水固结法的设计，实质上就是进行排水系统和加压系统的设计，使地基在受压过程中排水固结、强度相应增加以满足逐渐加荷条件下地基稳定性的要求，并加速地基的固结沉降，缩短预压的时间。

（一）计算理论

1. 瞬时加荷条件下固结度计算

不同条件下平均固结度计算公式见表17-2。

表17-2 不同条件下平均固结度计算公式

序号	条件	平均固结度计算公式	α	β	备注
1	竖向排水固结 （$\overline{U}_z>30\%$）	$\overline{U}_z=1-\frac{8}{\pi^2}e^{-\frac{\pi^2C_v}{4H^2}t}$	$\frac{8}{\pi^2}$	$\frac{\pi^2C_v}{4H^2}$	Tezaghi解
2	内径向排水固结	$\overline{U}_r=1-e^{-\frac{8}{F(n)}\frac{C_h}{d_e^2}t}$	1	$\frac{8C_h}{F(n)d_e^2}$	Barron解 $F(n)=\frac{n^2}{n^2-1}\ln(n)-\frac{3n^2-1}{4n^2}$ $n=\frac{d_e}{d_w}$
3	竖向和内径向排水固结（砂井地基平均固结度）	$\overline{U}_{rz}=1-\frac{8}{\pi^2}\cdot e^{-\left(\frac{8}{F(n)}\frac{C_h}{d_e^2}+\frac{\pi^2C_v}{4H^2}\right)t}$ $=1-(1-\overline{U}_r)(1-\overline{U}_z)$	$\frac{8}{\pi^2}$	$\frac{8C_h}{F(n)d_e^2}+\frac{\pi^2C_v}{4H^2}$	
4	砂井未贯穿受压土层的平均固结度	$\overline{U}=Q\overline{U}_{rz}+(1-Q)\overline{U}_z$ $\approx1-\frac{8Q}{\pi^2}e^{-\frac{8}{F(n)}\frac{C_h}{d_e^2}t}$	$\frac{8}{\pi^2}Q$	$\frac{8C_h}{F(n)d_e^2}$	$Q=\frac{H_1}{H_1+H_2}$
5	外径向排水固结 （$\overline{U}_r>60\%$）	$\overline{U}_r=1-0.692e^{-\frac{5.78C_h}{R^2}t}$	0.692	$\frac{5.78C_h}{R^2}$	R——土柱半径
6	普遍表达式	$\overline{U}=1-\alpha\cdot e^{-\beta\cdot t}$			

注 c_v—竖向固结系数，$c_v=\frac{k_v(1+e)}{a\cdot\gamma_w}$；

c_h—径向固结系数（或称水平向固结系数），$c_h=\frac{k_h(1+e)}{a\cdot\gamma_w}$；

d_e—每一个砂井有效影响范围的直径；

d_w—砂井直径。

2. 逐级加荷条件下地基固结度的计算

以上计算固结度的理论公式都是假设荷载是一次瞬间加足的。实际工程中，荷载总是分级逐渐施加的。因此，根据上述理论方法求得固结时间关系或沉降时间关系都必须加以修正。修正的方法有改进的太沙基法和改进的高木俊介法。

(1) 改进的太沙基法。对于分级加荷的情况，改进的太沙基法假定：

1) 每一级荷载增量 p_i 所引起的固结过程是单独进行的，与上一级荷载增量所引起的固结度完全无关。

2) 总固结度等于各级荷载增量作用下固结度的叠加。

3) 每一级荷载增量 p_i 在等速加荷经过时间 t 的固结度与在 $t/2$ 时的瞬时加荷的固结度相同，也即计算固结的时间为 $t/2$。

4) 在加荷停止以后，在恒载作用期间的固结度，即时间 t 大于 T_i（此处 T_i 为 p_i 的加载期）时的固结度和在$\frac{T_i}{2}$时瞬时加荷 p_i 后经过时间$\left(t-\frac{T_i}{2}\right)$的固结度相同。

5) 所算得的固结度仅是对本级荷载而言，对总荷载还要按荷载的比例进行修正。

对多级等速加荷，修正通式为

$$\overline{U}_t = \sum_{i=1}^{n} \overline{U}_{rz}\left(t-\frac{T_{i-1}+T_i}{2}\right) \cdot \frac{\Delta p_i}{\sum \Delta p} \tag{17-25}$$

式中 $\overline{U}'_t$——多级等速加荷，t 时刻修正后的平均固结度。

$\overline{U}_{rz}$——瞬时加荷条件的平均固结度。

T_{i-1}、T_i——每级等速加荷的起点和终点时间（从时间 0 点起算）。当计算某一级加荷期间 t 的固结度时，则 T_n 改为 t。

Δp_i——第 i 级荷载增量，如计算加荷过程中某一时刻 t 的固结度时，则用该时刻相对应的荷载增量。

(2) 改进的高木俊介法。该法是根据巴伦理论，考虑变速加荷使砂井地基在辐射向和垂直向排水条件下推导出砂井地基平均固结度的，其特点是不需要求得瞬时加荷条件下地基固结度，而是可直接求得修正后的平均固结度。修正后的平均固结度为

$$\overline{U}'_t = \sum_{i=1}^{n} \frac{q_i}{\sum \Delta p}\left[(T_i - T_{i-1}) - \frac{\alpha}{\beta} e^{-\beta \cdot t}(e^{\beta T_i} - e^{\beta T_{i-1}})\right] \tag{17-26}$$

式中 $\overline{U}'_t$——t 时多级荷载等速加荷修正后的平均固结度，%；

$\sum \Delta p$——各级荷载的累计值；

q_i——第 i 级荷载的平均加速度率，kPa/d；

T_{i-1}、T_i——各级等速加荷的起点和终点时间（从 0 点起算），当计算第 i 级等速加荷过程中时间 t 的固结度时，则 T_n 改为 t。

α、β 值见表 17 - 2。

3. 地基土抗剪强度增长的预估

在预压荷载作用下，随着排水固结的进程，地基土的抗剪强度就随着时间而增长；另一方面，剪应力随着荷载的增加而加大，而且剪应力在某种条件（剪切蠕动）下，还能导致强度的衰减。因此，地基中某一点在某一时刻的抗剪强度 τ_f 可表示为

$$\tau_f = \tau_{f0} + \Delta\tau_{fc} - \Delta\tau_{f\tau} \tag{17-27}$$

式中 τ_{f0}——地基中某点在加荷之前的天然地基抗剪强度；

$\Delta\tau_{fc}$——由于固结而增长的抗剪强度增量；

$\Delta\tau_{f\tau}$——由于剪切蠕动而引起的抗剪强度衰减量。

考虑到由于剪切蠕动所引起强度衰减部分 $\Delta\tau_{f\tau}$ 目前尚难提出合适的计算方法，故该式为

$$\tau_f = \eta(\tau_{f0} + \Delta\tau_{fc}) \tag{17-28}$$

式中，η是考虑剪切蠕变及其他因素对强度影响的一个综合性的折减系数。η值与地基土在附加剪应力作用下可能产生的强度衰减作用有关，根据国内一些地区实测反算的结果，η值为0.8～0.85。如判断地基土没有强度衰减可能时，则η=1.0。

（二）堆载预压法设计

堆载预压法设计包括加压系统和排水系统的设计。加压系统主要指堆载预压计划以及堆载材料的选用；排水系统包括竖向排水体的材料选用，排水体长度、断面、平面布置的确定。

1. 加压系统设计

堆载预压，根据土质情况分为单级加荷和多级加荷，根据堆载材料分为自重预压、加荷预压和加水预压。

堆载一般用填土、砂石等散粒材料；油罐通常利用罐体充水对地基进行预压；对堤坝等以稳定为控制的工程，则以其本身的重量有控制地分级逐渐加载，直至设计标高。

由于软黏土地基抗剪强度低，无论直接建造建筑物还是进行堆载预压往往都不可能快速加载，而必须分级逐渐加荷，待前期荷载下地基强度增加到足已加下一级荷载时方可加下一级荷载。其计算步骤是：首先用简便的方法确定一个初步的加荷计划，然后校核这一加荷计划下的地基的稳定性和沉降，具体计算步骤如下：

（1）利用地基的天然地基土抗剪强度计算第一级容许施加的荷载p_1。对长条形填土，可根据Fellennius公式估算：

$$p_1 = 5.52c_u/K \tag{17-29}$$

式中　K——安全系数，建议采用1.1～1.5；

　　c_u——天然地基土的不排水抗剪强度，kPa。

（2）计算第一级荷载下地基强度增长值。在p_1荷载作用下，经过一段时间预压地基强度会提高，提高以后的地基强度为c_{u1}，

$$c_{u1} = \eta(c_u + \Delta c'_u) \tag{17-30}$$

式中：$\Delta c'_u$为p_1作用下地基因固结而增长的强度。它与土层的固结度有关，一般可先假定一固结度，通常可假定为70%，然后求出强度增量$\Delta c'_u$。η为考虑剪切蠕动的强度折减系数。

（3）计算p_1作用下达到所确定的固结度与所需要的时间。

（4）根据第二步所得到的地基强度c_{u1}计算第二级所施加的荷载p_2。

$$p_2 = \frac{5.52c_{u1}}{K} \tag{17-31}$$

（5）按以上步骤确定的加荷计划进行每一级荷载下地基的稳定性验算。若稳定性不满足要求，则调整加荷计划。

（6）计算预压荷载下地基的最终沉降量和预压期间的沉降量。

2. 排水系统设计

（1）竖向排水体材料选择。竖向排水体可采用普通砂井、袋装砂井和塑料排水带。若需要设置竖向排水体长度超过20m，建议采用普通砂井。

（2）竖向排水体深度设计。竖向排水体深度主要根据土层的分布、地基中附加应力大

小、施工期限和施工条件以及地基稳定性等因素确定。

1）当软土层不厚、底部有透水层时，排水体应尽可能穿透软土层。

2）当深厚的高压缩性土层间有砂层或砂透镜体时，排水体应尽可能打至砂层或砂透镜体。而采用真空预压时应尽量避免排水体与砂层相连接，以免影响真空效果。

3）对于无砂层的深厚地基则可根据其稳定性及建筑物在地基中造成的附加应力与自重应力之比值确定，一般为 0.1～0.2。

4）按稳定性控制的工程，如路堤、土坝、岸坡、堆料等，排水体深度应通过稳定分析确定，排水体长度应大于最危险滑动面的深度。

5）按沉降控制的工程，排水体长度可从压载后的沉降量满足上部建筑物容许的沉降量来确定。竖向排水体长度一般为 10～25m。

（3）竖向排水体平面布置设计。

普通砂井直径一般为 200～500mm，井径比为 6～8。

袋装砂井直径一般为 70～100mm，井径比为 15～30。

塑料排水带常用当量直径表示，塑料排水带宽度为 b，厚度为 δ，则换算直径可按下式计算：

$$D_p = \alpha \frac{2(b+\delta)}{\pi} \tag{17-32}$$

式中：α 为换算系数，一般 α 取 0.75～1.0。塑料排水带尺寸一般为 100mm×4mm，井径比为 15～30。

竖向排水体直径和间距主要取决于土的固结性质和施工期限的要求。排水体截面大小只要能及时排水固结就行，由于软土的渗透性比砂性土小，所以排水体的理论直径可很小。但直径过小，施工困难，而直径过大对增加固结速率并不显著。从原则上讲，为达到同样的固结度，缩短排水体间距比增加排水体直径效果要好，即井距和井间距关系是“细而密”比“粗而稀”为佳。

竖向排水体在平面上可布置成正三角形（梅花形）或正方形。正方形排列的每个砂井，其影响范围为一个正方形，正三角形排列的每个砂井，其影响范围则为一个正六边形。在实际进行固结计算时，由于多边形作为边界条件求解很困难，为简化起见，巴伦建议每个砂井的影响范围由多边形改为由面积与多边形面积相等的圆来求解。

正方形排列时：
$$d_e=\sqrt{\frac{4}{\pi}}\cdot l=1.13l$$

正三角形排列时：
$$d_e=\sqrt{\frac{2\sqrt{3}}{\pi}}\cdot l=1.05l$$

式中 d_e——每一个砂井有效影响范围的直径；

l——砂井间距。

竖向排水体的布置范围一般比建筑物基础范围稍大为好。扩大的范围可由基础的轮廓线向外增大 2～4m。

（4）砂料设计。制作砂井的砂宜用中粗砂，砂的粒径必须能保证砂井具有良好的透水性。砂井粒度要不被黏土颗粒堵塞。砂应是洁净的，不应有草根等杂物，其含泥量不能超过 3%。

（5）地表排水砂垫层设计。为了使砂井排水有良好的通道，砂井顶部应铺设砂垫层，以连通各砂井将水排到工程场地以外。砂垫层采用中粗砂，含泥量应小于3%。

砂垫层应形成一个连续的、有一定厚度的排水层，以免地基沉降时被切断而使排水通道堵塞。陆上施工时，砂垫层厚度一般取0.5m左右；水下施工时，一般为1m左右。砂垫层的宽度应大于堆载宽度或建筑物的底宽，并伸出砂井区外边线2倍砂井直径。在砂料贫乏地区，可采用连通砂井的纵横砂沟代替整片砂垫层。

§17.5 强 夯 法

强夯法是法国Menard技术公司于1969年首创的一种地基加固方法，它通过10～40t的重锤和10～40m的落距，对地基土施加很大的冲击能，在地基土中所出现的冲击波和动应力，可提高地基土的强度，降低土的压缩性，改善砂土的抗液化条件，消除湿陷性黄土的湿陷性等。同时，夯击能还可提高土层的均匀程度，减少将来可能出现的差异沉降。

当前，应用强夯法处理的工程范围很广泛，包括工业与民用建筑、仓库、油罐、储仓、公路和铁路路基、飞机场跑道及码头等。强夯法适用于处理碎石土、砂土、低饱和度的粉土与黏性土、湿陷性黄土、素填土和杂填土等地基。强夯置换法适用于高饱和度的粉土及从软塑到流塑的黏性土等地基上对变形控制要求不严的工程，同时应在设计前通过现场试验确定其适用性和处理效果。

工程实践表明，强夯法具有施工简单、加固效果好、使用经济等优点，因而被世界各国工程界所重视。对各类土强夯处理都取得了良好的技术经济效果。但对饱和软土，必须给予排水的出路。为此，强夯法加袋装砂井（或塑料排水带）是一个在软黏土地基上进行综合处理的加固途径。

17.5.1 加固机理

强夯法是利用强大的夯击能给地基予冲击力，并在地基中产生冲击波，在冲击力作用下，夯锤对上部土体进行冲切，土体结构破坏，形成夯坑，并对周围土进行动力挤压。

目前，强夯法加固地基有三种不同的加固机理，即动力密实、动力固结和动力置换，具体属哪种取决于地基土的类别和强夯施工工艺。

一、动力密实

采用强夯加固多孔隙、粗颗粒、非饱和土是基于动力密实的机理，即用冲击型动力荷载，使土体中的孔隙减小，土体变得密实，从而提高地基土强度。非饱和土的夯实过程，就是土中的气相（空气）被挤出的过程，其夯实变形主要是由于土颗粒的相对位移引起。实际工程表明，在冲击动能作用下，地面会立即产生沉降，一般夯击一遍后，其夯坑深度可达0.6～1.0m，夯坑底部形成一层超压密硬壳层，承载力可比夯前提高2～3倍。非饱和土在中等夯击能量1000～2000kN·m的作用下，主要是产生冲切变形，在加固深度范围内气相体积大大减少，最大可减少60%。

二、动力固结

用强夯法处理细颗粒饱和土时，则是借助于动力固结的理论，即巨大的冲击能量在土中产生很大的应力波，破坏了土体原有的结构，使土体局部发生液化并产生许多裂隙，增加了排水通道，使孔隙水顺利逸出，待超孔隙水压力消散后，土体固结。由于软土的触变性，强度得到提高。动力固结理论可概述为：

1. 饱和土的压缩性

Menard教授认为，由于土中有机物的分解，第四纪土中大多数都含有以微气泡形式出现的气体，其含气量大约在1%～4%范围内，进行强夯时，气体体积压缩，孔隙水压力增大，随后气体有所膨胀，孔隙水排出的同时，孔隙水压力就减少。这样每夯击一遍，液相气体和气相气体都有所减少。根据实验，每夯击一遍，气体体积可减少40%。

2. 局部产生液化

在重复夯击作用下，施加在土体的夯击能量，使气体逐渐受到压缩。因此，土体的沉降量与夯击能成正比。当气体按体积百分比接近零时，土体便变成不可压缩的。相应于孔隙水压力上升到覆盖压力相等的能量级，土体即产生液化。孔隙水压力与液化压力之比称为液化度，而液化压力即为覆盖压力。当液化度为100%时，即为土体产生液化的临界状态，而该能量级称为饱和能。此时，吸附水变成自由水，土的强度下降到最小值。一旦达到饱和能而继续施加能量时，除了使土起重塑的破坏作用外，能量纯属是浪费。

3. 渗透性变化

在很大夯击能作用下，地基土体中出现冲击波和动应力。当所出现的超孔隙水压力大于颗粒间的侧向压力时，土颗粒间出现裂隙，形成排水通道。此时，土的渗透系数骤增，孔隙水得以顺利排出。在有规则网格布置夯点的现场，通过积聚的夯击能量，在夯坑四周会形成有规则的垂直裂缝，夯坑附近出现涌水现象。

当孔隙水压力消散到小于颗粒间的侧向压力时，裂隙即自行闭合，土中水的运动重新又恢复常态。国外资料报道，夯击时出现的冲击波，将土颗粒间吸附水转化成为自由水，因而促进了毛细管通道横断面的增大。

4. 触变恢复

在重复夯击作用下，土体的强度逐渐减低，当土体出现液化或接近液化时，土的强度达到最低值。此时土体产生裂隙，而土中吸附水部分变成自由水，随着孔隙水压力的消散，土的抗剪强度和变形模量都有了大幅度的增长。这时自由水重新被土颗粒所吸附而变成了吸附水，这也是具有触变性土的特性。

鉴于以上强夯法加固的机理，Menard对强夯中出现的现象，又提出了一个新的弹簧活塞模型，对动力固结的机理做了解释。

静力固结理论与动力固结理论的模型间区别主要表现为以下四个主要特性，见表17-3。

表17-3　静力固结和动力固结理论对比

静力固结理论	动力固结理论
1. 不可压缩的液体	1. 含有少量气泡的可压缩液体
2. 固结时液体排出所通过的小孔，其孔径是不变的	2. 固结时液体排出所通过的小孔，其孔径是变化的
3. 弹簧刚度是常数	3. 弹簧刚度为变数
4. 活塞无摩阻力	4. 活塞有摩阻力

三、动力置换

动力置换可分为整式置换和桩式置换。整式置换是采用强夯将碎石整体挤入淤泥中，其作用机理类似于换土垫层。桩式置换是通过强夯将碎石填筑土体中，部分碎石桩（或墩）间隔地夯入软土中，形成桩式（或墩式）的碎石墩（或桩）。其作用机理类似于振冲法等形成的碎石桩，它主要是靠碎石内摩擦角和墩间土的侧限来维持桩体的平衡，并与墩间土起复合地基的作用。

17.5.2　强夯法的设计

1. 有效加固深度

有效加固深度既是选择地基处理方法的重要依据，又是反映处理效果的重要参数。一般可按下列公式估算有效加固深度，或按表 17-4 预估。

$$H = \alpha \sqrt{M \cdot h} \tag{17-33}$$

式中　H——有效加固深度，m；

M——夯锤重，t；

h——落距，m；

α——系数，须根据所处理地基土的性质而定，对软土可取 0.5，对黄土可取 0.34～0.5。

表 17-4　　强夯的有效加固深度

单击夯击能（kN·m）	碎石土、砂土等粗颗粒土（m）	粉土、黏性土、湿陷性黄土等细颗粒土（m）
1000	5.0～6.0	4.0～5.0
2000	6.0～7.0	5.0～6.0
3000	7.0～8.0	6.0～7.0
4000	8.0～9.0	7.0～8.0
5000	9.0～9.5	8.0～8.5
6000	9.5～10.0	8.5～9.0
8000	10.0～10.5	9.0～9.5

注　强夯的有效加固深度应从最初起夯面算起。

2. 夯锤和落距

单击夯击能为夯锤重 M 与落距 h 的乘积。通常夯击时选择锤重和落距尽可能大，则单击能量大，夯击击数少，夯击遍数也相应减少，加固效果和技术经济较好。整个加固场地的总夯击能量（即锤重×落距×总夯击数）除以加固面积称为单位夯击能。强夯的单位夯击能应根据地基土类别、结构类型、荷载大小和要求处理的深度等综合考虑，并可通过试验确定。在一般情况下，对粗颗粒土可取 1000～3000kN·m/m^2，对细颗粒土可取 1500～4000kN·m/m^2。

但对饱和黏性土所需的能量不能一次施加，否则土体会产生侧向挤出，强度反而有所降低，且难以恢复。根据需要可分几遍施加，两遍间可间歇一段时间，这样可逐步增加土的强度，改善土的压缩性。

在设计中，根据需要加固的深度初步确定采用的单击夯击能，然后再根据机具条件因地制宜地确定锤重和落距。

一般锤重可取 10～25t。夯锤材质最好用铸钢，也可用钢板为外壳内灌混凝土的锤。夯锤的平面一般为圆形，夯锤中设置若干个上下贯通的气孔，孔径可取 250～300mm，它可减小起吊夯锤时的吸力（在某试验工程中曾测出，未设气孔的夯锤的吸力达三倍锤重），又可减少夯锤着地前的瞬时气垫的上托力。锤底面积宜按土的性质确定，锤底静压力值可取25～40kPa，对砂性土和碎石填土，一般锤底面积为 2～4m^2，对一般第四纪黏性土建议用 3～4m^2，对于淤泥质土建议采用 4～6m^2，对于黄土建议采用 4.5～5.5m^2。同时应控制夯锤的高宽比，以防止产生偏锤现象，如黄土，高宽比可采用 1∶2.5～1∶2.8。

夯锤确定后，根据要求的单击夯击能，就能确定夯锤的落距。通常采用的落距是 8～25m。对相同的夯击能量，常选用大落距的施工方案，这是因为增大落距可获得较大的接地速度，能将大部分能量有效地传到地下深处，增加深层夯实效果，减少消耗在地表土层塑性变形的能量。

3. 夯击点布置及间距

(1) 夯击点布置。夯击点布置一般为三角形或正方形。强夯处理范围应大于建筑物基础范围，具体的放大范围，可根据建筑物类型和重要性等因素考虑决定。对一般建筑物，每边超出基础外缘的宽度宜为设计处理深度的 1/2～2/3，并不宜小于 3m。

(2) 夯击点间距。夯击点间距（夯距）的确定，一般根据地基土的性质和要求处理的深度而定。第一遍夯击点间距可取夯锤直径的 2.5～3.5 倍，第二遍夯击点位于第一遍夯击点之间，以后各遍夯击点间距可适当减小。以保证使夯击能量传递到深处和保护夯坑周围所产生的辐射向裂隙为基本原则。

4. 夯击击数与遍数

(1) 夯击击数。每遍每夯点的夯击击数应按现场试夯得到的夯击击数和夯沉量关系曲线确定，且应同时满足下列条件：

1) 最后两击的夯沉量不宜大于下列数值：当单击夯击能小于 4000kN·m 时为 50mm，当单击夯击能为 4000～6000kN·m 时为 100mm，当单击夯击能大于 6000kN·m 时为 200mm。

2) 夯坑周围地面不应发生过大隆起。

3) 不因夯坑过深而发生起锤困难。

总之，各夯击点的夯击数，应使土体竖向压缩最大，而侧向位移最小为原则，一般为 4～10 击。

(2) 夯击遍数。夯击遍数应根据地基土的性质和平均夯击能确定。可采用点夯 2～3 遍，对于渗透性较差的细颗粒土，必要时夯击遍数可适当增加。最后再以低能量满夯 2 遍，满夯可采用轻锤或低落距锤多次夯击，锤印彼此搭接。

5. 垫层铺设

强夯前要求拟加固的场地必须具有一层稍硬的表层，使其能支承起重设备，并便于对所施工的"夯击能"得到扩散，同时也可加大地下水位与地表面的距离，因此有时必须铺设垫层。对场地地下水位在－2m 深度以下的砂砾石土层，可直接施行强夯，无须铺设垫层；对地下水位较高的饱和黏性土与易液化流动的饱和砂土，都需要铺设砂、砂砾或碎石垫层才能进行强夯，否则土体会发生流动。垫层厚度随场地的土质条件、夯锤重量及其形状等条件而定。当场地土质条件好，夯锤小或形状构造合理，起吊时吸力小者，也可减少垫层厚度。垫层厚度一般为 0.5～2.0m。铺设的垫层不能含有黏土。

6. 间歇时间

各遍间的间歇时间取决于拟加固土层中孔隙水压力消散所需要的时间。对砂性土，孔隙水压力的峰值出现在夯完后的瞬间，消散时间只有 2～4min，故对渗透性较大的砂性土，两遍夯间的间歇时间很短，亦即可连续夯击。对黏性土，由于孔隙水压力消散较慢，故当夯击能逐渐增加时，孔隙水压力亦相应地叠加，其间歇时间取决于孔隙水压力的消散情况，一般为 3～4 周。目前国内有的工程对黏性土地基的现场埋设了袋装砂井（或塑料排水带），以便加速孔隙水压力的消散，缩短间歇时间。有时根据施工流水顺序先后，两遍间也能达到连续夯击的目的。

7. 现场测试

(1) 地面及深层变形。地面变形研究的目的是：

1) 了解地表隆起的影响范围及垫层的密实度变化；

2) 研究夯击能与夯沉量的关系，用以确定单点最佳夯击能量；

3) 确定场地平均沉降和搭夯的沉降量，用以研究强夯的加固效果。

变形研究的手段是：地面沉降观测、深层沉降观测和水平位移观测。

地面变形的测试是对夯击后土体变形的研究。每当夯击一次应及时测量夯击坑及其周围的沉降量、隆起量和挤出量。

(2) 孔隙水压力。一般可在试验现场沿夯击点等距离的不同深度以及等深度的不同距离埋设双管封闭式孔隙水压力仪或钢弦式孔隙水压力仪，在夯击作用下，进行对孔隙水压力沿深度和水平距离的增长和消散的分布规律研究。从而确定两个夯击点间的夯距、夯击的影响范围、间歇时间以及饱和夯击能等参数。

(3) 侧向挤压力。将带有钢弦式土压力盒的钢板桩埋入土中后，在强夯加固前，各土压力盒沿深度分布的土压力的规律，应与静止土压力相近似。在夯击作用下，可测试每夯击一次的压力增量沿深度的分布规律。

(4) 振动加速度。通过测试地面振动加速度可以了解强夯振动的影响范围。通常将地表的最大振动加速度为 $0.98m/s^2$ 处（即认为是相当于 7 度地震设计烈度）作为设计时振动影响安全距离。但由于强夯振动的周期比地震短得多，强夯产生振动作用的范围也远小于地震的作用范围，所以强夯施工时，对附近已有建筑物和正在施工的建筑物的影响肯定要比地震的影响小得多。但为了减少强夯振动的影响，常在夯区周围设置隔振沟。

§17.6 桩土复合地基法

17.6.1 碎石桩

碎石桩是指用振动、冲击或水冲等方式在软弱地基中成孔后，再将碎石挤压进孔中，形成大直径的由碎石构成的密实桩体。碎石桩最早出现在 1835 年，此后被人遗忘，直到 1937 年由德国人发明了振动水冲法用来挤密砂土地基。20 世纪 50 年代末期，振冲法开始用来加固黏性土地基，并形成碎石桩，从此，一般认为振冲法在黏性土中形成的密实碎石柱称为碎石桩。

一、加固机理

1. 对松散砂土加固机理

松散砂土地基属单粒结构，是典型的散粒状体，单粒结构可分为松散和密实两种极端状态。密实的单粒结构，其颗粒结构的排列已接近最稳定的位置，在动（静）荷载的作用下不会像松散结构一样产生较大变形。而疏松单粒结构的松散砂土地基，颗粒间孔隙大，颗粒位置不稳定，在动力和静力作用下很容易发生位移，因而会产生较大的沉降，特别在振动力作用下更为显著，其体积可减少 20%。所以疏松的砂性土地基不经处理不宜作为建筑地基。

碎石桩加固砂土地基主要有以下三方面作用。

(1) 挤密作用。

对于挤密砂桩和碎石桩的沉管法或干振法，由于在成桩过程中桩管对周围砂层产生很大的横向挤压力，桩管体积的砂挤向桩管周围的砂层，使桩管周围的砂层孔隙比减小，密实度增大。其有效挤密范围为 3～4 倍桩体直径。振动法成桩时，桩管周围土体同时受到挤密和振密作用，其有效振密范围比挤密作用更明显，可达 6 倍桩体直径。

对于振冲挤密法，在施工过程中由于水使松散砂土处于饱和状态，砂土在强烈的高频强迫振动下产生液化并重新排列致密。且在桩孔中填入大量的粗骨料后，骨料被强大的水平振动力挤入周围土中。这种强制挤密使砂土的相对密实度增加，孔隙率降低，干密度和内摩擦角增大，土的物理力学性能改善，使地基承载力大幅度提高，一般可提高 2～5 倍。由于地基密度显著增加，相对密实度也相应提高，因此抗液化的性能得到改善。

(2) 排水减压作用。对砂土液化机理的研究证明：当饱和松散砂土受到剪切循环荷载作用时，将发生体积的收缩和趋于密实；在砂土无排水条件时体积的快速收缩将导致超静孔隙水压力来不及消散而急剧上升，当向上的超静孔隙水压力等于或大于土中上覆土的自重应力，砂土的有效应力降为零时，便形成了砂土的完全液化。而碎石桩（包括砂桩、砂石桩）加固砂土地基时，桩孔中充填的粗粒砂（碎石、卵石、砾石）等反滤性好的粗颗粒料，在地基中形成渗透性能良好的人工竖向排水减压通道，可有效地消散和防止超静孔隙水压力的增高和砂土产生液化，并可加快地基的排水固结。

(3) 砂土地基预震作用。碎石（砂）桩在成孔或成桩时，强烈的振动作用，使填入料和地基土在挤密和振密的同时，获得了强烈的预震，对增加砂土抗液化能力是极为有利的。美国 H. B. Seed 等人（1975 年）的经验表明相对密度 $D_r=54\%$受到预震作用的砂样，其抗液化能力相当于 $D_r=80\%$的未受到预震的砂样。也就是说，在一定次数的循环作用下，当两个试样的相对密度相同时，要造成经过预震的试样的液化，所需施加的应力要比施加于未经预震的试样的应力高 46%。从而得出了砂土液化的特性，除了与土的相对密实度有关外，还与其振动应力历史有关。在振冲法施工中，振冲器以每分钟 1450 次的振动频率、98m/s^2 的水平加速和 90kN 的激振力喷射沉入土中，施工过程使填入料和地基土在挤密的同时获得强烈的预震，这对砂土地基的抗液化能力是极为有利的。

2. 在软弱黏土中的加固机理

碎石桩在软弱黏性土地基中，主要通过桩体的置换和排水作用加速桩间土体的排水固结，并形成复合地基，从而提高地基的承载力和稳定性，改善地基土的力学性能。

(1) 置换作用。对黏性土地基，特别是软弱黏性土地基，其黏粒含量高，粒间应力大，并多为蜂窝结构，孔隙大多在 10^{-7}～10^{-4} cm/S。在振动力或挤压力的作用下，土中水不易排走，会出现较大的超静孔隙水压力。扰动土对比具有同密度同含水量的原状土，其力学性能会变差。所以，碎石桩对饱和黏性土地基的作用不是挤密加固作用，甚至桩周土体的强度会出现暂时的降低。碎石桩对黏性土地基的作用之一是利用桩体本身的强度形成复合地基。荷载试验表明，碎石桩复合地基承受外荷载时，发生压力向刚度大的桩体集中现象，使桩间土层承受的压力减小，沉降比相应减小。碎石桩复合地基与天然的软弱黏性土地基相比，地基承载力增大率和沉降减小率与置换率成正比。据日本的经验，地基的沉降减小率为0.7～0.9。

(2) 排水作用。软黏土是一种颗粒细、渗透性低且结构性较强的土，在成桩的过程中，由于振动挤压等扰动作用，桩间土出现较大的超静孔隙水压力，从而导致原地基土的强度降低。有的工程实测资料表明，成桩后立即测试可知，桩间土含水量增加了10%，干密度下降了3%，十字板强度比原地基土降低了10%～40%。成桩结束后，一方面原地基土的结构强度逐渐恢复，另外，在软黏土中，所成的碎石桩是黏性土地基中一个良好的排水通道，碎石桩或砂桩可以和砂井一样起排水作用，大大缩短了孔隙水的水平渗透途径，加速了软土排水固结，加快了地基土的沉降稳定。加固结果使有效应力增加，强度恢复并提高，甚至超过原土强度。

(3) 垫层作用。如果软弱土层较厚，则桩体不可能穿透整个土层，此时，加固过的复合桩土层能起到垫层作用。垫层将荷载扩散，使扩散到下卧层顶面的应力减弱并使分布趋于均匀，从而提高地基的整体抵抗力，减小其沉降量。

二、碎石桩的设计要点

1. 处理范围

碎石桩的处理范围应根据建筑物的重要性和场地条件确定，通常都大于基底面积。对一般地基，在基础外边缘宜扩大1～3排；对可液化地基，在基础外边缘扩大宽度不应小于液化土层厚度的1/2，并不应小于5m。

2. 桩径及桩位布置

碎石桩直径应根据地基土质情况和成桩设备等因素确定。采用30kW振冲器成桩时，碎石桩直径为0.7～1.0m；采用沉管法成桩时，碎石桩直径为0.3～0.7m。对大面积满堂处理，桩位宜采用等边三角形布置；对独立柱基础或条形基础，桩位宜采用正方形、矩形或等腰三角形布置；对于圆形或环形基础（如油罐基础），桩位宜采用放射形布置。

3. 加固深度

加固深度应根据软弱土层的性能、厚度及工程要求按下列原则确定。

(1) 当相对硬层的埋藏深度不大时，应按相对硬层埋藏深度确定。

(2) 当相对硬层的埋藏深度较大时，对按变形控制的工程，加固深度应满足碎石桩或砂桩复合地基变形不超过建筑物地基容许变形值的要求。

(3) 对按稳定性控制的工程，加固深度应不小于最危险滑动面的深度。

(4) 在可液化地基中，加固深度应按要求的抗震处理深度确定。

(5) 桩长不宜短于4m。

4. 碎石桩间距

由于碎石桩在松散砂土和软弱黏性土中加固机理不同，因此桩间距计算方法也不同。在砂性土地基中，基本假定是挤密后土体中土颗粒增多而体积不变，借以控制加固后的孔隙比，从而计算桩间距，即根据要求的孔隙比计算。

按等边三角形布置时

$$l = 0.95d\sqrt{\frac{H-h}{\frac{e_0-e_1}{1+e_0}H-h}} \tag{17-34}$$

按正方形布置时

$$l = 0.89d\sqrt{\frac{H-h}{\frac{e_0-e_1}{1+e_0}H-h}} \tag{17-35}$$

$$e_1 = e_{max} - D_r(e_{max} - e_{min}) \tag{17-36}$$

式中 l——碎石桩间距，m；

d——碎石桩直径，m；

e_0——天然孔隙比；

e_1——要求达到的孔隙比；

e_{max}——最松散状态下孔隙比；

e_{min}——最密实状态下孔隙比；

D_r——要求达到的相对密实度，一般取 0.7～0.85；

H——所处理的天然地基土层厚度，m；

h——竖向变形，下沉时取正值；隆起时取负值；不考虑振密作用时取零。

在黏性土地基中，桩距可按照置换率要求计算，如正方形布置时

$$l = \sqrt{\frac{A_p}{m}} \tag{17-37}$$

式中 A_p——碎石桩的截面积，m^2；

m——面积置换率。

17.6.2 水泥粉煤灰碎石桩

水泥粉煤灰碎石桩（Cement Fly - ash Gravel Pile）简称 CFG 桩，是在碎石桩基础上加进一些石屑、粉煤灰和少量水泥，加水拌和，用振动沉管打桩机或其他成桩机具制成的具有一定黏结强度的桩。这种地基加固方法吸取了振冲碎石桩和水泥搅拌桩的优点，具有如下特点：①施工工艺简单；②无场地污染，振动影响较小；③仅需少量水泥，便于就地取材；④受力特性与水泥搅拌桩类似。

一、加固机理

CFG 桩加固软弱地基主要有三种作用，即桩体作用、挤密作用和褥垫层作用。

1. 桩体作用

CFG 桩不同于碎石桩，它是具有一定黏结强度的桩。在外荷载作用下，桩身不会向碎石桩那样出现鼓胀破坏，并可全桩长发挥侧摩阻力，桩落在好土层上具有明显的端承力，桩承受的荷载通过桩周的摩阻力和桩端阻力传到深层地基中，其复合地基承载力可大幅提高。再者，基础传给复合地基的附加应力随地基的变形逐渐集中到桩体上，出现应力集中现象，复合地基的 CFG 桩起到了桩体作用。

2. 挤密作用

CFG 桩采用振动沉管法施工，由于振动和挤压作用使桩间土得到挤密。采用 CFG 桩加固后的地基，其含水量、孔隙比、压缩系数均有所降低，重度、压缩模量均有所增加。

3. 褥垫层作用

由级配砂石、粗砂、碎石等散体材料组成的褥垫层，在复合地基中有如下作用：①保证桩、土共同承担荷载；②减少基础底面的应力集中；③褥垫层厚度可以调整桩、土荷载分担比；④褥垫层厚度可以调整桩、土水平荷载分担比。

二、设计计算

当CFG桩桩体强度较高时，它具有刚性桩的性状，但在承担水平荷载方面与传统的桩基有明显的区别。桩在桩基础中可承受垂直荷载也可承受水平荷载，但它传递水平荷载的能力远远小于传递垂直荷载的能力。而CFG桩复合地基通过褥垫层把桩和承台（基础）断开，改变了过分依赖桩承担垂直荷载和水平荷载的传统思想。CFG桩复合地基通过褥垫层与基础相连，并有上、下双向刺入变形模式，保证了桩间土始终参与工作。因此，垂直承载力设计首先是将土的承载力充分发挥，不足部分由CFG桩来承担。显然，与传统的桩基设计思想相比，桩的数量可以大大减少。

CFG桩复合地基的设计参数共6个，分别为桩径、桩距、桩长、桩体强度、褥垫层的设计以及桩的布置。

1. 桩径 d

CFG桩常采用振动沉管法施工，其桩径（d）应根据桩管大小而定，一般桩径设计为350～400mm。

2. 桩距 l

桩距（l）的大小取决于设计要求的复合地基承载力、土的性质和施工机具，所以选择桩距需考虑承载力的提高幅度应能满足设计要求，以及施工方便、桩作用的发挥、场地地质条件和造价等因素。桩距选择参考值见表17-5。

选择桩距 l 的基本原则：

（1）设计要求承载力提高幅度大时，桩距应小些，但必须考虑施工时新打桩对已打桩的影响。就施工而言，希望采用打桩距大桩长，桩距过小，会发生新打桩将已打桩挤裂甚至挤斜、挤断的情况，因此选择桩距时应考虑到这一点。

（2）对挤密性好的土，如砂土、粉土和松散填土等，桩距应取得小些。

（3）对单、双排布桩的条形基础和面积不大的独立基础等，桩距可取得小些，反之，满堂布桩的筏基、箱基以及多排布桩的条形基础、设备基础，桩距应适当放大些。

（4）地下水位高，地下水丰富的建筑场地，桩距也应当适当放大。

表17-5 桩距选用表

桩距 土质 / 布桩形式	挤密性好的土，如砂土、粉土、松散填土等	可挤密性土，如粉质黏土、非饱和型黏土等	不可挤密性土，如饱和黏土、淤泥质土等
单、双排布桩的条基	(3～5) d	(3.5～5) d	(4～5) d
含9根以下的独立基础	(3～6) d	(3.5～6) d	(4～6) d
满堂布桩	(4～6) d	(4～6) d	(4.5～7) d

注 d 为桩径，以成桩后的实际桩径为准。

3. 桩长 L

CFG桩应选择勘察报告中承载力相对较高的土层作为桩端持力层，这是CFG桩复合地基设计时首先要确定的参数，它取决于建筑物对承载力和变形的要求、土质条件和设备能力等因素。设计时根据勘察报告，分析各土层，确定桩端持力土层和桩长，并根据静载荷实验确定单桩竖向承载力特征值。

单桩竖向承载力特征值 R_a 的取值，当采用单桩静载试验时，应将单桩竖向极限承载力除以安全系数 2。

若无单桩载荷试验资料时，可按下式估算单桩竖向承载力特征值 R_a：

$$R_a = u_p \sum_{i=1}^{n} q_{si} l_i + q_p A_p \tag{17-38}$$

式中 q_{si}、q_p——桩周第 i 层土的侧阻力、桩端端阻力特征值，kPa；由当地静载荷试验结果统计分析算得。

u_p——桩身横截面周长，m。

l_i——第 i 层土的厚度，m。

A_p——桩身横截面面积，m^2。

4. 桩体强度

根据桩体强度和承载力的关系分析可知，桩体强度一般取 3 倍桩顶应力即可。

$$f_{cu} = 3\frac{R_a}{A_p} \tag{17-39}$$

式中 f_{cu}——桩体混合料试块标准养护 28 天立方体抗压强度平均值，kPa。

5. 褥垫层的设计

(1) 褥垫层材料。褥垫层的材料多用碎石、级配砂石（限制最大粒径一般不超过 3cm）、粗砂、中砂等。

(2) 褥垫层的铺设范围。褥垫层的加固范围要比基底面积大，其四周宽出基底的部分不宜小于褥垫层的厚度。

(3) 褥垫层的厚度。褥垫层厚度过小时，桩对基础将产生很显著的应力集中，设计时需考虑桩对基础的冲切，势必导致基础加厚。如果基础承受水平荷载作用，可能造成复合地基中的桩发生断裂。

由于褥垫层厚度过小，桩间土承载能力不能充分发挥，要达到实际要求的承载力，必然要增加桩的数量或桩的长度，造成经济上的浪费。唯一带来的好处是建筑物的沉降量小。

褥垫层厚度大，桩对基础产生的应力集中很小，可不考虑桩对基础的冲切作用，基础受水平荷载作用，不会发生桩的断裂。褥垫层厚度大，能够充分发挥桩间土的承载能力。若褥垫层的厚度过大，会导致桩、土应力比等于或接近于 1，此时桩承担的荷载太少，实际上，复合地基中桩的设置已失去了意义。这样设计的复合地基承载力不会比天然地基有较大的提高，而且建筑物的变形也大。

经过大量的工程实践，既考虑到技术上的可靠又考虑到经济上的合理，褥垫层的厚度取 10～30cm 为宜。

6. 桩的布置

对可液化地基或有必要时，可在基础外某一范围设置护桩；通常情况下，桩都布置在基础范围内。桩的数量按下式确定。

$$n_p = \frac{m \cdot A}{A_p} \tag{17-40}$$

式中 m——面积置换率；

A——基础面积，m^2；

A_p——桩断面面积，m^2；

n_p——面积为 A 时的理论布桩数。

实际布桩时受基础尺寸大小及形状等影响，布桩数会有一定的增减。

对独立基础、箱型基础、筏基，基础边缘到桩的中心距一般为桩径或基础边缘的最小距离不小于150mm，对条形基础不小于75mm。

布桩时要考虑桩受力的合理性，尽量利用桩间土应力 σ_s 产生的附加应力对桩侧阻力的增大作用。通常 σ_s 越大，作用在桩上的水平力越大，桩的侧阻力也越大。

三、施工工艺

目前CFG桩常用的施工设备及施工方法有：

1. 振动沉管灌注成桩

就目前国内情况，振动沉管灌注成桩用得比较多，这主要是由于振动打桩机施工效率高，造价相对较低。这种施工方法适用于无坚硬土层和密实砂层的地层条件，以及对振动噪声限制不严格的场地。

当遇到坚硬黏土层时，振动沉管会发生困难，此时可考虑用长螺旋钻预引孔，再用振动沉管机成孔制桩。

2. 长螺旋钻孔灌注成桩

这种施工方法适用于地下水位埋藏较深的黏性土、粉土、填土等，成孔时不会发生塌孔现象，并适用于对周围环境如噪声、泥浆污染要求比较严格的场地。

3. 泥浆护壁钻孔灌注成桩

这种成桩方法适用于有砂层的地质条件，以防砂层塌孔，并适用于对振动噪声要求严格的场地。

4. 长螺旋钻孔泵压混合料成桩

这种方法适用于分布有砂层的地质条件，以及对噪声和泥浆污染要求严格的场地。

这种成桩方法在施工时，首先用长螺旋钻孔到达设计的预定深度，然后提升钻杆，同时用高压泵将桩体混合料通过高压管路的长螺旋钻杆的内管压到孔内成桩。这一工艺具有低噪声、无泥浆污染的优点，是一种很有发展前途的施工方法。

CFG桩的一般施工顺序为：

(1) 桩机进入现场，根据设计桩长、沉管入土深度确定机架高度和沉管长度，并进行设备组装。

(2) 桩机就位，调整沉管与地面垂直，确保垂直度偏差不大于1%。

(3) 启动马达沉管到预定标高，停机。

(4) 沉管过程中做好记录，每沉1m记录电流表的电流一次，并对土层变化予以说明。

(5) 停机后立即向管内投料，直到混合料与进料口齐平。混合料按设计配比经搅拌机加水拌和，拌和时间不得少于1min，如粉煤灰用量较多，搅拌时间还要适当放长。加水量按坍落3～5cm控制，成桩后浮浆厚度以不超过20cm为宜。

(6) 启动马达，留振5～10s开始拔管，拔管速率一般为1.2～1.5m/min（拔管速度为线速度，不是平均速度），如遇淤泥或淤泥质土，拔管速率还可放慢。拔管过程中不允许反插。如上料不足，需在拔管过程中空中投料，保证成桩后桩顶标高达到要求。成桩后桩顶标高应考虑计入保护桩长。

(7) 沉管拔出地面，确认成桩符合要求后，用粒状材料或湿黏性土封顶，然后移机进行下一根桩的施工。

施工过程中，应抽样做混合料试验，一般一个台班做一组（3块），试块尺寸为15cm×15cm×15cm，并测定28d抗压强度。还应随时做好施工记录。在成桩过程中，随时观察地面升降和桩顶的上升。

§17.7 化学加固法

17.7.1 注浆地基

一、水泥注浆地基

水泥注浆地基是将水泥浆，通过压浆泵、灌浆管均匀地注入土体中，以填充、渗透和挤密等方式，驱走岩石裂隙中或土颗粒间的水分和气体，并填充其位置，硬化后将岩土胶结成一个整体，形成一个强度大、压缩性低、抗渗性高和稳定性良好的新的岩土体，从而使地基得到加固。可防止或减少渗透和不均匀沉降，在建筑工程中应用较为广泛。

1. 特点及适用范围

水泥注浆法的特点是：能与岩土体结合形成强度高、渗透性小的结石体；取材容易，配方简单，操作易于掌握；无环境污染，价格便宜等。

水泥注浆适用于软黏土、粉土、新近沉积黏性土、砂土提高强度的加固和渗透系数大于10^{-2}cm/s的土层的止水加固以及已建工程局部松软地基的加固。

2. 施工要点

（1）水泥注浆的工艺流程为：

钻孔→下注浆管、套管→填砂→拔套管→封口→边注浆边拔注浆管→封孔。

（2）地基注浆加固前，应通过试验确定灌浆段长度、灌浆孔距、灌浆压力等有关技术参数。灌浆段长度根据土的裂隙、松散情况、渗透性以及灌浆设备能力等条件选定。在一般地质条件下，灌浆段长度多控制在5～6m；在土质严重松散、裂隙发育、渗透性强的情况下，宜为2～4m。灌浆孔距一般不宜大于2.0m，单孔加固的直径范围可按1～2m考虑；孔深视土层加固深度而定。灌浆压力是指灌浆段所受的全压力，即孔口处压力表上指示的压力，所用压力大小视钻孔深度、土的渗透性以及水泥浆的稠度等而定，一般为0.3～0.6MPa。

（3）灌浆施工方法是先在加固地基中按规定位置用钻机或手钻钻孔到要求的深度，孔径一般为55～100mm，并探测地质情况，然后在孔内插入直径38～50mm的注浆射管，管底部1.0～1.5m管壁上钻有注浆孔，在射管之外设有套管，在射管与套管之间用砂填塞。地基表面空隙用1∶3水泥砂浆或黏土、麻丝填塞，而后拔出套管，用压浆泵将水泥浆压入射管而渗透进土层孔隙中，水泥浆应连续一次压入，不得中断。灌浆先从稀浆开始，逐渐加浓。灌浆次序一般是把射管一次沉入整个深度后，自下而上分段连续进行，分段拔管直至孔口为止。灌浆宜间隙进行，第1组孔灌浆结束后，再灌第2组、第3组。

（4）灌浆完后，拔出灌浆管，留孔用1∶2水泥砂浆或细砂砾石填塞密实，也可用原浆压浆堵口。

（5）注浆充填率应根据加固土要求达到的强度指标、加固深度、注浆流量、土体的孔隙率和渗透系数等因素确定。饱和软黏土的一次注浆充填率不宜大于0.15～0.17。

（6）注浆加固土的强度具有较大的离散性，加固土的质量检验宜采用静力触探法，检测点数应满足有关规范要求。检测结果的分析方法可采用面积积分平均法。

二、硅化注浆地基

硅化注浆地基是利用硅酸钠（水玻璃）为主剂的混合溶液（或水玻璃水泥浆），通过注浆管均匀地注入地层，浆液赶走土粒间或岩土裂隙中的水分和空气，并将岩土胶结成一整体，形成强度较大、防水性能好的结石体，从而使地基得到加强，本法也称硅化注浆法或硅化法。

1. 特点及适用范围

硅化法特点是：设备工艺简单，使用机动灵活，技术易于掌握，加固效果好，可提高地基强度，消除土的湿陷性，降低压缩性。根据检测，用双液硅化的砂土抗压强度可达1.0～5.0MPa；单液硅化的黄土抗压强度达0.6～1.0MPa；压力混合液硅化的砂土强度达1.0～1.5MPa；用加气硅化法比压力单液硅化法加固的黄土的强度高50%～100%，可有效地减少附加下沉，加固土的体积增大一倍，水稳性提高1～2倍，渗透系数可降低数百倍，水玻璃用量可减少20%～40%，成本降低30%。

各种硅化方法适用范围，根据被加固土的种类、渗透系数而定，可参见表7-26。硅化法多用于局部加固新建或已建的建（构）筑物基础、稳定边坡以及做防渗帷幕等。但硅化法不宜用于为沥青、油脂和石油化合物所浸透和地下水pH值大于9.0的土。

2. 施工要点

（1）施工前，应先在现场进行灌浆试验，确定各项技术参数。

（2）灌注溶液的钢管可采用内径为20～50mm，壁厚大于5mm的无缝钢管。它由管尖、有孔管、无孔接长管及管头等组成。管尖做成25°～30°圆锥体，尾部带有丝扣与有孔管连接。有孔管长一般为0.4～1.0m，每米长度内有60～80个直径为1～3mm向外扩大成喇叭形的孔眼，分4排交错排列。无孔接长管一般长1.5～2.0m，两端有丝扣。电极采用直径不小于22mm的钢筋或直径33mm钢管。通过不加固土层的注浆管和电极表面，须涂沥青绝缘，以防电流的损耗和防腐。灌浆管网系统包括输送溶液和输送压缩空气的软管、泵、软管与注浆管的连接部分、阀等，其规格应能适应灌筑溶液所采用的压力。泵或空气压缩设备应能以0.2～0.6MPa的压力，向每个灌浆管供应1～5L/min的溶液压入土中。灌浆管间距为1.73R，各行间距为1.5R（R为一根灌浆管的加固半径）；电极沿每行注液管设置，间距与灌浆管相同。土的加固可分层进行，砂类土每一加固层的厚度为灌浆管有孔部分的长度加0.5R，湿陷性黄土及黏土类土按试验确定。

17.7.2 水泥土搅拌法

一、基本概念

水泥土搅拌法是用于加固饱和黏性土地基的一种方法。它是利用水泥（或石灰）等材料作为固化剂，通过特制的搅拌机械，在地基深处就地将软土和固化剂（浆液或粉体）强制搅拌，由固化剂和软土间所产生的一系列物理—化学反应，使软土硬结成具有整体性、水稳定性和一定强度的水泥加固土，从而提高地基强度和增大变形模量。根据施工方法的不同，水泥土搅拌法分为水泥浆搅拌和粉体喷射搅拌两种。前者是用水泥浆和地基土搅拌，后者是用水泥粉或石灰粉和地基土搅拌。

水泥土搅拌法分为深层搅拌法（以下简称湿法）和粉体喷搅法（以下简称干法）。水泥土搅拌法适用于处理正常固结的淤泥与淤泥质土、粉土、饱和黄土、素填土、黏性土以及无流动地下水的饱和松散砂土等地基。当地基土的天然含水量小于 30%（黄土含水量小于 25%）、大于 70%或地下水的 pH 值小于 4 时不宜采用干法。冬期施工时，应注意负温对处理效果的影响。湿法的加固深度不宜大于 20m，干法不宜大于 15m。水泥土搅拌桩的桩径不应小于 500mm。

水泥加固土的室内试验表明，有些软土的加固效果较好，而有的不够理想。一般认为含有高岭石、多水高岭石、蒙脱石等黏土矿物的软土加固效果较好，而含有伊利石、氯化物和水铝英石等矿物的黏性土以及有机质含量高、酸碱度（pH 值）较低的黏性土的加固效果较差。

二、加固机理

水泥加固土的物理化学反应过程与混凝土的硬化机理不同，混凝土的硬化主要是在粗填充料（比表面不大、活性很弱的介质）中进行水解和水化作用，所以凝结速度较快。而在水泥加固土中，由于水泥掺量很小，水泥的水解和水化反应完全是在具有一定活性的介质——土的围绕下进行，所以水泥加固土比混凝土的强度增长过程缓慢。

1. 水泥的水解和水化反应

普通硅酸盐水泥主要是由氧化钙、二氧化硅、三氧化二铝、三氧化二铁及三氧化硫等组成。这些不同的氧化物分别组成了不同的水泥矿物：硅酸三钙、硅酸二钙、铝酸三钙、铁铝酸四钙、硫酸钙等。用水泥加固软土时，水泥颗粒表面的矿物很快与软土中的水发生水解和水化反应，生成氢氧化钙、含水硅酸钙、含水铝酸钙及含水铁酸钙等化合物。

所生成的氢氧化钙、含水硅酸钙能迅速溶于水中，使水泥颗粒表面重新暴露出来，再与水发生反应，这样周围的水溶液就逐渐达到饱和。当溶液达到饱和后，水分子虽继续深入颗粒内部，但新生成物已不能再溶解，只能以细分散状态的胶体析出，悬浮于溶液中，形成胶体。

2. 土颗粒与水泥水化物的作用

当水泥的各种水化物生成后，有的自身继续硬化，形成水泥石骨架；有的则与其周围具有一定活性的黏土颗粒发生反应。

（1）离子交换和团粒化作用。

黏土和水结合时就表现出一种胶体特征，如土中含量最多的二氧化硅遇水后，形成硅酸胶体微粒，其表面带有钠离子 Na^+ 或钾离子 K^+，它们能和水泥水化生成的氢氧化钙中钙离子 Ca^{2+} 进行当量吸附交换，使较小的土颗粒形成较大的土团粒，从而使土体强度提高。

水泥水化生成的凝胶粒子的比表面积约比原水泥颗粒大 1000 倍，因而产生很大的表面能，有强烈的吸附活性，能使较大的土团粒进一步结合起来，形成水泥土的团粒结构，并封闭各土团的孔隙，形成坚固的联结，从宏观上看也就使水泥土的强度大大提高。

（2）硬凝反应。

随着水泥水化反应的深入，溶液中析出大量的钙离子，当其数量超过离子交换的需要量后，在碱性环境中，能使组成黏土矿物的二氧化硅及三氧化二铝的一部分或大部分与钙离子进行化学反应，逐渐生成不溶于水的稳定结晶化合物，从而增大了水泥土的强度。

从扫描电子显微镜观察中可见，拌入水泥 7 天时，土颗粒周围充满了水泥凝胶体，并有少量水泥水化物结晶的萌芽。一个月后水泥土中生成大量纤维状结晶，并不断延伸填充到颗粒间的孔隙中，形成网状构造。到五个月时，纤维状结晶辐射向外伸展，产生分叉，并相互连接形成空间网状结构，水泥的形状和土颗粒的形状已不能分辨出来。

3. 碳酸化作用

水泥水化物中游离的氢氧化钙能吸收水中和空气中的二氧化碳，发生碳酸化反应，生成不溶于水的碳酸钙，这种反应也能使水泥土增加强度，但增长的速度较慢，幅度也较小。

从水泥土的加固机理分析，由于搅拌机械的切削搅拌作用，实际上不可避免地会留下一些未被粉碎的大小土团。在拌入水泥后将出现水泥浆包裹土团的现象，而土团间的大孔隙基本上已被水泥颗粒填满。所以，加固后的水泥土中形成一些水泥较多的微区，而在大小土团内部则没有水泥。只有经过较长的时间，土团内的土颗粒在水泥水解产物渗透作用下，才逐渐改变其性质。因此在水泥土中不可避免地会产生强度较大和水稳性较好的水泥石区和强度较低的土块区。两者在空间相互交替，从而形成一种独特的水泥土结构。可见，搅拌越充分，土块被粉碎得越小，水泥分布到土中越均匀，则水泥土结构强度的离散性越小，其宏观的总体强度也越高。

三、设计计算

1. 桩长和桩径

竖向承载搅拌桩的长度应根据上部结构对承载力和变形的要求确定，并宜穿透软弱土层到达承载力相对较高的土层；为提高抗滑稳定性而设置的搅拌桩，其桩长应超过危险滑弧以下 2m。水泥搅拌桩的桩径不应小于 500mm。

2. 布桩形式

布桩形式可根据上部结构特点及对地基承载力和变形的要求，采用柱状、壁状、格栅状或块状等不同形式。桩可只在基础平面范围内布置，独立基础下的桩数不宜少于 3 根。柱状加固可采用正方形、等边三角形等布桩形式。

3. 单桩承载力特征值

单桩竖向承载力特征值应通过现场荷载试验确定，无试验材料时，也可按照式（17-41）和式（17-42）计算，并取其中较小值。

$$R_a = u_p \sum_{i=1}^{n} q_{si} l_i + \alpha q_p A_p \tag{17-41}$$

$$R_a = \eta f_{cu} A_p \tag{17-42}$$

式中 R_a——单桩竖向承载力特征值，kPa；

f_{cu}——与搅拌桩桩身水泥土配比相同的室内加固土试块（边长为 70.7mm 的立方体，也可采用边长为 50mm 的立方体）在标准养护条件下 90d 龄期的立方体抗压强度平均值，kPa；

η——桩身强度折减系数；干法可取 0.20～0.30，湿法可取 0.25～0.33；

u_p——桩的周长，m；

n——桩长范围内所划分的土层数；

q_{si}——桩周第 i 层土的侧阻力特征值；对淤泥可取 4～7kPa，对淤泥质土可取 6～12kPa，对软塑状态的黏性土可取 10～15kPa，对可塑状态的黏性土可以取 12～18kPa；

l_i——桩长范围内第 i 层土的厚度，m；

q_p——桩端地基土未经修正的承载力特征值，kPa；

α——桩端天然地基土的承载力折减系数，可取 0.4 ～ 0.6，承载力高时取低值。

4. 复合地基承载力特征值

加固后搅拌桩复合地基承载力特征值应通过现场复合地基荷载试验确定，也可按式(17-34) 计算。其中桩间土承载力折减系数 β，当桩端土未经修正的承载力特征值大于桩周土的承载力特征值的平均值时，可取 0.1～0.4，差值大时取低值；当桩端土未经修正的承载力特征值小于或等于桩周土的承载力特征值的平均值时，可取 0.5～0.9，差值大时或设置褥垫层时均取高值。

§17.8 土工合成材料加筋法

17.8.1 特点和适用范围

土工合成材料的特点是：质地柔软，重量轻，整体连续性好，施工方便；抗拉强度高，没有显著的方向性，各向强度基本一致；弹性、耐磨、耐腐蚀性、耐久性和抗微生物侵蚀性好，不易霉烂和虫蛀；而且，土工合成材料具有毛细作用，内部具有大小不等的网眼，有较好的渗透性（水平向 $1\times10^{-3}\sim1\times10^{-1}$ cm/s）和良好的疏导作用，水可竖向、横向排出。材料为工厂制品，材质易保证，施工简便，造价较低，与砂垫层相比可节省大量砂石材料，节省费用 1/3 左右。用于加固软弱地基或边坡，作为加筋形成复合地基，可提高土体强度，承载力增大 3～4 倍，显著地减少沉降，提高地基稳定性。但土工聚合物存在抗紫外线（老化）能力较低，如埋在土中，不受阳光紫外线照射，则不受影响，可使用 40 年以上。

土工合成材料适用于加固软弱地基，以加速土的固结，提高土体强度；用于公路、铁路路基作加强层，防止路基翻浆、下沉；用于堤岸边坡，可使结构坡角加大，又能充分压实；作挡土墙后的加固，可代替砂井。此外，还可用于河道和海港岸坡的防冲；水库、渠道的防渗以及土石坝、灰坝、尾矿坝与闸基的反滤层和排水层，可取代砂石级配良好的反滤层，达到节约投资、缩短工期、保证安全使用的目的。

17.8.2 加固机理

土工合成材料在岩土工程应用的主要作用有排水、反滤、隔离和加筋等。

1. 排水作用

土工合成材料具有良好的三维透水特性，这种透水特性可使水经过它的平面时会迅速沿水平方向排走，构成水平排水层。它还可以与其他材料（如粗粒料、排水管、塑料排水板等）共同构成排水系统或深层排水井。土工合成材料所形成的排水层其排水作用的效果取决于在相应的受力条件下的导水性的大小（导水性为水平向渗透系数和厚度的乘积），以及其所需要排水量和所接触土层的土质条件。

2. 反滤作用

多数渗水性土工合成材料在单向渗流的情况下，发生细颗粒逐渐向渗滤层移动，自然形成一个反滤带和一层骨架网阻止细的颗粒被滤过，防止土粒继续流失，最后趋向平衡，使土工合成材料与其相接触的部分土层共同形成一个完整的反滤体系，有效起到反滤作用，使整个土体保持平衡稳定状态。

3. 隔离作用

土工合成材料可设置在两种不同土或其他材料，或者土与其他材料之间，将它们相互隔离，避免混杂产生不良效果，并可以依靠其优良特性以适应受力、变形和各种环境变化的影响而不破损。当用于受力的结构体中，则有助于保证结构的状态和设计功能。当用于材料的储存堆放场地，可以避免材料损失和腐化，对于废料还有助于防止污染。但用作隔离的土工合成材料，其渗透性应大于所隔离土的渗透性；当承受动荷载作用时，土工纤维应有足够的耐磨性和抗拉强度。土工合成材料用于路基工程，可以防止软弱土层浸入路基引起翻浆，同时有利于排水，加速土体固结，增强地基承载力。

4. 加筋作用

利用土工合成材料的高强度和韧性等力学性能，与其上填土间有较大的摩擦力，可分散荷载，扩散应力，将作用土层上的力均匀分布传递于地基，从而起到加筋作用，有利于阻止填土的侧向变形，降低地基不均匀沉降的趋势，防止浅层地基的滑动破坏，并避免局部基础的破损，同时可以增大土体的刚度，提高地基承载力。

17.8.3 施工工艺方法要点

(1) 铺设土工合成材料前，应将基土表面压实，修整平顺均匀，清除杂物、草根，表面凹凸不平的可铺一层砂找平。当作路基铺设，表面应有 4%～5%的坡度，以利排水。

(2) 铺设应从一端向另一端进行，端部应先铺填，中间后铺填，端部必须精心铺设锚固，铺设松紧应适度，防止绷拉过紧或褶皱，同时需保持连续性、完整性。避免过量拉伸超过其强度和变形的极限而发生破坏、撕裂或局部顶破等。在斜坡上施工，应注意均匀和平整，并保持一定的松紧度；避免石块使其变形而超出聚合材料的弹性极限；在护岸工程坡面上铺设时，上坡段土工合成材料应搭在下坡段土工合成材料上。

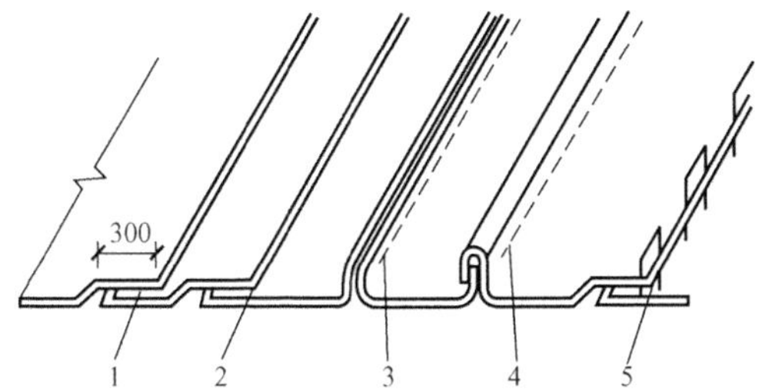

图 17-5 土工合成材料连接方法

1—搭接；2—胶合；3、4—缝合；5—钉接

(3) 土工合成材料连接一般可采用搭接、缝合、胶合或 U 形钉钉合等方法，如图 17-5 所示。采用搭接时，应有足够的宽（长）度，一般为 0.3～0.9m，在坚固和水平的路基，一般为 0.3m，在软的和不平的地面，则需 0.9m；在搭接处尽量避免受力，以防移动。缝合采用缝合机面对面或折叠缝合，用尼龙或涤纶线，针距 7～8mm，缝合处的强度一般可达缝物强度的 80%。胶结法是用胶黏剂将两块土工合成材料胶结在一起，最小搭接长度为 100mm，胶结后应停 2h 以上；其接缝处的强度与土工合成材料的原强度相同。用 U 形钉连接是每隔 1.0m 用一 U 形钉插入连接，其强度低于缝合法和胶结法。由于搭接和缝合法施工简便，采用较多。

(4) 为防止土工合成材料在施工中产生顶破、穿刺、擦伤和撕破等，一般在土工合成材料下面宜设置砾石或碎石垫层，在其上面设置砂卵石保护层，其中碎石能承受压应力，土工合成材料承受拉应力，充分发挥织物的约束作用和抗拉效应，铺设方法同砂、砾石垫层。

(5) 铺设一次不宜过长，以免下雨渗水难以处理，土工合成材料铺好后应随即铺设上层砂石材料或土料，避免长时间曝晒和暴露，使材料劣化。

(6) 土工合成材料用于作反滤层时应做到连续，不得出现扭曲、褶皱和重叠。土工合成材料上抛石时，应先铺一层 30mm 厚卵石层，并限制高度在 1.5m 以内，对于重而带棱角的石料，抛掷高度应不大于 50cm。

(7) 土工合成材料上铺垫层时，第一层铺垫厚度应在50cm以下，用推土机铺垫时，应防止刮土板损坏土工合成材料，在局部不应加过重集中应力。

(8) 铺设时，应注意端头位置和锚固，在护坡坡顶可使土工合成材料末端绕在管子上，埋设于坡顶沟槽中，以防土工合成材料往下落；在堤坝，应使土工合成材料终止在护坡块石之内，避免冲刷时加速坡脚冲刷成坑。

(9) 对于有水位变化的斜坡，施工时直接堆置于土工合成材料上的大块石之间的空隙，应填塞或设垫层，以避免水位下降时，上坡中的饱和水因来不及渗出形成显著水位差，使土挤向没有压载空隙，引起土工合成材料鼓胀而造成损坏。

(10) 现场施工中发现土工合成材料受到损坏时，应立即修补好。

§17.9 托 换 技 术

既有建（构）筑物地基加固与基础托换主要从三方面考虑：一是通过将原基础加宽，减小作用在地基土上的接触压力。虽然地基土强度和压缩性没有改变，但单位面积上荷载减小，地基土中附加应力水平减小，可使原地基满足建筑物对地基承载力和变形的要求。或者通过基础加深，虽未改变作用在地基土上的接触应力，但由于基础埋深加大，一者使基础置入较深的好土层，再者加大埋深，地基承载力通过深度修正也有所增加。二是通过地基处理改良地基土体或改良部分地基土体，提高地基土体抗剪强度，改善压缩性，以满足建筑物对地基承载力和变形的要求，常用如高压喷射注浆、压力注浆以及化学加固、排水固结、压密、挤密等技术。三是在地基中设置墩基础或桩基础等竖向增强体，通过复合地基作用来满足建筑物对地基承载力和变形的要求，常用锚杆静压桩、树根桩或高压旋喷注浆等加固技术。有时可将上述几种技术综合应用。

17.9.1 基础加宽、加深技术

有许多既有建筑物或改建增层工程，常因基础底面积不足而使地基承载力或变形不满足规范要求，从而导致既有建筑物开裂或倾斜；或由于基础材料老化、浸水、地震或施工质量等因素的影响，原有地基基础已显然不再适应，一般常用基础加宽托换，以增大基础支承面积，加强基础刚度，或增大基础的埋置深度等。通常采用混凝土套或钢筋混凝土套加固。

当采用混凝土套或钢筋混凝土套时，应注意以下几点施工要求：

(1) 基础加大后刚性基础应满足混凝土刚性角要求，柔性基础应满足抗弯要求。

(2) 为使新旧基础牢固连接，在灌注混凝土前应将原基础凿毛并刷洗干净，再涂一层高强度水泥砂浆，沿基础高度每隔一定距离应设置锚固钢筋；也可在墙脚或圈梁钻孔穿钢筋，再用环氧树脂填满，穿孔钢筋须与加固筋焊牢。

(3) 对加套的混凝土或钢筋混凝土的加宽部分，其地基上应铺设的垫料及其厚度，应与原基础垫层的材料及厚度相同，使加套后的基础与原基础的基底标高和应力扩散条件相同。

(4) 对条形基础应按长度1.5～2.0m划分成许多单独区段，分别进行分批、分段、间隔施工，绝不能在基础全长挖成连续的坑槽和使全长上地基土暴露过久，以免导致地基土浸泡软化，使基础随之产生很大的不均匀沉降。

(5) 当原基础承受中心荷载时，可采用双面加宽；当原基础承受偏心荷载，或受相邻建筑基础条件限制，或为沉降缝处的基础，或为了不影响室内正常使用时，可在单面加宽原基

础；也可将柔性基础改为刚性基础；还可将条形基础扩大成片筏基础。

若验算原地基承载力和变形不能满足规范要求时，除了可采用基础加宽的托换方法外，尚可将基础落深在较好的新持力层上的坑式托换加固方法，也称为墩式托换。

坑式托换基础施工步骤：

（1）在贴近被托换的基础侧面，由人工开挖一个长×宽为 1.2m×0.9m 的竖向导坑，并挖到比原有基础底面下再深 1.5m 处。

（2）再将导坑横向扩展到基础下面，并继续在基础下面开挖到所要求的持力层标高。

（3）采用现浇混凝土浇筑已被开挖出来的基础下的坑槽形成墩子。但在离原有基础底面 8cm 处停止浇筑，养护一天后，再将 1∶1 干硬性水泥砂浆放进 8cm 的空隙内，充分捣实成填充层。

（4）用同样步骤，再分段分批的挖坑和修筑墩子，直至全部托换基础的工作完成为止。

17.9.2 锚杆静压桩技术

锚杆静压桩是锚杆和静力压桩两项技术巧妙结合而形成的一种桩基施工新工艺。它是对需进行地基基础加固的既有建筑物基础上按设计开凿压桩孔和锚杆孔，用黏结剂埋好锚杆，然后安装压桩架与建筑物基础连为一体，并利用既有建筑物自重作反力，用千斤顶将预制桩段压入土中，桩段间用硫磺胶泥或焊接连接。当压桩力或压入深度达到设计要求后，将桩与基础用微膨胀混凝土浇筑在一起，桩即可受力，从而达到提高地基承载力和控制沉降的目的。

锚杆静压桩施工机具简单，施工作业面小，施工方便灵活，技术可靠，效果明显，施工时无振动，无污染，对原有建筑物里生活或生产秩序影响小。锚杆静压桩适用范围广，可适用于黏性土、淤泥质土、杂填土、粉土、黄土等地基。

锚杆静压桩技术除应用于已有建筑物地基加固外，也应用于新建建（构）筑物基础工程。在闹市区旧城改造中，限于周围交通条件难以运进打桩设备，或施工场所狭窄，打桩施工工作面不够时，可采用锚杆静压桩技术进行桩基施工。在施工设备短缺地区，无打桩设备，也可用锚杆静压桩技术进行桩基施工。对于新建建筑物，在基础施工时可按设计预留压桩孔和预埋锚杆，待上部结构施工至 3～4 层时，再利用建筑物自重作为压桩反力开始压桩。

锚杆静压桩的压桩施工应遵循下述要求：

（1）根据压桩力大小选定压桩设备及锚杆直径，对触变性土（黏性土），压桩力可取 1.3～1.5 倍的单桩容许承载力，对非触变性土（砂土），压桩力可取 2 倍的单桩容许承载力。

（2）压桩架要保持垂直，应均衡拧紧锚固螺栓的螺帽，在压桩施工过程中，应随时拧紧松动的螺帽。

（3）桩段就位必须保持垂直，不得偏压。当压桩力较大时，桩顶应垫 3～4cm 厚的麻袋，其上垫钢板再进行压桩，防止桩顶压碎。

（4）压桩施工时不宜数台压桩机同时在一个独立柱基上施工。施工期间，压桩力总和不得超过既有建筑物的自重，以防止基础上抬造成结构破坏。

（5）压桩施工不得中途停顿，应一次到位。如不得已必须中途停顿时，桩尖应停留在软弱土层中，且停歇时间不宜超过 24 小时。

（6）采用硫磺胶泥接桩时，上节桩就位后应将插筋插入插筋孔内，检查重合无误，间隙均匀后，将上节桩吊起10cm，装上硫磺胶泥夹箍，灌注硫磺胶泥，并立即将上节桩保持垂直放下，接头侧面应平整光滑，上下桩面应充分黏结，待接桩中的硫磺胶泥固化后（一般气温下，经五分钟硫磺胶泥即可固化），才能开始继续压桩施工。当环境温度低于5℃时，应对插筋和插筋孔作表面加温处理。

(7) 熬制硫磺胶泥的温度应严格控制在140～145℃范围内，灌注时温度不得低于140℃。

(8) 采用焊接接桩时，应清除表面铁锈，进行满焊，确保质量。

(9) 桩与基础的连接（即封桩）是整个压桩施工中的关键工序之一，必须认真进行。

(10) 压桩施工的控制标准，应以设计最终压桩力为主桩入土深度为辅加以控制。

17.9.3 树根桩技术

树根桩是一种小直径钻孔灌注桩，其直径通常为100～250mm，有时也采用300mm。先利用钻机钻孔，满足设计要求后，放入钢筋或钢筋笼，同时放入注浆管，用压力注入水泥浆或水泥砂浆而成桩，也可放入钢筋笼后再灌入碎石，然后注入水泥浆或水泥砂浆而成桩。小直径钻孔灌注桩可以竖向、斜向设置，网状布置如树根状，故称为树根桩。

树根桩技术的特点是：机具简单，施工场地小；施工时振动和噪声小，施工方便；施工时因桩孔很小，故而对墙身和地基土都不产生任何次应力，所以托换加固时不存在对墙身有危险；也不会扰动地基土和干扰建筑物的正常工作情况。树根桩适用于碎石土、砂土、粉土、黏性土、湿陷性黄土和岩石等各类地基土；树根桩不仅可承受竖向荷载，还可承受水平向荷载。压力注浆使桩的外侧与土体紧密结合，使桩具有较大的承载力。

树根桩加固地基的设计计算内容与树根桩在地基加固中的效用有关，应视工程情况区别对待。

树根桩一般为摩擦桩，与地基土体共同承担荷载，可视为刚性桩复合地基。对于网状树根桩，可视为修筑在土体中的三维结构，设计时以桩和土间的相互作用为基础，由桩和土组成复合土体的共同作用，将桩与土围起来的部分视为一个整体结构，其受力犹如一个重力式挡土结构一样。

树根桩与桩间土共同承担荷载，树根桩的承载力发挥还取决于建筑物所能容许承受的最大沉降值。容许的最大沉降值越大，树根桩承载力发挥度越高。容许的最大沉降值越小，树根桩承载力发挥度越低。承担同样的荷载，当树根桩承载力发挥度低时，则要求设置较多的树根桩数。

树根桩施工时如不下套管会出现缩颈或塌孔现象，应将套管下到产生缩颈或塌孔的土层深度以下。注浆时注浆管的埋设应离孔底200mm，从开始注浆起，对注浆管要进行不定时的上下松动，在注浆结束后要立即拔出注浆管，每拔1m必须补浆一次，直至拔出为止。注浆施工时应防止出现穿孔和浆液沿砂层大量流失的现象，可采用跳孔施工、间歇施工或增加速凝剂掺量等措施来防范。额定注浆量应不超过按桩身体积计算量的3倍，当注浆量达到额定注浆量时应停止注浆。注浆后由于水泥浆收缩较大，故在控制桩顶标高时，应根据桩截面和桩长的大小，采用高于设计标高5%～10%的施工标高。

17.9.4 其他加固技术

一、桩式托换

桩式托换是包括所有采用桩的形式进行托换的方法总称，因而内容十分广泛，下面主要介绍坑式静压桩和预压桩。

1. 坑式静压桩

坑式静压桩（也称压入桩或顶承静压桩）是在已开挖的基础下托换坑内，利用建筑物上部结构自重作支承反力，用千斤顶将预制好的钢管桩或钢筋混凝土桩段接长后逐段压入土中的托换方法。

坑式静压桩也是将千斤顶的顶升原理和静压桩技术融为一体的托换技术新方法。

坑式静压桩适用于淤泥、淤泥质土、黏性土、粉土、湿陷性土和人工填土，且有埋深较浅的硬持力层。当地基土中含有较多的大块石、坚硬黏性土或密实的砂土夹层时，由于桩压入时难度较大，则应根据现场试验确定其适用与否。

坑式静压桩的施工步骤：

（1）先在贴近被托换既有建筑物的一侧，开挖一个长、宽约 1.5m×1.0m 的竖向导坑，直挖到比原有基础底面下再深 1.5m 处；

（2）再将竖向导坑朝横向扩展到基础梁、承台梁或基础板下，垂直开挖长、宽、深约为 0.8m×0.5m×1.8m 的托换坑；

（3）将桩用千斤顶逐节压入土中，直至桩端到达设计深度或桩阻力满足设计要求为止；

（4）通过封顶和回填，将桩与既有基础梁浇灌在一起，形成整体连接以承受荷载。对于采用钢筋混凝土的静压桩，封顶和回填应同时进行，或先回填后封顶，即从坑底每层回填夯实至一定深度后，再支模在桩周围浇灌混凝土；对于钢管桩，一般不需在桩顶包混凝土，只需用素土或灰土回填夯实到顶；回填时通常在封顶混凝土里掺加膨胀剂或预留空隙后填实的方法（在离原有基础底面 80mm 处停止浇筑，待养护一天后，再将 1∶1 的干硬水泥砂浆塞进 80mm 的空隙内，用铁锤锤击短木，使在填塞位置的砂浆得到充分捣实成为密实的填充层）。

2. 预压桩

预压桩的设计思路是针对坑式静压桩的施工存在局限而予以改进的。预压桩能阻止坑式静压桩施工中在撤出千斤顶时压入桩的回弹，阻止压入桩回弹的方法是在撤出千斤顶之前，在被顶压的桩顶与基础底面之间加进一个楔紧的工字钢。

预压桩的施工方法，其前阶段施工与坑式静压桩施工完全相同。即当钢管桩（或预制钢筋混凝土桩）达到要求的设计深度，如果是钢管桩管内要灌注混凝土，则需待混凝土结硬后才能进行预压工作。一般要用两个并排设置的液压千斤顶放在基础底和钢管桩顶面间。两个千斤顶间要有足够的空位，以便将来安放楔紧的工字钢钢柱，两个液压千斤顶可由小液压泵手摇驱动。荷载应施加到桩的设计荷载的 150%为止。在荷载保持不变的情况下（1h 内沉降不增加才被认为是稳定的），截取一段工字钢竖放在两个千斤顶之间，再将铁锤打紧钢楔，实践经验证明，只要转移 10%～15%的荷载，就可有效地对桩进行预压，并阻止了压入桩的回弹，此时千斤顶已停止工作，并可将其撤出。然后用干填法或在压力不大的情况下将混凝土灌注到基础底面，最后将桩顶与工字钢柱用混凝土包起来。

二、灌浆托换

灌浆托换是指利用液压、气压或电化学原理，通过注浆管把浆液均匀地注入地层中，浆液以填充、渗透和挤密等方式，赶走土颗粒间或岩石裂隙中的水分和空气后占据其位置，经人工控制一定时间后，浆液将原来松散的土粒或裂隙胶结成一个整体，形成一个结构新、强度大、防水性能好和化学稳定性良好的“结石体”。

建筑工程中用于基础托换的灌浆法主要有硅化加固法、水泥硅化法、碱液加固法。

1. 硅化加固法

硅化加固法始于1887年，是一种比较古老的灌浆工艺。它是利用带有孔眼的注浆管将硅酸钠溶液和氯化钙溶液分别轮换注入土中，使土体固化的一种化学加固方法。

2. 水泥硅化法

水泥硅化法是将水玻璃与水泥分别配成两种溶液，按照一定比例用两台泵或一台双缸独立分开的泵将两种溶液同时注入土中。这种浆液不仅具备水泥浆的优点，而且还兼有某些化学浆液的优点。

3. 碱液加固法

已有的化学加固法都是将化学溶液灌入土中后，由溶液本身析出的胶凝物质将分散的土颗粒胶结而使土得到加固。但是碱液加固法的原理不同于上述方法，它本身并不能析出任何胶凝物质，而只是使土颗粒表面活化，然后在接触面处彼此胶结成整体，从而提高土的强度。

思 考 题

17-1 一般建筑物地基可能面临的问题有哪些？

17-2 何谓复合地基理论？试述其特点和作用机理。

17-3 试述地基处理的目的和分类方法。

17-4 换填垫层法的原理是什么？如何确定垫层的厚度和宽度？

17-5 压实、换填与固结三者有何区别？

17-6 何谓强夯法？试述其加固机理。

17-7 试述排水固结法的加固机理和适用条件。

17-8 碎石桩的加固机理是什么？

17-9 土工合成材料用于加固地基有哪些作用？

17-10 什么叫托换技术？托换技术有哪些种类？

习 题

17-1 某工地拟建一个20层左右的建筑物，原设计砂砾石天然地基。开挖到设计标高以后发现有的部分基底以下还有相当厚的细砂，细砂承载力特征值只有150kPa，达不到要求的270kPa，有人提出在细砂层上做70cm的细砂和水泥加固土垫层，以提高其地基承载力，请问这种做法是否可行？

17-2 某场地为细砂地基，天然孔隙比$e_0=0.96$，最大孔隙比$e_{max}=1.14$，最小孔隙比$e_{min}=0.60$，由于地基承载力不能满足上部结构荷载的要求，决定采用碎石桩加固地基，桩长7.5m，桩径500mm，等边三角形布置，地基挤密后要求砂土的相对密实度为0.8，试确定桩间距是多少？

（答案：17-1：不可行；17-2：1.0m）

 注册岩土工程师考试题选

17-1　在深厚软黏土地基上修建路堤，采用土工格栅加筋土地基，下列说法中哪一条是错误的？（　　）

A. 采用加筋土地基可有效提高地基的稳定性

B. 采用加筋土地基可有效扩散应力，减小地基中的附加应力

C. 采用加筋土地基可有效减小工后沉降量

D. 采用加筋土地基可有效减小施工期沉降量

17-2　下列（　　）土工合成材料不适用于土体的加筋。

A. 塑料土工格栅　　B. 塑料排水板带

C. 土工带　　D. 土工格室

17-3　换土垫法在处理浅层软弱地基时，垫层厚度符合下列哪一项要求？（　　）

A. 垫层底面处土的自重压力与附加压力之和不大于同一标高处软弱土层经宽度修正后的承载力特征值

B. 垫层底面处土的自重压力不大于同一标高处软弱土层经宽度修正后的承载力特征值

C. 垫层底面处土的自重压力与附加压力之和不大于同一标高处软弱土层经深度修正后的承载力特征值

D. 垫层底面处土的附加应力不大于同一标高处软弱土层经宽度、深度修正后的承载力特征值

（答案：17-1：B；17-2：B；17-3：C）

第18章　地基基础抗震

本章提要

地震可能诱发地基产生振动液化、震陷、地裂或滑坡，而位于地基上部的基础和建筑物可能会出现墙体开裂、混凝土被压碎甚至倒塌等破坏现象。了解地震的成因、地震波的特性及震级和烈度等方面的知识，对于地基基础抗震的设计计算和工程措施选用具有十分重要的意义。

本章重点为地基抗震设计的原则、地基抗震验算、液化地基的评价以及加强地基基础抗震能力的工程措施。

§18.1　概　　述

地震是一种自然现象，在建筑抗震设计中，我们所指的地震是由于地壳构造运动使深部岩石的应变超过容许值，岩层发生断裂、错动而引起的地面震动。据统计，世界上每年发生地震约500万次，其中绝大多数地震强度很小，人们能直接感觉到的只有约5万次。像1976年河北唐山大地震全球平均每年只有18次左右。实际情况表明地震越大，发生的次数越少。

从地震灾害的致灾害过程、成灾种类、灾害分布和灾害预防几方面考虑，我国地震灾害具有以下特点。

(1) 突发性致灾。大地震发生的十几秒到几十秒过程可将一座几百万人口城市夷为平地，造成上百万人死亡，数百万、上千万人口受灾，大面积建筑物和工程设施摧毁，生产停顿、社会瘫痪、城市功能消失。

(2) 地震灾害是立体灾害。地震灾害除了可造成大量人员死伤外，还会伴有其他灾害如火灾、水灾、毒气、放射性辐射、各种污染、滑坡、泥石流、建筑物及工程设施倒塌、生命线工程被毁、计算机系统失去记忆、交通通信中断、停工、停产、社会恐慌混乱、疾病和瘟疫流行等。总之，地震灾害是综合性灾害，是伤害社会整体功能的灾害。

(3) 地震灾害分布广，影响范围大，5级地震有感半径为150km，7级地震有感半径400km，8级地震有感半径600km。例如，1978年唐山大地震波及整个华北地区，千里之外的陕西、安徽、黑龙江都有震感。

(4) 地震灾害的预测、预防难度大。

(5) 中国地震灾害具有频度高、强度大、分布广等特点。

地震诱发的直接灾害、次生灾害和间接灾害有：

(1) 直接灾害：建筑设施的破坏、山崩、滑坡、泥石流、地裂、地陷、地鼓包、喷砂、冒水、砂土液化、海啸、湖震、堤坝崩塌、可燃性气体逸出、火球、电磁辐射等。

(2) 次生灾害：火灾，水灾，有毒容器破坏后毒气、毒液、放射性物质等溢出，冻灾，地震瘟疫，城市"玻璃雨"，信息储存系统记忆消失，社会功能瓦解，社会经济瘫痪，社会恐震心理症，甚至政权更迭。

(3) 间接灾害：间接灾害是在地震次生灾害基础上发生的灾害，它是由于救灾不力、处理不当或心理障碍没消除而派生出的灾害又称诱发灾害，如堤坝溃决的水灾、地震谣言、避震荒、地震饥荒等。

18.1.1 地震的成因及地震带的分布

1. 地震的成因

地震分为天然地震和人工地震两大类。造成地震的原因很多，按其成因可分为构造地震、火山地震、陷落地震三种主要类型，此外还有水库地震、爆炸地震、油田注水地震等类型。其中，构造地震、火山地震等属于天然地震，而水库地震、爆炸地震、油田注水地震等属于人工地震。

构造地震：由于地壳运动产生自然力推挤地壳岩层，岩层薄弱部位突然发生断裂、错动，这种在构造变动中引起的地震称为构造地震。构造地震约占地震总数的90%左右，就地震灾害而言，其破坏性最大，影响范围最广。

火山地震：由于火山爆发，岩浆猛烈冲击地面时引起的地面震动称为火山地震。火山地震影响范围较小，不会造成大面积的破坏和人畜伤亡。火山地震约占地震总数的7%。

陷落地震：地表或地下岩层因洞穴大规模陷落和崩塌时引起的地震称为陷落地震。洞穴主要有石灰岩溶洞和矿山采空区。

水库地震：水库地震是因水库蓄水而诱发的地震。诱发地震的原因有两方面：一是水的重量，巨大的水体增大了水库基岩荷载；二是水对地层和断裂处的物理、化学作用。

爆炸地震：指工业大爆破或地下核实验所激发的地震。这种地震一般震级较小，影响范围仅几十公里。

油田注水地震：在油田的开采中，广泛利用人工注水驱动工艺，从而产生油田注水诱发地震。其机理类似于水库诱发地震，水的注入使岩石产生水饱和，从而降低岩石的抗剪强度，因此诱发地震。

地球内部发生地震的地方，称为震源。震源在地表的投影称为震中。地面上任何一个地方到震中的距离称为震中距。震中附近的地区称为震中区。震源到震中的深度称为震源深度。按震源深度可分三级：震源深度在60km以内叫浅源地震；震源深度在60～300km叫中源地震；震源深度超过300km叫深源地震。我国发生的绝大多数地震属于浅源地震，一般深度在5～40km。如1976年的唐山大地震的震源深度为11km，1999年9月的台湾地震的震源深度仅为1.1km，2008年的汶川大地震的震源深度为10km左右。我国深源地震分布十分有限，仅个别地区发生过深源地震，其深度一般为400～600km。

2. 地震带的分布

地震带是指地震集中分布的地带。在地震带内震中密集，在带外地震的分布零散。地震带常与一定的地震构造相联系。全球最大的环太平洋地震带和横贯欧亚的地震带（喜马拉雅—地中海地震带），是全球六大板块间的接触带，其他的地震带与扩展的洋脊、转换断层、大陆裂谷或大断裂带有关。在环太平洋地震带和横贯欧亚的地震带内发生约占地球85%的浅源地震，全部的中源地震和深源地震。其他地震带只有浅源地震，一般来说地震频度和强度均较弱。

各地震带的大地震发生方式有单发式和连发式之分。前者以一次8级以上地震和若干中小地震来释放带内积累的能量，后者在一定时期内以多次7～7.5级地震释放其绝大部分积累的能量。我国位于世界两大地震带环太平洋地震带和欧亚地震带之间，受太平洋板块、印度洋板块和菲律宾海板块的挤压，地震断裂带十分发育。20世纪以来，我国地震多发遍布除四川、贵州、浙江两省和香港特别行政区以外所有的省、自治区和直辖市。

18.1.2 地震波及其特性

地震引起的振动是以波的形式从震源向各个方向传播，这种波就是地震波。地震波是一种弹性波，地震波按其在地壳传播的位置不同，分为体波和面波。

(1) 体波：体波是在地球内部传播的波，包含纵波和横波。纵波是由震源向四周传播的压缩波，又称P波。介质的质点的振动方向与波的传播方向一致。这种波的周期短，振幅小，波速快，在地壳内它的速度一般为200～1400m/s。纵波波速可按下式计算

$$v_p = \sqrt{\frac{E(1-\mu)}{\rho(1+\mu)(1-2\mu)}} \tag{18 - 1}$$

式中 E——介质的弹性模量；

μ——介质的泊松比；

ρ——介质的密度。

纵波的主要特点是引起地面垂直方向振动。

横波是由震源向四周传播的剪切波，又称S波。介质的质点的振动方向与波的传播方向垂直。这种波的周期长，振幅大，波速慢，在地壳内它的波速一般为100～800m/s。横波的波速可按下式计算

$$v_s = \sqrt{\frac{E}{2\rho(1+\mu)}} = \sqrt{\frac{G}{\rho}} \tag{18 - 2}$$

式中 G——介质的剪切模量。

横波的主要特点是能够引起地面水平方向的振动。

(2) 面波：面波（L波）是沿地球表面传播的波，它是体波经地层界面多次反射形成的次生波，包含瑞雷波（R波）和洛夫波。瑞雷波传播时，质点在波的传播方向和自由面（地表面）法向组成的平面内作椭圆运动，而与该平面垂直的水平方向没有振动，在地面呈滚动形式。洛夫波只在与传播方向相垂直的水平方向振动，在地面上呈蛇形运动形式。其波速较慢，约为横波波速的0.9倍。所以，它在体波之后达到地面。这种波的介质质点振动方向复杂，振幅比体波大，对建筑物的影响也较大。

18.1.3 地震的震级和烈度

1. 地震的震级

衡量一次地震释放能量大小的等级，称为震级，用符号M表示。其数值是根据地震仪记录的地震波图来确定的。它与震源释放的能量有关，震源释放的能量越多，震级越大。

由于人们所能观测到的只是地震波传播到地表的震动，这也正是对我们有直接影响的那一部分地震能量所引起的地面震动。因此，也就自然地用地面振动的幅值大小来度量地震震级。1935年里克特（C. F. Richter）首先提出了震级的定义，即震级系利用标准地震仪（指周期为0.8s，阻尼系数为0.8，放大倍数为2800的地震仪）距震中100km处记录的以微米（$1\mu m = 1\times10^{-3}mm$）为单位的最大水平地面（振幅）$A$的常用对数值

$$M = \lg A \tag{18 - 3}$$

式中 M——地震震级，一般称为里氏震级；

A——由地震曲线图上量得的最大振幅，μm。

震级与地震释放的能量有如下关系

$$\lg E = 1.5M + 11.8 \tag{18-4}$$

式中　E——地震释放的能量。

由式（18-3）和式（18-4）计算可知，当地震震级相差一级，地面振动振幅增加约 10 倍，而能量增加近 32 倍。

一般来说，M 小于 2 的地震，人们感觉不到，称为微震；M 为 2～4 的地震称为有感地震；M 大于 5 的地震，对建筑物就要引起不同程度的破坏，统称为破坏性地震；M 大于 7 的地震称为强烈地震或大地震；M 大于 8 的地震称为特大地震。

2. 地震烈度

地震烈度是指地震时在一定地点震动的强烈程度。相对震中而言，地震烈度也可以把它理解为地震场的强度。

在没有仪器观测的年代，只能由地震宏观现象，如人的感觉、器物的反应、地表和建筑物的影响和破坏程度等，总结出的宏观烈度表来评定地震烈度。我国早期的《新中国地震烈度表》就属于这种宏观烈度表。由于宏观烈度表未能提供定量的数据，因此不能直接用于工程抗震设计。随着科学技术的发展，强震仪的问世，使人们有可能用到记录到的地面运动参数，如地面运动加速度峰值、速度峰值来定义烈度，从而体现了含有物理指标的定量烈度表。由于地震不可能随处取得仪器记录，因此用定量烈度评定地震现场烈度还有一定困难。最好的办法是将两种烈度表结合起来，使之兼有两者的功能，以便工程应用。

1999 年由国家地震局颁布实施的《中国地震烈度表》，就属于将宏观烈度与地面运动参数建立起联系的地震烈度表。所以现行的 GB/T 17742—2008《中国地震烈度表》既有定性的宏观标志，又有定量的物质标志，兼有宏观烈度表和定量烈度表两者的功能。

§18.2　场地类别与震害表现

18.2.1　场地类别

大量的震害经验表明，建筑物所在场地的地质条件和地形地貌对建筑物的震害存在显著的影响。因此，建筑物的场地选择对于建筑物的抗震具有十分重要的影响，场地和地基的破坏作用一般通过场地选择和地基处理来减轻地震灾害和建筑物的破坏。场地选择的基本原则为：选择有利地段，避开不利地段，不在危险地段建造甲、乙和丙类建筑。一般认为，对于抗震有利的地段系指地震时地面没有残余变形的坚硬或开阔平坦密实均匀的中硬土范围或者地区；而对于抗震不利的地段系指可能产生明显的残余变形或者地基失效的某一范围或者地区；危险地段系指可能发生严重的地面残余变形的某一范围或地区。如果必须在不利地段和危险地段进行工程建设，应该采取必要的措施，例如进行详细的场地勘察和场地评价，并采取必要的抗震设计措施加以保证。GB 50011—2010《建筑抗震设计规范》对于建筑有利地段、不利地段和危险地段给出了明确的规定，对于建筑场地的选择具有重要的指导意义。

为了考虑建筑场地对于结构抗震的影响，仅仅对建筑场地进行上述简单的类型划分并不能反应场地的实际情况。通常必须将场地按照某些指标或者描述进行划分，以便在建筑抗震设计中采取合理的设计参数和有关的抗震构造措施。《建筑抗震设计规范》采用以场地土层的等效剪切波速和场地覆盖层厚度两个指标作为场地类别的分类标准。所谓场地的覆盖层厚度，一般情况下是按地面到剪切波速大于 500m/s 的土层的顶面的距离来确定。但是，当地面 5m 以下存在剪切波速大于相邻上层土层剪切波速 2.5 倍的土层，且其下卧岩土的剪切波速均不小于 400m/s 时，可以按地面到该土层的顶面距离确定。对于剪切波速大于 500m/s 的孤石、透镜体，应视同周围土体，土层中的火山岩硬夹层，应视为刚体，其厚度计算应从覆盖厚度中扣除。土层的剪切波速可以通过场地的地质勘探测量确定，对于 10 层和高度 30m 以下的丙类建筑及丁类建筑，当无实测剪切波速时，也可以根据岩土性状按表 18-1 划分土的类型，并利用当地经验在该表所示的波速范围内估计各土层的剪切波速。

表 18-1　　土的类型划分和剪切波速范围

土的类型	岩土名称和性状	土层剪切波速范围（m/s）
坚硬土或岩石	稳定岩石、密实的碎石土	$V_s>500$
中硬土	中密、稍密的碎石土，密实、中密的砾，粗、中砂，$f_{ak}>200$ 的黏性土和粉土，坚硬黄土	$250<V_s\leqslant500$
中软土	稍密的砾，粗、中砂，除松散外的细粉砂，$f_{ak}\leqslant200$ 的黏性土和粉土，$f_{ak}>130$ 的填土、可塑黄土	$140<V_s\leqslant250$
软弱土	淤泥和淤泥质土，松散的砂，新近沉积的黏性土和粉土，$f_{ak}\leqslant130$ 的填土，流塑黄土	$V_s\leqslant140$

注　f_{ak}为由荷载试验等方法得到的地基土静承载力特征值，kPa。

由于土层一般是分层的，因此对于多层土层，一般根据地震波通过计算深度范围内的多层土层的时间与该地震波通过计算深度范围内单一土层所需要的时间相同的条件计算等效剪切波速 V_{se}，即

$$V_{se}=d_0\Big/\sum_{i=1}^{n}(d_i/V_{si}) \tag{18-5}$$

式中　d_0——计算深度，取覆盖层厚度和 20m 两者的较小值，m；

n——计算深度范围内土层的分层数；

V_{si}——计算深度范围内第 i 层土的剪切波速，m/s；

d_i——计算深度范围内第 i 层土的厚度，m。

建筑物的场地类别，根据土层的等效剪切波速和场地的覆盖层厚度划分为四类，见表 18-2。其分类标准主要适用于剪切波速随深度递增的一般情况。在实际工程中，层状土夹层

表 18-2　　各类建筑物场地土类别划分

<table>
<tr><th rowspan="2">等效剪切波速（m/s）</th><th colspan="7">场地覆盖层厚度 d_{ov}</th></tr>
<tr><th>$d_{ov}=0$</th><th>$0<d_{ov}<3$</th><th>$3\leqslant d_{ov}<5$</th><th>$15\leqslant d_{ov}<15$</th><th>$15\leqslant d_{ov}<50$</th><th>$50\leqslant d_{ov}<80$</th><th>$d_{ov}>80$</th></tr>
<tr><td>$V_{se}>500$</td><td>Ⅰ类</td><td colspan="6"></td></tr>
<tr><td>$250\leqslant V_{se}\leqslant500$</td><td rowspan="3"></td><td colspan="2">Ⅰ类</td><td colspan="4">Ⅱ类</td></tr>
<tr><td>$140<V_{se}\leqslant250$</td><td>Ⅰ类</td><td colspan="3">Ⅱ类</td><td colspan="2">Ⅲ类</td></tr>
<tr><td>$V_{se}\leqslant140$</td><td>Ⅰ类</td><td colspan="2">Ⅱ类</td><td colspan="2">Ⅲ类</td><td>Ⅳ类</td></tr>
</table>

的影响比较复杂，很难用单一指标反映。地震反应分析的研究结果表明，硬土夹层的影响相对比较小，而埋藏深、厚度较大的软弱土夹层，虽能抑制基岩输入地震波的高频成分，但却能显著放大输入地震波中的低频成分。因此，当计算深度以下有明显的软弱土夹层时，一般应适当提高场地类别。

【例 18-1】 已知某建筑场地的钻孔地质资料见表 18-3，试确定该场地的类别。

表 18-3 钻孔资料

土层底部深度（m）	土层厚度（m）	岩土名称	土层剪切波速（m/s）
1.5	1.5	杂填土	180
3.5	2.0	粉土	240
7.5	4.0	细砂	310
15.5	8.0	砾砂	520

解 （1）确定覆盖层厚度。

因为地表下 7.5m 以下土层的 $V_s=520\text{m/s}>500\text{m/s}$，故 $d_0=7.5\text{m}$。

（2）计算等效剪切波速，按式（18-5）有

$$V_{se}=7.5\Big/\left(\frac{1.5}{180}+\frac{2.0}{240}+\frac{4.0}{310}\right)=253.6$$

查表 18-2，V_{se}位于 250～500m/s 之间，且 $d_0>5\text{m}$，故属于Ⅱ类场地。

18.2.2 震害表现

作为建（构）筑物地基的土层在地震作用下，实际上具有双重作用。一方面它支承建（构）筑物的重量，在动力荷载（如地震作用）下可能产生超过允许范围内的不均匀沉陷或倾斜，简称地基失效。另一个方面它又是传递地震能量的介质，把地震荷载传递给上部结构，使之产生附加的动力荷载，从而造成上部结构的破坏。由于地震引起的地基失效问题主要包括饱和砂土或粉土地基液化、地震引起的滑坡和地裂缝以及地基土的震陷等。

一、饱和砂土或粉土地基液化

饱和松散的砂土或粉土，地震时易发生液化现象，使地基承载力丧失或减弱，甚至喷砂冒水，这种现象一般称为砂土液化或地基土液化。其产生的机理是：地震时，饱和砂土和粉土颗粒在强烈振动下发生相对位移，颗粒结构趋于压密，颗粒间孔隙水来不及排泄而受到挤压，因而使孔隙水压力急剧增加。当孔隙水压力上升到与土颗粒所受到的总的正压应力接近或相等时，土粒之间因摩擦产生的抗剪能力消失，土颗粒便形同液体一样处于悬浮状态，形成所谓液化现象。

影响土体发生液化的因素很复杂，其内在因素主要有土的密实度、土的胶结程度、土的有效应力大小、土的渗透排水条件等；外在因素包括动荷载的大小、频率及持续时间等。

液化使土体的抗震强度丧失，引起地基不均匀沉陷并引发建筑物的破坏甚至倒塌。发生于 1964 年的美国阿拉斯加地震和日本新泻地震，都出现了因大面积砂土液化而造成的建筑物的严重破坏，从而，引起了人们对地基土液化及其防治问题的关切。在我国，1975 年海城地震和 1976 年唐山地震也都发生了大面积的地基液化震害。我国学者在总结了国内外大量震害资料的基础上，经过长期研究，并经大量实践工作的校正，提出了较为系统而实用的液化判别及液化防治措施。

二、地震滑坡和地裂

历史上几次最大的滑坡都是地震引起的。地震导致滑坡的原因，一方面在于地震时边坡滑楔体承受了附加惯性力，下滑力加大；另一个方面，土体受震时，孔隙水压力增高，有效应力降低，从而减少阻止滑动的内摩擦力。这两个方面的因素对边坡稳定都是不利的。地质调查表明：凡发生过地震滑坡的地区，地层中几乎都有夹砂层。黄土中夹有砂层或砂透镜体时，由于砂层振动液化及水分重新分布，抗剪强度将显著降低而引起流滑。在均质黏土内，尚未有过关于地震滑坡的实例。

在震后，地表往往出现大量裂缝，称为地裂。地裂可使铁轨移位、管道弯曲，甚至可拉裂房屋。地裂与地震滑坡引起的地层相对错动有密切关系。例如，路堤的边坡滑动后，坡顶下陷将引起沿路线方向的纵向地裂。因此，河流两岸、深坑边缘或其他有临空自由面的地带，往往地裂较为发育。也有由于砂土液化等原因使地表沉降不均而引起地裂的。

在震源处以地震波形式传播于周围地层上，引起相邻的岩石震动，这种震动具有很大的能量，它以作用力的方式作用于岩石上，当这些作用力超过了岩石的强度时，岩石就要发生破裂和位移，形成断层或地裂缝，引发结构物的变形或破坏，这种现象称为地震破裂效应。

1. 地震断层

在山区特别是在震源较浅而松散的沉积层不太厚的地区，地震断层在地表出露的基本特点是：狭长的延续几十至百余千米的一个带，其方向往往和本地区域大断裂相一致。在平原区，由于被很厚的松散沉积层所覆盖，地震震源稍深，地震断层在地表的出露占据一个较宽的范围，往往由几个大致相平行的地表断裂带所组成。如 1966 年邢台地震时，地表的地震断层由四个带组成，总宽近 20km。

2. 地裂缝

地震地裂缝是因地震产生的构造应力作用而使岩土层产生破裂的现象，地裂缝的成因有两个方面：一是与构造活动有关，与其下或邻近的活动断裂带的变形有关；二是地震时，地震波传播产生的地震力而使岩土层开裂。前一种成因的地裂缝，其分布是严格按照一定的方位排列组合，方向性十分明显，主裂缝带的延伸完全不受地形、地貌控制，但与其附近的断裂带或地震断层的力学关系一致。后一种成因的地裂缝与地震波传播方向及能量有关，受地形、地貌条件影响较大。

三、土的震陷

地震时，地面的巨大沉陷称为震陷或震沉。此现象往往发生在砂性土或淤泥土中。1960 年智利地震后，有一个岛因震陷而局部沉没。震陷是一种宏观现象，原因有多种，包括：①松砂经振动后趋于密实而沉缩；②饱和砂土经振动液化后涌向四周洞穴中或从地表裂缝逸出而引起地面变形；③淤泥质黏土经振动后，结构受到扰动而强度显著下降，产生附加沉降。振动三轴试验表明，振动加速度越大则震陷量也越大。为减轻震陷，只能针对不同土质，采取相应的密实或加固措施。

四、建筑物破坏

地震对建筑物的破坏作用表现在以下几个方面。

(1) 地震力引起的破坏作用。地震时，地震波使地面突然来回颠晃。建筑物受到惯性力的反复作用。因地震产生的惯性力称为地震力。地震力越大，地面晃动就越厉害，如果建筑物经不住地震力的作用，轻者震裂，重者倒塌。建筑物不但受到水平方向的震动力，同时也受到上下作用的地震力。

(2) 地面变形引起的破坏作用。大地震发生时，高烈度区（8度以上）的地面强烈变形产生不均匀的局部隆起、陷落和地裂缝，甚至出现新的断裂、错动、山崩、滑坡等，从而使其附近的房屋、道路、桥梁、水坝等建筑物遭到破坏。

(3) 地基丧失支承能力引起的破坏作用。由于地震时地面的剧烈震动，有些建筑物的地基会丧失它原有的支承能力，导致建筑物倾倒。

上述各种破坏作用，特别是在极震区及附近的高烈度区，几种作用叠加在一起，从而加剧建筑物的破坏。

地震对建筑物的破坏程度由地震烈度来衡量。一般而言，地震烈度在5度和5度以下对建筑物影响不大；6度时质量较差的民房会有破坏，个别会有倒塌；7度时，老旧房屋多数会破坏，少数倒塌，质量好的新房少数会破坏；8度时，大部分房屋遭破坏、局部倒塌；9度时大多数房屋遭受严重破坏和倒塌，10度和10度以上时，房屋严重破坏普遍倒塌，造成巨大的自然灾害。

§18.3 地基基础抗震设计

18.3.1 地基抗震设计原则

地基是指建筑物基础下面受力层范围内的土层。对历史震害资料的统计分析表明，一般地基在地震时很少发生问题。造成上部建筑物破坏的主要是松软土地基和不均匀地基。因此，设计地震区的建筑物，应根据土质的不同情况采用不同的处理方案。

1. 松软土地基

在地震区，对饱和的淤泥和淤泥质土、冲填土和杂填土、不均匀地基土，不能不加处理地直接用作建筑物的天然地基。工程实践已经证明，尽管这些地基土在静力条件下具有一定的承载能力，但在地震时，由于地面运动的影响，会全部或部分地丧失承载能力，或者产生不均匀沉陷和过量沉陷，造成建筑物的破坏或影响其正常使用。松软土地基的失效不能用加宽基础、加强上部结构等措施克服，而应采用地基处理措施（如置换、加密、强夯等）消除土的动力不稳定性，或者采用桩基等深基础避开可能失效的地基对上部建筑的不利影响。

2. 一般土地基

房屋震害调查统计资料表明，建造于一般土质天然地基上的房屋，遭遇地震时，极少有因地基强度不足或较大沉陷导致的上部结构破坏。因此，我国《建筑抗震设计规范》规定，下述建筑可不进行天然地基及基础的抗震承载力验算。

(1) 砌体结构房屋。

(2) 地基主要受力层范围内不存在软弱黏性土层的一般厂房、单层空旷房屋、8层且高度在25m以下的一般民用框架房屋及与其基础荷载相当的多层框架厂房。这里，软弱黏性土层是指设防烈度为7度、8度和9度时，地基土静承载能力特征值分别小于80、100和120kPa的土层。

(3) 7度Ⅰ、Ⅱ类场地，柱高分别不超过10m和4.5m，且结构单元两端均有山墙的钢筋混凝土柱和砖柱单跨及等高多跨厂房（锯齿形厂房除外）。

(4) 6度时的建筑（建造在Ⅳ类场地上的较高的高层建筑除外）。

3. 地裂危害的防治

当地震烈度为7度以上时，在软弱场地土及中软场地土地区，地面裂隙比较发育，建筑物特别是砖结构建筑物常因地裂通过而被撕裂。因此，对位于软弱场地土上的建筑物，当基本烈度为7度以上时，应采取防地裂措施。例如，对于砖结构房屋，可在承重砖墙的基础内设置现浇钢筋混凝土圈梁；对于单层钢筋混凝土柱厂房，可沿外墙一圈设置现浇整体基础墙梁或有现浇接头的装配整体式基础墙梁。位于中软场地土上的建筑物，当基本烈度为9度时，也应采取上述的防地裂措施。

18.3.2 地基土抗震承载力

地基土抗震承载力的计算采取在地基土静承载力的基础上乘以提高系数的方法。我国《建筑抗震设计规范》规定，在进行天然地基抗震验算时，地基土的抗震承载力按下式计算

$$f_{aE} = \xi_s \cdot f_a \tag{18-6}$$

式中 f_{aE}——调整后的地基土抗震承载力；

ξ_s——地基土抗震承载力调整系数，按表18-4采用；

f_a——深宽修正后的地基土静承载力特征值，按现行《建筑地基基础设计规范》采用。

地基土抗震承载力一般高于地基土静承载力，可以从地震作用下只考虑地基土的弹性变形而不考虑永久变形这一角度解释其原因。

表18-4 地基土抗震承载力调整系数

岩土名称和性状	ξ_s
岩石，密实的碎石土，密实的砾，粗、中砂，$f_{ak} \geqslant 300$kPa的黏性土和粉土	1.5
中密、稍密的碎石土，中密和稍密的砾，粗、中砂，密实和中密的细、粉砂，150kPa$\leqslant f_{ak} <$300kPa的黏性土和粉土，坚硬黄土	1.3
稍密的细、粉砂，100kPa$\leqslant f_{ak} <$150kPa的黏性土和粉土，新近沉积的黏性土和粉土，可塑黄土	1.1
淤泥、淤泥质土，松散的砂、填土，新近堆积黄土及流塑黄土	1.0

18.3.3 地基抗震验算

地震区的建筑物，首先必须根据静力设计的要求确定基础尺寸，并对地基进行强度和沉降量的核算，然后，根据需要进行进一步的地基抗震强度验算。

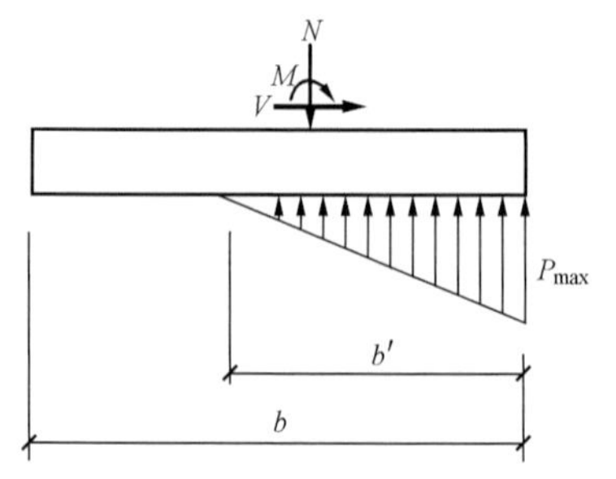

图18-1 基础底面压力分布的限制

当需要验算地基抗震承载力时，应将建筑物上各类荷载效应和地震作用效应加以组合，并取基础底面的压力为直线分布。具体验算要求是

$$p \leqslant f_{aE} \tag{18-7}$$

$$p_{max} \leqslant 1.2 f_{aE} \tag{18-8}$$

式中 p——基础底面地震作用效应标准组合的平均压力值；

p_{max}——基础边缘地震作用效应标准组合的最大压力值。

同时，对于高宽比大于4的高层建筑，在地震作用下基础底面不宜出现拉应力；对于其

他建筑，则要求基础底面零应力面积不超过基础底面的15%。根据后一个规定，对基础底面为矩形的基础，其受压基础宽度之比则应大于85%，即

$$b' \geqslant 0.85b \tag{18-9}$$

式中 b'——矩形基础底面受压宽度（见图18-1）；

b——矩形基础底面宽度。

§18.4 液化判别与抗震措施

18.4.1 液化的判别

地基土液化判别过程可以分为初步判别和标准贯入试验判别两大步骤。

1. 初步判别

根据《建筑抗震设计规范》的规定，饱和的砂土或粉土当符合下列条件之一时，可初步判别为不液化或不考虑液化影响。

(1) 地质年代为第四纪晚更新世（Q3）及其以前，且处于7度或8度区；

(2) 粉土的黏粒（粒径小于0.005mm的颗粒）含量百分率，当烈度为7度、8度、9度时分别大于10、13和16；

(3) 地下水位深度和上覆盖非液化土层厚度满足式（18-10）、式（18-11）或式（18-12）之一时

$$d_w > d_0 + d_b - 3 \tag{18-10}$$

$$d_u > d_0 + d_b - 2 \tag{18-11}$$

$$d_u + d_w > 1.5d_0 + 2d_b - 4.5 \tag{18-12}$$

式中 d_w——地下水位深度，m，按建筑设计基准期内年平均最高水位采用，也可按近期内年最高水位采用；

d_b——基础埋置深度，m，小于2m时应采用2m；

d_0——液化土特征深度，按表18-5采用；

d_u——上覆盖非液化土层厚度，m，计算时应注意将淤泥和淤泥质土层扣除。

2. 标准贯入试验判别

表18-5 液化土特征深度 m

饱和土类别	烈度		
	7	8	9
粉土	6	7	8
砂土	7	8	9

当上述所有条件均不能满足时，地基土存在液化可能。此时，应采用标准贯入试验进一步判别地面下15m深度范围内是否液化，当采用桩基或埋深大于5m的深基础时，尚应判别15～20m范围内土的液化情况。试验时，先用钻具钻至试验土层标高以上15cm，再将标准贯入器打至试验土层标高位置，然后，在锤的落距为76cm的条件下，连续打入土层30cm，记录所得锤击数为$N_{63.5}$。

当地面下15m深度范围土的实测标准贯入锤击数$N_{63.5}$小于按式（18-13）确定的临界值N_{cr}时，则应判为液化土，否则为不液化土。

$$N_{cr} = N_0[0.9 + 0.1(d_s - d_w)]\sqrt{3/\rho_c} \quad (d_s \leqslant 15) \tag{18-13}$$

式中 N_{cr}——液化判别标准贯入锤击数临界值；

N_0——液化判别标准锤击数基准值，按表 18-6 采用；

d_s——饱和土标准贯入点深度，m；

ρ_c——土体黏粒含量百分率，小于 3 或为砂土时，均应采用 3。

在地面下 15～20m 范围内，液化判别标准贯入锤击数临界值为

$$N_{cr} = N_0(2.4 - 0.1d_s)\sqrt{3/\rho_c} \quad (15 < d_s \leqslant 20) \tag{18-14}$$

表 18-6 标准贯入锤击数基准值

设计地震分组	7 度	8 度	9 度
第一组	6 (8)	10 (13)	16
第二、三组	8 (10)	12 (15)	18

注 括号内数值用于设计基本地震加速度为 0.15g 和 0.3g 的地区。

从式（18-13）与式（18-14）可以看出，地基土液化的临界指标 N_{cr} 的确定主要考虑了土层所处的深度、地下水位深度、饱和土的黏粒含量以及地震烈度等影响土层液化的要素。

18.4.2 液化地基的评价

当经过上述两步判别证实地基土确实存在液化趋势后，应进一步定量分析、评价液化土可能造成的危害程度。这一工作，通常是通过计算地基液化指数来实现的。

地基土的液化指数可按下式确定

$$I_{lE} = \sum_{i=1}^{n}\left(1 - \frac{N_i}{N_{cri}}\right)d_i W_i \tag{18-15}$$

式中 I_{lE}——液化指数；

n——在判别深度范围内每一个钻孔标准贯入试验点的总数；

N_i，N_{cri}——第 i 点标准贯入锤击数的实测值和临界值，当实测值大于临界值时应取临界值的数值；

d_i——第 i 点所代表的土层厚度，m，可采用与该标准贯入试验点相邻的上、下两标准贯入试验点深度差的一半，但上界不高于地下水位深度，下界不深于液化深度；

W_i——第 i 土层单位土层厚度的层位影响权函数值，m^{-1}。若判别深度为 15m，当该层中点深度不大于 5m 时应采用 10m，等于 15m 时应采用零值，5～15m 时应按线性内插法取值；若判别深度为 20m，当该层中点深度不大于 5m 时应采用 10m，等于 20m 时应采用零值，5～20m 时应按线性内插法取值。

根据液化指数 I_{lE} 的大小，可将液化地基划分为三个等级，见表 18-7。

表 18-7 液 化 等 级

液化等级	轻 微	中 等	严 重
判别深度为 15m 时的液化指数	$0 < I_{lE} \leqslant 5$	$5 < I_{lE} \leqslant 15$	$I_{lE} > 15$
判别深度为 20m 时的液化指数	$0 < I_{lE} \leqslant 6$	$5 < I_{lE} \leqslant 18$	$I_{lE} > 18$

18.4.3 液化地基的抗震措施

一、地基抗液化措施的基本原则

（1）抗液化措施是对液化地基的综合治理，可能液化的地基，对建筑抗震不利的地段，

处理原则应是避开。当无法避开时，从工程勘察到结构设计、施工都要认真对待。

（2）水平场地的土层液化的后果一般是造成建筑物的不均匀下沉和倾斜；倾斜场地的土层液化往往带来大面积土体滑动，造成严重的后果，倾斜场地抗液化措施应专门研究。本节规定不适用于倾斜场地和液化土层严重不均匀的情况。

（3）地基的抗液化措施应根据建筑物的重要性、地基的液化等级，结合具体条件综合确定。

（4）液化等级分轻微、中等、严重三级；根据我国百余个液化震害资料，各级的液化指数、地面的喷砂冒水情况和对建筑物造成危害程度的描述见表 18 - 8。

表 18 - 8　　不同液化等级的可能震害

液化等级	液化指数 I_{lE}	地面喷砂冒水情况	对建筑的危害情况
轻微	＜5	地面无喷砂冒水，或仅在洼地、河边有零星的喷砂冒水点	危害性小，一般不致引起明显的震害
中等	5～15	喷砂冒水可能性大，从轻微到严重均有，多数属中等	危害性较大，可造成不均匀沉陷和开裂，有时不均匀沉陷可能达到 200mm
严重	＞15	一般喷砂冒水都很严重，地面变形很明显	危害性大，不均匀沉陷可能大于 200mm，高重心结构可能产生不容许的倾斜

（5）液化等级属于轻微者，除甲、乙类建筑由于其重要性需要确保安全外，一般不做特别处理，因为这类场地一般不会发生喷砂冒水，即使发生也不致造成建筑物的严重震害。

（6）对于液化等级属于中等的场地，尽量多考虑采用容易实施的基础与上部结构处理构造措施，不一定要加固处理液化土层。

（7）在液化层深厚的情况下，清除部分液化沉陷的措施，从我国目前的技术、经济发展水平上看是合适的。

二、地基抗液化措施的选择

对于液化地基，要根据建筑物的重要性、地基液化等级的大小，针对不同情况采取不同层次的措施。当液化土层比较平坦、均匀时，可依据表 18 - 9 选取适当的抗液化措施。

表 18 - 9　　抗液化措施

建筑类别	地基的液化等级		
	轻微	中等	严重
乙类	部分消除液化沉陷，或对基础和上部结构进行处理	全部消除液化沉陷，或部分消除液化沉陷且对基础和上部结构进行处理	全部消除液化沉陷
丙类	对基础和上部结构进行处理，也可不采取措施	对基础和上部结构进行处理，或采用更高要求的措施	全部消除液化沉陷，或部分消除液化沉陷且对基础和上部结构进行处理
丁类	可不采取措施	可不采取措施	对基础和上部结构进行处理，或采用其他经济的措施

表 18 - 9 中全部消除地基液化沉陷，部分消除地基液化沉陷，以及基础和上部结构处理等措施的具体要求如下：

1. 全部消除地基液化沉陷

全部消除地基液化沉陷可采用桩基、深基础、土层加密法或挖除全部液化土层等措施。

(1) 采用桩基时，桩基伸入液化深度以下稳定土层中的长度（不包括桩尖部分）应根据计算确定，对碎石土，砾，粗、中砂，坚硬黏性土不应小于 0.5m，其他非岩石不宜小于 1.5m。

(2) 采用深基础时，基础底面埋入液化深度以下稳定土层中的深度不应小于 0.5m。

(3) 采用加密方法（如振冲、振动加密、挤密碎石桩、强夯等）对可液化地基进行加固时，应处理至液化深度下界，且处理后土层的标准贯入锤击数实测值应大于相应临界值。

(4) 当直接位于基底下的可液化土层较薄时，可采用全部挖除液化土层，然后分层回填非液化土。

在采用加密法或换土法处理时，在基础边缘以外的处理宽度，应超过基础底面下处理深度的 1/2，且不小于处理宽度的 1/5。

2. 部分消除液化地基沉陷

部分消除液化地基沉陷应符合下列要求。

(1) 处理深度应使处理后的地基液化指数减少，当判别深度为 15m 时，其值不宜大于 4，当判别深度为 20m 时，其值不宜大于 5；对于独立基础和条形基础，尚不应小于基础底面下液化土特征深度和基础宽度的较大值。

(2) 在处理深度范围内，应使处理后液化土层的标准贯入锤击数大于相应的临界值。

3. 基础和上部结构处理

对基础和上部结构，可综合考虑采取如下措施。

(1) 选择合适的地基埋深，调整基础底面积，减少基础偏心；

(2) 加强基础的整体性和刚性；

(3) 增强上部结构整体刚度和均匀对称性，合理设置沉降缝；

(4) 管道穿过建筑处采用柔性接头等。

一般情况下，除丁类建筑外，不应将未经处理的液化土层作为地基的持力层。

思 考 题

18 - 1 什么叫地震？何谓震级和地震烈度？

18 - 2 地震按照成因分为哪几类？

18 - 3 建筑场地分为哪几类？建筑场地的类别与场地土的类别有什么关系？

18 - 4 震害的主要表现有哪些？

18 - 5 何谓砂土液化，如何判别地基土是否发生液化？

18 - 6 如何确定地基的液化等级？

18 - 7 从哪些方面可以加强地基基础的抗震能力？

习　　题

18 - 1　某建筑场地的土层分布及各土层的剪切波速如图 18 - 2 所示，土层等效剪切波速为 240m/s，试问，该建筑场地的类别应为下列何项所示？（　　）

A. Ⅰ　　B. Ⅱ　　C. Ⅲ　　D. Ⅳ

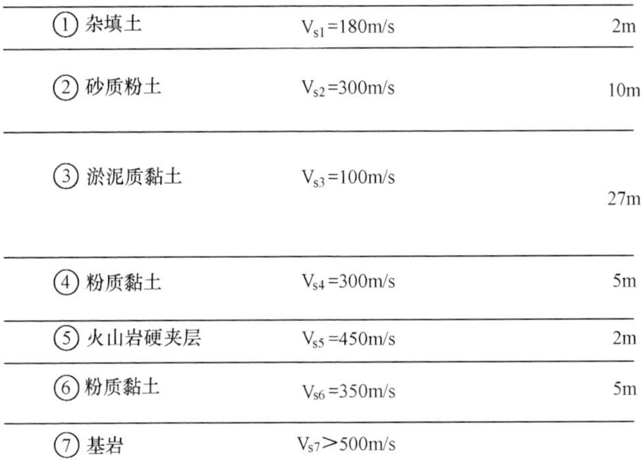

土层	剪切波速	厚度
① 杂填土	$V_{s1}=180m/s$	2m
② 砂质粉土	$V_{s2}=300m/s$	10m
③ 淤泥质黏土	$V_{s3}=100m/s$	27m
④ 粉质黏土	$V_{s4}=300m/s$	5m
⑤ 火山岩硬夹层	$V_{s5}=450m/s$	2m
⑥ 粉质黏土	$V_{s6}=350m/s$	5m
⑦ 基岩	$V_{s7}>500m/s$	

图 18 - 2

18 - 2　某工程建筑抗震设防烈度为 7 度，设计地震分组为第一组，设计基本地震加速度值为 0.15g。细中砂层土初步判别认为需进一步进行液化判别，土层厚度中心 A 点的标准贯入锤击数实测值 N 为 6。试问，当考虑地震作用，按《建筑桩基技术规范》计算桩的竖向承载力特征值时，细中砂层土的液化影响折减系数 ψ_l，应取什么数值？

（答案：18 - 1：B；18 - 2：1/3）

注册岩土工程师考试题选

18 - 1　某工程抗震设防烈度为 7 度，对工程场地曾进行土层剪切波速测量，测量成果见表 18 - 10。试问，该场地应判别为几类场地？

表 18 - 10　　**测 量 成 果 表**

层序	岩土名称	层厚（m）	底层深度（m）	土（岩）层平均剪切波速 v_{si}（m/s）
1	杂填土	1.20	1.20	116
2	淤泥质黏土	10.50	11.70	135
3	黏土	14.30	26.00	158
4	粉质黏土	3.00	20.00	169
5	粉质黏土混碎石	2.70	12.60	250

续表

层序	岩土名称	层厚（m）	底层深度（m）	土（岩）层平均剪切波速 v_{si}（m/s）
6	全风化流纹质凝灰岩	14.60	47.20	365
7	强风化流纹质凝灰岩	4.20	51.40	454
8	中风化流纹质凝灰岩	揭露厚度 11.30	63.70	550

18-2 在一般建筑场地内存在发震断裂时，试问，对于下列哪项情况应考虑发震断裂错动对地面建筑的影响？（ ）

A. 抗震设防烈度小于 8 度

B. 全新世以前的活动断裂

C. 抗震设防烈度为 8 度，前第四纪基岩隐伏断裂的土层覆盖厚度大于 60m 时

D. 抗震设防烈度为 9 度，前第四纪基岩隐伏断裂的土层覆盖厚度为 80m 时

（答案：18-1：Ⅲ类场地；18-2：D）

附录　常用中英文名词

上　篇

第1章

饱和度　degree of saturation
饱和密度　saturated density
饱和重度　saturated unit weight
比重　specific gravity
不均匀系数　uniformity coefficient
稠度　consistency
触变性　thixotropy
单粒结构　single-grained structure
蜂窝结构　honeycomb structure
干密度　dry density
干重度　dry unit weight
含水量　water content or moisture content
级配　grading
自由水　free water
结合水　bound water
界限含水量　Atterberg limits
颗粒级配　grain grading
可塑性　plasticity
孔隙比　void ratio
孔隙率　porosity
粒度　granularity
粒组　fraction or size fraction
毛细管水　capillary water
密度　density
密实度　compactness
黏性土　cohesive soil
灵敏度　sensitivity
平均粒径　mean diameter or average grain diameter
曲率系数　coefficient of curvature
三相图　three phase diagram
三相土　three-phase soil
塑性指数　plasticity index
缩限　shrinkage limit
土的构造　soil texture
土的结构　soil structure
土粒相对密度　specific density of solid particles
土中气　air in soil
土中水　water in soil
限定粒径　constrained diameter
相对密度　relative density
絮状结构　flocculented fabric
液限　liquid limit
液性指数　liquidity index
有效粒径　effective diameter
有效密度　effective density
有效重度　effective unit weight
重力密度　gravimetric density
最大干密度　maximum dry density
最优含水量　optimum water content
饱和土　saturated soil
冲填土　dredger fill
粉土　silt
粉质黏土　silty clay
高岭石　kaolinite
黄土　loess
蒙脱石　montmorillonite
黏土　clay
人工填土　artificial soil

砂土　sand
素填土　plain fill
碎石土　gravelly soil
无黏性土　cohesionless soil or non - cohesive soil
岩石　rock
伊利石　illite
有机质土　organic soil
淤泥　muck
淤泥质土　mucky soil
原状土　undisturbed soil
杂填土　miscellaneous fill

第 2 章

管涌　piping
临界水力梯度　critical hydraulic gradient
流函数　flow function
流土　flowing soil
流网　flow net
砂沸　sand boiling
渗流　seepage
渗流量　seepage discharge
渗流速度　seepage velocity
渗透力　seepage force
渗透破坏　seepage failure
渗透系数　coefficient of permeability
渗透性　permeability
势函数　potential function
水力梯度　hydraulic gradient

第 3 章

附加应力　superimposed stress
基底附加应力　net foundation pressure
有效应力　effective stress
自重应力　self - weight stress
总应力　total stress

第 4 章

压缩性　compressibility
固结　consolidation
压缩曲线　compression curve
固结度　degree of consolidation
先期固结压力　reconsolidation pressure
压缩系数　coefficient of compressibility
次固结系数　coefficient of secondary consolidation
压缩指数　compression index
固结沉降　consolidation settlement
压缩模量　modulus of compressibility
变形模量　modulus of deformation
回弹模量　modulus of resilience
先期固结压力　preconsolidation pressure
正常固结土　normally consolidated soil
超固结土　overconsolidated soil
回弹曲线　rebound curve
再压缩曲线　recompression curve
超固结比　over - consolidation ratio
主固结　primary consolidation
次固结　secondary consolidation
回弹变形　rebound deformation
残余变形　residual deformation
残余孔隙水压力　residual pore water pressure
割线模量　secant modulus
回弹指数　swelling index
切线模量　tangent modulus
土样本　soil specimen
透水石　porous stones
弹性应变　elastic strains
应力历史　effect of stress history
固结仪　oedometer

第 5 章

变形　deformation
泊松比　Poisson's ratio
布辛奈斯克解　Boussinnesq's solution
超静孔隙水压力　excess pore water pressure
沉降　settlement

次固结沉降　secondary consolidation settlement
次固结系数　coefficient of secondary consolidation
地基沉降的弹性力学公式　elastic formula for settlement calculation
分层总和法　layerwise summation method
附加应力　superimposed stress
固结沉降　consolidation settlement
规范沉降计算法　settlement calculation by specification
建筑物的地基变形允许值　allowable settlement of building
角点法　corner - points method
孔隙水压力　pore water pressure
蠕变　creep
瞬时沉降　immediate settlement
塑性变形　plastic deformation
弹性变形　elastic deformation
弹性模量　elastic modulus
最终沉降　final settlement
比奥固结理论　Biot's consolidation theory
超静孔隙水压力　excess pore water pressure
多维固结　multi - dimensional consolidation
固结理论　theory of consolidation
固结曲线　consolidation curve
固结速率　rate of consolidation
固结压力　consolidation pressure
时间对数拟合法　logrithm of time fitting method
时间因子　time factor
太沙基固结理论　Terzaghi's consolidation theory
太沙基—伦杜列克扩散方程　Terzaghi - Rendulic diffusion equation
有效应力原理　principle of effective stress

第 6 章

不排水抗剪强度　undrained shear strength
剪切应变速率　shear strain rate
抗剪强度　shear strength
抗剪强度参数　shear strength parameter
抗剪强度有效应力法　effective stress approach of shear strength
抗剪强度总应力法　total stress approach of shear strength
库仑方程　Coulomb's equation
库仑土压力理论　Coulomb's earth pressure theory
摩尔—库仑理论　Mohr - Coulomb theory
内摩擦角　angle of internal friction
破坏准则　failure criterion
十字板抗剪强度　vane strength
无侧限抗压强度　unconfined compression strength
有效内摩擦角　effective angle of internal friction
有效黏聚力　effective cohesion intercept

第 7 章

土压力　earth pressure
静止土压力　earth pressure at rest
静止土压力系数　coefficient of earth pressure at rest
主动土压力　active earth pressure
主动土压力系数　coefficient of active earth pressure
被动土压力　passive earth pressure
被动土压力系数　coefficient of passive earth pressure
库尔曼图解法　Culmannn construction
郎肯土压力理论　Rankine's earth pressure theory
郎肯状态　Rankine's state
挡土墙　retaining wall
重力式挡土墙　gravity retaining wall
悬臂式板桩墙　cantilever sheet pile wall

扶垛式挡土墙 counterfort retaining wall
后垛墙（台） counterfort retaining wall
基础墙 foundation wall
加筋土挡墙 reinforced earth bulkhead
锚定板挡土墙 anchored plate retaining wall
锚定式板桩墙 anchored sheet pile wall
锚杆式挡土墙 anchor rod retaining wall
极限平衡状态 state of limit equilibrium
弹性平衡状态 state of elastic equilibrium
挡土墙稳定性 stability of retaining wall

第 8 章

冲剪破坏 punching shear failure
地基 subgrade, ground, foundation soil
地基承载力 bearing capacity of foundation soil
地基处理 ground treatment, foundation treatment
地基极限承载力 ultimate bearing capacity of foundation soil
地基稳定性 stability of foundation soil
地基允许承载力 allowable bearing capacity of foundation soil
汉森地基承载力公式 Hansen's ultimate bearing capacity formula
局部剪切破坏 local shear failure
临塑荷载 critical edge pressure
太沙基承载力理论 Terzaghi bearing capacity theory

第 9 章

毕肖普法 Bishop method
边坡稳定安全系数 safety factor of slope
瑞典圆弧滑动法 Swedish circle method
条分法 slice method
土坡 slope
土坡稳定分析 slope stability analysis
土坡稳定极限分析法 limit analysis method of slope stability
土坡稳定极限平衡法 limit equilibrium method of slope stability
圆弧分析法 circular arc analysis

下 篇

第 10 章

设计原则 design principle
常规设计 conventional design
合理设计 reasonable design
基础 foundation
基底压力 foundation pressure
地基变形 foundation deformation
均质地基 homogeneous foundation
基础类型 foundation type
刚性角 pressure distribution angle of masonary foundation
刚性基础 rigid foundation
浅基础 shallow foundation
壳体基础 shell foundation
扩展基础 spread footing
单独基础 individual footing
柔性基础 flexible foundation
上部结构—基础—土共同作用分析 structure - foundation - soil interaction analysis
毛石基础 rubble foundation
混凝土基础 concrete foundation
条形基础 strip foundation
地下连续墙基础 diaphragm wall foundation
沉井基础 caisson foundation
深基础 deep foundation

基础刚度　foundation stiffness
软土地基　soft soil foundation
坚硬地基　rigid foundation

第 11 章

持力层　bearing stratum
基础埋置深度　embeded depth of foundation
基底附加应力　net foundation pressure
浅基础　shallow foundation
下卧层　substratum

第 12 章

片筏基础　mat foundation
箱形基础　box foundation
基床系数　coefficient of subgrade reaction
补偿性基础　compensated foundation
接触压力　contact pressure
交叉条形基础　cross strip footing
基础埋置深度　embeded depth of foundation
弹性地基梁（板）分析　analysis of beams and slabs on elastic foundation
文克勒地基　Winkler foundation
倒梁法　inverted beam method
无限长梁　infinite beam
基底附加应力　net foundation pressure
有限长梁　finite - length beam
剪力平衡法　shearing force balance method
梁板式筏基　waffle - slab raft
平板式筏基　flat plate raft
地下室　basement
静定分析法　static analysis
局部弯曲　local bending
整体弯曲　overall bending

第 13 章

桩　piles
沉管灌注桩　diving casting cast - in - place pile
承台　pile caps
单桩承载力　bearing capacity of single pile
单桩横向极限承载力　ultimate lateral resistance of single pile
单桩横向载荷试验　lateral load test of pile
单桩竖向静载荷试验　static load test of pile
单桩竖向抗拔极限承载力　vertical ultimate uplift resistance of single pile
单桩竖向抗压极限承载力　vertical allowable load capacity of single pile
单桩竖向抗压容许承载力　vertical ultimate carrying capacity of single pile
低桩承台　low pile cap
端承桩　end - bearing pile
负摩擦力　negative skin friction of pile
钢筋混凝土预制桩　precast reinforced concrete piles
钢桩　steel pile
高桩承台　high - rise pile cap
灌注桩　cast - in - place pile
横向载荷桩　laterally loaded vertical piles
护壁泥浆　slurry coat method
静力压桩　silent piling
抗拔桩　uplift pile
抗滑桩　anti - slide pile
摩擦桩　friction pile
木桩　timber piles
群桩　pile groups
群桩竖向极限承载力　vertical ultimate load capacity of pile groups
群桩效率系数　efficiency factor of pile groups

群桩效应　efficiency of pile groups
桩　piles

第 14 章

沉箱基础　box caisson foundation
地下连续墙　underground diaphragm wall
地基处理　ground treatment or foundation

treatment

第 15 章

基坑工程 foundation pit
水泥土搅拌桩 cement mixing pile
支护结构 retaining structure
土钉墙 soil nailing wall
排桩 row piles
等值梁法 equivalent beam method
电渗法 electro - osmotic drainage
管涌 piping
基底隆起 heave of base

第 16 章

冻土 frozen soil
粉土 silt
粉质黏土 silty clay
红黏土 red clay, adamic earth
膨胀土 expansive soil, swelling soil
人工填土 fill, artificial soil
湿陷性黄土 collapsible loess, slumping loess
无黏性土 cohesionless soil, frictional soil, non - cohesive soil
自重湿陷性黄土 self weight collapse loess

第 17 章

超载预压 surcharge preloading
复合地基 composite foundation
强夯法 dynamic compaction
振冲密实法 vibro - compaction
置换率 replacement ratio
表层压密法 surface compaction
电渗法 electro - osmotic drainage
换填法 cushion
灰土桩 lime soil pile
加筋法 reinforcement method
降低地下水位法 dewatering method
冷热处理法 freezing and heating
锚杆静压桩托换 anchor pile underpinning
排水固结法 consolidation
浅层处理 shallow treatment
人工地基 artificial foundation
砂桩 sand column
深层搅拌法 deep mixing method
渗入性灌浆 seep - in grouting
石灰桩 lime column
碎石桩 gravel pile
天然地基 natural foundation
土工织物 geotextile
托换技术 underpinning technique
旋喷 jet grouting
化学灌浆法 chemical grouting
预压法 preloading
桩式托换 pile underpinning
压实度 packing density

第 18 章

地震 earthquake
震源 earthquake focus
震中 earthquake epicentre
震中距 epicentral distance
地震区 earthquake zone
地震烈度 earthquake intensity
地震震级 earthquake magnitude
地震最大加速度 maximum acceleration of earthquake
地基固有周期 natural period of soil site
地震持续时间 duration of earthquake
地震反应谱 earthquake response spectrum
地震卓越周期 seismic predominant period
地震最大加速度 maximum acceleration of earthquake
动力放大因数 dynamic magnification factor
吸收系数 absorption coefficient

参 考 文 献

[1] 赵明华，俞晓，王贻荪，等. 土力学与地基基础. 2版. 武汉：武汉理工大学出版社，2003.
[2] 东南大学，浙江大学，湖南大学，等. 土力学. 2版. 北京：中国建筑工业出版社，2005.
[3] 刘忠玉. 土力学. 北京：中国电力出版社，2007.
[4] 钱德玲. 土力学. 北京：中国建筑工业出版社，2009.
[5] 陈希哲. 土力学地基基础. 4版. 北京：清华大学出版社，2004.
[6] 松冈元. 土力学. 罗汀，姚仰平编译. 北京：中国水利水电出版社，2001.
[7] 刘兴录. 注册岩土工程师专业考试案例分析——历年考题及模拟题详解. 北京：人民交通出版社，2009.
[8] 刘兴录. 注册岩土工程师执业资格专业考试300问. 北京：中国环境科学出版社，2004.
[9] 侍倩. 土力学. 武汉：武汉大学出版社，2004.
[10] 肖昭然. 土力学. 郑州：河南医科大学出版社，2007.
[11] 赵成刚，白冰，王运霞. 土力学原理. 北京：北京交通大学出版社，2004.
[12] 张孟喜. 土力学原理. 武汉：华中科技大学出版社，2007.
[13] 钱晓丽. 土力学. 北京：中国计量出版社，2008.
[14] 陈仲颐，周景星，王洪瑾. 土力学. 北京：清华大学出版社，1994.
[15] 刘增荣，刘春原，梁波. 土力学. 上海：同济大学出版社，2005.
[16] 李广信. 高等土力学. 北京：清华大学出版社，2004.
[17] 白顺国，崔自治，党进谦. 土力学. 北京：中国水利水电出版社，2009.
[18] 屈智炯，王铁儒，俞仲泉. 基础工程学. 北京：水利水电出版社，1999.
[19] 王秀丽. 基础工程. 2版. 重庆：重庆大学出版社，2005.
[20] 莫海鸿，杨小平. 基础工程. 2版. 北京：中国建筑工业出版社，2008.
[21] 陈肇元，崔京浩. 土钉支护在基坑中的应用. 2版. 北京：中国建筑工业出版社，2000.
[22] 顾晓鲁，钱鸿缙，刘惠珊，等. 地基与基础. 3版. 北京：中国建筑工业出版社，2003.
[23] 闫富有，刘忠玉，祝彦知，等. 基础工程. 北京：中国电力出版社，2009.
[24] 任文杰. 基础工程. 北京：中国建材工业出版社，2007.
[25] 董建国，沈锡英，钟才根. 土力学与地基基础. 上海：同济大学出版社，2005.
[26] 王晓鹏，郑桂兰. 基础工程. 北京：中国电力出版社，2005.
[27] 段良策，殷奇. 沉井设计与施工. 上海：同济大学出版社，2006.
[28] 刘起霞，邹剑峰. 土力学与地基基础. 中国水利水电出版社，2006.
[29] 袁聚云，李镜培，等. 基础工程设计原理. 上海：同济大学出版社，2001.
[30] 郑刚. 基础工程. 北京：中国建材工业出版社，2000.
[31] 顾晓鲁，钱鸿缙，汪时敏. 地基与基础. 第3版. 北京：中国建筑工业出版社，2003.
[32] 刘熙媛，肖成志，李雨润. 基础工程. 北京：中国建材工业出版社，2009.
[33] 华南理工大学，浙江大学，湖南大学. 基础工程. 2版. 北京：中国建筑工业出版社，2008.
[34] 叶观宝，高彦斌. 地基处理. 3版. 北京：中国建筑工业出版社，2009.
[35] 宛新林. 土力学与地基基础. 合肥：合肥工业大学出版社，2006.
[36] 孙维东. 土力学与地基基础. 北京：机械工业出版社，2003.
[37] 董建国，沈锡英，钟才根. 土力学与地基基础. 上海：同济大学出版社，2005.

[38] 刘昌辉，时红莲. 基础工程. 武汉：中国地质大学出版社，2005.
[39] 黄生根，吴鹏，戴国亮. 基础工程原理与方法. 武汉：中国地质大学出版社，2009.
[40] 华南理工大学，东南大学，浙江大学，等. 地基及基础. 3版. 北京：中国建筑工业出版社，1998.
[41] 钱力航. 高层建筑箱形与筏形基础的设计计算. 北京：中国建筑工业出版社，2003.
[42] 袁聚云，李镜培，等. 基础工程设计原理. 上海：同济大学出版社，2001.
[43] 赵明华，李刚，曹喜仁，等. 土力学地基与基础疑难释义. 2版. 北京：中国建筑工业出版社，2003.